U0348093

2009 年 12 月 23 日，农业部党组书记韩长赋到中国农业科学院调研。

2009 年 1 月 5 日，中国农业科学院 2009 年工作会议在北京召开。

2009年8月24～26日，中国农业科学院召开加强领导班子和干部队伍建设工作会议。

2009年3月3日，中国农业科学院召开深入学习实践科学发展观活动总结大会。

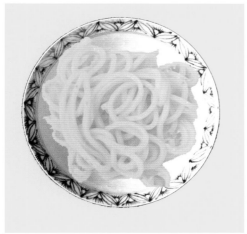

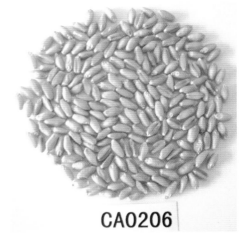

由中国农业科学院作物科学研究所何中虎研究员主持的"中国小麦品种品质评价体系建立与分子改良技术研究"荣获2008年度国家科学技术进步奖一等奖。

由中国农业科学院蔬菜花卉研究所张友军研究员主持的"重大外来入侵害虫——烟粉虱的研究与综合防治"荣获2008年度国家科学技术进步奖二等奖。

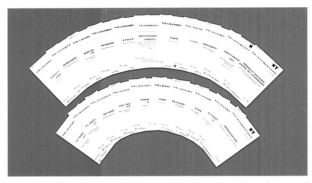

由中国农业科学院油料作物研究所李培武研究员主持的"双低油菜全程质量控制保优栽培技术及标准体系的建立与应用"荣获 2008 年度国家科学技术进步奖二等奖。

由中国农业科学院植物保护研究所冯平章研究员主持的"防治重大抗性害虫多分子靶标杀虫剂的研究开发与应用"荣获 2008 年度国家科学技术进步奖二等奖。

2009 年 11 月 1 日，《Nature·Genetics》杂志发表了由中国农业科学院科学家发起并主导的世界第一个蔬菜作物——黄瓜基因组测序和分析的重要论文。

2009 年 12 月 2 日，中国农业科学院副院长刘旭研究员当选为中国工程院院士。

2009 年 4 月 28 日，中国农业科学院生物技术研究所郭三堆研究员被授予"全国五一劳动奖章"。

2009 年 1 月 5 日，中国农业科学院举行首批优秀科技创新团队授牌仪式。

2009 年 12 月，中国水稻研究所所长程式华研究员被授予第三届"中华农业英才奖"。

2009 年 10 月 18 日，中国农业科学院研究生院召开建院 30 周年庆祝大会。

2009 年 7 月 2 日，中国农业科学院举行 2009 届研究生毕业典礼。

　　2009 年 7 月 25 日，中国农业科学院首批海外学科专业与英语强化培训班在加拿大圭尔夫大学圆满结束。

　　2009年3月4日，中国农业科学院与黑龙江省人民政府农业科技战略合作协议签字仪式在北京举行，翟虎渠院长和栗战书省长分别代表双方在协议上签字。

　　2009年1月8日，中国农业科学院与宁夏回族自治区人民政府在银川市金凤区魏家桥村举行2009年农业科技下乡活动启动仪式，这标志着中国农业科学院2009年科技下乡活动的大幕拉开。

2009年3月25～27日，由中国农业科学院和辽宁省人民政府联合主办的以"科技创新 现代农业"为主题的第十三届中国（锦州）北方农业新品种、新技术展销会举行。

2009年4月10日，中国农业科学院贺兰现代农业综合示范县建设启动仪式在银川市举行。

2009年2月16～19日，为进一步落实中国农业科学院与四川省崇州市签订的地震灾后恢复重建科技特派团对口帮扶计划，推动中国农业科学院百万农技人员和农村实用人才培训工作，唐华俊副院长带领专家组赴崇州市为当地农技人员、返乡农民工和种植、养殖大户等进行科技培训。

　　2009 年，中国农业科学院共派出 305 个团组 643 人次赴国外考察访问。图为 2009 年 7 月 17 日，翟虎渠院长率团访问位于巴巴多斯的加勒比开发银行总部，并在访问期间与该行签署了科技合作谅解备忘录。

　　2009 年，中国农业科学院接待国外重要来访团组 137 批 352 人次。图为 2009 年 4 月 21 日，翟虎渠院长会见"孟山都公司 Beachell-Borlaug 国际奖学金"项目评委会主席 Edward Runge 博士，并向其颁发我院名誉研究员聘书。

2009 年中国农业科学院主办高层次、高级别国际会议 30 多次。图为 2009 年 8 月 17 日，由国际农经学会和中国农业科学院共同主办的第 27 届国际农经大会在北京国际会议中心召开，国务院副总理回良玉出席开幕式并作重要讲话。

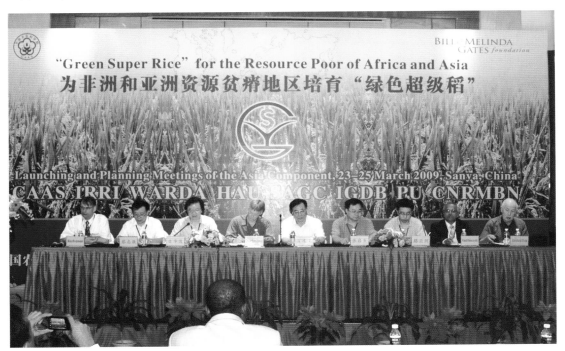

2009 年 3 月 23～24 日，由中国农业科学院牵头、比尔和梅琳达·盖茨基金会资助 1 800 万美元的"为非洲和亚洲资源贫瘠地区培育'绿色超级稻'"国际合作项目亚洲地区启动会在海南三亚举行。

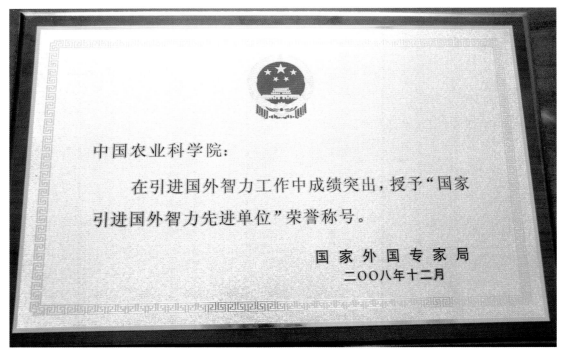

2009 年 1 月 15 日，中国农业科学院以及院油料作物研究所、水牛研究所分别荣获"国家引进国外智力先进单位"荣誉称号。

2009 年 11 月 27 ~ 28 日，由中国农业科学院主办的"第十四届全国农科院系统外事协作网会议"在江西省南昌市举行。

2009 年 11 月 18 日，中国农业科学院图书馆暨国家农业图书馆工程举行开工典礼。

2009 年 9 月 29 日，"中国农业科学院新乡综合试验示范基地"合同书签字仪式在北京举行。

2009年3月12日，中国农业科学院兰州畜牧与兽药研究所召开荣获第四届"全国精神文明建设工作先进单位"称号庆祝大会。

2009年9月16日，中国农业科学院举行庆祝新中国成立60周年文艺演出。

2009 年 5 月 10 日，中国农业科学院代表队在农业部第二届职工运动会中荣获团体总分第一名。

2009 年 7 月 24 日，中国农业科学院举办首届"青春风采"主持人大赛。

中国农业科学院年鉴

2009

中国农业科学院办公室 编

中国农业科学技术出版社

图书在版编目（CIP）数据

中国农业科学院年鉴.2009/中国农业科学院办公室编.—北京：
中国农业科学技术出版社，2010.8
ISBN 978 - 7 - 5116 - 0225 - 1

Ⅰ.①中…　Ⅱ.①中…　Ⅲ.①中国农业科学院 - 2009 - 年鉴
Ⅳ.①S - 242

中国版本图书馆 CIP 数据核字（2010）第 126607 号

责任编辑	鱼汲胜
责任校对	贾晓红

出　版　者	中国农业科学技术出版社
	北京市中关村南大街 12 号　邮编：100081
电　　　话	（010）82106629（编辑室）（010）82109704（发行部）
	（010）82109703（读者服务部）
传　　　真	（010）62121228
网　　　址	http://www.castp.cn
经　销　者	新华书店北京发行所
印　刷　者	北京东方宝隆印刷有限公司
开　　　本	787 mm ×1 092 mm　1/16　　插页　16
印　　　张	45.625
字　　　数	960 千字
版　　　次	2010 年 8 月第一版　2010 年 8 月第一次印刷
定　　　价	196.00 元

目　录

一、总　类

二、科研与推广

三、产业发展与企业管理

四、国际合作与对台交流

五、人事管理与人才建设

六、计划财务管理与条件建设

七、研究生教育与管理

八、综合政务管理

九、党建、反腐败与精神文明建设

十、人物介绍

十一、大事记

十二、附　录

一、总　　类

深入践行科学发展观　大力提高自主创新能力

——中国农业科学院 2009 年工作报告

中国农业科学院院长　翟虎渠

（2009 年 1 月 5 日）

同志们：

中国农业科学院 2009 年工作会议今天召开。这次会议的主要任务是：全面贯彻落实党的十七届三中全会及中央农村工作会议、全国农业工作会议精神，总结 2008 年工作，部署 2009 年任务。下面，我代表院党组作工作报告。

一、2008 年工作回顾

2008 年，是中国历史上极不平凡的一年，南方雨雪冰冻、汶川特大地震、成功举办北京奥运会、航天员漫步太空、纪念改革开放 30 周年……中国的坚强和勇敢感动世界，中国的胆识和智慧震撼世界。在这一年里，中国农业科学院全体科技人员和广大干部职工，在院党组的领导下，以高度政治责任感，认真贯彻落实党中央、国务院和农业部的各项工作部署，努力做好科技救灾、科技维稳、科技兴农工作，继续强化"三个中心、一个基地"建设，圆满完成了各项工作任务。

（一）认真抓好政治大事，与党中央保持高度一致

一是扎实开展学习贯彻党的十七届三中全会精神，深入实践科学发展观活动。十七届三中全会胜利闭幕后，院党组及时组织传达学习，根据部党组的要求，将学习贯彻全会精神与学习实践科学发展观活动结合起来，以提高农业科技自主创新能力为载体，在全院开展了深入贯彻十七届三中全会精神，全面践行科学发展观系列活动。院党组把这次学习实践活动作为推进农业科技事业长远发展和加强自身建设的难得机遇，坚持以"解放思想、自主创新、提升能力、服务'三农'"为活动主题，以提高农业科技自主创新能力为实践载体，认真贯彻落实活动实施方案的各个环节各项要求，紧密联系工作实际，精心组织，周密安排，扎实推进，取得了积极成效。

二是全力以赴做好抗击南方冰冻雨雪灾害、抗震救灾和奥运维稳工作。在南方冰冻

雨雪灾害发生后，我院及时向农业部提供了有关作物和畜禽生产的受灾情况分析和技术对策报告，派遣专家前往灾区开展技术救灾工作。汶川大地震发生后，我院迅速召集专家，研究制定了中国农业科学院《四川地震灾区生产应急与恢复技术方案》和《抗震救灾和灾后重建工作方案》；派出 7 个专家组深入灾区提供技术支持；与四川省崇州市人民政府签署协议，对口帮扶灾后恢复重建工作。以组织群众捐款、缴纳特殊党费和特殊团费、捐献应急物资等形式，为灾区捐献财物总价超过 800 多万元，协调国际机构捐赠 20 万美元，并减免地震灾区新入我院研究生的学费，每人每月资助生活费 200 元。在北京奥运会期间，全院上下，尤其是京区各单位干部职工高度重视，全面落实领导责任，切实增强工作的领导力和安全防范守护能力，全力抓好各个工作环节和重点工作，保证了我院奥运维稳工作的万无一失。

三是认真组织纪念改革开放 30 年活动。成功举办了改革开放 30 周年中国农业科学院科技成就展、纪念改革开放 30 周年中国农业科技论坛、纪念农村改革开放 30 年学术研讨会等一系列活动。回顾 30 年来农业科技事业取得的辉煌成就，进一步增强学习实践科学发展观的自觉性，坚定走改革开放之路的决心，妥善应对农业科技面临的巨大挑战，继续谱写农业科技改革发展的新篇章。

（二）突出科研立项和产出，加快农业科技创新中心建设

一是超前谋划国家主体科技计划。首次举办了我院技术预测与战略研究培训班，积极参与国家"973"计划"十二五"战略研究，组织起草"863"计划现代农业技术领域项目建议书。

二是重点跟踪国家重大科技专项。积极参加农业部转基因重大专项研究计划编制工作，推荐我院优势课题 193 项。

三是积极参加现代农业产业技术体系建设。我院有 12 位专家成为产业技术体系首席科学家，125 位成为岗位科学家，7 位成为综合试验站站长。茶叶等 22 个产业的 12 个研发中心、41 个功能研究室、7 个试验站依托我院相关研究所建设。

四是加强在研项目规范化管理。在全院范围内筛选 54 个核心项目重点跟踪管理，完成科研项目信息管理系统研发工作。

2008 年，全院新主持科研项目 1 043 项，参加科研项目 282 项，项目合同总经费 7.22 亿元，其中留院经费 4.86 亿元。共计获得科技成果 137 项，获奖成果 66 项，以第一完成单位获国家奖 4 项，其中"中国小麦品质评价体系建立与改良技术研究"获得国家科学技术进步奖一等奖。

农业基础研究取得新突破，我院植保所吴孔明研究团队阐明了转基因抗虫作物对靶标害虫种群演化的调控机理和棉铃虫的区域性可持续控制理论，研究成果被《SCIENCE》杂志以封面文章发表。黄瓜基因组计划取得突破性进展，构建了首张葫芦科作物基因精细图，覆盖了 99% 以上区域的基因组。完成了高致病性猪蓝耳病活疫苗所有

临床前研究，被列为应急储备疫苗之一。收集国内外种质资源 5 047 份，初步构建了作物应用核心种质和微核心种质。植酸酶玉米通过专家安全论证，有望成为继抗虫棉后又一个形成产业化的转基因成果。

（三）扎实推进科研平台建设

一是做好全院基本建设基础工作。编制完成《院部大院控制性规划调整方案》及院属各单位基本建设规划。积极筹划国家畜禽改良中心、国家农业应用微生物研究中心等重大工程立项工作。全力推进国家农业图书馆、国家农业生物安全科学中心等重大项目的批复立项和实施进程。加强项目督导，着力加强在建项目实施的进程和质量。认真完成 2009 年度投资预算工作。

二是加强重点实验室等科研平台的管理和建设。组织召开全院重点实验室工作研讨会，对依托我院建设的 20 个农业部野外台站进行中期评估，完成我院承建的 6 个转基因质检中心的"双认证"工作。

三是认真做好修购专项工作。编制完成 2009～2012 年全院《修缮购置专项发展规划》。组织开展修购专项仪器设备院级统一招标采购，采购仪器设备 415 台（套）。组织申报国家重点实验室科研仪器设备经费项目 64 个，资金总额 4 077 万元，仪器设备 95 台（件）。

2008 年，我院科技创新支撑条件进一步强化，新建农业部重点实验室 12 个，农业部转基因质检中心 6 个，国家农产品加工技术专业分中心 2 个，农业部野外台站 4 个。财政经费稳步增长，全年财政拨款总计 20.12 亿元，同比增长 8%；基建项目投资 3.4 亿元，较 2007 年增长 21.68%。在建项目进度加快，全年完成或基本完成航天育种工程科研楼、院办公楼、果树所综合科研楼等 48 个项目的建设，完成 29 个项目的竣工验收。

（四）以创新团队建设为先导，全面强化人事人才工作

一是大力推进创新团队建设。制定我院《优秀科技创新团队管理办法》，组织召开创新团队建设工作会议，完善创新团队创建的措施和办法，确定了我院首批重点建设的 13 个优秀团队。

二是继续深化干部人事制度改革。制定全院管理岗位、专业技术岗位和工勤技能岗位设置方案，颁布并组织实施《中国农业科学院岗位设置管理暂行规定》等岗位设置和人员聘用办法。

三是认真做好领导班子换届和调整。完成草原所等 16 个单位领导班子、党委换届和领导班子届中考察。全年共任免所局级干部 19 人次，一批年富力强、德才兼备的干部走上了领导岗位。

四是全力抓好研究生教育工作。继续扩大招生规模，提高生源质量，评选院级优秀博士论文，促进研究生教育数量和质量并重发展。继续扩大与国外知名大学的联合培养，首次招收了 11 名外国留学生。

2008 年，我院科技人才工作取得显著成效。被中组部授予首批"海外高层次人才创新创业基地"；研究生院连续七年以农学第一名蝉联"中国一流研究生院"并被评为北京市教委"北京地区学位与研究生教育管理先进集体"和"北京地区研究生学位工作优秀单位"。

（五）结合农业农村经济发展，加快科技成果转化与推广

一是加强省院科技合作。在过去的基础上，2008 年与河南、江西省人民政府签署了科技合作协议，全面启动与宁夏的科技合作。加强青海省农业科技人才培训。制定我院"科技支疆"工作方案和"科技援藏"工作计划。与辽宁省共同举办第十二届中国北方农业新品种新技术博览会。组织参加第二届中国生物产业大会、第十五届中国杨凌农业高新科技成果博览会等农业新技术新产品展示展销会，积极展示推广全院科技成果。

二是积极参加农业部组织的科技下乡活动。组成专家赴安徽省指导农业生产，赴井冈山地区开展科技扶贫，赴河北省开展放心农资下乡进村活动。组织编制我院"保障农产品供应科技支撑行动计划"，明确了工作内容，强化了计划实施。

三是推动科技成果产业化开发。召开兽用生物制品及兽药产业发展研讨会，研究探讨我院兽用生物制品及兽药产业长远发展的重大问题；继续扶持种业、饲料、保健品等支柱产业的发展，加强新产品的开发和推广，完成对我院全资和控股企业的调研。

2008 年，我院科技转化与推广工作成效显著，水稻、小麦、大豆等主导新品种和高产栽培技术转化推广面积不断扩大。"中黄 13"年推广面积达 1 100 多万亩（1 公顷＝15 亩，下同），跃居全国大豆品种推广面积第一位。超级水稻新品种"中浙优 1号"年推广面积 500 多万亩，产生经济效益 5 亿元。推广蔬菜花卉新品种 60 多个，新技术 23 项，推广面积达 400 多万亩，社会效益显著。推广口蹄疫系列疫苗 5 亿多毫升，累计免疫猪、牛、羊等 2 亿多头份。

（六）围绕高水平科研合作，大力推动国际合作向纵深发展

一是瞄准国际重大战略计划，促进高水平科研协作。针对重点国家及国际组织重大计划，分类制定我院战略实施方案，谋划我院国际合作全球战略。种质资源国际计划、欧盟框架计划、国际农业研究磋商组织挑战计划等重大项目得以具体落实。提升双边合作层次，增强高层合作。新签署合作协议或谅解备忘录达 14 份，胡锦涛主席和温家宝总理与孟加拉、哥斯达黎加、巴基斯坦国家元首，分别出席了我院与孟、哥、巴三国农

业科研机构的合作谅解备忘录签字仪式。

二是积极开拓新渠道，加强与私营部门和国际基金会合作。2008 年，我院落实国际合作项目经费 2.46 亿元，比 2007 年增长了近两倍。与比尔·盖茨基金会签署了水稻生产技术项目协议，获得项目经费 1 860 万美元，是我院建院以来争取的经费支持力度最大的国际农业科技合作项目；完成援助阿尔及利亚土壤项目可行性考察，完成任务投标，获得 5 800 万元资助。与加勒比开发银行等的合作进展顺利。

三是进一步加强国际合作平台建设。国际马铃薯中心亚太分中心谈判工作取得了突破性进展，东道国协议已经农业部和国际马铃薯中心确认并报外交部审批；与国际干旱地区农业研究中心、国际灌溉管理研究所、国际应用生物科学研究中心等国际组织，联合成立了 3 个联合研究中心和联合实验室。设立院国际合作专项经费，重点支持我院急需的技术及合作。牵头组织设计了全国农业科技国际合作信息平台项目，进一步推进了全国农业科学院系统外事协作网络建设。举办了"第三届国际马铃薯晚疫病大会"、"国际棉花基因组大会"等 12 个国际会议。

四是加强调研和规划设计，摸清国际合作新要求。举办首期外事培训班，加强对我院各研究所、各学科群、兄弟单位以及各国际组织的调研，提出了我院今后与国际农业研究磋商组织等合作的领域、方式和机制。根据国家中长期科技发展需求，对生物技术、气候变化等 10 个技术领域进行梳理。

（七）全面加强党建、反腐败及创新文化建设

2008 年，我院党的组织建设和制度建设得到进一步加强，党员的先锋模范作用和党组织的战斗堡垒作用进一步凸现。健全完善了惩治和预防腐败体系，广大党员和领导干部廉政意识进一步增强，工作作风进一步转变，综合素质进一步提高。

一是加强党建工作。注重党委班子自身建设，举办党办主任和党支部书记培训班，不断强化基层党组织建设。以多种形式深入开展学习党的十七大、全国"两会"和党的十七届三中全会精神。充分发挥《院报》、网络等媒体和《思想政治工作与人才建设》期刊的作用，宣传典型，弘扬正气，发挥正确的舆论导向作用。

二是有效推进廉政建设工作。出台了《中国农业科学院党组〈建立健全惩治和预防腐败体系 2008~2012 年工作规划〉实施办法》；全面落实党风廉政建设责任制，狠抓领导干部廉洁自律，全年各单位领导干部述职述廉 541 人次，领导干部任前廉政谈话 125 人次，执行党员领导干部报告个人有关事项 463 人次；完善廉政监督机制，出台我院《基本建设项目招投标廉政监督办法（试行）》和《政府采购项目招投标廉政监督办法（试行）》，规范我院招投标监督工作。出台《中国农业科学院基本建设项目审计监督管理办法》，明确基建项目"实施和监督分离"的原则。全年共完成基建项目审计 18 项，完成所长任期经济责任审计 12 项。

三是深入开展精神文明创建活动。组织开展"迎奥运、讲文明、树新风"系列活

动。组织开展我院 2004～2007 年度"十佳青年"、2007～2008 年度文明单位、文明职工及标兵评选活动。通过科技文化双下乡等形式，进一步加强与解放军艺术学院的合作，连续 15 年被评为海淀区"军民共建先进单位"及 2008 年全国"爱国拥军模范单位"。

四是积极推进创新文化建设。组织召开全院创新文化建设工作会议，组织宣传交流各单位创新文化建设成果，完成院部新办公大楼标识导示系统的设计、制作和安装，进一步推动全院规章制度建设。

二、以科学发展观指导农业科技创新

学习实践科学发展观活动是当前及今后院党组的一项中心工作，是全院党员干部政治生活中的一件大事。经过学习调研、分析检查两个阶段，全院干部职工对科学发展观的认识有了很大提高，更加自觉地以科学发展观指导农业科技创新，以科学发展观统领我院工作全局。

以科学发展观指导农业科技创新，必须清醒认识新的发展环境。从国际环境看，全球化在波折中发展，制约可持续发展的瓶颈凸现，科技与创新日渐成为驱动经济社会发展的主导力量。从我国发展要求看，要加快转变经济发展方式，加强农业基础地位，确保国家粮食安全和多样化需求；加强生态环境建设，促进可持续发展。从国家创新体系的发展变化看，国家科技投入将大幅增长，市场对创新资源配置的基础作用不断增强，中国科学院、大学、企业及省级农业科研机构的创新能力快速提升，跨国涉农企业研发机构在华迅速发展，对我院创新水平、能力、效率和体制创新提出了新要求，形成了竞争合作的新格局。

以科学发展观指导农业科技创新，必须认清农业发展对农业科技创新提出的新要求。我们必须抓住制约我国农业农村经济发展的重大瓶颈问题和对长远发展起关键与先导作用的重要科技领域，依靠科技创新，解决粮食安全、生态安全、农民增收以及农业可持续发展问题。

以科学发展观指导农业科技创新，必须前瞻思考、谋划未来。我院要为中国农业发展做出基础性、战略性、前瞻性的贡献，必须要以全球的视野、发展的理念，站在世界农业科技发展的前沿和我国农业现代化建设的战略高度来思考。不断解放思想，促进新的发现和新的突破，同时组织结构、人才队伍、管理模式、资源结构与来源也要前瞻，使我院真正发挥国家农业科研中的主力军和领头羊作用。

以科学发展观指导农业科技创新，必须树立正确的科技价值观。要紧紧围绕为农业农村经济发展服务这一中心任务，把国家目标放在引领科技创新活动的突出位置。要把自主创新融于价值理念、政策制度、管理机制的各个方面，形成促进自主创新的文化氛围。引导广大科技人员和干部职工树立正确的世界观、人生观、价值观，不断在为国家、人民和"三农"服务的实践中实现理想和价值。

以科学发展观指导农业科技创新，必须求真务实、解放思想和创新体制机制。要深刻认知客观规律，深刻认识农业科研规律、人才成长规律和科技管理规律，坚持按客观规律办事。要真抓实干，切实将我院出台的各项重大改革发展举措落到实处，取得实效。切实防止浮夸、浮躁，反对形式主义。努力破除制约和影响改革创新发展的各种旧观念、旧思维，革除阻碍科技创新的各种体制机制障碍，在实践中不断探索和创造科研活动组织新模式。

目前，我院深入学习实践科学发展观活动已经进入整改落实阶段，我们要认真制定切实可行的整改落实方案，把开展学习实践活动的成效体现到解决突出问题、促进科技创新、推动农业科技发展上来，用科技创新的实际成果来衡量和检验学习实践活动的成效。

三、2009 年主要任务

2009 年，是加速完成"十一五"各项工作部署，实现"十一五"计划目标的关键一年。我们要持续提高自主创新能力，加大重大成果培育的力度，加快科技成果转化推广的步伐。主要任务是：

（一）加强科技创新，加快培育重大成果

要科学规划、继续提高科研立项水平。重点组织做好"973"、"863"、科技支撑等国家主体科技计划的申报立项工作，全面提高我院项目引领能力，继续扩大我院重大科研项目的份额。

要统筹布局，规范项目实施管理。要加大工作力度，积极组织实施好各级各类项目，提高科研投入产出效率，提高科研产出水平，提升我院在全国农业科技界的地位和影响。

要细化措施，着力培育重大成果。继续按照"顶天立地"的要求，实事求是，针对我院实际情况，研究提出"十一五"后两年重点培育目标，提前介入，大力扶持，加强组装集成，提高成果的分量与水平。

要突出重点，做好国家奖的申报工作。重视和加强报奖组织工作，及时总结经验，提升申报质量和水平，提高初评入选比例。统筹协调各级各类奖项报奖工作，鼓励联合申报、分期申报，努力夯实冲击国家奖的基础，加大国家奖申报的力度。

要把加强全国农业科研协作，作为培育重大成果，带动全国农业科技事业发展的一项战略措施，做实做好。

（二）　大力加强创新团队建设

在"十一五"末乃至今后相当长时期内，我院将努力建设100个左右在重点学科领域具有明确稳定的主攻方向，在国内外具有一定影响和发展潜力的科技创新团队；从中遴选并扶持20个左右能够引领国内外学科发展的优秀队伍，力争3~5个获得国家自然科学基金委员会创新研究群体科学基金的支持。围绕上述目标，2009年的主要工作：

一要加强政策引导和宣传动员，把全院干部职工的思想认识和行动统一到院党组的重大工作部署上来，政策上给予倾斜，人、财、物上给予大力支持，争取在1~2年内取得突破性进展。

二要紧紧抓住培养、吸引、用好三个环节，按照"重点学科、重点人才、重点经费"三位一体发展战略，全面加强高层次农业科研领军人才的选拔和培养。要坚持在科研实践中培养锻炼人才，大力倡导青年科研骨干深入田间地头、深入一线，不断提升创新能力和解决实际问题的能力。

三要加强院里统一管理团队的建设工作，加强对团队骨干成员的教育培训，在组织领导、管理机制、人才建设、考核分配、文化建设等方面加强调研和指导，帮助这些团队尽快步入快速发展轨道。

四要加强各研究所创新团队的建设与发展，各研究所要在2009年上半年确定本所的创新团队，出台优惠政策和措施，营造良好的创新文化氛围，夯实全院创新团队建设与发展的基础。

五要在研究方向和目标定位上，引导他们瞄准国家发展战略目标、学科前沿问题以及综合交叉性新学科增长点开展重大科学和技术问题研究，争取重大科技专项等各类国家和省部级重大科研计划项目，培育和产生具有国内外重要影响的原创性科研成果。

要建立健全岗位设置管理的各项政策制度，深化专业技术职务评聘制度改革。积极探索与农业科研工作实际情况和特点相适应、与现行工资总额计划管理相对接的绩效工资总量核定办法和分配制度，发挥好工资分配的激励和导向作用，引导广大干部职工务实工作、潜心钻研、团结协作、互帮互助。

要继续加强研究生教育。坚持以质量为本，着重从扩大招生规模、提高生源质量、稳定教师队伍、培育全国优秀博士论文、培养研究生创新能力、做好外国留学生招生和管理工作、加快条件建设和创新文化建设等方面积极开展工作。要适应全国教育改革，注重我院科技发展需求，着力培养研究生的创新能力，为我院科技创新提供支撑和保障。

要进一步加强人才的引进与培养，创造人才成长的良好氛围，建立人才成长的长效机制。当前，中央正在推动实施海外高层次人才引进计划，我院已被列为首批20个"海外高层次人才创新创业基地"之一。各研究所要以此为契机，加大骨干人才、高层次人才的引进力度，把人才引进与创新团队构建紧密结合起来统筹考虑，协调推进。要把是否培养人才、培养科研梯队、培养接班人作为评价一个单位领导、室主任、课题组长业绩的重要标准之一，纳入年度考核评价的范畴，抓实抓好。要建立或完善所学术委员会制度；要实行年度科研进展汇报制度；要创造良好的学术氛围，多出成果与人才。

（三）大力推进科技成果转化推广与应用

要创新科技兴农工作机制。紧紧围绕建设一流农业科技成果转化中心这个战略目标，以优势技术为依托，积极探索加快农业科技成果转化和服务"三农"的新机制。要根据我国农业生产的实际，以解决区域共性问题为重点，强化科研与生产的结合，探索区域间联合协作的有效方式。要激励科技人员以及各方力量广泛参与科技兴农活动，探索加快科技成果转化应用的长效机制。

要精心组织重大科技兴农行动。围绕农业部中心工作，组织做好重大科技兴农活动，扩大良种良法和先进实用技术的覆盖面；认真做好我院"百县农技人员和农村实用人才培训活动"，重点在北京、四川、宁夏等地开展科技培训工作；继续组织实施"科技支疆"和"科技援藏"行动计划；继续开展抗震救灾科技支撑行动，对口做好四川震后恢复生产、科技帮扶工作。

要继续加强院地科技合作。落实与吉林、河南、江西等省的科技合作协议；推进与河北省共同组织的"百名博士兴百县"活动，组织开展第三期合作项目的启动和实施。做好与宁夏的"院区合作、所县共建"科技合作。认真履行与青海、新疆等西部地区签订的科技合作协议，继续做好青海省的科技人员培训工作。

要大力提升我院科技成果的显示度。重点组织好我院与锦州、运城、寿光、廊坊等地共同举办的博览会、对接会和现场展示交易会，促进当地农业发展。会同吉林省农业科学院继续举办玉米产业峰会，推动玉米产业发展。

要积极推动科技产业升级。通过设立院科技成果转化基金等形式，加大对现代先进科技成果转化的扶持力度。通过技术市场广泛宣传、展示、推广我院科技成果。积极筹建国家农业技术转移中心，总结提炼各所产业发展的成功经验和模式，整体推进全院科技产业的升级和发展。

（四）进一步深化国际合作与交流

要瞄准重点领域，稳固推进我院科技创新团队步入国际舞台。充分挖掘和利用国内外资源，推动我院优秀科技创新团队争取国际重大项目。总结比尔·盖茨基金会水稻项目申请经验，争取在禽流感、小麦、棉花等我院优势领域也有所突破。

要争取国家支持，大力推动国家级国际合作平台建设。积极争取政府高层官员和政府项目的支持，加快国际马铃薯中心亚太分中心、中荷农业创新与促进中心、科技部国际合作中心、CGIAR下属研究中心联合示范中心等大型国际合作平台的建设与发展。

要集中优势力量，重点打造国际合作队伍。着力加强国际合作人员外语能力、专业能力、了解外国文化能力、与人交往能力和应变能力5个能力的培养。针对重点国家、重点国际机构和国际农业科技重点问题加强调研，提高国际合作人员跟踪世界把握潮流的能力。

要整合各方支持，加大资源引进力度。积极争取国内各方支持，优化力量，提高优势资源引进和利用率。向重点国家派驻中短期访问学者或合作研究人员，扩大资源收集范围。

要加强条件建设，提供有效支持手段。争取国际合作与交流大楼立项，争取更多资源补充院内国际合作经费，支持各类国际合作协议后续活动，重点资助科研人员和科研管理人员开展国际合作。

（五）努力提升科研平台建设水平

要紧紧围绕我院学科群发展和创新能力建设的需要，进一步加强调研，加强组织领导，科学编制2009年至2020年《中国农业科学院基本建设规划》。

要明确方向，加大重大项目筹划与立项工作力度。要以基本建设中长期规划为指导，继续加强人畜共患病研究中心、国际马铃薯中心亚太分中心等重大项目谋划；积极争取国家农作物种质资源库、中国农业应用微生物研究中心等重大项目立项成功。

要切实抓好全院重点项目实施力度。继续加强基本建设管理培训，进一步加强规章制度建设，提高全院基本建设管理能力和管理水平。重点推进国家农业图书馆、国家口蹄疫参考实验室、马连洼住宅楼等主要工程建设。

要加快在建项目的执行进度，大幅度降低资金结余和在建项目数。继续做好预算执行月报工作，及时掌握项目进展情况，针对不同类型项目，加强特殊督导检查，力争2009年年底结余资金降低到3.5亿元以下，在建项目个数降低到70个以下。

要密切跟踪国家、部门实验室等立项动态，超前谋划，提高申报中标率。积极推进院级平台建设工作，组织评审、评估、命名首批院级野外台站。

要围绕九大学科群、41个一级学科以及12个重点创新领域，优化资源配置，重点抓好"三级三类"平台建设，提高管理与运行效率，积极争取平台运转经费，逐步建成布局合理、条件完善、开放流动、运行高效的平台体系。

要努力把握政策走向，积极参与国家科技财政政策的制定工作，争取上级部门对我院的理解和支持，持续增加全院财政经费。

（六）持续加强党建廉政与创新文化建设

要以改革创新精神加强党的建设，围绕中心工作充分发挥党组织的政治核心作用、党支部的战斗堡垒作用和党员的先锋模范作用。要充分发挥基层党组织推动发展、服务群众、凝聚人心、促进和谐的作用，通过开展喜闻乐见的文体活动，活跃职工生活，增强团队意识，提高凝聚力，为实现我院各项事业又好又快发展提供坚强的政治、思想和组织保证。

要大力加强精神文明建设，努力构建和谐院所。深入开展创新文化建设，努力营造有利于科技创新的文化氛围。要进一步推动全院规章制度的制修订和完善工作，推动各项管理工作的规划化、制度化建设。

要认真贯彻执行《中国农业科学院党组〈建立健全惩治和预防腐败体系 2008 ~ 2012 年工作规划〉实施办法》。坚持依法审计，维护我院经济秩序；强化服务意识，重视查办案件的治本作用；加强督办机制，确保制度落实，重点加大对廉政监督办法及重大项目的监督检查力度；推进反腐倡廉教育进课堂，增强党员领导干部拒腐防变意识。要充分发挥纪检监察审计监督部门的作用，进一步加强全院纪检监察审计干部队伍建设。

要切实加强院所两级院落环境综合治理，建立与国家农业科研机构相适应的科研环境氛围，促进和谐社区建设。

同志们，经过 30 年的探索和发展，我国改革开放已经翻开了新的一页。让我们更加紧密地团结在以胡锦涛同志为总书记的党中央周围，高举中国特色社会主义伟大旗帜，在党的十七届三中全会精神的指引下，深入践行科学发展观，继往开来，开拓进取，在农业部等上级部门的领导下，胜利完成 2009 年的各项工作任务，为社会主义新农村建设及现代农业发展做出新的贡献。

2009 年春节就要到了，我代表院党组，向到会的各位领导同志并通过你们，向全院广大科技人员、全体干部职工拜个早年。祝大家在新的一年里事业兴旺、家庭和谐、生活幸福！

谢谢大家！

中国农业科学院关于印发
《中共中国农业科学院党组关于加强
领导班子与干部队伍建设的意见》的通知

农科院党组发〔2009〕37 号

院属各单位、院机关各部门：

《中共中国农业科学院党组关于加强领导班子与干部队伍建设的意见》已经院党组审议通过，现予印发。请遵照执行。

各单位党政领导要高度重视《意见》的学习贯彻，切实增强抓好领导班子与干部队伍建设的紧迫感和责任感，抓好各项措施的落实。《意见》实施过程中，各单位要结合本单位实际，完善各项制度，积极探索，大胆实践，不断研究新情况，解决新问题，推动领导班子与干部队伍建设工作迈上新的台阶。

中国共产党中国农业科学院党组
二〇〇九年九月十日

中共中国农业科学院党组
关于加强领导班子与干部队伍建设的意见

　　加强领导班子与干部队伍建设，是推进党的建设新的伟大工程、实现全面建设小康社会目标的关键所在。近年来院党组认真贯彻落实中央和农业部的要求，采取有力措施，推进领导班子和干部队伍建设，取得了明显成效，一批政治素质好、业务能力强的优秀中青年科技骨干和党政干部陆续走上了所（局）级领导岗位。当前，农业和农村经济形势正在发生深刻变化，对农业科研工作提出了新任务新要求，领导班子和干部队伍建设也面临着许多新情况新问题。为深入贯彻党的十七大精神和全国组织工作会议要求，进一步加强我院所（局）级领导班子和干部队伍建设，切实提高院属各单位领导班子领导科学发展的能力和水平，努力建设一支政治过硬、作风优良、结构合理、朝气蓬勃、奋发有为的高素质干部队伍，全面推进"三个中心、一个基地"战略目标的建设进程，按照中央的要求和农业部的部署，结合我院实际，现就加强领导班子与干部队伍建设提出以下意见。

一、强化理论武装，坚定理想信念，增强贯彻
落实科学发展观的自觉性和坚定性

（一）坚持不懈地开展理想信念教育

　　各级领导干部要进一步深入学习马列主义、毛泽东思想、邓小平理论、"三个代表"重要思想，深入学习实践科学发展观，准确把握科学发展观科学内涵、精神实质和根本要求，着力转变不适应科学发展的思想观念，提高领导科学发展的能力素质。要将中国特色社会主义理论体系作为院里举办各类干部培训班的一项重要学习内容。各单位领导班子要把理想信念教育贯穿于思想政治建设的始终，在任期内至少要开展一次以理想信念为主题的集中学习教育活动，使领导干部不断提高政治敏感性和鉴别力，进一步坚定共产主义远大理想和中国特色社会主义共同理想。

（二）坚持和完善领导干部学习制度

　　要不断完善中心组学习、脱产进修、干部自学"三位一体"的理论学习机制，不断推进理论学习制度化，建设学习型组织。坚持和改进理论中心组学习制度，制定好中心组年度学习计划，明确内容，保证时间，抓好落实；建立和严格执行集中学习考勤和学习档案制度，做到学习的时间、人员、内容、效果"四落实"。各单位领导班子每年安排不少于2次集体学习研讨。学习研讨要结合研究所发展面临主要问题，确定重点题

目，研究思路对策，做到研讨一个专题、推动一项工作。每年年终，各单位要把中心组学习研讨成果作为年度考核的内容进行述职。

（三）坚持理论联系实际的学风

坚持用理论学习的成果指导工作实践，要把学习教育的成效体现在研究解决实际问题中，善于想大事、议大事、抓大事。所（局）级领导干部每年都要结合思想、工作实际，结合部、院中心工作，撰写上交一篇有理论深度、对工作有指导意义的论文。直属机关党委要负责抓好理论学习的组织工作，开展理论学习成果的评比交流活动，人事局要负责把干部理论学习的考核结果作为选拔任用干部的一项重要依据。

（四）切实提高民主生活会质量

要高标准地开好民主生活会，增强领导班子解决自身问题的能力。领导班子民主生活会要坚持原则、坚持标准、坚持程序，班子主要负责人要带头深入剖析，认真开展批评与自我批评。要在征求意见、查找问题、落实整改措施上下功夫，努力提高民主生活会质量。直属机关党委、人事局、监察局要按照有关要求，切实履行指导和监督的职能，派人参加联系单位的民主生活会。

二、解放思想，开拓创新，突出抓好领导干部能力建设，着力提高工作能力和领导水平

（一）不断增强领导干部的大局意识和创新意识

要坚持解放思想、实事求是、与时俱进，着力破除阻碍科学发展的思想观念。要加强对形势和任务的宏观战略研究和把握，建立"务虚研究"制度，各单位每半年或一年召开一次务虚会，结合国情、院情、所情，对国家农业战略需求和世界农业科技发展前沿等重大问题作战略性和前瞻性研究，研究解决农业科技创新实践中出现的新问题、新情况，不断加深对科技创新规律的认识、对科研管理规律的认识，提高领导干部领导科技创新的能力和加强科研管理的水平，促进研究所又好又快发展。

（二）加大干部的教育培训力度

切实加强对干部教育培训工作的重视和领导。认真贯彻中央关于"大规模培训干部，大幅度提高干部队伍素质"的要求和农业部《关于新一轮大规模培训干部的实施意见》。院党组重点抓好所（局）级及后备干部的教育培训，并积极向农业部争取选派所（局）级干部参加中组部等上级部门调训。院人事局重点抓好副所（局）级和优秀青年处级干部的培训，每年举办一期干部培训班；继续做好组织人事干部培训班和英语强化培训班组织工作。各单位也要把干部教育培训列入重要议事日程，结合本单位的干部、人才和科研业务工作，抓好管理干部和专业技术干部的教育培训。

（三）注重在实践中培养锻炼干部

积极选派所（局）级后备干部、有发展潜力的优秀年轻干部参加援藏、援疆、博士服务团、扶贫和到地方挂职锻炼工作。各单位领导班子要加强对年轻干部的培养锻

炼，敢于放手，敢于压担子，要有意识地安排年轻干部参与处理重大突发事件、参与处理复杂局面、参与承担重大专项等工作。积极推进干部交流轮岗，使干部通过不同环境不同岗位的历练，提高能力，增长才干。研究所还可以结合试验基地、科技示范县（区）、科技推广等，选派年轻干部到地方政府挂职锻炼。

三、坚持和完善民主集中制，加强制度建设，增强班子的凝聚力和战斗力

（一）严格实行民主集中制

民主集中制是我们党的根本组织原则和领导制度，是领导班子的一项根本性建设。领导班子特别是班子的主要负责人必须增强贯彻民主集中制的自觉性和坚定性，正确处理好所长负责制与党委的监督保证作用的关系，处理好所长负责制与班子每位成员分工负责的关系，按照"集体领导、民主集中、个别酝酿、会议决定"的原则，既要体现所长的决策权、指挥权，又要防止个人专断和家长作风。所长要充分依靠和发挥党委的作用，建立党政良性沟通的渠道，使党委能有效参与研究所重大问题的决策，保证班子决策的有效贯彻，更好地发挥保证监督作用。

（二）维护班子团结，构建和谐集体

领导班子主要负责同志要充分尊重班子成员的意见，调动和发挥每位成员的积极性，带头维护和增强班子团结，切实履行好"出主意、抓大事、带班子、用干部"的职责。班子成员要增强全局观念和团队意识，自觉服从集体决定，在职责范围内积极主动、认真负责地做好各项工作。领导班子内部要互相信任、互相支持、互相谅解、互相补台，遇到不同意见坦诚相见，加强沟通，努力构建和谐的领导班子集体，切实增强凝聚力和战斗力。对领导班子的团结情况，要继续作为党内监督和班子考核的重要内容。

（三）完善决策机制和议事程序，推进决策科学化民主化

进一步坚持和完善所务会、所长办公会、党委会等会议制度，制定事关全局性的重大决策、重要干部任免、重大项目安排及大额度资金使用的决策程序和机制，建立内部情况通报、重大决策咨询等制度。进一步明确决策的会议形式以及各种会议的不同功能，做到程序清晰，运作规范。同时要树立依法决策的观念，坚持在宪法和法律的范围内开展决策活动，严格按规定程序决策，保持决策的严肃性、连贯性和稳定性。

（四）建立和完善谈心谈话制度

要健全和落实班子内部谈心制度，切实关心爱护干部。党政"一把手"要经常主动与班子成员进行谈心交流，加强领导班子的内部通报、沟通协调机制；建立领导干部任（免）职前谈话制度、廉政谈话制度和提醒谈话制度；要建立院领导与研究所领导干部谈心制度。院领导将结合日常工作和专题调研，每年与不少于1/3的院属单位主要领导进行谈心，听取意见，了解情况，加强思想政治工作，切实关心爱护干部。

四、加强作风建设，全面促进领导班子勤政廉政

（一）加强领导干部的党性修养

加强党性修养是领导干部作风养成的基础性、根本性工作。各级领导干部要不断提高思想道德境界，增强拒腐防变和抵御风险能力。坚持继承光荣传统和弘扬时代精神相统一，坚持改造客观世界和改造主观世界相统一，坚持加强个人修养和接受教育监督相统一。把个人自觉与党组织的严肃教育、严格要求、严格管理和严格监督统一起来，把党内监督与群众监督、舆论监督结合起来，切实做到风清气正，情操高尚。

（二）弘扬艰苦奋斗之风

认真学习贯彻《中共中央关于加强和改进党的作风建设的决定》，牢记"两个务必"，做到"八个坚持、八个反对"，大力发扬艰苦奋斗和勤俭节约的优良传统。领导干部要带头按照中央有关厉行节约的要求，简化公务接待工作，严格遵守因公出国（境）管理制度，禁止一般性考察和公款旅游。精简会议和文件，压缩会议费用，控制会议规模，提高会议质量。

（三）大兴求真务实之风

注重研究解决长期积累的难点问题、群众关注的热点问题。加强调查研究，强化督促落实，做到重实际、讲实话、出实招、办实事、求实效。对领导班子集体研究决定的事项，要大胆负责，积极办理，坚决防止和克服推诿扯皮、拖沓懈怠的不良风气，切实做到事事有着落、件件有回音，充分发挥领导班子讲党性、重品行、作表率的作用。要建立领导干部接待日、领导干部联系点等制度，了解群众所思所想，千方百计为群众排忧解难，推动研究所和谐发展。

（四）坚持严于律己之风

领导干部要落实廉政责任，认真执行《中国共产党党内监督条例（试行）》和《中国共产党纪律处分条例》等有关规定，秉公用权，廉洁自律，自觉接受组织和群众的监督。建立和完善党风廉政建设和反腐败工作领导体制和工作机制，层层签订廉政责任书，全面落实党风廉政责任制，加强党风廉政建设检查，建立巡视工作制度，确保构建惩防体系各项任务落到实处。

五、以优化班子结构为重点，加强组织建设

（一）优化领导班子年龄结构

针对我院干部队伍整体年龄偏大，一些单位领导班子没有形成合理的年龄梯次结构的情况，进一步加大对年轻干部的培养选拔力度，优化领导班子的年龄结构。在今后所（局）级领导班子换届中，领导班子中要尽可能配有40岁左右的干部；所（局）级领导班子正职中，要有一定数量45岁左右的干部。争取到2015年，我院所（局）级领

导班子要形成由不同年龄段干部构成的梯队配备。

（二）改善领导班子的专业知识结构

围绕加强领导班子的能力建设，提高领导班子成员的知识层次和专业水平。争取到2015年，所（局）级领导班子成员全部达到大学本科以上学历，研究生学历达到50%以上；进一步优化专业知识结构，形成一支由战略科学家、科研管理专家、党政管理专家、优秀科技骨干组成的，以中青年为主，富于创新活力，开拓进取、精干高效的领导干部队伍。

（三）加大女干部和党外干部工作力度

从优化领导班子结构、加强干部队伍建设的实际需要出发，坚持加强培养、广泛选拔、注重使用的原则，采取有效措施，有计划、有步骤地选配少数民族干部和非中共党员干部，并在所（局）级干部队伍中保持一定数量的女干部。

六、加强后备干部培养，高度重视管理干部队伍建设，大力培养选拔优秀年轻干部

（一）加强后备干部的培养和管理

原则上按照所（局）级后备干部正职1：2、副职1：1的比例，保持一支正职60人左右、副职100人左右动态的所（局）级后备干部队伍。院里和研究所要明确责任，协调一致，共同加强对后备干部的培养。对有发展潜力的正所（局）级后备人选，院里将采取培训、交流、挂职等方式，有计划、有步骤地进行关键岗位、艰苦环境和承担艰巨任务的锻炼。研究所党政领导班子，也要结合本单位的实际，研究制定有针对性的具体培养措施，抓紧培养，并形成制度。

（二）要高度重视管理干部队伍的建设

有效的管理是促进科技事业发展的重要条件。管理部门承担着大量的管理、协调和服务性工作，是培养锻炼干部综合能力的重要岗位。要及时把基本素质好、工作能力强、有发展潜力、群众公认的优秀年轻干部放到管理岗位上，经受锻炼，为他们的成长创造有利条件。

（三）建立院、所两级联动机制，大力选拔优秀年轻干部

要把培养选拔年轻干部作为我院人事制度改革与发展的新突破口，加大力度、加快步伐，让更多德才兼备的年轻人走上各级重要领导工作岗位。各单位要注重选拔优秀年轻干部充实到中层干部队伍，形成不同年龄段的中层干部队伍。要进一步解放思想，破除论资排辈的束缚，特别优秀的高级专家担任研究室领导职务可不受其原来行政级别的限制，大胆破格提拔。到2015年，各单位应充实一批35～45岁的干部到中层干部队伍中来。院人事局要加强对各单位的指导和监督。

七、适应形势任务要求，进一步推进干部人事制度改革

（一）稳步推进竞争上岗工作

坚持竞争上岗、公开选拔与常规的选拔任用方式相结合，更加注重干部的日常表现，树立积极的用人导向。提拔院机关处级干部和各单位职能部门的负责人，原则上都要进行竞争上岗，择优任用。根据岗位性质和工作需要，也可以从符合条件的优秀干部中直接提任。

（二）完善党政领导干部考核制度

按照中组部《党政工作部门领导班子和领导干部综合考核评价办法（试行）》的要求，认真组织实施综合考核评价工作。加大考核结果运用的力度，坚持把考核结果作为干部使用、培养和奖惩的重要依据，真正做到对优秀者重用，对有潜力者培养，对落后者鞭策。

（三）稳步推进领导干部任期制度和任期目标管理

根据《党政领导干部职务任期暂行规定》和《农业部直属单位司局级领导干部任期制暂行办法》，积极稳妥地推进研究所领导干部任期制试点工作。领导班子和班子成员每个任期为5年。新班子任命后，所长要在征求意见、调研的基础上，在3个月内制定出任期目标。任期目标要明确为具体指标，通过中层干部会或职工大会审议，由党政领导班子集体研究确定，并报农业部人事劳动司和院人事局备案。要根据任期目标，结合班子成员工作分工和岗位职责，对任期目标按年度进行分解，制定出年度任务目标。院党组通过任期考核和届中考核，加强对班子任期目标管理和领导班子工作情况的监督指导。

中共中国农业科学院党组
关于加大海外高层次人才引进力度
大力推进创新创业基地建设的意见

农科院党组发〔2009〕26 号

院属各单位、机关各部门：

2008 年底，中央制定并实施海外高层次人才引进的"千人计划"，我院等 20 家单位被中央人才工作协调小组确定为第一批建设的"海外高层次人才创新创业基地"。为贯彻落实中央"千人计划"战略部署，以及"海外高层次人才创新创业基地"建设的责任要求，我院成立了"海外高层次人才创新创业基地建设领导小组"；制定了《海外高层次人才创新创业基地建设方案》，启动实施了海外高层次人才引进的"1351 计划"；部分院属研究所迅速行动起来，积极物色"千人计划"人选，人才引进和基地建设工作正在稳步推进。为进一步加大海外高层次人才引进力度，加快推进中国农业科学院海外高层次人才基地建设，现提出如下意见。

一、解放思想，提高对引进海外高层次人才的认识

引进海外高层次人才，是中央实施人才强国战略作出的重大部署，是深入贯彻落实科学发展观、建设创新型国家、实现全面建设小康社会奋斗目标的重大举措，也是用较短时间拥有一批世界一流人才，不断提高我院创新能力的重要途径。院属各单位要高度重视，特别是研究所主要领导。要站在推动农业科技进步，支撑现代农业建设的战略高度，解放思想，转变观念，切实提高对海外高层次人才引进工作的重要性和必要性的认识，增强对海外高层次人才引进工作的紧迫感和责任感。要抓住机遇，求真务实，放开眼界、放开思路、放开胸襟，加大海外高层次人才引进的工作力度，大力推进海外高层次人才创新创业基地建设。

二、拓宽渠道，加快海外高层次人才的引进步伐

按照《中国农业科学院海外高层次人才创新创业基地建设方案》的目标任务，加快实施"1351 计划"，即用 5～10 年的时间，引进 10 名左右符合"千人计划"条件的战略科学家和科技领军人才；30 名符合农业部要求的海外高层次人才；50

名符合我院要求的优秀学术骨干和具有良好发展潜质的中青年科技创新人才；100名柔性引进的海外高层次人才，并逐步将智力引进过渡到正式加盟。各单位要紧密结合本所研究方向和国家农业科技需求，谋划人才队伍发展和团队建设的长远战略，积极拓宽渠道，多方面物色人选，加快人才引进和基地建设的步伐，2009年力争引进"千人计划"人选3~5人；部级海外高层次人才5~8人；院级海外高层次人才10~15人。同时，各单位也可根据学科发展和研究所的工作需求，物色并聘请即将退休或近年退休的具有国际一流水平的外国专家来所工作，院将在聘用薪酬上给予特殊补贴。

三、创造条件，搭建海外高层次人才的创新创业平台

要积极落实中央、中组部和国家有关部委关于海外高层次人才引进工作的政策要求，打破常规，提高效率，以超常的举措为海外高层次人才来院工作创造宽松适宜的工作、生活条件，解决他们的后顾之忧，为他们搭建创新创业的舞台。

在待遇方面，对入选国家"千人计划"人才可聘为二级研究员，提供100万元的年收入和100平方米左右的住房；对部级和院级海外高层次人才可聘为三级、四级研究员，提供50万元和30万元的年收入，提供80平方米以上的住房。

在科研和工作条件方面，对于"千人计划"人才，院所协调提供科研启动经费300万元和相应的办公和实验条件，配备相应的科研助手和辅助人员。对于部级、院级海外高层次人才，提供不低于100万元的科研启动经费和相应的办公实验条件。对引进的"千人计划"人才，要安排担任相关研究中心（室）的领导职务，也可以新建相关的研究室（实验室）。研究所要积极为海外高层次人才争取修购专项的支持，保证引进人才科研条件的改善和仪器设备的购置。

院所要共同做好引进人才的户口落实、家属随迁、子女就学等事宜，积极协助、落实"千人计划"人才配偶工作安置问题。

四、完善机制，优化海外高层次人才的创新环境

高层次人才充分发挥作用要以充满活力和效率的体制机制为保障，要创新有利于引进和用好海外高层次人才的体制机制，要集中资源，优化政策，创造有利于人才充分施展才华的工作环境，形成海外高层次人才的新型使用和激励制度，为他们施展才华提供机会和舞台。要充分信任、放手使用、委以重任，让他们有机会领衔或参与重大科研和工程项目，有职有权有责。对我院急需加强的学科或重要研究领域，可以根据他们的专业特长建立实验室，制定专门政策，聘任担任相应的领导和专业技术职务。同时，要结合创新文化建设工作，积极营造尊重个性、鼓励创新、宽容失败的宽松环境。要遵循科研规律，借鉴国际先进经验，探索实行国际通行的

科学研究和管理机制，以待遇留人、事业留人、感情留人，加快推进海外高层次人才创新创业基地建设，使海外高层次人才引得进、用得好、留得住。

　　　　　　　　　　　　　　　　　　中国共产党中国农业科学院党组

　　　　　　　　　　　　　　　　　　二〇〇九年八月六日

中国农业科学院关于表彰 2009 年度
任务目标、工作任务完成（执行）情况
考核结果优秀单位（部门）的通知

农科院人〔2010〕30 号

院属各单位、院机关各部门：

　　根据《中国农业科学院院属单位年度任务目标考核暂行规定》，经 2010 年 1 月 19 日院党组会议研究审定：哈尔滨兽医研究所、人事局等单位（部门）为 2009 年度任务目标考核结果优秀单位（部门），现予以表彰。

　　附件：中国农业科学院 2009 年度任务目标考核为优秀的单位（部门）名单

中国农业科学院
二〇一〇年一月二十二日

附件：

中国农业科学院 2009 年度
任务目标考核为优秀的单位（部门）名单

一、综合考核为优秀的单位名单

哈尔滨兽医研究所、油料作物研究所、作物科学研究所、植物保护研究所、蔬菜花卉研究所、中国水稻研究所、棉花研究所、农业资源与农业区划研究所、生物技术研究所、兰州兽医研究所。

二、单项任务目标考核为优秀的单位名单

1. 科技创新：作物科学研究所、哈尔滨兽医研究所、油料作物研究所、植物保护研究所、中国水稻研究所。

2. 成果转化：特产研究所、兰州兽医研究所、哈尔滨兽医研究所、油料作物研究所、棉花研究所。

3. 交流与协作：作物科学研究所、哈尔滨兽医研究所、农业经济与发展研究所、植物保护研究所、农业环境与可持续发展研究所。

4. 人才与团队建设：作物科学研究所、植物保护研究所、中国水稻研究所、哈尔滨兽医研究所、农业资源与农业区划研究所。

5. 条件建设：哈尔滨兽医研究所、油料作物研究所、棉花研究所、农产品加工研究所、特产研究所。

6. 党建与精神文明：兰州畜牧与兽药研究所、蔬菜花卉研究所、研究生院、油料作物研究所、农业资源与农业区划研究所。

三、综合考核为优秀的部门名单

人事局、国际合作局、科技管理局。

四、单项任务目标考核为优秀的部门名单

1. 工作作风：人事局、国际合作局、科技管理局。
2. 业务水平：人事局、科技管理局、国际合作局。
3. 工作效率：人事局、国际合作局、科技管理局。
4. 部门职责完成情况：人事局、科技管理局、国际合作局。

深切缅怀人民科学家钱学森同志

中国农业科学院

（2009 年 11 月 4 日）

苍天肃穆，大地哀恸，一颗科学巨星陨落了。带着对宇宙奥秘的孜孜探索，带着对祖国和人民的无限深情，钱老安详地走了，离开了他牵挂一生的中华民族。

钱学森先生是我国航天科技事业的先驱和杰出代表，是"中国航天之父"。我们很难想象，如果没有钱老，如果没有航天科技的发展、没有"两弹一星"，中国会是什么样。落后就要挨打的教训是永远刻在炎黄子孙身上的深痛烙印。是钱老为当年蹒跚学步的新中国带来了希望和信心，到今天我国已拥有自立于世界之林的航天科技和航天工业，挺起了亿万中国人民的脊梁！如今，航天科技更是广泛应用于农业、气象、勘探等国民经济建设的各个领域，仅航天育种搭载，就试验新品种 1 200 多个，为新中国的和平建设及农业发展发挥了重要作用。

钱老是我国杰出的科学家和思想家，长期以来，他一直关心着我国农业和农业科技、关心着中国农业科学院的发展。1984 年，钱老在中国农业科学院第二届学术委员会议上作了题为"第六次产业革命和农业科学技术"的学术报告。他提出，要充分利用生物资源、运用全部现代科学技术，发展农业型的知识密集型产业，它可以分为农田类的农业、林业、草业、海业、沙业 5 类；创建和发展这一产业，要成立研究中心，组织各学科力量协作攻关，要以系统工程的概念，建立技术总体工程部门来组织指挥生产。他回顾了人类历史的五次产业革命后，创造性地提出，创建农业型的知识密集型产业所引起的生产体系和经济结构的变革，将成为 21 世纪在社会主义中国出现的第六次产业革命。他的这些高瞻远瞩的建议，对当时我国农业和农业科技的发展具有很强的指导意义，尤其是今天我们重温这些精辟论述，更是为他 25 年前的深刻创见和远见卓识所深深的鼓舞和震撼。

中国农业科学院作为农业科研的国家队，将认真学习钱老的论著和思想，进一步明确发展目标和思路，加大科技创新和成果转化力度，为发展现代农业和建设社会主义新农村提供强有力的科技支撑，为创建农业型的知识密集型产业，完成农业科技率先进入世界先进行列的历史使命而努力奋斗。

钱老的一生，把全部的心血奉献给了科学事业，把全部的精力奉献给了祖国和人民。他最后说的一句话是：希望中国日益强大！短短八个字，让我们心潮澎湃、泪蓄而涌；短短八个字，是钱老一生的信仰和功绩的凝炼；短短八个字，对我们发出终生学习奋斗的号令。

巨星陨落，划过天际留下了璀璨的光芒。钱老的离去，带给人们无尽的哀思，而他的科学成就和爱国情怀却生生不息，永远激励、鞭策、指引着我们在农业科技自主创新的大道上奋勇前进，依靠科技进步尽快实现古老农业文明的伟大复兴，推进中国和世界走进新的时代。这是钱老的心愿，也是我们对他老人家最好的怀念。

钱学森同志千古！

二、科研与推广

中国农业科学院
2009 年科研计划执行情况

　　2009 年，在中国农业科学院党组领导下，全院科技人员以科学发展观为指导，着力加强科技创新、重大成果培育和创新团队建设，积极促进学科、项目、平台、人才、成果的有机结合，全面提高科研产出水平，为推动我国农业科技进步做出了显著贡献，为农村和农业经济发展提供了有力的科技支撑。2009 年全院新增主持科研项目 1 421项，参加 248 项，合同经费总额 11.6 亿元；取得科技成果 139 项，其中获奖成果 82项，包括国家科学技术进步奖二等奖 6 项，中华农业科技奖 12 项，省部级奖 26 项，其他奖 38 项；有 90 个农作物新品种通过国家或省级审定，获品种权 20 个，国家专利 156项，新兽药证书 1 个，软件著作权 67 个，公开发表论文 4 319篇，其中 SCI 收录 620篇，出版科技专著 190 部。

一、农作物种质资源

1. 种质资源收集与鉴定评价
　　收集整理：收集野生稻、玉米、大麦、小麦近缘植物、食用豆、小宗作物等国内外种质资源 2 750份，蔬菜 2 100 余份，重要花卉 858 份，麻类 250 余份，茶树 248 份，烟草 331 份，苹果、梨、桃等各类果树约 300 份，野生、濒危、珍稀特油作物 85 份，以及扶芳藤等各类能源植物 60 余种。
　　入库更新：完成了玉米、食用豆、棉花、花生、麻类等 25 种（类）作物 3 852份种质资源入长期库保存，使长期库保存种质资源达到 39 万余份；完成了水稻、小麦、玉米、大豆、食用豆等 12 种（类）作物 8 827份入中期库保存，使中期保存总份数达18.4 万余份；对棉花中期库 350 份材料进行了繁殖更新并去杂自交保存；完成国家烟草中期库种质繁种更新 906 份。
　　鉴定评价：对小麦、玉米、水稻、大豆、食用豆和小杂粮等种质资源进行了抗病虫、抗逆和品质鉴定评价 7 841多份次，筛选出一批抗病性突出的种质；在不同生态棉区对棉花中期库 330 份优良种质进行鉴定，初步获得了表现稳定的优异种质 257 份；通过苗期人工接种鉴定评价蔬菜种质 13 228份，获得一批具有优异性状的甘蓝、黄瓜、西葫芦、番茄、胡萝卜和马铃薯材料；筛选出重要花卉优良种质 60 余份；发掘出早生和酯型儿茶素含量超过 17% 的优质茶种质各 1 份，筛选出低咖啡碱茶种质 4 份；对 163 份苎麻材料进行了农艺性状和纤维品质的调查和测定，对 808 份苎麻种质资源叶色、叶形

等的生物特性信息进行了补充，初步构建了核心种质，完成 100 份红麻种质资源的鉴定
评价和 52 份大麻（工业用）品种主要性状观察，初步筛选出一批红麻、黄麻、大麻
（工业用）优异创新材料；对 856 份（次）烟草种质资源进行主要病（虫）害抗性鉴
定，对 219 份种质资源进行了品质鉴定；完成 24 份特油作物种质资源的抗病虫、抗逆
和品质鉴定，获得一批氮高效、耐密植、耐迟播等重要性状突出的优异种质；筛选出一
批石细胞含量极低、适宜制汁等优异性状的梨资源和高抗斑点落叶病的苹果资源；开发
了基于 SSR 引物检测的桃品种分子身份编码鉴定技术；调查了葡萄资源圃 867 份种质
的 47 项质量性状和 3 项数量性状；对引进的 50 余份西洋梨品种进行特性调查评价，筛
选出适合我国栽培的加工专用品种；初步建立了苹果砧木抗旱性评价指标体系。

2. 种质资源挖掘与创新

应用核心种质建立：构建了小麦、水稻、大豆、燕麦、荞麦等作物的抗病、抗逆、
优质、高产等应用核心种质和微核心种质；建立了全国小麦核心种质有效利用协作网，
向全国 25 个科研单位提供小麦微核心种质、应用核心种质与优异基因资源 25 810 份次。

骨干亲本研究：通过系谱和表型分析，初步勾画出骨干亲本的表型特征，基本完成
了小麦、玉米、水稻骨干亲本遗传组成在衍生品种中的分布特征，发现了一些与主要农
艺性状相关的基因组区段，针对与产量性状密切相关的等位基因多样性、基因与基因和
环境间的互作开展了大量研究；利用烟草优良组合 R7213 进行了多种病毒病抗性聚合，
逐渐完善抗 PVY、CMV 和 CMV 的骨干亲本系。

种质创新：以水稻微核心种质为供体，创新了抗衰老耐冷、耐冷优质、耐盐碱、抗
旱高产种质各 1 份，有色巨胚、有色甜米、巨胚糯米种质各 3 份；利用杀配子染色体和
电离辐射方法获得小麦-冰草 6P 异源染色体易位系 36 个，以及小麦-冰草染色体代换系
和附加系。创新玉米优异种质 200 份。

二、农作物分子标记与功能基因挖掘

1. 小麦

发现小麦光周期基因 *Ppd-D*1 有 6 种单倍型，明确了不同单倍型的功能和生态分布；
发现 70 个保守的 miRNA 和 23 个新 miRNA；明确了美国春麦品种 Zak 中所含的抗条锈
病基因 *YrZak*，确定了国际鉴别寄主 Strubes Dickkopf 中抗病基因 *YrSD* 在 5B 染色体上的
位置。

2. 水稻

建立了 T-DNA 产量性状突变体库和侧翼序列数据库，形成资源共享平台；参与克
隆了能促进细胞分裂，使稻穗变密、枝梗数增加、每穗籽粒数增多的密穗基因 *DEP*1；
参与克隆了调控水稻叶片适度卷曲、保持叶片直立不披垂的卷叶基因 *SLL*1；图位克隆
了额外颖基因 *EXTRA GLUME*1（*EG*1），揭示了调控颖片形成和小穗发育的新途径；首
次将分子遗传的信号传导基因网络与传统的数量遗传和群体遗传的理论相结合，建立了

用于发现和剖析复杂性状遗传网络的分子-数量遗传学理论模型，并发展了检测方法。

3. 棉花

获得调控纤维发育的 3 个转录因子并进行了基因表达特征分析；获得棉纤维（或表皮毛）特异表达的启动子 *GaMYB*2，并进行了活性鉴定；对纤维发育调控基因 *GhR-LK*1、*GhGPCR*1 和 *GhZPM*1 进行了功能分析；克隆早熟相关基因 *GHMADS*10、*GH-MADS*11 和 *GHMADS*12，并进行了初步功能分析；克隆了抗逆相关基因 *GhDr*1 及启动子，已获得转基因 T1 代植株；克隆到纤维伸长基因 *GbKTN*1 和 *GbXET*，从获得的 T1 代转基因后代中筛选出了纤维长度增长的单株。

4. 蔬菜

完成了黄瓜全基因组测序及相关生物信息学分析，注释了 26 682 个基因，创建了包含 1 800 个分子标记的高密度遗传图谱，将 2 万多个基因定位到了染色体上，并克隆了性别决定、苦味和抗黑星病基因；完成了白菜全基因组精细图谱和甘蓝全基因组草图，开发了一批 SNP 标记和 INDEL 标记；组织并实施了国际马铃薯基因组计划，已完成了单倍体测序，拼接出 716Mb 的基因组，并将 30% 以上的基因序列定位到了染色体上；证明辣椒 *CaMe* 基因参与了抗根结线虫作用。

5. 油料作物

初步完成油菜全基因组测序，已获得框架图，是迄今首个被全基因组测序的异源四倍体植物；利用 SSR、SRAP、AFLP 分子标记对 126 份油菜微核心种质进行了高密度遗传多样性分析和遗传结构分析；确定 *PSY* 和 *PDS*3 为控制类胡萝卜素合成的关键基因；初步获得低芥酸优异油菜种质中控制芥酸合成的关键基因 *FAE*1；初步发现并鉴定了能显著提高油菜菌核病抗性的 5 个基因；分离并验证了 2 个有自主知识产权的含油量相关功能基因；克隆了控制油菜粒重的 *ANT* 基因；克隆了与大豆霜霉病抗性密切相关 *Gms-GT* 基因，研究发现该基因编码蛋白具有丝氨酸乙醛酸转氨酶活性。

6. 果树

完成了柑橘脱落相关基因的转录分析，构建了聚类分析图，发现了一批差异表达的基因，并克隆了富脯氨酸蛋白基因等 5 个基因的全长。获得苹果抗腐烂病 QTL 1 个、抗枝干轮纹病 SSR 标记 1 个和 AFLP 标记 2 个、抗褐斑病分子标记 2 个和果形指数分子标记 6 个，构建了红肉苹果叶片全长 cDNA 文库；构建了一张包括 86 个标记位点的苹果分子遗传图谱，并利用 SRAP 技术初步找到了与柱型基因的标记位点。利用 SSR 标记定位了桃控制萼筒内壁色等多个基因，构建了包含 129 个标记、覆盖 8 个连锁群的遗传连锁图谱，并定位了抗南方根结线虫位点。得到 155 条梨多态性标记和两个遗传连锁群。建立了西瓜维生素 C 和番茄红素含量的分离遗传群体，初步建立并优化了分子标记辅助育种体系。

7. 其他

应用基因芯片检测出一批安吉白茶不同白化阶段差异表达的基因，揭示了不同品种、组织和部位中与茶多酚生物合成相关的 6 个基因的表达规律，鉴定出了与茶树农艺和品质性状相关联的 EST-SSR 标记，成功构建了茶树萌动芽与休眠芽的抑制消减杂交文库，获得了大量差异表达的基因；构建了 42 份苎麻种质资源的分子身份证，筛选 SSR、ISSR、SRAP、AFLP 分子标记，开展了苎麻遗传图谱研究；构建了亚麻的 4 个微卫星文库，获得 3 个亚麻木质素合成途径中关键酶基因全长序列；采用高通量的 solexa 测序技术对 6 个烟草品种的 16 个组织进行转录组测序和分析，发现了大量表达差异显著的基因；从黄单胞杆菌中成功分离到与 $Xa23$ 基因互作的白叶枯病菌无毒基因 $AvrXa23$；从深海硅藻中克隆了高度氮亲和性的硝酸盐转运蛋白 NAT3 基因，已获得 T2 代转基因水稻株系 1 个；证明了 ERF 因子在乙烯和 ABA 生物合成以及逆境胁迫应答中的调控功能。

三、农作物新品种选育

1. 小麦

获得了一批抗病、优质、高产育种材料，"中优335" 等 8 个新品种通过省级审定；初步建立了转基因技术体系，在建立小麦成熟胚高频率再生体系的基础上，利用农杆菌和基因枪介导的转化方法均可获得转基因植株，转化效率为 0.92% ~ 1.46%。通过转 $TiERF1$、$Rs\text{-}AFP2$ 或 $TaPIEP1$ 基因，创制、选育并筛选出纹枯病抗性显著提高且无明显不良性状的新种质 5 份。

2. 水稻

"中9优8012" 等 25 个新品种通过省级以上审定（认定），"中嘉早17" 创 2009 年水稻主产区农业吉尼斯纪录，"中嘉早32" 被农业部认定为超级稻品种；建立了初具规模的分子育种平台，已构建了 20 多个含特异标记的育种群体（$F_4\text{-}F_6$ 代），并进行了每年 2 代的加代选育；通过回交结合分子标记辅助选择，将日本晴的淀粉合成相关基因导入 93-11，形成了近等基因系。初步建立和完善了粳稻规模化转基因技术体系，最高转化效率可达 83%；优化了籼稻转基因技术体系。育成转 $Xa\text{-}21$ 基因抗白叶枯病且无选择性标记的强恢复系和保持系各 4 份，已申报转基因生物安全中间试验；利用转 Xa-21 的恢复系和保持系与抗虫和抗草甘膦转基因材料进行杂交，育成了无选择性标记的恢复系和保持系。选择与细胞程序化死亡紧密相关的 4 个候选基因，采用 RNAi 法抑制表达，以改良水稻抗旱耐盐性。创建了优良品种与高铁、高锌供体杂交的 BC1F6 定位群体，为铁生物强化育种和铁、锌含量 QTL 定位奠定了基础；获得了叶酸强化水稻。

3. 玉米

高产、优质、多抗、广适应性新品种 "中单808" 推广种植 500 万亩。转植酸酶基因玉米的一个自交系获得转基因生物生产应用安全证书，正式进入产业化阶段；初步建立了转基因技术体系，获得转 $Cry1Ah$ 和 $Cry1Ie$ 抗虫基因、抗性为高抗和抗性级别的材料 5 份，已申请环境释放；获得 $AtHS1$、$SiPLD$ 和 $ZmCBL4$ 转基因植株，初步试验结果表明部分植株后代的耐旱性明显提高；获得转 $aroA$ 基因和 Bt 基因的植株 100 多株；获得了转维生素 E 合成代谢途径关键酶 TMT 和 HPT 基因的株系。

4. 棉花

"中棉所 60" 等 8 个新品种通过国家或地方审定；利用创制的优异纤维种质材料选配组合 11 个，其中组合 9 号籽棉产量为 151.39 千克/亩，较国家区试对照品种增产 8.24%，达到陆海杂交组合产量和纤维品质的协调。航天诱变新品系春棉中 508039 和夏棉中 559011 在品系鉴定试验中表现较好，并利用 SSR 和 RAPD 多态性分析初步证实航天诱变处理造成的遗传物质变化。黄萎病抗性达到抗病水平的新株系中植棉 KV-1、KV-2 和 KV-3 在区试中表现良好。

5. 大豆

2009 年，"中黄 13" 推广 1 100 万亩，已连续 3 年位居全国大豆品种推广面积第一位；高产、高油、早熟大豆新品种 "中黄 35" 含油量达 23.45%，被农业部列为 2009 年主推品种；新品种 "天隆二号" 和 "中豆 38" 通过审定。建立起规模化的农杆菌介导法遗传转化技术体系，获得主要受体的最优转化条件。将具有自主知识产权的 GAT 和 EPSPS 双价基因转入大豆，创制出耐 3 倍以上正常剂量除草剂的新材料；将能够提高遗传转化效率的基因转入高产大豆品种中，获得转化苗 T_0 植株；将 C_4 植物光合酶 PPC 基因转入大豆，以培育高产转基因新种质；筛选出了钾高效利用、早熟、抗倒、高产的转基因大豆株系 2 个；获得光敏感性降低的大豆新种质。

6. 油菜

"希望 528" 等 4 个新品种通过省部级以上审定；目前我国通过审定的含油量最高、世界首个适合机械化收获的抗菌核病双低油菜新品种 "中双 11" 在主产区推广 50 万亩以上；新杂交组合 86155 在 2008 ~ 2009 年国家区域试验中含油量达到 49.84%，创我国冬油菜区试含油量新纪录；高芥酸品系 87054 平均芥酸含量 >50%，单株通过精测，其最高芥酸为 54.6%。获得了人工种质拟芥菜型油菜，并实现了与主要种的有性杂交。构建了组织特异性表达和温度诱导表达的安全高效遗传转化体系，通过温度诱导启动子，实现了外源基因定时和定点切除；转基因品系 Z7B10、Z7B16、Z7B22 已完成分子特征、遗传稳定性和环境安全性分析，被批准环境释放。

7. 蔬菜花卉

配制蔬菜新组合 2 562 份，进行了产量、品质、抗病性、耐热或抗寒等性状的综合评价，选育出甘蓝、大白菜、黄瓜、胡萝卜、番茄等优良蔬菜组合 67 个，并已开始在各地试种和示范。配置重要花卉杂交组合 352 个，初步筛选出 6 个优良单株。

8. 果树

配制优质多抗柑橘杂交组合 30 余个，培育杂交苗 900 多株，获得 8 个综合性状较优良的株系；通过连续 3 年田间抗病性和园艺性状评价，筛选获得一批耐生理性缺铁能力显著提高的转基因植株系；通过高接和温室快速评价，筛选获得熟期、品质和抗性得到改良的转基因和分子标记辅助杂交育种柑橘新种质 5 份。配置苹果杂交组合 30 余个，选出新品系 6 个；配置梨杂交组合 20 余个，选出新品系 7 个、砧木优系 2 个；配置桃杂交组合 57 个，初选优株 10 个，复选 3 个；配置葡萄杂交组合 12 个，筛选新优株 4 个。

9. 其他

"中茶 108"和"中茶 302"完成 3 年的全国区试；选育出苎麻纤维用和饲用优良新材料 180 多份、亚麻新材料 189 份；选育出了平均纤维细度在 2 400 支以上的苎麻新品系 5 个、饲用苎麻新品系 2 个、综合性状优良亚麻品系 37 份、红麻新品系 15 个和杂交组合 15 个；获得大麻（工业用）杂交组合 8 个、优良单株 25 株；选送苎麻纤维新品系 NC01 和 3 个红麻新品系参加全国区域试验，结果优于对照及其他参试品种；建立了农杆菌介导苎麻下胚轴和子叶遗传转化体系。加大"中烟 103"等 3 个烟草新品种的示范推广力度。花生新品种"中花 16"和"航芝 2 号"等 3 个芝麻新品种通过审定；新配制甜菜杂交组合 40 个，鉴定筛选出抗病性或丰产性较强的杂交组合 18 个，育成新品种"甜研 311"。

四、农作物栽培

1. 水稻

在全国各地不同稻区、季节和品种上示范应用钵形毯状机插技术，平均增产幅度达 7.8%；针对不同稻区提出了杂草防治方法，制定了 18 省（市）的稻田杂草防控技术规程，对微生物除草剂"克草霉"进行了大田示范试验，对稗草和鸭舌草的防效接近或达到 80%，并探明了其杀草的作用机理。

2. 棉花

揭示了黄河流域一熟春棉和麦后移栽短季棉高产群体的干物质、LAI 消长及光分布特点，阐明了轻简化基质育苗裸苗移栽棉花根系建成规律，明确黄河流域一熟春棉的适宜种植密度为 4 600 株/亩；应用基质育苗移栽轻简技术持续创棉花超高产和双高产；继续开展棉情监测及信息采集、加工和发布工作。

3. 油菜

开展了直播全苗、迟播早发技术研究，开发了播种前种子处理和稻草覆盖处理技术，筛选出"中油杂 12"等 3 个耐迟（直）播品种；机械条播和机械收获试验亩产达 202.5 千克，损失率为 6%～8%；初步明确了南方偏早熟主栽品种的养分需求规律和肥料利用效率，提出了适宜湖北地区的肥料配方，研制出多种高效肥料产品。

4. 果树

获得防治柑橘落果的 2,4-D、氨基态 N、B、Zn、Fe 喷施配比，最佳防治率低于 7%；总结制定了以营养生理调控为核心的早熟加工甜橙促熟提质技术规程和加工甜橙留树保鲜与次年丰产技术规程；构建了橙汁加工原料长周期均衡供应技术体系；建立了各品种固形物、果酸、维生素 C 的偏最小二乘法无损检测数学模型，研发出"柑橘估产系统软件"；提出了梨树简化和省工树体管理技术、树形改造优化技术各 1 项；确立了葡萄设施栽培适用品种的优选评价体系，提出促早栽培高光效省力化树形和叶幕形；初步确立了专用叶面肥配方，建立了规范、高效、节约型的设施生产模式；初步确定了大棚桃树采后修剪方法。

5. 其他

研制了方穴栽培模式，研发了实现耕作、播种及施肥一体化的新型旋耕机及配套定位滴灌技术；利用现代新型光谱、传感器和图像识别技术，建立了农田土壤信息和作物长势快速获取和诊断分析系统；研制了新型绿色生长调节剂 2 个；推广应用以化控为核心的缩株增密、扩穗防衰超高产栽培技术，增产增收效果显著。

在西部地区推广利用非耕地发展蔬菜产业的有机生态型无土栽培技术，取得了显著的社会经济效益；进一步确认了不同生产模式茶园产量、成熟叶氮素浓度、新梢品质成分游离氨基酸对氮肥的线形加平台响应模式，根据 4 年来的结果提出了不同生产模式茶园适宜氮素用量不超过 450 千克/公顷，利用叶绿素反射仪确定氮肥追肥时间和位置，提出了茶树养分管理技术体系；开展了亚麻优质高产和化控无籽抗倒伏栽培技术的研究；初步明确了硒在湖北恩施清江源烟区的分布规律和土壤施硒对烟叶硒含量的影响，进行了硒安全性评价，筛选出适宜种植的品种；明确了鄂西山地烟区绿肥以提前 29 天翻压为宜；总结了甜菜丰产、优质、高效栽培技术规程和纸筒育苗苗床控制技术要点，初步推荐出耐密、丰产、抗病性品种 3 个，推荐了适合不同产区及生产条件的首选播种机机型，初步得出了亩产 2.5 吨、含糖率 16% 的施肥配方，开发了有机胺 SA 型植物生长调节剂喷施技术。

五、植物保护

1. 植物病虫害生物学

病原菌遗传分化与鉴定：揭示了小麦矮缩病毒、大麦矮缩病毒、燕麦矮缩病毒和玉米条纹病毒与其寄主的共分化关系，其进化速度为 10-8 替代/点/年，构建了 58 个中国大麦黄矮病毒-PAV 分离物的系统进化树；首次利用 ISSR 标记对 98 个小麦白粉病菌株进行了遗传多样性研究，证实各省群体间存在迁移；鉴定了来自全国 10 个省（市、自治区）的小麦条锈病 924 份标样、分离菌株或单孢菌系；明确我国北方稻区水稻白叶枯病菌可分为 16 个致病型；证实了葡萄类病毒的多样性与品种相关而非与地域相关；明确了我国葡萄炭疽病的病原为胶孢炭疽菌，分为 3 个致病类型；首次明确了新分类框架下中国青枯菌只存在演化型 I 和 II 型，不存在演化型 III 和 IV 型，发现并命名了 3 个新的序列变种，被法国科学家定义为国际标准菌株。

病虫害流行预测与监测预警：准确预测了 2009 年病害大流行态势，为各级农业主管部门及时制定防控决策提供了技术支撑；明确了我国从北方冬麦区到长江流域麦区均为小麦 1 号病的潜在风险区，明确温度、雪覆天数及降水量等因素与发病率呈非线性相关，构建了预测模型；建立了小麦白粉病的高光谱和航空遥感监测技术。对潜在入侵马铃薯白线虫在中国的适生性进行了风险分析和预测，明确了分布范围和高风险区。建立了 Suction trap 监测系统，为我国小麦蚜虫等微小昆虫迁飞的实时监测提供了良好的技术平台；设计并研发了适用于毫米波雷达系统的数据自动分析软件，实现了昆虫雷达回波的自动识别和统计分析；明确了草地螟全年迁飞时间动态和不同时期我国各地的迁飞虫源。

重大害虫抗性遗传分化：明确了棉铃虫抗性品系中肠受体蛋白 APN1-5 的突变位点，克隆了棉铃虫中肠新的 Cry1Ac 毒素结合蛋白 ALP1 和 ALP2，证实其表达量的减少与 Cry1Ac 抗性有关；明确了玉米螟 Cry1Ac、Cry1Ab 抗性品系对不同 Cry 毒素的交互抗性关系及抗性产生的分子机理。

害虫生物、生态学适应机制：首次明确了 AT 基因具有促进黏虫生殖的功能，揭示了其对迁飞和生殖的上游调控机制；揭示了甜菜夜蛾适应温度变化的分子机制；首次明确了草地螟血淋巴中 JH 种类、滞育期间和滞育解除后 JH 变化规律及对滞育的调控作用，发现了幼虫消化和抗病能力与密度的关系；初步明确了设施栽培条件下巨峰葡萄叶瘿型根瘤蚜的发生规律及与土壤温度的关系。

害虫与寄主互作机制：研究了棉花-棉铃虫-天敌中红侧沟茧蜂的 3 级营养关系，明确了中红侧沟茧蜂雌蜂触角中 7 个气味结合蛋白和 1 个化学感受蛋白基因全长序列和分布范围，以及与 50 种气味的结合能力；揭示了寄主植物-甜菜夜蛾-天敌的 3 级营养关系，明确了寄主植物和虫粪挥发物成分及对幼虫取食和成虫产卵的影响、寄主植物及其诱导抗虫性对幼虫生长发育的影响；明确了寄主对麦长管蚜种群结构的影响作用和抗性小麦对种群抑制的生态机理；明确了硅增强水稻对二化螟及其他钻蛀性害虫抗性的机制。

蔬菜病虫害生物学研究：发现我国烟粉虱主要危害生物型已由 B 型转化为 Q 型，番茄曲叶病的暴发流行与 Q 型烟粉虱替代 B 型烟粉虱有关；揭示了南方根结线虫毒力分化现象，初步分析了毒性线虫适应性分化机制；利用土壤宏基因组成功筛选到多个对线虫具有杀死作用的蛋白酶和次生代谢产物合成基因；建立了基于计算机视觉的设施园艺作物病害自动诊断识别技术；在国内首次发现鉴定了为害设施栽培甜瓜的甜瓜黄化坏死斑点病毒和瓜类褪绿黄化病毒。

蝗虫遗传特征分析：对亚洲小车蝗等多种主要蝗虫进行了 RAPD 分析，比对了特定基因序列的差异；利用等位酶分析了 9 个不同地理种群亚洲小车蝗的等位基因差异；对不同地理种群的亚洲小车蝗和宽须蚁蝗的 mtDNA 序列进行了比对。

2. 病虫害防治

病害快速检测技术：研发了小麦叶锈病 ELISA 诊断检测技术及试剂盒，建立了一套可同时检测小麦白粉病 3 种毒素的快速分子检测方法，建立了基于 AFLP 及 ISSR 分子标记的小麦矮腥黑粉菌快速、准确的分子诊断和检测技术；研发了地高辛标记的核酸斑点杂交技术，建立了方便、快捷、灵敏、安全的辣椒轻斑驳病毒病害检测技术；研究建立了 GLRaV-1 等 6 种葡萄卷叶病毒 RT-PCR 检测方法。

重大害虫可持续控制：利用小麦物种多样性实现对麦长管蚜的生态调控，开发成功2项无害化防治技术；获得了对亚洲小车蝗高效的杀虫真菌菌株、对苜蓿叶象甲和蚜虫等高效的生物制剂和植物源杀虫剂；建立了苜蓿主要害虫预测预报模型，制定了草地螟、苜蓿巨膜长蝽等突发应急防治预案。

油菜主要病虫害防治：明确油菜菌核病化学防治适期应由盛花期提前到一次分枝100%开花至盛花期；筛选出菌核病高效杀菌剂咪鲜胺，大田防治效果达80%以上；对根肿病发病与危害情况进行了调查，初步发现根肿菌对硫甙具有趋化性。

茶树害虫防治：筛选出茶尺蠖诱导茶树挥发物中的活性物质，研制出4种诱芯，对茶尺蠖绒茧蜂具有显著的引诱作用；确定并优化了小绿叶蝉行为调控剂配方、有效剂量及喷施方法，防治效果可达60%~90%；开发出茶毛虫病毒Bt制剂，完成了环境毒理学、生物安全性、田间药效等试验，表明该制剂和茶毛虫病毒原药对7种环境生物均为低风险。

麻类病虫害防治：明确了苎麻夜蛾在各种种质上的取食反应，对抗感种质的叶片进行了化学成分测定；完成了《苎麻主要病虫害防治技术规范》的送审稿，对14种主要病虫害的形态特征、发生规律及防治技术等进行了描述和规范，并规范了禁用和限用农药。

果树病虫害防治：初步研制出检测柑橘黄龙病、溃疡病等10种病害或亚种的检测芯片，完成4个衰退病弱毒疫苗温网室评价；对柑橘小实蝇的地理种群、遗传多样性和形态特征进行了研究，完善了实蝇监测体系；设计并实现溃疡病远程诊断系统，完成了监测点系统的开发和应用；研究明确了苹果二斑叶螨防治指标；筛选出防治苹果轮纹病果实或枝干病害的高效药剂8种，建立了轮纹病控制技术模式；筛选出可同时防治草莓白粉病和灰霉病的高效药剂己唑醇。

新型农药研制与高效安全应用技术：研究创制了新型高效纳米生物农药载体和制剂，成功构建了生物农药阿维菌素载药系统；制备了高效氯氰菊酯水乳剂。建立了手性农药三唑醇、茚虫威和唑草酮在农产品或环境中的手性残留分析方法。初步探明了杀菌剂丁吡吗啉对辣椒疫霉菌的作用机制和棉铃虫对杀虫剂甲氧虫酰肼的抗药性风险与生化机制。系统评价了熏蒸剂氯化苦和1，3-二氯丙烯对环境的影响；开发了高效、安全、环保的土壤熏蒸技术，筛选出无残留的高效熏蒸剂，开发了经济方便的小型施药机具，推广了针对不同作物的施药技术；研发了1种农药药液润湿性快速测试卡。

3. 生物防治

天敌大规模生产与应用：开展了寄生性天敌豌豆潜蝇姬小蜂高效扩繁及利用研究，具备了年生产1 000万头的技术能力；掌握了烟盲蝽生产关键工艺，具备了年生产25万头的技术能力；建立了菌蜂交替应用为主、化学防治为辅的椰心叶甲可持续治理技术体系；发掘出对线虫及西方花蓟马地下虫态有较强捕食作用的下盾螨，研究了规模化饲养技术。

生物农药研发：克隆并获得16个针对鳞翅目和鞘翅目害虫特异的Bt新基因，完成了 Cry1Ba 结构解析，分析了 Cry2A 类杀虫晶体蛋白结构与功能的关系，找到杀虫特异区域；建立了绿僵菌遗传转化体系，获得了苯菌灵抗性的转化子，筛选出对蔬菜蓟马具有高致病力的虫生真菌菌株，建立了菌株规模化生产和制剂加工技术，优化得到 1 个可湿性粉剂配方；进一步完善了蛋白质农药工业生产技术路线，制定了 3% 植物激活蛋白制剂工业生产标准；表达并纯化了对菜蚜和棉铃虫具有显著生物活性的蛋白酶抑制剂和淀粉酶抑制剂各 1 种；研究了喜树碱及其衍生物诱导甜菜夜蛾细胞凋亡的作用机制。

草地害虫生物防治：测定了 4 种新剂型绿僵菌和新型生物农药对亚洲小车蝗等蝗虫的毒力，完成了生物制剂及绿僵菌、白僵菌防治蝗虫田间大面积试验；筛选出 2 株白僵菌新菌株，测定了防治草地螟的效果，进行了田间及大面积试验，并研制出 2 种草地螟性诱剂；筛选出 3 株对苜蓿根腐病菌具有高拮抗活性的生防放线菌。

4. 外来入侵生物

入侵机制研究：证实了紫茎泽兰挥发物对受体植物旱稻具有强烈的化感作用，提出了根际化感物质的营养偏利效应，证实叶片凋落物具有较低的自毒作用和生长促进作用；明确了寄主植物、个体比例、温湿度等生态因子在 Q 型烟粉虱竞争取代 B 型中的重要作用；明确了温度、光照、湿度等多种因素对西花蓟马飞翔活动的定性与定量影响；明确了外来杂草刺萼龙葵的生物生态学，揭示了假高粱的入侵机制，并初步建立了防控技术。

可持续控制与利用：建立了"中国外来入侵物种信息数据平台"，形成外来物种实地考察数据库系统和物种安全评价技术体系；研究出一套简便的紫茎泽兰绿原酸提取工艺，测定了用作饲料的粗蛋白质含量，并开展了化感物质应用的探索研究；开展了黄顶菊风险评估研究，预测并提出黄顶菊在我国的可能适生区和潜在分布区，推广防控技术 1 000 公顷，防治效果达 85% ~ 90%，挽回直接经济损失 360 万元。

5. 转基因生物安全

检测技术：建立和发布了我国第一个转化事件特异性转基因水稻检测方法；初步建立了 RNAi 转基因植物基于 DNA 的快速精确检测方法；获得了转 *bar* 基因水稻品系 Bar-1 和中 99-1、转 *Bt* 基因水稻品系华恢 1 号和克螟稻、转 *Xa21* 基因水稻品系 M2、转 *G2-aroA* 基因玉米品系 B7G0101E-53C-01S 的旁侧序列，并初步制定了定性与定量检测方法；起草的《转基因植物及其产品成分检测　抗病水稻 M2 及其衍生品种定性 PCR 方法》国家标准进入循环验证阶段。

安全性监测：继续对我国各大棉区 Bt 棉花的基因类型、生育期杀虫蛋白表达水平、靶标害虫（棉铃虫与红铃虫）和盲蝽蟓种群发生为害情况进行监测，结合历史数据完善棉铃虫抗性进化模型、靶标害虫抗性早期预警与治理技术和 Bt 作物商业化应用策略。

环境安全性评价：对转双价基因抗虫棉品种 SCK321 田间环境安全性进行了全面评估，发现抗虫棉对棉铃虫控制作用良好，对棉蚜等害虫无显著影响，但棉盲蝽种群数量上升；对一个转基因抗除草剂棉花新品种田间环境安全性进行了全面评估，发现对棉田害虫、天敌及杂草种类的种群消长没有明显不良影响。证实转基因水稻 MF86 的基因组

DNA 没有转入到环境主要细菌不动杆菌中，或转入频率低于 10^{-6}；外源基因的导入并没有引起水稻根部土壤细菌群落结构改变。评价了转复制酶基因 WYMV-Nib8 高抗黄花叶病小麦对麦田杂草群落、土壤微生物群落的影响；研究转基因抗病毒小麦对靶标病毒 BYDV-GAV 株系的影响，监测了病毒毒性变异。初步提出了转基因抗虫玉米环境安全评价技术和抗性治理策略，明确转 Cry1Ah 玉米对鳞翅目害虫有较好的抗性水平，对其他捕食性天敌没有显著影响；监测了转基因抗草甘膦大豆基因漂移频率，发现转基因大豆对孢囊线虫产生的孢囊数量没有显著影响；研究了抗真菌病害转基因大豆对疫霉菌的抗性和基因漂移频率；建立了转基因植物花粉对蜜蜂幼虫安全性评价的方法，证实转 Cry1Ah 基因玉米花粉对意大利蜜蜂和中华蜜蜂安全。

6. 杂草与鼠害

杂草治理技术：建立了生态控草与化学除草相结合的油菜田灾害性杂草高效防控技术体系；对 56 个麦田杂草种群进行了抗药性水平检测，明确了抗药性产生的分子机制；开发出降低转基因大豆田间杂草抗草甘膦风险的技术体系。

鼠害机制分析：初步分析了不同地理种群褐家鼠群体的遗传特征和基因流，对繁殖特征的季节与年度变化进行了遗传分析；研究了布氏田鼠种群遗传分化规律；测定了长爪沙鼠和黑线仓鼠内分泌激素含量及与种群密度的关系。

六、畜禽种质资源与新品种选育

1. 种质资源

牛：组建肉用西门塔尔牛、鲁西牛等 10 个品种的基础群，建立了 12 个品种（14 个品系）的肉牛多品种育种数据库；建立我国第一个大规模肉牛资源群体，获得系谱清楚的 137 头育肥牛的表型屠宰数据，380 头来自同一群体的小公牛进入测定站。

羊：组建了携带陶赛特羊基因的育种核心群，采用常规繁育技术和胚胎移植技术进行扩繁，鉴定囊胚期细胞性别，对双肌基因进行了 SNPs 检测和变异分析，并全面系统地测定了羊只的生长发育指标。

蜂：完成了山西西方蜜蜂和东方蜜蜂种质资源数据和主要生产用种特征特性数据的收集、整理及入库工作；建立了年度国内外资源与遗传育种技术发展档案；以引进的高产、抗病蜂王蜂种和熊蜂精液为素材建立了基因库。

特种动物：继续开展我国特种畜禽资源调查工作，探明资源保护现状，组建东丰梅花鹿、敖东梅花鹿等的保种核心群，开展了保种繁育、提纯复壮、性能测定和品种登记工作。利用微卫星引物、不同基因座位多态性信息等多种指标评估了特种种质资源的遗传多样性。

实验动物：建立了小型猪核心群，通过了猪繁殖与呼吸障碍综合征病毒、猪圆环病毒 2 型等 12 种病原微生物的抗原检测，采用免疫猪缩性鼻炎等 8 种病原微生物灭活疫苗巩固了净化结果，并形成了饲养标准规程；以我国唯一一个 SPF 鸡群及 6 个自主知识产权的 MHC 单倍型鸡群为基础，通过攻毒实验，确定了对马立克氏病和禽白血病有显著差异的敏感鸡群和抗性鸡群。

2. 分子标记与功能基因挖掘

猪：在北京黑猪中发现了 1 个重要的产仔性状遗传标记；获得了对妊娠起重要作用的 3 个新基因，发现 FP 基因对第一胎产仔性状有显著影响；在东北民猪中发现一个很可能与肌内脂肪含量相关的突变位点；鉴定了不同品种间与重要性状相关的 75 个差异表达 miRNA 及 32 个调节靶标基因，研究了 MMP-2 等 4 个家族重要基因的功能。

羊：首次获得绵羊 PRKAG3 基因全长，找到与滩羊肉质风味性状显著相关的 5 个 SNP，克隆了小尾寒羊 NDUFB8 等 4 个基因和乌珠穆沁羊 IFN 基因。通过性早熟和性晚熟品种多态性研究，发现了与山羊多羔性和性早熟显著相关的等位基因。克隆了绵羊 CAST 等基因的部分序列，发现了与眼肌厚度、眼肌面积和背膘厚度间存在关联的突变位点。获得了羊口蹄疫病毒受体亚基 αv、β1、β3、β6 基因的全长序列，构建了真核表达载体和 siRNA 分子，克隆了 O 型口蹄疫核糖体结合位点基因和 P2 非结构蛋白基因，设计并合成出特异性核酶。克隆了 P32 结构基因和山羊痘病毒 RNA 聚合酶亚基基因，设计合成了 4 个 siRNA，并构建了 4 个慢病毒表达载体。克隆了山羊抗病相关 TLR7 基因。构建了羊肌肉组织 miRNA 图谱和转录组图谱，克隆获得 355 条 miRNA 序列，其中 107 条为新序列，并筛选了一批在不同年龄和不同品种中差异表达的基因。发现小尾寒羊和道赛特羊的 12 个候选 miRNA，其中 7 个未见报道。

牦牛：获得可能与牦牛生长发育性状连锁的遗传标记 2 个，克隆获得 8 个基因序列，在酵母或大肠杆菌中表达了牦牛 Lfcin 蛋白和 LF 蛋白，开展了肉用性状重要功能基因挖掘的前期工作。

蜂：初步筛选出与蜂王体内精子贮存相关的蛋白；开展了蜜蜂咽下腺、雄蜂卵期发育和蜜蜂幼虫发育蛋白质组研究，鉴定相关功能蛋白质 300 多个。

家蚕：获得了裸蛹、无鳞毛、第二赤蚁等性状基因的 SSR 分子标记，配制了茧丝性状 QTL 分析的分离群体；分析了丝素蛋白基因在不同组织的表达水平和 P25 蛋白基因上游调控元件的功能；分析了裸蛹、茧色和血色形成的分子机制，发现家蚕感染病毒后的一些差异表达基因，新发现 14 个潜在的 miRNA 基因，克隆鉴定了家蚕的 AS-C 同源体基因并研究了表达特征与功能。

3. 新品种选育

猪：初步建立和完善了规模化转基因技术体系。利用显微注射法获得肌肉生成抑制因子突变体转基因仔猪 193 头，其中 MSTN-313 突变体猪已获准开展中间试验；筛选出 7 个 MSTN 单等位基因缺失猪胎儿成纤维细胞系，获得 7 500 枚重构胚，通过胚胎移植使两头猪成功受孕。提出我国转基因动物（猪）溯源网络平台数据库的元数据标准或规范，初步开发了该网络平台（www. gmanimal. com. cn）。

羊：初步建立了转基因技术体系。构建了胰岛素样生长因子 IGF-1 和白介素 IL-15 转化载体，采用精原干细胞转基因技术得到稳定的转基因细胞系，用体外授精法移植受体母羊，获得 IGF-1 和 IL-15 转基因羊羔 10 只。

家蚕：继续进行兼抗性（耐氟、抗 DNV-Z/抗 NPV、耐高温等）品种选育，初步获得分子标记辅助选择家蚕新品系（种质）；筛选出 6 个用于生物反应器的高表达品系，组配了四元杂交组合。

4. 繁殖与饲养

牛：超排高产奶牛、肉牛和克隆牛 464 头次，生产可用胚胎 1 359 枚，其中体内性控胚胎 250 枚；移植体内性控奶牛胚胎 140 头次，妊娠率达到 59% ~61.8%，母犊率达90.9%；克隆牛移植受体母牛 50 头次，妊娠率 53%；编写了"转基因牛胚胎体外安全操作标准"。建立了奶牛规范化养殖技术和优质安全原料奶生产技术体系各 1 套；制定了评价奶牛热应激的技术规程，开发了《牧场缓解热应激自动控制系统》软件，集成了缓解奶牛热应激的综合调控技术 1 套，可使产奶量提高 1~3 千克/头·天。

蜂：开展了以抗螨饲养为主的规模化饲养技术，建立 100 群示范蜂场 6 个，推广抗螨蜂王 7 000 多只；初步建立了我国蜜粉源植物信息导航系统数据库；研究了不同饲料组合对小峰熊蜂的影响。

梅花鹿：将同期发情、精准输精等现代繁育技术与现代营养调控、疾病防治等技术综合配套，形成了高效养殖技术；建立了坏死杆菌等主要疫病监测与防控技术规范，制定了健康养殖技术规程，建立了 5 个规模化健康养殖示范区；编写了《鹿标准化养殖技术》等资料。

七、动物营养与草业科学

1. 动物营养

猪：进一步完善了我国猪饲料原料数据库，系统评定了市场上具代表性的 DDGS 和玉米胚芽粕的营养价值；采用均匀设计法设计了磷酸型和乳酸型 2 类酸化剂，研究比较了以不同水平添加时对断奶仔猪生长性能、胃肠道酸度及消化酶活性的影响。

牛：深入探究了能量水平、蛋白水平等因素对犊牛生长发育、营养代谢、肠道发育、消化及血清生化指标的影响。利用纳豆芽孢杆菌开发出饲用微生物饲喂技术，可使奶牛乳蛋白含量平均提高 18.8%；建立了可使氮素减排 20% 的高氮利用率奶牛营养调控技术；研制了围产期奶牛阴离子盐产品和过瘤胃蛋氨酸专利产品；建立了针对中小型养殖户的裹包 TMR 饲喂技术与配送模式；系统评价了饲料三聚氰胺向牛奶中迁移的规律和饲料级缩二脲反刍动物饲用安全性。

羊：通过向日粮中添加油类、改变日粮脂肪酸比或提高母乳 CLA 含量的方法，提高羔羊肉中 CLA 含量；研究了瘤胃保护性赖氨酸对绵羊营养物质消化代谢和相关基因表达调控的影响。

特种动物：获得了水貂、狐狸不同时期对赖氨酸、蛋氨酸、微量元素及维生素的需求参数，开发出貂、狐冬毛期预混合饲料各 1 种。

鸡：明确了饲料中添加锌、锰等微量元素对肌肉和腹脂特征的影响，确定了肉仔鸡玉米-豆粕型实用饲粮中锰适宜水平；发现 3 种碱式氯化铜对肉仔鸡的生物安全性和有效性高于硫酸铜；研究了不同饲料原料中矿物元素利用率之间的差异。研究发现饲料添加剂 β-羟基-β-甲基丁酸对肉仔鸡生长性能和屠宰性能总体影响不显著。研究了不同强度的运输应激对肉仔鸡血液应激指标和肌肉品质的影响；明确了日粮中添加地衣芽孢杆菌提高蛋鸡热应激条件下采食量、产蛋率和平均蛋重的作用；研究了散养模式下柴蛋鸡补饲技术；证实了酵母培养物改善产蛋鸡生产性能、缓解热应激的效果；研究了 L 肉碱和生物素改善蛋白品质的作用，以及日粮添加磷脂和氯化胆碱对生产性能和鸡蛋品质的影响。

鸭：明确了日粮添加三聚氰胺可影响蛋鸭的产蛋性能并对肾脏和肝脏产生不同程度的损伤；研究确定了 0 ~ 21 日龄北京鸭对赖氨酸、能量、维生素等的需要量。

仿生消化系统研发：研制出全自动单胃动物仿生消化系统，仪器测试值与生物学法测值的偏差不超过 0.25Mcal/kg，重复差异不超过 0.10Mcal/kg（1cal = 4.1868J，余同）；建立了鸡、鸭仿生消化过程的运行参数；开发了猪肠道主要消化酶酶谱分析和猪内源消化酶分离纯化方法。

2. 新型饲料与添加剂

饲料生物工程技术：进一步完善了饲料用酶基因高通量筛选和评价技术，获得多种极端饲料酶新基因；初步建立了酶的分子改良技术体系，筛选得到 7 个综合性状优良的葡聚糖酶、甘露聚糖酶等突变酶；初步建立覆盖真核、原核的生物反应器高效表达技术平台，利用加快蛋白转运速度的元件进一步改良了酵母高效表达技术体系，并优化了酵母发酵工艺；从无花果曲霉诱变菌株中分离到 1 种植酸酶，研究了其酶学性质和蛋白质全序列，确立了发酵生产的最佳条件。

饲料加工与新型饲料：进行了大型预混合饲料加工生产线总体设计和生产线建设；研究了鲟鱼开口饵料包衣材料对溶失率和鲟鱼生长性能的影响；进行了饲料生产过程条码控制与质量追溯系统的推广示范；检测发现 8 种常见食用菌菌渣具有一定的饲用酶活性。

饲料安全监控：抽样调查了全国 29 个省（自治区、市）3 022 批次饲料中三聚氰胺污染情况，得出了饲料原料中的背景值；研究了三聚氰胺在肉羊组织中的沉积和残留消除规律，拟定提出了不同动物饲料产品中的限量值；组织开展承担饲料质量安全监测和饲料中牛羊源成分监测任务的质检机构进行检测能力跟踪分析和综合评估，对全年监测结果进行了汇总分析。在内蒙古等 5 省（自治区、市）市采集奶牛饲料样品 350 多个，进行了有毒有害物质检测分析，并对生鲜乳进行了抽样摸底调查。发布《中国饲料成分及营养价值表第 20 版》。

3. 草业科学

牧草种质资源：完成 3 000 余份种质材料的鉴定评价；完成了 340 份野生牧草种质资源采集和 250 份材料的田间农艺性状鉴定评价；从国内外收集牧草种质材料 2 000 份，

发现了 1 个新物种；筛选评价出适合培育高产优质抗旱耐盐材料 194 份；入库保存种质资源 2 080 份，分发利用 97 份。

牧草新品种培育：配制了 29 个苜蓿杂交组合，获得优良耐旱品系 1 个；建立了 2 个优异材料和对照材料杂交苜蓿家系，获得了 1 个与产量有关的分子标记；对卫星搭载苜蓿种子的超微结构和中近红外光谱进行了分析。选育出沙打旺和土默特扁蓿豆新品种。筛选出诱导甘草愈伤组织的培养基，进行了染色体鉴定和多倍体分离，建立了多倍体株系；通过离子束注入，筛选出 3 种高产优质鹅观草属植物。

草地生态与监测研究：整理、统计和分析了我国草原雪灾相关历史资料，总结了灾害规律，制定了预警指标体系，制作了预警图件并完善了有关综合数据库；初步建立了极轨气象卫星和 EOS/MODIS 资料的积雪厚度估算模型。设计开发了三维虚拟草原的示范系统并实现了可视化；设计开发了三江源区草地生态地理信息系统。分析了内蒙古典型草原区年降水的时间分布周期和空间分布规律，明确了羊草草原地上初级生产力对降水变化的响应及固碳能力的水热驱动机制；从群落特征、生物多样性和群落物种组成等方面对农牧交错带不同土地覆盖类型的生态功能进行了评价。监测温带荒漠草原不同草地类型生产和生态变化，研究了草地生态系统的结构和功能，开展退化草地改良修复技术、草地适应性管理等研究示范。

草地生产与管理技术：开展了草原测土施肥研究，鲜草产量比传统增产 36%，每亩增收 260.8 元。系统研究并建立了苜蓿、带穗玉米、饲料稻等不同类型饲草的高效安全青贮技术体系。研究比较了不同干燥剂对紫花苜蓿干燥的效果；研究了改善牧草饲料青贮发酵品质的多种添加剂；开发了以苜蓿为主要原料的黄酮、皂甙提取物和牧草生物饲料添加剂产品；建立了苜蓿多糖的提取方法和苜蓿提取物的抗吸潮工艺。研发出适合内蒙古干旱半干旱地区羊草退化草地的改良恢复技术 1 套；研究出适合西藏日喀则地区气候环境和种植模式的草产品加工技术规程，构建了当地的草产品加工体系；研究形成人工草地垄沟集雨种植生产模式轻简化技术 1 套；开展了青藏高原高寒草甸健康评价及适应性管理技术对策研究，建立了 3 个长期监测样地。

八、畜禽疫病防控

1. 禽病

病原分离鉴定：进行了家禽呼吸道疾病的病毒、细菌等主要病原的分离与鉴定工作，保存并标定分离株 40 余株；进行了鸭疫里氏杆菌、禽大肠杆菌病的血清分型及细菌耐药性研究，共分离和鉴定菌株 110 余株；鉴定了鸭病毒性肝炎等病毒的多种变异株。

禽流感研究与疫苗研制：以豚鼠为模型评估了 6 株鸭源和野鸟源 H5N1 亚型病毒在哺乳动物间的水平传播能力，发现关键氨基酸位点可作为评估病毒对公共卫生危害的重要分子标记；共采集 1 万多份家禽拭子和血清样品，进行了病毒分离和血清禽流感抗体分析；研制成功 DNA 疫苗，免疫剂量小、免疫效果确实，并克服了灭活疫苗的缺点，成为禽流感新型疫苗研制历史中最具创新性的标志性进展。

流行病研究：对新城疫病毒的强弱毒株进行了分子鉴定、单抗鉴别诊断和新型疫苗研制；对鸭疫里氏杆菌和大肠杆菌主要毒力蛋白功能、毒力基因的分布和耐药性进行了分析；筛选获得水禽低致病力流感病毒疫苗候选株；对鸡毒支原体的感染率和血清抗体水平进行监测，鉴定了疑似病例，对支原体主要黏附素蛋白功能进行分析，并确定了强弱毒株；全面开展鸡传染性支气管炎弱毒疫苗等常规疫苗以及鸡传染性法氏囊病亚单位疫苗等基因工程疫苗的研制工作；针对 2009 年国内鸡白血病大面积流行的现状，积极开展调研，采集大量病料样品进行了系统分析；发现肽聚葡甘露聚糖硫酸酯在一定浓度范围内对鸡传染性法氏囊病病毒有很强的抑制效果，能显著降低感染发病率及死亡率。

2. 畜病

高致病性猪蓝耳病研究与疫苗研发：开展流行病学调查和监测，对部分地区病毒遗传变异情况进行了溯源；分离鉴定出病毒 5 株，并对 NSP2 和 GP5 基因进行了克隆和测序。揭示病毒感染血管上皮细胞的过程和形态学变化，加深了对病毒致病机理的认识；首次发现非结构蛋白 NSP2 具有免疫保护作用。完成了主要结构蛋白 GP5 和 M 在 B 细胞抗原表位的精确定位，并对 NSP2 蛋白差异性抗原表位进行了鉴定和研究。建立了反向遗传操作平台，构建了强弱毒嵌合的突变体 cDNA 克隆；获得弱毒疫苗 HuN4-F 112 株，临床试验取得较好的免疫保护效果。

猪流感流行病学调查与检测：选择规模化养猪场进行了 H1N1 型 SIV 抗体及抗原检测，发现部分养猪场内存在 H1N1 型 SIV 抗体，说明曾有病毒感染；设计了一套 RT-PCR 检测引物，实现了对 H1 亚型病毒及甲型 H1N1 病毒的鉴别检测。

猪传染病诊断与疫苗研发：建立了快速、特异、灵敏的非洲猪瘟病毒 ASFV 荧光定量 PCR 检测方法；进行了猪圆环病毒灭活疫苗、猪传染性胃肠炎、猪流行性腹泻与猪轮状病毒（G5 型）三联活疫苗的临床试验。

口蹄疫疫苗研制：完成了近 40 株牛源和猪源流行毒株乳鼠传代复壮、毒价测定和序列测定，初步确定了两株备选疫苗毒株；研究了富含 CpG 寡核苷酸重组质粒佐剂增强灭活疫苗免疫的效果，制定了新型佐剂的质量标准；首次用 Asia1 型口蹄疫病毒制备了病毒样颗粒疫苗；完成家蚕生物反应器大规模生产 Asia1 型口蹄疫空衣壳疫苗的工艺研究，O 型、A 型口蹄疫空衣壳抗原在家蚕中的表达取得突破，初步动物实验表明免疫效果优良。

奶牛乳房炎研究：建立了奶牛血浆蛋白质组双向电泳分离鉴定技术平台，首次发现血浆中 α-2-HS-糖蛋白和转甲状腺素蛋白含量与乳房炎相关；筛选出对牛具有刺激活性的 bc 基序，构建了重组质粒，证实对患病奶牛具有一定的疗效，并建立了发酵和大规模纯化工艺；获得了工艺简单、诊断效果良好的 LMT 改良诊断液。

马疫病研究：建立了马鼻肺炎、日本脑炎及病毒性动脉炎的间接 ELISA 和 PCR 诊断方法，在广东省和武汉市等赛马区域开展了马病调查。揭示了中国马传贫弱毒疫苗株具有高度安全性的原因在于其多基因、多位点进化的特点，构建了 HIV 基因占 90% 以上的人/猴嵌合艾滋病毒的感染性质粒，为马传贫免疫机理研究及人类艾滋病疫苗基础研究搭建了有效的技术平台。

牛病毒性腹泻和传染性鼻气管炎二联活疫苗研制：制备了 BVD 冻干疫苗、IBR 冻干疫苗和 BVD + IBR 二联冻干疫苗，建立了疫苗攻击模型，完成了效力试验、毒力返强试验和单剂量、超剂量安全性试验。

水貂细小病毒性肠炎细胞灭活疫苗产业化：完成了疫苗（MEVB 株）的临床审批及区域试验，通过了新兽药审核，优化建立了规模化生产工艺，示范推广 3 800 万毫升，临床效果良好。

3. 人畜共患病与寄生虫病

布氏杆菌疫苗株研究：完成了 bp26 基因缺失标记疫苗 M5-bp26 与野生型 M5-90 疫苗株在绵羊和山羊中的安全性和有效性评估；完成了单抗竞争 ELISA 试剂盒研制；完成了布氏杆菌羊种 M5-90 弱毒疫苗株完整基因组解析和基因作图；开展了羊种 M5-90 弱毒株与 M28 毒株基因组与蛋白质组学的比较研究。

狂犬病防控与疫苗研制：初步建立了病毒感染的快速检测和病原分离方法，掌握了当前犬、猫等宠物与栖息地带毒及感染情况，确立了病毒的一整套防控方案；已完成病毒 N、G 和 P 蛋白的表达，并组装了胶体金检测试纸条和 ELISA 试剂盒；通过提高灭活疫苗种毒株的生长滴度和囊膜糖蛋白 G 的表达水平，研制出高效灭活疫苗；获得了两株嗜神经指数为零的病毒重组突变体，对犬具有良好的免疫原性和保护效果；家蚕生产的狂犬病基因工程疫苗获得安全生产证书。

动物血吸虫病研究：继续开展 8 个流行病学纵向观测点及三峡建坝、南水北调等重点水利工程地区疫情监测；进行了诊断用 pGEX-SjGCP-Sj23 重组蛋白纯化方法的改进及标准化研究；应用流速细胞技术分析了 3 种保虫宿主感染血吸虫后细胞免疫的变化。

蠕虫病研究：在真核系统表达了细粒棘球绦虫 Eg95 基因；构建了羊多头带绦虫多头蚴 cDNA 表达文库，鉴定出了六钩蚴 Tm16 抗原等的同源蛋白基因；应用线粒体基因作为分子标记鉴定了羊源脑多头蚴分离株。

寄生虫病防治研究：开展了鸡柔嫩艾美耳球虫药物敏感株和抗药株差异 EST/序列的分离和分析，初步建立了鉴别马杜拉霉素和地克珠利抗药性的分子检测技术；继续进行隐孢子虫单抗制备，筛选获得了 20 多株特异性单克隆抗体；进行了抗原表位分析及多表位抗原基因的构建和原核表达，建立了免疫胶体金诊断技术；进行了抗弓形虫药物研究，筛选到一种有较高抗虫效果的药物；完成了弓形虫 SAG2 及 ROP2 诊断抗原的原核表达、纯化及单抗制备。

硬蜱防控技术研究：建立了以莱姆病螺旋体鞭毛蛋白为靶基因的蜱检测荧光定量 PCR 技术；设计了 6 种微小牛蜱亚单位疫苗候选组合，完成了效力试验；筛选出对蜱具有高致病性的白僵菌和绿僵菌菌株并研制了 2 种生防制剂；建立了能够自蜱体内和动物组织中分离莱姆病病原的体外培养技术，获得 1 株流行于我国黑龙江省的病原；应用

LAMP 和 RLB 对我国部分省蜱体内的伯氏疏螺旋体进行了流行病学调查。

基因工程疫苗创制：对血吸虫、猪囊虫、鸡球虫等的基因工程疫苗进行了效力、免疫持续期、保藏期、剂量选择等试验，编制了疫苗制造规程；进行了转基因生物安全试验，其中猪囊虫病 TSO18 重组亚单位疫苗已获得生物安全证书，鸡球虫病 DNA 疫苗取得较好免疫效果，血吸虫病疫苗取得重大突破，研制出三价和基因重组亚单位疫苗。

4. 新型兽药

抗寄生虫中兽药：完成了新型抗球虫药物原料和制剂的中试生产，优化了合成路线，开展了质量标准、急性毒性和临床前药效学等研究工作；完成了抗绦虫药槟榔碱的提取和合成工艺的优化工作，进行了急性毒性试验；研究了抗螨中药羟甲香豆素的无溶剂合成工艺、质量控制和微乳制剂等。

抗病毒中兽药：进行了射干麻黄地龙散和金石翁芍散 2 个中药复方新制剂的部分药学、药效学、毒理评价和临床试验，新药申报通过初审；研究了金丝桃素对鸡传染性法氏囊病的预防效果，并证实对高致病性蓝耳病具有一定的防治作用；证实六茜素治疗奶牛临床型乳房炎效果较理想；初步探索了常山酮的全合成工艺，并完成其毒理学试验；制备出抗鸡传染性支气管炎中药口服液，临床试验显示出较好的安全性和抗炎作用。

新型载体和新制剂：对伊维菌素纳米乳剂进行了改进，完成了稳定性评价，证明该制剂质量稳定、使用方便，并建立了药物代谢动力学试验方法和条件；完成了青蒿琥酯纳米乳剂的稳定性评价，证明该制剂降低了药物毒副作用，增加了用药安全性。

九、农业微生物

1. 微生物资源

极端微生物：完成了极端抗辐射新种 *Deinococcus gobiness* I-0 等 3 株原核微生物的全基因组序列分析，利用转录组和蛋白组技术开展了联合固氮基因铵信号传导机制、耐辐射总体调控蛋白 IrrE 抗逆分子机制及耐热植酸酶分子设计研究；建立了极端污染土壤微生物样品的 DNA 免培养分离技术及功能基因筛选平台，克隆了一系列新型草甘膦抗性 *EPSPS* 基因。

低温沼气发酵菌种：建立了低温微生物高效富集与分离技术体系，获得了一批重要资源；运用 DGGE 技术分析了厌氧消化器中微生物群落结构的变化；在多个低温生境进行富含产甲烷菌和纤维素降解菌样品的采集，对分离到的微生物进行了分类地位确立，发现可能新种 4 株，分离得到严格厌氧产甲烷古菌和厌氧纤维素降解菌各 5 株。

食用菌菌种质量评价与信息系统：以 ISSR 技术为主，结合 ITS 技术和颉颃反应特征，对 249 个平菇菌株进行了遗传特异性鉴定，排除同名异物和同物异名，根据出菇结果将其分为 15 类；进行了糙皮侧耳、白黄侧耳、肺形侧耳等 8 个平菇菌株的系统评价，确定耐高温性可作为评价菌种质量的指标之一，筛选出综合性状较好的白灵菇菌株 2 个和糙皮侧耳菌株 1 个；进行了杏鲍菇、白灵菇、茶树菇共 27 个菌株的特征特性评价。

2. 酶工程与发酵工程技术

酶工程产品研制：完成生产水平重组酵母表达有机磷降解酶稳定性研究，确立了酶的分离、纯化和后加工工艺；对来源青霉属的葡萄糖氧化酶基因进行了改造，在毕赤酵母中获得高效表达，并在小试水平确定了发酵工艺；实现了解脂耶氏酵母脂肪酶 *Lip2*、7、8 三个基因在毕赤酵母中的分泌表达和表面展示表达，获得多个工程菌株。

苎麻脱胶工程：克隆果胶酶、木聚糖酶和糖化酶新基因 6 个；构建果胶酶、甘露聚糖酶、木聚糖酶工程菌株 4 个和复合酶系高产菌株 1 个；选育得到产糖化酶酵母菌株 1 株、同时产糖化酶和果胶酶菌株 2 株，初步研究了酶的提取纯化方法，基本建立了酵母菌剂制备技术体系，初步完成菌剂制备示范装置建设；获得苎麻脱胶改良菌株 1 株，获得良好的脱胶效果；进行了苎麻脱胶或制浆用高效菌剂批量生产工艺研究，提高了超滤面积，延长了保质期，活菌含量达到 1 010cfu/ml 以上；优化苎麻纤维质预处理和酶解糖化技术参数，提高了纤维糖化率；建立了 2 个苎麻生物脱胶示范工程和 1 个红麻生物脱胶生产线。

高浓度物料规模化沼气工程：探明沼气发酵反应器内流场规律及物料混合特性，确定了搅拌方式及设备选择基础参数，获得经济高效的保温材料与结构，建立了不同抑制物与发酵过程性能的关系，完成了示范工程设计。

沼气发酵复合菌剂中试及应用：建立了耐低温沼气发酵菌种大规模培养的发酵工艺，获得高效、稳定的厌氧纤维素复合菌系 10 个，筛选并组配营养刺激因子 6 种，分析了复合菌系中功能微生物的群落结构；规模化生产复合菌剂产品 30 吨，制定了中试生产工艺标准和产品质量控制标准；在四川、西藏等地偏低温条件下应用示范，证实复合菌剂可明显改善发酵情况，大幅提高沼气产量。

农村生物质能综合利用：获得了小品种畜禽粪便产沼气性能参数，填补了该领域空白；初步完成复合菌剂预处理秸秆产沼气成套技术，明确了不同发酵原料流变特性规律，为沼气工程搅拌方式选择、搅拌器设计及功率确定提供了基础参数；研制了工程规模的降流式秸秆沼气发生器，初步形成了工业化生产技术，试制出首批沼气池；开发了废水脱氮与沼气同时脱硫工艺，研制了工程规模的反应器。

干法沼气发酵工艺研究：开展了秸秆和畜禽粪便干法沼气发酵的工艺学和微生物学研究，初步发现猪粪和秸秆混合干发酵的最高产气潜力可达 94.521/kg·TS，干法发酵较常规发酵的挥发酸和氧气耐受程度更高，最佳发酵浓度为 20%。

竹子生物质燃料乙醇产业化关键技术研究：利用混合发酵技术对竹子生物质废弃物和玉米秸秆水解物进行了乙醇发酵研究，初步建立了资源的前处理技术；通过 LFT 和 SHF 技术，建立了以竹子资源为底物的乙醇发酵工艺技术路线。

十、农业资源与环境

1. 土壤资源

中国 1：5 万土壤图籍编撰及高精度数字土壤构建：完成了 400 余县高精度数字土壤建设和 1：5 万土壤图籍的整合、编撰，能够以 5 公顷面积为单元提供详尽的土壤质量信息；加工、整理了 500 个县总计 4 万个典型剖面的科学观察记载，每个剖面含近 100 项土壤理化性状指标；创建了非标准海量土壤信息集成方法，较好地解决了分县土壤图件整合中出现的同土异名、异土同名、接边、地理校正等技术难题，大大提高了建设速度；完成了中国土壤信息管理系统。

2. 农业生态环境污染综合防治

环境友好型水稻植保方案环境监测：采集土壤样品 650 个、水样 80 个，建立了一套土壤和水体中 12 种农药同时提取、分析测定的液相色谱检测方法，检测样品 280 个，获得有效数据 1 500 余个。

种植业污染源产排污系数测算：采集土壤、水、植物等各类样本 3 万余个，获得测试数据 25 万余项；开发了种植业源污染物流失系数测算数据采集与查询系统，获得一批肥料、氮磷、农药流失和地膜残留系数与参数。

污染农田治理关键技术研究：初步建立了我国农田重金属、农药及农用薄膜污染的综合治理与持续利用关键技术体系；研发出高效重金属钝化剂、阻抗剂 4 种，分离出具有高效降解五氯硝基苯、草丁磷和绿嘧磺隆能力并兼具防病或杀虫功能的多功能微生物菌株 9～10 株，降解菌株对靶标农药降解率达到 90% 以上；研制出与常规耕作农机具相配套的地膜回收设备 1 套。

大规模农村与农田面源污染的区域性综合防治：调查分析了洱海流域北部区域农村与农田面源污染情况，对现有农村污水、固废、农田和坡耕地面源污染控制等方面的成熟技术进行了调研、筛选与集成，制定出成套技术体系；完成示范区农村固体废弃物和生活污水基础参数的前期调查和防治方案设计；完成坡耕地水土流失防治小试方案，建设了小试工程并开始监测。

城郊集约化农田污染综合防控技术集成与示范：开展了城郊保护地肥料和农药精准施用技术集成示范，进行了氮磷养分流失阻控、作物种植结构优化、养分资源循环高效利用等多项技术的研究集成及示范，形成了 3 套综合防控技术体系，筛选了 5 种种植模式和 3 种资源高效利用模式，开发了畜禽粪便快速堆肥菌剂和废水净化高效菌剂各 1 个，累计推广 800 公顷。

重金属复合污染土壤修复技术研究：对多种材料的土壤钝化修复效果进行了研究，发现海泡石与磷酸盐复合处理、介孔分子筛材料和功能膜材料对土壤 Cd、Pb 复合污染钝化修复效应较好；研究了二氧化碳诱导杨树富集镉的机理。

河流污染控制与生态修复技术及工程示范：制定了巢湖支流小柘皋河流域生活垃圾

和污水处理方案，研究了生活垃圾资源化利用技术并生产了相关菌剂；制定了农田秸秆菌剂腐熟和旋耕还田相结合的处理方案，进行了 300 亩示范；研发了土壤养分供应能力动态变化与调控、不同作物优化施肥、农业病虫害生物防治等技术并进行了示范；筛选出高效去除 N、P 的植物，在河道内建立起植物生态修复系统、多级挡水坝和人工净水草修复系统，使河道总氮、氨氮、总磷和 CODcr 从入河口到入湖口分别消减了 60.24%、86.57%、75.41% 和 73.24%。

3. 农业资源管理与利用

平衡施肥与养分管理：阐明了农田氮素循环规律，提出了小麦、玉米和水稻氮素营养诊断指标和优化施氮技术，明确了油菜硼高效的分子生理机制，建立了主要作物高效施肥技术集成；创制秸秆快速腐解菌剂产品及发酵工艺，提出了秸秆快速腐解与有效还田技术；研制系列污泥农用标准，开发了饲肥兼用型绿肥种植配套技术；初步形成养分精准管理技术体系，创新了我国各种不同土壤类型的养分管理技术模式。

肥料减施增效与农田可持续利用：在东北、华北和长江中下游选择 5 个核心区与 18 个多点位区域，开展了优化模式的田间放大试验验证研究；分别提出东北玉米、华北小麦—玉米、华北蔬菜、长江中下游稻—麦轮作体系、长江中下游稻—稻轮作体系化肥减施增效的优化模式。

农业废弃物循环利用技术集成与产业化示范：熟化了复合生物—生态组合工艺等核心技术，完善了模块化生物填料和高效微生物菌剂，优化配置了多物种水生植物系统，通过配套技术集成，开展了奶牛场养殖废水无害化处理与农田循环利用、农作物秸秆和畜禽粪便等混合生物发酵、农田径流水生物—生态组合处理和资源化利用等技术示范，实现了农业废弃物的循环利用，农田氮肥投入量可由每亩 25 千克减少到 3 千克，农田径流水的氮素和磷素去除率分别达到 20%～30% 和 10%～15%，建立了区域范围内农业面源污染点源化治理工程模式。

华北村镇地下饮用水安全保障技术研究与示范：初步完成了山东和北京两地地下水硝酸盐背景调查，进行了属性数据空间化工作，结果表明农业集约种植强度及化肥用量仍是影响地下水硝酸盐含量的主要因素；全面开展施肥及水分管理等技术措施对氮肥迁移途径的影响研究，初步得到了硝酸盐污染负荷削减 15% 的综合水肥管理技术 1～2 项；开展了滴灌施肥技术模式和膜下微喷水肥一体化技术研究，使施肥量与灌溉量减至常规操作的 50%；建立了基于降低土壤中硝态氮向下运移粮经轮作等种植模式；初步建立了土壤硝酸盐淋溶阻控技术规程；设计加工了一套地下水硝酸盐脱除的反渗透试验装置和 3 个新型膜生物反应器。

华南村镇塘坝地表饮用水安全保障适用技术研究与示范：对华南村镇饮用水卫生质量状况进行了初步分析和评价，初步明确了养殖污染是饮用水的主要污染源；开展了主养鱼类高效环保饲料的研制、水源地养殖废水生物修复净化工艺研究和水产养殖废水的生态控制技术研究，完成万头猪场的零污染生物发酵床技术试验；完成了水质净化主要植物的筛选和室内研究；研究和试制了集去氮、除盐、消毒于一体的净水小型设备；开展了鱼菜共生生态养殖体系、鳜鱼循环养殖模式、养殖污水植物生态处理技术的集成和中试研究。

4. 农业气象

中国农业气候资源数字化图集：对现有农业气候、农情信息、农业统计、农业气象灾害、农作物生长发育等相关数据资料进行了整合和数字化，构建了主要农作物生育期数据库，基本完成了基础数据的标准化处理；对各制图指标的标准定义、方法、方法依据及所需数据支持和保障等进行了详细论证和说明，重点研究并验证分析了 a，b 系数、光合辐射有效系数和潜在蒸发量。

气象生态环境远程监控系统：开发出多功能环境远程监控系统，可对野外农田和温室设施的气象生态环境要素进行实时动态监测、远程传输和信息网络发布；开发了基于ZigBee 技术的远程监控系统，具有多节点智能组网和自主路由功能，移动性强，更适合野外多点监测；初步开发了基于以太网技术的远程监控系统，适合现场通信条件好、数据流量大的场合，适应大型农业园区和现代化农场监控。

中国农业适应气候变化关键问题前瞻性研究：筛选了农业适应气候变化的优先议题，撰写了中国农业适应气候变化的对策报告初稿，首次探索编制中国农业领域适应气候变化关键技术清单。

基于天气指数的农业保险研究：引进、消化和吸收天气指数农业保险模式，设计出了水稻旱灾和内涝指数保险产品，其中旱灾产品已成功销售，覆盖稻田 1 000 余亩，是同类产品在中国首次销售。

十一、节水农业

1. 节水灌溉

作物需水信息实时采集设备：完成了 SWR-4 型管式土壤剖面水分传感器、TSC-VI型管式土壤水分测试仪、SWR-3 型土壤水分传感器、TSFM-3 型树木蒸腾速率测定仪以及便携式灌溉预警装置 5 项新产品的样机试制；较为系统和全面地研究了相关应用基础问题，在剖面土壤水分监测布点、大田和温室作物缺水诊断、膜下滴灌棉花灌溉预警等方面建立了 4 套技术指标体系。

地下滴灌系统与产品：针对防鼠害、抗根系入侵、抗堵塞的地下滴灌专用灌水器产品进行了小批量生产，并完成水力性能初步测试；生产出自洁净过滤器等设备的原型产品，并开展了滤料性能补充试验、颗粒粒度试验和田间生产考核等；完成了地下滴灌布设机具和水肥一体化控制设备组件的配套安装，开发出系统设计软件的设计辅助工具和组件主控界面，完成了示范区建设并进行了试验示范。

海河流域作物健康需水查询和非充分灌溉预报系统：针对大田主要粮食作物冬小麦和夏玉米，继续开展了作物生命需水与非充分灌溉技术的大田试验研究，结合历史资料总结提出了海河流域主要作物健康需水指标体系 1 套；完善了数字化作物需水量信息查询系统并投入使用；开发出了基于.NET 的海河流域主要农作物节水灌溉管理与决策支持系统，试运行精度较高。

微灌系统全自动砂过滤器的中试与示范：开发出 2 套新型的自动反冲洗过滤器，单罐流量可达 100m³/h，过滤精度≤75μm，主要特点是可变换双滤芯机构、旋转水流反冲洗、反冲洗用水量少，适用于水质较差的大中型微灌系统；三罐组合高精度砂过滤器流量为 50m³/h，过滤精度≤30μm，主要特点是三罐自清洗、高精度滤料，适用于微小颗粒含量较高的水源或实验室应用。

灌区地下水开发利用关键技术：完成了灌区地下水资源合理开发利用的技术分析，研发出水资源及水环境承载力影响因素、地下水开采模式和机井合理布局、地下水与地表水联合利用等的技术理论研究和智能型、成套化硬件设备研制；初步提出了较完善的灌区地下水可持续利用成套技术体系，建设了 4 个试验基地和 1 个 500 亩的技术集成示范区，将成果进行了定期试验和应用考核。

养殖废水资源化与安全回灌关键技术：初步形成 1~2 套养殖废水农田安全灌溉制度；在对国内外相关模型进行充分调查和研究基础上，确定了应用 RZWQM、BP 神经网，建立了土壤水氮运移模型与天气发生器的耦合，用以模拟养殖废水回灌农田的养分迁移。

2. 旱地农业与节水农作

山西半干旱区现代节水农业技术示范：在山西晋中建立了高效灌溉技术示范展示基地 100 亩、旱作节水农业核心试验基地 50 亩，配套了自动气象站、涡度相关系统和其他野外观测设备，建立了 200 余亩的旱作节水农业推广示范基地。

华北半湿润偏旱区粮经饲综合技术集成与示范：筛选出一批适合晋东旱农区的作物品种；开展了粮食作物水分高效利用技术研究、粮食作物和经济作物间作模式试验；集成示范了沟川地玉米机械化秸秆还田秋施肥、春季起垄覆膜集雨保墒高产技术；开展施肥培肥方式方法长期定位研究及相关技术的示范集成；研发出天然中草药风味剂产品壮香风味颗粒剂，可将饲草饲料转化率提高到 92.62%。

农田水分生产潜力及适度开发研究：研究建立东北风沙半干旱区、东北黑土区、华北半湿润偏旱区、西北半湿润偏旱区、半干旱偏旱农牧交错带和西南季节性干旱区典型种植模式下农田水分平衡模型；初步完成区域降水生产潜力计算，进行了典型旱作区降水潜力开发度及主要障碍因子分析。

农田用水管理：收集整理小麦主产区水资源高效利用、农田节水及高效灌溉等产业技术发展动态信息，建设了水资源利用数据库，提出了北方小麦主产区节水生产分区方法及初步成果，初步建立了智能化小麦非充分灌溉管理系统；开展了新疆棉花生产与节水灌溉技术现状调研、膜下滴灌条件下棉花节水高效灌溉控制指标与灌溉模式和麦棉套作条件下棉花需水规律与灌水模式研究；开展了北方棉花需水量和需水规律、产量与用水量关系、灌溉用水定额等研究。

节水农作制度关键技术：开展了节水种植模式与配套技术的示范应用，推广了 4 项节水农作技术，示范 80 万亩；完善了节水种植结构优化方案，示范 110 万亩；初步提出了典型区域基于水资源约束或不同气候年型的农作制度预案框架；建立了全国农业气候信息系统和北方地区节水农作制基础数据查询库，初步完成了节水农作制管理平台建设。

十二、农产品质量安全

1. 检验检测技术研究

农药残留检测：筛选出溴氰菊酯和氰戊菊酯单克隆杂交瘤细胞株 6 株，研制出单克隆抗体，试制出除虫菊酯类农残速测仪 1 台，建立了 2 种溴氰菊酯、氰戊菊酯农药免疫分析技术；完成磺酰脲类分子印迹聚合物制备、分子印迹固相萃取小柱研制、MISPE-LC/MS/MS 方法构建、分子印迹膜的制备及结构表征研究；建立了 40 多种农药多残留检测的快速样品前处理平台，建立了 200 多种农药的 QuEChERS-GC/MS 和 QuEChERS-HPLC/MS/MS 检测方法；完成高风险农药助剂壬基酚聚氧乙烯醚和八氯二丙醚的使用和残留情况调查，建立了残留检测方法。

兽药快速免疫检测：完成己烯雌酚等 6 种兽药人工抗原的合成、分离、纯化、鉴定和抗体制备，完成 β-激动剂受体的基因改造；建立了地克珠利在鸡可食性组织和鸡蛋中的样品前处理方法和液质联用检测方法；建立并完善无色孔雀石绿、乙烯雌酚、甲孕酮等水产品中主要禁用药物的发光免疫分析技术，组装了 3 种 ELISA 试剂盒。

黄曲霉毒素免疫亲和快速检测：筛选出可分泌高特异性黄曲霉毒素（B1、G 簇）抗体的杂交瘤细胞株 5 株，B1 杂交瘤 1C11 抗体效价达到 360 000，拟制中浓度 IC50 为 1. 19pg/ml，居世界领先水平；研制出 B1 特异性单克隆抗体和 G 簇特异性单克隆抗体与免疫亲和微柱；试制出黄曲霉毒素分量和总量数字化定量速测仪 4 台。

饲料安全关键因子检测：开发了 9 种饲料中禁用、限用药物同步检测技术，建立了 2 套动物源性饲料快速检测技术和 4 种致病微生物、6 种霉菌毒素检测技术，完成饲料中毒素限量阈值标准（草案）2 个和有机砷、铜、锌评价技术规程 5 个。

茶叶质量安全与检验：建立了茶叶中哒螨酮、磁性金属物和 5 种氨基甲酸脂类农药的检测方法；采用 HPLC 和近红外两种指纹图谱技术，结合神经网络、PLS-DA 等先进分析方法，建立了茶叶样本鉴别模型，对特定产地茶叶识别准确率达 97% 以上，对茶叶具体产地识别准确率达 96% 以上，对迎霜和乌牛早加工成的样本识别准确率达 95% 以上，对群体种和龙井 43 的识别准确率达 85% 左右。

麻类检验：研究确定了麻纤维细度仪的设计方案及主要技术指标，设计制作出样机 1 台；初步建立苎麻水溶物、果胶、半纤维素、木质素、纤维素的 5 个近红外定量分析模型。

橙汁检测：建立了同时测定可溶性糖和肌醇的气相色谱检测方法，及气质联用测定橙汁中 56 种农药多残留的方法；初步建立了橙汁产地分析的 SIMCA 模型；基本建立了嗜酸耐热菌的快速和特异性 PCR 检测方法；建立了气相色谱-质谱检测软材料中异丙基硫杂蒽酮残留的方法。

果品质量评估：研究建立了苹果和梨果实中总黄酮含量的分光光度测定法和类黄酮含量的高效液相色谱测定法，研究建立了葡萄和苹果材料 4 种植物激素的高效液相色谱分析方法。

微量成分检测：起草制定了生鲜乳中动物水解蛋白、过氧化氢、麦芽糊精、硫氰酸根和甲醛检测方法标准；成功合成了罗丹明 B 和 6G 的人工抗原，获得了多克隆抗体；完成了对位红半抗原改造和抗原合成；完成了三聚氰胺与牛血清白蛋白偶联的免疫原 BSA-Mel 与卵血清白蛋白偶联的包被抗原 OVA-Mel，以及辣根过氧化物酶标记抗原 HRP-Mel 的合成，获得效价 10 000 倍的多克隆抗体。

2. 质量安全控制

主要粮油产品质量全程跟踪与溯源：开发出与移动溯源终端硬件进行数据交互的服务器端程序；从示范企业山东鲁花集团获取花生油产品生产加工过程 6 个批次 16 个月的质量安全信息，为追溯系统运行提供了数据支撑，并在企业和超市进行了成果示范应用。

食品安全风险评估：初步搭建了重金属、真菌毒素和食用农产品农药残留风险评估技术平台，针对重金属、脱氧雪腐镰刀菌烯醇、玉米赤霉烯酮、三聚氰胺等食品污染物进行了风险评估研究。

牛奶质量安全控制：对主要贸易国关于牛奶中霉菌毒素、农兽药、重金属等有害物质的最大残留限量和风险识别技术进行收集、整理和比较，确定我国及主要贸易国现行 GAP 标准中与牛奶质量安全相关的关键点，根据其潜在风险程度进行分级，制定相应的技术规范。对西北地区奶牛场进行了实地调研，采集牛奶样品 40 余份进行检测，获得有效数据 360 余个。

蜂产品质量安全研究：进行了基于 PC 技术的蜂场信息采集传输软件研究；研究了蜂王幼虫和雄蜂蛹中蜕皮激素和保幼激素检测方法、蜂毒肽检测方法、蜂蜡中烷醇及其衍生物的测定及制备纯化和分析方法；开展了蜂王幼虫标准化研究；开展了氯霉素和四环素族抗生素的代谢规律研究；建设了蜂产品质量安全数据库。

十三、农产品加工与农机

1. 农产品加工

油料加工：在油脂低温炼制技术特别是新型油脂脱酸吸附剂制备与脱酸工艺研发方面取得显著进展，研发出胡麻籽油的脱苦工艺技术，进行了菜籽粕生物改良技术的中试与扩大化试验；研发了以 α-亚麻酸甾醇酯为功能成分的缓解视疲劳保健食品与改善生长发育的功能性油脂产品；开发出与生物柴油磁性纳米固体催化剂相应的磁稳定床酯交换反应装置，建立了新型连续化生产工艺技术和千吨级生物柴油塔式连续反应器。

茶叶加工：确定了普洱茶主要的特征香气成分和33种嗅感物质，提出了提高茶鲜叶品质的外源诱导技术，初步提出γ-氨基丁酸速溶茶加工工艺，开发出一种口感醇和、苦涩味低的醇味茶产品，研制出增味浓缩茶产品和高茶黄素的速溶红茶产品，初步提出了1套适合我国绿茶饮料用原料茶加工的关键技术。

麻地膜加工：根据不同用途和功能确定了渗水型麻地膜、防水型麻地膜、麻质培养基布的生产工艺和配方；组装形成麻地膜专用产品试制生产线1条，试制了水稻育秧基布的麻地膜10 000m²及可用于果蔬保鲜的麻膜样品。

果品贮藏：研究了环境温度、氧气和二氧化碳浓度对柑橘枯水、风味劣变、果皮褐变的影响，初步确定了适宜指标值；明确了脐橙和温州蜜柑的温度、气体等贮藏条件指标；研究发现外源生长调节剂处理可明显降低柑橘贮期褐斑病的发生，开发出柑橘生理病变的新型药物控制和包装技术，筛选出1种生物源高效保鲜药物；明确了黄金、丰水、圆黄等砂梨品种适宜的1-MCP处理浓度，建立了贮藏和货架期评价指标体系。

果品加工：完成了30个汁用甜橙品种（品系）加工适应性、19个原汁和还原汁橙汁产品质量的调研和评价，首次提出定量评价汁用甜橙加工适应性的改良百分法；通过改进设备和工艺提高了夏橙出汁率，制定了果肉第二次取汁工艺标准，完成全自动果汁标准化调配工艺和成套设备的设计和制造，研制新产品2个；研制出皮渣发酵饲料工业化生产工艺和设备。分离分析了西瓜中的类胡萝卜素，研究了超临界流体萃取技术条件；测试了红枣多糖和苹果多糖不同组分及结构修饰产物的保健活性。进一步开展了苹果根皮苷的分离纯化及其氧化制备黄色素的研究。

乳品加工关键设备：完成瑞士马布克公司在哈萨克斯坦的干酪生产线设备制造及安装，设计制造了中试型重制干酪乳化机、气动阀干酪压榨设备及模具和中试型干酪槽，制定了日处理50吨鲜奶的连续化、封闭式干酪加工设备制造和工艺设计方案；研究了乳品包装材料热塑挤出法和涂敷法技术及与设备的适应性，确定PVA环保型无菌包装材料中试设备的技术和工艺参数；开发出高品质、鲜食和适于烤制的莫扎雷拉干酪各1种，优化了生产工艺。

牛肉加工：研究提出了肉牛胴体分割、加工及预制食品与制品加工的增值建议，建立我国肉牛屠宰加工分割肉生产、贸易、质量安全等数据库，编制出我国首个肉牛宰前评定规则。

蜂产品开发：研究了多种蜂花粉中过氧化氢酶、过氧化物酶等的酶活力和比活力；通过小鼠镇痛实验证实油菜蜂花粉含有对抗疲劳的有效物质。

农产品加工国际标准跟踪与公共服务平台：开通了"农产品加工业国际标准跟踪信息网"，建立了欧盟、日本、澳大利亚、新西兰等多条标准跟踪渠道，向社会发布动态信息2.5万余条、标准文本2 500余份；开展了果蔬、畜产、大豆、茶叶加工标准以及美国、欧盟、澳大利亚、新西兰、韩国农产品加工标准等10个专题跟踪研究。

2. 农业机械

水田超低空低量施药技术与装备：进行了室内喷洒雾滴沉降规律研究，研发了2种雾化器件，完成了第一轮轻量化低量航空喷洒系统，初步完成了农用无人驾驶轻型直升飞机的适用性改制，进行了第一轮田间试验，效果明显优于传统作业。

油菜机械收获关键技术研究：通过对引进样机的消化、吸收及国产化研究，解决了我国现有油菜收获机普遍存在的对油菜适应性差、割台及脱粒损失大、清选不干净及操作不方便等问题。通过对复合杂交后代群体进行定向选择，组配抗倒、抗裂角、早熟的杂交油菜新组合，选育出适合机械化生产杂交油菜新品种（系）；初步形成典型区域油菜机械化生产栽培技术规程；在适宜地区推广应用链夹式移栽机和与手扶拖拉机配套的精少量直播机，具有开畦沟、灭茬、播种、施肥和覆土功能的复式作业直播机试验取得成功。

果树靶标边界仿形低量喷雾技术与装备：开展低量喷雾技术研究与部件的研发工作，完成了圆盘型雾化器、多路环形药液喷洒系统、双流道风送系统等关键部件的设计工作；完成了两种机具4个机型的总体结构方案设计。

茶叶机械：完成了便携式名优茶采摘机的定型，并提出了相应的配套应用参数，采摘的操控性和机采鲜叶质量均明显提高，机采叶机械组成完整率达68%左右；研制出一种红外测温的自动杀青机和茶鲜叶自动摊青室，实现了控温、控湿、控时和自动上下原料；研制出在线可调式连续理条机组，实现了茶叶做形过程的连续作业；建成了一条由14台设备组成得炒青绿茶自动化示范生产线，鲜叶加工能力为50~70kg/h。

麻类机械：完成了第一、第二代双滚筒式苎麻剥麻机和第一代黄、红麻剥皮机样机图纸设计，试制了样机并进行了性能试验和测定。

草地工程机械：重点设计了打结器主轴及运动循环图指示盘装置，采用国际上先进的硅溶胶溶模铸造技术，制造出总体性能良好的打结器样机；研制出了3圆盘、4圆盘、5圆盘、6圆盘系列化切割压扁机；完成捡拾压捆机简化设备外部形状设计；对苜蓿草播种机、割草机、搂草机等进行了技术集成，示范1.8万亩。

十四、农业信息

1. 农业信息管理

农业信息分析与预警：针对我国畜产品、果蔬等8类农产品的生产、消费、市场动态等情况进行预警监测分析研究，完成月度、季度、半年、年度专题研究报告；就主要农产品面临的经济危机和突发事件等，完成各类专题研究报告12份；进行国内外主要农产品市场价格、供求、贸易信息的总体情况调研，建立了主要农产品数据库和农产品信息分析工作平台；利用全国主要批发市场价格进行农产品价格短期预测模型研制，筛选出比较合理的价格分析预测模型，并在河北省怀来县试验基地进行了实证研究与模型完善。

农业科学数据共享中心：截至2009年，整合的农业科学数据库（集）已达736个，数据量超过1 936GB，网站访问量超过300万次，离线服务200余次；在海南、甘肃、黑龙江等地开展了区域化共享服务推介活动。

农村知识本体研究与知识库构建：完成生产技术信息、农产品市场信息和农资商品信息元数据标准（草案）及扩展原则的制定，通过本体构建工具 Protege 生成生产技术和市场信息3个本体的 OWL 文件，每个本体中以类、属性和实例对相关概念进行展示，基本形成基于语义的农业信息服务分类体系。

中文农业网址数据库及智能搜索引擎：共加工文摘数据20万条、引文数据640万条，加工组织开放获取资源近5 000条，均已上网提供服务；完成文献装订1万多本，通过 NSTL 网络服务系统提供远程文献2万多篇，完成网上参考咨询服务近3 000项，学科化定题服务60多项。

2. 农业信息技术

农业资源利用与管理信息化：开展了数据库基础建设、基础软件和组件开发、应用系统开发和示范应用工作，建设和发展了农业自然资源、经济资源和社会资源信息，开发了8个软件组件、基础模块和10个应用系统，开展单机和网络的信息与决策服务，形成了一批技术报告和一套标准规范，已经在北京、河北、云南等示范区应用。

农业科技信息移动智能服务：实现了 Java ME、WAP 或 Web 3 种客户端信息访问方式，完成了移动服务系统的开发；开展了知识本体检索服务研究；构建了利用手机短信进行农业生产环境信息监测和控制的服务系统硬件平台，设计制作了手机短信 SMS 模板、测控摸板及嵌入式软件系统。

专家在线咨询服务系统：开通了小麦、玉米、水稻、大豆、棉花、经作、生猪、奶牛、渔业、农机、农垦等行业的专家咨询服务功能，通过农业科技入户工程在全国各省（市、自治区）全面推广应用。

大田作物病害智能诊断：获取病害图像资料约1.6万余张，在图像采集规范、图像分割、智能识别等关键技术方面取得进展，筛选出适合主要病害的智能识别模型，研制了便携式智能诊断终端2套，初步建立起水稻、小麦、玉米的病害智能诊断系统。

草地生产数字化管理：制定完善了草地生产数据管理体系标准与规范，构建了基于多源草地海量数据的智能网络管理系统，建立了我国草地科学数据中心；开展了草地功能、结构、生产力和驱动力因素监测等方面的研究，建立了草地网络监测管理系统，开发了基于我国北方草原的草地畜牧业管理决策支持系统；完成了草地数字化管理信息处理系统、草地生产力遥感监测系统、人工草地产量与管理系统等软件，并已投入业务化运行。

农作物遥感监测：完成了全国主要农作物遥感估产、农业灾害、农业资源监测等工作，主要包括：全国小麦、玉米，湖南、湖北两省水稻面积变化率的遥感监测；全国主要作物单产、总产量及粮食产量变化率的预测预报；全国主要农作物长势和耕地土壤墒情遥感动态信息监测；雪灾、旱灾、水灾、火灾与作物秸秆焚烧的遥感监测；草原植被长势、产草量和载畜平衡的遥感监测。

十五、农业经济与宏观战略

粮食主产区社会主义新农村建设的理论、机制与模式研究：通过对吉林、安徽、河南、四川、湖南等地进行实地调研，搜集了大量资料和数据，完成对粮食主产区粮食生产者进行利益补偿的理论依据分析，开展了补偿政策绩效评价与实证分析研究；对安徽省粮食补贴政策的绩效进行了客观评价，明确了粮食补贴政策重点；提出建立粮食生产大县利益补偿制度的基本思路。

强农惠农政策研究：针对具有代表性的农区县、牧区县和半农半牧区县，比较了国家近年来针对农村和牧区在强农惠农等方面的有关政策，调查了农牧民收入变化状况，分析研究了国家强农惠农政策在促进农牧民增收方面的积极作用，探讨了加快农区牧区经济发展亟需的政策措施，并提出进一步推进农村牧区协调发展的建议。

走中国特色农业现代化道路研究：对中国特色农业现代化的内涵、特点、指导思想、基本原则和基本思路进行了系统的研究，细化了建设的战略目标，总结归纳出我国7种不同类型农业现代化建设的模式，提出了全面加快中国特色农业现代化建设的政策建议；建立了实现农业现代化的评价指标体系与衡量标准，对我国东中西部和东北部地区的农业现代化进程进行了评估，分别对2015年和2020年我国农业现代化可能的实现情况进行了预测。

我国农业保护的地区比较研究：系统分析和借鉴经合组织的生产者支持估计分析方法体系、世贸组织的农业国内支持政策系统分类与测算方法，分析了我国农业支持政策强度、结构、效果的区域特征，对地区差异性作出了比较，提出我国农业区域协调发展的若干政策性建议；分析了美国、欧盟和G20关于国内支持政策改革的提案对中国农业产生的影响，研究了多个国家的农业国内支持政策措施及支持水平，提出完善我国农业国内支持体系的政策建议。

我国农产品地理标志保护制度研究：梳理了我国地理标志保护的现状，从现实制度、地理标志拥有状况以及历史因素等方面进行了分析，认为法国的经验尤其值得我国借鉴；提出建立我国地理标志专门法保护制度的政策建议，提出建立地理标志保护制度的原则，并指明了我国农产品地理标志产业发展的主攻方向。

我国应对全球生物燃料乙醇发展对策研究：深入研究了各主要国家生物燃料乙醇战略和措施，重点分析了美国、巴西、欧盟等国家和地区的生物燃料乙醇战略对于全球和我国社会经济的影响；深入探讨了生物燃料乙醇发展对能源行业与粮食安全的影响，根据我国国情，提出粮食安全与能源安全并重、寻求两个安全平衡点的观点，以及重视粮食安全、谨慎对待生物燃料乙醇发展同时眼望未来的策略。提出我国应对全球生物燃料乙醇发展的若干政策建议。

肉鸡产业经济研究：赴国内多省市开展调研，多渠道收集资料，全面了解了我国肉鸡产业现状、问题与关键性制约因素，初步设计了肉鸡产业政策分析模型和预警系统框架；跟踪日本、美国、欧盟等国家和地区肉鸡产业发展前沿动态与趋势，初步完成了跟踪监测年度报告；初步完成了我国肉鸡国际贸易报告，并提出突发性事件的应对措施方案和经济评估方法。

农村小型水利基础设施建设和管理研究：先后在新疆、青海、湖北、湖南、江苏、山东进行实地调查，进行了面接式农户调查和相关利益者结构式访谈，对我国农村小型水利改革效果进行了实证分析，研究了农村小型水利设施建设和管理的可持续性问题，探讨了小型水利改革对改善农民生计、增强农户和农村社区成员民主行为等方面的作用，提出今后小型水利改革的政策和措施建议。

贫困地区革命老区专题调研：赴秦巴片区、大别山片区、武夷山片区、太行—吕梁片区进行调研，分析总结了革命老区的贫困特征和影响因素、扶贫开发经验和存在的问题，识别和瞄准了急需加大力度扶持的重点老区县，提出加大扶贫开发投入、完善国家扶贫战略和政策体系的对策建议，为制定新阶段扶贫开发规划提供了政策依据。

贫困地区寄宿制小学学生营养状况评估：调研了贫困地区农村寄宿制小学学生营养摄入状况，分析了地域、性别、学校配餐方案和学生饮食习惯等对寄宿生营养摄入量的影响，研究指出农村学校寄宿学生的营养问题应当引起政府和全社会的严重关注，并提出大力加强寄宿制学校食堂建设和政府营养干预等政策建议。

中国农业科学院
2009 年科技兴农工作总结

2009 年，在农业部和中国农业科学院党组的正确领导下，以强化服务"三农"为目标，以科技创新为依托，我院充分发挥科技和人才优势，围绕农业部的战略部署和要求，全力开展重大科技兴农行动；以"三百"科技支农行动为中心开展全院科技兴农工作。据不完全统计，一年来全院共计组织科技下乡 39 803 人·天，组织举办现场展示会、观摩会、技术培训活动、讲座、咨询会等 2 157 次，直接或间接培训基层技术人员和农民 60.9 万人次，发放科技图书、资料等 123 万余份，签订意向合作协议 1 475 个，推广水稻、小麦、玉米、棉花、蔬菜及畜禽新品种 276 个、新技术 153 项，新品种、新技术示范推广面积 2.1 亿亩，禽类 1.8 亿羽，牲畜 1 000 多万只（头），拥有各级各类科技示范基地、示范点 811 个，创造了巨大的社会经济效益。广大科技人员深入农业生产第一线，努力探求科技兴农工作的有效途径和方法，不断提高全院科技兴农和服务"三农"的水平，加速科技成果的推广应用，进一步探索了"课题来源于生产、成果应用于生产"的农业科技推广工作新机制。全院科技兴农工作取得了新的成绩，为我国农业和农村经济发展提供了强有力的科技支撑，为发展现代农业、扎实推进社会主义新农村建设做出了应有的贡献。

一、全力配合农业部开展重大科技兴农
行动，努力推进现代农业发展

紧紧围绕国家农业重大需求，认真按照农业部的统一部署，我院充分发挥科技和人才优势，全力开展重大科技兴农行动，为发展现代农业做出了新贡献。

（一）全力配合开展高产创建活动，千方百计促进粮棉油等主要农产品生产稳定发展

根据中央"稳粮保供给、增收惠民生"的精神，紧密配合农业部高产创建活动，狠抓对粮棉油生产的科技支撑工作。集成技术、集约项目、集中力量，大力推广新品种、新技术，促进良种良法配套，挖掘单产潜力，带动大面积平衡增产，依靠科技进步，千方百计促进粮棉油等主要农产品生产稳定发展。

水稻 在全国主要稻区，我院累计推广水稻新品种 13 个，新技术 9 项，新建示范

基地 14 个，新品种、新技术推广面积近 4 000 万亩。其中国稻 6 号列入湖南省超级稻"种三产四"工程办公室的示范品种，在醴陵市泗汾镇的万亩（12 745 亩）连作晚稻高产创建中，平均亩产达 586.5 公斤，增产 20% 以上。"中嘉早 17"在嵊州良种场种植，以 652.26 公斤的平均亩产，获得浙江农业吉尼斯早稻百亩示范方纪录挑战赛早稻品种第一名。高产专用型早稻中嘉早 32 获得农业部超级稻认定，被推荐为浙江省主导品种，在浙江、湖南、湖北建立了 3 个千亩示范片，亩产比当地其他品种增产 12% 左右。建立徐稻 5 号、徐 2 优 1 号万亩高产示范片各 2 个、百亩高产攻关方各 3 个，推广徐稻 5 号 70 万亩，徐 2 优 1 号 8 万亩，徐稻 5 号大面积平均亩产 600 公斤左右，高产地块亩产超过 750 公斤。

小麦　为解决小麦小面积高产记录 700 公斤与生产实际水平差距较大，科技成果转化"最后一公里"鸿沟等问题，通过在主产区建立千亩核心示范区、开展扎实有效的技术推广活动等有效方式，大力开展小麦高产创建活动。在河北、河南、山东等 5 个冬小麦示范县设立了 5 个千亩核心示范区，平均亩产达 463.4 公斤，为农户提供了观摩样板。在铜山县稻麦原种场开展徐麦 30 高产创建活动，攻关方实收产量 612.7 公斤/亩。同时在铜山、丰县、东海等地建立 6 个百亩示范方，2 个千亩示范方，1 个万亩示范方。通过良种良法结合，实现千亩 550 公斤/亩、万亩 500 公斤/亩的产量指标。

玉米　主要采取推广高产品种、应用配套栽培技术，采用"政府支持＋企业主导＋技术支撑"框架下的"优良品种＋配套技术＋示范观摩＋技术培训＋品牌宣传"的多元化推广模式，全力开展高产创建活动。在东华北区建设万亩高产示范方 9 个，比当地生产水平增产 50% 以上；在西南及南方区建立高产创建示范片 30 个（共 15 023 亩），开展浅山区和丘陵区玉米高产栽培技术集成示范，实测田块平均产量 800.3 公斤/亩；建立高产玉米品种"中单 808"生产示范点（片）200 个，通过高产示范，已快速推广种植 600 万亩。通过选取高产品种，采取"增穗、稳穗数、挖粒重"、增加花后物质生产与高效分配等为核心的技术路线，促使新疆生产建设兵团农 4 师 71 团 10 亩连片玉米高产示范田的平均亩产达到 1 342.85 公斤，其中最高的 5 亩亩产达 1 360.10 公斤，创造了中国玉米单产的新纪录。在山西省寿阳县核心示范区展示机械化秸秆还田秋施肥、春季起垄覆膜集雨保墒高产技术 337 亩，平均产量达到 853.2 公斤/亩，增产幅度 19.93%，为玉米高产栽培技术的大面积推广建立了样板。在 100 多个玉米万亩高产创建县，现场培训各级农技人员 5 000 余人次，为基层农技人员和农民解决了生产中的实际问题。

大豆　通过大豆新品种推广和配套高产、节本、高效栽培技术示范展示，集成了 13 套大豆高产高效综合配套技术体系，建立核心示范区 55 个，示范区 93 个，示范总面积达 159.35 万亩，带动辐射区总面积达 2 605 万亩，示范区大豆平均亩产达到 199.65 公斤；通过示范区带动作用，使辐射区大豆单产达到 178.70 公斤/亩。在新疆生产建设兵团农 8 师 148 团推广种植 5 000 多亩中黄 35，采用地膜覆盖和膜下滴灌技术，在小面积（793.4m²）上创造了亩产 402.5 公斤的全国大豆单产新记录，在 86 亩地块上创造了亩产362公斤的全国大豆大面积高产纪录，充分展现了中国大豆高产的潜力。在西北集成了西北灌区大豆与其他作物的间套作模式、在南方集成了"免耕少耕大豆无公害生产技术"及"稻田鲜食春大豆轻简化栽培技术"等高产栽培模式和技术，推动了全国大豆高产创建活动的开展。

棉花 结合农业部"现代农业产业技术体系"、"农业科技入户示范工程"和"新型农民培训工程"等工作，向农业部推荐主导品种10余次、主推技术10项，特别是杂交棉增密、专用缓控释肥、基质综合种苗、盐碱旱地丰产植棉、棉花超高产和双高产等具有现代农业特征的技术，在农业部万亩棉花高产创建、产业技术体系"千斤棉"创建和大面积生产指导方面发挥了积极的指导作用。

在20个综合试验站区域内开展高产示范和高产创建活动工作，示范种植1000亩，形成了20个区域大面积高产种植技术模式，形成了基质育苗移栽、杂交棉增密减氮增钾、节水灌溉等关键技术6项；通过培训农技人员5000人，有效地推广了这些高产栽培技术和模式。创建了长江籽棉500公斤/亩的超高产典型，总结提出棉花高产超高产、双高产和简化种植关键技术和方案；在江西省九江市创建"百亩千斤籽棉"示范区，创造了长江流域、黄河流域两大棉区百亩棉花种植籽棉亩产超千斤的最新纪录。

（二）积极参加重大专项科技服务行动，服务现代农业发展

我院充分发挥自身科技和人才优势，按照农业部的部署，积极参加农业部重大专项科技兴农行动。

继续派遣水稻、小麦、玉米、大豆、棉花、园艺作物、马铃薯、奶牛和生猪等行业的专家以首席专家身份参加农业部实施的农业科技入户工作，推广新品种、新技术，制定技术方案，举办各类培训班，深入田间地头进行科技服务，提高了农业科技的技术到户率和到田率，提高了农业技术的保障作用和对农业灾害的应急能力。

配合农资打假专项治理行动，开展了3次肥料质量监督抽查，全年抽查250多家企业，覆盖了我国主要的肥料生产省和主要肥料品种。加强对烟叶质量的监督测试，检测烟叶样品4000多份。参加了2009年"无公害食品行动计划"，负责安徽省的蔬菜质量安全例行监测工作，全年共检测样品415个，获得有效检测数据23 700个。对承担例行监测任务的9个部级质检中心进行了监督抽查。受农业部委托，部署开展2009年20类农产品或投入品的质量安全普查工作，启动了农产品质量安全监测信息平台建设工作。

配合国家沼气工程建设，为湖南、四川、贵州、河南等省完成大中型沼气工程可研报告81份，设计施工图166份。在成都举办了两期全国沼气建设管理技术培训班，培训全国农村能源系统的管理干部、技术人员300人次。外派专家2000多人次到广西、安徽、贵州等省（自治区）开展培训活动，切实推广农村能源实用新技术。对6个省16个县1 506户农户沼气建设项目进行核查，配合"农产品质量安全监管加强行动"，对24个省116个县142个村393户农户的沼气灶及配套产品使用情况开展入户检查，及时发现和解决沼气建设存在的质量问题，为农村沼气建设又好又快发展提供服务。

落实禽流感等重大动物疫病防控行动，对全国不同地区的活禽市场进行了3次样品采集，共完成7 134份棉拭子样品以及7 121份血清样品的检测，为控制我国禽流感的暴发和流行提供了病原学及流行病学资料。

继续推广测土配方施肥技术，总结经验，树立示范典型。举办现场会、培训班32次，直接培训农民、技术人员23 000人次，新建科技示范基地3个，新增社会经济效益3 500万元。

（三）积极开展农产品质量监督检测工作，切实提高农产品质量安全

认真开展农产品质量监督检测工作，积极参加农业部组织的农产品质量安全专项行动，充分发挥技术、设备、人才优势，为各专项行动的实施提供科技支撑。

完成全国17个省（市）的进口饲料、饲料添加剂和新饲料产品、饲料中牛羊源性成分等监测任务，检测样品5 000个。在2009年媒体报道的3起"瘦肉精"事件中，在农业部的指导下，立即召开紧急会议，制定抽检方案，组成抽检小组第一时间赶赴内蒙古巴彦淖尔市、河北省唐山市、黑龙江省兰西县等事发地区，完成了瘦肉精违禁药物紧急检查任务，并对3地进行了拉网式监测，为政府部门提供了强有力的技术支持。分别在北京、大连、宁夏等地举办检测技术培训班7次，共计800名地方机构的业务骨干得到培训。

（四）积极开展百县农技人员和农村实用人才培训活动

根据农业部办公厅关于大力开展基层农业技术推广人员培训工作的通知，从2008年11月到2009年3月，我院开展了"百县基层农技人员和农村实用人才培训活动"。在全国100个县，对基层10万余名农技人员和科技示范户、村级动物防疫员（植保员）、农机手、农村沼气工进行了现代农业技术培训活动。其中组织培训植物保护基层农技人员和农村实用人才活动32次，培训农村科技人员4 000余名。采取专题培训、现场培训、烟农夜校、入户指导等多种形式，培训烟农累计达46万人，每年仅给烟农增加效益一项就达10亿元。举办桃栽培技术培训班14场，发放10万字的技术资料1 000余册，培训人员900名。在内蒙古草原地区举办培训班12次，培训乡村基层科技服务人员、管理人员和种养专业户563人（次）；印发科技宣讲资料和实用技术手册1 200份（本）。

二、启动实施"三百科技支农行动"，
不断提升服务"三农"水平

为进一步落实科学发展观，贯彻落实党中央、国务院关于积极发展现代农业，扎实推进社会主义新农村建设战略决策，发挥科技在发展农业和农村经济、解决"三农"问题中的支撑作用，我院充分聚集科技资源和人才资源，围绕支撑现代农业发展和社会主义新农村建设的战略需求、落实农业部保证粮食增产、农民增收的部署，结合我院"三个中心、一个基地"的建设任务，以新增1 000亿斤粮食、保障主要农产品有效供给、提高农民科技素质和增加农民收入为目标，在全国开展了"三百"科技支农行动。

（一）统筹协调我院的科技兴农工作，启动了"三百"科技支农行动

2009年，中国农业科学院开始实施"三百"科技支农行动，在全国100个粮食主产县开展了粮食增产科技支撑行动、在123个示范县开展了科技示范行动、在全国114个院地科技合作县开展了科技服务行动。通过"三百"统筹协调我院的重大科技兴农行动，壮大了我院科技兴农的声势，形成了自己科技兴农的特色和品牌，加速了科技成果的推广应用。

为统筹全院科技兴农工作，我院成立了领导小组和工作小组，组织协调"三百"科技支农行动的有关工作。制定了全院"三百"科技兴农行动方案，确定了长远目标和年度任务。各研究所成立了"三百"行动领导小组和专家小组，结合本所优势，制定了工作目标，开展了相关工作。全院统一组织了北京大兴、宁夏贺兰、河北廊坊等示范县的综合技术示范工作，各所开展了水稻"百人百县计划"、茶叶"科技支农专项行动"和"十企百村千户"专项行动、烟草专项培训行动等。

（二）以"三百"科技支农行动为核心，大力开展科技兴农工作

全院以"三百"科技支农行动为核心，统一品牌、统一行动，大力开展了科技兴农工作。为进一步加强与地方的科技合作，我院先后与黑龙江省政府、黑龙江省农垦总局、湖北武汉、四川南充、江苏连云港、吉林延吉、广东江门、云南大理等10余个地方政府签署了科技合作协议；各所与陕西榆林市、北京通州区宋庄镇、广东中山市港口镇、山东陵县、陕西铜川市、甘肃省农科院、青岛市农科院等签订了技术合作协议50多份；组织了相关考察、合作项目的筛选、实施等工作，进一步密切了我院与地方的联系。全年分产业、分地区、分单位开展了科技支撑行动、科技示范行动、科技服务行动，取得了显著成效。推广了水稻、玉米、小麦、大豆、马铃薯、油菜、棉花、茶叶、果树、蔬菜、畜禽等品种200多个，各种实用技术100多项，为337个县提供了直接的

技术服务，培训人员 60 万人次。为加速科技成果转化，提升产业技术水平，增加农民收入，保障国家粮食安全，促进农业农村经济发展和社会主义新农村建设提供了强有力的科技支撑。

1. 科技支撑行动

以为国家增产 1 000 亿斤粮食提供科技支撑为目标，组装、集成了一批重大科技成果，建立了试验、示范、推广体系和科技成果示范展示基地，通过示范推广、技术培训、咨询服务等行动，把先进、实用的农业科技成果推广到农业生产第一线，为粮食生产的稳定发展提供了可靠的技术支撑。

水稻 在 22 个水稻科技支农行动实施县建立"新品种（新技术）示范点"24 个，累计面积达 35 500 亩。重点示范、推广"国稻 7 号"、"中嘉早 17"、"中浙优 1 号"等优质高产新品种和超级稻高产配套栽培技术、水稻钵型毯状秧苗机插秧技术、麦作式"湿种"技术、水稻主要病虫害"傻瓜式"防控技术、直播稻田抗药性杂草防控技术等先进实用技术，加快了新品种新技术推广应用，促进了水稻增产、农业增效和农民增收。在黑龙江农垦区实施了"水稻硅肥增产增收"计划，与黑龙江省农垦总局建三江分局成功举办植物-土壤-肥料硅素检测技术培训班，提升了当地种粮技术水平。

小麦 在河北、河南、山东、江苏、安徽、陕西、四川、湖北等省的 28 县开展了小麦优质新品种、高产高效栽培技术集成推广示范工作，提高了当地良种普及率和小麦栽培水平，提高了主产区小麦品质和产量。在北京大兴、通州，河南新乡、洛阳，河北保定、任丘和天津宝坻等地分别推广轮选 987、中麦 11、中麦 175 等小麦新品种；在河南洛阳开展了旱作节水农业技术示范推广，建立小麦千亩高产示范方 4 个，其中洛阳孟津千亩示范方经测产亩产达到 434.2 公斤。建立百亩高产样板田 8 个，累计推广面积 145 万亩。

玉米 深入 13 个省 23 个试点县进行了实地考察、调研和指导，通过与省、示范县的相关专家合作，推广主导品种 65 个、主推技术 17 个，建立了农技推广直通车。集成了东北春玉米以"深松改土"为核心的保护性耕作、京郊春玉米"深松＋旋耕和深松＋耙"耕作制度、华北"玉米-小麦保护性耕作全程机械化"、黄淮海夏玉米"土壤深耕与秸秆还田效应"以及玉米机械播种和机械收获农机农艺相结合等一系列配套技术体系，为三大区玉米生产实现全程机械化、提高农业生产效率和万亩玉米亩产超 800 公斤高产示范起到了重要作用。在山东东平、河南项城、河北遵化、四川仪陇、贵州黔西和云南广南等地区推广玉米高产高效技术；在甘肃景泰、河北张家口、内蒙古巴林右旗等推广玉米全覆膜技术、农牧交错区春玉米"高双早"保护性耕作栽培技术模式；在吉林榆树、黑龙江富裕推广春玉米"缩株增密"和"扩穗防衰"超高产栽培技术等。

大豆和食用豆 在河北、河南、山西、甘肃、江苏等省 7 个县设立了核心示范区，推广了 20 多个大豆、食用豆新品种和 10 多项综合技术，加速了当地主栽品种的更新换代、技术水平的提升。在湖北钟祥建立 1 万亩的示范基地，全力推广中豆 33、中豆 35 等大豆新品种的高产栽培技术。在河北故城、江苏淮安市楚州区、山西大同示范推广中绿1号、中绿2号、中红2号、中红3号、中豇1号和中豇2号等品种，开展了大豆、小豆、豇豆新品种及其配套栽培技术试验、示范推广。通过举办技术培训班、组织现场观摩、现场直接指导、发放技术资料和利用网络、电视、广播、呼叫中心等媒体进行讲课等，培训基层技术员和农民技术骨干3 000余人，一般农户10万户，并针对大豆生产关键技术问题，编制大豆生产实用技术资料和培训光盘，帮助示范点有效开展培训工作，及时将大豆产业技术研发新成果传授给农民，受到基层农技人员和示范户的热烈欢迎。

马铃薯 2009年为8省（自治区）提供10个中薯系列品种和配套栽培技术，推广面积300多万亩，直接通过我院调运推广中薯3号等品种面积约200多万亩。全国平均亩增鲜薯264公斤，增加效益4.8亿元。对全国马铃薯产业品种、生产、加工、流通的现状、技术需求、生产中存在的问题、发展趋势等进行了系统、全面的调研，按照不同区域和不同领域进行了技术需求分类和分析，摸清了生产实际情况，形成了相关技术推广方案。为河北、山东、广东、福建、黑龙江、陕西、甘肃、云南、贵州、四川、内蒙古、湖南、广西、西藏和宁夏等省（自治区）各级政府提供了马铃薯生产产业发展咨询和立项建议；为全国种薯、加工等企业、种植户提供马铃薯技术服务和信息咨询。

专项技术 在推广粮食新品种的同时，我院还注重加强粮食丰产增效技术的推广。在江苏省泗洪县、河南省兰考县等地建立了大中型种子加工成套技术装备生产示范基地，为带动种子加工产业化提供有力支撑。与各地科研、教学、推广部门、大中型企业联合，利用GIS、空间数据库和遥感技术，建设了全国农业资源空间信息系统，形成基于我国自主知识产权的、成熟的农业数字化土壤、遥感应用软件产品和标准农业遥感应用数据产品，为我国粮食安全与可持续发展服务。

2. 科技示范行动

在原有的试验示范基地的基础上，在全国重点选择了123个县建设科技示范基地，分别进行了综合示范县建设和单项重点产业技术示范推广，加大了科技成果的辐射带动作用。2009年新建各级各类科技示范基地、示范点203个，续建原有示范基地、示范点608个。全院集中力量建设了北京大兴、宁夏贺兰、河北廊坊、河南新乡等综合示范基地。形成了一个研究所有几个示范县和若干个专项技术或成果示范基地的局面。通过科技示范，促进了科技成果的快速转化，带动了农业的稳定增效和农民的持续增收。

（1）产业技术示范行动

油菜 建立健全各级各类科技示范基地、示范点5个，建立了4.2万亩的核心示范区，核心区平均单产204.2公斤，最高单产达220公斤；建立了800万亩的示范区，双低率达100%，而全国平均双低率仅74%左右，新品种、新技术示范推广面积3 700万亩。对口支援的鄂州、当阳、襄樊3个双低油菜基地县市，每年推广优质油菜面积超过了80万亩，双低普及率由对口支援前的70%上升到现在的100%，平均总产比对口支援前增长了近30%。在湖北、湖南、广西等7省（自治区）的油菜大县建立了大量的样板，示范面积超20万亩，辐射面积超200万亩，亩产提高了10%以上。在湖北红安、大悟、麻城等花生、芝麻主产区，结合高产栽培技术推广新品种，使亩产提高10%以上，示范面积 2 000 亩，辐射面积 2 万亩以上。全年科技下乡 500 人次，举办现场展示、观摩会、技术培训、讲座、咨询会等 11 次，培训基层农技人员和农村实用人才 4 000 人次，发放科技图书、资料等 24 000 份。

棉花　在国产转基因抗虫棉产业化的基础上，推出了"银棉 1 号"、"银棉 8 号"和"银棉 12"三系杂交抗虫棉新品种。三系杂交抗虫棉推广面积已超过 350 万亩，成为农业部的主推品种。随着三系杂交抗虫棉新品种的不断推出和产业化，为中国棉农、棉花生产和纺织业带来了巨大的经济效益和社会效益。建立了新品种、新技术示范区 17 个，累计面积 5.6 万亩，取得平均增产 14.8% 的良好效果。推广了盐碱地棉花丰产栽培技术 150 万亩，增产（11.6 千克/亩）15.4%，增效 120 元/亩，增收 1.8 亿元。在长江、黄河流域和西北等地推广缓控释肥和化肥减氮技术，推广面积 50 万亩，保证棉花产量不减，起到了减少施肥 2 ~ 3 次与防止肥害的良好效果。

建立了棉花病虫异常灾变的早期预警系统，提出适于长江、黄河流域和西北主要产棉区病虫害综合控制技术 3 套，在各主产区示范，培训农技人员 3 000 人次。同时，在黄河流域提出了棉麦双高产"六个一"的轻简技术方案，根据不同生态棉区杂草发生特点，提出了棉田杂草的治理体系。

累计监测 15 个产棉省（市、自治区）564 个产棉县，定点定户调查 15 000 多家（次）植棉农户，获得和加工数据 405 万个，出版《中国棉花生产景气报告》77 期，分发新疆、山东、河南、河北、湖北、安徽、江苏等 14 个产棉省（自治区）和新疆生产建设兵团 15 400 期（份），受到政府、协会、棉农和企业的广泛好评。

蔬菜　工作中加强了新品种的推广力度。在 20 余个省（市、自治区）推广甘蓝新品种"中甘 21"、"中甘 18"约 60 万。在北京延庆、河北张北、甘肃兰州等地基本替代原有国内品种和国外引进品种，为我国春夏蔬菜市场供应发挥了重要作用。2009 年共召开 4 次黄瓜新品种推广现场会，累计推广黄瓜新品种面积在 20 万亩以上。其中露地耐热抗病新品种中农 106 在各地表现良好，种子供不应求，耐低温、抗病、优质品种中农 26 在北京、辽宁、天津等地表现突出。在华南推广中椒系列反季节露地中早熟甜椒 5 万多亩。开展辣椒产地调研 15 次，在宁夏贺兰县、内蒙古开鲁县、安徽岳西市、浙江萧山县、山西忻州市等地开技术讲座 6 次，参加人员 800 人次。参加大型现场展示、交易会 6 次。组织现场观摩 3 次。

茶叶　在浙江武义、松阳、淳安、宁海、磐安、缙云，贵州凤冈、毕节，江苏丹阳等地建设了 29 个重大科技成果示范基地。大力推行有机茶工程，促进有机茶健康发展；推广龙井 43、龙井长叶、中茶 102、中茶 108、中茶 302 等 300 多万株，面积达 700 多亩。推广茶园病虫害综合防治技术、农药安全合理使用技术，指导茶叶企业、茶农正确使用农药，有效防治病虫害，努力降低茶叶中的农药残留，全年生物农药推广使用面积达 5.3 万亩；与茶叶基地县及茶叶企业共签订技术合同 43 份，其中技术开发合同 1 份、技术转让合同 9 份、技术咨询及技术服务合同 33 份。

为建立为产业服务的长效机制，先后与浙江丽水市、贵州凤冈县、四川广元市、江西铜鼓县和河南光山县等20个市（县）签订了科技合作协议，建立了全面科技合作关系。将无公害茶叶生产技术、茶园田间生产管理技术、茶园病虫害统防统治技术、茶园无害化施肥技术等在科技示范县开展了示范推广。

帮助深圳深宝华城公司建立了研发中心，帮助临安香雪茶业公司、衢江区大山茶叶有限公司等开发了天然花香型绿茶加工新工艺、乌溪江水雾茶产品。帮助三门绿毫茶叶专业合作社开发的"天然花香型绿茶"获得"中茶杯"一等奖，生产量达到200吨，销售额超过300万元，实现了茶叶产品的转型发展。

果树 在辽宁、山东、河南、河北、四川、山西等主产区建立示范基地24个，推广苹果、梨、桃、柑橘等果树良种种苗210万株；继续重点推广树体控冠改形、果实套袋、果园生草覆盖和无公害病虫害综合控制等节本、省工、高效技术；科技人员全年下乡1 500人次，举办各种不同类型果树、西瓜、甜瓜技术培训班300次，为农村培训技术人才3万余人次，有力地促进果树产业的健康发展，提升了果业产业化水平。在中西部地区推广了以"ZY-1"为代表的樱桃半矮化砧木品种及相关技术20万亩，成为当地农民最赚钱的果树种类。在大连市普兰店市推广桃保护地栽培技术16 000亩，年产值3.2亿元。推广柑橘促花剂和保果剂等生物制剂28万余包，普及面积30万亩以上。派出10多位果树专家常年工作在中国著名的果品生产基地——绥中县，建立新品种、新技术核心示范基地6 000亩，培训果农25 000人次，技术辐射面积20万亩，增加果业收入1亿元以上；其中一名同志被授予"全国优秀科技特派员"荣誉称号，被辽宁省人民政府授予"民族团结进步模范个人"荣誉称号。

其他种植业 示范推广转基因抗虫棉黄萎病的综合防治技术60万亩，增产皮棉900万公斤，直接经济效益1亿元。积极推广烟草有机无机复混肥、有机肥及绿肥施用技术，推广面积150万亩。在云南省陆良县开展了绿肥改良植烟土壤技术推广工作，烟叶亩产量平均提高22.0公斤，亩产值提高207.4元，上等烟比例提高6.1个百分点，累积示范推广7.5万亩。为北京通州食用菌基地提供黄伞一级优良菌种1 700支，示范推广栽培12.5万袋，总产量57.1吨。在山东、河南建立了2个植物种苗无糖组培快繁综合基地，组培苗年产量达到200万株，成苗率95%以上。在北京平谷推广温室桃熊蜂授粉技术200亩。在河北省怀来县和定兴县开展了农业科技信息可寻址广播服务、蔬菜市场价格监测体系建设、玉米智能连作系统应用示范等工作。在河南省夏邑县推广了低压管喷技术、在河南广利灌区进行了地下水开发利用关键技术应用与示范。

养殖业 在甘肃河西、陇东、白银地区及河南、河北、京津等地区建立了多个仔猪腹泻防治示范区，使用仔猪腹泻微生态制剂预防仔猪247余万头次，使仔猪腹泻发病率下降21.96%，死亡率下降11.18%，累计取得经济效益1.74亿元。在河南省新野县用皮埃蒙特肉牛改良南阳黄牛，项目核心区存栏三代以上皮南牛2.96万头、基础群2 000头、核心群500头，建立了皮南牛完整数据库。在河北栾城开发成功乳犊牛白肉，填补了国内空白，标志着我国拥有了自主研发的高档犊牛白肉，生产的乳犊牛白肉全部被北京钓鱼台国宾馆和国家航天局等高端客户使用。

为全国提供了农村户用沼气池改造技术、发酵技术、规范化沼气池设计及施工技术等综合配套技术，有力地推动了农村沼气建设的技术进步和整体质量水平。完成了农业部秸秆沼气示范工程建设，并在湖南、四川、贵州、河南进行了相关技术的推广，对中国沼气工程技术的不断提高和规范化、系列化都起到了重要作用。在天津市武清区、宝坻区、河北省廊坊市、唐山市开展了畜禽粪便氮磷养分综合管理技术、沼渣沼液农田高效施用技术、区域畜禽粪便集中处理技术的示范与推广，推动了当地社会主义新农村的建设。

农业机械　在江苏、安徽、湖北等地建立油菜机械化直播、移栽、联合收获、分段收获试验示范点 8 个，累计试验示范面积 15 000 余亩。在苏州吴江农业示范园区进行了无人机水稻田间施药试验示范作业，这是我国首次将无人驾驶直升机施药技术应用于水稻田植保作业。研制了 4H-1500 型花生收获机、4H-800 型花生收获机，合作企业已经批量生产近 1 000 台，收获花生 25 万亩。花生收获设备生产厂家新增产值 500 万元，新增利税 150 万元；机手收入 2 000 万元。

另外，在云南楚雄、四川凉山、湖北恩施等地区建立了 7 个烟草科技示范基地，每个基地核心示范区不低于 5 000 亩，辐射示范区不低于 10 000 亩，在全国的科技示范基地达到了 39 个。与泉州市德化县共建了中国农业科学院农田灌溉研究所德化综合试验站。在浙江丽水市建立了"中国农业科技文献和信息服务平台丽水推广示范基地"和"国家农业科学数据共享中心浙南服务站"。

（2）现代农业综合示范县建设行动

继续加强中国农业科学院大兴现代农业综合示范区建设工作。推广徐薯 23 和徐紫薯 1 号等品种 1.5 万余亩，推广大棚西瓜套种甘薯技术、甘薯脱毒技术等 8 000 余亩，甘薯平均增产率 12%，亩增收 300 余元，薯农增收 420 余万元。制定 2 个北京市地方标准草案，建立 5 个贮藏保鲜基地和 1 个梨树矮化密植示范园。推广功能性西瓜 60 亩，大棚 10 个。获得切花菊 1~2 个优良株系，建立了安祖花常规育种技术体系。开展土著菌产品生产，生产规模已满足 4 万平方米发酵床的需求。继续推广天然植物饲料添加剂，示范范围达到 15 个规模场。帮助加快奶牛生产的规模化进程，将散户集中到小区，散户由原来的 1 100 户减少到现在的 300 多户。开展专家咨询会和农民技术培训会，培训农民 850 人次。

启动了中国农业科学院广阳现代农业综合示范区建设工作。制定了实施方案。为食用菌栽培基地提供黄伞一级优良菌种 200 支，原种 500 袋，示范推广栽培 5.1 万袋。在金丰农科园建立立体无土栽培、南果北种示范区 3 500 平方米，增加了产品销售收入，吸引大批游客，廊坊电视台等多家媒体进行了报道。与伊指挥营奶牛养殖小区、天利和奶牛养殖小区开展"奶牛高效饲养技术示范推广"合作项目，重点指导示范户加强奶牛饲养管理。

启动了中国农业科学院贺兰现代农业综合示范县建设工作。筹建了 5 大产业示范基地，实施了水稻钵形毯状秧苗育机插技术、蔬菜、设施农业、信息平台等 20 个项目，全年派出百名专家赴贺兰开展科技推广工作。

重点推进与黑龙江省农垦总局的科技合作。与黑龙江省农垦总局签订了科技合作协议。2009 年 9 月，由院领导同志带领 17 名专家对黑龙江农垦区进行了考察。经过多次对接，确定了具体合作的项目、共建的试验基地。

3. 科技服务行动

在 25 个省份的 114 个县开展了以水稻、小麦、玉米、大豆、棉花、蔬菜、油菜、茶叶等作物和奶牛、水牛、肉羊、鹿、貂等畜禽为对象的产业咨询与规划、轻简实用技术开发、技术指导、技术培训等工作。组织科技人员撰写了有关各类农业科技的科普材料，制作了技术明白纸、科技光盘和简易图书资料，直接送到农民手中。抓住春耕春管、三夏、秋冬种 3 个生产关键环节的技术需求，组织专家和农技人员深入生产一线，进村入户开展"手把手、面对面"的科技服务。通过组织举办现场展示演示、观摩会、技术培训、讲座、咨询会等多种形式，培训基层农技人员和农村实用人才，推动了先进实用科技的推广普及，增强了农民发展生产的能力和增收致富的本领。

（1）技术服务与人员培训

继续实施水稻"百人百县计划"。百余名科研人员分别与江苏、江西、浙江、湖北、湖南、四川 6 个省的 110 个县建立了联系，开展了生产情况调研、新品种新技术推介、技术培训等工作。组织水稻科技下乡 270 人次，开展各级培训、咨询、现场观摩会等 50 余次，培训农技推广人员和稻农 2 000 余人，共赠送、发放技术宣传资料等 5 000 余份，无偿捐赠图书、产品、农资等的价值 10 万元。为促进我院科研成果的快速推广，推动当地水稻生产发展发挥了重要作用。

开展了"茶叶科技支农专项行动"。科技人员足迹遍布全国主产省份，进行有机茶生产现场指导，举办了 25 期有机茶生产技术培训班，培训 850 多人次，发放各种技术资料 2 万多份；重点在全国 29 个茶叶基地县对乡、村、户进行点对点、面对面的技术指导和培训。配合浙江省科技特派员工作，派出了 10 名科技特派员分别到 8 县 10 乡镇开展定点帮扶，派出了法人特派员 2 组、团队特派员 3 组（共 25 名科技人员）服务松阳、淳安、缙云、磐安和新昌。在 10 个科技特派员派驻县及茶叶主产县，培育了以 10 家茶叶龙头企业为载体的 10 个新型茶叶专业合作经济组织；选择了 100 个乡村，培育茶叶科技示范户 1 000 户，培养了一批乡土技术人员。为促进有机茶健康发展提供了技术支撑，提高了茶产品的国内外市场竞争力。

密切配合农业部加强农技推广体系建设工作，启动了基层农技推广骨干素质提升计划。面向 21 个省（自治区）组织了 600 多名县乡农技推广骨干报考我院农业推广硕士，在全国 14 省建立 20 个农业推广硕士教学点。依托辽宁、黑龙江、福建、西藏、湖北、云南等省级农科院建立教学点，为我国边远地区培养了一批优秀农业科技人才。并依托烟草所、茶叶所等建立了行业教学点，为行业的发展贡献了积极力量。目前在校的农业推广硕士和兽医硕士已达到 1 600 人，遍布全国各个省（市、自治区），2009 年全年开设各类课程 80 余门，邀请教师 60 余人，举办各类开题中期报告会 40 余场。

举办各种不同类型果树、西瓜、甜瓜技术培训班 150 次，专家下乡 800 人次，培训农村技术人才 2 200 人次，受惠人口 8 000 多人。组织了青海省农业科技人才培训工作，全年分 3 批为青海省畜牧兽医科学院、青海省畜牧总站等单位的 100 名学员提供了各为期 2 个月的技术培训。派出甘薯专家分赴 20 多个省份生产第一线，指导生产。资划所 2 名专家并被推荐为农业部 2009 年度"百村万户科技入户专家"。

完成了"榆林市现代农业科技园建设总体规划"、"吉林省黑土地保护规划"、云南"洱海流域农业面源污染防治规划"等一批在全国具有一定影响力的农业规划报告 9 个。组织完成海南、辽宁大连、山东淄博等工程咨询服务项目 18 个，为与地方的科技合作奠定了良好基础。与青岛市崂山区签订了烟草技术服务协议。与中海化学公司、中化化肥公司等单位签订肥料合作协议合同 10 个，启动了内蒙古润源生态科技有限公司年产 30 万吨腐殖酸生态液膜生产项目可行性研究，签订了技术服务合同。

派出一名专家挂职张掖市甘州区副区长，开展院地科技合作工作。组织成立张掖肉牛产业发展联合会；筹建农业产业园区，成功引进现代肉牛养殖项目，总投资 2 000 万元，前期投入 1 000 万元；培训村干部和农民 3 000 人。自 20 世纪 90 年代以来，一直在河南省南阳市唐河县派驻 1~2 名专家，长期坚持工作至今，为持续提高当地的水利科技发展和基础设施建设水平做出了突出贡献。

（2）科技救灾

中国农业科学院在科技兴农工作中，注意发挥自身优势，积极投身于科技救灾之中，努力恢复灾区生产发展。

我院一直坚持对汶川地震进行对口帮扶工作，得到了地方政府和有关部委的高度认可。2008 年 11 月 4 日开展四川崇州市对口帮扶工作以来，以当地重点产业-优质黄羽鸡产业为重点，开展了优质黄羽鸡新品种的选育工作，确定了通过杂交选育生态鸡养殖专门化品系的技术路线，并进行了推广；具体指导了《崇州市灾后现代畜牧业发展规划（2009~2015 年）》的编制；通过专家大院培训农民 500 多人。2009 年 5 月 14 日，四川省人民政府为表彰我院对口帮扶工作的贡献，授予中国农业科学院"情系灾区无私援建，科技帮扶重建家园"的锦旗；6 月 5 日，我院科技特派团被授予"全国科技特派员工作先进集体"称号。同时，我院还在绵阳举办了灾后恢复重建的农作物病虫害防治实用技术培训班 2 次，培训农技人员 147 名。

2009 年春小麦生长季节和 7~8 月份玉米生长季节，我国大范围遭受了特大干旱和暴雨大风造成的倒伏，给我国小麦、玉米生产造成了严重影响，我院派专家组积极配合农业部做好小麦、玉米的科技抗灾工作。小麦专家多次到各地考察指导小麦抗旱工作，先后在中央电视台《新闻联播》、《经济新闻联播》节目和中央广播电台《中国之声》中讲解小麦抗旱管理措施，在国务院新闻办公室举行的新闻发布会上讲《科学抗旱》。玉米专家们对东北春玉米区春季遭受低温多雨寡照灾害和夏秋旱灾进行了实地考察与调研，提出了有效的抗灾减灾建议。

2009 年 6 月 9 日，辽宁绥中县遭受百年不遇的冰雹灾害，受灾果园面积达 30 余万亩，多数已经绝产绝收，经济损失严重。我院迅速派出专家特派团调研了解雹灾情况，迅速编制印刷出《防雹减灾技术手册》，同时全面开展技术培训，累计培训灾区果农 1 500 余人次，免费发放技术手册 3 000 余份、杀菌剂价值 2 万余元。

11 月，河北、山西、河南、山东、陕西等地遭遇六十年乃至百年罕见的暴雪，奶牛专家组制定了技术方案，指导奶牛如何安全度过暴雪和低温冷冻，有效地提高了灾区奶农应对暴雪灾害的能力。

三、开展科技援藏援疆和定点扶贫工作，促进区域经济发展

（一）认真开展科技援藏援疆工作，积极推动西藏、新疆农牧业可持续发展

1. 加强科研项目合作，带动西藏、新疆农业科技实力提升

中国农业科学院在科技援藏援疆工作中注意加强与西藏、新疆科研教学机构合作，通过国家地方各级各类项目与西藏、新疆有关单位开展了资源收集、新品种的引种和示范、育种、生态保护等合作研究工作，带动了西藏、新疆农业科技实力提升。

通过实施农业部跨越计划项目，为西藏争取经费 90 万元，制定了《西藏主要无公害蔬菜生产技术规程》，建立了西藏高原保护地辣椒、黄瓜等 10 种蔬菜的无公害生产技术体系。通过农业部优势农产品重大技术推广项目，为西藏争取经费 20 万元，培训农民 300 余人次，提高马铃薯亩产 20% 以上。通过组织开展自治区科技计划项目，获经费 260 万元，带动全区马铃薯产业的发展与升级。和那曲地区草原站共同承担国家科技支撑重点课题，开展了高寒草地喷灌、放牧管理等不同适应措施的试验示范，确定适应技术示范框架。

通过承担的国家科技支疆项目、社会公益研究专项、自治区科技项目，初步完成了新疆棉花抗早衰、抗黄、枯萎病棉花新品种选育工作，育成机采新品系 2 个，对新疆弯刺蔷薇为主的野生蔷薇天然分布群落进行调查、种子和植株的采集与保存。继续与新疆生产建设兵团农十师兽医站展开合作，培训科技人员，帮助其参与国家重大科研任务，提高了基层技术人员的工作能力。

2. 加强科技成果转化和实用技术推广，帮助解决生产实际问题

针对生产实际，我院在西藏、新疆重点开展了棉花、蔬菜、果树等优良品种选育、推广和配套栽培技术的推广工作。

搜集、整理和鉴定了西藏大白菜种质资源，利用资源材料 100 余份，提供 40 多个蔬菜优良品种在西藏进行试种，从中筛选出适合西藏推广的甘蓝、辣椒、番茄、白菜、黄瓜等 10 多个优良品种。

在新疆重点开展了棉花新品种（系）的筛选和试验示范工作。筛选出了适合新疆

种植的棉花新品种，开展了配套技术体系研究，组装配套后指导当地棉花生产。生产经营各类种子800万公斤，推广面积200万亩，直接经济效益100万元，新增社会经济效益1亿元。

在新疆库尔勒、昌吉等地进行了极早熟加工番茄新品种的推广。在哈密、阿克苏等地区进行了蔬菜有机生态型无土栽培技术的推广，研制出蓄水罐灌水器和应用技术，应用于香梨和葡萄的栽培，提升新疆特色果品的产量、品质和效益。

3. 积极开展科技服务工作，努力提高基层农技人员科技素质和农牧民科技致富的本领

我院还十分注重科技服务工作，在作物生长的关键时期，我院都选派专家到西藏、新疆举办培训班和专题讲座，并印发技术资料，现场指导，培训生产和技术人员。

紧抓饲养藏鸡这一加快西藏农牧民增收的主渠道，完成了国家标准《藏鸡》，使其成为中国第一个关于藏鸡的品种的规范性文件，也成为藏鸡选育的技术性规范。向拉萨市种鸡场无偿提供配套母本6 000只，分别进行母系的观察试验和杂交母系的扩繁。提供了2万余只商品代鸡给林芝等地进行示范饲养。开展了两次藏区家禽技术人员和养殖农民的技术培训。与西藏养殖农户建立了点到点的通讯联系，以电话、书信等形式经常性地为他们解决生产实际问题。

我院在西藏自治区农牧科学院挂职科技副院长的孙日飞研究员，被西藏自治区科技厅聘任为园艺育种首席科学家，组织和指导西藏自治区的蔬菜、果树、花卉育种工作。引进樱桃番茄、大白菜、辣椒、黄瓜、西红柿等新品种94个，示范新品种6个。组织编写了《西藏拉萨国家农业科技园区验收自评估报告》，西藏拉萨国家农业科技园区是全区"十五"期间重点建设项目，项目顺利通过验收。

派出5位专家赴新疆进行口蹄疫、动物结核、马流感等方面的学术交流。继续与新疆阿勒泰地区动物卫生疾控中心开展合作，开展牛结核快速诊断技术的推广应用。派出棉花专家到新疆生产建设兵团农二师、农七师、农八师、新疆塔城乌苏市等进行现场指导和咨询，并赠送价值1 000元的书籍资料。针对2008年新疆库尔勒香梨遭受的严重的冻害，指导当地农民采取措施补救，2009年香梨树全部焕发出了新的生机，增加了产量，改善了品质。

4. 共同建立科技基地、培训高层次科技人才，增强西藏、新疆农业科技发展后劲

提升科技研发能力、建立科技基地、培养科技人才是科技援藏援疆工作不可或缺的部分，是西藏、新疆自身科技实力持续提高和发展的根本保证，也是我院科技援藏援疆工作的重要内容。

通过努力争取，在西藏设立了农业部产业技术支撑体系的大宗蔬菜、马铃薯和食用菌3个试验站，每个试验站每年获运转经费30万元，这将进一步提升西藏自治区蔬菜产业的科研水平和科技服务能力。

按照我院棉花产业发展战略，与新疆阿克苏地区签署了整体框架合作协议，自筹资金1 400多万元建设了阿克苏原种场、原种棉轧花厂、阿克苏中棉种业公司。在阿克苏建立了"中国农业科学院果树瓜类野外科学观测试验站",建立了果树示范基地和基因库培育基地,在巴音郭楞蒙古自治州若羌县建立了"新疆若羌县红枣示范基地",为"环塔里木盆地林果带"发展提供科技支撑和技术服务,努力将新疆打造为全国的"绿色果盘"。在新和县建立了750亩盐碱地冬枣无公害高效栽培中试基地,培训农民500人次,推广盐碱种苗和抗盐碱砧木苗2.5万株。

我院高度重视西藏、新疆的人才培养工作。在西藏农牧科学院建立了中国农业科学院研究生院西藏分院,开办了硕士研究生班。同时加强了"西部之光"访问学者的培养工作,完成了西藏、新疆3位研究人员在我院一年的学习任务。

(二)重视开展定点扶贫工作,努力促进地方经济发展

结合"三百"科技支农行动,将湘西永顺县列为粮食增产科技支撑行动实施县,将鄂西恩施鹤峰县、湘西古丈县列为科技服务行动实施县,并在恩施州全面开展科技扶贫工作。

在湘西永顺县重点开展了千亩中薯3号高产示范、高产栽培技术推广等工作。为高产示范区无偿提供脱毒种薯12 000公斤。推广中薯3号等马铃薯新品种10万亩,推广高产栽培技术5万亩。

在恩施鹤峰县、湘西古丈县全面开展了科技服务行动,与两县签订了茶叶科技合作和服务协议,建立了全面科技合作关系和为产业服务的长效机制。组织开展了以基层农技人员为主体的茶叶技术培训活动,共培训农技人员1 000多人。全年派出20余名专家到鹤峰进行了产业调研和技术指导。将获浙江省科学技术奖三等奖和中国农业科学院二等奖成果的"茶园叶蝉和粉虱信息素诱捕器"引进到鹤峰县有机转换茶园使用。

2009年,在恩施州认证有机茶园1 500亩。在恩施州宣恩县举办了全国茶叶安全高效清洁生产技术集成创新与示范推广协作项目对接活动,宣恩县成为全国首个示范点,率先启动项目。根据农业部统一部署,派遣茶叶所科技处处长助理参加农业部第八批扶贫联络组,担任湖北恩施州农业科学院院长助理。

四、积极主办各类农展会,进一步扩大我院的社会影响力

2009年,我院主办或参加各类科技洽谈会、展销会和咨询会213次,领域涵盖动植物新品种、植物栽培技术、动物养殖技术、农业机械、农业信息化等农业科技各个领域。在积极组织参加有关部委和有关地区科技展览交易会的同时,我院重点主办了锦州农展会、廊坊农展会、寿光蔬菜博览会、宁夏园艺博览会等展会,组团参加了第三届生物产业大会、杨凌农高会、江苏第二届产学研合作洽谈会、中国·宿迁生态农业博览会等10余次科技展览展示会。

与辽宁省人民政府共同主办了第十三届中国(锦州)北方农业新品种、新技术展

销会。本届农展会以"科技创新，现代农业"为主题，来自北京、天津、吉林、山西、安徽等 20 多个省（市、自治区）的 300 多家农业高校、科研院所和各类涉农企事业单位 600 多人参加了展会。我院 16 个单位 58 名专家组成了科技成果展览团，共展出科技成果展板 172 块、新品种、新技术成果 152 项，发放科技成果刊物 3 万多册、宣传资料 4 万多份，现场答疑 7 万多人次，签订合作意向 6 项。

为第七届中国国际农产品交易会建立了具有世界先进水平的国内第一家智能型植物工厂，展示面积共 200 平方米。组织召开了 2009 年中国鹿业发展沈阳论坛会，召开了 2009 年第十四届全国毛皮动物产业大会。

我院 8 个研究所组团参加了第十六届中国杨凌农业高新科技成果博览会。由于组织工作出色，被博览会组委会授予优秀组织奖。我院共展出了 50 余项科技成果，展出的太阳能光伏 LED 植物工厂、墙面立体栽培等高新技术成果，中央电视台在《新闻联播》节目中给予了报道。我院完成了现代农业科技示范园中珍奇蔬菜馆、现代农业创意馆、西部特色栽培技术展示馆 3 个主题馆的设计和内部布置。国务委员刘延东以及陕西省领导同志对 3 个场馆先进的创意理念、精美设计内容、现代栽培技术及高标准的工程质量给予了高度评价。

五、加强自身科技成果转化，努力为现代农业发展提供科技支撑

在重视科技创新的同时，我院把科技成果的推广应用作为一项重点工作来抓，科技成果转化效率明显提高。2009 年推广水稻、小麦、玉米、棉花、蔬菜及畜禽新品种 276 个、新技术 153 项，新品种、新技术示范推广面积 2.1 亿亩，禽类 1.8 亿羽，牲畜 1 000 多万只（头），创造了巨大的经济社会效益。

（一）大力推广作物良种，保障种植业增产增收

在重视新品种选育的同时，我院还高度重视新品种的推广应用，以单项配套集成技术为主线，大力推广农作物新品种新技术，同时制定了相关政策，鼓励科技人员从事新品种推广工作。2009 年推广作物新品种 276 个，推广面积达 1.67 亿亩，为保障中国粮食安全、提升农业生产水平、增加农民收入提供了有力保障。

一批粮食作物新品种得到广泛应用。国稻 6 号、中嘉早 17 等超级稻品种形成了集群优势，在全国大面积推广；中单 808 玉米品种已推广 600 万亩，为国家增产粮食 2.7 亿公斤；在主产区全力推广中黄 13、中黄 30、中黄 42、中黄 35 等大豆新品种，中黄 13 的年推广面积达 1 100 万亩，已连续 3 年位居全国大豆推广面积第一位。

国产转基因抗虫棉持续稳步发展，中棉所 41、42、43、45、49、50 等棉花新品种在生产上广泛应用。2009 年，由我院提供转入基因的国产抗虫棉年推广面积超过 5 500 万亩，已占国内抗虫棉市场份额的 95% 以上。从 1999 年到 2009 年，国产转基因抗虫棉

累计种植面积已达1 800万公顷，累计减少农药使用量25.5万吨，培训棉农2 000多万人次，受益农户累计超过3 000万户，累计社会经济效益已超过500亿元。国产抗虫棉已取得了巨大的经济效益和社会效益。

全年推广油菜、花生、芝麻等油料作物新品种36个，新技术5项（个）。与合作单位共建立优质油菜杂交种和常规种繁育示范基地3 000亩，优质油菜杂交种和常规种生产基地30 000亩，共生产优质杂交油菜种子240万公斤和常规油菜种子100万公斤，推广种植面积3 500多万亩，占全国油菜生产面积的1/3，占湖北省油菜生产面积70%以上。其中，常规油菜新品种"中双9号"等推广面积达1 000万亩左右；杂交油菜品种"中油杂2号"、"中油杂11"等推广面积近2 500万亩；花生、大豆、芝麻等新品种推广面积200万亩左右。

推广甘蓝、青椒、番茄、黄瓜、大白菜、加工番茄、菜豆和火鹤等蔬菜花卉新品种60多个、新技术20余项，新品种、新技术示范推广面积达400多万亩，增加农民收入2亿多元。

（二）强化生产技术推广应用，提升产业科技综合水平

在注重新品种研发应用的同时，还强调重大技术的组装集成配套，并针对各地生产实际，推广应用相关技术，为动植物新品种的推广、科技知识的普及，提供了良好的载体。2009年推广新技术153项，推广面积近亿亩。矮败小麦育种技术已在全国推广，矮败小麦创制以来，国内先后有72家农业院校、科研院所引进了矮败小麦及其高效育种技术，在全国不同生态区已构建矮败小麦轮选群体210个，2009年有69个品种（系）参加国家、省（市）的区域试验或生产试验，新品种年推广面积6 000多万亩；深入开展水稻钵型毯状育秧与机插技术示范，在浙江、黑龙江、宁夏、湖南建立百亩机插秧示范基地25个，平均增产幅度8.5%；在江淮稻区推广节能减排稻作模式及丰产栽培技术，水稻亩产550～600公斤，与当地常规高产稻作模式的单产持平，且节能20%以上，节本60～100元/亩。

形成棉花简化种植技术25个，提出关键技术8项，集成综合技术4项，农业部主推技术10项次在基质工厂化育苗、专用缓释肥品种的研制和施用、"千斤棉"超高产创建、双高产新型模式、两熟北移、综合种苗技术、采摘和"三丝"控制方面取得重大的创新性进展，示范规模进一步扩大，促使棉花种植密度增加三成，单产具有提高20%的潜力，专用缓释肥可节肥30%，省工一半。

菜用油菜已产业化，并形成品牌。"设施蔬菜土壤生态调控技术"在沈阳8个区县（市）试验示范面积达到5 000多亩（设施面积），平均每亩消化玉米秸秆4 000公斤，节省化肥41%、农药38%，平均亩增产35%，蔬菜产品提前上市7～10天，农民亩增收节支3 000元以上。

研发农业网络信息的智能搜索技术，建立"农搜"信息网，每天对上万个农业网

中国农业科学院年鉴2009

站信息进行分类和加工，形成8大类34小类的农业信息，供农业信息用户搜索，满足用户快速准确获得农业信息的需求。"都市型设施园艺栽培技术"、"甘薯根系分离空中连续结薯"、"人工光植物工厂"、"斜插式立柱栽培"等技术已广泛推广，并入驻上海世博会主场馆，产生了重大影响。

（三）推广健康安全养殖技术，提升畜牧业发展科技支撑能力

我院充分发挥自身科技和人才优势，配合畜牧业发展，加强养殖业中有关疫病的防控，全力生产和转化疫苗、诊断试剂盒等产品，加强畜禽新品种和健康安全养殖技术的推广，为畜牧业发展提供了良好科技支撑，为我国重大动物疫病防控做出了重要贡献。

2009年，生产禽流感、新城疫系列疫苗25.2亿毫升，免疫家禽50.4亿羽/只，销售收入2.1亿元。口蹄疫免疫继续实行春、秋两次集中免疫，推广口蹄疫系列疫苗5.4亿毫升，累计免疫猪、牛、羊等2.1亿多头份。向全国29个省（市、自治区）推广9种新型口蹄疫检测试剂盒，免疫检测家畜约1 000万头份。为我国动物流感防控提供了重要的技术保障。

加强了新品种的推广应用。推广牧草新品种、新技术40个，总面积34万亩，增加农牧民收入1.6亿元。继续在农区半农半牧区推广肉乳兼用型中国西门塔尔牛、在青藏高原高寒牧区推广"大通牦牛"新品种，产肉量比家牦牛提高20%，产毛、绒量提高19%，繁殖率提高15%~20%。初步建成了邵伯鸡原种场－扩繁场－商品场三级良种繁育体系，建立邵伯鸡、维扬麻鸡父母代示范场22个，商品代示范场20个。累计示范应用邵伯鸡父母代240万套、商品代8 000多万只。

通过技术的集成、配套和再开发，推广了一批在生产中产生重大影响的技术，提升了养殖技术推广示范的效果。加强了"奶牛重大疾病综合防控新技术"的推广普及，在生产中推广奶牛隐性乳房炎诊断液（LMT）等新技术与试剂盒5套、奶牛乳房炎灭活多联苗等新疫苗6个、奶牛重大疾病防治药物8个，制定了奶牛综合防治技术规范4个、国家标准1个、地方标准3个，这些产品和技术在全国大规模推广应用，累计取得经济效益13.21亿元。通过集成土著菌发酵床、免疫增强剂和水处理三大核心技术，形成了一套生态环保养猪模式，在北京推广面积达12.9万平方米，覆盖50多个规模场，年出栏商品猪约45万头，增加经济效益1.34亿元。2009年荣获"北京市农业技术推广一等奖"。猪肉生产质量安全数字化监控和可追溯技术在天津已推广生猪头数达122万头，实现利税1.17亿元，基本实现了天津主要规模化养殖场和典型养殖大户的生猪养殖的数字化管理，提高了政府对猪肉生产全过程的监管力度，促进了畜产品质量安全体系的建立。

中国农业科学院 2009 年度科技成果情况表

成果总数	139
获奖成果	82
国家奖	6
国家科学技术进步奖　　二等奖	6
省部级奖	26
一等奖	8
二等奖	10
三等奖	8
中华农业科技奖	12
一等奖	4
二等奖	1
三等奖	6
科普奖	1
院科学技术成果奖	23
特等奖	1
一等奖	6
二等奖	16
其他奖	15
鉴定未获奖成果	57

注：同一成果获不同级别奖励，只统计高等级的。

中国农业科学院 2009 年获奖成果

一、获国家奖成果

序号	成　果　名　称	获奖等级	奖励类别	获奖单位
1	中国农作物种质资源本底多样性和技术指标体系及应用	二等	科学技术进步奖	作物科学所
2	中国北方冬小麦抗旱节水种质创新与新品种选育利用	二等	科学技术进步奖	作物科学所
3	高效广适双价转基因抗虫棉中棉所 41	二等	科学技术进步奖	棉花所
4	南方红壤区旱地的肥力演变、调控技术及产品应用	二等	科学技术进步奖	环境发展所
5	都市型设施园艺栽培模式创新及关键技术研究与示范推广	二等	科学技术进步奖	环境发展所
6	新兽药"喹烯酮"的研制与产业化	二等	科学技术进步奖	兰州牧药所

二、获省部级奖成果

序号	成　果　名　称	获奖等级	奖励类别	获奖单位
1	中国农作物种质资源技术规范研制与应用	一等	北京市科学技术奖	作物科学所
2	水稻重要遗传材料的创制及其应用	一等	浙江省科技进步奖	水稻所
3	高含油广适性油菜中油杂 11 的分子辅助选育和利用	一等	湖北省科技进步奖	油料作物所
4	动物用狂犬抗原的高效表达及免疫研究	一等	甘肃省科技进步奖	兰州兽医所

续表

序号	成 果 名 称	获奖等级	奖励类别	获奖单位
5	猪繁殖与呼吸综合征活疫苗（CH-1R 株）的研制与应用	一等	黑龙江省科技进步奖	哈尔滨兽医所
6	H5N1 亚型禽流感病毒进化、跨宿主感染及致病力分子机制研究	一等	黑龙江省自然科学奖	哈尔滨兽医所
7	毛皮动物（貂、狐、貉）生物制品产业化开发	一等	吉林省科技进步奖	特产所
8	禽畜粪污沼气化处理模式及技术体系研究与应用	一等	四川省科技进步奖	沼气所
9	棉花新品种中棉所 43 选育及推广应用	二等	新疆自治区科技进步奖	棉花所
10	花生重要抗病优质基因源发掘与创新利用	二等	湖北省科技进步奖	油料作物所
11	苹果早熟系列品种华美、早红、华玉的选育与推广应用	二等	河南省科技进步奖	郑州果树所
12	再生水农田利用安全性检验与评估技术研究	二等	天津市科技进步奖	环境保护所
13	农田畜禽粪便消纳技术模式研究与应用	二等	天津市科技进步奖	环境保护所
14	茶资源高效加工与多功能利用技术及应用	二等	浙江省科学技术奖	茶叶所
15	经济作物种质资源鉴定技术与标准研究及应用	二等	浙江省科学技术奖	茶叶所
16	青藏高原草地生态畜牧业可持续发展技术研究与示范	二等	甘肃省科技进步奖	兰州牧药所
17	动物梨形虫种类厘定及流行要素	二等	甘肃省自然科学奖	兰州兽医所
18	狐、貉健康养殖关键技术研究	二等	吉林省科技进步奖	特产所
19	水稻可持续高产组合模式及调控技术	三等	浙江省科技进步奖	水稻所
20	高效节能清洁型苎麻生物脱胶技术	三等	湖南省技术发明奖	麻类所

序号	成 果 名 称	获奖等级	奖励类别	获奖单位
21	西瓜、大枣质量安全现状评价及控制技术	三等	河南省科技进步奖	郑州果树所
22	鸡毒支原体、传染性鼻炎（A、C 型）二联灭活疫苗的研究	三等	黑龙江省科技进步奖	哈尔滨兽医所
23	动物纤维显微结构与毛、皮产品质量评价技术体系研究	三等	甘肃省科技进步奖	兰州牧药所
24	草原几种害鼠种群数量动态预测及持续控制技术	三等	内蒙古科技进步奖	草原所
25	高效宽幅远射程机动喷雾机	三等	江苏省科技进步奖	农机化所
26	甜菜质量标准体系的建立及应用	三等	黑龙江省科学技术成果奖	甜菜所

三、获中华农业科技奖成果

序号	成 果 名 称	获奖等级	获奖单位
1	矮败小麦在遗传育种中的应用	一等	作物科学所
2	中国草原植被遥感监测关键技术研究与应用	一等	资源区划所
3	多种功能高效生物肥料研究与应用	一等	资源区划所
4	主要麻类作物专用品种选育与推广应用	一等	麻类所
5	猪繁殖与呼吸综合征防制技术的研究及应用	二等	哈尔滨兽医所
6	草地螟发生危害规律及测报、防治技术的研究	三等	植物保护所
7	数字化玉米种植管理系统	三等	农业信息所
8	饲料及畜产品中重要违禁/限量药物检测的关键技术与产品研发	三等	质量标准研究所
9	农产品产地安全检测与评价技术	三等	环保所

续表

序号	成　果　名　称	获奖等级	获奖单位
10	O 型和亚洲 1 型口蹄疫抗体检测液相阻断 ELISA 研究及试剂盒研制	三等	兰州兽医所
11	作物产量分析体系构建及其高产技术创新与集成	三等	作物科学所
12	优质专用小麦关键技术百问百答	科普	作物科学所

四、获中国农业科学院科学技术成果奖成果

序号	成　果　名　称	等级	主要完成单位
1	矮败小麦创制与高效育种技术体系建立及应用	特等	作物科学所
2	花生重要抗病优质基因源发掘与创新利用☆	一等	油料作物所
3	优质红色梨新品种美人酥、满天红、红酥脆的选育与应用	一等	郑州果树所
4	矫正推荐施肥技术	一等	资源区划所
5	中苜 3 号耐盐苜蓿新品种选育及其推广应用	一等	畜牧兽医所
6	禽流感（H5＋H9）二价灭活疫苗（H5N1 Re-1＋H9N2 Re-2 株）	一等	哈尔滨兽医所
7	中国牧草种质资源评价技术体系与数据库信息网络研究	一等	草原所
8	花生机械化收获技术装备研发与示范	一等	农机化所
9	冬小麦高产高效应变栽培技术研究与应用	二等	作物科学所
10	高产稳产双低油菜新品种"中双 10 号"选育、抗逆机理研究及应用	二等	油料作物所
11	优质、多抗黄瓜新品种"中农 16 号"的选育	二等	蔬菜花卉所
12	绿色多功能农药助剂创制	二等	环境发展所
13	土壤消毒技术研究与推广	二等	植物保护所

序号	成　果　名　称	等级	主要完成单位
14	生态农业标准体系及重要技术标准研究	二等	资源区划所
15	新型饲料添加剂二甲酸钾的研制☆	二等	饲料所
16	花生功能性短肽制备关键技术研究	二等	农产品加工所
17	优质、抗虫、丰产天然彩色棉种质创新与利用	二等	棉花所
18	高产优质多抗中红麻系列新品种（中红麻10号、11号、12号、中杂红305）的选育和推广	二等	麻类所
19	O型和亚洲1型口蹄疫液相阻断ELISA抗体检测方法研究和试剂盒研制	二等	兰州兽医所
20	新型微生态制剂"断奶安"对仔猪腹泻的防治作用及机理研究	二等	兰州牧药所
21	畜禽重要寄生虫虫种资源的收集与保存	二等	上海兽医所
22	我国北方草原针茅芒刺生物防治技术研究	二等	草原所
23	梅花鹿主要经济性状遗传改良技术研究	二等	特产所
24	农村污水处理新技术成果及应用	二等	环境保护所
25	鹅球虫病的病原生物学及其防治技术研究	二等	家禽所
26	茶资源高效加工与多功能利用技术及应用☆	二等	茶叶所
27	高效节能清洁型苎麻生物脱胶技术研究与应用☆	二等	麻类所

注：☆ 为该成果同获国家奖或省部级奖。

五、作为参加单位获国家奖和省部级奖成果

序号	获奖成果名称	奖励类别	获奖单位	获奖等级	单位排序
1	南方蔬菜生产清洁化关键技术研究与应用	国家科学技术进步奖	蔬菜花卉所	二等	第二
2	籼型系列优质香稻品种选育及应用	国家科学技术进步奖	水稻所	二等	第二

续表

序号	获奖成果名称	奖励类别	获奖单位	获奖等级	单位排序
3	吉林玉米丰产高效技术体系	国家科学技术进步奖	作物科学所	二等	第二
4	面包面条兼用型强筋小麦新品种济麦20	国家科学技术进步奖	作物科学所	二等	第二
5	玉米无公害生产关键技术研究与应用	国家科学技术进步奖	作物科学所	二等	第二
6	中国农作物种质资源本底多样性和技术指标体系及应用	国家科学技术进步奖	茶叶所	二等	第二
7	南方红壤区旱地的肥力演变、调控技术及产品应用	国家科学技术进步奖	资源区划所	二等	第三
8	中国农作物种质资源本底多样性和技术指标体系及应用	国家科学技术进步奖	蔬菜花卉所	二等	第三
9	南方蔬菜生产清洁化关键技术研究与应用	国家科学技术进步奖	植物保护所	二等	第三
10	畜禽衣原体病综合防治技术与应用研究	教育部科技进步奖	兰州兽医所	一等	第二
11	中国农作物种质资源技术规范研制与应用	北京市科学技术奖	茶叶所	一等	第二
12	特种优良发酵菌种选育及高效发酵剂研制	河北省科技进步奖	畜牧兽医所	一等	第三
13	淀粉型甘薯品种高效栽培技术研究与应用	湖北省科技进步奖	甘薯所	二等	第二
14	山西省熊蜂种质资源的调查及其筛选利用	山西省科技进步奖	蜜蜂所	二等	第二
15	海南·三亚统筹城乡全面建设小康社会发展战略研究	海南省科学技术奖	农经所	二等	第二
16	黄淮海玉米高产高效技术研究与应用	河南省科技进步奖	作物科学所	二等	第二
17	油菜田灾害性杂草高效防控技术研究	湖北省科技进步奖	植物保护所	二等	第二

续表

序号	获奖成果名称	奖励类别	获奖单位	获奖等级	单位排序
18	专用玉米标准化生产技术	吉林省科技进步奖	作物科学所	二等	第二
19	西南玉米高产高效技术研究与应用	四川省科技进步奖	作物科学所	二等	第二
20	天祝白牦牛种质资源保护与产品开发利用	甘肃省科技进步奖	兰州牧药所	二等	第三
21	生猪及其产品可追溯技术的研究	江苏省科技进步奖	畜牧兽医所	二等	第三
22	1-甲基环丙烯果蔬保鲜剂的研制	陕西省科技进步奖	果树所	二等	第三
23	北方都市绿地植物耗水规律与生态用水研究	天津市科技进步奖	环境保护所	二等	第五
24	主要猪病综合防控技术的开发与应用	天津市科技进步奖	哈尔滨兽医所	三等	第二
25	木霉菌发酵产物对作物防病促长关键技术研究	湖南省科技进步奖	植物保护所	三等	第二
26	优质稻品种宁粳 38 号选育及应用	宁夏科技进步奖	作物科学所	三等	第二
27	猪场废水厌氧无害化处理技术研究与示范	天津市科技进步奖	环境保护所	三等	第二
28	转基因水稻南繁的环境与安全性评估	海南省科学技术奖	生物所	三等	第三
29	农作物种子品质性状的近红外光谱分析技术与遗传改良研究	浙江省科技进步奖	水稻所	三等	第三
30	饲料中添加高铜在猪组织中的残留及对猪组织器官损害的研究	广西科技进步奖	水牛所	三等	第四

中国农业科学院 2009 年获奖科技成果简介

一、国家奖

1. 中国农作物种质资源本底多样性和技术指标体系及应用

主要完成单位：中国农业科学院作物科学研究所、中国农业科学院茶叶研究所、中国农业科学院蔬菜花卉研究所、中国农业科学院草原研究所、中国农业科学院油料作物研究所、中国农业科学院麻类研究所、中国农业科学院果树研究所、中国农业科学院郑州果树研究所

主要完成人员：刘　旭、曹永生、董玉琛、江用文、李锡香、王述民、郑殿生、朱德蔚、方嘉禾、卢新雄、赵来喜、伍晓明、粟建光、刘凤之、王力荣

起 止 时 间：1991 年 1 月 ~2005 年 12 月

获 奖 情 况：2009 年度国家科学技术进步奖二等奖

内 容 提 要：

1. 提出了粮食和农业植物种质资源概念范畴和层次结构理论，首次明确中国有 9 631 个粮食和农业植物物种，其中栽培及野生近缘植物物种 3 269 个（隶属 528 种农作物），阐明了 528 种农作物栽培历史、利用现状和发展前景，查清了中国农作物种质资源本底的物种多样性。

2. 建立了主要农作物变种、变型、生态型和基因型相结合的遗传多样性研究方法，研究了 110 种作物的 987 个变种、978 个变型、1 223 个农艺性状特异类型，阐明了 110 种作物地方品种本底的遗传多样性，提出了中国是禾谷类作物裸粒、糯性、矮秆和育性基因等特异基因的起源中心或重要起源地之一的新结论。

3. 在国际上首次明确了我国 110 种农作物种质资源的分布规律和富集程度，绘制了 512 幅地理分布图，系统、全面、定量地反映了我国主要农作物种质资源的地理分布，分析了我国主要农作物种质资源地理分布的特点和形成原因。

4. 在国际上首次提出利用作物种质资源质量控制规范保证描述规范和数据规范可靠性、可比性和有效性的创新技术思路，统一了 10 大类农作物种质资源度量指标，创建了作物种质资源科学分类、统一编目、统一描述的技术规范体系。

5. 创新了以规范化和数字化带动作物种质资源共享和利用的思路、方法和途径，完成了 110 种作物 20 万份种质资源的标准化整理、数字化表达和远程共享服务，从中

筛选出一批优异种质，极大提高了资源利用效率和效益。

该成果为国家制定农业生物种质资源保护和可持续利用法律法规与政策、履行《生物多样性公约》等提供了科学依据。2004～2007 年分发种质 11.18 万份次，直接应用于生产 265 个，育成新品种 231 个，累计推广 9.17 亿亩，间接效益 985.34 亿元。

2. 中国北方冬小麦抗旱节水种质创新与新品种选育利用

主要完成单位：中国农业科学院作物科学研究所等
主要完成人员：景蕊莲、谢惠民、张正斌、张灿军、孙美荣、陈秀敏、卫云宗、昌小平、李秀绒、樊廷录
起 止 时 间：1996 年 1 月～2008 年 12 月
获 奖 情 况：2009 年度国家科学技术进步奖二等奖
内 容 提 要：

1. 创建小麦抗旱节水鉴定评价指标体系，为抗旱节水种质创新和新品种选育奠定技术基础。创立国家标准《小麦抗旱性鉴定评价技术规范》，确定小麦品种及种质资源抗旱节水鉴定评价的性状指标、技术参数、控制条件和量化标准，填补国内外空白，被国家农作物品种审定委员会采用，并在全国广泛应用。

2. 创制出小麦抗旱性状遗传分析加倍单倍体（DH）群体，发掘出 15 个国内外未见报道的抗旱节水主效 QTL，其中 11 个多年点稳定表达。开发出与抗旱性密切相关的结实性 SSR 标记，取得分子标记研究原创性突破。

3. 分子标记与常规技术相结合，创制出北方冬麦不同生态区的晋旱、长旱、洛旱、衡旱和西农旱五大系列抗旱节水优异种质 39 份，在中国抗旱节水育种中发挥重要作用。以创制的抗旱稳产种质晋麦 63 为亲本育成 5 个品种；以节水高产 82230-6 和抗旱多花 94-5383 种质为亲本育成 2 个国审品种，其适应范围跨越黄淮冬麦区旱地、北部冬麦区旱地和水地三大生态麦区。

4. 利用创制的抗旱节水鉴选技术和优异种质，育成抗旱节水新品种 33 个（国审 16 个），应用 1.2 亿亩，在我国小麦增产中发挥支柱作用。洛旱 2 号和长 6878 分别被确定为国家黄淮和北部两大冬麦区旱地区试新对照，创新和提升了我国抗旱节水冬小麦品种评价利用标尺。长 6878 亩产 618.4 公斤，在北部冬麦区旱地累计种植 1 947 万亩，占该区面积 70%，创该区旱地单产和推广面积之最。育成品种平均增产 7.8%，水分利用效率提高 20.7%，累计应用 1.2 亿亩，增产小麦 33.4 亿公斤，获社会经济效益 50.1 亿元。

3. 高效广适双价转基因抗虫棉中棉所 41

主要完成单位：中国农业科学院棉花研究所等

主要完成人员：郭香墨、李付广、郭三堆、张永山、刘金海、姚金波等
起 止 时 间：1996 年 1 月 ~ 2009 年 1 月
获 奖 情 况：2009 年度国家科学技术进步奖二等奖
内 容 提 要：

中棉所 41 是我国育成的第一个双价转基因抗虫棉品种。采用花粉管通道法把双价抗虫基因转入常规棉品种中，采用全程逆境鉴定、灰色决策、生态育种等技术，加快育种进程。自 2002 年国家审定以来，在河南、河北、山东、陕西、山西、安徽 6 省累计推广应用面积 4 000 万亩，新增社会经济效益 45.26 亿元。该品种先后获得陕西省科技进步一等奖和农业部神农中华农业科技二等奖，专家认为，"该品种的育成是我国转基因抗虫棉育种的重大突破"。

4. 南方红壤区旱地的肥力演变、调控技术及产品应用

主要完成单位：中国农业科学院农业环境与可持续发展研究所等
主要完成人员：曾希柏、罗尊长、徐明岗、刘光荣、杨少海、谭宏伟、高菊生、
　　　　　　　白玲玉、李菊梅、周志成
起 止 时 间：1998 年 1 月 ~ 2007 年 12 月
获 奖 情 况：2009 年度国家科学技术进步奖二等奖
内 容 提 要：

针对红壤旱地肥力低下、障碍因子多、水土流失严重等状况，在湖南、江西、广西及广东等省区开展深入系统研究。通过大田定位监测与典型调查，明确了红壤旱地退化的主要特征为土壤酸化、养分贫瘠与非均衡化、钙镁等盐基离子严重流失。自 1982 年起进行长期模拟试验，首次系统探讨了母质特性对施肥和管理响应的差异，提出了不同母质发育旱地必须实行分类管理的新思路，丰富和发展了土壤科学的理论和技术。在大量田间试验的基础上，构建了红壤区旱地改土培肥与生产力提升的综合调控技术体系。

根据红壤旱地特性研制的 8 种旱地作物专用复合肥、4 种多功能调理型复合肥和 4 种红壤旱地调理剂，在湖南、江西、广西及广东新建（改/扩建）生产线 10 条，年产 32 万多吨，相关企业近 3 年新增利润 8 179.7 万元。技术模式及配套产品在湖南、江西、广西、广东推广应用 4 666 万余亩，新增产值 52.7 亿元。

5. 都市型设施园艺栽培模式创新及关键技术研究与示范推广

主要完成单位：中国农业科学院农业环境与可持续发展研究所等
主要完成人员：杨其长、李远新、宋卫堂、牛庆良、赵　冰、黄丹枫、徐伟忠、
　　　　　　　魏灵玲、汪晓云、程瑞锋等
起 止 时 间：1999 年 1 月 ~ 2006 年 1 月

获奖情况：2009年度国家科学技术进步奖二等奖

内容提要：

首次提出了甘薯"营养吸收根与块根根系功能分离"的创新栽培模式，实现了薯类作物的空中结薯、周年连续生产；率先提出了"垂直和斜面无土种植"方法，实现了垂直与斜面空间、建筑物表面的立体种植；发明了斜插式立柱、移动式管道等立体无土栽培技术，大大提高了空间利用率和光能利用率；率先进行了茄子、辣椒、西瓜等20多种果蔬的树式栽培，为作物单株高产潜力发掘研究和树式栽培技术的普及奠定了基础；发明了"多功能（MFT）水耕栽培"法，解决了国际上水耕栽培系统果菜、叶菜不能兼用的技术难题；研制成功了营养液消毒、在线检测与控制系统，为水耕栽培技术的普及提供了重要技术支撑。

项目实施期间，先后在北京、上海、天津等地建成了20多个综合示范基地，成果累计推广到寿光国际蔬菜科技博览会、小汤山国家农业园等国内外700多个知名农业园区和生产企业，实现经济效益12.7亿元。经专家鉴定，该成果总体上达到国际先进水平，其中甘薯空中结薯、斜插式墙面立体无土栽培技术为国内外首创，对设施园艺的技术进步和都市农业发展具有重要的推进作用。

6. 新兽药"喹烯酮"的研制与产业化

主要完成单位：中国农业科学院兰州畜牧与兽药研究所

主要完成人员：赵荣材、李剑勇、王玉春、薛飞群、徐忠赞、李金善、严相林、张继瑜、梁剑平、苗小楼、巩继鹏、柳军玺、吴培龙、周旭正、杜小丽

起止时间：1987年3月～2006年2月

获奖情况：2009年度国家科学技术进步奖二等奖

内容提要：

"喹烯酮"原料药和预混剂2003年获国家一类新兽药证书，是历时20多年研制成功的我国第一个拥有自主知识产权的兽用化学药物饲料添加产品，也是新中国成立以来第一个获得国家一类新兽药证书的兽用化学药物。"喹烯酮"化学结构明确，合成收率高达85%，稳定性好；促生长效果明显，对猪、鸡、鱼的最佳促生长剂量分别为50mg/kg、75mg/kg和75mg/kg，增重率分别提高15%、18%和30%，可以使畜禽的腹泻发病率降低50%～70%；无急性、亚急性、蓄积性、亚慢性、慢性毒性，无致畸、致突变、致癌作用；原形药及其代谢物无环境毒性作用；动物体内吸收少，80%以上通过肠道排出体外。2004年科技部、商务部、质检总局和环保总局四部委联合认定"喹烯酮"原药及预混剂为国家重点新产品。

"喹烯酮"可完全替代国内广泛使用的毒性较大、残留量较高的动物促生长产品喹乙醇，填补了国内外对高效、无毒、无残留兽用化学药物需求的空白，有利于安全性动

物源食品生产、增强我国动物性食品的出口创汇能力、促进我国养殖业的健康持续发展。截至 2008 年 12 月底已累计生产 1 929 吨，在包括中国香港、中国台湾在内的 33 个省（市、自治区）的猪、鸡、鸭和水产动物上广泛推广应用，并已出口到东南亚国家，取得经济效益 282.9 亿元。

二、省部级奖

1. 中国农作物种质资源技术规范研制与应用

主要完成单位：中国农业科学院作物科学研究所等
主要完成人员：刘　旭、曹永生、江用文、李锡香、王述民、刘庞源、卢新雄、赵来喜、宗绪晓、伍晓明、粟建光、柯卫东、刘凤之、王力荣、熊兴平
起 止 时 间：2004～2008 年
获 奖 情 况：2008 年北京市科技进步一等奖
内 容 提 要：

1. 在国际上首次提出利用作物种质资源质量控制规范保证描述规范和数据规范可靠性、可比性和有效性的创新技术思路，研制了 110 种作物种质资源数据质量控制规范、描述规范和数据规范，拓展和创新了国际生物多样性中心的描述规范，其中 38 种作物种质资源描述规范为国际首创，并得到国际同行广泛应用。

2. 首次研制了 110 种作物种质资源技术指标 3 824 个，重点涵盖了品质（营养品质、感官品质、加工品质、贮藏保鲜品质等）、抗病虫、抗逆特征特性等新的技术指标，集成创新了 1 793 个技术指标，改进规范了 9 436 个技术指标。

3. 在国内外首次统一了 10 大类度量指标，系统研制 110 种作物种质资源技术规范 336 个，创建了作物种质资源科学分类、统一编目、统一描述的技术规范体系，编制出版 110 种作物的《农作物种质资源技术规范》系列丛书共 110 册。

4. 提出了以规范化和数字化带动作物种质资源共享和利用的思路、方法和途径，在 20 万份种质资源的标准化整理、数字化表达和远程共享服务上得以实现，利用分发种质 11.18 万份次，育成新品种累计推广面积 9.17 亿亩，极大提高了资源利用效率和效益。

2. H5N1 亚型禽流感病毒进化、跨宿主感染及致病力分子机制研究

主要完成单位：中国农业科学院哈尔滨兽医研究所
主要完成人员：陈化兰、邓国华、李雁冰、姜永萍、田国彬
起 止 时 间：2004 年 1 月～2009 年 11 月
获 奖 情 况：2009 年黑龙江省自然科学一等奖

内 容 提 要：

采用先进的病毒学技术，以我国H5N1禽流感病毒为研究模型，针对H5禽流感病毒进化、跨宿主感染哺乳动物及致病力分子机制等国际前沿问题，开展基础理论的探索性研究。发现我国水禽及候鸟携带H5禽流感病毒在自然进化过程中形成复杂的基因型，不同基因型病毒随着时间推移获得对哺乳动物的感染、致病能力，彻底否定以往对哺乳动物感染和致病力与特定基因型相关的观点。发现PB2基因对H5禽流感病毒跨宿主感染哺乳动物起决定作用，PB2基因701位点谷氨酰胺是禽流感病毒具感染哺乳动物能力的关键分子标记。发现NS1基因是影响H5禽流感病毒致病力的关键因素，并在影响动物感染性和致病力方面存在宿主种间差异，揭示一系列NS1基因与致病力相关位点，并阐明这些位点的变化如何影响致病力的分子机制。

3. 猪繁殖与呼吸综合征活疫苗（CH-1R株）的研制与应用

主要完成单位：中国农业科学院哈尔滨兽医研究所
主要完成人员：蔡雪辉、刘永刚、王洪峰、柴文君、郭宝清、仇华吉、王淑杰、姜成刚
起 止 时 间：1997年1月~2007年11月
获 奖 情 况：2009年黑龙江省科技进步一等奖
内 容 提 要：

PRRS活疫苗选用国内分离毒株PRRSV CH-1a株作为原始种毒，采用蚀斑克隆和低温传代技术对PRRSV CH-1a株进行纯化和致弱，通过现代分子生物技术对致弱过程中PRRSV的遗传变异特点进行鉴定，对致弱过程中PRRSV发生基因变异的PRRSV代次进行动物试验，测定致弱毒株的毒力，筛选出安全性好、免疫原性强的弱毒疫苗种毒，研制出高效、安全的PRRS活疫苗。有针对性地采取以国内流行的优势毒株为疫苗原始种毒的活疫苗作为主要防制手段的综合防制措施，以期达到彻底控制PRRS在我国流行与蔓延的目的。

4. 畜禽粪污沼气化处理模式及技术体系研究与应用

主要完成单位：农业部沼气科学研究所
主要完成人员：邓良伟、颜　丽、施国中、胡启春、宋　立、李淑兰、张国治、王智勇、梅自力、何捍东、蒲小东
起 止 时 间：1996年7月~2009年5月
获 奖 情 况：2009年四川省科技进步一等奖
内 容 提 要：

针对畜禽养殖污染严重，处理利用中存在定位不准、沼气发酵产气效率低、沼液处

理达标难、处理费用高等问题，提出了畜禽养殖粪污沼气化处理的三种模式，构建了畜禽粪污沼气化综合利用及达标处理技术体系。主要创新内容如下：

集成创新了"高浓度畜禽废弃物高效厌氧消化工艺"，突破了沼气发酵冬季正常产气的技术瓶颈。创新性地提出并证实了"传统厌氧-好氧工艺不宜用于猪场废水处理"的观点。提出了沼液好氧后处理过程碳源与碱度自平衡的理论，并研发了"猪场废水脱氮与沼气脱硫耦联工艺"，是畜禽粪污达标处理的重大技术突破和进步。

项目实施期间发表论文50多篇，获得2项国家发明专利和3项实用新型专利，制定了 NY/T 1220.1-5-2006《沼气工程技术规范》。技术成果已在150多座粪污处理工程中应用，推动了我国畜禽粪污处理利用技术的进步。

5. 水稻重要遗传材料的创制及其应用

主要完成单位：中国水稻研究所
主要完成人员：钱　前、朱旭东、程式华、郭龙彪、杨长登、曾大力、李西明、
　　　　　　　胡慧英、曹立勇、张光恒、马良勇、董国军、颜红岚、陈红旗、
　　　　　　　胡　江、滕　胜、颜辉煌、董凤高、闵绍楷
起 止 时 间：1986年1月～2008年12月
获 奖 情 况：2009年浙江省科技进步一等奖
内 容 提 要：

1. 通过化学、辐射和自然突变等技术，筛选了多种形态、生理、生化突变材料。结合遗传分析克隆了控制水稻穗粒数基因 GN1、粮饲两用的 bc1 突变体基因、水稻顶节间伸长的突变体 EUI 等基因，论文发表于《NATURE》、《SCIENCE》和《PLANT CELL》等期刊，提升了我国在水稻功能基因组研究中的国际地位。

2. 构建的国际上第一套籼型形态标记等基因系涵盖了水稻12条染色体，作为遗传分析的工具被广泛应用，所携带的27个标记基因已全部克隆。创建的经8个世代套袋自交、基因型高度纯合的"广陆矮4号"为水稻全基因组测序奠定材料基础。

3. 从野生稻、地方种和现代改良种中挖掘抗病虫种质资源，并对相关基因进行分子定位和 QTL 分析，通过分子辅助技术将之和其他抗病虫基因进行聚合，育成高抗白背飞虱、抗褐飞虱、稻瘟病及白叶枯病的系列优质米品种，正在南方稻区推广应用。

6. 动物用狂犬抗原的高效表达及免疫研究

主要完成单位：中国农业科学院兰州兽医研究所、中国农业科学院生物技术研究所
主要完成人员：柳纪省、张志芳、殷相平、李轶女、李志勇、易咏竹、李学瑞、
　　　　　　　丁　农、李宝玉、兰　喜、杨　彬、张　韵、李江涛

起 止 时 间：1986 年 1 月 ~2008 年 5 月

获 奖 情 况：2009 年甘肃省科技进步一等奖

内 容 提 要：

1. 克隆了狂犬病毒的糖蛋白（G）和核蛋白（N）基因，并成功获得了带有狂犬病毒 G + N 双基因的重组腺病毒，用其制备疫苗免疫动物后获得理想的保护效力。该技术已获国家发明专利。

2. 利用重组家蚕杆状病毒表达体系高效表达了 G、N 和 G + N 基因。3 种重组蛋白的表达量均居国际领先水平，是传统方法培养抗原量的 30 ~200 倍。经疫苗效力和免疫强度测定，筛选出 G + N 双表达抗原作为疫苗制备的候选抗原，将该抗原 1 : 8 稀释后抗原含量达 8. 12IU/ml（美国和欧洲要求兽用狂犬病疫苗的抗原含量须达到 1. 0IU 或 2. 0IU）。用该抗原试制疫苗，免疫小鼠后用 $20LD_{50}$ 狂犬病毒脑内攻击，保护率达 100% 。该成果为研制安全、高效、价廉的动物狂犬病基因工程亚单位疫苗奠定了坚实的基础。

7. 毛皮动物（貂、狐、貉）生物制品产业化开发

主要完成单位：中国农业科学院特产研究所

主要完成人员：程世鹏、闫喜军、吴　威、聂金珍、易　立

起 止 时 间：2004 ~2007 年

获 奖 情 况：吉林省科技进步一等奖

内 容 提 要：

采用现代免疫学、生物制品学以及分子生物学技术完善了狐三联活疫苗规模化生产工艺流程，改进了水貂细小病毒性肠炎灭活疫苗生产工艺流程，使其均符合生物制品 GMP 生产标准，实现了疫苗规模化生产，有效地保障了我国毛皮动物饲养业健康发展。产品和技术可应用于毛皮动物犬瘟热、细小病毒性肠炎和脑炎的控制。

该成果预计疫苗年创收可达 3 250 万元，按貂、狐、貉的死亡率按减少 5% 计算，每年可减少损失 5. 25 亿元，具有显著的经济效益和社会效益，对增加毛皮动物产业的信心、促进农业产业结构调整、拓宽农民致富途径等具有重要意义和广阔的推广应用前景。

8. 高含油广适性油菜中油杂 11 的分子辅助选育和利用

主要完成单位：中国农业科学院油料作物研究所

主要完成人员：李云昌、徐育松、李英德、胡　琼、梅德圣、柳　达、周枝乾、
　　　　　　　　张冬晓、涂　勇、肖建军、刘凤兰、张晓玲、李晓琴、余有桥、
　　　　　　　　谢国强

起 止 时 间：1993 年 3 月～2004 年 8 月

获 奖 情 况：2009 年湖北省科技进步一等奖

内 容 提 要：

中油杂 11 选育采用了复合杂交＋分子标记预测杂种优势＋分子标记鉴定优良基因位点等技术，是国内外将分子标记辅助选择应用于育种的成功实例。主要特点：①高产：长江上、中、下游国家区试分别比对照增产 20.35%、25.71% 和 11.97%，列第一位。②高含油量：长江上游、中游国家区试含油量达 46.68% 和 46.21%，比对照分别高出 8.66% 和 6.48%，是国家审定的首个含油量超过 46% 的油菜新品种。③高产油量：长江上、中、下游两年国家区试平均产油量均居第一位，分别比对照增产 29.41%、28.07% 和 20.94%。④适应性优：长江上、中、下游区试共计 87 个点次，增产点次占 86% 以上，是首个同年通过国家长江上、中、下游三大生态区审定的品种。⑤品质优：芥酸 0.265%，硫甙 18.80μmol/g，达国际领先的加拿大优质油菜标准。⑥抗病性强：菌核病发病率 2.63%，病指 1.11，均低于抗性对照。⑦熟期优：国家区试长江上、中、下游均比对照早熟，适合油菜主产区耕作制度。⑧抗倒抗冻性强：根系发达，叶色浓绿，抗倒抗冻性强。⑨种子纯度好，制种安全性高：不育系 6098A 的完全不育株率为 98.4%。⑩是首个走出国门推广应用的油菜品种。

2006～2008 年是唯一一个被农业部连续 3 年确定的长江流域主导品种，也是湖北省主推品种。在鄂、湘、赣、川、黔、皖、渝、陕、宁等省（市、自治区）累计推广面积 2 800 万亩以上，创社会经济效益 23 亿元以上。

9. 狐、貉健康养殖关键技术研究

主要完成单位：中国农业科学院特产研究所

主要完成人员：李光玉、杨福合、王凯英、赵靖波、程世鹏、刘佰阳、王　峰、张海华、钟　伟、孙伟丽、常忠娟、李丹丽

起 止 时 间：2006～2008 年

获 奖 情 况：2009 年吉林省科技进步二等奖

内 容 提 要：

在国内首次研究建立了集约化狐、貉健康养殖动物密度、标准化笼舍及建筑规范化设计；护体测定了我国毛皮动物常用干粉饲料及鲜饲料狐消化代谢率，并比较了其适口性；研究了狐、貉低蛋白日粮对其消化代谢及生产性能的影响，建立了蓝狐生长后期氨基酸需要量及理想蛋白模型；首次对狐脂肪需要量及膨化大豆在狐、貉繁殖期的应用效果进行了评价，制定了我国狐、貉集约化饲养、管理技术规程。

项目成果在多家大中型狐、貉养殖场及数百家个体养殖户应用，获得直接经济效益 300 万元。同时开创了我国饲养条件下经济型饲料的研究，为狐、貉绿色安全配合饲料的科学配制提供了依据，为降低饲料成本、减少环境污染、饲料科学加工及健康养殖提

供了科技支撑。

10. 动物梨形虫虫种厘定与流行要素

主要完成单位：中国农业科学院兰州兽医研究所
主要完成人员：殷　宏、罗建勋、关贵全、刘光远、李有全
起 止 时 间：1986 年 1 月 ~ 2008 年 5 月
获 奖 情 况：2009 年甘肃省自然科学二等奖
内 容 提 要：

分离了 100 多个梨形虫地方分离株，通过传统分类学和分子生物学方法对病原进行了种类厘定；在国内外首次命名了中华、吕氏和尤氏泰勒虫 3 个新种；发现了卵形巴贝斯虫和大巴贝斯虫 2 个国内新纪录；分离了由璃眼蜱传播的牛和羊的巴贝斯虫未定种各 1 个，初步研究结果显示它们是新种；通过传播试验，确定了 11 种动物梨形虫病的媒介蜱种类与传播方式；采用血液涂片方法对我国的牛梨形虫病和甘肃省牛羊梨形虫病的病原分布进行了调查；建立了双芽巴贝斯虫间接血凝试验和羊泰勒虫的酶联免疫吸附试验，并在流行区内进行了一定规模的应用；建立了可用于分子流行病学调查的 PCR、反向线状印迹、环介导等温扩增等检测方法，对羊泰勒虫病流行区内放牧羊只和媒介蜱的感染状况进行了评价。

本项目确定了危害我国养牛、养羊业健康发展的梨形虫种类，巩固了我国在梨形虫分类方面的国际领先地位。病原的分离及身份确定，为开展梨形虫病防控技术研究奠定了基础，流行要素的解析对于提高我国动物梨形虫病防治水平、减少梨形虫病造成的损失、增加农牧民收入具有重要意义。发表 SCI 论文 26 篇。

11. 棉花新品种中棉所 43 选育及推广应用

主要完成单位：中国农业科学院棉花研究所、新疆自治区种子管理站
主要完成人员：郭香墨、许　建、张永山、吴守尔、姚金波、刁玉鹏、陈　伟等
起 止 时 间：1997 年 1 月 ~ 2009 年 1 月
获 奖 情 况：2009 年新疆自治区科技进步二等奖
内 容 提 要：

中棉所 43 为当前在西北内陆棉区推广面积最大的中早熟棉花优良品种，具有早熟性好、抗枯萎病和黄萎病、高产、优质等优良特性，自 2004 年新疆自治区审定以来，在新疆南部棉区大面积推广应用，截至 2008 年累计推广 1 530 万亩，新增社会经济效益 23.4 亿元。

12. 畜禽粪便消纳技术模式研究与应用

主要完成单位：农业部环境保护科研监测所

主要完成人员：杨殿林、修伟明、刘红梅、皇甫超河、刘云玲、孙占潮、陈绍信、
尹俊荣

起 止 时 间：2005 年 1 月 ~ 2008 年 12 月

获 奖 情 况：2009 年天津市科技进步二等奖

内 容 提 要：

以农田生态系统平衡、农牧耦合理论为基础，系统地研究了农田畜禽粪便消纳过程
氮、磷养分运移特征；研究了农田畜禽粪便消纳对蔬菜产量和品质的影响及其土壤环境
效应，研发了小麦、玉米和蔬菜畜禽粪便和无机肥配合施用技术及沼肥高效利用技术，
创建了农田畜禽粪便消纳技术体系；开展了畜禽粪便土壤承载力研究，提出农田畜禽粪
便消纳氮、磷养分综合管理对策；系统研究并构建了区域畜禽粪便集中处理和沼气物业
化管理的新模式。

13. 再生水农田利用安全性检验与评估技术研究

主要完成单位：农业部环境保护科研监测所、天津市农业环境保护管理监测站、
天津医科大学、天津科技大学

主要完成人员：刘凤枝、李玉浸、贾兰英、孙增荣、李　梅、徐亚平、成振华、
蔡彦明

起 止 时 间：2005 年 6 月 ~ 2008 年 6 月

获 奖 情 况：2009 年天津市科技进步二等奖

内 容 提 要：

研究制定的两种生物综合毒性检测和评价方法不仅可对水中单一污染物进行检测与
评价，还可反映水中多种污染物联合作用的结果，为再生水回灌农田的生态安全性评价
提供依据。该项目成果在四川、吉林、江苏、山东、山西、湖北和天津等 10 个基地推
广应用，面积近 10 万亩，经过两年实施，保证了再生水回灌农田的安全性，为推动我
国再生水农田安全回用起到了试点示范作用，经济、社会和生态效益显著。

14. 苹果早熟系列品种华美、早红、华玉的选育与推广应用

主要完成单位：中国农业科学院郑州果树研究所

主要完成人员：过国南、阎振立、张顺妮、张全军、王志强、张恒涛、李玉萍、
马庆州、赵书华、乔小金

起 止 时 间：1992 年 1 月~2008 年 12 月

获 奖 情 况：2009 年河南省科技进步二等奖

内 容 提 要：

"华美"是利用嘎拉与华帅杂交培育而成，2005 年通过审定。平均单果重 235 克；底色淡黄，果面 70%左右着鲜红色；果面光滑、无锈；果肉黄白色，肉质细，松脆，汁液多；可溶性固形物含量 13.0%，总糖含量 10.41%，总酸含量 0.26%，维生素 C 含量为 6.31mg/100g；风味酸甜适口，有轻微芳香，品质上等。"早红"是从意大利引进的短低温育种材料中筛选培育而成，2005 年通过审定。平均单果重 223 克；底色绿黄，阳面橙红色；果面光洁、有光泽，外观艳丽；果肉淡黄色，肉质细、松脆、汁多；可溶性固形物含量为 11.2%，总糖含量 9.60%，总酸含量 0.284%，维生素 C 含量为 4.57mg/100g；风味酸甜，品质上等。"华玉"是利用藤木一号与嘎拉杂交培育而成，2008 年通过审定。平均单果重 196 克；果实底色绿黄，阳面着鲜红色；果面光滑，有光泽；果肉黄白色；肉质细、脆、汁多；可溶性固形物含量 15.0%，总糖含量 13.46%，总酸含量 0.29%，维生素 C 含量为 6.41mg/100g；风味酸甜适口、香味浓郁，品质极佳。

三品种均具有很好的早果性，座果率高、无生理落果，采前落果轻、丰产性好，克服了早熟品种果实风味淡、偏酸、采前落果重等缺点。幼树定植后个别单株第二年即可少量成花，第三年正常结果，四年生以后进入盛果期，亩产达 2 000~3 200 公斤。三品种 2002 年起累计推广约 3 万亩，其中 50%果园已进入结果期，年产量超过 4 000 万公斤，产值在亿元以上。

15. 青藏高原草地生态畜牧业可持续发展技术研究与示范

主要完成单位：中国农业科学院兰州畜牧与兽药研究所、青海省畜牧兽医科学院、甘肃农业大学

主要完成人员：阎　萍、张　力、周学辉、肖西山、苗小林、刘书杰、杨予海、张德罡、马增义、张炳玉、晁生玉、李锦华、张继华、梁春年、郭　宪

起 止 时 间：2002 年 1 月~2007 年 12 月

获 奖 情 况：2009 年甘肃省科技进步二等奖

内 容 提 要：

首次对青藏高原主要类型的天然草地、人工草地光能转化效率及碳储量动态及土-草-畜生态系统的营养元素季节性动态及盈缺进行了系统研究，构建了青藏高原高寒草地基本信息的框架。将食道瘘管法、两级离体消化法及全收粪法相结合，对高寒条件下不同季节、不同草地类型的放牧羊采食量、排粪量及可食牧草消化率及土-草-畜生态系统钙、磷、氮、硫、镁、铜等主要营养元素进行了系统的研究，为青藏高原草地畜牧业

的评价提供了科学依据。提出用牧草粗蛋白质含量代替牧草产量评价青藏高原天然草原生产力及载畜量的概念和方法，在青藏高原最早应用捆裹青贮技术，大面积推广人工草地建植、高产优质牧草混播、放牧牦牛藏羊饲草料营养平衡及夏秋季补饲技术。首次在青藏高原成功引进和繁育了无角陶赛特肉羊，建立了高寒牧区肉羊纯种扩繁、大通牦牛制种和供种基地，奠定该地区的牦牛藏羊的改良和持续发展基础。该成果有助于提高草地资源利用效率，保护和改善草地生态环境，改变传统生产方式，提高畜牧业生产水平和经济效益，实现生态重建和产业结构调整，为青藏高原草地生态畜牧业持续发展提供了科学研究的基础数据与示范推广新模式，已成为青藏高原草地生态畜牧业向规模化、产业化、商品化及高效健康持续发展的示范样板。

16. 花生重要抗病优质基因源发掘与创新利用

主要完成单位： 中国农业科学院油料作物研究所

主要完成人员： 姜慧芳、王圣玉、唐荣华、任小平、雷　永、廖伯寿、夏友霖、
　　　　　　　　张新友、李玉荣、梁炫强、谢吉先、谷建中、段乃雄、黄家权、
　　　　　　　　王　峰

起 止 时 间： 1996 年 1 月 ~2008 年 10 月

获 奖 情 况： 2009 年湖北省科技进步二等奖

内 容 提 要：

①建立和完善了中国花生种质资源性状鉴定的标准化体系，编写出版了《花生种质资源描述规范和数据标准》，首次建立了花生资源图像库和种质资源信息共享平台。②首次建立了中国花生核心种质，从国际半干旱研究所引进了代表世界花生种质遗传多样性的全套微核心种质，研究明确了国内花生种质资源的优势及缺陷，为种质资源的深入研究、有效保护和针对性引进提供了科学依据。③首次研究明确了栽培种花生分类系统的分子证据及核心种质的分子变异，率先建立了花生黄曲霉、青枯病、锈病、叶斑病抗性的分子标记及辅助选择技术。④发掘和创造出重要抗病抗逆及优质材料 100 多份，其中含油量达 62% 以上的种质、抗青枯病兼抗黄曲霉的种质为国际首次报道。⑤培育出具多个优良性状的花生新品种 6 个，其中兼抗青枯病和黄曲霉产毒的高蛋白品种、高抗青枯病高油酸品种在国内外审定花生品种中属首次报道。

获国家发明专利 1 项，植物新品种权 1 项，发表论文 70 篇，出版著作 11 本。培育新品种 6 个，推广 667 万亩，创经济效益 10.57 亿元；提供各类优异种质给全国相关科研单位研究利用，培育出优良花生新品种 27 个，推广 6 900 万亩，经济效益 52.71 亿元。

17. 茶资源高效加工与多功能利用技术及应用

主要完成单位： 中国农业科学院茶叶研究所

主要完成人员：杨亚军、林　智、陈宗懋、陆建良、毛志方、阮建云、黎星辉、
　　　　　　　　尹军峰、江和源、肖　强、王新超、韩宝瑜、梁月荣、李　强、
　　　　　　　　吕海鹏

起 止 时 间：2006 年 11 月～2008 年 12 月

获 奖 情 况：2009 年浙江省科学技术二等奖

内 容 提 要：

选育出 1 个茶树新品种、3 个新品系和 7 份特异种质，为从根本上解决夏秋茶品
质低下的问题奠定了基础。新品种"黄金芽"夏茶氨基酸含量超过 2%，感官审评得
分在 94 分以上；TRI003，TRI013 和 9101 等 3 个新品系夏秋茶氨基酸含量超过
1.5%，品质优异。提出了一套能明显改善夏秋茶鲜叶原料品质的茶树微域气候与营
养调控技术，使游离氨基酸含量增加 50% 以上。集成创新了一套夏秋茶提质加工综
合技术，使感官品质提高 1 个等级，综合经济效益提高 50% 以上。提出的基于茶树
病虫害预警体系采用茶树专用生物制剂、植物源农药和高效低毒化学农药的综合防
治技术，可减少化学农药使用量 25%～50%。建立了茶叶中 92 种农药多残留快速检
测技术，检出限为 0.002 5～0.10mg/kg，达到国际先进水平。提出了夏秋茶鲜叶原
料多功能利用技术，开发出 10 多个高附加值新产品，包括高活性茶黄素、茶黄素保
健食品、鲜茶固体饮料、脱咖啡因速溶茶和新型功能茶产品，显著提高了资源利用
率和经济效益。

项目实施期间，在浙江、湖南、江苏等省建立了 6 个夏秋茶提质栽培和加工技术综
合示范基地、12 个单项技术示范点，核心示范区面积达 2 万亩，夏秋茶综合经济效益
提高 50% 以上。技术成果累计推广应用面积 18.23 万亩（次），新增产值 1.75 亿元，
新增利税 7 174.3 万元，出口创汇 3 675 万美元。经专家鉴定，该成果总体达同类研究的
国际先进水平，在全国各产茶地区均可推广应用。

18. 经济作物种质资源鉴定技术与标准研究及应用

主要完成单位：中国农业科学院茶叶研究所、中国农业科学院农业质量标准与检测
　　　　　　　　技术研究所、福建省农业科学院果树研究所、中国农业科学院郑州
　　　　　　　　果树研究所、中国农业科学院果树研究所、中国农业科学院柑橘研
　　　　　　　　究所、辽宁省果树科学研究所、武汉市蔬菜科学研究所、中国农业
　　　　　　　　科学院蚕业研究所等

主要完成人员：钱永忠、江用文、郑少泉、熊兴平、刘崇怀、曹玉芬、陈　亮、
　　　　　　　　江　东、刘威生、李　峰、潘一乐、刘喜才、房伯平、张运涛、
　　　　　　　　揭雨成

起 止 时 间：2000 年 1 月～2008 年 12 月

获 奖 情 况：2009 年浙江省科学技术二等奖

内 容 提 要：

系统研究了茶桑果树等22种经济作物种质资源的鉴定性状、性状分级标准、鉴定方法和质量控制技术，构建了我国主要经济作物种质资源鉴定技术体系。制定出茶桑果树等22种作物种质资源鉴定技术规程农业行业标准并发布实施。已分发22个作物种质资源鉴定技术规程行业标准620多套（本），培训人员700多人次，研究成果已被100多个国家级和省级科研、教学等单位应用。采用制定的标准鉴定获得了22种作物35 989份次资源136万个数据，为国家农作物种质资源平台提供了1.2万份资源的鉴定数据30.6万个。

专家鉴定认为，该成果与国际同类研究相比选择的鉴定性状更全面、更具代表性，鉴定技术更具科学性和可操作性，总体达到国际先进水平，其中桑、莲、茭白等8种作物的鉴定技术达到国际领先水平。

19. 动物纤维显微结构与毛、皮产品质量评价技术体系研究

主要完成单位：中国农业科学院兰州畜牧与兽药研究所
主要完成人员：高雅琴、牛春娥、郭天芬、梁丽娜、常玉兰、席　斌、李维红、
　　　　　　　　　王宏博、杜天庆、梁春年、杨博辉、董鹏程
起 止 时 间：2001年1月~2007年12月
获 奖 情 况：2009年甘肃省科技进步三等奖
内 容 提 要：

①研制出快速简便的毛皮及其制品鉴别方法；采用生物显微镜法研究了毛纤维组织结构，构建了国内最大的毛纤维组织学彩色图库。②构建了动物纤维、毛皮产品质量评价体系。制定了国家标准4个、行业标准5个、地方标准1个，编写了细毛羊饲养管理及羊毛分级整理等技术规程10余个。制定的《NY1164-2006 裘皮　蓝狐皮》、《NY1173-2006 动物毛皮检测技术规范》、《裘皮　獭兔皮》、《甘肃高山细毛羊》等标准填补了我国空白。③建立了中国动物纤维、毛皮质量评价信息系统，包括资源数据库、检测方法数据库、产品标准数据库、法律法规数据库、名词术语中英文对照数据库等5个模块，成为一个比较全面的信息网络平台。④对我国毛皮生产和流通领域中潜在的安全风险进行深入研究，建立了中国动物纤维、毛皮安全预警体系。⑤研制出"毛丛分段切样器"，获国家专利。出版专著1部，发表论文51篇，培养硕士2名。

本成果已推广至全国9省（自治区）的毛皮生产厂家、贸易部门、质检机构等，使细羊毛及毛皮质量极大提高，新增产值13 878.8万元、利润4 163.65万元、税收249.82万元，成为国家决策机构、行业主管部门、生产加工企业、质检机构、科研教学单位及贸易流通领域制定方案、指导工作、警示风险等的重要参考。

20. 西瓜、大枣质量安全现状评价及控制技术

主要完成单位：中国农业科学院郑州果树研究所

主要完成人员：方金豹、庞荣丽、吴斯洋、何为华、俞　宏、马俊峰、李　君、
　　　　　　　　刘　彦、胡　潇、陈锦永

起 止 时 间：1992 年 1 月～2008 年 12 月

获 奖 情 况：2009 年河南省科技进步三等奖

内 容 提 要：

1. 对西瓜、大枣质量安全现状作出了准确、科学的评价。明确大枣存在的主要问题有：元素污染不容忽视，污染最严重的是重金属铅、镉、砷和硝酸盐；菊酯类农药检出率高且氰戊菊酯有超标现象；西瓜存在的主要问题有：铅、镉、砷、氟、硝酸盐、亚硝酸盐检出率高，且重金属铅和镉有超标现象，农药残留量合格。

2. 根据检测分析结果和田间调查情况，认为大枣生产主要危害因子包括元素和农药残留两个方面，主要来源于环境（土壤）、农药和化肥的投入品；西瓜生产中主要危害因子是元素污染，主要来源于环境（土壤）和化肥投入。

3. 制定出了《郑州市大枣质量安全标准化生产技术规程》和《郑州市西瓜质量安全标准化生产技术规程》。

该成果为果品安全生产、市场监管和科学研究提供了依据，对于提高果品安全品质、防止过量使用化肥和农药、维持果品生产的可持续发展具有重要意义。

21. 高效节能清洁型苎麻生物脱胶技术

主要完成单位：中国农业科学院麻类研究所

主要完成人员：刘正初、彭源德、孙庆祥、冯湘沅、段盛文、郑　科、胡镇修、
　　　　　　　　吕江南、邓硕苹、张运雄、成莉凤、杨喜爱、严　理

起 止 时 间：1991 年 3 月～2008 年 12 月

获 奖 情 况：2009 年湖南省技术发明三等奖

内 容 提 要：

通过选育新菌种并用于苎麻脱胶生产，形成一项彻底摆脱化学催化剂作用机制、利用微生物胞外酶催化非纤维素物质降解而提取纤维高效节能清洁型苎麻生物脱胶技术。该成果主要由苎麻生物脱胶工艺技术与设备、草本纤维工厂化脱胶/制浆用高效菌剂制备工艺、欧文氏杆菌工厂化发酵快速提取苎麻纤维工艺等发明专利组成，主要包括 3 部分内容：①选育出能专一性切断纤维素与非纤维素连接桥梁的苎麻脱胶高效菌种；②将菌种制备成休眠态"高效菌剂"用作苎麻脱胶主要工艺辅料；③菌剂活化后接种到苎麻上进行发酵脱胶的工艺流程。

与现有技术比较，该成果具有节能、减排、降耗、高效利用资源等优点，流程简短、操作安全、监测直观，有效纤维和高档纺织纤维制成率均提高11%以上，细纱规格提高2个档次。该项成果既适宜于原有苎麻化学脱胶企业进行工艺改造，又适宜于苎麻产地兴建苎麻加工企业，就地把农产品加工成高附加值的半制品。该成果已在多家麻纺企业推广应用，截至2008年底，累计生产精干麻10 861吨，增收节支效益超过11 472万元。专家评价为国内外首创水平。

22. 高效宽幅远射程机动喷雾机的研制

主要完成单位： 农业部南京农业机械化研究所

主要完成人员： 傅锡敏、梁　建、穆　琦、薛新宇、吴　萍、高崇义、龚　艳、
张　玲、严荷荣、袁会珠、顾海荣、汪　建

起 止 时 间： 1998年4月~2000年12月

获 奖 情 况： 2009年江苏省科技进步三等奖

内 容 提 要：

研制了由便携式、担架式、车载式组成的高效宽幅远射程机动喷雾机（系列），适合于水稻适度经营规模、劳动效率高、喷洒性能优良。喷雾机由优质柱（活）塞泵、小型四冲程汽油机、宽幅远射程组合喷枪等先进基础部件组成；采用远射雾、圆锥雾和扇形雾等多种型式喷头进行有效组合，利用高压、宽幅、远射程均匀喷雾核心技术，喷雾有效射程达15~20米，沿射程雾量分布均匀性系数在0.35以下，雾流的较大雾滴和较高的压力增加了雾滴的穿透性。三种系列化机具基本覆盖我国大、中、小型不同种植规模水稻作物病虫害防治需求。

田间试验证明水稻下部药液沉积百分率，由传统作业机具的5%~10%提高到30%以上；水稻中、下部病虫害的防治效果达92%以上，提高防治效果近30%；提高农药利用率近40%、节水省药30%以上、提高作业效率30%以上。采用不下田作业方式，大大减轻了劳动强度，提高了施药安全性，减少了农药流失。

自2007年起，担架式（框架式）机动喷雾机进入国家购机补贴目录，补贴率达30%以上，除西藏自治区外，全国各地均有应用。

23. 草原几种主要害鼠种群数量动态预测及持续控制技术

主要完成单位： 中国农业科学院草原研究所

主要完成人员： 董维惠、杨爱莲、张卓然、侯希贤、苏红田、乔　峰、杨玉平、
潘建梅、周延林

起 止 时 间： 1997年1月~2004年12月

获 奖 情 况： 2009年内蒙古自治区科技进步三等奖

内 容 提 要：

野外定点连续监测 21 年，重点查清了长爪沙鼠和黑线仓鼠的数量变动规律。长爪沙鼠数量变动具有周期性，每个周期 14～16 年，上升期 2 年，高峰期 1 年，下降期 2 年，低谷期 9～11 年。黑线仓鼠的数量历经 21 年尚未显现出周期性，高峰期 1 年，下降期 2 年，低谷期较长。建立预测方程连续 15 年进行预报，共发布《鼠情报告》46 期，预测准确率平均 85% 以上。建立了草原鼠害持续控制技术，包括通过定点连续监测，掌握鼠类数量变动规律，开展预测预报；在数量上升初期利用常用杀鼠剂主动防治，防止向高峰发展；在低谷期开展以生态控制为主的综合防治；保护和招引鼠类天敌，将鼠密度长期控制在危害阈值之下。

该成果 2001～2005 年在吉林、内蒙古、河北、甘肃、宁夏等省（自治区）推广应用，防治鼠害 3.07 亿亩，挽回牧草损失 24.55 亿公斤，新增产值 12.28 亿元，增收节支费 85.93 亿元。成果处于国内领先水平，部分内容国际先进。

24. 甜菜质量标准体系的建立及应用

主要完成单位：中国农业科学院甜菜研究所
主要完成人员：吴玉梅、陈连江、周　芹、张福顺、张玉霜、马龙彪、吴庆峰、刘乃新、胡晓航、王哲玮、许庆轩
起 止 时 间：2002 年 12 月～2008 年 12 月
获 奖 情 况：2009 年黑龙江省科技进步三等奖
内 容 提 要：

甜菜质量标准体系是甜菜行业科学组织生产、规范市场的重要技术保障体系和行政执法依据。制定修订了《糖用甜菜种子》、《甜菜种子生产技术规程》、《甜菜丛根病的检验》、《甜菜中钾、钠、α-氮的测定》、《饲用甜菜》等国家行业甜菜系列标准，规范了甜菜种子生产繁育、质量控制、甜菜原料生产及其块根品质检测方法等评价体系，填补了我国甜菜缺少产前和产中质量标准的空缺。修订的国家标准《糖用甜菜种子》属于强制性国家标准，与《甜菜种子生产技术规程》一起使用，将规范我国甜菜种子的加工、销售和促进质量全面升级，缩小与国外甜菜种子质量水平的差距。通过新制定的《甜菜丛根病的检验》、《饲用甜菜》等标准，进一步建立健全了我国甜菜品质检测技术标准，为我国开展甜菜品质监督检验工作提供了技术支撑和法规依据。

25. 水稻可持续高产组合模式及调控技术

主要完成单位：中国水稻研究所、中国农业科学院作物所、浙江省农业厅农作物管理局、江山市农技推广中心、湖南省农业厅粮油作物局、安徽省农技推广总站、浙江省杭州市农业局、江西省农科院土肥所、江苏省

南通市农业局、浙江省平湖市种子管理站

主要完成人员：章秀福、王丹英、赖凤香、孙　健、张国平、姜海燕、徐春梅、周昌南、邵国胜、李克勤、汪新国、彭春瑞、严建立、陆玉其、何庆富

起 止 时 间：2004 年 1 月～2006 年 12 月

获 奖 情 况：2009 年浙江省科技进步三等奖

内 容 提 要：

1. 水稻可持续高产组合模式筛选：在分析浙江及长江中下游稻区生态条件与技术、经济发展状况的基础上，通过茬口配对、技术组装与熟化完善，形成 4 种水稻高产与地力培肥相结合的稻田可持续高产组合模式。

2. 稻田土壤多元化培肥新途径及关键技术研究：研究建立以生物培肥、生态培肥、秸秆还田、保护性耕作等为主要内容的稻田土壤培肥新途径，稻田周年资源高效利用技术取得突破。

3. 氧营养的根系效应研究：研究了氧营养对水稻根系的影响，分析了氧营养与植株早衰的关系。提出氧是改善土壤氧化还原环境、促进水稻根系生长发育和构建良性稻田生态环境的关键性因素，形成了防止水稻早衰的调控理论。

4. 高产水稻的产量构成与株型特点研究：通过分析水稻超高产典型的产量构成与植株形态特点、我国水稻品种演变过程中植株形态的改良，研究高产水稻的产量构成与株型特点。

5. 水稻垄畦栽培技术研究：通过分析垄畦栽培水稻的微生态效应、株型形态与生理特征以及产量、品质效应，建立以垄畦栽培为核心的水稻可持续高产和超高产集成技术。

26. 鸡毒支原体、传染性鼻炎（A、C 型）二联灭活疫苗的研究

主要完成单位：中国农业科学院哈尔滨兽医研究所

主要完成人员：赵化民、王牟平、陈　曦、魏传革、智海东、杨　丹、幸桂香

起 止 时 间：1996 年 1 月～2006 年 11 月

获 奖 情 况：2009 年黑龙江省科技进步三等奖

内 容 提 要：

鸡毒支原体、传染性鼻炎（A、C 型）二联灭活疫苗适用于鸡毒支原体病和鸡传染性鼻炎两种鸡的呼吸道传染病的预防和各类型种鸡群和商品鸡群两种疫病的净化。系统地进行了鸡毒支原体、传染性鼻炎疫苗菌种选择、复壮和鉴定，研制了二联灭活疫苗，进行了疫苗的安全性试验和最小免疫剂量、免疫持续期等免疫效力试验以及保存期等相关试验；进行中试稳定生产工艺，用中试产品进行了田间和区域试验。1999 年通过农业部科技成果鉴定，2006 年获得了农业部颁发的国家新兽药注册证书。1997～2004 年

先后生产二联灭活疫苗 140 批次，共 2 500 万羽份，试验推广达全国 30 个省（市、自治区）。现地鸡免疫后抗体滴度高、抗体持续期长，特别是感染鸡群在注射疫苗后 2 周可迅速复壮，呼吸道病症状显著减轻，产蛋率和肉鸡增重明显提高。二联灭活疫苗简化了免疫程序，降低了免疫成本和药物治疗的费用，受到了普遍欢迎，取得了巨大的社会、经济效益。

三、院级奖

1. 矮败小麦创制与高效育种技术体系建立及应用

主要完成单位：中国农业科学院作物科学研究所
主要完成人员：刘秉华、翟虎渠、杨　丽、孙苏阳、周　阳、孙其信、王山荭、
　　　　　　　　　蒲宗君、刘宏伟、孟凡华、甘斌杰、杨兆生、吴政卿、田纪春、
　　　　　　　　　赵昌平等
起 止 时 间：1980 年 1 月～2008 年 12 月
获 奖 情 况：2009 年中国农业科学院科技成果特等奖
内 容 提 要：

1. 国际首创矮败小麦　将太谷核不育基因 $Ms2$ 定位在 4DS 距着丝点 31. 16 个交换单位处，以太谷核不育小麦和矮变一号小麦为材料，经连续大群体测交筛选和细胞学研究，研制出世界上独有的、具有我国自主知识产权的矮败小麦。矮败小麦含农作物中雄性败育最彻底的太谷核不育基因 $Ms2$ 和小麦中降秆作用最强的矮秆基因 $Rht10$，两显性基因在 4D 染色体短臂上紧密连锁，交换率为 0. 18%。矮败小麦后代群体中，有一半靠异交结实的矮秆不育株和一半靠自交结实的非矮秆可育株，兼具自花授粉利于基因纯合稳定和异花授粉利于基因交流重组的特性，是理想的遗传改良工具，可便利地用于杂交育种、轮回选择和分子育种。

2. 创建矮败小麦高效育种技术体系　矮败小麦用作不去雄的杂交工具，组配各类杂交组合，增加杂交组合数量，扩大分离世代群体规模，辅之加代技术，快速有效地改良和提高现行推广品种。矮败小麦用作群体改良工具，研究出以花粉源选择与控制、矮秆不育株分期多次选择为核心内容的轮回选择技术；通过不同生态区轮选群体间基因交流，构建遗传基础丰富的新群体，在不同地点进行轮回选择，以及同一轮选群体在生态条件相近的两地交替进行轮回选择，选育突破性新品种的技术。利用上述技术，经过多年轮回选择，在我国小麦主产区获得产量、品质、抗性等大幅度提高的改良群体，从中育成一批各具特色的小麦新品种。

3. 利用矮败小麦高效育种技术育成一批产量水平上台阶的新品种　利用矮败小麦高效育种技术打破不利遗传连锁，聚合有益基因，有效地解决小麦品种高产与多抗、高产与广适、矮秆与高产的矛盾，育成轮选 987、轮选 518 等突破性新品种。轮选 987 在

国家各类试验中，产量均居第一，两年国家区试比对照平均增产 14.8%，产量最高区试点折合亩产 715 公斤，生产田最高亩产 673.5 公斤，分别创国家区试和北部冬麦区生产高产纪录，是该麦区大面积推广的第一个矮秆、多抗、超高产小麦新品种。育成淮麦系列高产广适新品种，其中淮麦 25 参加国家黄淮南片两年区试，平均亩产 564.2 公斤，一个试点两年平均亩产高达 705.1 公斤。利用北京冬性矮败小麦与当地适应性种质杂交，建拓轮选群体，育成川麦 42、川麦 43 等高产稳产新品种，川麦 42 是四川省区试史上第一个连续两年平均亩产超过 400 公斤的品种。产量潜力大，综合抗病性强，适应性好是上述品种的共同特点。

矮败小麦高效育种技术应用较早的单位育成 31 个国家或省级审定的新品种，近 5 年在主产麦区累计推广 12 828.8 万亩，增产粮食 45.77 亿公斤，增收 64.08 亿元；获得专利 2 项、新品种保护 10 项。矮败小麦高效育种技术的推广应用，获得了重大经济效益和社会效益，对保障国家粮食安全、农民增收发挥了重要作用。

2. 禽流感（H5＋H9）二价灭活疫苗（H5N1 Re-1＋H9N2 Re-2 株）

主要完成单位：中国农业科学院哈尔滨兽医研究所
主要完成人员：陈化兰、田国彬、李雁冰、施建忠、曾显营、冯菊艳、姜永萍、
邓国华、王秀荣、乔传玲
起 止 时 间：2004 年 1 月～2009 年 11 月
获 奖 情 况：2009 年中国农业科学院科技成果一等奖
内 容 提 要：
利用重组禽流感 H5N1 亚型种毒 Re-1 株和 H9N2 亚型种毒 Re-2 株为种毒，研制出禽流感（H5＋H9）二价灭活疫苗（H5N1 Re-1＋H9N2 Re-2 株）。该疫苗免疫鸡无任何不良反应，免疫效果确实。免疫 21 天后，鸡血清中抗 H5 和 H9 亚型禽流感病毒平均 HI 抗体效价均在 7log2 以上，对 H5 和 H9 亚型禽流感病毒的攻击均起完全保护作用；免疫期为 5 个月以上。该疫苗在 2～8℃ 保存，有效期为一年。本成果是目前国内外唯一用重组禽流感病毒研制的可同时预防 H5 和 H9 亚型禽流感的灭活疫苗，也是目前唯一经农业部批准生产并应用的 H5、H9 二价疫苗。该技术转让给哈尔滨维科生物技术开发公司、青岛易邦生物工程有限公司和干元浩生物股份有限公司 3 个高致病性禽流感病毒疫苗定点生产企业，目前已累计生产销售 34 亿羽份，销售额约 2.5 亿元。应用结果表明，该疫苗能有效地预防 H5 和 H9 亚型禽流感的暴发和流行，取得了良好的经济效益和社会效益。

3. 中苜 3 号耐盐苜蓿新品种选育及其推广应用

主要完成单位：中国农业科学院北京畜牧兽医研究所

　　主要完成人员： 杨青川、康俊梅、孙　彦、郭文山、毛培胜、吴明生、金后聪、晁跃辉、云继业、张凤明、毕云霞、张忠合、张东鸿、牛木森、荀桂荣

　　起 止 时 间： 2002 年 7 月～2005 年 12 月

　　获 奖 情 况： 2009 年中国农业科学院科技成果一等奖

　　内 容 提 要：

　　本项研究构建了耐盐苜蓿的抑制差减 cDNA 文库，获得了一批耐盐相关 ESTs 与具有重要功能基因的 cDNA 全长序列，并进行了初步功能验证；获得了与苜蓿耐盐性有较大相关性的分子遗传标记；估算了耐盐苜蓿群体的遗传力等参数。以耐盐苜蓿品种中苜 1 号为亲本材料，采用常规育种与分子标记辅助育种相结合的方法，通过盐碱地表型选择、耐盐性一般配合力测定、轮回选择、混合选择，得到耐盐苜蓿新品种中苜 3 号。鉴定专家一致认为该品种"居国内同类研究的领先水平"。中苜 3 号苜蓿不仅适应于黄淮海地区大面积盐碱地及中低产田，在西部内陆盐碱地种植表现也非常好。草产品生产田已达 24 万多亩，种子田 1.2 万亩。直接经济效益 3.26 亿元，新增效益 4 000 多万元。

　　该成果推进了关于苜蓿耐盐遗传育种的理论与实践进程，填补了我国黄淮海地区长期以来缺乏耐盐高产苜蓿新品种的空白，推动了我国苜蓿产业的发展。同时还能为盐碱地农业生产提供有效的技术措施，提高盐碱地的开发利用效率。

4. 优质红色梨新品种美人酥、满天红、红酥脆的选育与应用

　　主要完成单位： 中国农业科学院郑州果树研究所

　　主要完成人员： 王宇霖、魏闻东、田　鹏、金新福、张传来、陈大庆、苏艳丽、夏莎玲、康保珊等

　　起 止 时 间： 1989 年 1 月～2008 年 12 月

　　获 奖 情 况： 2009 年中国农业科学院科技成果一等奖

　　内 容 提 要：

　　美人酥、满天红和红酥脆三个优质红色梨新品种系 1989 年选用日本幸水梨为母本、火把梨为父本人工杂交育成，2008 年通过河南林木良种审定。三红梨的杂交育种研究丰富了梨属远缘杂交育种理论与技术，解决了日本幸水梨与火把梨花期不同步、远缘杂交座果率低和跨国培育等系列技术难题；应用半野生的红色梨品种与日本生产良种做亲本杂交，育出具有中日梨血缘高度杂合体的新品种，并开展了遗传倾向研究，为选择红色梨做亲本材料培育新品种提供了参考依据，在国内外尚属首例。

　　三红梨新品种果实近圆形或卵圆形，果面洁净鲜红艳丽，外形漂亮，商品性好，单果重 260～280 克，肉质酥脆，风味浓郁，酸甜可口，果心小，汁液多，质量上乘。可溶性固形物含量 14.5%～15.5%，较耐贮运，丰产稳产。研制出适应多种生态气候环境条件下栽培管理技术体系与产品质量标准，全国 10 多个省种植 15 万亩，产量 3 亿公

斤，获得直接经济效益20多亿元。三品种有广阔的生产发展和市场前景，对改善我国梨商品生产品种结构，提高管理水平、产品质量和经济收益，扩大我国梨在国内外市场的份额，均具有积极的推动作用。

5. 花生机械化收获技术装备研发与示范

主要完成单位： 农业部南京农业机械化研究所、开封市茂盛机械有限公司
主要完成人员： 胡志超、彭宝良、田立佳、谢焕雄、胡良龙、计福来、王海鸥、吴　峰、陈有庆、张会娟、赵治永、朱桂生
起 止 时 间： 2005年6月～2008年7月
获 奖 情 况： 2009年中国农业科学院科技成果一等奖
内 容 提 要：

从种植制度、作业模式、共性技术及关键部件研究入手，重点攻克花生机械化收获中存在的壅土阻塞、秧蔓缠绕、损失率高、适应性差等关键技术难题，将减阻降耗、避免缠绕、降低损失、提高适应性与可靠性，贯彻部件与整机设计始终，开发出4HLB-2型挖拔组合半喂入式花生联合收获机及4H-1500型和4H-800型分段收获模式下的花生收获机，并形成了主产区机械化收获作业技术规范。4HLB-2型花生联合收获机可一次完成松土、拔株、清土、输送、摘果、清选、集果、秧蔓处理等联合作业，其果秧分离装置采用模块化设计，可根据不同作物需要，实现快速转换，有效提高机具利用率和降低作业成本。4H-1500型花生收获机可实现挖掘、清土和秧蔓条铺作业，采用双滚轮击振抖动杆链升运清土结构、对称两路传动系统及侧向泄土技术，清土效果好，避免铲后积土。4H-800型花生收获机可实现挖掘、清土、铺放等作业，采用等惯量反配置自平衡技术，有效降低损失率；内侧设有立式切割装置，解决了秧蔓及杂草缠绕问题。

获国家专利6项，起草行业规范及相关标准2个，发表论文12篇。在主产区建立示范基地4个，累计销售3 000多台，在豫、鲁、冀、苏、皖、鄂等多个省份推广应用，获直接经济效益过亿元。4H-800型和4H-1500型花生收获机已进入2009～2011年国家支持推广的农机产品目录。鉴定专家认为整体技术水平居国内领先，其中4HLB-2型花生联合收获机达到国际先进水平。

6. 中国牧草种质资源评价技术体系与数据库信息网络研究

主要完成单位： 中国农业科学院草原研究所
主要完成人员： 徐　柱、袁庆华、袁　清、师文贵、赵来喜、田青松、周青平、张新全、尚以顺、李志勇、薛世明、于林清、李临杭、马玉宝、安沙舟
起 止 时 间： 1997年1月～2006年1月

获 奖 情 况：2009年中国农业科学院科技成果一等奖

内 容 提 要：

运用植物遗传标记技术，在国内首次构建了比较科学完整的牧草种质资源搜集、鉴定、评价和保存的综合技术体系。考察搜集范围涵盖了我国草原不同生态区，共搜集各类野生牧草种质材料3 315份。在我国草原不同生态区建立了8个牧草种质评价圃并开展种质资源评价研究，田间评价3 658份，田间保存3 100份。入国家牧草中期库保存2 677份。培育牧草新品种11个。

自主设计、自行开发牧草种质资源信息平台，首创我国在国际互联网上唯一运行的中国牧草种质资源数据库信息网络。采用先进的WebGIS技术，实现了万余份牧草种质资源信息共享和10项生态地理信息快速查询。

运用现代生物技术，揭示了野生黄花苜蓿的遗传多样性和苜蓿品种的遗传差异，确认了禾本科鹅观草在我国境内的遗传分化中心，发现了披碱草、老芒麦、鸭茅、牛鞭草、胡枝子、野豌豆等存在大量的遗传变异，研究了10倍体长穗偃麦草的分子遗传学特征。

7. 矫正推荐施肥技术

主要完成单位：中国农业科学院农业资源与农业区划研究所

主要完成人员：张维理、岳现录、张认连、徐爱国、冀宏杰、雷秋良、张怀志、杨俊诚、姚 政、刘宝存、段宗颜、宝德俊、同延安、谢良商、妥德宝

起 止 时 间：1986年1月～2005年11月

获 奖 情 况：2009年中国农业科学院科技成果一等奖

内 容 提 要：

在国际上首次创建了矫正推荐施肥技术原理，通过融合应用植物营养学原理与组件模型技术，在全国完成了700多个大田定位试验和5 600个大田校验试验，建立矫正推荐施肥模型，可以准确甄别农民施肥不合理的技术环节，提高了施肥推荐的针对性、可操作性和增产可靠性。

本成果还首次为我国农民制定了农田养分管理技术指标，将归还学说、养分平衡学说、最小因子律和报酬递减律融合成为简单、明了、农民易于掌握和接受的五级标准，提高了矫正推荐施肥的精度。融合应用了矫正推荐施肥原理、数字土壤、GIS、GPS等高技术，获得15项自主知识产权，集成三代技术产品，以最便宜和便捷的方式进行施肥科学指导。在国际范围内第一次为小农户合理施肥提供了科学、便宜、易行的技术手段，总体水平达到国际领先。在高施肥量集约化农田上减肥可达20%～30%，同时实现增产或平产。该成果已在全国28个省（市、自治区）示范推广，据6个省2006～2008年统计，新增利润总计为16.32亿元。

8. 针茅芒刺生物防治技术研究

主要完成单位： 中国农业科学院草原研究所
主要完成人员： 刘爱萍、陈红印、徐林波、张礼生、范光明、李笑硕、郝　俊、李仲刚、王俊清、高书晶、杨玉平、王　慧、赵淑芬、康　跃、狄彩霞
起 止 时 间： 1998 年 10 月～2002 年 12 月
获 奖 情 况： 2009 年中国农业科学院科技成果二等奖
内 容 提 要：

运用生物防治技术，实施利用有益的天敌昆虫（螨）、微生物控制针茅芒刺的危害，达到"以虫（螨）治草、以菌治草"的目的。①通过实地调查，明确了针茅芒刺的天敌资源。发现天敌昆虫（螨）5 种、病原微生物天敌 12 种，其中针茅狭跗线螨是在国内发现的新种、5 种天敌为国内针茅的新发现；②发现针茅狭跗线螨及 5 种病原微生物对针茅芒刺抑制作用明显，在营养至生殖生长时期，被感染的针茅达 18.99%；③对针茅狭跗线螨生物学、生态学特性、寄主专一性及其对针茅属植物生殖生长抑制机理进行了研究，表明针茅狭跗线螨寄主专一性较强，阐明了其对针茅芒刺抑制的机理；④对针茅狭跗线螨进行了扩繁和田间释放；⑤根据田间针茅狭跗线螨及病原微生物对针茅芒刺的抑制程度，对其防治效果进行了评价。

该项成果在内蒙古、甘肃、宁夏、新疆等地进行了推广应用，面积累计达 578 万公顷，共减少羊皮损失 697 万张，年均收益 570.81 万元，经济效益总额 5 443.5万元。

9. 农村污水处理新技术成果及应用

主要完成单位： 农业部环境保护科研监测所、天津市益利来养殖有限公司、天津市兴荣非织造布有限公司
主要完成人员： 张克强、杨　鹏、李军幸、黄治平、张金凤、王　凤、张洪生、王满江、郎克增、杜连柱、梁军锋、赵　润、董殿元
起 止 时 间： 2004 年 6 月～2009 年 1 月
获 奖 情 况： 2009 年中国农业科学院科技成果二等奖
内 容 提 要：

本科技成果涉及的污水为农村生活污水、畜禽养殖废水和用于满足生活用能需要的秸秆制气工程产生的焦油废水。通过一系列不同规模的实际工程应用示范，取得多项科研成果，构成了一套农村污水处理新技术体系。具体包括：①农村生活污水处理技术；②农业生产废水处理新技术；③配合农村污水处理技术研发并应用的"人工净水草"高效微生物附着载体。

农村污水处理各项新技术先后在安徽、湖北、北京、天津、云南、吉林和江苏等省（市）的农村地区进行推广应用，建设了不同规模的生活污水、猪场废水、秸秆制气废水处理和利用工程 30 处，总处理规模 2.02 万吨/天，待建工程 10 项，人工净水草也在这些工程中得以充分应用。截至 2009 年 1 月三项技术已累计处理各类污水 6 651.9 万吨，共增收节支约 3 583.8 万元，有效地改善了农村人居和养殖环境，环境效益、经济效益和社会效益显著。

10. 高产优质多抗中红麻系列新品种（中红麻 10 号、11 号、12 号、中杂红 305）的选育与推广

主要完成单位：中国农业科学院麻类研究所
主要完成人员：李德芳、陈安国、唐慧娟、陈壬生、谭石林、龚友才、李爱青、
　　　　　　　　潘滋亮、吕玉虎、汤清明、李建军、蒋玉明、刘伟杰、李初英、
　　　　　　　　杨　龙
起 止 时 间：2001 年 1 月 ~ 2008 年 12 月
获 奖 情 况：2009 年中国农业科学院科技成果二等奖
内 容 提 要：

成功选育了造纸与环保型生物材料用品种中红麻 10 号、中红麻 11 号、中红麻 12号和中杂红 305，在红麻杂种优势利用方面建立了红麻化学杀雄多代利用制种技术体系、构建了红麻质核互作雄性不育三系配套制种技术体系和红麻单显性基因细胞核雄性不育二系制种模式，获得了红麻雄性不育基因紧密连锁的 RAPD、ISSR 分子标记。

强优势组合中杂红 305 不仅杂种 F_1 能够利用，杂种 F_2 增产效果显著，杂交红麻在含盐量为 0.3% 的盐碱土地上种植也能获得较好的收成，有利于充分利用土地、改善环境、减少水土流失、维持生态平衡。纤维产量为 3 800 ~ 5 000 千克/公顷，比地方主栽品种增产 22.1% 以上；纤维细度为 289 支，强力 474N。中红麻 10 号、中红麻 11 号和中红麻 12 号纤维产量为 3 500 ~ 4 800 千克/公顷，比地方主栽品种增产 15% 以上。2003 年，红麻新品种中红麻 10 号、中红麻 11 号被列入科技部全国重点推广的科技成果。

11. 花生功能性短肽制备关键技术研究

主要完成单位：中国农业科学院农产品加工研究所
主要完成人员：王　强、周素梅、张宇昊、刘晓永、吴海文、刘红芝、陈永浩、
　　　　　　　　张　雨、李春红
起 止 时 间：2004 年 1 月 ~ 2008 年 12 月
获 奖 情 况：2009 年中国农业科学院科技成果二等奖

内 容 提 要：

首次实现了花生功能性短肽的产业化生产，明确了花生功能性短肽的抗高血压活性、作用机理及其构效、量效关系。以低变性花生粕为原料，确定了复合酶制备花生功能性短肽的关键技术，花生短肽得率达到 89.01%，水解度达到 23.76%。首次将混合床脱盐技术应用于花生肽精制，并应用膜分离技术，得到分子量小于 1 000Da 的短肽含量≥40% 的产品。经动物模型实验验证，小分子量花生短肽具有显著降低原发性高血压大鼠尾动脉收缩压的功效，首次证实花生短肽可作为一种安全、有效的降压功能因子加以开发。目前，本项目已在山东鲁花集团实现了产业转化，生产线设计规模年产花生功能性短肽 500 吨，近 3 年累计创造利润 3 460 万元，同时新增花生原料消耗 3 000 吨/年，带动农户 3 000 余家，户均增收 200 元，创造就业岗位 60 个。

鉴定专家认为该成果整体达到国际先进水平。项目的实施和推广，对于开辟我国花生蛋白资源利用途径、延长花生产业链条、提升我国花生加工业与功能食品行业的科技创新能力、促进农产品深加工业的发展具有重要意义。

12. 优质、多抗黄瓜新品种"中农 16 号"的选育

主要完成单位：中国农业科学院蔬菜花卉研究所
主要完成人员：顾兴芳、张圣平、方秀娟、王　烨、杨宇红、谢丙炎、梁洪军、
　　　　　　　　刘　伟、闫书鹏、徐彩清、张天明、李竹梅、井　翼、赵青春、
　　　　　　　　蔡淑红
起 止 时 间：1991 年 1 月～2008 年 12 月
获 奖 情 况：2009 年中国农业科学院科技成果二等奖
内 容 提 要：

该项目针对我国黄瓜生产上存在品质差、复合抗病性不强以及缺乏黄瓜杂交种纯度快速准确鉴定方法等现状，在广泛引进优良黄瓜种质资源、对黄瓜主要性状遗传规律、黄瓜多抗性鉴定技术以及黄瓜病毒病、霜霉病等 8 种病害人工接种鉴定方法系统研究的基础上，采用多亲复合杂交、多代自交纯化、田间鉴定结合苗期人工接种鉴定抗病性等育种方法，选育出配合力高的优质自交系 01316 和 99246，育成春秋大棚和露地兼用、优质、多抗黄瓜新品种中农 16 号。利用 SSR 分子标记技术，建立了中农 16 号黄瓜及其双亲的 DNA 指纹图谱和 SSR 杂交种纯度快速鉴定技术体系，大大加快了成果转化速度。中农 16 号品质突出、抗多种病害、比同类品种增产 18.9%，在北京、辽宁、天津、河北等 10 多个省（市）累计推广 73.8 万亩，新增经济效益 5.28 亿元。

13. 鹅球虫病原生物学及其防治技术研究

主要完成单位：中国农业科学院家禽研究所

主要完成人员：戴亚斌、陶建平、刘　梅、许金俊、叶　斌、吴力力、葛庆联、李文良、徐玲霞、赵宝华、韦玉勇、周　生、章双杰、倪兆朝、张剑峰

起 止 时 间：2002年5月～2008年8月

获 奖 情 况：2009年中国农业科学院科技成果二等奖

内 容 提 要：

通过流行病学调查并结合动物回归实验，摸清了鹅球虫病的发生和流行情况，明确了寄生于家鹅的球虫种类；在获得5种球虫纯种卵囊的基础上，对它们的生物学特征、生活史和致病性进行了深入系统的研究；通过药物治疗试验，初步筛选出疗效较好的药物。

项目研究成果推广应用后，假设鹅球虫病的发病率下降30%左右，死亡率下降10%左右，仅江苏省每年减少鹅因球虫病造成的经济损失就达1亿元左右。

经专家鉴定，该项目为国内外首次对鹅球虫病的病原生物学及其防治技术进行的系统研究。其中，用卵囊形态特征观察与回归动物实验相结合的方法，调查鹅球虫病病原种类及流行情况、鹅艾美耳球虫肠道病变记分方法以及抗球虫药对鹅的药效评价具有独到创新之处。研究成果填补了国内外的研究空白，丰富了寄生虫学理论，具有较高的学术和应用价值，达到了国际先进水平。

14. O型和亚洲1型口蹄疫抗体检测液相阻断 ELISA 研究及试剂盒研制

主要完成单位：中国农业科学院兰州兽医研究所

主要完成人员：马军武、祁淑芸、林　密、靳　野、周广青、冯　霞、尚佑军、刘湘涛、才学鹏、刘在新

起 止 时 间：1997年7月～2006年12月

获 奖 情 况：2009年中国农业科学院科技成果二等奖

内 容 提 要：

利用分离于我国的口蹄疫流行毒制备关键试验材料，建立了O型和亚洲1型口蹄疫病毒抗体液相阻断 ELISA 检测方法，组装出成品试剂盒，诊断特异性分别为98%、98%，敏感性为98%、100%。与国外同类试剂盒比较，其符合率高，多项技术指标均达到了世界口蹄疫参考实验室的同类产品水平。同时还建立了口蹄疫疫苗免疫动物的抗体效价与动物攻毒保护的关系判定体系。

该成果于2006年获得了国家三类新兽药证书，被农业部指定为口蹄疫免疫效果评价使用方法。目前，已在全国31个省（市、自治区）203家单位推广使用，合计推广了8 647个试剂盒，直接创收1 729.47万元。根据中国农业科学院农业经济与发展研究所对该项目所作的经济效益评估，在其经济寿命期内，节省外汇所创造的收益为3 072

万元，每元科研投入可带来13.2元的经济效益。仅就减少疫情发生率来看，即能为国家减少经济损失达55.62亿元。这两个产品是国家重大动物疫病防控中的关键技术和重要组成部分，为流行病学调查、疫苗研发和动物免疫抗体水平评价发挥着十分重要的作用，社会经济效益显著。成果鉴定委员会认为整体达到了国际领先水平。

15. 畜禽重要寄生虫虫种资源的收集与保存

主要完成单位： 中国农业科学院上海兽医研究所
主要完成人员： 何国声、曹　杰、赵其平、朱顺海、徐梅倩、黄　燕、黄　兵、
　　　　　　　　　周勇志、石耀军、周金林
起止时间： 2003年7月～2007年12月
获奖情况： 2009年中国农业科学院科技成果二等奖
内容提要：

研究编制了危害我国畜禽的200种重要寄生虫名录，摸清了我国危害重大的畜禽寄生虫的基础资料。在全国范围内首次建立了畜禽重要寄生虫活体虫种资源平台，收集和保存畜禽重要寄生虫活虫37种115株，先后向国内10余所大学和研究所提供了虫种资源。建立了用水牛、白山羊、新西兰白兔、小白鼠、雏鸡、钉螺、椎实螺等中间宿主传代的多种寄生虫虫种资源保种方法，完成了日本血吸虫、鸡球虫、捻转血矛线虫、弓形虫、旋毛虫、伊氏锥虫、小土蜗螺和蜱等8种寄生虫虫种保存规程和91个虫种资源质量规范文件的制定。研究建立了利用RT-PCR技术及18S等多种方法进行虫种种（株）间差异研究的方法。建立了土耳其东毕吸虫、大片吸虫、孟氏裂头蚴等3个cDNA文库，在GenBank上登录了新基因18条。首次发现藏羚羊的一皮蝇新种和鹿样牛隐孢子虫的多个新亚基因型虫种，虫种资源鉴定和保存水平跻身国际先进水平。进行了奶牛、牦牛、非灵长类、爬行类动物和贝类等隐孢子虫分子流行病学调查和虫种的收集与保存，发现了牛隐孢子虫鹿状亚种等新的隐孢子虫的亚种，并进行了实验室保种传代。

该成果整体处于国内领先水平，促进了我国畜禽寄生虫病科研水平和教学质量的整体提高，对于防治畜禽重要寄生虫病及控制人兽共患寄生虫病具有重要的作用，应用前景广阔。

16. 优质、抗虫、丰产天然彩色棉种质创新与利用

主要完成单位： 中国农业科学院棉花研究所
主要完成人员： 杜雄明、孙君灵、周忠丽、潘兆娥、郭三堆、刘国强、刘传亮、
　　　　　　　　　贾银华、李桂青、石玉真、强爱娣、范术丽、庞保印、李　鹏
起止时间： 1987年10月～2007年8月
获奖情况： 2009年中国农业科学院科技成果二等奖

内 容 提 要：

通过远缘杂交、突变体诱导、系统选育等常规育种方法与现代生物技术结合，打破了天然彩色棉色泽与产量、品质的负相关，选育出了高产、色泽稳定、适宜机纺的棕絮1 号、绿絮 1 号、棕 263、棕 128、棕 3-944 等 16 个天然彩色棉新品种（系），开创了我国现代彩色棉生产发展的先河，促成了我国首批彩色棉纺织品的加工和利用。育成了国际上第一例、拥有自主知识产权的国审转 BT 基因抗虫彩色棉新品种中棉所 51，以及棕B2K8、棕 970818、绿 G88、棕 S9B12 等 10 多个转 BT 基因抗虫彩色棉新种质。中棉所51、棕 S9B12、棕 970818 的衣分从 28% 提高到 36.0% ~ 39.5%；棕 S9B12 的绒长为32.0 毫米，比强度为 33.5cN/tex，麦克隆值为 4.3，达到了中长绒棉的标准；杂交棉棕970818 的纤维品质接近长绒棉的标准；棕 B2K8 为深棕色，其皮棉产量达到了白色棉推广品种水平。上述材料的绒长、比强度比美国彩色棉分别提高了 2.5 ~ 6.3 毫米、5 ~10.2cN/tex。建立了"研究院所 + 企业 + 农户"的彩色棉产业化发展模式，实现了科研、生产、加工和市场营销一体化，推动了彩色棉产业的发展。在河南、河北、新疆、山东等地建立了彩色棉繁育和生产基地，累计种植彩色棉 60 多万亩，生产彩棉 4.3 万吨，节本增效 2.03 亿元。此外，转 BT 基因抗虫彩色棉的推广，增加产量 3% ~ 5%，减少农药用量 60.0% ~ 80.0%，经济、社会、生态效益显著。

17. 梅花鹿主要经济性状遗传改良技术研究

主要完成单位：中国农业科学院特产研究所
主要完成人员：魏海军、杨福合、赵　蒙、赵伟刚、常忠娟、张　宇、薛海龙
起 止 时 间：2000 年 1 月 ~ 2007 年 12 月
获 奖 类 别：2009 年中国农业科学院科技成果二等奖
内 容 提 要：

制定了梅花鹿种鹿质量监测综合标准、种鹿集中测定和现场测定技术规程，针对梅花鹿产茸性状、繁殖性状、使用寿命等重要经济性状，建立了计算公式及育种技术参数。首次克隆了梅花鹿 GH 基因和 IGF1 基因几个关键序列，并研究了 GH 基因和 IGF1基因的 SNPs 及其与产茸性状的相关性。研制了鹿用同期发情硅胶板孕酮阴道栓，处理母鹿在 72 小时内发情率为 85% ~ 95%；供体鹿超排平均每头次获胚胎 4.6 枚，鲜胚移植成功率达到 51.1%，共获得胚胎移植后代 34 头。通过花·马杂交，探讨了提高母鹿利用效率和鹿肉生产能力的有效途径，从而提高了梅花鹿养殖的综合效益。编制了茸鹿育种生产信息管理系统。通过优秀种鹿生产性能评定测定规程，选育出优秀种公鹿 6只，进行梅花鹿人工输精（鲜精和冻精）5 000 多只，获得梅花鹿人工授精后代 3 000 多只，早期人工输精雄性后代初角茸和头锯茸茸重分别增加 21% 和 17%，茸鹿群体产茸性能提高 17.5%，经济效益提高 27.1%。

18. 冬小麦高产高效应变栽培技术研究与应用

主要完成单位：中国农业科学院作物科学研究所

主要完成人员：赵广才、常旭虹、杨玉双、段玲玲、段艳菊、徐兆春、崔彦生、鞠正春、李振华、于广军、韩绍庆、周双月、曹　刚、张文彪、李辉利

起 止 时 间：2001~2008 年

获 奖 情 况：2009 年中国农业科学院科技成果二等奖

内 容 提 要：

1. 率先研究了我国北方冬麦区历年（1951~2007 年）越冬前积温变化特点，提出该区推迟冬小麦播期的理论依据、技术指标和应变技术模式。

2. 建立了基于小麦优势蘖理论的技术模型（$y = -0.000\,5x^2 - 0.081\,2x + 4.671\,5$，$R^2 = 0.994\,2$，$y =$ 优势蘖，$7.5 \leqslant x \leqslant 30$ 万/亩基本苗）和应用指标。提出控制基本苗、建立高产群体结构、提高群体质量、调整播种量。

3. 根据小麦水肥高效利用和节本增效原则，研究高产冬小麦氮素积累动态指标及其节肥省水理论依据和技术指标。提出因地因墒因苗确定春季灌水时期，一般年份（非特别干旱年份）不浇返青水，推迟春季第一次灌水时期。在现有施氮量基础上每亩降低 1~3 千克，调整氮肥底追比例为 5∶5 或 4∶6，重施拔节肥，轻补开花肥。实现了小麦水肥高效利用和节本增效。

4. 首次提出根据气温变化调整播期，根据优势蘖理论调整基本苗，根据小麦水肥高效利用和节本增效原则节约灌水和氮肥用量为核心内容的冬小麦"两调两省"高产高效应变栽培技术体系，并大面积推广应用。

19. 土壤消毒技术研究与推广

主要完成单位：中国农业科学院植物保护研究所

主要完成人员：曹坳程、王秋霞、郭美霞、汪景平、刘万松、陶俊德、冯明祥、谷　军、王开运、王佩圣、段霞瑜、袁会珠、殷嘉光、姜兆彤、范　昆

起 止 时 间：2001 年 1 月~2008 年 12 月

获 奖 情 况：2009 年中国农业科学院科技成果二等奖

内 容 提 要：

开发了高效、安全、环保的土壤熏蒸技术，一次施用可有效杀灭土壤中的真菌、细菌、线虫、地下害虫等有害生物，无残留和地下水污染问题，大幅度提高作物的产量和品质，解决高附加值作物的重茬问题。筛选出高效、无残留的高效熏蒸剂硫酰氟、二甲

基二硫、1，3-二氯丙烯和碘甲烷。开发了经济方便的小型施药机具，可在中国乡村道路上运输及在小型温室中灵活使用。发明了安全高效的胶囊施药技术。根据中国不同作物、种植方式和条件，在国内草莓、蔬菜、生姜及人参田率先推广了注射、化学灌溉、分布带施药技术及减少熏蒸剂散发技术。系统评价了熏蒸剂氯化苦和 1，3-二氯丙烯的环境行为，开展了土壤熏蒸剂的基础研究，包括熏蒸处理对土壤中氮转化的影响、草莓病害病原菌分子鉴定、荧光定量 PCR 定性定量检测土壤中尖镰刀菌及熏蒸剂对土壤微生物及酶的影响。

该技术成果在河北、山东、辽宁、北京、吉林等地的草莓、蔬菜、生姜、人参田累计示范推广 53 万亩，取得经济效益 30.59 亿元。

20. 高产稳产双低油菜新品种"中双 10 号" 选育、抗逆机理研究及应用

主要完成单位：中国农业科学院油料作物研究所
主要完成人员：邹崇顺、张学昆、李桂英、陈道炎、郑普英、程　勇、瞿　桢、袁广丰、阮祥金、张冬晓
起 止 时 间：1994 年 3 月 ~ 2008 年 12 月
获 奖 情 况：2009 年中国农业科学院科技成果二等奖
内 容 提 要：

"中双 10 号"实现了优质、高产、高含油量、稳产等多种性状的重组和互补，是唯一一个在长江中游地区比杂交油菜对照品种中油杂 2 号增产的国审油菜常规新品种。区试亩产 145.5 公斤，产油量增加 5.57%，生产试验亩产 165.1 公斤，增产 4.35%；品质达国家双低标准。稳产性十分突出，菌核病、病毒病、抗倒伏、抗冻、抗旱、耐湿等抗性均达到高抗。建立了配套高产栽培技术规程，显著提高了单产，高产和超高产示范最高亩产分别达到 256 公斤和 280 公斤。

对"中双 10 号"等主要遗传材料进行耐湿性、耐旱性和抗冻性鉴定，发现抗性油菜在胁迫下各类生理生化响应和补偿机制具有显著的优势。开发了油菜抗旱化学调控剂，可在干旱胁迫下显著提高油菜种子的生活力 80% 以上。初步探索了耐湿和抗旱等抗性性状的配合力和遗传率。

创新了推广应用模式，在全国范围内首次试点政府统一采购模式，对双低高产油菜新品种的大面积推广起到了积极的推动作用。据不完全统计，在湖北、湖南、安徽、江西等油菜主产省累计推广 1 920.8 万亩，创经济效益 4.4 亿元。

21. 绿色多功能农药助剂创制

主要完成单位：中国农业科学院农业环境与可持续发展研究所

主要完成人员：李　正、朱巨龙、杨　修、韩福宏、任海静、杨正礼、杨世琦、
　　　　　　　曹素珍

起 止 时 间：2004 年 1 月~2006 年 12 月

获 奖 情 况：2009 年中国农业科学院科技成果二等奖

内 容 提 要：

进行了新型助剂的产品结构设计，引入 N、P 元素，增加基本化学元素，使产品的耐酸碱、互溶性和广谱性明显提高；产品合成选择短链的直链醇作为乙氧基化起始剂，加入酯基化合物，并降低聚合物链长，有利于提高助剂的生物降解性，增强产品的环境相容性；研发了具有特殊分子结构的中和稀释剂，增强了产品的渗透、润湿、乳化等方面的综合性能。

产品各项技术经济指标优良，可替代传统助剂用于多种农药制剂的生产：乳化能力强（表面张力 <30mN/m）；润湿 – 渗透性好（10″~22″）；浊点高，适于水基化农药宽温度范围要求（>60℃）；生物降解性好（初降解度≥75%）。产品的各项性能均优于国内传统助剂，并与国外当前市场广泛使用的产品性能相当。除应用于农药传统乳油制剂之外，还可用于水悬浮剂、微乳剂、水剂等新型绿色农药制剂的生产过程，用量少、效能好，在北京、河北、广西、广东、内蒙古、天津等地的农药厂推广应用，反馈良好。

该产品不含芳烃等有毒有害结构，具有非离子和阴离子两类表面活性剂性质，结构设计新颖，综合性能优良，广谱适用性高，低毒，生物降解性好。未见国内有相关产品报道，产品拥有自主知识产权。

22. 新型微生态制剂"断奶安"对仔猪腹泻的防治作用及机理研究

主要完成单位：中国农业科学院兰州畜牧与兽药研究所

主要完成人员：蒲万霞、王　玲、郭福存、王雯慧、陈国顺、杨　立、董鹏程、
　　　　　　　李金善、张德祯、王辉太、孟晓琴、扎西英派

起 止 时 间：2006 年 1 月~2008 年 12 月

获 奖 情 况：2009 年中国农业科学院科技成果二等奖

内 容 提 要：

"断奶安"由卵白（蛋清）经酵母发酵获得，原料来源广，生产过程对环境无污染，产品无毒副作用，是一种绿色的免疫增强剂和微生态制剂。研究了"断奶安"对动物免疫功能的影响，发现可以维持和改善仔猪小肠黏膜结构的完整性，维护肠黏膜正常的机械屏障作用，维持和提高肠道黏膜免疫水平，增强仔猪的抗病能力。又研究了"断奶安"对仔猪肠道菌群和肠道发酵动力学的影响，发现可增加断奶仔猪回肠、盲肠、结肠有益菌数量而降低有害菌数量，优化和稳定断奶仔猪肠道微生物区系，提高肠道挥发性脂肪酸含量，有效酸化肠道环境，降低仔猪盲肠、结肠内容物中氨态氮含量，

促进和稳定肠道微生态平衡。

临床预防及生产性能试验结果表明，"断奶安"可增加仔猪料重比，显著提高仔猪的日增重、日采食量，促进断奶仔猪生长，具有较好的阶段增重优势，同时显著降低仔猪腹泻率、严重腹泻率和死亡率。项目在甘肃、宁夏、河南、安徽、北京等地建立的 25 个防治示范区中，已推广预防仔猪约 256 余万头，累计取得经济效益 1.74 亿元，具有良好的应用前景。

23. 生态农业标准体系及重要技术标准研究

主要完成单位：中国农业科学院农业资源与农业区划研究所、辽宁省农村能源办公室、四川省农村能源办公室、浙江省农村能源办公室、河北省新能源办公室

主要完成人员：邱建军、任天志、王立刚、唐春福、屈　锋、黄　武、张士功、李金才、高春雨、李哲敏、李惠斌、甘寿文、徐兆波、窦学诚、谢列先、王迎春、郭继业、尹显智、王建伟、王香雪

起 止 时 间：2005 年 1 月～2007 年 12 月

获 奖 情 况：2009 年中国农业科学院科技成果二等奖

内 容 提 要：

1. 从模式分类、标准体系框架、编制规程、关键技术标准、组织管理和评价体系等方面入手，对我国生态农业标准体系进行了深入研究，系统梳理和总结了我国生态农业的发展，科学界定了生态农业模式的分类，为构建适合中国特色的生态农业标准体系奠定了理论基础。

2. 创新性地提出以生态农业模式为核心、以配套技术标准为主体，包含基础层、共性层、个性层和细化层四层结构的我国生态农业标准体系框架及其核心内容，并建立了生态农业模式关键技术标准的制定规程，为生态农业模式技术标准的研制提供了技术支撑。

3. 系统地研究制定了北方"四位一体"、南方"猪—沼—果"、西北"五配套"、畜禽养殖场大中型沼气工程等 4 种生态农业模式的 20 项关键技术标准草案，明确了各个模式的建造、管理、环境控制、种养过程中的关键技术参数。

培训农民 5 000 名，每年推广面积约 30 万亩，累计新增纯收入 3.3 亿元以上。专家评审委员会认为达到国际先进水平。该研究具有较强的创新性、系统性、前瞻性、科学性和现实性，体现中国特色，对推进我国生态农业标准化具有现实的指导意义和较好的推广应用价值。

中国农业科学院 2009 年获得的其他形式成果

2009 年获得专利目录

序号	专 利 名 称	类别	公告日	专利号	单位
1	一种植物 ERF 转录因子及其编码基因与应用	发明专利	2009.10	ZL200710063614.4	作物科学所
2	中间偃麦草抗病相关基因 NPR1 及其编码蛋白与应用	发明专利	2009.3	ZL200510104871.9	作物科学所
3	一种植物抗病相关蛋白 SGT1 及其编码基因与应用	发明专利	2009.10	ZL200610001357.7	作物科学所
4	一种植物抗病相关蛋白 RAR1 及其编码基因与应用	发明专利	2009.10	ZL200610001354.3	作物科学所
5	小麦小 GTP 结合蛋白 Rab2 基因 TaRab2 及其应用	发明专利	2009.8	ZL200410009930.X	作物科学所
6	水稻叶绿素合成酶突变基因及其基因工程应用	发明专利	2009.8	ZL200710023554.3	作物科学所
7	分离自芥菜的诱导型启动子	发明专利	2009.10	ZL2006100649027	作物科学所
8	一种地面模拟宇宙粒子辐射育种方法	发明专利	2009.6	ZL200510012010.8	作物科学所
9	一种选育小麦新品种的方法	发明专利	2009.6	ZL200510053484.7	作物科学所
10	检测小麦中有无成穗受抑制基因的方法及其专用引物	发明专利	2009.8	ZL200610113149.6	作物科学所
11	冰草 P 基因组特异序列	发明专利	2009.8	ZL200610113147.7	作物科学所

续表

序号	专 利 名 称	类别	公告日	专利号	单位
12	一种检测小麦中有无成穗受抑制基因的方法及其专用引物	发明专利	2009.8	ZL200610113150.9	作物科学所
13	一种武夷菌素可溶性粉剂及其制造方法	发明专利	2009.8	ZL200710100022.5	植物保护所
14	武夷菌素高产菌株F64及其发酵方法	发明专利	2009.9	ZL200710065016.0	植物保护所
15	农药微乳化助剂组合物	发明专利	2009.5	ZL200410090623.9	植物保护所
16	一种具有杀蚜活性的农药混用组合物	发明专利	2009.7	ZL200610057571.4	植物保护所
17	一种武夷菌素可溶性粉剂及其制备方法	发明专利	2009.8	ZL200710100022.5	植物保护所
18	一种地衣芽孢杆菌菌株（B-0A12）及其制剂	发明专利	2009.8	ZL200310115535.5	植物保护所
19	一种鉴定茄科作物青枯病抗性的方法	发明专利	2009.5	ZL200510087140.8	蔬菜花卉所
20	防治植物真菌病害的方法	发明专利	2009.5	ZL200410101849.4	蔬菜花卉所
21	一种共显性标记方法及其在植物育种中的应用	发明专利	2009.6	ZL200510086444.2	蔬菜花卉所
22	一种药物隔离膜防治蔬菜根部病虫害的方法	发明专利	2009.7	ZL200510086748.9	蔬菜花卉所
23	带光源的透明容器	实用新型	2009.1	ZL200820005591.1	环境发展所
24	一种节水型饮水装置	实用新型	2009.3	ZL200820126378.6	环境发展所
25	微型植物苗工厂	实用新型	2009.4	ZL200820115053.8	环境发展所
26	一种针对组培容器的LED光源装置	实用新型	2009.4	ZL200820118255.8	环境发展所
27	一种植物工厂使用的新型LED光源板	实用新型	2009.4	ZL200820118256.2	环境发展所

续表

序号	专 利 名 称	类别	公告日	专利号	单位
28	一种组培使用的管状LED光源装置	实用新型	2009.4	ZL200820114584.5	环境发展所
29	一种用于植物补光的LED柔性灯带	实用新型	2009.4	ZL200820115011.4	环境发展所
30	一种适用于低温热源的温室内散热系统	实用新型	2009.9	ZL200820110218.2	环境发展所
31	一种仔猪水暖床	实用新型	2009.7	ZL200820108843.3	畜牧兽医所
32	一种仔猪保温箱	实用新型	2009.7	ZL200820108844.8	畜牧兽医所
33	连城白鸭胚成纤维细胞系	发明专利	2009.5	ZL200710161945.7	畜牧兽医所
34	岷县黑裘皮羊耳缘组织成纤维细胞系及其培养方法	发明专利	2009.7	ZL200710161947.6	畜牧兽医所
35	多功能系列离心管适配装置	实用新型	2009.5	ZL200720310013.4	畜牧兽医所
36	多用途低温离心管架	实用新型	2009.5	ZL200720310203.6	畜牧兽医所
37	二氢杨梅素作为提高肉类加工品质的饲料添加剂的应用	发明专利	2009.5	ZL200510087033.5	畜牧兽医所
38	一种畜禽胴体标签	实用新型	2009.5	ZL200820109536.7	畜牧兽医所
39	标签	外观设计	2009.2	ZL200730327930.9	畜牧兽医所
40	壁挂式自动控制蜜蜂饲喂器	实用新型	2009.5	ZL200720173596.0	蜜蜂所
41	高比活木聚糖酶的表达载体	发明专利	2009.8	ZL200510070745.6	饲料所
42	改良的高比活木聚糖酶及其基因、包括基因的表达载体和重组酵母细胞以及表达方法	发明专利	2009.5	ZL200510064564.2	饲料所

续表

序号	专　利　名　称	类别	公告日	专利号	单位
43	α-半乳糖苷酶基因、其编码蛋白及其制备方法和应用	发明专利	2009.8	ZL200610080455.4	饲料所
44	一种水产动物革兰氏阴性致病菌群体感应信号分子的鉴定方法	发明专利	2009.6	ZL200710118916.7	饲料所
45	一种犊牛培育房	实用新型	2009.4	ZL200820080231.8	饲料所
46	一种膨化桃及其制备方法	发明专利	2009.5	ZL200610165346.2	农产品加工所
47	一种花生功能性混合短肽及其制备方法	发明专利	2009.3	ZL200610112479	农产品加工所
48	一种即食包装莼菜及其加工方法	发明专利	2009.7	ZL200610088964.1	农产品加工所
49	一种融熔乳化锅	实用新型	2009.11	ZL200820233708.1	农产品加工所
50	一种耐高温乳糖酶的制备方法	发明专利	2009.6	ZL200610001785.X	生物技术所
51	转抗虫基因的三系杂交棉分子育种的方法	发明专利	2009.1	ZL200510109117.4	生物技术所
52	水稻用缓／控释肥料生产方法	发明专利	2009.6	ZL200410088479.5	资源区划所
53	纳米-亚微米级聚乙烯醇混聚物肥料胶结包膜剂生产方法	发明专利	2009.10	ZL 200410091315.8	资源区划所
54	自流式农田地下淋溶液收集装置	实用新型	2009.2	ZL200820079569.1	资源区划所
55	农田地下淋溶和地表径流原位监测一体化装置	实用新型	2009.2	ZL200820079568.7	资源区划所
56	城郊集约化农田氮磷养分流失综合阻控技术研究与集成	实用新型	2009.2	ZL200820079570.4	资源区划所
57	水旱轮作条件下的径流收集管和径流收集装置	实用新型	2009.2	ZL200820079571.9	资源区划所

续表

序号	专 利 名 称	类别	公告日	专利号	单位
58	一种有机无机复合肥料	发明专利	2009.8	ZL2009100805442	资源区划所
59	农田或坡地径流水流量自动监测装置	发明专利	2009.11	ZL2006101652915	资源区划所
60	自洗式酸度计搅拌器	发明专利	2009.11	ZL200410088975.0	资源区划所
61	泵吸式进样器	发明专利	2009.5	ZL200410088976.5	资源区划所
62	土样风干盘	发明专利	2009.1	ZL200410086249.5	资源区划所
63	一种用于外源物质在土壤中淋溶、迁移和转化的装置	发明专利	2009.4	ZL200820118079.8	资源区划所
64	一种混合型缓控释化肥	发明专利	2009.2	ZL101367683	资源区划所
65	一种腐植酸复合缓释肥料及其生产方法	发明专利	2009.2	ZL101429072	资源区划所
66	含硫高氮长效复合肥料及其生产方法与用途	发明专利	2009.9	ZL101519324	资源区划所
67	一种有机物料复合型缓释尿素及其制备方法	发明专利	2009.7	ZL101492310	资源区划所
68	草原雪灾遥感监测与灾情评估系统及方法	发明专利	2009.6	ZL200910093972.9	资源区划所
69	一种草原卫星遥感监测系统及方法	发明专利	2009.6	ZL200910093973.3	资源区划所
70	一种文本语音转换装置	实用新型	2009.11	ZL2009201522003	农业信息所
71	一种合成喹乙醇人工抗原的方法	发明专利	2009.6	ZL2006101038976	质量标准所
72	一种莱克多巴胺免疫亲合柱及其制备方法和用途	发明专利	2009.8	ZL200610103898.0	质量标准所
73	一种移动式蒸渗仪防雨棚	实用新型	2009.5	ZL2008.201489265	灌溉所

序号	专 利 名 称	类别	公告日	专利号	单位
74	有底排水式蒸渗仪	实用新型	2009.5	ZL2008.201489250	灌溉所
75	一种微灌系统自洁净过滤器	发明专利	2009.8	ZL2007101896948	灌溉所
76	利用中胚轴长度指标选育直播稻新品种的方法	发明专利	2009.5	ZL200610089668.3	水稻所
77	应用稻秸粉混合物的水稻栽培方法及其稻秸粉混合物和制备方法	发明专利	2009.9	ZL200610049254.8	水稻所
78	网格式钵形毯状秧苗育秧盘	实用新型	2009.1	ZL200820084448.6	水稻所
79	套盘式钵形毯状秧苗育秧盘	实用新型	2009.7	ZL200820086573.7	水稻所
80	一种双盘组合式钵形秧苗育秧盘	实用新型	2009.1	ZL200820084449.0	水稻所
81	水稻秧苗育秧播种器	实用新型	2009.5	ZL200820162160.6	水稻所
82	转基因抗虫棉快速检测方法	发明专利	2009.7	ZL200610064877.2	棉花所
83	棉花叶柄组织培养与高分化率材料选育方法	发明专利	2009.10	ZL200610089439.1	棉花所
84	棉花杂交种的 DNA 指纹纯度检测方法	发明专利	2009.7	CN101560556A	棉花所
85	胞内分泌脂肪酶型全细胞催化剂及其制备方法	发明专利	2009.1	ZL200610124855.0	油料作物所
86	转基因油菜 Oxy235 事件外源插入载体右边界旁侧序列及其应用	发明专利	2009.10	ZL200710051353.4	油料作物所
87	转基因油菜 Rf2 事件外源插入载体旁侧序列及其应用	发明专利	2009.10	ZL200710051355.3	油料作物所
88	转基因油菜 T45 事件外源插入载体左边界旁侧序列及其应用	发明专利	2009.8	ZL200710051358.7	油料作物所

续表

序号	专 利 名 称	类别	公告日	专利号	单位
89	转基因油菜 T45 事件外源插入载体右边界旁侧序列及其应用	发明专利	2009.8	ZL200710051359.1	油料作物所
90	转基因油菜 Topas 19/2 事件外源插入载体旁侧序列及其应用	发明专利	2009.8	ZL200710051357.2	油料作物所
91	转基因油菜 Ms1 事件外源插入载体旁侧序列及其应用	发明专利	2009.8	ZL200710051360.4	油料作物所
92	转基因油菜 RF1 事件外源插入载体旁侧序列及其应用	发明专利	2009.11	ZL200710051354.9	油料作物所
93	利用棕榈油制备生物柴油的方法	发明专利	2009.6	ZL2006100192469	油料作物所
94	油菜转基因的方法	发明专利	2009.1	ZL200610018488.6	油料作物所
95	采用纳米固体酸或碱催化制备生物柴油的方法	发明专利	2009.6	ZL200610019245.4	油料作物所
96	一种植物油脂快速制备装置	实用新型	2009.4	ZL200820067820.2	油料作物所
97	一种含油废水处理回收油的装置	实用新型	2009.10	ZL200820230502.3	油料作物所
98	环保型麻地膜的制备装置	实用新型	2009.10	ZL 200710303487.7	麻类所
99	果蔬气调贮藏试验装置	实用新型	2009.4	ZL200820012626.4	果树所
100	一种提高 γ-氨基丁酸含量的茶叶加工方法	发明专利	2009.7	ZL200310109054.3	茶叶所
101	一种茶尺蠖绒茧蜂诱集方法	发明专利	2009.10	ZL200510061456.X	茶叶所
102	一种茶鲜叶筛分机	实用新型	2009.10	ZL200820169045.1	茶叶所
103	一种提高绿茶中 GCG 含量的加工方法	发明专利	2009.11	ZL200710068868.5	茶叶所
104	一种红外测温的自动杀青机	实用新型	2009.10	ZL200920116490.6	茶叶所

续表

序号	专 利 名 称	类别	公告日	专利号	单位
105	降低茶叶铅含量的土壤改良剂及方法	发明发利	2009.10	ZL200710068073	茶叶所
106	表达鸡传染性法氏囊病毒VP5蛋白的重组新城疫LaSota弱毒疫苗株	发明发利	2008.9	ZL200610001693.1	哈尔滨兽医所
107	鸡新城疫活疫苗耐热冻干保护剂、其制备方法及应用	发明发利	2009	ZL200510115162.0	哈尔滨兽医所
108	表达禽流感病毒H5亚型HA蛋白的重组新城疫LaSota弱毒疫苗株	发明发利	2009.4	ZL200610075781.6	哈尔滨兽医所
109	一种检测禽流感病毒不同亚型cDNA的基因芯片及其制备方法	发明发利	2009.8	ZL200410102937.6	哈尔滨兽医所
110	猪繁殖与呼吸综合症病毒弱毒疫苗株及其应用	发明发利	2009.4	ZL200710001253.0	哈尔滨兽医所
111	鸡传染性法氏囊病毒VP3基因、所表达的重组蛋白及应用	发明发利	2009.6	ZL 200510135606.7	哈尔滨兽医所
112	鸡传染性法氏囊病病毒VP2cDNA、其表达载体、所表达的重组蛋白及应用	发明发利	2009.5	ZL 200510135583.x	哈尔滨兽医所
113	一种猪圆环病毒2型遗传标记毒株及其应用	发明发利	2009	ZL200610086918.8	哈尔滨兽医所
114	金丝桃素及其衍生物的化学合成方法	发明专利	2009.6	ZL200610076217.6	兰州牧药所
115	喹胺醇的制备方法	发明专利	2009.8	ZL200710123573.3	兰州牧药所
116	无色孔雀石绿完全抗原与单克隆抗体制备技术	发明专利	2009.5	ZL200510060994.7	上海兽医所
117	家蚕保健品及其制备方法	发明专利	2009.10	ZL200610024701.4	上海兽医所
118	一种草原上喷施药剂用的车载喷雾装置	实用新型	2009.2	ZL200820114682.9	草原所

续表

序号	专 利 名 称	类别	公告日	专利号	单位
119	一种繁殖和收集寄生性昆虫的装置	实用新型	2009.1	ZL200820079915.6	草原所
120	五圆盘割草机	实用新型	2009.3	ZL200820008988.6	草原所
121	五圆盘切割压扁机	实用新型	2009.3	ZL200820008989.0	草原所
122	四圆盘切割压扁机	实用新型	2009.3	ZL200820008985.2	草原所
123	六圆盘割草机	实用新型	2009.3	ZL200820008986.7	草原所
124	四圆盘割草机	实用新型	2009.3	ZL200820008983.3	草原所
125	一种新型水泵	发明专利	2009.3	ZL200710063103.2	草原所
126	牛、羊腐蹄病的基因检测特异性引物及检测试剂盒	发明专利	2009.2	ZL200510016750.9	特产所
127	天然动物香料麝鼠香活性组分、制备工艺及其用途	发明专利	2009.5	ZL200610017080.7	特产所
128	洋参维生素软胶囊	发明专利	2009.5	ZL200410011289.3	特产所
129	链霉菌单孢子悬液制备方法	发明专利	2009.2	ZL200810153147.9	环保所
130	伸缩拨指式压氧发 原料除渣机	发明专利	2009.11	ZL200710150434.x	环保所
131	CO＊-O＊-根系研究一体化装置	实用新型	2009.11	ZL2008201444387	环保所
132	简易环保猪舍	实用新型	2009.11	ZL200920095663.0	环保所
133	大中型沼气池恒温加热装置	实用新型	2009.11	ZL200920095662.6	环保所
134	户用沼气池加热装置	实用新型	2009.11	ZL200920095664.5	环保所
135	用于厌氧培养基制备的气路装置	实用新型	2009.8	ZL200820222804.6	沼气所
136	一种细胞计数板	实用新型	2009.11	ZL200920126697.1	沼气所
137	实现种水同位的中耕作物免耕施肥坐水播种机	发明专利	2009.4	ZL200410065687.3	农机化所
138	颗粒物料均匀分配供料装置	发明专利	2009.9	ZL200610038960.2	农机化所

续表

序号	专　利　名　称	类别	公告日	专利号	单位
139	水果自动称重装箱设备	发明专利	2009.7	ZL200710135192.7	农机化所
140	超级稻毯状苗盘育秧精密播种装置	实用新型	2009.5	ZL200820037842.4	农机化所
141	一种风筛式清选机	实用新型	2009.7	ZL200820184933.0	农机化所
142	四连杆联动喷雾装置	实用新型	2009.8	ZL200820161811.x	农机化所
143	风送雾化器	实用新型	2009.8	ZL200820161809.2	农机化所
144	双杆可调式多工位喷雾装置	实用新型	2009.8	ZL200820161810.5	农机化所
145	干花制作专用脱水机	实用新型	2009.8	ZL200820160624.X	农机化所
146	滚筒式水稻田间精密播种机	实用新型	2009.9	ZL200820216633.6	农机化所
147	小型推车式均匀雾喷雾机	实用新型	2009.9	ZL200820161812.4	农机化所
148	复合加热茶叶杀青机	实用新型	2009.10	ZL200820217366.4	农机化所
149	茶园管理作业机多用底盘	实用新型	2009.10	ZL200820238191.5	农机化所
150	两位双圆盘开沟器	实用新型	2009.7	ZL200820140105.7	农机化所
151	玉米收获大输送反向移动机构	实用新型	2009.10	ZL200820215978.X	农机化所
152	自卸粮仓	实用新型	2009.10	ZL200820161228.9	农机化所
153	烟田管理作业拖拉机	实用新型	2009.9	ZL200910026164.0	农机化所
154	风送雾化器	外观设计	2009.9	ZL200830228014.4	农机化所
155	橙汁脱酸装置	实用新型	2009.3	ZL200720124660.6	柑橘所
156	蚕用复合消毒剂	发明专利	2009.1	ZL200710019679.9	蚕业所

2009 年审定品种目录

序号	品种名称	作物种类	审批时间	审批号	审批部门	单位
1	中单558	玉米	2009	津审玉2008009	天津市农作物品种审定委员会	作物科学所
2	中糯319	玉米	2009	津审玉2008017	天津市农作物品种审定委员会	作物科学所
3	中黄44	大豆	2009	京审豆2009004	北京市农作物品种审定委员会	作物科学所
4	中黄45	大豆	2009	京审豆2009003	北京市农作物品种审定委员会	作物科学所
5	中优335	小麦	2009	津审麦2009002	天津市农作物品种审定委员会	作物科学所
6	中麦349	小麦	2009	晋审麦2009001	山西省农作物品种审定委员会	作物科学所
7	中焦2号	小麦	2009.8	豫审证字2009100	河南省农作物品种审定委员会	作物科学所
8	宁粳3号（W006）	水稻	2009.2	皖稻2009005	安徽省农作物品种审定委员会	作物科学所
9	宁粳4号（W008）	水稻	2009.2	国审稻200940	国家农作物品种审定委员会	作物科学所
10	中黄47	大豆	2009.7	国审豆2009014	国家农作物品种审定委员会	作物科学所
11	中黄46	大豆	2009.4	京审豆2009004	北京市农作物品种审定委员会	作物科学所
12	轮选519	小麦	2009	津审麦2008001	天津市农作物品种审定委员会	作物科学所
13	轮选716	小麦	2009	津审麦2009005	天津市农作物品种审定委员会	作物科学所
14	轮选719	小麦	2009	津审麦2009003	天津市农作物品种审定委员会	作物科学所
15	轮选988	小麦	2009	国审麦2009013	国家农作物品种审定委员会	作物科学所

续表

序号	品种名称	作物种类	审批时间	审批号	审批部门	单位
16	轮选 061	小麦	2009	冀审麦 2009010	河北省农作物品种审定委员会	作物科学所
17	中植 2 号	小麦	2009	甘审麦 2009007	甘肃省新品种审定委员会	植物保护所
18	美秀	西瓜	2009.4	京审瓜 2009001	北京市农作物品种审定委员会	蔬菜花卉所
19	中薯 12 号	马铃薯	2009.7	国审薯 2009001	国家农作物品种审定委员会	蔬菜花卉所
20	中薯 13 号	马铃薯	2009.7	国审薯 2009002	国家农作物品种审定委员会	蔬菜花卉所
21	中薯 15 号	马铃薯	2009.7	国审薯 2009003	国家农作物品种审定委员会	蔬菜花卉所
22	中沙 2 号	沙打旺	2009.4	375	全国牧草品种审定委员会	畜牧兽医所
23	中优 161	水稻	2009	国审稻 2009033	农业部国家农作物品种审定委员会	水稻所
24	内 2 优 111	水稻	2009	国审稻 2009019	农业部国家农作物品种审定委员会	水稻所
25	中 9 优 8012	水稻	2009	国审稻 2009023	农业部国家农作物品种审定委员会	水稻所
26	中优 904	水稻	2009	浙品审 2009011	浙江省农作物品种审定委员会	水稻所
27	丰优 9339	水稻	2009	浙品审 2009027	浙江省农作物品种审定委员会	水稻所
28	协优 950	水稻	2009	浙品审 2009028	浙江省农作物品种审定委员会	水稻所
29	春优 658	水稻	2009	浙审稻 2006033	浙江省农作物品种审定委员会	水稻所
30	春优 172	水稻	2009	浙审稻 2009032	浙江省农作物品种审定委员会	水稻所
31	春优 59	水稻	2009	赣审稻 2009029	江西省农作物品种审定委员会	水稻所

序号	品种名称	作物种类	审批时间	审批号	审批部门	单位
32	中3优1681	水稻	2009	国审稻20090022	农业部国家农作物品种审定委员会	水稻所
33	中嘉早17	水稻	2009	国审稻2009008	农业部国家农作物品种审定委员会	水稻所
34	中2优280	水稻	2009	赣审稻2009040	江西、湖南省农作物品种审定委员会	水稻所
35	中3优810	水稻	2009	湘审稻2009050	湖南、湖北省农作物品种审定委员会	水稻所
36	中2优1286	水稻	2009	皖稻2009002	安徽省农作物品种审定委员会	水稻所
37	昌丰优1286	水稻	2009	浙审稻2009020	浙江省农作物品种审定委员会	水稻所
38	中3优286	水稻	2009		湖南省农作物品种审定委员会	水稻所
39	株两优1733	水稻	2009	（湘）农种生许字〔2006〕019169	湖南省农作物品种审定委员会	水稻所
40	中浙优8号	水稻	2009	桂农业公告〔2009〕4	广西种子总站（引种认定）	水稻所
41	中浙优2号	水稻	2009	桂农业公告〔2009〕4	广西种子总站（引种认定）	水稻所
42	中早35	水稻	2009	赣审稻2009038	江西省农作物品种审定委员会	水稻所
43	中组7号	水稻	2009	赣审稻2009039	江西省农作物品种审定委员会	水稻所
44	中早38	水稻	2009	浙审稻2009038	浙江省农作物品种审定委员会	水稻所
45	中早39	水稻	2009	浙审稻2009039	浙江省农作物品种审定委员会	水稻所
46	中选056	水稻	2009	浙审稻2009040	浙江省农作物品种审定委员会	水稻所
47	II优54	水稻	2009	浙审稻2009019	浙江省农作物品种审定委员会	水稻所

续表

序号	品种名称	作物种类	审批时间	审批号	审批部门	单位
48	中棉所 60	棉花	2009	冀审棉 2009002	河北省农作物品种审定委员会	棉花所
49	中棉所 65	棉花	2009	皖棉 2009001	安徽省农作物品种审定委员会	棉花所
50	中棉所 71	棉花	2009	鄂审棉 2009001	湖北省农作物品种审定委员会	棉花所
51	中棉所 72	棉花	2009	豫审棉 2009016	河南省农作物品种审定委员会	棉花所
52	中棉所 73	棉花	2009	国审棉 2009016	国家农作物品种审定委员会	棉花所
53	中棉所 74	棉花	2009	国审棉 2009017	国家农作物品种审定委员会	棉花所
54	中棉所 75	棉花	2009	国审棉 2009009	国家农作物品种审定委员会	棉花所
55	中棉所 76	棉花	2009	国审棉 2009011	国家农作物品种审定委员会	棉花所
56	中麦 349	小麦	2009	晋审麦 2009001	山西省农作物品种审定委员会	棉花所
57	希望 528	油菜	2009	待发	国家农作物品种审定委员会	油料作物所
58	大地 55	油菜	2009	待发	国家农作物品种审定委员会	油料作物所
59	中油杂 14 号	油菜	2009	待发	江西省品种审定委员会	油料作物所
60	中油杂 7819	油菜	2009	待发	国家农作物品种审定委员会	油料作物所
61	中花 16 号	花生	2009.6 2009.3	国品鉴花生 2009004 鄂审油 2009001	国家农作物品种审定委员会、湖北省品种审定委员会	油料作物所
62	航芝二号	芝麻	2009.2	皖品鉴登字第 0804002	安徽省非主要农作物品种鉴定登记委员会	油料作物所

续表

序号	品种名称	作物种类	审批时间	审批号	审批部门	单位
63	中丰芝一号	芝麻	2009.2	皖品鉴登字第0804001	安徽省非主要农作物品种鉴定登记委员会	油料作物所
64	乐芝08	芝麻	2009.2	皖品鉴登字第0804006	安徽省非主要农作物品种鉴定登记委员会	油料作物所
65	中豆38	大豆	2009	待颁发	国家农作物品种审定委员会	油料作物所
66	天隆二号	大豆	2009	待颁发	国家农作物品种审定委员会	油料作物所
67	中引黄麻1号	黄麻	2009.3	XPD026-2009	湖南省农作物品种审定委员会	麻类所
68	中引黄麻2号	黄麻	2009.3	XPD026-2009	湖南省农作物品种审定委员会	麻类所
69	华金	梨	2008.8	辽备果［2008］323号	辽宁省品种审定委员会	果树所
70	早金香	梨	2009.8	辽备果［2009］325号	辽宁省品种审定委员会	果树所
71	华脆	苹果	2009.10	辽备果［2009］322号	辽宁省品种审定委员会	果树所
72	华月	苹果	2009.10	辽备果［2009］323号	辽宁省品种审定委员会	果树所
73	中油桃4号	桃	2008.12	国S-SV-PP-032-2008	国家林木良种审定委员会	郑州果树所
74	中油桃5号	桃	2008.12	国S-SV-PP-033-2008	国家林木良种审定委员会	郑州果树所
75	春蜜	桃	2009.2	豫S-SV-AP-003-2008	河南省林木良种审定委员会	郑州果树所
76	春美	桃	2009.2	豫S-SV-AP-004-2008	河南省林木良种审定委员会	郑州果树所
77	报春	观赏桃	2009.3	待颁发	河南省林木良种审定委员会	郑州果树所

序号	品种 名称	作物 种类	审批 时间	审批号	审批部门	单 位
78	元春	观赏桃	2009.3	待颁发	河南省林木良种审 定委员会	郑州 果树所
79	红菊花	观赏桃	2009.3	待颁发	河南省林木良种审 定委员会	郑州 果树所
80	华玉	苹果	2009.8	待颁发	河南省林木良种审 定委员会	郑州 果树所
81	华硕	苹果	2009.8	待颁发	河南省林木良种审 定委员会	郑州 果树所
82	锦秀红	苹果	2009.8	待颁发	河南省林木良种审 定委员会	郑州 果树所
83	夏至红	葡萄	2009.7	待颁发	河南省林木品种审 定委员会	郑州 果树所
84	抗砧3号	葡萄	2009.8	待颁发	河南省林木品种审 定委员会	郑州 果树所
85	春晓	樱桃	2009.12	待颁发	河南省林木良种审 定委员会	郑州 果树所
86	吉祥晚李	李	2009.9	待颁发	吉林省农作物品种 审定委员会	特产所
87	甜研311	甜菜	2009.4	黑审糖2009005	黑龙江省农作物品 种审定委员会	甜菜所
88	Beta356	甜菜	2009.9	黑审糖2009002	黑龙江省农作物品 种审定委员会	甜菜所
89	Beta464	甜菜	2009.9	黑审糖2009003	黑龙江省农作物品 种审定委员会	甜菜所
90	金10	桑树	2009	待颁发	浙江省非主要农作 物品种认定委员会	蚕业所

2009 年获品种权目录

序号	品种名称	作物种类	申请国	申请号	授权日	公告号	品种权人
1	强恢复系W102	水稻	中国			CNA20060245.4	作物科学所
2	协优102	水稻	中国			CNA20060244.6	作物科学所
3	协优107	水稻	中国			CNA20060243.8	作物科学所
4	986083D	水稻	中国	20050867.9	2009.5	CNA20050867.9	作物科学所
5	中黄39	大豆	中国	20090009.8	2009.5	CNA005390E	作物科学所
6	中黄37	大豆	中国	20090222.9	2009.7	CNA005537E	作物科学所
7	中黄24	大豆	中国	20090221.0	2009.7	CNA005536E	作物科学所
8	红杂35	番茄	中国	20050175.5	2009.1	CNA001954G	蔬菜花卉所
9	中椒16号	辣椒	中国	20050531.9	2009.1	CNA001956G	蔬菜花卉所
10	中椒26号	甜椒	中国	20050532.7	2009.1	CNA001957G	蔬菜花卉所
11	中恢333	水稻	中国	20060674.3	2009.9	CNA20060674.3	水稻所
12	中恢161	水稻	中国	20060673.5	2009.9	CNA20060673.5	水稻所
13	国稻1号	水稻	中国	20050721.4	2009.7	CNA20050721.4	水稻所
14	菲优600	水稻	中国	20050723.0	2009.7	CNA20050723.0	水稻所
15	国稻6号	水稻	中国	20050722.2	2009.7	CNA20050722.2	水稻所
16	中浙优1号	水稻	中国	20050319.7	2009.7	CNA002231G	水稻所
17	中棉所47	棉花	中国	20050566.1	2009.1	CNA001945G	棉花所
18	中棉所52	棉花	中国	20050668.4	2009.5	CNA20050668.4	棉花所
19	中油杂6号	油菜	中国	20040200.5	2009.5	CNA20040200.5	油料作物所
20	中油杂9号	油菜	中国	20040202.1	2009.5	CNA20040202.1	油料作物所

2009 年获软件著作权目录

序号	软件名称	批准时间	登记号	著作权人	单位
1	牧场缓解热应激自动控制系统	2009.3	2009SR09830	王加启	畜牧兽医所
2	单胃动物仿生消化系统控制软件	2009.6	2009R11S021155	赵峰	畜牧兽医所
3	基于 PC 蜂蜜产地信息录入系统	2009.11	2009SR055398	赵静	蜜蜂所
4	开放获取期刊集成揭示检索系统（待审批）	2009.12	2009R11L091098	农业信息所	农业信息所
5	基于《农业叙词表》的检索系统插件	2009.6	2009SR024538	李路	农业信息所
6	农业科学叙词表（农业辞典）	2009	2009SR042476	农业信息所	农业信息所
7	农业科学数据元数据汇交管理系统	2009	2009SR053036	农业信息所	农业信息所
8	饲料科技成果定价系统	2009	2009SR053038	农业信息所	农业信息所
9	外文期刊引文数据自动化批量拆分系统	2009	2009SR053088	农业信息所	农业信息所
10	农产品市场供求分析与预测系统	2009	2009SR053090	农业信息所	农业信息所
11	中央级科学事业单位修缮购置专项资金管理系统 1.8	2009.7	2009SR025831	农业信息所	农业信息所
12	基于网站元数据的农业网页住处智能采集系统 1.1	2009.7	2009SR025833	农业信息所	农业信息所
13	农业网页自动分类与编辑系统 1.0	2009.7	2009SR025835	农业信息所	农业信息所
14	农业科技基础数据共享发布系统 1.0	2009.7	2009SR025837	农业信息所	农业信息所
15	农业科技基础数据后台管理系统 1.0	2009.7	2009SR025838	农业信息所	农业信息所

续表

序号	软件名称	批准时间	登记号	著作权人	单位
16	农业科学数据加工系统 1.0	2009.7	2009SR025839	农业信息所	农业信息所
17	农业科学数据后台管理系统 1.0	2009.7	2009SR025842	农业信息所	农业信息所
18	农业科学数据服务系统〔简称：省级服务分中心〕1.0	2009.7	2009SR025843	农业信息所	农业信息所
19	农业部中央级科学事业单位修缮购置专项资金项目管理信息系统 1.0	2009.7	2009SR026035	农业信息所	农业信息所
20	公益性科研院所基本科研业务费项目管理信息系统 1.0	2009.7	2009SR026036	农业信息所	农业信息所
21	可视化二叉知识系统开发工具 2.0	2009.7	2009SR026037	农业信息所	农业信息所
22	农业网站信息数据库及其管理系统 1.0	2009.7	2009SK026038	农业信息所	农业信息所
23	农业科学数据共享发布系统 1.0	2009.7	2009SK025841	农业信息所	农业信息所
24	基于 web 服务的农业空间信息共享系统	2009.1	2009SRBJ0829	农业信息所	农业信息所
25	基于 GPRS 的农产品质量跟踪移动溯源服务器软件	2009	2009SR06503	农业信息所	农业信息所
26	知识本体管理系统	2009	2009SR06504	农业信息所	农业信息所
27	博士生入学考试试题库管理软件	2009	2009SR09259	农业信息所	农业信息所
28	博士生入学考试试题甄选系统	2009	2009SR09260	农业信息所	农业信息所
29	博士生入学考试智能选题软件	2009	2009SR09261	农业信息所	农业信息所
30	博士生入学考试学科及考试科目管理软件	2009	2009SR09262	农业信息所	农业信息所

序号	软　件　名　称	批准时间	登记号	著作权人	单位
31	农业科技信息移动 WAP 服务系统	2009	2009SR030703	农业信息所	农业信息所
32	农业科技信息移动服务管理系统（PC 版）	2009	2009SR030704	农业信息所	农业信息所
33	农业科技信息移动服务管理系统（Phone 版）	2009	2009SR030705	农业信息所	农业信息所
34	知识本体检索中间件	2009	2009SR052368	农业信息所	农业信息所
35	粮油产品产地质量安全信息管理系统	2009	2009R11S055007	农业信息所	农业信息所
36	粮油产品加工过程质量安全管理系统	2009	2009R11S055008	农业信息所	农业信息所
37	粮油产品质量安全追溯码生成中间件	2009	2009R11S055006	农业信息所	农业信息所
38	基于 PC 蜂蜜产地信息录入系统	2009. 11	2009SR055398	农业信息所	农业信息所
39	基于手持 PDA 蜂产品数据采集与录入系统	2009. 11	2009SR055396	农业信息所	农业信息所
40	区域粮食作物比较优势分析系统	2009. 11	2009SR055393	农业信息所	农业信息所
41	区域粮食作物优化模型系统	2009. 11	2009SR055392	农业信息所	农业信息所
42	水稻生长模拟三维可视化系统	2009. 11	2009SR055390	农业信息所	农业信息所
43	玉米群体生长模拟三维可视化系统	待审批	2009R11S054680	农业信息所	农业信息所
44	小麦群体生长模拟三维可视化系统	待审批	2009R11S054679	农业信息所	农业信息所
45	小麦生长模拟三维可视化系统	待审批	2009R11S054678	农业信息所	农业信息所
46	西藏草原监测管理系统	2009. 3	2009SR031276	徐斌	资源区划所

续表

序号	软 件 名 称	批准时间	登记号	著作权人	单位
47	作物节水种植结构优化模型软件	2009.9	2009SR038025	王立刚	资源区划所
48	从 MODIS 数据反演地表温度软件	2009	2009R11L082530 2009SR053678	资源区划所	资源区划所
49	荒漠化背景数据库支持系统	2009	2009R11L082534 2009SR053676	资源区划所	资源区划所
50	黄淮海地区农作物地面调查数据管理系统	2009	200911L089674 2009SR058255	资源区划所	资源区划所
51	农田养分管理合理性现场快速诊断系统 V1.0	2009.1	2009SR00911	资源区划所	资源区划所
52	无公害农产品认证管理系统 V1.0	2009.1	2009R11L094605	资源区划所	资源区划所
53	基于短信平台的无公害农产品认证信息查询系统 V1.0	2009.10	2009R11L094581	资源区划所	资源区划所
54	无公害农产品产地现场检查系统 V1.0	2009.1	2009R11L091380	资源区划所	资源区划所
55	农田养分管理环境评价 V1.0	2009.1	2009SR00910	资源区划所	资源区划所
56	1∶5 万标准图幅投影转换批处理系统 V1.0	2009.3	2009SR08664	资源区划所	资源区划所
57	土壤质量现场评价系统 V1.0	2009.10	2009R11L091377	资源区划所	资源区划所
58	中国 1∶5 万土壤信息管理系统	2009.10	2009SR046501	资源区划所	资源区划所
59	土壤分幅分层空间数据只能提取与整合系统	2009.10	2009SR046492	资源区划所	资源区划所
60	无公害农产品产地信息采集系统 V1.0	2009.1	2009SR00913	资源区划所	资源区划所
61	土壤深层剖面模拟生成系统 V1.0	2009.3	2009SR08665	资源区划所	资源区划所

续表

序号	软　件　名　称	批准时间	登记号	著作权人	单位
62	高精度数字土壤基础地理信息的自动融合系统 V1.0	2009.1	2009SR04246	资源区划所	资源区划所
63	主要作物生命健康需水量信息管理系统 V1.0	2009.2	2009SR07015	王景雷	灌溉所
64	大田滴灌系统计算机辅助设计软件	2009.8	2009SR032577	宰松梅	灌溉所
65	超级精确饲料配方计算系统	2009.7	2009SR026110	巴恒星	特产所
66	生态农业数据库应用软件 V1.0	2009.7	2009SR030208	刘红梅、杨殿林等	环境保护所
67	生态农业信息管理数据库应用软件	2009.5	2009SR017813	环保所	环境保护所

2009 年新药（疫苗）登记目录

序号	新药名称	类别	批准时间	证书号	主要完成人	单位
1	狐狸脑炎活疫苗（CAV-2C 株）	二类	2009	2009 新兽药证字 11 号	闫喜军吴　威程世鹏等	特产所

中国农业科学院 2009 年科技论文等
有关数据统计表

单 位	科技论文（篇）		科技专著（部）	获得专利（个）	其他形式成果			
	总计	SCI、EI 等收录			审定品种	获品种权	新农药兽药	软件著作权
作物科学所	294	100	3	12	16	7		
植物保护所	297	72	8	6	1			
蔬菜花卉所	120	8	5	4	4	3		
环境发展所	138	18	10	8				
畜牧兽医所	348	56	17	9	1			2
蜜蜂所	96	14	4	1				1
饲料所	91	33		5				
农产品加工所	81	15	5	4				
生物技术所	86	22	8	2				
农经所	81		6					
资源区划所	390	54	27	18				17
农业信息所	184	12	7	1				42
质量标准所	40	5		2				
灌溉所	82	10	7	3				2
水稻所	189	21	11	6	25	6		
棉花所	79	9	1	3	9	2		
油料作物所	125	21	6	13	10	2		
麻类所	39	3		1	2			
果树所	62		3	1	4			

续表

单　位	科技论文（篇）		科技专著（部）	获得专利（个）	其他形式成果			
	总计	SCI、EI等收录			审定品种	获品种权	新农药兽药	软件著作权
郑州果树所	56		11		13			
茶叶所	96	9	5	6				
哈尔滨兽医所	267	58	7	8				
兰州兽医所	180	18	3					
兰州牧药所	202	1	6	2				
上海兽医所	111	38	5	2				
草原所	120	1	1	8				
特产所	108	1	9	3	1		1	1
环境保护所	62	8	1	6				2
沼气所	25	2		2				
农机化所	65	2		18				
烟草所	78	1	1					
柑橘所	52	3	3	1				
甜菜所	18	1	2		3			
蚕业所	44	4	3	1	1			
遗产室	13		5					
合计	4 319	620	190	156	90	20	1	67

中国农业科学院科技平台目录

国家重点实验室

序号	实验室名称	依托单位
1	植物病虫害生物学国家重点实验室	植物保护所
2	动物营养学国家重点实验室	畜牧兽医所、中国农大
3	水稻生物学国家重点实验室	水稻所、浙江大学
4	兽医生物技术国家重点实验室	哈尔滨兽医所
5	家畜疫病病原生物学国家重点实验室	兰州兽医所

农业部重点开放实验室

序号	实验室名称	依托单位
1	作物种质资源利用重点开放实验室	作物科学所
2	作物遗传改良与育种重点开放实验室	作物科学所
3	作物生理生态与栽培重点开放实验室	作物科学所
4	生物防治重点开放实验室	植物保护所、中国农大
5	农药化学与应用重点开放实验室	植物保护所、中国农大
6	园艺作物遗传改良重点开放实验室	蔬菜花卉所
7	农业环境与气候变化重点开放实验室	环境发展所
8	旱作节水农业重点开放实验室	环境发展所
9	畜禽遗传资源与利用重点开放实验室	畜牧兽医所
10	授粉昆虫生物学重点开放实验室	蜜蜂所
11	饲料生物技术重点开放实验室	饲料所

续表

序号	实验室名称	依托单位
12	农产品加工与质量控制重点开放实验室	农产品加工所
13	作物生物技术重点开放实验室	生物技术所
14	作物营养与施肥重点开放实验室	资源区划所
15	资源遥感与数字农业重点开放实验室	资源区划所
16	智能化农业预警技术重点开放实验室	农业信息所、畜牧兽医所
17	作物需水与调控重点开放实验室	灌溉所
18	棉花遗传改良重点开放实验室	棉花所
19	油料作物生物学重点开放实验室	油料作物所
20	茎纤维生物质与工程微生物重点开放实验室	麻类所
21	果树种质资源利用重点开放实验室	果树所
22	茶及饮料植物产品加工与质量控制重点开放实验室	茶叶所
23	动物流感重点开放实验室	哈尔滨兽医所
24	兽医公共卫生重点开放实验室	哈尔滨兽医所、兰州兽医所
25	草食动物疫病重点开放实验室	兰州兽医所
26	动物寄生虫学重点开放实验室	上海兽医所
27	草原资源与生态重点开放实验室	草原所
28	产地环境与农产品安全重点开放实验室	环境保护所
29	能源微生物与利用重点开放实验室	沼气所
30	农业机械重点开放实验室	农机化所
31	烟草类作物质量控制重点开放实验室	烟草所
32	蚕桑遗传改良重点开放实验室	蚕业所

中国农业科学院重点开放实验室

序号	实验室名称	依托单位
1	作物种质资源与生物技术重点开放实验室	作物科学所
2	作物遗传改良与生物技术重点开放实验室	作物科学所
3	粮棉油料作物生理与栽培重点开放实验室	作物科学所
4	植物病虫害生物学重点开放实验室	植物保护所
5	农药化学与应用技术重点开放实验室	植物保护所
6	生物入侵与生物防治重点开放实验室	植物保护所
7	杂草鼠害生物学与治理重点开放实验室	植物保护所
8	园艺作物遗传与生理重点开放实验室	蔬菜花卉所
9	农业环境与气候变化重点开放实验室	环境发展所
10	旱作节水农业重点开放实验室	环境发展所
11	动物营养学重点开放实验室	畜牧兽医所
12	家养动物遗传资源与种质创新重点开放实验室	畜牧兽医所
13	牧草遗传改良与利用重点开放实验室	畜牧兽医所
14	授粉昆虫生物学重点开放实验室	蜜蜂所
15	饲料生物技术重点开放实验室	饲料所
16	农产品加工与质量控制重点开放实验室	农产品加工所
17	农作物分子生物学与生物技术重点开放实验室	生物技术所
18	国家农业政策分析与决策支持系统重点开放实验室	农业经济所
19	植物营养与养分循环重点开放实验室	资源区划所
20	资源遥感与数字农业重点开放实验室	资源区划所
21	土壤质量重点开放实验室	资源区划所
22	智能化农业预警技术与系统重点开放实验室	农业信息所

序号	实验室名称	依托单位
23	农产品质量与食物安全重点开放实验室	质量标准所
24	农业水资源高效安全利用重点开放实验室	灌溉所
25	水稻生物学重点开放实验室	水稻所
26	棉花遗传改良重点开放实验室	棉花所
27	油料作物生物学重点开放实验室	油料作物所
28	茎纤维生物质与工程微生物重点开放实验室	麻类所
29	麻类遗传育种与生物加工重点开放实验室	麻类所
30	果树种质资源与育种技术重点开放实验室	果树所
31	果树生长发育与品质控制重点开放实验室	郑州果树所
32	茶及饮料植物产品加工与质量控制重点开放实验室	茶叶所
33	兽医生物技术重点开放实验室	哈尔滨兽医所
34	动物流感重点开放实验室	哈尔滨兽医所
35	人兽共患病重点开放实验室	哈尔滨兽医所、兰州兽医所
36	家畜疫病病原生物学重点开放实验室	兰州兽医所
37	草食动物疫病重点开放实验室	兰州兽医所
38	新兽药工程重点开放实验室	兰州牧药所
39	动物寄生虫学重点开放实验室	上海兽医所
40	兽药安全评价与兽药残留研究重点开放实验室	上海兽医所
41	草地资源生态重点开放实验室	草原所
42	特种经济动物种质资源遗传改良重点开放实验室	特产所
43	农业环境与农产品安全重点开放实验室	环境保护所
44	能源微生物重点开放实验室	沼气所
45	农业机械重点开放实验室	农机化所

序号	实验室名称	依托单位
46	烟草遗传改良与生物技术重点开放实验室	烟草所
47	柑橘学重点开放实验室	柑橘所
48	北方糖料作物资源与利用重点开放实验室	甜菜所
49	蚕桑遗传改良与生物技术重点开放实验室	蚕业所
50	草地农业系统学重点开放实验室	草原生态所
51	家禽遗传资源评价与繁育重点开放实验室	家禽所
52	甘薯遗传改良重点开放实验室	甘薯所

国家重大科学工程

序号	平台名称	依托单位
1	农作物基因资源与基因改良国家重大科学工程	作物科学所
2	国家农业生物安全科学中心	植物保护所

国家工程技术研究中心

序号	中心名称	依托单位
1	国家昌平综合农业工程技术研究中心	中国农业科学院
2	国家饲料工程技术研究中心	中国农大、饲料所
3	国家油菜工程技术研究中心	华中农大、油料作物所
4	国家茶产业工程技术研究中心	茶叶所
5	国家柑橘工程技术研究中心	柑橘所

国家工程实验室和工程研究中心

序号	平台名称	依托单位
1	作物分子育种国家工程实验室	作物科学所
2	作物细胞育种国家工程实验室	蔬菜花卉所
3	棉花转基因育种国家工程实验室	棉花所
4	动物用生物制品国家工程研究中心	哈尔滨兽医所
5	生物饲料开发国家工程研究中心	饲料所

国家农作物和畜禽改良中心（分中心）

序号	中心名称	依托单位
1	国家小麦改良中心	作物科学所
2	国家大豆改良北京分中心	作物科学所
3	国家蔬菜改良中心	蔬菜花卉所
4	国家畜禽分子育种中心	畜牧兽医所
5	国家牛奶质量改良中心	畜牧兽医所
6	国家水稻改良中心	水稻所
7	国家棉花改良中心	棉花所
8	国家油料作物改良中心	油料作物所
9	国家麻类作物育种中心	麻类所
10	国家苹果育种中心	果树所
11	国家桃、葡萄改良中心	郑州果树所
12	国家茶叶改良中心	茶叶所
13	国家烟草改良中心	烟草所
14	国家柑橘品种改良中心	柑橘所

序号	中心名称	依托单位
15	国家糖料改良中心	甜菜所
16	国家蚕桑育种中心	蚕业所

国家野外台站

序号	台站名称	依托单位
1	国家农作物种质资源野外观测研究圃网	作物科学所
2	国家农业土壤肥力效益野外监测研究站网	资源区划所
3	南方红黄壤地区农田生态环境野外监测研究站	资源区划所
4	内蒙古呼伦贝尔草原生态系统国家野外科学观测研究站	资源区划所
5	河南商丘农田生态系统国家野外科学观测研究站	灌溉所

农业部重点野外科学观测试验站

序号	试验站名称	依托单位
1	迁西燕山生态环境重点野外科学观测试验站	资源区划所
2	洛阳旱地农业重点野外科学观测试验站	资源区划所
3	呼伦贝尔草甸草原生态环境重点野外科学观测试验站	资源区划所
4	祁阳红壤生态环境重点野外科学观测试验站	资源区划所
5	昌平潮褐土生态环境重点野外科学观测试验站	资源区划所
6	德州农业资源与生态环境重点野外科学观测试验站	资源区划所
7	长白山野生生物资源重点野外科学观测试验站	特产所
8	杭州茶树资源重点野外科学观测试验站	茶叶所

序号	试验站名称	依托单位
9	寿阳旱地农业重点野外科学观测试验站	环境发展所
10	鄂尔多斯沙地草原生态环境重点野外科学观测试验站	草原所
11	沙尔沁牧草资源重点野外科学观测试验站	草原所
12	玉树高寒草原资源与生态环境重点野外科学观测试验站	草原所
13	沅江麻类资源重点野外科学观测试验站	麻类所
14	廊坊有害生物防治重点野外科学观测试验站	植物保护所
15	锡林浩特草原有害生物防治重点野外科学观测试验站	植物保护所
16	兴城北方落叶果树资源重点野外科学观测试验站	果树所
17	武昌花生资源重点野外科学观测试验站	油料作物所
18	商丘农业资源与生态环境重点野外科学观测试验站	灌溉所
19	兰州黄土高原生态环境重点野外科学观测试验站	兰州牧药所
20	昌平畜禽资源重点野外科学观测试验站	畜牧兽医所
21	新乡矮败小麦重点野外科学观测试验站	作物科学所
22	大理农业生态环境重点野外科学观测试验站	环境保护所
23	镇江桑树资源重点野外科学观测试验站	蚕业所
24	徐州甘薯资源重点野外科学观测试验站	甘薯所

首批中国农业科学院野外观测试验站

序号	试验站名称	依托单位
1	祁阳红壤生态环境野外科学观测试验站	资源区划所
2	呼伦贝尔草甸草原生态环境野外科学观测试验站	资源区划所

续表

序号	试验站名称	依托单位
3	洛阳旱地农业野外科学观测试验站	资源区划所
4	迁西燕山生态环境野外科学观测试验站	资源区划所
5	昌平潮褐土生态环境野外科学观测试验站	资源区划所
6	德州农业资源与生态环境野外科学观测试验站	资源区划所
7	长白山野生生物资源野外科学观测试验站	特产所
8	杭州茶树资源野外科学观测试验站	茶叶所
9	寿阳旱地农业野外科学观测试验站	环境发展所
10	鄂尔多斯沙地草原生态环境野外科学观测试验站	草原所
11	沙尔沁牧草资源野外科学观测试验站	草原所
12	玉树高寒草原资源与生态环境野外科学观测试验站	草原所
13	沅江麻类资源野外科学观测试验站	麻类所
14	廊坊有害生物防治野外科学观测试验站	植物保护所
15	锡林浩特草原有害生物防治野外科学观测试验站	植物保护所
16	兴城北方落叶果树资源野外科学观测试验站	果树所
17	武昌花生资源野外科学观测试验站	油料作物所
18	商丘农业资源与生态环境野外科学观测试验站	灌溉所
19	兰州黄土高原生态环境野外科学观测试验站	兰州牧药所
20	昌平畜禽资源野外科学观测试验站	畜牧兽医所
21	新乡矮败小麦野外科学观测试验站	作物科学所
22	大理农业生态环境野外科学观测试验站	环境保护所
23	镇江桑树资源野外科学观测试验站	蚕业所
24	徐州甘薯资源野外科学观测试验站	甘薯所

续表

序号	试验站名称	依托单位
25	新乡有害生物防治野外科学观测试验站	植物保护所
26	天水有害生物防治野外科学观测试验站	植物保护所
27	桂林有害生物防治野外科学观测试验站	植物保护所
28	廊坊数字水肥野外科学观测试验站	资源区划所
29	密云生态农业野外科学观测试验站	资源区划所
30	鄂托克旗牧草资源与育种野外科学观测试验站	畜牧兽医所
31	杭州水稻种质资源野外科学观测试验站	水稻所
32	长江中下游棉花野外科学观测试验站	棉花所
33	平安油菜育种野外科学观测试验站	油料作物所
34	进贤红壤地区油料作物野外科学观测试验站	油料作物所
35	汉川转基因油料作物环境安全野外科学观测试验站	油料作物所
36	武清转基因生物农田生态系统影响野外科学观测试验站	环境保护所
37	藁城农业生态环境野外科学观测试验站	环境保护所
38	彭州农产品产地环境野外科学观测试验站	环境保护所
39	南京农业机械野外科学观测试验站	农机化所
40	郑州果树瓜类野外科学观测试验站	郑州果树所
41	阿克苏果树瓜类野外科学观测试验站	郑州果树所
42	青岛烟草资源与环境野外科学观测试验站	烟草所
43	张掖牧草及生态农业野外科学观测试验站	兰州牧药所
44	苏尼特温带荒漠草原资源与生态环境野外科学观测试验站	草原所
45	太仆寺旗草地资源生态监测与评价野外科学观测试验站	草原所
46	葫芦岛落叶果树生理生态及有害生物野外科学观测试验站	果树所

续表

序号	试验站名称	依托单位
47	新乡农业水土环境野外科学观测试验站	灌溉所
48	廊坊蔬菜资源野外科学观测试验站	蔬菜花卉所
49	信息农业野外科学观测试验站	农业信息所
50	数字化文献信息服务系统野外科学观测试验站	农业信息所
51	岳阳农业环境野外科学观测试验站	环境发展所
52	那曲高寒草原生态与气候变化野外科学观测试验站	环境发展所
53	密云农业环境野外科学观测试验站	环境发展所
54	共和农业环境野外科学观测试验站	环境发展所
55	兰州农业环境野外科学观测试验站	环发所、牧药所
56	永宁农业环境野外科学观测试验站	环境发展所
57	大荔农业环境野外科学观测试验站	环境发展所
58	崇明农业环境野外科学观测试验站	环境发展所
59	东营农业环境野外科学观测试验站	环境发展所

国家农作物种质库

序号	种质库名称	依托单位
1	国家作物种质长期库	作物科学所
2	国家农作物种质资源保存中心	作物科学所
3	国家蔬菜中期库	蔬菜花卉所
4	国家水稻中期库	水稻所
5	国家棉花中期库	棉花所
6	国家油料作物中期库	油料作物所
7	国家麻类作物中期库	麻类所

续表

序号	种质库名称	依托单位
8	国家西甜瓜中期库	郑州果树所
9	国家牧草中期库	草原所
10	国家烟草中期库	烟草所
11	国家甜菜中期库	甜菜所

国家农作物种质圃

序号	种质圃名称	依托单位
1	国家种质北京多年生小麦野生近缘植物圃	作物科学所
2	国家种质海南野生棉圃	棉花所
3	国家种质武昌野花生圃	油料作物所
4	国家种质沅江苎麻圃	麻类所
5	国家种质兴城梨、苹果圃	果树所
6	国家种质郑州桃、葡萄圃	郑州果树所
7	国家种质杭州茶树圃	茶叶所
8	国家种质多年生牧草圃	草原所
9	国家种质左家山葡萄圃	特产所
10	国家种质重庆柑橘圃	柑橘所
11	国家种质镇江桑树圃	蚕业所
12	国家种质徐州甘薯试管苗库	甘薯所

国家质检中心

序号	质检中心名称	依托单位
1	国家饲料质量监督检验中心（北京）	质量标准所
2	国家化肥质量监督检验中心（北京）	资源区划所
3	国家植保机械质量监督检验中心	农机化所

部级质检中心

序号	质检中心名称	依托单位
1	农业部谷物品质监督检验测试中心	作物科学所
2	农业部作物品种资源监督检验测试中心（北京）	作物科学所
3	农业部植物病虫害抗性监督检验测试中心（北京）	植物保护所
4	农业部转基因植物环境安全监督检验测试中心（北京）	植物保护所
5	农业部蔬菜品质监督检验测试中心（北京）	蔬菜花卉所
6	农业部畜牧环境设施设备质量监督检验测试中心（北京）	环境发展所
7	农业部奶及奶制品质量监督检验测试中心（北京）	畜牧兽医所
8	农业部转基因动物及饲料安全监督检验测试中心（北京）	畜牧兽医所
9	农业部蜂产品质量监督检验测试中心（北京）	蜜蜂所
10	农业部辐照产品质量监督检验测试中心	农产品加工所
11	农业部微生物肥料和食用菌菌种质量监督检验测试中心	资源区划所
12	水利部节水灌溉设备质量检测中心	灌溉所
13	农业部转基因植物环境安全监督检验测试中心（杭州）	水稻所
14	农业部稻米及制品质量监督检验测试中心	水稻所
15	农业部转基因植物环境安全监督检验测试中心（安阳）	棉花所
16	农业部棉花品质监督检验测试中心	棉花所
17	农业部油料及制品质量监督检验测试中心	油料作物所
18	农业部转基因植物环境安全监督检验测试中心（武汉）	油料作物所

序号	质检中心名称	依托单位
19	农业部麻类产品质量监督检验测试中心	麻类所
20	农业部果品及苗木质量监督检验测试中心（兴城）	果树所
21	农业部果品及苗木质量监督检验测试中心（郑州）	郑州果树所
22	农业部茶叶质量监督检验测试中心	茶叶所
23	农业部实验动物质量监督检验测试中心（哈尔滨）	哈尔滨兽医所
24	农业部动物毛皮及制品质量监督检验测试中心（兰州）	兰州牧药所
25	农业部特种经济动植物及产品质量监督检验测试中心	特产所
26	农业部环境质量监督检验测试中心	环境保护所
27	农业部转基因生物生态环境安全监督检验测试中心（天津）	环境保护所
28	农业部沼气产品及设备质量检验测试中心	沼气所
29	机械工业旋耕机械产品质量监督检测中心	农机化所
30	机械工业茶叶加工机械质量监督检测中心	农机化所
31	农业部烟草质量监督检验测试中心	烟草所
32	农业部转基因烟草环境安全监督检验测试中心（青岛）	烟草所
33	农业部转基因植物用微生物环境安全监督检验测试中心（北京）	生物技术所
34	农业部柑橘及苗木质量监督检验测试中心	柑橘所
35	农业部甜菜品质监督检验测试中心	甜菜所
36	农业部蚕桑产业产品质量监督检验测试中心（镇江）	蚕业所

现代农业产业技术体系建设情况

序号	产业	名称	依托单位
1	大麦	国家大麦产业技术研发中心	作物科学所
2	谷子	国家谷子产业技术研发中心	作物科学所
3	食用豆	国家食用豆产业技术研发中心	作物科学所
4	大宗蔬菜	国家大宗蔬菜产业技术研发中心	蔬菜花卉所
5	马铃薯	国家马铃薯产业技术研发中心	蔬菜花卉所
6	食用菌	国家食用菌产业技术研发中心	资源区划所
7	麻类	国家麻类产业技术研发中心	麻类所
8	甜菜	国家甜菜产业技术研发中心	甜菜所
9	茶叶	国家茶叶产业技术研发中心	茶叶所
10	肉鸡	国家肉鸡产业技术研发中心	畜牧兽医所
11	水禽	国家水禽产业技术研发中心	畜牧兽医所
12	蜂	国家蜂产业技术研发中心	蜜蜂所
13	燕麦	遗传育种研究室	作物科学所
14	大麦	栽培与综合研究室	作物科学所
15	食用豆	综合研究室	作物科学所
16	马铃薯	育种研究室	蔬菜花卉所
17	大宗蔬菜	遗传与育种研究室	蔬菜花卉所
18	大宗蔬菜	病虫害综合防治研究室	蔬菜花卉所
19	花生	机械研究室	农机化所
20	马铃薯	产业经济研究室	资源区划所
21	食用菌	遗传与育种研究室	资源区划所
22	花生	病虫害研究室	油科作物所
23	油用胡麻	综合研究室	油科作物所

续表

序号	产业	名称	依托单位
24	麻类	育种研究室	麻类所
25	麻类	设施设备研究室	麻类所
26	麻类	产后处理与加工研究室	麻类所
27	甜菜	育种研究室	甜菜所
28	茶叶	病虫害防治研究室	茶叶所
29	茶叶	产业经济研究室	茶叶所
30	蚕桑	病虫害防控研究室	蚕业所
31	蚕桑	养蚕与桑树栽培研究室	蚕业所
32	葡萄	资源与育种研究室	郑州果树所
33	梨	遗传育种研究室	郑州果树所
34	桃	栽培与综合研究室	郑州果树所
35	西甜瓜	栽培研究室	郑州果树所
36	葡萄	综合研究室	果树所
37	西甜瓜	病虫害防控研究室	植物保护所
38	葡萄	病虫害防控研究室	植物保护所
39	牧草	栽培与草地管理研究室	草原所
40	肉牛	遗传育种繁育研究室	畜牧兽医所
41	肉鸡	遗传育种与资源研究室	畜牧兽医所
42	肉鸡	生产与环境控制研究室	畜牧兽医所
43	蛋鸡	营养与饲料研究室	畜牧兽医所
44	水禽	遗传改良与繁育研究室	畜牧兽医所
45	牧草	产业经济研究室	农经所
46	蛋鸡	产业经济研究室	农经所
47	肉羊	疫病防控研究室	兰州兽医所
48	绒毛用羊	疫病防治研究室	兰州兽医所

续表

序号	产业	名称	依托单位
49	肉羊	营养饲料研究室	饲料所
50	肉鸡	疾病控制研究室	哈尔滨兽医所
51	蜂	育种与授粉研究室	蜜蜂所
52	蜂	病害研究室	蜜蜂所
53	蜂	产品质量安全研究室	蜜蜂所
54	牧草	呼伦贝尔综合试验站	资源区划所
55	葡萄	豫西综合试验站	郑州果树所
56	葡萄	左家综合试验站	特产所
57	牧草	鄂尔多斯综合试验站	草原所
58	麻类	沅江苎麻试验站	麻类所

国家农产品加工技术研发中心（专业分中心）

序号	中心（专业分中心）名称	依托单位
1	国家农产品加工技术研发中心	农产品加工所
2	油菜籽加工专业分中心	油料作物所
3	柑橘加工专业分中心	柑橘所
4	茶叶加工专业分中心	茶叶所
5	蜜蜂产品加工专业分中心	蜜蜂所
6	饲料加工专业分中心	饲料所
7	杂粮加工专业分中心	作物科学所

强化管理　促进创新　引领未来

——在中国农业科学院第六届学术委员会第四次会议上的讲话

主任委员　翟虎渠

（2009 年 3 月 31 日）

各位委员，同志们：

中国农业科学院第六届学术委员会第四次会议，是在全国上下认真学习实践科学发展观的形势下召开的。党的十七届三中全会对发展现代农业作出了全面部署，指出发展现代农业的核心任务是不断提高农业综合生产能力，推进农业科技进步和创新，增强国际竞争力和可持续发展能力。加快农业科技创新是农业发展的根本出路，要加大农业科技投入，力争在关键领域和核心技术上实现重大突破，加强农业技术推广普及，加快农业科技成果转化。中央农村工作会议提出了"着力强化科技支撑，增强农业科技创新能力，健全现代农业产业技术体系，促进农业科技成果转化，加大投入力度，优化产业结构，推进改革创新，千方百计保证国家粮食安全和主要农产品有效供给，促进农民收入持续增长，为经济社会又好又快发展继续提供有力保障"。2009 年中央一号文件要求加快农业科技创新步伐，加大农业科技投入力度，重点支持关键领域和核心技术的研究。温家宝总理在 2009 年政府工作报告中提出要大力推进自主创新，加强科技支撑，增强发展后劲，加大农业科技投入，加强农业科技创新成果推广和服务能力建设。新的形势新的任务要求我们必须加强学习，转变观念，努力完成历史赋予我们的新的使命。

我们这次会议的主要任务是：深入学习实践科学发展观，贯彻落实党的十七届三中全会和中央一号文件精神，进一步强化科技管理工作，着力提高科研产出效率，加快培育重大科技成果，研究谋划全院"十二五"科技发展工作，评审 2009 年度中国农业科学院科技成果奖。

下面，我简要讲三个方面的问题。

一、2008 年主要工作回顾

在过去的一年里，全体委员积极努力工作，认真履行职责，紧紧围绕国家重大需求和我院的中心工作，开展了形式多样的学术活动，取得了良好的成效，有力地推动了全院科技工作又好又快发展。

（一）成功地组织召开了第六届学术委员会第三次会议

我们于 2008 年 3 月 5 日在北京召开了中国农业科学院第六届学术委员会第三次会议。参加会议的各位委员，认真学习讨论了中共中央政治局常委习近平同志在致我院水稻研究所的贺信中提出的"着力造就一批农业科技领军人才，着力攻克一批农业关键技术和核心技术，着力推动农业科研成果的转化和推广"的重要指示精神，用战略发展的眼光，结合我院的实际情况，认真研究讨论了我院创新团队建设、自主创新、科技兴农等方面的工作，提出了一系列对我院科技事业发展具有建设性的意见和建议。这些意见和建议已被我们列为重要工作内容并加以考虑和实施，取得了明显的成效。希望在这次会议的讨论过程中，各位委员继续发挥聪明才智，提出更多更好的意见和建议，促进和改进我们的工作。

各位委员还以高度负责的态度，评审了 2008 年度中国农业科学院科技成果奖。共评审出成果奖 26 项，其中一等奖 11 项，二等奖 15 项。通过成果奖的评审，肯定了广大科技人员的劳动成果，激发了他们的工作热情，也为进一步形成国家重大科技成果奠定了基础。

（二）开展了形式多样的学术活动

在过去的一年里，全院开展了形式多样的学术活动，活跃了我院的学术氛围，提高了全院的学术水平。组织召开了有 12 个国家 200 多名专家参加的国际棉花基因组研究大会，交流讨论了各国在棉花结构基因组与功能基因组相关的研究进展，研讨进一步做好棉花科学研究工作的思路，对推动国际棉花科学研究工作，促进棉花种质资源的交换与共享，提高我国棉花科技水平和棉花产业的可持续发展发挥了积极的作用；组织召开了国际葫芦科基因组工作会议，提高了我院蔬菜学科在国际上的影响和地位；主办了东南亚 12 个国家参加的"稻米品质国际研讨培训班"，就稻米品质改良育种、生物技术研究、稻米品质分析、分析技术方法等方面开展了学习培训，并就稻米品质遗传改良发展趋势进行了广泛讨论；与联合国粮农组织联合主办了农业水质管理国际研讨会，来自 7 个国家的代表以及世界粮农组织、国际水资源管理研究所的官员和专家共 70 余人参加了会议，就共同关心的农业水质问题进行了广泛的探讨；参与主办了有 80 多个国家和地区的专家学者参加的第十三届国际生物技术大会，与会专家就农业功能基因组、转基因生物安全和生物反应器等 7 个专题进行了讨论交流，对推动我国相关科学技术领域的发展具有重要意义；协助承办了"中欧科技合作—欧盟第七框架项目农业领域开标宣讲会"，详细研讨了中国对欧盟最新科技政策及中国与欧盟科技合作的重点领域。我院有关专家还应邀参加了第二届中国生物产业大会、欧洲固氮大会等多个国际学术交流活动，扩大了我院的国际影响。同时，还先后邀请一大批国际知名学者来我院就粮食安全、农业政策、农业经济发展等普遍关注的问题进行学术交流，取得了良好的效果。

各研究所的学术委员会在学科建设、战略研究、发展规划、立项论证、成果培育、人才培养与团队建设、重大科学问题凝炼等方面，发挥了重要作用，为我院的建设与发展做出了不可或缺的贡献。

（三）促进了全院科技事业的发展

活跃的学术氛围，卓有成效的学术活动，有力地推动了中国农业科学院科技事业的发展。2008 年，按照"突出抓好重大项目立项、重大成果培育、重大平台建设、重点学科发展、重大兴农行动"等工作重点和目标，以科学发展观为指导，紧紧围绕我院"十一五"科技发展规划和"三个中心、一个基地"的战略目标，不断加大工作力度，全院科技工作取得了新的进展。

1. 科研项目管理成效显著，产出效率不断提高

经过全院广大科技人员的共同努力，2008 年，我院科研立项工作取得了新成绩，共主持立项 1 043 项，参加项目 282 项，留院项目经费 4.8 亿元。国家主体科技计划立项取得新突破，自然科学基金项目经费首次突破 3 000 万元；成功推动"重要外来物种入侵的生态影响机制与监控基础"项目得到国家"973"计划的二期支持；申报的"863"计划"鸡分子细胞工程育种"和"水田超低空低量施药技术"2 个重点项目课题获准立项；国家重大科技专项"水体污染控制与治理"获得主持项目 1 个、课题 7 个，得到 1. 13 亿元经费支持。科研项目和经费的落实，为我院科技事业的发展提供了保障。同时，科研项目管理工作得到进一步加强，项目产出效率不断提高，为培育重大科技成果奠定了坚实的基础。

2. 科技成果培育不断加强，报奖工作取得新突破

2008 年，我院加大了科技成果培育和成果奖申报策划、组织和跟踪落实的工作力度，按照"全程跟踪、立项抓起、省部整合、重点凝炼、推动升级"的工作思路，通过严格把关指导、认真总结凝炼、不断修改完善等措施，全面提高了各级成果奖申报质量和水平，取得了重要突破。全院共获科技成果奖 137 项，其中各级政府成果奖励 66 项，以第一完成单位获国家科技进步奖 4 项，"中国小麦品质评价体系建立与改良技术研究"获得国家科技进步一等奖，实现了"十一五"以来我院国家一等奖"零"的突破。

3. 科技平台建设不断完善，创新能力进一步提高

按照"三级三类"建设布局，我院加大了科技平台建设与管理工作力度，取得了新进展。2008 年，新增科技平台 31 个，其中农业部重点实验室 12 个，国家工程实验室 3 个，国家工程中心 2 个，国家工程技术中心 2 个，农业部质检中心 6 个，国家农产品加工技术专业分中心 2 个，农业部野外台站 4 个。同时，科技平台的管理工作进一步加强，运行效率不断提升，为全院科技自主创新创造了良好条件。

4. 科技兴农工作取得新成效，科技支撑能力不断增强

通过积极组织重大科技兴农行动，积极参加科技下乡活动，不断加强院地合作，促进了我院科技成果的转化，有效地推动了农业和农村经济的发展。同时，通过积极展览展示宣传活动，提高了我院的影响力。

在我国部分地区发生严重的低温冰雪灾害和四川省大地震后，院里及时组织有关专家制定抗灾救灾措施和恢复生产技术方案，提出技术措施及生产建议，同时组织多个波次的专家组分头深入灾区，现场开展抗灾科技服务工作，为灾后恢复农业生产提供了有效的科技支撑，得到了农业部、灾区各级人民政府和广大灾区人民的高度评价。

二、2009 年主要工作任务

各位委员，"十一五"国家各类科技计划的组织实施进入了后两年，项目的跟踪和产出管理进入了关键时期。未来两年内，加大科研项目管理工作力度，提高科研项目的产出效率；强化科技自主创新，培育重大科技成果；开展战略研究，提早谋划"十二五"的工作，将是中国农业科学院科技工作的重点，也是学术委员会工作的重点。

（一）强化科研项目管理，着力提高产出效率

要围绕我院优势学科建设和科学技术发展，策划设计重大科研项目，做好项目储备和项目建议；继续组织全国科研大协作，组织国际合作项目的大联合，形成农、科、教合力，强化科研项目的联合占位申报，充分发挥我院的"国家队"作用；提升项目管理水平，探索引导项目高效产出的新途径，提高科研项目尤其是重点项目的产出效率，培育更多、档次更高的国家级奖励项目。

1. 继续加强科研立项工作

要继续积极与各级主管部门沟通联系，及时了解和掌握各类科技计划发展动态，研究建立有利于我院学科发展的项目储备库，积极参加各级主管部门组织的战略研究、发展规划和科技计划的起草与制定。认真研究凝炼选题，做好项目建议工作，争取有更多的项目被纳入计划。突出抓好国家主体科技计划的立项工作，提高我院的学术地位和研究水平，加大项目审查把关的力度，提高立项成功率。按照学科发展的理论、方法、技术和支撑体系，统筹布局科技基础性工作、基础研究、应用基础研究、高技术发展、关键技术攻关、中试熟化与示范、成果转化与产业化等项目，重点组织做好跨所、跨院、跨部门重大项目的申报，协调各方力量，科学配置资源。协调研究所发挥相应学科专业的主体作用，集聚人才和科技平台等优势资源，提升项目申报的竞争实力。要突出重点，密切跟踪"转基因作物育种"和"水体污染防治"两个重大科技专项的立项实施动态。希望我们在新的一年里再接再厉，继续扩大立项份额，争取有新的突破。

2. 进一步强化科研项目管理工作

加强科研项目的管理工作，强化跟踪和成果产出管理措施，提高项目的产出效率，将是2009年中国农业科学院科研工作的重点。首先我们要启动全院54个重点跟踪项目的管理工作，各研究所也要确定所级重点管理项目。今天的会议结束后，我们接着要开重点跟踪项目汇报会，请专家把关，为项目的进一步深入研究出谋划策，并对全院项目进行信息化动态跟踪管理，带动提升管理水平和效率。进一步强化以农业生产高效应用、高影响因子的论文、高水平授权专利等为主要指标，探索引导项目高效产出的新途径，提高科研项目尤其是重点项目的产出效率，为培育重大科技成果奠定基础。同时，要加强项目经费的审核把关，提高科研经费的使用效率。建立完善项目年度总结汇报和执行情况报告制度，总结交流经验，强化跟踪管理。探索建立项目绩效考评制度，充分调动科技人员的积极性。进一步建立和完善项目结题验收、档案管理、宣传报道等工作，推动项目管理工作向规范化、程序化、制度化、科学化方向发展。

（二）加快建设步伐，强化科技自主创新

当前，我国正处于发展现代农业、建设创新型国家的关键时期，我院也处于加快实现"三个中心、一个基地"战略目标的关键时期。作为国家级农业科研机构，在发展现代农业的进程中，我院肩负着发展农业科学技术、培养高级科研人才、组织全国科研协作、开展国际合作与交流、服务政府决策等历史使命；在解决农业与农村经济发展中的基础性、方向性、全局性、前瞻性重大问题和关键技术，引领我国农业科学技术发展等方面，我院行使着"国家队"的职责。我们必须紧紧抓住有利的发展时机，加强学科建设、人才队伍与创新团队建设、科技平台建设，不断强化自主创新能力，为保障国家粮食安全、服务"三农"、促进农业可持续发展提供强有力的科技支撑。

1. 继续加强学科建设

通过多年的建设与发展，目前我院已经初步形成了传统学科、新兴学科、交叉学科、综合学科兼顾，科技基础性工作、基础与应用基础研究、高技术发展、关键技术攻关、技术集成示范与转化纵深布局，学科、人才、团队、平台、项目"五位一体"，面向现代农业、纵横交叉、结构合理、门类齐全、重点突出的现代农业学科发展体系。下一步我们一是要进一步优化学科结构。根据国家重大需求和我院已有的学科优势，按照"有利于高层突破，有利于整体发展"的标准，进一步整合资源，调整布局，优化结构；二是要多渠道筹措资金，为学科建设提供条件保证。积极争取国家各类科技计划项目的支持，推进我院的学科建设与发展；三是发挥优势，突出特色。要紧密结合经济建设和发展需要，不断培育新的学科增长点，尽快形成新的学科群，形成交叉融合、资源共享、相互支撑、共同发展的格局，实现学科建设的重点突破；四是优化环境，凝聚学科创新队伍。通过创造良好的条件，继续吸引人才，特别是高层次的学科带头人和学术领军人物，在科研实践中发现和培养人才，建设创新团队，努力实现建设20个左右国际一流、50 个国内一流、100 个国内有特色的团队的目标；五是要完善机制，推进学科建设发展。进一步完善分类考核与评价制度，开展不同岗位的考核与绩效评价工作，奖励在自主创新与成果转化中有突出贡献的科技人员及管理人员。

2. 重点加强人才队伍与创新团队建设

优秀的人才和学科带头人是科技创新的决定因素。我们要抓住国家高度重视"三农"，重视农业科技自主创新的有利时机，积极培养和引进人才，打造国际一流的科技创新团队。创新团队建设是中国农业科学院今后一段时期的重点工作，各单位必须作为中心任务来抓。一是要加强领导。全院各单位要积极配合、相互支持、统筹协调、共同推进；二是要加大投入。要通过多种渠道争取经费，加大对创新团队的支持力度。三是要培养人才。积极培养和引进领军型人才和学术骨干，搭建合理的人才梯队，打破部门和单位界限，支持跨学科、跨部门、跨单位组建创新团队；四是要创新运行机制。建立和完善有利于人才培养和发展的工作和管理机制；五是要营造良好环境。积极营造支持人才干成事业的氛围，形成尊重知识、尊重人才、重视创新的环境条件，激发团队创新的积极性。

3. 突出强化科技平台建设

科技平台是保障和促进科技创新的重要物质基础和条件，是国家农业科技创新体系的重要组成部分。经过多年的建设和发展，我院科技平台建设已初步形成了支撑科技创新体系的发展格局。我们要继续围绕我院 9 大学科群和 41 个一级学科以及 12 个创新重点领域，优化配置科技资源，重点建设和完善一批以重大科学工程、重点实验室等为主体的科技创新平台，以资源库（圃）、农业野外科学观测台站、品种改良中心等为主体的科技支撑平台，以检测中心、国家参考实验室等为主体的科技服务平台，建成布局合理、装备先进、开放流动、共享服务、运行高效的农业科技平台体系，增强我院的创新能力和国际竞争力。要按照"三级三类"的布局，进行统筹规划，紧密跟踪国家、部门科技平台立项动态，积极争取立项。积极推动已建平台的升级工作，努力把我院的平台做强做大。加强科技平台的运行管理，促进科技平台之间相互交流和共享。

4. 加快提升科技自主创新能力

提高我国农业科技自主创新能力，要坚持"经济建设必须依靠科学技术，科学技术必须面向经济建设"的战略方针，提高解决我国农业和农村经济发展重大科技问题的能力，为保障国家粮食安全提供有效支撑。

作为农业科研"国家队"，我院在解决基础性、全局性、战略性和关键性农业科技问题上，发挥了主导作用，引领全国农业科技事业的发展，形成了鲜明的特色和明显的优势，取得了一批具有重要理论意义和应用价值的成果，在国内外产生了广泛的影响。农业科技基础性工作优势和特色更加突出，基础研究不断取得重大突破，现代农业高技术研究的主体地位和作用得到有效提升，农业关键技术攻关保持着明显的优势，宏观战略研究成效显著。我们要继续以科学发展观为指导，以自主创新为目标，围绕我国"三农"发展重大需求，依托现有的基础和优势，重点组织实施一批有望取得重大突破、对"三农"发展具有关键支撑作用的重点项目，解决一批关键的科学问题，获得一批自主创新成果，支撑现代农业发展和社会主义新农村建设，继续引领农业科学技术的发展，全面提高我院农业科技自主创新能力和国际竞争力。要瞄准世界科技发展前沿和国家重大需求，抓好重大科技计划的立项工作，全面提高我院的研究水平；继续组织开展农业科研大协作，积极推进我院与地方农业科研院所、大专院校的合作研究，建立科技资源共享机制，组织创新力量联合攻关；加强科研项目管理，建立科研工作新机制，加速推进我院科技创新工作。

（三）强化工作措施，加大科技成果培育和报奖工作力度

目前，中国农业科学院已进入科技成果培育的关键时期，我们要进一步加强管理，加大科技创新工作力度，加快培育重大科技成果。要采取有效措施，建立起与科研项目管理相衔接的成果培育机制，强化研究所的培育责任，形成院所统一的跟踪管理培育制度。研究提出"十一五"后两年重点培育目标，制定出具体工作措施。完善推荐申报成果奖机制，全面建立起研究所依靠学术委员会进行初审推荐申报奖项的制度，统一制定全院国家和省部级成果奖培育方案，扩大国家和省部级奖项备选成果的数量与质量，加大对备选成果的宣传。拓宽申报渠道，突出组织好国家奖的申报，增加省部级奖的数量。加强对报奖备选项目的管理，按照"提前介入、重点培育、强化组装"的工作思路，加强凝炼申报项目的创新点和学术突破点，提高科技含量和学术水平，提高奖项的分量与质量。

各所学术委员会要履行职责、严格把关、加强指导、贴身服务，帮助研究所认真审核申报材料，提高材料的规范性和质量。加强组装与集成，协调同类成果联合申报，增强整体竞争力，提高申报成功率和获奖级别。同时，各位委员要积极参加各类奖项评审委员会，推荐我院申报的成果，努力增加入选比例，扩大获奖份额。

（四）积极开展战略研究，提早谋划"十二五"工作

目前，国家和部门的"十二五"战略研究工作已经陆续启动，"十二五"科技发展规划工作也将全面展开。因此，提前做好我院的战略研究和发展规划，提早谋划"十二五"的工作十分必要。我们要进一步理清发展思路，明确重点研究领域、重点研究方向、重要研究方法，向上级主管部门提出有针对性的意见和建议，努力将全国农业科技也包括我院的优势领域和重点研究方向纳入国家相关规划和科技计划之中，为发展农业科技和申报"十二五"项目奠定基础。各位委员要高度重视战略研究工作，围绕国内外科技发展前沿和我国农业生产实际需求，积极开展相关战略研究，保持我院科技工作与国际和国家科技发展方向的一致性，为制定我院科技发展规划和科研计划提供科学依据。院里要重点组织开展前瞻性、全局性和关键性战略研究，研究所要开展行业性、

学科性和专题性研究。通过院所联动，向国家及有关部门提出相关报告和建议。密切跟踪科技形势的发展，关注国家相关科技政策的变化，研究提出建设性的意见和建议，制定出具体应对措施，为我国农业科技事业的发展提供智力支持。努力培养一批具有技术预测与战略研究能力的战略科学家队伍，为我院开展"十二五"科技战略研究和科技发展规划提供理论、方法、技能和人才储备。

我们的各位委员，都是相关领域的专家学者，在做好战略研究工作的同时，要积极参加国家和部门组织的各类发展规划和计划的编制工作。院里和研究所要为他们创造良好的条件，提供必要的人员和经费支持。我们的专家要树立大局意识，要站在全国的高度上代表全院开展工作，要依靠全院和全所的力量做好战略研究工作，积极了解掌握情况，努力把全国农业科技界和我院的优势在国家的规划和计划中充分体现出来。

三、关于学术委员会的工作

中国农业科学院科技成果奖的评审是本次会议的一项重要内容，今年按照申报项目的学科与领域分成6个组进行评审。请各位委员一如既往地按照"科学、公平、公正、从严"的原则，按规定的评审条件和办法进行评审。在主审委员对每项成果进行详细介绍和充分讨论的基础上，投票评选出2009年我院科技成果奖。详细情况和具体要求由王小虎秘书长再作介绍。

同志们，2009年是"十一五"科研计划组织实施、重大科技成果培育的关键一年。为了进一步强化项目管理，提高项目的产出，加快成果培育，促进全院科技工作又好又快地发展，建议院、所学术委员会重点考虑抓好以下几个方面的工作。

一是进一步调整优化学术委员会结构。学术委员会是我们院、所学术工作和科技事业发展的咨询决策机构。为了适应我院科技事业的发展，有必要在适当的时机，对院、所学术委员会的结构和组成作进一步的调整和优化。要吸纳更多在学术领域造诣高深、在国内外有重大影响的专家参加，要吸纳更多的院、所以外的专家和外籍专家加盟，增强学术交流，借助外智，促进全院科技事业的发展。希望院、所学术委员会在换届调整的时候要考虑到这一点。

二是深入开展调查研究。及时了解国际农业科技和生产发展动态，掌握国家的重大战略需求，为院、所及上级部门的决策服务。同时，要积极组织制定院、所科技发展规划，提出发展建议，组织凝炼重大科学选题，充分发挥我们的咨询参谋作用，利用我们的人才优势，为国家农业科技事业的发展献计献策。要积极参加国家、部门农业科技规划顶层设计、重大计划策划、计划实施方案制定等，推荐我院的优势学科和项目。

三是要积极参与重大科研项目管理。对院、所申报的重大科技项目的学术性、前瞻性、可行性进行严格把关，提高项目的申报质量。同时，要对重大项目的实施进行跟踪指导，了解掌握项目的进展情况，及时帮助解决出现的问题。要全面建立起重大项目汇报制度，项目主持人要定期向学术委员会汇报研究进展情况、下一步工作安排、存在的问题等，由学术委员会帮助把关，提出科学合理的意见和建议，促进我们的工作，为顺利完成科研任务提供保障。这一点，我建议大家借鉴一下作物科学研究所的经验。

四是积极指导重大科技成果培育和报奖工作。帮助院、所制定重大科技成果培育方案，全程跟踪指导科技成果的培育工作，强化对科技成果奖申报的咨询与指导作用，组织对报奖材料进行把关，积极出谋划策，帮助凝炼成果的创新点和突破点，提高获奖率和奖项档次。

五是要积极指导院、所的学科建设和人才培养。要围绕我院学科建设发展目标，帮助院、所制定学科发展规划和具体工作措施，提升学科的影响力和国际地位，支撑科技创新。要积极协助院、所培养人才，策划培养方案，目标是培养国际一流的科技人才，打造国际一流的创新团队，实现学科建设和人才培养相互协调和相互促进的发展格局，以学科的发展凝聚创新团队，以团队的建设促进学科发展。

六是要积极组织开展学术活动。要积极组织和参加国内和国际学术活动，开展学术交流，学习和吸收国内外先进的科学技术和经验，提高我院的整体学术水评，提升国际影响力和知名度。

各位委员、同志们，"十一五"的科技工作已经进入了关键时期，强化管理工作、提高科研项目的产出效能、培育重大科技成果、培养一流创新人才，是中国农业科学院目前工作任务的"重中之重"。我们一定要认真学习党的十七届三中全会和中央农村工作会议精神，深入学习实践科学发展观，抓住机遇，不辱使命，以高度的责任感和求真务实的精神，加速推进我院的各项工作，为实现"三个中心、一个基地"的战略目标共同努力！

谢谢大家！

提高科研项目管理水平　狠抓重点跟踪管理项目
全面推进"十一五"科研任务的完成

——在中国农业科学院科研项目管理工作会议上的讲话

中国农业科学院党组成员副院长　刘　旭

（2009 年 8 月 26 日）

同志们：

　　"十一五"以来，在农业部和科技部等部门的关心和大力支持下，中国农业科学院针对国家农业科技和农业产业发展需求，及时调整了工作思路和工作重点，充分发挥中央级综合性农业科研机构的优势，全面加强与全国各农业科研机构的交流与协作，推进全国农科教、产学研大联合、大协作，由我院负责和牵头承担的重大科研任务不断增多，我院科研工作取得了显著成效。下面，我向大家通报一下"十一五"以来我院科研项目管理工作的总体进展情况，以及院重点项目跟踪管理情况，并就今后如何进一步加强科研项目管理工作、扎实推进"十一五"各项科研任务圆满完成讲几点意见。

一、"十一五"以来科研项目管理工作的总体进展情况

　　据统计，2006 年到 2008 年底，我院共承担各级各类科研项目 3 591 项，其中主持 3 109 项，参加 482 项，合同经费总额达 18.72 亿元。另外，还有一些项目正在陆续启动。如转基因生物新品种培育和水体污染防治重大科技专项重大课题合同，目前正在审订之中，预计我院承担的项目合同经费总额将达到 8 亿元。这些成绩的取得是院所两级共同努力的结果，与在座各位所领导同志的辛勤付出是分不开的。同时，也从一个侧面反映出我院科研项目管理水平正在逐步提高。"十一五"以来，在项目管理方面，我们主要抓了以下几个方面的工作。

（一）加强服务指导协调，强化科研立项管理

　　一是加强与科技计划主管部门的沟通与协调，认真抓好项目选题建议工作。在项目调研阶段，院所加强协同配合，分析优势、凝炼选题，把抓好项目选题建议作为主要工作，加强与上级主管部门的沟通与协调，及时提出项目选题建议，宣传项目单位研究实

力，推荐我院专家进入项目专家组，做到提前占位。在院所共同努力下，我院各所的优势学科基本上都获得了国家"十一五"科技计划的项目经费支持；二是加强项目申报指导和把关，提高项目申报命中率。各研究所充分发挥科研处和专家的作用，帮助科技人员从宏观方面了解国家需求，把握科学技术问题，了解具体项目计划的立项背景和竞争态势，掌握申报技巧，指导项目申报书编制工作。对重大项目，科技局组织答辩预演，邀请高层次专家进行论证把关。针对有关研究所基础研究工作薄弱的实际情况，科技局组织了申报项目经验丰富的专家，先后深入 12 个研究所，开展国家自然科学基金项目申请辅导培训工作，累计培训近千人。"十一五"前 3 年，我院有 35 个研究所承担了支撑计划课题，34 个研究所承担了国家自然科学基金项目，32 个研究所承担了"863"计划项目，29 个研究所承担了基础条件平台建设项目，23 个研究所承担了农业行业科研专项任务，22 个研究所主持和参加了"973"计划课题；三是合理配置资源，抓好重大项目组织申报工作。根据各所学科优势，集聚其他单位人才、研究基础、科技平台等优势资源，在协调各方利益的基础上，统筹安排和组织跨所、跨院、跨部门的重大项目。经过努力，由我院主持的重大项目明显增多。主持"973"项目 7 项，涉及 5 个研究所，单项合同经费达 3 000 万元；转基因重大专项重大课题 20 项，涉及 7 个研究所，单项合同经费平均超过 3 600 万元；支撑计划课题合同经费超过 1 000 万元的有 5 项，涉及 5 个研究所；科技基础条件平台建设项目经费超过 1 000 万元的有 6 项，涉及 6 个研究所；科技基础性工作专项经费超过 1 000 万元的有 5 项，涉及 4 个研究所；主持行业科技项目 23 项，其中 21 项合同经费超过 1 000 万元，涉及 14 个研究所。

（二）加强制度建设，强化科研项目实施管理

一是制定了《中国农业科学院关于进一步加强科研项目管理工作的指导意见》，规范科研项目管理。针对"十一五"国家科技计划管理体系的变化，以及科研工作面临的新情况和新特点，在调查研究的基础上，我院制定了《指导意见》，从"统筹与布局、选题建议与立项、实施与管理以及服务与协调"四个环节，指导各所进一步提高科研项目管理水平，规范科研项目管理工作；二是建立了项目执行情况报告制度，强化过程管理。项目执行情况报告制度规范了项目组的科研活动，使科研管理部门能够掌握项目总体进展状况，及时了解项目执行过程中遇到的重要情况和问题。规范项目会议管理，对项目实施阶段要召开的项目启动、中期评估、结题验收和现场观摩等工作会议，以及重要的学术会议等，做到事前报告，及时与上级主管部门联系沟通，项目组的重大活动也邀请有关领导同志参加，让上级主管部门和社会各界了解我院科研计划项目执行情况；三是建立重点项目跟踪管理制度，示范带动全院科研项目管理工作。为了突出重点，以点带面，示范带动科研项目管理工作，切实做好科研项目启动、实施、中期评估、结题验收和成果培育等全程指导和服务工作，我院建立了重点项目跟踪管理制度；四是统一科研项目信息数据管理，组织开发了"中国农业科学院科研项目信息管理系

统"。为了推进我院科研项目管理科学化、信息化，统一全院科研项目信息数据管理，针对我院项目多、管理难的问题，2009年我院组织开发了项目信息管理系统，实现了项目信息数据院所两级管理功能，强化了服务手段，为进一步提高我院科研项目管理工作的效率和水平奠定了基础；五是加强科技管理基础性工作，全盘掌握科研活动。注意搜集国家科技政策信息，规范科研档案管理，加强科技统计工作，编印《中国农业科学院科技统计资料汇编》和《中国农业科学院2006～2008年科学研究计划简表》（A、B、C三本），为领导同志和科研管理部门全面了解我院科研活动情况、及时调整决策提供了重要参考。

（三）加大成果培育力度，切实提高科研项目产出

"十一五"以来，中国农业科学院加大了科技成果培育力度，在建立重大项目跟踪管理制度的基础上，对于取得突破性创新的项目，给予重点支持、指导和服务；加大已有成果的挖掘、集成力度，通过集成创新培育重大成果；引导农业科研工作始终瞄准国家重大需求，研究紧紧围绕生产实际，成果应用切实为生产实际服务。在科技人员的努力下，"十一五"前3年选育并通过国家、省级农作物新品种审定的品种有199个，获品种权44个，新兽药证书31个，获授权专利329项；全院共发表科技论文11 066篇，其中SCI收录1 045篇；出版著作561部。近年来，我院科技论文水平不断提高，发表了很多高影响因子的SCI论文，如植保所吴孔明研究小组在美国《科学》杂志封面上发表的"种植Bt棉花有效控制棉铃虫在中国多作物生态系统发生与危害"一文，就是近期一批高水平论文的代表。在申报国家奖方面，我院针对国家奖评审特点，加强申报指导工作，组织答辩预演，邀请专家对申报项目进行分析点评，帮助报奖人完善申报材料。3年来，我院获国家、省部级成果奖197项，以第一完成单位获得国家科学技术进步奖14项，其中二等奖13项。2008年，"中国小麦品质评价体系建立与改良技术研究"获国家科学技术进步奖一等奖，实现了"十一五"以来我院国家一等奖"零"的突破。2009年，我院又有6个成果通过了国家科学技术进步奖评审。

（四）当前我院科研管理工作存在的问题

尽管我们取得了一些成绩，但是我院科研项目管理工作也暴露出一些新问题，面临着许多新情况。一是科研项目立项工作统筹布局不够，学科之间发展不平衡。在"十一五"立项工作中，有些研究所该上的项目却没有上，造成这种结果的原因是多方面的，但与研究所自身统筹协调不力也存在一定的关系。"十一五"项目合同经费超亿元的有7个研究所，但是还有7个研究所项目合同经费不超过2 000万元。按照9大学科群进行粗略统计，作物科学获得支持的项目合同经费总额占全院总经费51.4%，畜牧兽医科学占23.3%，农业资源与环境学占13.9%，其他学科所占比例则较低。造成这

种情况的原因除了与国家科技经费支持的方向和投入力度有直接关系外，也间接地反映出我院学科之间发展不平衡、科研立项与学科建设规划结合不够紧密的问题；二是项目过程管理有待改进，重立项、轻实施的现象存在。尽管我院各研究所科研项目管理水平在不断提高，也制定了较为完善的科研项目管理规章制度，但是与我院各所大幅度增加的科研任务相比，科研项目管理工作还存在滞后现象。有些研究所科研处管理人员更替比较快，工作衔接不上。一些科研人员和科研管理人员对现有国家相关科技计划管理模式还不完全适应，如对国家科技计划项目经费预算管理理解就有差距。另外，由于受到我国科技计划管理体制，以及普遍存在的"重立项、轻实施"的习惯性项目管理思维影响，使得项目过程管理还不到位；三是科研项目管理协同机制有待完善，管理效率有待进一步提高。"十一五"以来，由于国家各类科技计划管理体制的改革和操作方式的改变，对我院原有科研项目管理工作机制带来了影响，特别是在科研项目管理协同机制方面。如院与所之间的协同，所与所之间的协同，以及科研人员与科研管理人员之间的协同等。只有认真处理好这三者间的关系，形成和谐互动的发展关系，才能促进我院科研事业又好又快发展。

二、重点项目跟踪管理工作的进展情况

为了突出重点，示范带动面上项目的管理，提高项目产出效能，从 2008 年开始，我院组织开展了重点项目跟踪管理工作，重点瞄准国家、部门科技计划项目的组织实施，狠抓落实，实行重点跟踪，加强监督检查，确保高质量、高水平完成科研计划任务。从实践来看，收效显著。农业部科教司、科技部农村司对我院开展的重点项目跟踪管理工作给予了充分肯定，认为这是加强科技项目管理的有效手段。组织开展重点项目跟踪管理工作，已成为我院加强全院科研项目管理的重要举措。

（一）重点跟踪管理项目遴选工作进展顺利，项目体现了我院作为农业科研国家队的整体实力和科研水平

2008 年年初，我院下发了《关于遴选我院重大科研项目的通知》，要求各研究所要从承担的国家"863"计划、"973"计划、科技支撑计划和国家自然科学基金等项目中，遴选出一批总经费在 500 万元以上的重大项目，作为院级核心项目进行全程跟踪管理。在各研究所推荐的基础上，我院确定了 54 个"十一五"院级重点跟踪管理项目，覆盖全院 31 个研究所。其中，种植业类有 23 个项目，畜牧、兽医类有 15 个项目，综合类有 16 个项目（包括资源环境、植保、土肥、农业工程、质量安全等）。根据专家反映，我院遴选的 54 个重大项目基本反映了当前我国农业生产急需解决的重大科研问题，符合我院科研工作始终坚持面向我国农业农村经济主战场的科研方向，基本体现了我院作为农业科研国家队的整体实力和科研水平。

（二）重点跟踪管理项目总体进展良好，为我院培育重大科技成果奠定了坚实基础

根据项目跟踪管理工作的总体安排，院里 2009 年上半年组织召开了重点跟踪管理项目执行情况汇报会。按照不同的专业类别，我院 54 个重点跟踪管理项目执行情况汇报已分三次顺利完成。汇报会邀请了院士、主管部门领导同志，以及业内知名专家组成评估专家组，逐一对院重点跟踪管理项目进行了指导把关，检查和评估了项目的实施进展情况，并帮助项目组凝炼了未来研究方向和工作重点，汇报会达到了预期的目的。经专家组评估认为，54 个重点跟踪管理项目总体进展良好，符合国家相关科技计划任务书目标和进度的要求，大部分项目都已取得一批科研成果，有些科研成果已具有世界领先水平，为未来我院培育重大科技成果奠定了良好基础。这些项目完成后，对于加快我国种质资源的保护和应用、动物重大传染病的防治、农产品质量安全控制等具有重要意义，为政府在相关领域的决策提供了科学依据。

（三）评估结果和存在的问题

这次重点跟踪管理项目的评估，主要从项目支撑条件、研究进展情况、项目产出情况、项目组织管理以及下一步工作计划与发展前景 5 个方面来进行的。汇报会结束后，科技局根据专家的会议发言和书面意见，对专家组的评估意见进行了认真整理。根据专家评估结果，获 90～95 分的有 11 个项目，85～89 分的有 19 个项目，80～84 分的有 19 个项目，从分值与执行质量上来看大致分布为四个档次。对于存在的问题，专家组的评估意见主要集中在四个方面：一是在基础性研究上，有些项目理论与实践的结合还不够；二是在育种研究上，虽然某些项目研究出的品种不少，但是突破性的大品种不多；三是在疫病防控技术研究方面，急需在重点关注实施效果的同时，注意好环境友好；四是有些由全国多家单位联合开展研究的大项目，虽然我院是主持单位，但是承担的具体科研任务不多，作为项目的首席科学家需要处理好主持与承担具体任务的关系。另外，一些项目在管理、研究方法、研究目标等方面还需要改进，如有的项目参与单位多，管理亟待加强；有的项目还需要进一步凝炼未来的研究目标和工作重点等。在此次考评工作中，专家出于帮助提高的目的，所提建议针对性非常强，个别项目意见可能比较尖锐，各研究所和项目组成员要认真客观地对待专家评估意见和建议，仔细分析项目研究工作中存在的问题，积极有效地把专家意见落到实处，切实提高项目管理水平和产出效能。

三、进一步加强科研项目管理工作的要求

目前，"十一五"计划已执行过半，各类计划项目已进入"十一五"组织实施的后期，加大科研项目管理工作的力度，提升项目管理水平，提高科研项目产出效能，是当前及今后一个时期科研项目管理工作的核心工作。要重点抓好以下几个方面工作。

（一）认真落实《中国农业科学院关于进一步加强科研项目管理工作的指导意见》，切实提高科研项目管理水平

各研究所要按照《中国农业科学院关于进一步加强科研项目管理工作的指导意见》的各项要求，建立健全各项规章管理制度，进一步加强和规范各所科研项目的管理工作，切实提高科研项目管理工作的水平。另外，院科研项目信息管理系统已投入使用，各研究所要抓紧做好"十五"以来科研项目信息数据录入工作，尽快发挥其在院所项目管理中的作用，并为"十二五"科技规划的前期准备工作提供帮助。

（二）继续做好重点项目跟踪管理工作，扎实全面推进"十一五"科研任务的完成

一是认真落实专家评估意见，继续抓好院级重点项目跟踪管理工作。目前，专家组的意见和建议已反馈给各研究所，请各研究所尽快把专家意见反馈给各项目组，认真抓好专家意见落实工作，院里将不定期抽查专家意见落实情况，继续跟踪重点项目的研究进展情况。各研究所要积极抓好院重点跟踪管理项目研究成果的宣传工作，根据研究进展情况，不定期编制项目研究简报，及时向上级主管部门、相关单位以及有社会影响力的专家通报项目研究进展情况。继续加强在研项目的实施管理，对于已取得阶段性成果的项目，要采取多种形式，如举办科研成果新闻发布会、现场展示观摩会和学术报告会等，加大项目成效的宣传、推介力度，扩大社会影响，为今后更好地开展项目研究工作创造良好环境；二是做好所级重点项目的遴选和跟踪管理工作。各研究所也要参照院重点项目的跟踪管理模式，组织遴选一批所级重点跟踪管理项目，利用2009年年终总结，对项目的执行情况进行重点跟踪管理。所级重点管理项目的遴选，原则上必须是总经费不低于100万元的国家（部门）科技计划支持的项目，遴选数量要占所内"十一五"主要项目总数的1/3左右，最少不少于3~5个；项目要符合院所学科发展方向，体现学科优势，具有较好的科研支撑条件；要具有重大创新性、前瞻性，有望取得突破性进展，获得重大科研成果，取得自主知识产权。请各研究所于2009年10月底前将遴选的所级重点跟踪管理项目报院科技局备案，科技局对各所项目遴选和跟踪管理工作要给予帮助和指导。各所要积极探索建立项目绩效考评制度，采取相应的奖惩措施，对完成任

务好、综合考评优的项目，要给予必要的奖励和扶持；对进展不力的项目，要加强督促检查。

（三）继续加强科研立项工作，争取在"十一五"的后两年我院科研立项工作有新的进展

要继续瞄准国家各类科技主体计划，积极申报新增项目，并加大项目审查把关的力度，争取在"十一五"的后两年我院科研立项工作有新的发展。在组织项目团队时要平衡好"占位"和"联合"间的关系，既要突出争取主持重大项目，推动我院的优势研究领域提前占位，为未来科研立项创造有利条件，又要善于联合优势力量、集中优势资源，形成能代表国家水平的科研队伍，提高立项成功率。针对具体的科技计划，关于"973"，要重点做好后两年重大选题建议工作，力争每年提出 5 ~ 6 项选题建议，争取 2 个以上项目列入指南，同时，各研究所和专家要积极参加其他单位主持的项目；关于"863"，目前尚未获得立项的 10 个左右的研究所，要加强指导，进一步凝炼研究方向，尽快形成项目建议，积极向有关主管部门推荐，争取实现"零"的突破；关于自然科学基金，基础较好的研究所要力争重点、重大项目，处于中间水平的研究所要着重提高申报命中率，基础薄弱的研究所要扩大申报数量，争取能上项目；关于支撑计划，要继续抓好"油料作物抗灾与节本增效"、"农产品数量安全智能分析与预警"，以及"农产品产前质量安全控制及应急技术标准"三个项目的立项工作；要继续保持科技基础性专项、农业成果转化资金以及科技平台等科技部专项计划的资助份额，并积极组织申报行业科技、"948"、跨越计划等农业部有关专项计划。

（四）强化科研成果培育，进一步提高科研项目产出效能

在项目管理中，我们首先要保质保量地完成项目合同所规定的各项目标和任务，在此基础上，对有产出重大成果苗头的项目，各研究所要通过积极引导，探索建立项目绩效考评制度，要利用院所长基金专项给予后续支持，在安排申报国家农业科技成果转化资金等项目时予以重点倾斜，在专利申报、品种审定、成果鉴定等方面提供必要条件。在继续引导多发表 SCI 论文的基础上，试点探索论文代表作制度，引导论文质量的提升，多发表高水平、高影响的论文，重视论文的实际应用价值。完善研究所推荐申报成果奖机制，全面建立起依靠学术委员会进行初审推荐申报奖项的制度。要进一步加强对申报国家奖工作的指导，帮助申报项目凝炼研究创新点和学术突破点，提高项目的科技含量和学术水平，特别要帮助那些还没有国家奖的研究所争取实现零的突破。要瞄准国家一等奖，加强组装集成，协调同类成果联合申报国家奖，增强整体竞争力。努力拓展申报渠道，加强省部级成果奖申报的组织管理工作。近期，院里准备举办全院科技成果奖申报培训班，进一步提高各所有关科技人员和管理人员的申报水平，增强报奖竞

争力。

（五）开展战略研究，提早谋划"十二五"科研立项工作

科研项目的立项是科研活动的前提和基础，只有抓好立项管理工作，才能争取到国家或社会资金支持科研活动。目前，国家"十二五"农业科技发展战略规划和国家各类主体科研计划发展战略研究及规划工作已陆续启动，各研究所要着眼于未来发展，从战略的高度重视该项工作，提早谋划"十二五"科研立项工作。一是建立健全院所协调机制，统筹安排"十二五"科研立项的规划工作。院一级要积极与各级主管部门沟通联系，及时了解和掌握各类科技计划发展动态，围绕我院学科建设，重点组织开展前瞻性、全局性和关键性战略研究，保持我院科研与国家科技发展方向的一致性；密切关注国家科技计划相关政策的变化，研究提出相关的应对措施。各所要根据自身发展状况和学科优势，重点开展行业性、学科性和专题性科技发展战略的研究，通过院所联动，向国家有关部门提出相关报告和建议。要鼓励和支持各所专家积极参与国家有关部门组织或委托的规划编制、项目设计、项目建议及项目指南编制等工作，专家要及时将有关情况向所在单位科研处报告，研究所也要及时将有关情况报院科技管理局，并提交相关文字材料；二是围绕学科发展和产业支撑，重点做好"学科项目集"和"产业项目集"建设储备工作。要从国家重大需求和优势学科群的发展出发，从战略上设计和布局重大科研项目，为我院学科建设和产业发展提供支撑。要统筹布局科技基础性工作、基础研究、应用基础研究、高技术发展、关键技术攻关、成果转化与产业化等项目，形成"学科项目集"储备；要以农产品、农业资源等为对象，按照产业技术的发展轨迹，集成产前、产中、产后技术，形成"产业项目集"储备。在各所提供的项目集群基础上，由院里根据国家相关科技计划要求和项目特点，组织有关研究所形成选题建议，统一向上级有关部门沟通汇报。

同志们，未来两年是"十一五"各类科技计划组织实施的关键时期，也是提高项目产出、培育重大科技成果的重要阶段，更是提早谋划"十二五"工作的有利时机。我们要以高度的责任感和紧迫感，切实提高科研项目管理水平，力争在"十一五"科研立项工作再上新台阶的基础上，确保我院"十一五"科研任务的圆满完成。同时，针对"十二五"工作做到早谋划、早部署，为中国农业科学院在下一个五年取得更大发展打下坚实基础。

谢谢大家！

三、产业发展与企业管理

中国农业科学院 2009 年科技产业工作概况

2009 年度中国农业科学院科技产业发展取得新突破，通过专题培训和指导，推进技术中介和农业技术转移中心建设；开展所办企业职工持股及兼职情况的调研，形成专题报告，并提出所办企业改制实施意见；完成天作国际大厦出租、2 号地合作开发以及马连洼与国管局合作建房等相关工作。

一、积极推动院办、所办企业管理规范化

配合农业部完成科学事业单位职工在所办企业持股及兼职情况的调研，形成了《关于科学事业单位职工在所办企业持股、兼职问题的调研报告》，正式下发农业部属"三院"，指导和加强"三院"经营性国有资产的管理，对我院企业改制和经营性国有资产的管理发挥了非常重要的作用。根据文件精神，结合我院的实际，制定完成《中国农业科学院推进院所办企业公司制改制暨加强经营性国有资产管理的实施意见》。

二、加强名称及品牌保护

面向院属各单位负责产业或知识产权管理的相关人员，聘请相关专家和行政执法人员开展知识讲座，就我院名称及品牌保护情况进行了研讨，交流经验体会，提出了新的工作目标与任务。与工商行政部门协作，试点实施院属京区各研究所名称保护申请工作，经与工商局多轮沟通，已基本同意在北京市内我院及各研究所的名称、简称、品种名等均可实施合理保护。配合资划所等研究所对侵犯我院及研究所名称及品牌的行为进行处理。

三、指导推进科技产业的发展

1. 全院科技产业开发收入比 2008 年有所增长。2009 年全院产业开发收入 11.41 亿元，净利润约 2.37 亿元，其中收入过亿元的 3 个，超千万元的 16 个；统计的 34 个机构中，有 25 个机构产业开发收入比 2008 年有所增长。

2. 支柱产业促进工作。2009 年，我院兽用生物制品及兽药产业合计实现销售收入 7.15 亿元，种业合计实现销售收入 1.6 亿元，饲料业合计实现销售收入 2.1 亿元，特色农产品加工品及功能食品产业合计实现销售收入 7 881 万元。

四、院办企业及院部房地产开发取得新的进展

完成 2008 年院属公司财务决算的审计、汇总及报送；完成院办公司 2008 年运营情况汇总工作。完成 2008 年全院 60 多家科技企业统计年报的汇编；完成每月全院企业月报的催收、报送工作；配合监审局，完成中农种业任运良承包期间的审计，并就种业目前主要问题进行提示，完成中农种业新战略投资人的引进及增资工作。

完成了天作国际大厦项目交接、起租期确认、项目确权、受益等工作，基本具备了出租、取得收入的条件。完成了 2 号地合作开发项目重新立项、规划意见书审批、项目方案设计、土地出让金缓交等工作。积极推进马连洼土地与国管局合作建房项目，完成了合作用地地上建筑物的拆除及土地三通工作。

五、推进技术中介与农业技术转移中心建设

1. 举办技术合同认定登记政策专场培训。按照北京技术市场协会的要求，完成了技术市场的相关统计工作，为北京市技术市场年度统计提供了准确的数据资料。完成中国农业科学院科技开发中心年度报告和年检工作，办理相关手续。组织京区各研究所参加《高新技术企业认定登记办法》讲座等活动。

2. 指导、协助中国农业科学院技术转移中心工作。加快申请中介机构的资质及相关筹备工作。协助饲料所筹划、举办 2009 年首届中国农业技术总监暨农业新技术新成果展示交易大会，与饲料所实现顺利交接，并继续予以支持。

3. 引导研究所办理技术合同认定登记。积极引导院属单位办理技术合同认定，享受国家优惠政策，合理减免各项税费。完成了蔬菜所、质标所等京区研究所技术服务合同的签订工作。指导京外所与当地技术市场的技术合同认定工作。2009 年全院共签订技术类合同 1 009 份，合同金额 2.1 亿元，其中通过技术市场登记的合同 333 项，合同金额 1.3 亿元，获取免税金额 980 万元。

4. 大院环境治理工作稳步推进。京区大院环境第一期治理共停租、关闭门市 1 446 平方米，在此基础上，制定《房屋出租治理第二阶段方案》，积极推动第二期治理工作。同时，严格审核院内种子经营企业的经营条件和资质，为种子经营管理部门把好关，保护我院品牌和广大消费者利益。

中国农业科学院
2009 年度科技开发调查统计简况

据院属 33 个单位报来的《中国农业科学院 2009 年度科技开发情况调查表》统计：

一、2009 年开发收入情况

2009 年全院开发毛收入 87 754.6 万元，支出 66 714.75 万元，开发纯收入 21 039.85万元。

二、2009 年开发纯收入构成情况

表1　　　　　**2009 年开发纯收入构成情况表**　　　（单位：万元）

项　目	合　计	其　中				
		技术收入	经营收入	房地产收入	其他收入	附属单位上交收入
开发纯收入	21 039.85	16 054.02	2 134.72	947.29	1 359.82	544
（%）		76.3	10.15	4.5	6.46	2.59

三、2009 年开发纯收入层次构成情况

表2　　　　　**2009 年开发纯收入层次构成情况表**　　　（单位：万元）

项目	合计	3 000万元以上(2 个单位)	1 000 万~3 000 万元(1 个单位)	500 万~1 000 万元(7 个单位)	200 万~500 万元(4 个单位)	100 万~200 万元(2 个单位)	50 万~100 万元(5 个单位)	50 万元以下(12 个单位)
开发纯收入	21 039.85	13 055.3	1 123.96	4 650.89	1 430.93	313.65	343.42	121.7
（%）		62.05	5.34	22.11	6.8	1.49	1.63	0.58

表3 　　　　　**2009 年开发纯收入超过 1 000 万元的单位情况表** （单位：万元）

单位名称	哈兽医所	特产所	兰兽医所
开发纯收入	7 205.3	5 850	1 123.96

四、2009 年人均创收层次构成情况

　　2009 年被统计单位人均创收 3.31 万元，其中人均创收超过 2 万元的有 12 个单位，占被统计单位的 36.36%，人均创收低于 2 万元的有 21 个单位，占被统计单位的 63.64%。

五、其他方面情况

　　2009 年签订各种合同 995 项，成交金额 26 740.17 万元，当年实收金额 22 672.85 万元。技术（产品）开发推广的直接经济效益在 10 万元以上的共 32 项。有 46 个项目，转让 66 次，转让总收入 13 761.38 万元。茶叶所、哈兽医所的产品出口创汇金额 2 649.7 万元。参加各种技术（产品）交易会 129 次，成交金额 615.5 万元。

六、附表

　　表一　中国农业科学院 2009 年开发收入情况汇总表
　　表二　中国农业科学院 2009 年科技开发经费投入情况汇总表
　　表三　中国农业科学院 2009 年科技开发人员投入情况汇总表
　　表四　中国农业科学院 2009 年合同签订情况汇总表
　　表五　中国农业科学院 2009 年开发推广成效较大的技术（产品）情况汇总表
　　表六　中国农业科学院 2009 年技术转让情况汇总表
　　表七　中国农业科学院 2009 年出口创汇情况汇总表
　　表八　中国农业科学院 2009 年参加技术（产品）交易会情况汇总表

中国农业科学院 2009 年开发收入情况汇总表

表一　　　　　　　　　　　　　　　　　　　　　　　　　　　　　　　　　（单位：万元）

序号	填报单位	总收入 收入	总收入 支出	总收入 净利润	占事业费拨款	技术收入 收入	技术收入 支出	技术收入 净利润	经营收入 收入	经营收入 支出	经营收入 净利润	房地产收入 收入	房地产收入 支出	房地产收入 净利润	其他收入 收入	其他收入 支出	其他收入 净利润	附属单位上交收入	人均创收
1	作物科学所	1 662	1 572	90	4.6	382	330	52	80	42	38	1 200	1 200						0.28
2	资源区划所	1 785	1 378	407	45.7	925	891	34				720	347	373	140	140			1.43
3	植保所	1 864	885	979		1 304	885	419				40						520	5.07
4	蔬菜所	3 371	3 321	50	10	2 371	2 321	50				800	800	40	200	200			0.25
5	环发所	313.43	313.43			247.43	247.43					34	34		32	32			
6	畜牧所	1 258.84	694.09	564.75	64.54	601.64	223.58	378.06							657.2	470.51	186.69		3.57
7	蜜蜂所	888	866	22	5	420	408	12				20	16	4	448	442	6		0.22
8	饲料所	1 102	521.48	580.52	269	465	363.59	101.41				130	130		507	27.89	479.11		5.22
9	农产品加工所	713	657	56	12	156	126	30				328	249	79	229	282	-53		0.6
10	生物所	925	900	25	338	725	700	25				200			200	200			0.2
11	农经所	605.96	605.96			13.71	13.71					231.23	231.23		592.25	592.25			
12	农业信息所	1 956	1 859.93	96.07	7.97	1 512.98	1 458.98	54	211.79	169.72	42.07								0.43
13	质标所	295.4	295.4			295.4	295.4												
14	灌溉所	78.2	60.5	17.7	2	71.8	54.9	16.9							6.4	5.6	0.8		0.11
15	水稻所	1 999	1 439	560	17	1 025	820	205	11	5	6	325	263	62	638	351	287		2.6
16	棉花所	5 094.17	4 568.46	525.71	24.2	968.06	432.35	535.71	4 037	4 047	-10				89.11	89.11			1.18

续表

序号	填报单位	总收入			占事业费拨款	技术收入			经营收入			房地产收入			其他收入			附属单位上交收入	人均创收
		收入	支出	净利润		收入	支出	净利润	收入	支出	净利润	收入	支出	净利润	收入	支出	净利润		
17	油科所	1 162.7	1 162.7			639.7	639.7					523	523						
18	麻类所	108	87	21	0.05	45	27	18							63	60	3		0.24
19	果树所	317.29	281.29	36	3.98	68.57	33.12	35.45											0.16
20	郑果所	1 387.59	906.29	481.3	72	1 203	721	482	248.72	248.17	0.55	33	33		151.43	151.43			2.29
21	茶叶所	1 820.08	1 086.34	733.74	107.65	1 741.02	1 075.18	665.84	0.16	0.86	-0.7	58.75	11.16	47.59	20.31		20.31		4.44
22	哈兽医所	31 488.3	24 283	7 205.3	278.07	11 134	5 833	5 301	20 218	18 450	1 768				136.3		136.3		16.11
23	兰州兽医所	7 493.06	6 369.1	1 123.96	927.15	7 383.46	6 275.94	1 107.52	325	271	54	89.25	32.07	57.18	109.6	93.16	16.44		3.84
24	兰州牧药所	460.84	321.05	139.79	7	46.59	17.98	28.61				93	93						0.67
25	上海所	93	93									93	93						
26	草原所	317.01	317.01			21.68	21.68		35	35		233	233		27.33	27.33			
27	特产所	11 200	5 350	5 850		8 722	3 110	5 612	2 398	2 168	230				80	72	8		11.4
28	环保所	531	531			450	450		30	30					51	51			
29	沼气所	605.32	553.97	51.35	139.46	502.35	451	51.35	102.97	102.97									0.52
30	农机化所	2 097.6	1 832.5	265.1	0.16	1 398.6	1 237	161.6	560.8	554	6.8	28	8.4	19.6	110.2	33.1	77.1		1.14
31	烟草所	2 368.35	1 661.18	707.17	121.68	2 318.53	1 640.96	677.57							25.82	20.22	5.6	24	3.76
32	研究生院	388.13	110.6	277.53	92							322.45	57.53	264.92	65.68	53.07	12.61		3.75
33	出版社	2 005.33	1 831.47	173.86											2 005.33	1 831.47	173.86		5.11
	合计	87 754.6	66 714.75	21 039.85		47 158.52	31 104.5	16 054.02	28 258.44	26 123.72	2 134.72	5 208.68	4 261.39	947.29	6 584.96	5 225.14	1 359.82	544	3.31

表二　　**中国农业科学院 2009 年科技开发经费投入情况汇总表**

（单位：万元）

序号	填报单位	合计	国家拨款	地方拨款	主管部门拨款	本所自身投入	开发部门投入	国外投入	借(贷)款	其他
1	作物科学所									
2	资源区划所	308	288			20				
3	植保所									
4	蔬菜所	400				400				
5	环发所	279.43		62.14		140.04	45.25			32
6	畜牧所									
7	蜜蜂所	866					424			442
8	饲料所	10				10				
9	农产品加工所	156		107						49
10	生物所	150				150				
11	农经所	1 840				1 840				
12	农业信息所									
13	质标所									
14	灌溉所									
15	水稻所									
16	棉花所	315	315							
17	油料所	3 000				3 000				
18	麻类所	50				50				
19	果树所	24.57				24.57				
20	郑果所	608	75	39	47	447				
21	茶叶所									
22	哈兽医所	832.5	262.5	91	65		114			300
23	兰州兽医所									
24	兰州牧药所									
25	上海所									
26	草原所									
27	特产所	200				200				
28	环保所									
29	沼气所									
30	农机化所	810		80	180	250	300			
31	烟草所	1 023				1 023				
32	研究生院									
	合计	10 872.5	940.5	379.14	292	7 554.61	838	45.25		823

表三

中国农业科学院2009年科技开发人员投入情况汇总表

序号	填报单位	当年末在编职工数	其中科技人员数	从事科技开发人员数			专职科技开发人员中							兼职科技开发人员中						
				合计	专职	兼职	科技人员	行政人员	工人	高级职称	中级职称	初级职称	其他	科技人员	行政人员	工人	高级职称	中级职称	初级职称	其他
1	作物科学所	316	264	12	12		11		1	1	7	2	2							
2	资源区划所	283	248	60	12	48	12			5	6	1		48			39	8	1	
3	植保所	193	172	3	3		3			3										
4	蔬菜所	196	161	50	21	29	10	9	2	6	4	8	3	29			13	15	1	
5	环发所	156	105	30		30								28	2		12	8	10	
6	蓄牧所	158	131	5	3	2	3			1	2			2			2			
7	蜜蜂所	98	95	95	74	21	55		19	20	25	10	19		21		10	5	6	
8	饲料所	111	85	58	30	28	25	5		15	13	2		28			10	15	3	
9	农产品加工所	93	71	9	9		7	2		1	8									
10	生物所	120	90	4	3	1	2	1		1	2				1		1			
11	农经所	94	88	6		6								5	1		3	1	1	1
12	农业信息所	219	174	44	44		10	10	24	3	13	1	27							
13	质标所	70	64	30		30								29	1		23	7		
14	灌溉所	150	97	21		21								14		7	4	7	3	7
15	水稻所	215	130	22	12	10	6		6		6	6		10			10			
16	棉花所	442	211	148	132	16	26	8	98	12	14	6	100	16			16			
17	油料所	236	173	47	20	27	16	1	3	10	4	2	4	23	1	3	13	9	3	2

续表

序号	填报单位	当年末在编职工数	其中科技人员数	从事科技开发人员数 合计	专职	兼职	专职科技开发人员中 科技人员	行政人员	工人	高级职称	中级职称	初级职称	其他	兼职科技开发人员中 科技人员	行政人员	工人	高级职称	中级职称	初级职称	其他
18	麻类所	86	86	50	50		20	2	28	7	4	1	38							
19	果树所	222	88	43	18	25	7	3	8	4	4	10		23		2	4	10	5	6
20	郑果所	210	172	113	31	82	22	3	6	7	10	6	8	75	2	5	31	35	9	7
21	茶叶所	165	126	91	34	57	19	5	15	3	8	8	15	50	7		28	19	10	
22	哈兽医所	447	305	190	190		104	5	81	19	45	45	81							
23	兰州兽医所	292	243	121	86	35	73		13	15	28	27	16	35			8	7	16	4
24	兰州牧药所	206	159	32	22	10	16	4	2	1	17	3	1	10	2		5	3	2	2
25	上海所	129	98																	
26	草原所	174	123	15	10	5		2	8		2		8	5			5			1
27	特产所	513	339	187	182	5	64	2	116	6	24	34	118	4	1		2	2		
28	环保所	127	109	28	6	22	4	1	1	2	2	2		20	1	1	7	9	4	2
29	沼气所	98	74	74		74								57	17		28	21	21	4
30	农机化所	232	188	180	161	19	150	6	5	57	59	35	10	12	4	3	9	6	4	
31	烟草所	188	136	58	28	30	28			10	12	6		26	4		13	14	3	
32	研究生院	74																		
33	出版社	34	31	27	22	5	19	3		8	10	4		5			2	1	2	
	合计	6 347	4 636	1 853	1 215	638	712	67	436	217	329	219	450	554	63	21	298	202	104	34

表四

中国农业科学院 2009 年合同签订情况汇总表

序号	填报单位	合同总数（份数）	合同交易总金额（万元）	当年实收金额（万元）	技术合同数（份数） 技术开发	技术转让	技术咨询	技术服务	其他合同总数（份数） 产品销售	其他	合同买方类型（份数） 政府部门	科研机构	大、中专院校	大、中型企业	乡镇企业	其他
1	作物科学所	16	831	380		15				1				16		
2	资源区划所	17	925	485		1	7	9			3			14		
3	植保所	138	1 304	1 304				138				30	20	88		
4	蔬菜所	2	2 371	2 371				2			2					
5	环发所	3	64	19	1		1	1				2		1		
6	畜牧所	8	144.07	90.32	3	2		3						8		
7	蜜蜂所	8	971	331	7	1						4				4
8	饲料所	14	143	143	3	4		7					13			1
9	农产品加工所	10	290	107	2		2	6						4	6	
10	生物所															
11	农经所	1	500	500						1						1
12	农业信息所	4	37	37	3			1				2				2
13	质标所	1	50	20		1								1		
14	灌溉所	2	28	10				1		1						
15	水稻所	12	1 000	300		12								12		
16	棉花所	9	432.1	432.1				9				9				2
17	油料所															

续表

序号	填报单位	合同总数（份数）	合同交易总金额（万元）	当年实收金额（万元）	技术合同总数（份数）				其他合同总数（份数）		合同买方类型（份数）					
					技术开发	技术转让	技术咨询	技术服务	产品销售	其他	政府部门	科研机构	大、中专院校	大、中型企业	乡镇企业	其他
18	麻类所	4	68	68				4							4	
19	果树所	123	61.52	50.08				123			1			122		
20	郑果所	68	240	155	3			12	53		8	1		3	8	48
21	茶叶所	54	630.25	421.8	2	7	2	43			14			3	37	
22	哈兽医所	23	10 146	10 146	5	17		1						23		
23	兰州兽医所	39	2 960	2 960			2		37		15	13		11		
24	兰州牧药所															
25	上海所															
26	草原所															
27	特产所															
28	环保所	255	495	450			233	22			10	8	7	130	90	10
29	沼气所	75	502.35	502.35				75						75		
30	农机化所	79	723.88	220.2	18	5	1	3	13	39	3	2	1	70	3	
31	烟草所	30	1 823	1 170			30							30		
32	研究生院															
	合计	995	26 740.2	22 672.9	47	67	276	460	103	42	56	71	28	549	223	68

中国农业科学院 2009 年技术合同认定登记情况

序号	填报单位	技术合同认定登记份数	合同金额（万元）	技术性收入（万元）	提奖金额（万元）	免税金额（万元）
1	作科所	4	270	22	5. 5	
2	资源区划所	9	1 619. 169	1 133. 418 3		
3	蔬菜所	2	2 371	1 497. 41		
4	蜜蜂所	8	971	331		1. 05
	生物所	10	425	425		425
5	水稻所	23	1 300	600		
6	棉花所	9	432. 1	432. 1	86. 42	
7	茶叶所	2	17	17		0. 85
8	哈兽医所	23	10 146	9131. 4	3 765. 6	507. 3
9	兰州兽医所	2	5 200	2 460	369	
10	环保所	255	495	450		495
11	农机化所	19	430. 78	391. 78		21. 939 68
	合计	366	23 677. 049	16 891. 108 3	4 226. 52	1 451. 139 68

表五　中国农业科学院 2009 年开发推广成效较大的技术（产品）情况汇总表

序号	技术（产品）名称	推广面积（万亩）	产品数量	效益情况（万元）		填报单位
				社会效益	直接经济效益	
1	中黄 13	1 109				作物所
2	CA0045	120				
3	轮选 987	82				
4	中单 808	110				
5	食用菌栽培	158		158		资划所
6	测土配方施肥	3 500		3 500		

续表

序号	技术(产品)名称	推广面积(万亩)	产品数量	效益情况(万元)		填报单位
				社会效益	直接经济效益	
7	现代设施农业技术	2.5	5	4 100	12.5	环发所
8	环境气体监测系统		1		18.14	
9	白僵菌系列产品研发技术		6		5	
10	甘蓝新品种推广	220	5.69万公斤	21 538	425	蔬菜所
11	椒类新品种推广	9.2	0.69万公斤	9 751	136	
12	番茄新品种推广	6.4	0.16万公斤	3 713	36	
13	黄瓜新品种推广	14.7	1.47万公斤	6 382	158	
14	白菜新品种推广	5.5	0.82万公斤	623	20	
15	抗虫棉	5 500	481 250万公斤	770 000		生物所
16	节水灌溉产品	2		200	15	灌溉所
17	中浙优系列	350	50	17 500		水稻所
18	国稻1号	160	60	9 600		
19	国稻6号	80	80	6 400		
20	天优华占	50	50	2 500		
21	中棉所48	80	26万公斤	8 960	260	棉花所
22	中棉所41	25	28万公斤	2 800	140	
23	中棉所63	26	8万公斤	2912	80	
24	中棉所66	8	5万公斤	960	50	
25	中油系列油菜品种	3 500	30个	175 000	1 503	油料所
26	NYDL系列油料速测仪		10台(套)	6 000	50	
27	油茶籽脱壳机		8台	5 000	64	

续表

序号	技术（产品）名称	推广面积（万亩）	产品数量	效益情况（万元）		填报单位
				社会效益	直接经济效益	
28	果树苗木	1.3	114 万株	8 900	205	郑州果树所
29	西甜瓜蔬菜种子	1.4	30 100 公斤	420 000	198	
30	果实套袋	1.6	200 万只	400	5.1	
31	植物生长调控产品	11	43.2 万瓶（袋）	4 000	43.2	
32	茶树良种	0.055	250 万株		30	茶叶所
33	茶叶质量检测		检测样品 5 000 份		230	
34	农药残留检测		检测样品 6 500 份		400	
35	有机茶认证				270	
36	茶树专用农药	7.4721	9 707 公斤		69.6	
37	茶树叶面肥	1.8	9 万包		90	
38	新城疫-禽流感冻干苗	15 亿羽份			464	哈兽医所
39	禽流感 H5N1（Re-5）灭活疫苗	1 亿羽份			800	
40	猪蓝耳病冻干苗	1 419 万毫升			156	
41	生物制品	10 省（自治区）	5 600 万头份		5 612	特产所
42	微波杀青干燥设备		11 套	500	101.3	农机化所
43	常温烟雾机		20	50	10	
44	担架式远程宽幅喷雾机		1 230	700	330	
45	优质烟叶基地技术服务	910		180 000	1 823	烟草所
	合计			1 672 147	13 809.84	

表六 **中国农业科学院 2009 年技术转让情况汇总表**

序号	技术转让项目名称	转让次数	转让总收入（万元）	填报单位
1	中黄 40、41、30	3	20	作物科学所
2	中黄 37、13、24	3	225	
3	中黄 36、20、17	3	10	
4	中黄 322、25、29	3	6	
5	中麦 175、中麦 349	2	15	
6	中单 909	1	50	
7	生长调节剂专利	1	20	
8	缓释保水尿素技术	1	35	资划所
9	一种鉴别牛及早期胚胎的方法	1	5	畜牧兽医所
10	提高瘤胃 trans-11 油酸产量的复合植物油及添加该植物油的饲料	1	30	
11	增加牛奶共轭亚油酸（CLA）含量的营养调控方法及饲料	1	30	
12	蜂王浆软胶囊防褐变的工艺技术	1	50	蜜蜂所
13	植物蛋白生物活性小肽	1	3	饲料所
14	玉米青贮剂	1	10	
15	禽类饲料添加剂	1	3	
16	海藻糖酶生产技术	1	100	
17	植酸酶转基因玉米	1	400	生物所
18	转基因棉花技术	5	325	
19	鱼腥草饮料配方	1	50	质标所

序号	技术转让项目名称	转让次数	转让总收入（万元）	填报单位
20	育秧盘专利	1	20	水稻所
21	中浙优系列	1	198.5	
22	中 2 优 1286/308	1	70	
23	内 5 优 8015	1	50	
24	春优 59	1	15	
25	春优 658	1	9	
26	中旱 221	1	8	
27	农药专利	1	9	
28	国稻 3 号	1	15	
29	中旱 25	1	3	
30	中油系列花生芝麻品种	3	23	油料所
31	油料加工专利技术	1	50	
32	氨基丁酸茶生产技术	2	35	茶叶所
33	浙江省茶叶安全生产全程质量控制和检测技术研究与示范	1	11	
34	"茶园假眼小绿叶蝉成若虫和黑刺粉虱成虫诱捕方法"专利	1	11	
35	"一种茶叶汁的提取方法"专利	1	6	
36	茶叶安全生产过程控制和检测技术	1	11	
37	性诱剂与病毒制剂协调防治茶毛虫的技术及应用	1	11	
38	疫苗生产技术	1	4 000	兰州兽医所
39	疫苗制苗种毒	1	1 200	
40	猪传染性胃肠炎与猪流行性腹泻二联	4	1 420	哈兽医所
41	禽流感等兽医防制技术	1	5 094	

续表

序号	技术转让项目名称	转让次数	转让总收入（万元）	填报单位
42	有机肥翻抛机技术转让	1	12	农机化所
43	5B-5 智能化种子包衣机技术转让	1	20.88	
44	5BN-1 包衣种子烘干机专实施许可专利权转让	1	15	
45	4HLB-2 型履带自走式半喂入花生联合收获机技术成果转让	2	42	
46	5X-12 型风筛式种子清选机专利实施许可权转让	1	15	
	合计	66	13 761.38	

表七　　**中国农业科学院 2009 年出口创汇情况汇总表**　　（单位:万元）

序号	技术（产品）名称	技术产品数量	创汇金额	出口国家	填报单位
1	龙井茶	200 公斤	24	阿曼	茶叶所
2	禽流感 H5N1 灭活疫苗	21 500 万羽份	2 625.7	越南	哈兽医所
	合计		2 649.7		

表八　　**中国农业科学院 2009 年参加技术（产品）交易会情况汇总表**

序号	填报单位	参展次数（次）	参展项目（项）	成交金额（万元）
1	作物科学所	3	农作物新品种	
2	资源区划所	11	34	
3	蔬菜所	24	11	125
4	环发所	5	6	30.5
5	畜牧兽医所	5	6	
6	饲料所	6	29	10
7	农产品加工所	2	9	

续表

序号	填报单位	参展次数（次）	参展项目（项）	成交金额（万元）
8	生 物 所	2	8	
9	灌 溉 所	3	5	
10	水 稻 所	6	超级杂交稻	
11	麻 类 所	1	麻地膜	
12	果 树 所	3	品种、技术	
13	郑 果 所	28	62	
14	茶 叶 所	4	32	
15	哈 兽 医 所	6	15	
16	兰 州 兽 医 所	2	2	
17	兰 州 牧 药 所	3	5	
18	特 产 所	7	新品种、新技术、参茸制品	
19	农 机 化 所	14	27	450
	合 计	135		615.5

中国农业科学院 2009 年度各类科技企业基本情况统计表

截止到 2009 年 12 月 31 日，中国农业科学院及其所属科研事业单位对外投资成立各类科技企业 88 个，其中国有独资、国有资本控股的 58 个，国有资本参股的 30 个，58 个国有独资、国有资本控股的资产总额合计 134 485.72 万元，负债总额合计 58 952.50 万元，所有者权益合计 75 533.22 万元，净资产合计 75 533.63 万元，比 2008 年度末增长了 6.83%。2009 年实现营业总收入 87 567.76 万元，实现利润总额 13 787.16 万元，净利润 11 395.99 万元。

序号	1	2	3	4	5	6	7
研究所名称	作物科学所	作物科学所	作物科学所	植物保护所	植物保护所	蔬菜花卉所	蔬菜花卉所
企业名称	北京中农作科技发展有限公司	北京中品开元种子有限公司	北京特品降脂燕麦开发公司	中国农业科学院植物保护研究所廊坊农药中试厂	北京中保绿农高新科技有限公司	北京中蔬园艺良种研究开发中心	北京蔬菜科技开发公司
注册时间	1987.11	2000.4	1993.6	1994	2003.4	1988	1993.8
注册资本（万元）	1 000	50	60	500	450	500	30
企业性质	有限责任	有限责任	国有独资	国有独资	国有独资	国有独资	国有独资
法定代表人	万建民	王述民	赵伟	冯平章	吴孔明	杜永臣	杜永臣
总经理	王步军	任军	赵伟	冯平章	冯平章	刘伟	梁励
经营范围	销售农作物种子及自育杂交种	生产经营甜玉米糯玉米特种玉米种子	生产加工销售燕麦保健品	杀虫剂、杀菌剂、除草剂、植物生产调节剂、叶面肥、微肥、农药技术咨询服务	农药销售	蔬菜良种及相关领域的技术开发转让咨询服务等	花卉肥农药及相关的农业生产资料

续表

序号	8	9	10	11	12	13	14
研究所名称	蔬菜花卉所	蔬菜花卉所	环境发展所	环境发展所	北京畜牧兽医所	北京畜牧兽医所	北京畜牧兽医所
企业名称	北京中蔬绿源马铃薯科技开发中心	北京中蔬花园宾馆	北京中环易达设施园艺科技有限公司	北京桑柏生物技术有限公司	北京华谷生物营养科技发展有限公司	北京中畜阳光牧业科技发展有限公司	北京中畜东方草业科技有限责任公司
注册时间	2005	1994.8	1999.9	2001.4	1999.6	2002	2003.11
注册资本（万元）	50	230		250	250	100	200
企业性质	国有独资	国有独资	有限责任	有限责任	有限责任	有限责任	有限责任
法定代表人	杜永臣	杜永臣	梅旭荣	唐志军	时建中	时建忠	王加启
总经理	金黎平	宗明虎	王沼滨		张敏红	张军民	吕会刚
经营范围	马铃薯品种选育种苗的推广开发马铃薯加工技术	宾馆住宿和会议接待	都市园艺，植物工厂，温室公园，温室节能技术研发；涉农项目策划设计施工服务	生物防治技术产品研发生产销售	技术产品出口，企业及成员经所需原辅材料经营，鸡蛋和生鸡销售	饲料加工及销售	主要经营草种和豌豆种子

序号	15	16	17	18	19	20	21
研究所名称	北京畜牧兽医所	蜜蜂所	蜜蜂所	饲料所	饲料所	饲料所	饲料所
企业名称	北京中畜添加剂研究开发中心	北京中农蜂业技术开发中心	北京中蜜科技发展有限公司	北京挑战农业科技有限公司	北京精准动物营养研究中心	北京天可瀚传媒科技有限公司	北京中农盛世农业科技有限公司
注册时间	2003	1981.1	2002.9	2001.10	2000.11	2006.4	2008.7
注册资本（万元）	30	35	200	500	300	100	200
企业性质	国有独资	国有独资	有限责任	有限责任	有限责任	有限责任	有限责任
法定代表人	文杰	吴杰	吴杰	蔡辉益	屠焰	蔡辉益	蔡辉益
总经理		彭文君	彭文君	徐茂宝	段学民	王湘黔	熊林杰
经营范围	饲料及其添加剂研制开发	生产销售蜂产品	生产经营蜂产品蜂产品研制开发	饲料及其添加剂的生产经营	代乳粉、预混料	杂志广告、技术咨询、论坛培训	销售定型包装食品、饮料、酒、水果、蔬菜、茶叶

续表

序号	22	23	24	25	26	27	28
研究所名称	饲料所	饲料所	生物所	生物所	资源区划所	信息所	信息所
企业名称	北京龙科方舟生物工程技术中心	北京华思联认证中心	创世纪转基因技术有限公司	北京科佰瑞生物技术有限公司	北京龙安泰康科技有限公司	北京金农信息高科技有限责任公司	农牧产品开发杂志社
注册时间	2001.9	2003.12	1998.5	2005	2002.7	2004.11	1999.11
注册资本（万元）	100	360	8 000	500	40	150	60
企业性质	有限责任	有限责任	有限责任	有限责任	有限责任	有限责任	国有独资
法定代表人	谯士彦	刘同占	吴开松	林敏	唐华俊	许世卫	冯艳秋
总经理	谯士彦	李燕松	杨雅生	吴燕民	孙富臣	王文生	冯艳秋
经营范围	饲料安全工程建设，饲料及相关领域成果转化，组装转化国内科研成果，消化吸收国外先进技术，研究开发高新技术产品	质量管理体系，食品安全管理体系，中国饲料产品，良好农业规范等领域的认证工作	植物功能基因克隆转化以及棉花、油菜、水果等植物新品种选育生产加工销售与技术服务	技术咨询，技术转让，技术服务	销售定型包装食品	信息技术研发服务信息工程建设	期刊出版，技术培训，信息咨询，组织文化艺术交流

续表

序号	29	30	31	32	33	34	35
研究所名称	信息所	出版社	研究生院	灌溉所	灌溉所	水稻所	水稻所
企业名称	北京海淀国际农业开发中心	北京立业时代图书经销中心	北京中农研科技服务中心有限公司	水利部中国农业科学院农灌所科技开发中心	新乡中灌节水工程技术有限公司	浙江中稻高科技种业有限责任公司	中国水稻研究所科技咨询开发服务部
注册时间	1988.6	1993.6	2003.12	1988.4	2007.7	1997	1990.4
注册资本（万元）	11	70	60	10	60	500	200
企业性质	国有独资	国有独资	有限责任	国有独资	有限责任	有限责任	国有独资
法定代表人	邵长磊	李思经	王秀玲	吕谋超	樊志升	程武华	倪建平
总经理	邵长磊	李思经		吕谋超	樊志升	李春生	倪建平
经营范围	农业技术开发服务，成果转让草坪种植，销售良种果树牧草，一般农作物种子化工产品	图书营销	技术培训和住宿接待	农田水利技术转让、技术开发、技术咨询、技术服务	节水灌溉，给排水工程，园林景观工程，水质处理以外环保除尘工程的规划设计和施工	大米销售，水稻种子的生产销售及品种转让	科研仪器及农机的销售

续表

序号	36	37	38	39	40	41	42
研究所名称	棉花所	棉花所	棉花所	油料所	油料所	油料所	油料所
企业名称	河南省安阳中国农业科学院棉花研究所科技贸易公司	中棉种业科技股份有限公司	安阳惠民科技咨询服务有限责任公司	武汉中油科技产业有限公司	武汉中农油种业科技有限公司	武汉中油大地希望种业有限公司	武汉中油阳光种业科技有限公司
注册时间	1994	2009.9	2008.7	2000.6	2004	2004.12	2005.12
注册资本（万元）	1 000	5 000	50	3 000	500	500	500
企业性质	国有独资	有限责任	有限责任	有限责任	有限责任	有限责任	有限责任
法定代表人	喻树迅	喻树迅	李付广	王汉中	刘贵华	李云昌	张学昆
总经理	喻树迅	刘金海	李付广	廖伯寿	黄加华	徐育松	邹崇顺
经营范围	棉种销售，技术咨询，技术服务	棉种销售，技术服务	技术咨询服务等	农业新技术新品种新成果研制开发，推广；农产品加工及相关产品销售生物制品研发销售	油菜品种	农作物新品种新技术新成果推广，农作物种子销售，技术咨询服务，农机及配套设备销售	农作物新品种新技术新成果的研制推广，农作物种子销售，技术咨询服务，农机及配套设备销售

续表

序号	研究所名称	企业名称	注册时间	注册资本(万元)	企业性质	法定代表人	总经理	经营范围
43	油料所	武汉中油天隆种业科技有限公司	2005.5	100	有限责任	周薪安	吴学军	大豆新品种、新技术、新成果研制，种子销售
44	油料所	武汉中油康尼科技有限公司	2003.3	118	有限责任	黄凤洪	黄凤洪	油脂产品及设备研制开发，技术服务咨询；食用植物油生产销售，保健食品，农用机械器材，农副产品批发零售
45	麻类所	中国农业科学院麻类研究所新技术推广中心	1994.6	50	国有独资	熊和平	熊和平	麻类作物种子、种苗、种兜、麻类加工机具及麻类科技成果转化
46	果树所	中国农业科学院果树所科技开发部	2003.6	40	国有独资	丛佩华	张红军	技术咨询服务
47	果树所	葫芦岛市中农果业科技开发有限责任公司	2009.3	10	有限责任	刘凤之		果树技术服务，技术咨询，果袋化肥的销售
48	果树所	兴城果研科技咨询服务有限责任公司	2008.8	10	有限责任	程存刚	黄启东	果树技术咨询服务
49	郑州果树所	郑州科丰脱毒种苗有限公司	2002.5	100	有限责任	刘君璞	叶永刚	果树种苗

续表

序号	50	51	52	53	54	55	56
研究所名称	郑州果树所	郑州果树所	郑州果树所	茶叶所	茶叶所	茶叶所	茶叶所
企业名称	郑州宏科园林景观工程有限公司	郑州金穗果袋有限责任公司	新河县中果果业科技发展有限公司	杭州龙冠实业有限公司	杭州中茶技术服务公司	杭州中农质量认证中心	江西绿康天然产物有限责任公司
注册时间	2004.5	2005.4	2008.5	1996.3	1994.1	2003.6	2002.1
注册资本（万元）	1 100	50	100	211	50	300	1 340
企业性质	有限责任	有限责任	有限责任	国有独资	国有独资	国有独资	有限责任
法定代表人	刘君璞	方金豹	刘君璞	杨亚军	杨亚军	杨亚军	单江渭
总经理	栗纪轩	杨朝选	尹吉	姜爱芹		傅尚文	
经营范围	园林绿化工程施工及苗木花卉、草坪种植与销售	果袋的加工生产销售	果业科研生产加工销售，中高档新奇特果品及其加工品销售，农业综合开发技术服务	茶叶、茶具、茶叶包装、茶制品等生产加工批发	茶叶及制品，茶叶加工机械、农副产品、茶树苗，农药肥料，技术咨询推广服务	有机产品认证	茶叶提取物生产销售经营

续表

序号	57	58	59	60	61	62	63
研究所名称	茶叶所	茶叶所	茶叶所	哈尔滨兽医所	兰州兽医所	兰州畜牧兽药所	兰州畜牧兽药所
企业名称	中国茶叶股份有限公司	浙江中茗科技开发公司	浙江东方茶业科技有限公司	哈尔滨维科生物技术开发公司	中农威特生物科技股份有限公司	中国农业科学院中兽医研究所药厂	兰州先锋草业工程技术有限公司
注册时间	2000.10	2004.8	1999.4	1992.10	2003.6	1984.10	2000.12
注册资本（万元）	18 000	100	2 900	3 000	5 000	11.6	100
企业性质	股份有限	有限责任	有限责任	国有独资	有限责任	国有独资	有限责任
法定代表人			江再华	孔宪刚	才学鹏	杨志强	杨志强
总经理			江再华	魏凤祥	卫广森	苏鹏	时永杰
经营范围	茶叶生产加工贸易，茶叶咖啡可可等商品进出口及国内销售业务	茶叶产品代购代销，茶产品开发，产销经营咨询，服务和技术转让	茶叶深加工为主，茶籽饼综合加工，茶类高科技产品开发	禽畜用生物制品	家畜口蹄疫灭活疫苗系列	兽药，农药生产与加工销售	林木花卉培育繁殖，草产品和生产加工，农牧业及园林机械批发零售，绿化园林工程的规划设计施工与咨询，农业科技开发推广咨询服务

续表

序号	64	65	66	67	68	69	70
研究所名称	兰州畜牧兽药所	上海兽医所	上海兽医所	草原所	特产所	特产所	特产所
企业名称	兰州西部草业工程技术研究有限公司	上海依诺科技发展有限公司	上海思而行生物技术有限责任公司	内蒙古中农草业发展有限公司	吉林特研科技有限公司	吉林中特生物技术有限责任公司	吉林特研药业有限公司
注册时间	2000.9	1999.5	2009.4	2005.7	2006.4	2005.6	2002.4
注册资本（万元）	110	50	100	500	60	200	200
企业性质	有限责任	国有独资	有限责任	有限责任	有限责任	有限责任	有限责任
法定代表人	刘自学	童光志	童光志	侯向阳	孙长伟	杨福合	姚春林
总经理	吴序并		徐富荣	杨玉平	高选东	吴威	齐俊生
经营范围	优质草坪草，牧草，水土保持植物种子，种苗和设施设备的产业化生产研究与开发	科技开发、成果转让、技术咨询服务，物业管理	生物制品开发，技术服务，销售兽药饲料添加剂	草业开发推广，技术服务，草产品生产经营	特种动植物产品生产经营所需物资装备购销，物业管理经营	特种经济动物生物制品研制生产销售	中成药制造

续表

序号	71	72	73	74	75	76	77
研究所名称	特产所	特产所	天津环保所	成都沼气所	成都沼气所	成都沼气所	南京农机化所
企业名称	吉林中农特研饲料有限责任公司	特产研究所参茸制品厂	天津市东方绿色技术发展公司	成都环能国际合作公司	农业部成都沼气研究所科技开发公司	农业部成都能源环境工程设计所	江苏大浩科技实业有限公司
注册时间	2004.7	1987	1992	1994.4	1994.5	1993.2	2004.8
注册资本（万元）	100	10	25	54.8	50	100	500
企业性质	有限责任	国有独资	国有独资	国有独资	国有独资	国有独资	有限责任
法定代表人	董学	王再羊	张俊亭	邓光联	邓光联	邓光联	陈巧敏
总经理	李光玉	王再羊		张密	邓光联	邓良伟	黄振新
经营范围	饲料加工、生产、销售	果酒、保健酒、参茸制品生产销售	经营环境检测产品、技术咨询服务	能源环境工程、技术咨询服务、技术转让培训	沼气能源、环境工程的设计承包、资源综合利用、节能技术和产品开发	工业沼气工程研究设计及小型工业及民用建筑的设计	农林机电、化工涂料的开发、生产销售

续表

序号	78	79	80	81	82	83	84
研究所名称	南京农机化所	烟草所	烟草所	中国农业科学院	中国农业科学院	中国农业科学院	中国农业科学院
企业名称	南京春浩科技有限公司	中国农业科学院烟草研究所青岛科技开发中心	玉溪中烟种子有限责任公司	北京中农种业有限责任公司	北京市中农良种有限责任公司	北京中农福得绿色科技有限公司	北京中农科技术开发公司
注册时间	2004.8	2004.10	2001.8	2003.12	1993.9	2002.8	1988.7
注册资本（万元）	150	3	2 000	3 000	500	1 000	500
企业性质	有限责任	国有独资	有限责任	有限责任	有限责任	有限责任	国有独资
法定代表人	侯志洁	陈刚	赵振山	任运良	罗全起	屈冬玉	张逐陈
总经理	侯志洁	陈刚	马文广	刘淑兰	王振乾	梅森	葛正炎
经营范围	科技开发、成果产业化、技术转让、咨询服务	烟草农业生产技术咨询服务，成果转化，农药销售	烟草种子科研，烟草种子产业化市场化，提高烟草种子技术含量和规范烟草种子管理	农作物种子生产经营	农作物种子生产经营	绿色有机无公害农产品生产经营	进出口业务，保健品经营销售，技术开发与合作

续表

序号	85	86	87	88
研究所名称	中国农业科学院	中国农业科学院	中国农业科学院	院后勤服务中心
企业名称	北京中因生物新技术开发公司	北京泛太科技发展有限公司	北京中农世纪虫草科技发展中心	北京中农仪拓科技发展有限责任公司
注册时间	1988.12	1994.4	2004.3	2000.11
注册资本（万元）	110	4 680	200	50
企业性质	国有独资	中外合作	有限责任	有限责任
法定代表人	雷茂良	陈万金	张富	孟子园
总经理	史志国	史志国	李育慧	孟子园
经营范围	物业管理	裹大大厦写字楼出租与经营管理	冬虫夏草的培育及其保健品的销售	电子产品，仪器仪表，普通机械，通讯设备，宽带服务

四、国际合作与对台交流

中国农业科学院 2009 年国际合作工作概况

2009 年，中国农业科学院国际合作局紧密围绕院党组中心任务、农业部国际合作工作总体部署和国家大局的需要，以邓小平理论、"三个代表"重要思想、科学发展观和党的十七大报告为指导，以强化服务农业科技创新体系与国家产业发展、国家外交战略和农业"走出去"战略为重点，以实事促发展，大胆探索国际合作管理的新措施、新办法，努力提高服务我院科技创新的能力。积极利用农业部、科技部、商务部、外专局、教育部以及双边、多边、私营部门、基金会等渠道，加大项目申请力度，共申报各类项目 252 项，获得批准 119 项，落实国际合作经费 1.212 亿元。国际马铃薯中心亚太分中心的建设取得了新的进展，3 个新的联合实验室平台得以落实。新签国际农业科技合作协议和备忘录 17 个。派出团组 305 个 643 人次，邀请外宾 137 批 352 人次，新增科技部国际科技合作基地 2 个。大力加强国际合作能力建设，选派 20 名重点领域的科研骨干赴加拿大圭尔夫大学进行为期 3 个月的英语强化培训，并选派 4 名青年科学家/国际合作管理人员到国际农业研究磋商组织（CGIAR）下属研究中心进行为期 3 个月培训，提高了我院国际合作交流的水平。深入调研和沟通，积极申报我院外事审批权并获批准，为加速我院的国际化进程奠定了基础。

一、深入调研和沟通，积极申报我院独立外事审批权并获批准

为适应新的发展形势，提高办事效率，进一步推动我院国际化进程，满足国际合作发展和科技创新需求，在院党组的部署和领导下，国际合作局先后开展了外事审批权调研工作（教育部、中国科学院、一些大学）并撰写了调研报告，多次向农业部、外交部汇报和沟通，提交了我院申报拥有一定外事审批权一系列材料。在多方努力下，国务院于 2009 年 11 月 11 日批准了我院一定外事审批权的请示，使我院拥有护照自办权、签证代办权、出具出国证明权、邀请外宾来华自办权、小型国际会议审批权、一般性国际农业科技合作备忘录（协议）审批权等，大大简化了我院国际交流工作的程序，提高了工作效率，并对于加速我院的国际化进程具有深远意义，是我院外事工作的历史性突破。

二、继续拓展战略合作伙伴关系，为开展更深层次、
更广范围的国际合作交流工作奠定基础

2009 年，我院继续加强战略合作伙伴关系的拓展，加强了与国外著名大学和研究单位的合作，其中新签和续签合作备忘录 17 项，包括：格鲁吉亚农业科学院、乌克兰农业科学院、哈萨克斯坦农业创新集团、欧盟国家英国食品与环境研究院、丹麦奥尔胡思大学农学院、匈牙利德布勒森大学、斯洛文尼亚卢布尔雅那大学、美大与非洲地区的澳大利亚阿德莱德大学、加勒比农业研究与发展研究院、加勒比开发银行以及国际农业研究组织下属的国际林业研究中心、国际食物政策研究所、国际玉米小麦改良中心、国际生物多样性中心以及国际知名的跨国公司孟山都、先正达等。

积极推荐我国有影响力的科学家、政府官员就任国际农业研究磋商组织（CGIAR）下属研究中心的理事，加强我国在国际农业研究组织的话语权。在部、院领导的支持下，经过我局与外方的有效沟通，成功推荐我院翟虎渠院长任国际水稻研究所理事、农业部张桃林副部长任国际马铃薯中心理事、科技部国际合作司靳晓明司长任国际玉米小麦改良中心理事。

联合召开科学家峰会、战略研讨会，拓展战略合作伙伴关系。2009 年 8 ~ 12 月，由我院牵头组织先后与国际热带农业研究中心（CIAT）、美国杜邦公司、国际生物多样性中心、拜耳作物科学公司、温洛克基金会和加拿大圭尔夫大学机构等联合召开了科学家峰会，针对双方感兴趣的不同领域，探讨了进一步拓展合作的重点领域和方式。

2009 年，我院充分利用院级代表团出访的机会，拓展新的战略合作伙伴关系。2009 年 7 月 15 ~ 26 日，翟虎渠院长率团访问加勒比地区和加拿大，与加勒比开发银行和加勒比农业研究与发展研究院签署了科技合作协议，并访问了巴巴多斯、牙买加、巴哈马等加勒比地区国家，落实了回良玉副总理访问巴哈马时签署的农业合作协议中的相关问题，为开拓我院与加勒比地区国家的农业科技合作奠定了基础，并与加拿大圭尔夫大学就共同举办中加科学家峰会、互派科学家、建立联合实验室和双方互设办事处等达成共识。10 月 11 ~ 23 日，唐华俊副院长率团访问欧洲意大利、比利时和荷兰 3 国，分别就作物遗传资源、畜牧兽医、作物生物技术等领域召开科学家峰会，确定了 2010 年合作的重点领域和合作方式。11 月 9 ~ 18 日，罗炳文副书记率团访问了印度和叙利亚的国家农业科研机构，以及分别位于两国的国际半干旱地区热带作物研究所（ICRI-SAT）及国际干旱地区农业研究中心（ICARDA），协商和确立了我院与国际半干旱地区热带作物研究所和国际干旱地区农业研究中心在 "CAAS-ICRISAT-ICARDA 旱作农业联合实验室" 框架下拓展合作领域的途径和方式，增进与印度农业研究理事会（ICAR）和叙利亚农业科学研究委员会（GCSAR）的沟通与了解，探讨了我院与这两个国家农业科研机构合作的可能性和重点领域。12 月 13 ~ 22 日，刘旭副院长受农业部国际合作司委托，率团访问美国康乃尔大学，落实双方在生物技术领域的优先合作项

目，并赴墨西哥参加由中墨两国农业部组织的农业科技国际合作高层论坛，商讨关于生物技术、作物遗传资源和植物保护领域的合作并确定优先合作项目。

利用国内其他渠道，积极拓展合作领域，寻找新的战略合作伙伴。通过中国人民银行国际司就非洲开发银行资助的卢旺达木薯加工项目提供可行性研究报告，并通过多次沟通，推荐我院专家参加此项目，以推动我院与非洲开发银行的合作。通过国家科工局系统二司，呈报亚洲核合作论坛（FNCA）项目，此项目将是以我国为主导地位的第一个 FNCA 项目，将拓展我院与 FNCA 成员国的合作。通过向卫生部多次汇报并获批准，协助将比尔·梅琳达盖茨基金会北京代表处的业务范围扩展到农业领域，为我院争取盖茨基金会的其他项目奠定了基础。

通过邀请国际原子能机构（IAEA）技术官员来访，推进我院柑橘所与 IAEA 开展柑橘大实蝇昆虫不育技术方面的研究。

三、加强平台建设，营造国际合作环境

2009 年，我院积极利用已有的国家重点实验室、部门重点实验室、科研基地等条件，积极打造以我为主的国际合作平台，营造国际科技合作与交流的良好环境。

1. 国际马铃薯中心亚太分中心（CCCAP）

在农业部领导下，我院积极推动国际马铃薯中心亚太分中心（CCCAP）的筹备工作，就东道国协议签署一事，配合农业部会商外交部、财政部、发改委、海关总署、北京市委等相关部委，就东道国协议一事达成了一致，经过 5 个相关部委和北京市的会签，农业部于 2009 年 10 月就签署东道国协议正式上报国务院，10 月 23 日国务院批准了上述请示。国际马铃薯中心亚太分中心将是在我国建立的第一家真正意义上的具有科研性质的国际组织，为今后我院进一步开展国际合作搭建了良好的平台。

2. 中国农业科学院–国际干旱地区农业研究中心和国际半干旱地区热带作物研究所旱地农业联合实验室

2009 年 8 月 3 ~ 4 日，国际半干旱地区热带作物研究所所长 William Dar 博士和国际干旱地区农业研究中心主任 Mahmoud Solh 博士等一行 6 人访问我院，为"中国农业科学院-国际干旱地区农业研究中心和国际半干旱地区热带作物研究所旱地农业联合实验室"举行揭牌仪式。11 月中旬，罗炳文副书记率团访问上述两个研究单位，双方共同拟定了联合实验室的工作重点和 2010 年的合作工作计划。

3. 中国农业科学院和国际玉米小麦改良中心应用基因组学和分子育种联合研究中心

2009 年 10 月 19 日，我院与国际玉米小麦改良中心（CIMMYT）签署关于建立应用基因组学和分子育种联合研究中心的谅解备忘录。中国农业科学院与国际玉米小麦改良中心应用基因组学和分子育种联合研究中心的建立，将进一步加强我院与 CIMMYT 在玉米、小麦等作物基因组学与分子育种领域的合作，实现优势互补，扩大双方在亚洲、特别是东南亚地区的影响力。

4. 中巴联合实验室

2009 年 5 月，巴西总统卢拉访华，双方领导人就共同关心的议题交换了意见。中巴双方一致认为，两国在农业领域合作潜力巨大。胡锦涛主席与卢拉总统发表共同宣言，双方同意支持巴西农业研究院与中国农业科学院的合作，并于 2010 年在中国农业科学院和巴西农业研究院（EMBRAPA）互设联合实验室，以推进双方在生物技术、可再生能源、种质资源交换、人员培训与交流等农业科技方面的交流与合作。2009 年 6 月 10 日和 10 月 12 日，巴西驻华使馆科技处一秘 Luciana Mancini 女士两次来我院访问，双方主要就如何落实和推进设立中巴联合实验室一事交换了看法，相关协议的起草工作已经完成，并计划在 2010 年胡锦涛主席访问巴西时签署。

5. 农业部科教司与康奈尔大学生物技术联合中心

2009 年 9 月，孙政才部长率团访问了康奈尔大学，签署了中华人民共和国农业部农业科技教育司与美国康奈尔大学技术转让与产业中心关于成立中美吴瑞农业科技创新中心的谅解备忘录。建立该中心的目的是：在原有合作基础上提升双方的战略伙伴关系，加强中美在农业生物技术方面的交流与合作。该中心拟挂靠在我院国际合作局，统一协调管理，双方拟于 2010 年首先启动作物生物强化方面的合作研究。

6. 国际合作基地

2009 年，我院作物科学研究所、水稻研究所分别被授予"科技部国际科技合作基地"，这对于有效整合国际国内科技资源，推动双边、多边政府间科技合作，解决农业科技的关键和瓶颈技术难题具有重要意义。

7. APEC 第六任牵头人办公室

在于 2009 年 6 月举行的亚太经济合作组织（APEC）农业技术合作工作组（ATCWG）第 13 次年会上，我院唐华俊副院长被推举为该工作组的第六任牵头人。为促进各项工作的顺利开展，经农业部批准，2009 年 8 月在我院成立了 ATCWG 第六任牵头人办公室，挂靠在国际合作局，负责相关日常工作。

四、积极组织申报国际合作项目，跟踪落实已有重大国际合作项目的执行情况

2009 年，组织申报科技部重大国际合作专题项目 5 项和政府间国际合作项目 61 项，落实经费 3 100 万元人民币。申报农业部国际交流与合作项目 37 项和农业部农业体系专项 2 项，批准 31 项，落实经费 645 万元。利用外国专家局渠道，聘请外国知名专家 32 人次，获得经费资助 46 万元，获得"农引推"项目 6 项，落实经费 44 万元。组织申报国家留学基金 32 人，录取 24 人，获得留学基金经费支持 518 万元。获教育部留学回国人员科研启动基金项目 6 项，总经费 16.5 万元。启动了中日项目二期"中国可持续农业技术研究发展计划——环境友好型农业技术开发与推广"项目，为期 5 年，

项目经费 5 300 万元（其中日方 2 800 万元，中方配套 2 500 万元）。获得国际农业研究磋商组织（CGIAR）下属研究中心项目 13 项，经费 78.4 万美元。另外，我院还成功申请到国际应用生物科学中心项目、拜耳作物科学公司项目等。2009 年，我院共组织申报各类国际合作项目 252 项，获得批准 119 项，实际落实经费总计达 1.212 亿元。

我院承担的比尔·盖茨基金会—"为非洲和亚洲资源贫瘠地区培育绿色超级稻"项目，2009 年初启动后利用我国 16 个育种单位培育的优良水稻品种材料在 8 个非洲国家和 7 个亚洲国家进行了 3 季适应性试种和示范试验，取得良好效果。2009 年 7 月向比尔·盖茨基金会提交了第一份项目执行报告，获得高度评价。此外，该项目在越南、巴基斯坦、斯里兰卡、老挝和柬埔寨 5 个国家举办了针对当地农民和农技人员的短期技术培训班，取得了良好的效果。

五、开展国内外调研，制定中长期战略

2009 年，我院利用各种渠道和途径开展国际合作调研工作，特别是利用院团组出访机会，就相关国家、国际组织进行调研。对于主要国家如美国、加拿大、荷兰、保加利亚、俄罗斯、南非、埃及、阿根廷、巴西、印度、叙利亚等开展了有针对性优先领域和合作战略研究，初步摸清这些国家的农业科研情况，包括科研机构、主要科研人员和重点领域。同时，加强了与跨国公司、基金会等私营部门合作的机制与策略研究。另一方面，以多种方式对我院下属研究所进行国际合作摸底和需求调研，对我院国家重点实验室、部重点实验室以及与国外农业科研机构和国际组织联合建立的实验室和研究中心的运行现状、存在的问题进行了全面调研，并根据目前国际农业科技环境和趋势，初步制定了从现在到 2020 年期间我院国际合作中长期发展规划（目前初稿已经完成）。规划详细描述了在未来中长期内我院国际合作的战略定位、指导思想、发展目标、整体推进思路、重点领域、关联行动计划和保障措施等内容，将成为我院未来中长期国际合作事业的发展和项目建设的蓝图。

六、加强国际合作能力建设，改善国际合作工作条件

为了培养我院国际合作的骨干力量和团队，按照院党组的部署，于 2009 年 5～7 月首批选派 20 名重点领域的科研骨干赴加拿大圭尔夫大学进行了为期 3 个月的英语强化培训，通过专业英语课堂训练、学术交流模拟训练以及对加拿大人文、社会、民俗等深入、系统地了解，全面提升了受训者英语听力、写作和交流能力，增强了我院国际交流高端人才的培养。同时，积极利用国际农业研究磋商组织（CGIAR）定向捐款，选派 4 名青年科学家和科研管理人员到 CGIAR 下属研究中心进行为期 3 个月培训。我院还利用院国际合作专项经费选派 2 名青年科学家（特产所和郑果所各 1 名）于 2009 年 2～3 月赴以色列希伯莱大学农学院进行农业生物技术培训，提高了青年科学家参与国际合作

的能力。通过多种形式的国际培训，进一步拓宽了我院国际合作人才建设的渠道。

为了提高工作效率，国际合作局于2009年启动了网上办公系统和外事远程信息平台项目，与上海泛微网络科技有限公司签订"中国农业科学院国际合作局网上办公系统和外事远程信息平台"建设合同，并进行了系统的开发。系统建成后，将大大简化办事手续，提高服务效率，透明政务，实现院所零距离对接。

七、围绕国家外交战略，积极实施农业科技"走出去"行动

积极推动商务部援助阿尔及利亚盐碱地改良项目，组织专家研究制定了项目实施方案，为做好该项目的下一步工作打下了良好基础。积极组织我院相关领域的科学家参加非洲开发银行资助的"卢旺达木薯加工"项目。配合我国援非战略，借助比尔·盖茨"绿色超级稻"项目在非洲试种我国杂交稻品种。利用与森达美公司的合作，在马来西亚推广我院水稻研究所的水稻品种，逐步打开我国在东南亚地区推广农业实用技术市场。同时，我院油料研究所和水稻研究所将在欧洲等地试种我院油料作物和水稻材料，为我国优良作物品种打开欧洲市场做贡献。

为了推广我国可再生能源技术、援助发展中国家在相关领域的发展，受商务部委托，在国际合作局的积极协调下，我院沼气研究所于2009年6月在成都举办"第40期发展中国家可再生能源国际培训班"，来自亚、非、拉及东欧14个国家的27名学员参加了为期56天的技术培训，进一步增进了我国与发展中国家的友谊，为争取更多的国际合作和发展机会、促进可再生能源的发展做出了新的贡献。

八、认真组织重大国际合作活动和国际会议，提升我院国际影响力

2009年，我院组织举办、承办和协办各种类型的国际会议、科学家峰会、项目会等30次。包括第八届世界大豆研究大会、第二十七届国际农经大会、中英食品安全研讨会、中加科学家峰会、温洛克项目会议、国际热带农业研讨会、国际生物多样性中心高层论坛、国际生物入侵防控大会、第五届国际烟粉虱大会、第九届国际乳铁蛋白大会、农业风险与粮食安全国际学术研讨会、亚洲核合作论坛诱变育种研讨会、全国农业科技国际合作工作座谈会、国家公费留学及智力引进项目研讨会、第十四届全国农科院系统外事协作网会议、中国农业科学院第二期外事培训班等。通过组织这些会议，提升了我院的国际影响力和知名度，同时锻炼了队伍，提高了凝聚力。

为了推进我院科技期刊《中国农业科学》成为SCI期刊的工作，邀请《自然》杂志主编Philip Campbell先生来我院访问并组织了专题学术报告会，促进了我院《中国农业科学》杂志向国际期刊迈进的步伐。

九、加大国际合作宣传力度，促进信息交流

对外宣传是扩大我院知名度和拓展对外合作的重要媒介。2009 年，我院利用网络渠道发布重大国际合作交流新闻 73 条，发布调查研究简讯 42 条。编辑印刷《中国农业学科院农业科技国际合作简讯》中、英文版各两期，发行 214 份。编辑印刷《国际农业科技快讯》（中文版）37 期，发行 5 439 份。整理编印了《中国农业科学院国际合作大型图册》，加大宣传力度，促进了国际合作信息交流。

十、响应国家号召，加强了外事管理工作

积极响应中办发［2008］9 号、中办发［2009］12 号和农业部办公厅农外办［2009］2 号文件精神，按照坚决制止公款出国（境）旅游，切实改进因公出国（境）审批管理，压缩出国（境）团组数、人数和经费，完善因公出国境制度等要求，我院及时向全院传达国家精神和要求，调整了工作方法，统一了思想，较好完成了该项计划任务。同时，还出台了《中国农业科学院国际合作管理规定》，通过制度，规范和强化了外事管理工作。实行了外事计划管理，严格审核出国任务，确保每项出访均有明确公务目的和实质内容，按照"统筹安排、总量控制、突出重点、讲求实效"的原则，较好完成了我院 2009 年出国（境）计划管理工作。

中国农业科学院与英国食品与环境研究院
合作谅解备忘录

英国环境、食品和农村事务部下属的英国食品与环境研究院（以下简称 Fera），与中国农业科学院（以下简称 CAAS）（两者以下共同简称为"双方"），希望拓宽共同感兴趣的领域，并开展合作研究计划和交流。

双方认为合作不仅仅是资金方面的合作或者是共同参与研究活动，通过合作可以实现共同的目标，达到双赢的目的。双方还认识到，成功的合作只有通过相互理解和有效的项目管理才能够实现。本条的广泛理解，须解释为双方不以任何方式干涉对方独立行为的基本责任和权力。

本谅解备忘录（MOU）明确双方合作的总体原则。个别项目双方需通过起草具体研究项目纲要落实。

第一条　目的

本谅解备忘录的目的是通过加强双方的努力合作，提供科学和技术的解决方案，以促进双方农业和农村发展。为此，双方同意共同探讨和协调以下共同感兴趣的领域的研究活动，并在双方相互理解和共同遵守法规、政策的条件下付诸实施。

第二条　合作范围

目前双方根据各自的兴趣开展科研活动，以支持政府的风险评估和政策制定，用以应对影响农业和农村环境的紧急需要。双方共同感兴趣的合作领域包括：
· 农村和农业综合企业的可持续发展
· 植物保护
· 作物和粮食安全
· 土地使用
· 环境风险
· 植物品种改良
· 养蜂业
· 质量标准和检测
· 兽医兽药

·知识管理

双方同意通过合作规划和执行研究项目实现互利共赢。

双方计划轮流在英国和中国召开年度科学家峰会，以鼓励科学家之间在相互感兴趣的领域进行面对面的沟通和交流。

为了促进上述合作研究工作，双方同意根据需要指派其工作人员履行其职责，并帮助规划和确定双方共同感兴趣的合作项目。

第三条 总则

双方将另外签署协议，以制定和执行详细的未来合作计划。

双方应共同制定包括项目目标、工作计划、研究方法和程序等内容的合作框架。双方应在今后单独签署的协议中，以双方均能接受的条款形式，对知识产权加以保护。

任何一方均可在其官方通讯和出版物上使用合作研究所取得的成果，但应对另一方做出的贡献加以承认；任何一方在未征得另一方同意的情况下，不得发表任何合作研究的成果，但这不包括之前已经在公共刊物上发表的技术数据；经双方同意，一方可与另一方共同或单独发表合作研究的成果，但须对合作研究的所有参与者给予承认；如果双方未对合作研究成果的发表方式和内容达成一致，任何一方均可在向另一方提交相关通知及论文的90天后发表这些成果；在这种情况下，发表成果的一方应对合作的另一方加以承认，但应对所发表的成果负完全责任并尽解释的义务。

本谅解备忘录不构成涉及经费开支的强制性内容。双方各自管理及使用各自的经费，双方根据各自的规定决定其经费开支。

双方根据本谅解备忘录的目标，自行决定各自应购买和使用的设备。任何一方购买的设备均为购买一方所拥有，购买一方可在任何时候对所购设备加以处置。

双方的职责应根据各自的资金能力来决定，以便使经费支出符合法律规定。本谅解备忘录须经双方书面同意方可加以修改。任何一方均可提出要求终止本谅解备忘录。对本谅解备忘录的重大修改意见，应在所提修改意见生效前至少90天通知另一方。

第四条 联络员

双方联络员如下。

1. 食品与环境研究院

英国环境、食品和农村事务部食品与环境研究院国际项目负责人

鲍尔·布莱顿

英国约克郡桑哈顿市

电话：+44（0）1904 462545

传真：+44（0）1904 462111

Email：Paul. brereton@ fera. gsi. gov. uk

2. 中国农业科学院：

中国农业科学院国际合作局副局长

贡锡锋

中国 北京 100081

电话： +86-10-82105700

传真： +86-10-62174060

Email：gongxifeng@ mail. caas. net. cn

第五条　期限

本谅解备忘录自双方签字之日起生效，有效期 5 年。双方同意在 5 年中对合作协议进行评估。经双方书面同意，可延长本谅解备忘录的期限，或对其内容加以修改。任何一方如欲终止本谅解备忘录，须提前 30 天以书面形式通知另一方。

本谅解备忘录于 2009 年 6 月 15 日在英国约克郡桑哈顿市签署，一式两份。

英国环境、食品和农村事物部　　　　　　　中国农业科学院代表：
食品与环境研究院代表：

————————————　　　　　　　　————————————

Adrian Belton　　　　　　　　　　　　　叶志华　博士
首席执行官　　　　　　　　　　　　　　　中国农业科学院农业质量标准
　　　　　　　　　　　　　　　　　　　　与检测研究所所长

中国农业科学院与斯洛文尼亚卢布尔雅那大学
农业科技合作谅解备忘录

中国农业科学院（地址：中国北京市海淀区中关村南大街 12 号）与斯洛文尼亚卢布尔雅那大学的生物技术学院及其下属农艺、生物、动物科学、食品科学等部门（地址：斯洛文尼亚卢布尔雅那 Jamnikar jeva101 号），（以下简称"双方"），为了加强在农业领域的友好合作关系，双方将在互惠互利的基础上推动农业科技领域的国际合作与交流，签署谅解备忘录如下。

第一条

双方在遵守各自国家有关法律法规的基础上，在共同感兴趣领域开展科技合作。双方将通过协商推动下述农业领域的合作。

双方总体上将推动应用生物学、微生物学、农业、食品与环境科学领域的合作，特别是：

1. 产品有机体遗传与育种；
2. 动植物遗传资源研究和利用；
3. 植物病虫害、动物疾病的研究与防治；
4. 食品质量与安全、农产品加工；
5. 蔬菜、花卉、水果的园艺研究；
6. 灌溉和水资源管理；
7. 土壤学及农业生态学；
8. 自然资源管理与农业环境保护；
9. 农业经济与发展；
10. 双方同意的其他农业合作领域。

第二条

双方同意以下述方式开展农业科技合作。
1. 科学家、专家、管理人员互访；
2. 青年科研人员教育与培训；
3. 动植物遗传资源交换；

4. 召开双边研讨会、座谈会和学术会议；

5. 在双方共同感兴趣领域开展合作研究；

6. 联合向国际或地区组织申请科研补助金和经费支持；

7. 双方使用英语进行合作与交流；

8. 双方同意的其他合作方式。

第三条

本备忘录将作为双方下属研究单位之间签署具体合作协议或工作计划的基础框架。本备忘录通过双方下属研究单位之间签署的具体合作协议或工作计划进行执行。具体合作协议将包括有关学术互访活动的具体合作计划、参与人员、临时访问时间、准确的费用问题等具体执行细节。

双方下属研究单位将共同向彼此政府或国际组织为已建立的合作项目寻求经费支持。

第四条

双方将建立一个联合工作组，工作组原则上每两年轮流在两国召开一次会议，评估合作成果，讨论下一阶段科技合作计划，签署双方同意的会谈纪要。

第五条

互换出版物、种子样本和生物产品要严格遵守双方国家法律。在本备忘录框架下，由共同合作项目成果产生的知识产权将由双方共享，在没有提前征得双方书面同意的情况下，任何一方不得向第三方转移或提供。

第六条

本协议在诠释或执行过程中出现分歧，应由双方协商，友善解决。

第七条

本备忘录如需修改或补充，需经双方同意，并正式形成相应协议，相应协议将作为本备忘录的一个组成部分。本备忘录自签订之日起生效，有效期 5 年。如果一方在本备忘录有效期结束前 6 个月未以书面形式通过另一方终止或改变本备忘录，本备忘录到期将自动顺延至下一个 5 年；任何一方可以终止本协议，但需提前 6 个月以书面形式通知对方。

　　本协议于 2008 年＿＿＿＿月 ＿＿＿＿日在＿＿＿＿以英文签订，一式两份，两份具有同等权威效力，双方各执一份。

中国农业科学院　　　　　　　　　　　　斯洛文尼亚卢布尔雅那大学
　　　　　　　　　　　　　　　　　　　及其生物技术学院

＿＿＿＿＿＿＿＿＿＿　　　　　　　　＿＿＿＿＿＿＿＿＿＿

唐华俊教授　　　　　　　　　　　　　　Frans Šampar 教授
副院长　　　　　　　　　　　　　　　　副校长兼院长

中国农业科学院与哈萨克斯坦农业创新集团
合作谅解备忘录

中国农业科学院（CAAS）与哈萨克斯坦农业创新集团（KAI），（以下简称"双方"），均表示希望开展农业科技领域的合作。

双方同意如下各项条款。

条款一

双方认为在农业科技领域的合作，将有助于促进农业科技的进步，保护环境，提高农产品的产量和质量。双方开展农业科学技术领域的合作活动，应在双方同意的基础上确定并共同实施，并依据各自国家的法律和农业政策开展互惠互利的合作。

双方的合作旨在通过利用国内和国际的专业知识和开展科研人员培训，创造有利的条件以促进农业生产发展和加强对环境的保护。

条款二

双方同意开展如下形式的合作。

· 科学家、专家互访和现代技术交流；
· 根据国家法律和国际生物多样性保护公约，进行动植物种质资源和育种材料的交换；
· 科学文献、信息交换；
· 联合组织会议、专题讨论会和其他学术会议；
· 教育和培训；
· 进行联合研究和试验；
· 通过合作研究，联合出版和发表科学论文；
· 双方一致同意，合作交流的工作语言应该是英语；
· 双方一致同意的其他形式的合作。

条款三

双方同意在以下领域开展合作研究。

- 动植物遗传资源；
- 园艺（包括蔬菜、花卉和水果）；
- 生物技术；
- 有害物综合防治；
- 畜牧与兽医科学；
- 农业生态和农业环境；
- 农业气象；
- 土壤科学；
- 食品加工；
- 其他共同感兴趣的领域。

条款四

在人员和资金条件允许的情况下，双方同意：
- 根据设施情况开展研究活动；
- 根据科技人员和必要的辅助人员开展联合项目；
- 为合作双方的青年科学家、专家和学生提供培训机会，鼓励他们参加研讨会、讲习班、会议和推广活动；
- 促进双方科学家的互访；
- 为共同感兴趣的合作项目向本国或国际组织寻求外部资金；
- 推动上述双方同意的农业科技领域的合作活动。

条款五

本谅解备忘录将通过具体的方案和项目实施，并作为该备忘录的细节条例。
这些细节条例将包括项目的学术活动计划、参与人员、具体访问日期和明确的资金规定。

条款六

双方商定认为：
- 通过双方共同努力取得的成果，如改良的育种材料、技术和方法等，双方均享有平等的权利加以使用；
- 一方如将合作中的遗传材料和科研结果转交给第三方，需获得对方明确的书面同意；
- 研究成果的发表需经双方同意。

条款七

对解释或执行本谅解备忘录过程中所遇到的问题或争端，应通过双方协商解决。该谅解备忘录，并不影响任何一方参与其他国际条约中所规定的义务。

条款八

在执行本备忘录的过程中，双方将根据各自国家条例规定所能提供的资金，承担各自的费用，而无须通过另一种程序商定。

条款九

任何对本谅解备忘录的修改和补充，可通过单独的条款加以明确，在双方同意的基础上加入本备忘录，并作为这一备忘录不可分割的一部分。

条款十

该谅解备忘录自签字之日起生效，有效期为 5 年，5 年后将自动延长至下一个 5 年。一方如欲终止这份谅解备忘录，应在终止日期之前的 6 个月内以书面形式通知另一方。

谅解备忘录的修改或终止将不会影响到合同项目在其执行过程中的有效性，直至其完成。

经商定，双方于 2009 年　　月　　日在阿斯塔纳签署本谅解备忘录。本备忘录以中文、哈萨克文和英文 3 种语言形式签署。

为防止双方在解释这一谅解备忘录中产生争议，双方将遵循英文文本。

中国农业科学院　院长　　　　　　　　哈萨克斯坦农业创新集团　主席

翟虎渠　　　　　　　　　　　　　　　Bayan Alimgazinova

中国农业科学院与格鲁吉亚农业科学院
合作谅解备忘录

中国农业科学院（CAAS）与格鲁吉亚农业科学院（GAAS），（以下简称"双方"），均表示希望开展农业科技领域的合作。

双方同意如下各项条款。

条款一

双方认为在农业科技领域的合作，将有助于促进农业科技的进步，保护环境，提高农产品的产量和质量。双方开展农业科学技术领域的合作活动，应在双方同意的基础上确定并共同实施，并依据各自国家的法律和农业政策开展互惠互利的合作。

双方的合作旨在通过利用国内和国际的专业知识和开展科研人员培训，创造有利的条件以促进农业生产发展和加强对环境的保护。

条款二

为取得富有成效的合作，双方同意开展如下形式的合作。

· 科学家、专家互访和现代技术交流；
· 根据国家法律和国际生物多样性保护公约，进行动植物种质资源和育种材料的交换；
· 科学文献、信息交换；
· 联合组织会议、专题讨论会和其他学术会议；
· 教育和培训；
· 进行联合研究和试验；
· 通过合作研究，联合出版和发表科学论文；
· 工作语言应该是英语；
· 双方一致同意的其他形式的合作。

条款三

双方同意在以下领域开展合作研究。

- 动植物遗传资源；
- 园艺（包括蔬菜、花卉和水果）；
- 生物技术；
- 有害物综合防治；
- 畜牧与兽医科学；
- 农业生态和农业环境；
- 农业气象；
- 土壤科学；
- 其他共同感兴趣的领域。

条款四

在人员和资金条件允许的情况下，双方同意对等提供：
- 开展研究活动的设施和土地；
- 参加合作活动的必要的人员；
- 为合作双方的青年科学家、专家和学生提供培训机会，鼓励他们参加研讨会、讲习班、会议和推广活动；
- 促进双方科学家的互访；
- 为共同感兴趣的合作项目向本国或国际组织寻求外部资金；
- 推动上述双方同意的农业科技领域的合作活动；
- CAAS 派遣中国专家到格鲁吉亚做长期访问，需根据双方合作计划的要求和必要性；
- 根据合作计划，GAAS 需为中国学者入境格鲁吉亚提供必要的手续和便利。

条款五

本谅解备忘录的应用实践将通过具体的方案和项目实施，并作为该备忘录的细节条例。

这些细节条例将包括项目的学术活动计划、参与人员、具体访问日期和明确的资金规定。

条款六

双方商定认为：
- 通过双方共同努力取得的成果，如改良的育种材料、技术和方法等，双方均享有平等的权利加以使用；

·　一方如将合作中的遗传材料和科研结果转交给第三方，需获得对方明确的书面同意；

·　研究成果的发表需经双方同意。

条款七

对解释或执行本谅解备忘录过程中所遇到的问题或争端，应通过双方协商解决。

条款八

任何对本谅解备忘录的修改和补充，可通过单独的条款加以明确，在双方同意的基础上加入本备忘录，并作为这一备忘录不可分割的一部分。

该谅解备忘录自签字之日起生效，有效期为 5 年，5 年后将自动延长至下一个 5 年。一方如欲终止这份谅解备忘录，应在终止日期之前的 6 个月内以书面形式通知另一方。

经商定，双方于 2009 年　月　日在北京签署本谅解备忘录。本备忘录以英文形式签署，一式两份，两份具有同等效力。

中国农业科学院　院长　　　　　　　　格鲁吉亚农业科学院　　院长

翟虎渠　　　　　　　　　　　　　　　Acad. Sh. Chalaganidze

中国农业科学院与孟山都公司
科技合作谅解备忘录

　　孟山都公司（简称"孟山都"）和中国农业科学院（简称"农科院"），（两者以下共同简称"双方"），均有意就农业和植物生物技术领域合作的可能性进行磋商。通过签署和执行此谅解备忘录（以下简称"备忘录"），双方愿意依此确定共同感兴趣的领域并从中受益。

第一条

　　孟山都和农科院将关注以下优先领域。

　　1）技术许可

　　孟山都有意与农科院及其下属研究所共同开发新的知识产权。双方希望通过以孟山都与农科院下属研究所就单项技术单独签署许可协议的方式推进合作。

　　2）科研经费

　　孟山都有意为双方共同感兴趣的科研活动提供资金支持，并由农科院下属研究所全权支配。这些科研合作项目包括农业生物技术产品效益研究或其他在中国有着特殊价值的研究。比如，孟山都与农科院农业经济与发展研究所就生物技术玉米的效益研究签署的协议就是此类资金支持的合作项目。

　　3）专题研讨会和科学家峰会

　　孟山都愿意与农科院共同组织专题研讨会以及其他重要科学家峰会。在这些会议上，双方不仅会共同分享不同地域的科学发现、发明及知识产权管理等领域的信息，还可就通过各种渠道而获得的高品质商业化产品的进展，或相关管理问题的进展进行商谈。

　　4）孟山都奖学金

　　孟山都将提供奖学金以资助农科院在农业生物技术、生物安全、政策和经济学及其他相关领域就读的研究生。同时，孟山都希望加入奖学金获得者的甄选工作并与获奖者接触。孟山都希望每年能在双方共同组织的研讨会上，听取相关奖学金获得者的研究进展。这些会议将由孟山都驻北京办事处协调。

　　5）其他

　　孟山都愿意向农科院及其下属研究所提供专利申请及管理方面的咨询或其他帮助，并愿意分享本公司在生物技术产品注册和开发方面的经验。

第二条

孟山都和农科院愿意对每个双方共同感兴趣的合作领域进行积极而互信的洽谈，直到最终达成协议，或直到任何一方通过书面形式终止谈判为止。

任何潜在的合作项目需经双方批准并签署书面协议后，方可具有法律效力。

第三条

备忘录中所需披露的保密信息及相关合作项目的沟通与交流，应按照如下保密条款执行。

1）各方在接收和持有另一方披露的保密信息时应采取保密措施，并且未经披露方预先的书面允许，不得向第三方公开该等保密信息；各方对另一方所披露信息的使用应仅限于此谅解备忘录中所包含的合作项目，不得用于任何其他目的；披露方给接收方的任何书面披露的保密信息，必须由说明、记号、印章或其他的方式来标明其专有性质，任何口头披露信息需在30日内写成书面形式，并标明为"保密信息"，提供给接收方。

2）对根据本谅解备忘录所收到的保密信息，各方应仅允许那些出于相关商业目的而有必要获取该信息的管理人员、雇员和顾问接触该保密信息。这些人员知晓本谅解备忘录规定的该方义务，并且个人同该方有书面合同，对该等信息负有类似的保密义务。

3）如果披露方要求，接收方除保留一份仅限于法律目的使用的副本作为根据本谅解备忘录归还保密信息的记录之外，接收方应迅速归还由披露方提供的包含该等保密信息的所有书面文件或其他材料，以及接收方提供的所有复印件、摘录、摘要。

4）上述义务从该保密条款披露日起3年结束，但该等义务不适用于接收方可以证明的以下信息。

（a）收到从披露方获得的信息之前已拥有的信息；

（b）并非因接收方的行为或疏忽已为公众获得的信息；

（c）由第三方向接收方提供的非保密信息，而且该第三方并未直接或间接地从另一方接收该等信息；或者

（d）由从未获悉该等信息的接收方雇员独立开发的信息。

5）如果一方被权威机构请求或被法令要求披露任何在本备忘录框架下的保密信息，则该方应向披露方及时书面通知该等请求或要求，使得披露方可以寻求保护令或其他适当的补救措施或放弃履行本备忘录的条款。如未能获得该等保护令或其他补救措施，或者披露方放弃履行本谅解备忘录的条款，则该方同意仅提供经法律顾问建议并被法令要求披露的那部分保密信息，并合理地从权威机构力争获得对该信息将采取保密措施的保证。

任何一方披露的具体信息，不得只是因为它被包含于上述（a）、（b）、（c）或

（d）所规定一种或多种例外的更一般信息，而被视为属于该等例外。即使某些信息属于那些例外情形，接收方也不得向第三方披露该等例外信息是从披露方获悉的。

第四条

经双方同意后，此备忘录可由被授权的代表进行修改。

第五条

1）此备忘录一经双方签署，立即生效（"生效日期"）；

2）备忘录的有效期为5年；

3）任何一方可以对此备忘录提出终止，但需至少在终止日之前90天，以书面形式正式通知另一方；

4）该备忘录的终止将不影响双方已批准的项目协议书所规定的项目的执行以及备忘录日期终止前对保密信息的保密义务；

5）有关此备忘录出现的任何争议，由双方协商解决。

本备忘录由以下双方代表签署：

孟山都公司　　　　　　　　　　　中国农业科学院

————————————　　　　　————————————

日期：　　　　　　　　　　　　　日期：

中国农业科学院与加勒比开发银行农业科技合作谅解备忘录

加勒比开发银行（简称"CDB"）和中国农业科学院（简称"CAAS"），（两者以下共同简称"双方"），本着平等互利的原则，为加强双方在共同感兴趣的农业科技领域的合作，达成谅解如下。

第一条 总则

本谅解备忘录（以下简称"备忘录"）旨在根据双方的需要，共同确定农业科技合作的重点领域和合作方式，以推动 CAAS 与 CDB 成员国之间在农业科技领域的合作。

第二条 合作领域

双方在尊重中华人民共和国和 CDB 成员国法律和政策的基础上，在各自职责范围内，致力于在农业科技领域开展合作，合作的重点包括（但不局限于）以下领域。
（一）热带水果
（二）畜牧生产
（三）食品安全
（四）农业生物技术
（五）设施农业
（六）病虫害防治
（七）水资源管理

第三条 合作方式

双方在协商一致的基础上，通过以下方式使上述领域的合作具体化。开展的合作活动包括如下几个方面。
（一）就共同感兴趣的领域互派专业考察团组，加强科技人员的交流；
（二）组织召开相关领域的专题会议、学术研讨会，促进农业科技水平的提高；
（三）共同开展相关领域的专业技术培训班，加强能力建设；
（四）通过 CDB 促进与其他加勒比地区成员国就共同感兴趣的领域开发合作项目。

第四条　执行

在实施本备忘录的过程中，为引发广泛的兴趣和开展更多的活动，CDB 将支持并鼓励其成员国积极参与各种形式的合作，并为此提供便利，以便在各自职责范围内开展长期合作。

CAAS 将根据合作的要求，为双方合作提供专家、技术等方面的便利。

第五条　经费

根据本备忘录，规定开展活动的费用应依据资金、人员及其他资源的情况进行，并应符合中华人民共和国及 CDB 成员国的法律及规定，双方的活动开支应以各自的资金情况为基础，并协商解决。

为资助双方开展农业科技合作，CDB 将建立特别发展基金，以促进 CAAS 与 CDB 成员国之间的农业科技合作。

第六条　有效期

本备忘录自双方签署之日起生效，有效期 5 年。经双方书面同意，本备忘录可修订。

第七条　终止

任何一方提出终止协议，需提前至少 90 天提出正式的书面通知，表达终止此协议的意愿，并说明协议终止的具体时间。

终止此协议将不会影响根据备忘录同意且正在实施中的项目与活动。

本备忘录于 2009 年 7 月 × × 日在巴巴多斯 × × × × × 签署，一式两份，每份均以中文和英文写成，两种文本具有同等效力。

本备忘录由以下双方代表签署：

————————————　　　　　　　————————————

院长：翟虎渠　博士
中国农业科学院

日期：————————————　　　日期：————————————

中国农业科学院与国际玉米小麦改良中心
关于建立应用基因组学和分子育种
联合研究中心的谅解备忘录

协议双方为①国际玉米小麦改良中心（简称 CIMMYT），联系地址为：Km. 45, Carretera México-Veracruz, El Batán, Texcoco, Edo. De México CP 56 130, Mexico；和②中国农业科学院（简称 CAAS），联系地址为：中国北京中关村南大街 12 号，100081。文中也称为有关方或双方。

1. 引言

双方本着平等互利、共同发展的原则，为进一步加强在国际农业研究领域的合作，积极应对全球气候变暖及生物与非生物胁迫对世界粮食安全（尤其是玉米和小麦生产）的影响，为提高科技创新和成果转化能力，双方同意共同建立应用基因组学和分子育种联合研究中心（简称联合研究中心），在中国农业科学院作物科学研究所和国际玉米小麦改良中心总部开展应用基因组学研究、培训和分子育种工作。双方同意签署谅解备忘录，以协调项目合作。

2. 定义

本备忘录中，除非出现不符合上下文表述的情况，否则下述词语出现时具有特定意义。

背景：指双方在项目合作前拥有的任何信息、技术、实验、进展、测试程序、软件、材料等（除了结果外，不考虑其存在形式），并在项目执行时提供给另一方进行利用。

保密信息：一方提供给另一方与项目相关的、通过书面形式明确标注保密的信息，或者通过口头等非正式形式解密的信息，在解密 30 天内，通过某种正式形式认定为保密的信息。

知识产权：专利、商标、服务标记、版权、数据库权及其他相似的不能被侵犯的权限。

3. 合作目标

本谅解备忘录旨在确定国际玉米小麦改良中心与中国农业科学院建立一个联合研究、培训和应用中心的基本原则。双方同意组建应用基因组学和分子育种联合研究中心，并通过中国农业科学院和国际玉米小麦改良中心共同向中国政府相关部门和国际组织争取项目经费。

4. 研究重点

中心的主要任务是进行科学研究及人员培训，双方将在以下领域进行合作。
4.1　玉米和小麦基因组学研究：分子育种中关键技术、工具和理论体系的研发；
4.2　作物生物信息学研究：分子育种中关键计算机软件工具和系统的研发和应用；
4.3　玉米和小麦分子育种：针对具有全球和地区重要性的农艺性状，如谷物品质和抗旱性进行基因改良的应用研究及活动；
4.4　国际教育和培训：包括建立一支玉米和小麦分子育种团队，以协调东亚及东南亚地区的分子育种能力建设。

5. 科研人员安排

联合研究中心的发展将围绕以下三个学科群：（i）玉米和小麦应用基因组学研究和分子育种应用技术。（ii）玉米和小麦分子育种过程的建模和模拟。（iii）转基因玉米和小麦的遗传育种研究及转基因产品开发。国际玉米小麦改良中心将选派一名高级科学家到联合研究中心工作。中国农业科学院作物科学研究所将选派科学家、博士后、研究生和技术员到联合研究中心工作。

国际玉米小麦改良中心将支付其高级科学家的工资及福利，住房将按照中国农业科学院的有关规定由中国农业科学院予以安排。中国农业科学院负责联合研究中心的运转和支付其科学家、研究生、博士后和技术员的费用。

来自中国的经费按照中国政府及中国农业科学院的有关规定执行。其他国际来源经费，由国际玉米小麦改良中心与中国农业科学院共同协商进行管理。

6. 管理制度

6.1　双方同意成立联合管理委员会，成员主要来自中国农业科学院（院长、主管国际合作的副院长、国际合作局局长和作物科学研究所所长）、国际玉米小麦改良中心（所长、负责科研和国际合作的副所长、项目主任和高级科学家）、中国相关部委领导。

联合管理委员会将负责制定该中心的年度工作计划。

6.2 联合管理委员会每年召开一次年度会议，轮流在中国和墨西哥举行，由举办方的高级代表主持。

6.3 中国农业科学院作物科学研究所所长和国际玉米小麦改良中心负责科研和国际合作的副所长共同领导联合研究中心的工作，包括中心主任的任命，中心主任领导中心下属学科负责人，学科负责人领导各自团队的工作。

7. 知识产权

7.1 本谅解备忘录将保持双方的知识产权和其他技术、发明、软件、数据、材料、原理等非本项目产生的产权的独立性，经过授权才能使用对方知识产权。

7.2 合作获得的知识产权双方共同享有。

8. 保密说明

8.1 为保证合作顺利进行，双方同意共享保密信息，并承诺保密。

8.2 在本谅解备忘录合作协议下属项目执行过程中，参加人员允许涉及保密信息，但必须遵守该谅解备忘录的保密规定，如有一方参加人员违反保密规定，该方将视为违反本协议。

9. 合同期限与终止

9.1 本备忘录自双方签字起即日生效，有效期5年。双方如无异议，将自动延长。任何一方欲终止本备忘录，需至少提前6个月通知对方。

9.2 本谅解备忘录以中、英文两种文字书写，两种文本具有同等效力。

双方签署备忘录的地点、日期和签名如下所示。

国际玉米小麦改良中心　　　　　中国农业科学院
Thomas A. Lumpkin 博士　　　　翟虎渠　博士
主任签名　　　　　　　　　　　院长签名
日期　　　　　　　　　　　　　日期
地点　　　　　　　　　　　　　地点

中国农业科学院与国际食物政策研究所
科技合作谅解备忘录

鉴于中国农业科学院与国际食物政策研究所（两者以下共同简称"双方"）认识到共同开展有关农业发展、扶贫政策领域合作研究的重要性，双方同意就以下合作条款签署本谅解备忘录。

第一条

中国农业科学院与国际食物政策研究所同意在农业与农村发展、粮食安全，以及扶贫领域相关的政策与战略研究进一步合作：

1. 科学家互访，包括联合培养博士后在中国和其他发展中国家开展农业和农村发展、扶贫、粮食安全、农村非农就业和迁移、贸易和宏观经济相关的政策和战略研究；
2. 交换出版物以及其他有关信息；
3. 共同举办与中国及其他发展中国家相关的项目和主题研讨会或大型会议；
4. 推动南-南合作，共享发展中国家农村与农业发展的经验和教训；
5. 共同向中国和国际社会寻求财政援助，以开展合作活动。

第二条

为执行本备忘录，除第一条外，中国农业科学院同意：

1. 通过翻译国际食物政策研究所的有关出版物，并分发给相关决策者、研究人员和新闻媒体，来推动国际食物政策研究所在中国的科研和推广；
2. 通过共同举办有关农村和农业发展问题的研讨会和会议，共同培训发展中国家的科学家，来加强南-南合作；
3. 协助来华开展合作研究的国际食物政策研究所科学家或由国际食物政策研究所邀请的科学家办理签证手续；
4. 为国际食物政策研究所北京办事处提供办公场所，为在华工作的国际雇员办理签证，以保证该办事处的正常运行。

第三条

为执行本备忘录，除第一条外，国际食物政策研究所同意：

1. 接收年轻科学家在国际食物政策研究所开展合作项目；

2. 为执行项目，任命一位协调员，并成立一个科学家小组在北京开展工作。研究领域涉及农业政策、扶贫、可持续发展、粮食安全、农村非农发展、贸易及宏观经济；

3. 为双方认同的研究项目共同申请外部资助；

4. 共同承办双方同意的大型会议和学术研讨会。

第四条

1. 本备忘录在双方同意的情况下可以修改；

2. 修改部分将通过双方的信件交换记录在案，国际食物政策研究所所长和中国农业科学院院长可授权执行修改内容；

3. 交换、并由双方签署的信件将作为本备忘录的一部分内容。

第五条

根据本备忘录，所有双方共同开展的研究、起草的报告、整理的数据和材料均为双方共同拥有。上述内容的出版和发行计划将根据项目情况予以批准并列入工作计划。此外，承认国家和地区合作机构及捐赠者的权利。本条款在备忘录的执行期限内有效。

第六条

1. 本备忘录自双方最后签字之日起生效；

2. 本备忘录有效期5年；

3. 如果一方提出终止备忘录，须在建议终止时间的前3个月以书面形式通知另一方；

4. 终止备忘录影响工作计划中某些项目的完成，项目的执行期限和职责等以备忘录为准。

Joachim von Braun   翟虎渠

国际食物政策研究所 所长   中国农业科学院 院长

二〇〇九年三月　日   二〇〇九年三月　日

中国农业科学院与澳大利亚阿德莱德大学
合作谅解备忘录

1. 为加强双方在科研和教学方面的国际合作，中国农业科学院与澳大利亚阿德莱德大学（两者以下共同简称"双方"）签订本谅解备忘录。

2. 本谅解备忘录是指导双方未来合作的框架性文件。双方之间的合作需符合各自的权限且遵守各自的法规政策。

3. 双方之间拟在如下几个领域开展合作。

· 联合开展学术活动；

· 人员交流；

· 共同举办学术会议、报告、培训；

· 学术信息和资料交流；

· 互派遣研究生；

· 双方共同同意的其他形式的互惠合作。

4. 经双方同意，双方可在本谅解备忘录框架下签署新的特别条款，其中任何涉及条件、费用安排的条文应由双方代表单独以书面形式签署。

5. 双方各自指定联络办公室负责执行本谅解备忘录的落实执行：

中国农业学科院联络办公室：国际合作局；

阿德莱德大学联络办公室：前副校董办公室（负责国际合作事务）。

6. 本谅解备忘录自双方签署之日起生效，有效期 5 年；本谅解备忘录失效前至少 6 个月，双方代表将讨论是否延期并有权对条款进行修改。

7. 本谅解备忘录提前终止终经双方一致同意，或任一方提前 60 天书面通知。

8. 本谅解备忘录不产生任何费用和法律义务，双方之间不产生法律关系。

本谅解备忘录以英文形式签署，双方各执一份。

2009 年 9 月 18 日，北京。

中国农业学科院代表　　　　　　　　　　　　阿德莱德大学代表

唐华俊　研究员　　　　　　　　　　　　　　Mike Brooks 教授

副院长　　　　　　　　　　　　　　　　　　副校董、副校长（负责科研）

中国农业科学院与加勒比农业研究与发展研究院科技合作谅解备忘录

中国农业科学院（以下简称"CAAS"），办公地址为中华人民共和国北京中关村南大街 12 号，法人代表为院长翟虎渠教授，是一个以解决农业领域重大科技问题为目标的、从事农业基础研究、应用研究和开发性研究的机构。

加勒比农业研究与发展研究院（以下简称"CARDI"），其总部设在特立尼达和多巴哥共和国圣奥古斯汀市，法人代表为院长 H. Arlington D. Chesney 先生。成立于 1975 年，其目的是为加勒比地区（CARICOM）的农业研究和发展提供服务。

CAAS 和 CARDI（以下简称"双方"）。

考虑到科学知识的不断进步及其对促进双边和国际合作的积极贡献；

希望通过建立互利和富有成效的合作关系，拓展双方在共同感兴趣的领域的科技合作；

考虑到这种合作关系及由此产生的合作成果的应用，有助于中国和加勒比地区社会经济的发展；

希望形成一个正式的框架性文件，来全面实施双方的合作计划，以此加强双方的科技合作关系。

特达成如下协议。

第一条 目的

双方应在遵守本谅解备忘录及双方相关法律、法规的基础上，鼓励、开拓和促进本谅解备忘录框架下农业领域的科技合作等活动。

第二条 合作领域

本谅解备忘录框架下的合作领域，应有益于双方或其中一方的发展目标。重要合作领域建议如下。

1. 就双方共同感兴趣的领域开展人员和技术交流；
2. 开展以科学研究和开发为目的的种质资源交换；
3. 开展双方共同感兴趣的合作项目；
4. 发展现代农业技术，如生物技术、生物多样性及其保护系统；
5. 有关环境保护，如减少化学农药用量等领域的合作和信息交流；

6. 本谅解备忘录有效期内双方同意的其他相关领域的合作。

第三条　　操作程序

双方应按照如下原则执行本谅解备忘录：

1. 合作活动可由双方任何一方发起，但双方应至少每年对本谅解备忘录和合作项目进展进行评估，以决定是否和如何对现有合作项目加以改进，并提出下一步合作建议；

2. 双方应共享相关的技术；

3. 为实现本谅解备忘录目标，应就具体的合作项目单独签署合作协议、合同或谅解备忘录，明确合作目标、双方各自义务及投入（包括技术、资金、人员及其他方面的投入），以保障项目的圆满完成；

4. 如有必要，双方可成立工作组或技术特派团，就本谅解备忘录框架下拟开展的项目和活动内容进行调研；

5. 双方应对等邀请对方人员作为观察员，参加评估双方共同感兴趣领域的定期和特别会议。

第四条　　合作方式

双方可决定采取如下方式，但不仅局限于这些方式，来执行本谅解备忘录框架下具体的协议或合同：

1. 本谅解备忘录框架下相关领域的合作研究；

2. 通过技术特派团或单个专家提供直接咨询服务；

3. 为准备和实施上述领域的合作项目开展技术或资金合作；

4. 课程培训、组织研讨会、学术考察和在职培训；

5. 利用图书、期刊、公报和其他通讯媒介交换信息；

6. 技术和科学的经纪服务。

第五条　　分歧处理

对于本谅解备忘录的解释或执行过程中所产生的任何分歧，双方应协商解决。

第六条　　涉密问题

CARDI 和 CAAS 均同意对在本谅解备忘录框架下开展的活动中所产生的双方共有的信息保密。

除非应法庭要求，任何一方未经对方书面同意，不得将任何机密信息向透露第三方，以下情况除外：

1. 该信息为公开信息；

2. 在本谅解备忘录之前，已经有书面形式的文件信息透漏给拥有获取这些信息权利的人。

第七条　知识产权保护

双方应保证对本谅解备忘录框架下所产生的知识产权给予充分和有效的保护。

对于任何能被合法保护的研究成果，应立即通知对方，并采取适当的保护措施。

合作中产生的知识产权原则上应为双方共有。一方在执行本谅解备忘录合作项目之前所取得的成果，或在合作过程中产生的、不在本谅解备忘录范围内的成果，属于既定的一方。

为了保护每项成果，双方应通过协商，为这些成果申报准备必要的文件。

在申报时，对于那些为这些成果做出直接贡献的人，双方应注明其为成果发明人。但该成果发明人需转让其知识产权给 CAAS 和 CARDI。

第八条　协议期效

本谅解备忘录自双方签字之日起生效，有效期 3 年。3 年期满时，经双方协商同意，本谅解备忘录可延长，但有效期不超过 3 年。为此，双方同意在不迟于本谅解备忘录有效期终止前 3 个月召开一次评审会议。

即便如此，经双方同意，本谅解备忘录仍可在任何时候终止，或一方提前 6 个月以书面形式通知另一方终止本谅解备忘录。本谅解备忘录的条款在终止日期前仍然有效，以保证相关的合作项目顺利完成。

经双方同意，任何一方可对本谅解备忘录进行修改。

第九条　签署

本谅解备忘录于 2009 年　月　日在　　　　由双方授权的代表签署，一式两份，具有同等效力。

中国农业科学院　　　　　　　　　加勒比农业研究与发展研究院

翟虎渠　院长　　　　　　　　　　H. Arlington D. Chesney　院长

中国农业科学院与丹麦奥尔胡斯大学农学院
合作谅解备忘录

该谅解备忘录原文签署于 2004 年 9 月 9 日，其附录签署于 2007 年 3 月 7 日。

鉴于中国农业科学院（以下简称 CAAS）是隶属于中华人民共和国农业部的国家级农业科研机构。

鉴于丹麦奥尔胡斯大学农学院（以下简称 DJF）是丹麦奥尔胡斯大学的学院之一，希望继续与中国农业学科院开展合作并延续双方之前签署的谅解备忘录及附录。

鉴于 CAAS 和 DJF（以下简称"双方"）在促进和发展农业科技及教育方面具有共同的目标。

CAAS 和 DJF 同意建立直接联系，以促进和加强农业科技方面的双边关系。

CAAS 和 DJF 同意该谅解备忘录继续作为双方开展各种形式合作的备忘录，可作为在个案基础上制定单项专门协议的依据。

第一条　目的

缔约各方的目的是促进和加强农业科技方面的合作。合作活动将由双方决定和执行，并根据双方的意见、各自国家的法律和农业政策，以及各自机构在互利的基础上制定的战略予以实施。

第二条　合作方式

双方同意以下方式开展合作：

1. 互派科技人员及专家；
2. 交换培养硕士及博士研究生；
3. 交换一般信息以及科研成果和科技知识；
4. 交换动植物种质资源；
5. 教育与培训；
6. 联合举办科技大会、座谈会、研讨会及其他学术会议；
7. 联合起草项目建议；
8. 共同寻求合作活动的资助经费；
9. 实施合作研究；

10. 双方同意的其他形式的合作。

第三条　合作领域

双方同意重点开展下列领域的合作。

1. 动植物遗传育种
2. 自然资源管理
3. 土壤科学
4. 肥料与作物营养管理
5. 动植物废弃物管理
6. 农业生物技术
7. 从生物质和动物废弃物中获得沼气
8. 病虫害综合防治，包括生物防治
9. 农药（杀虫剂）的安全使用
10. 生物安全性，包括与转基因作物有关的风险评估
11. 食品质量与安全
12. 园艺作物（蔬菜、果树、花卉）
13. 农业工程，包括自动机械技术
14. 动物健康及福利
15. 畜牧生产的可持续性

就上述单项研究活动而言，合作初期需起草一份详细的说明，即阐明合作目的、内容、预期成果以及取得预期成果所需资金的详细说明。

第四条　合作计划的实施

适用于科技人员交换的资金规定如下。

当一方科学家应邀访问另一方时，根据国际惯例，接待方将负担其国际旅费与生活费；在其他情况下，派出方将支付其国际旅费与生活费，除非签订另外的协议；与此事有关的其他费用，如健康保险和学费将在具体的工作协议中阐述。

科技人员和学生可根据接待方的保健计划享受急诊治疗。医疗，保健费则由访问学者、老师和学生自己负担。

第五条　知识产权

各国科学家在项目中所拥有的各自知识产权将得到尊重。由共同执行合作项目所产生的知识产权将由双方共享。

第六条　生效、修订、延长和终止

本备忘录将由 CAAS 和 DJF 共同协调实施。

本备忘录自签字之日起生效，为期 5 年。本备忘录经双方同意后，可以延期或修改。如果一方想终止本备忘录，至少须提前 6 个月通知另一方。

本备忘录本身及其内容没有要求 CAAS 或 DJF 对上述条款中未明确的费用承担义务。如有需要，应该说明这些义务，作为根据本备忘录为个别项目起草的具体工作协议或项目计划的一部分。

本备忘录用英文写成，一式两份，双方各持一份，两份具有同等效力。

中国农业科学院 副院长　　　　　　　　　丹麦奥尔胡斯大学农学院　院长

唐华俊　博士　　（签字）　　　　　　　　Just Jensen 博士（签字）

"新形势下海峡两岸农业合作与发展"
学术研讨会综述

当前，海峡两岸在经济、文化等方面的交流日益增进，两岸关系冰雪消融，进入春暖花开的时节。为进一步增进海峡两岸农经学者的相互了解与沟通，推动两岸在农业经济领域的学术交流与合作，中国农业科学院农业经济与发展研究所与中国台湾大学农业经济学系合作，于 2009 年 8 月 18 日在北京共同主办了"新形势下海峡两岸农业合作与发展"学术研讨会。海峡两岸农业经济研究领域的 60 多位专家、学者，就新形势下两岸农业合作与发展的相关问题进行了广泛、深入的研讨交流。

国家农业部原常务副部长、中国农业科学院农业经济与政策顾问团团长万宝瑞同志主持了开幕式，中国农业学科院院长翟虎渠教授和中国台湾中华农学会董事长陈希煌教授分别作了题为《加强两岸农业科技交流与合作　推动农业与农村经济平稳较快发展》和《区域经济发展与海峡两岸经济——以农业交流为例论述》的主题报告。

翟虎渠院长指出，两岸在农业领域的科技发展各具优势、各有特点、互补性极强，加强交流与合作必将为两岸农业和农村经济的发展注入活力。在当前的新形势下，应当进一步拓展两岸相关科研、教育和民间机构的合作渠道，加强两岸农业科研领域的人员交往和学术交流，多领域、多形式、多渠道开展交流与合作，推动农业与农村经济平稳较快发展。陈希煌董事长强调，两岸农业无论就水平层面或垂直层面，都具备互补与合作的空间，交流与合作对双方都有利。两岸农业交流合作，应本着互补双赢的原则，整合优势、互利互惠、长期稳定、重义守信，如此建构海峡两岸经济区经济发展的基础。

本次研讨会齐聚了两岸农业经济研究领域的诸多优秀学者，既有两岸农经界德高望重的前辈，也有成果卓著的中青年农经专家。与会者从不同侧面，深入分析了两岸在农业与农村经济领域的发展状况与合作水平，探讨了进一步加强两岸农业交流与合作的重点领域。

中国农业科学院原常务副院长、中国农业经济学会名誉会长刘志澄和中国台湾大学农业经济学系名誉教授许文富，中国台湾大学农业经济学系主任徐世勋和中国农业科学院农业经济与发展研究所党委书记、海峡两岸农业研究中心主任任爱荣，中国台湾中华农学会董事长、中国台湾大学名誉教授陈希煌和中国农业科学院农业经济与发展研究所研究员吴敬学，分别主持了海峡两岸农业发展形势、两岸农业合作政策以及两岸农产品生产与流通等三项议题的专题研讨。

专题一：海峡两岸农业发展的形势与政策

在经济全球化的今天，两岸农业都需要面对错综复杂的世界经济形势，应对来自各方的冲击。然而，由于海峡两岸农业处于不同的发展阶段，农业扶持政策的目标、重点和措施等亦有所区别。因此，对两岸农业发展形势与政策的了解成为两岸农业合作的基础和前提。为此，与会专家就金融危机的影响、粮食安全、农地政策、优质农业、农民合作组织的发展、农业竞争策略和乡村基层治理等多方面的问题进行了广泛的交流。

就金融危机的影响问题，中国农学会常务理事、农业部产业政策与法规司司长张红宇详细分析了其对大陆农业农村经济造成的影响，并且提出了妥善应对金融危机、促进农业农村经济持续稳定发展的思路和政策重点。

就粮食安全问题，中国农业科学院副院长刘旭研究员在分析粮食危机的成因以及大陆粮食生产和供求状况的基础上，重点强调了农业技术在解决粮食问题方面的作用，提出要依靠农业科技自主创新来保障大陆的粮食安全。中国台湾中正大学特聘教授陈文雄先生认为，大陆的农地政策若能得以修正，或许可以改善大陆的粮食安全问题。中国农业科学院农业经济与发展研究所研究员李先德在分析全球粮食危机背景下大陆粮食安全政策所作的调整时指出，从长期看，供给的紧平衡将是大陆未来粮食格局的主格调，如何实现粮食安全将是大陆需要长期面对的问题。中国台湾大学农业经济学系副教授陈政位则指出，粮食安全政策和农产品价格政策的关键是供给管理，供给充足与否会影响农产运销效率，并进而影响农产品价格；而且因政治、经济和社会环境的差异，各国粮食安全政策亦有所不同。

就农地政策问题，中国台湾农村经济学会研究员蔡秀婉对台湾省目前正在着力推进的"大佃农小地主"政策作了详细的介绍。她指出农业主管部门期望以此建立老农退休机制，推动农业经营企业化，促进台湾省农业转型升级。福建社会科学院台湾研究所副所长单玉丽研究员认为，台湾省农业面临的老龄化、兼业化和农民所得相对偏低等问题也是大陆农业存在的问题，"小地主大佃农"的政策对大陆提高土地利用效率和切实保障农民利益很有启发。

就发展优质农业问题，中国台湾农村经济学会研究员黄振德指出，台湾省农业主管部门以"健康、效率、永续经营的全民农业"为施政方针，提出了"精致农业健康卓越方案"，并详细介绍了"健康农业"的发展愿景、目标、策略及其推动情况。中国人民大学农业与农村发展学院副院长孔祥智教授简要介绍了大陆在农产品质量安全管理方面出台的一系列政策措施，他认为，台湾省实施的"健康农业"政策对大陆发展优质安全农业具有不可多得的借鉴意义。

就农民合作组织的发展问题，中国台湾大学农业经济学系兼任教授刘富善介绍了台湾省农会和农业合作社的发展与营运概况，特别强调了信用合作的重要性，并以中国台湾农会对农业发展的作用为大陆解决"三农"问题提供参考。中国国际贸促会农业行业分会秘书长、农业部农业贸易促进中心主任倪洪兴亦指出，大陆新型农业合作社正处于快速发展时期，在运营机制、扶持政策、发展路径等方面均可借鉴台湾省的宝贵经验。浙江大学卡特中心主任黄祖辉教授则从竞争尺度的视角，指出在农产品买方垄断下存在着农民专业合作社的发展空间，但还需要政府部门在实践中提供更为有力的扶持。

就农业竞争策略问题，中国台湾大学农业经济学系兼任教授黄钦荣进行了详细阐述。他认为，台湾省应建立以市场为导向的优质农业产销体系，以差异化和高价值为竞争策略，使台湾省农业在国际化、自由化的洪流中维持永续发展。清华大学台湾研究所所长刘震涛教授在分析台湾省农业及农村发展经验的基础上，强调海峡两岸农业应当不断加强交流与合作，共同提升国际竞争力。

就乡村基层治理问题，中国台湾大学农业经济学系雷立芬教授指出，以基层农会推广部为核心的小区发展或小区总体营造理念，比起发展农民专业合作社或乡镇企业，更可以解决农民工返乡潮可能带来的乡村基层治理问题，并借此以台湾省农村建设经验为大陆解决返乡农民工对基层治理所产生的各种问题提供不同的思考方向。中国社会科学院农村发展研究所所长张晓山认为，农民工和进入劳动年龄人口的本地就业，必然对乡村基层治理结构产生影响，大陆可借鉴台湾省农会的经验，解决乡村基层治理中出现的问题；同时，农村信用合作的发展、乡村基层治理结构的改进，可能是大陆农村建设的一条可行路径。

专题二：海峡两岸农业合作的发展与探索

在两岸经济关系中，农业交流与合作是诸多产业中最自然、最持久、最具基础的领域。自20世纪80年代中期，海峡两岸农业界就开始交往与合作，并取得了积极成效。近年来，大陆相继批准设立了9个海峡两岸农业合作试验区和15个台湾农民创业园，为两岸农业合作构建起新的平台。两岸有识之士在实践中不断探索，摸索出许多富有成效的合作模式。针对海峡两岸农业合作议题，与会专家就两岸农业合作平台的建设、两岸农业合作战略的谋划等进行了研讨。

就两岸农业合作平台的建设问题，福建省农业厅海峡两岸农业合作试验区办公室主任陈论生，以福建省台湾农民创业园的发展实践为例，介绍了福建省构建台湾农民创业园的规划构想、主要举措和前景展望，总结出科学规划、突出特色、打造品牌、先行先试、强力保障5点经验。中国台湾大学农业经济学系主任徐世勋教授则认为，大陆应根据投资绩效评估，确定各地的投资优势，不易盲目扩建合作园区；已有园区还需加强服务体系建设，提高专业管理水平。

就两岸农业合作战略问题，福建省农科院农业经济与科技信息研究所所长曾玉荣在分析总结两岸农业合作的4种模式和5个主要难点基础上提出，深化两岸农业合作，需要营造"持久共赢的合作理念、有机融合的合作模式、持续运作的长效机制和双向互动的合作平台"。中国社会科学院台湾研究所王建民研究员从两岸农产品贸易、农业投资、农业合作模式、农工商的结合、现代农业与传统农业的融合等多个方面，提出了自己独到的见解，并且建议签署综合性的两岸农业合作框架协议，创造海峡两岸农业合作发展的制度性保障。

此外，中国台湾大学农业经济学系陈郁蕙教授、中国台湾海洋大学应用经济研究所所长詹满色副教授等，也都就此专题内容作了精彩的演讲和评论。

专题三：海峡两岸农产品的生产与流通

新形势下海峡两岸关系发生了重大积极变化，迎来了难得的发展机遇。尤其是两岸直航的实现，有效缩短了运输时间、降低了流通成本，为两岸农产品流通提供了良好的条件。而两岸在农产品生产与流通中存在的流通渠道、组织形式、政府行为和农民角色等诸多差异，也正是两岸可以相互借鉴、取长补短之处。针对此议题，与会专家就农产品产销机制的建立、两岸农产品贸易等问题展开了热烈讨论。

就农产品产销机制问题，中国农业科学院农业经济与发展研究所所长秦富教授在分析提高农产品价格对通货膨胀的影响的基础上，重点对大陆粮食产销政策提出了长短期改革建议。中国台湾大学农业经济学系与中研院经济所合聘教授张静贞则指出，与大陆相比，台湾省农产品具有明显的产销不稳定情形，且以蔬菜、水果、蛋类较为严重，如何透过两岸农业技术合作与贸易往来，稳定粮食价格与供给，是值得产销学界共同研究的重要课题。中国台湾大学农业经济学系助理教授罗竹平则对台湾省水果外销大陆的产销机制进行了详细论述，指出台湾省水果在大陆的竞争优势不明显，仅有芒果、杨桃和莲雾等在大陆可能较有发展前景。因此，台湾省水果需要进行产业升级，并以规模化、差异化来提升其竞争力。

就两岸农产品贸易问题，中国台湾大学农业经济学系助理教授张宏浩指出，在推动两岸农产品贸易时，应考虑到粮食的"三生性"和消费者需求等因素。此外，培育大陆农产品在台湾省的营销渠道也是值得关注的问题。农业部农村经济研究中心副主任沈贵银研究员指出，东盟国家的热带水果具有明显的市场竞争优势，必将对中国台湾和海南等地的热带水果产业产生巨大冲击。两岸需进一步加强合作与交流，共同应对贸易自由化的挑战。

中国农业大学经济管理学院教授王秀清和辛贤，也分别就农业收入份额和CPI的测算问题作了精彩的报告和点评。

研讨会在紧张而愉快的气氛中落下帷幕。会议时间虽短，但内涵丰富，信息量大，与会者深感受益良多，达到了预期的目的。与会代表普遍认为，海峡两岸农业互补优势明显，具备合作发展的基础和空间，两岸农业产业升级的共同需要，必将为两岸农业合作带来新的契机。未来两岸农业科技、经济与贸易等领域的交流与合作势必更加深入，两岸农业发展之前景广阔、值得期待。中国农业科学院农业经济与发展研究所和中国台湾农业经济界有着良好的交流与合作基础，这次会议的成功举办，必将进一步增进彼此间的深入了解和友谊，推动双方的交流与合作向深层次发展。

加强两岸农业科技交流与合作
推动农业与农村经济平稳较快发展

——在"新形势下海峡两岸农业合作与发展"学术研讨会上的讲话

中国农业科学院院长　翟虎渠

海峡两岸农经界的各位同仁、各位朋友，
女士们、先生们：

大家上午好！

很高兴出席由中国农业科学院农业经济与发展研究所和中国台湾大学农业经济学系共同举办的"新形势下海峡两岸农业合作与发展"学术研讨会。在此，我谨代表中国农业科学院，热忱欢迎各位来北京参加这次两岸农经学者的聚会，这也是两岸农经界同仁围绕两岸农业合作与发展进行研讨和交流的难得机会。

借此机会，我想向各位朋友简要介绍一下近年来大陆农业、特别是农业科技发展的状况，并就进一步加强两岸农业科技交流与合作谈点个人想法与大家交流。

一、大陆农业和农业科技发展状况

近年来，大陆农业发展成就显著，农业生产持续增长，农业综合生产能力显著增强，农业农村发生了翻天覆地的巨大变化。

粮食、油料、蔬菜、水果、肉类、禽蛋和水产品等产量连续多年居世界第一，人均农产品生产量和消费量达到世界中等以上水平。特别是在粮食生产方面，连续跨越了几个大的台阶，2008年达到5.3亿吨。2009年夏粮又获丰收，总产量接近1.25亿吨，同比增长2.2%，实现首次连续6年增产。用世界近9%的耕地、6.5%的水资源，稳定解决了占世界22%的13亿人口的吃饭问题，不仅保证了经济社会发展对粮食的基本需求，还为世界粮食安全做出了贡献。与此同时，农民生活水平显著提高，生活条件明显改善，社会事业加速发展，农村社会稳定和谐。

大家知道，科技在农业生产发展的历程中起着举足轻重的作用。每一轮农业科技革命，都有力地促进了生产水平的提高。近年来，祖国大陆的农业科技水平也取得了长足的进步。

在遗传理论和育种技术方面，动植物新品种、新组合纷纷涌现。目前已建成国家作物种质资源库和 32 个多年生作物种质资源圃，收集保存各种作物种质资源近 39 万份。培育推广各种作物新品种、新组合数千个，使主要农作物良种覆盖率达到 95% 以上，选育出一批代表国内领先水平的畜禽新品种，为实现粮食的基本自给奠定了技术基础。

在种植和养殖综合配套技术的改进与推广方面，创新了与主要农作物优良品种相配套的超高产理论模型，提出了区域农业发展模式和主要作物高产、优质、高效的栽培技术体系；推广测土配方施肥，发展先进的节水灌溉技术，辅以地膜覆盖等综合配套技术的推广应用使粮食增产增效显著；研究推广良种良法配套、畜禽和水产集约化饲养技术，畜禽鱼蛋生产能力显著提高。

在重大动植物疫病预防手段和控制技术方面，查清了主要、重大病虫害的发生流行与迁飞规律，提出了中短期预测预报技术，主要农作物病虫害流行监测网不断完善，防治病虫害预测模型大范围应用，成功研制出的数十种动物疫病疫苗，主要水产品病害机理、快速诊断和防治技术研究取得重要突破，有效地防止了重大病虫害的发生，降低了农业生产的损失，保障了农产品的安全。

在农业科学基础理论研究以及高技术研究方面，作物育种理论不断取得创新与突破，筛选出一批珍贵的优异农作物种质资源；生物技术快速发展，克隆了一批重要基因，获得了一批有价值的转基因动植物新品种；创建了航天育种技术体系，并已选育出一批新品种、新品系，为农业生产提供了技术储备，加速了产业技术升级，并大大提高了农业生产技术水平。

可以说，在大陆农业农村经济快速发展的过程中，农业科技的发展与创新功不可没，一些重大农业科技成果，已经达到了国际先进水平和领先水平。

二、中国农业科学院 50 年发展成绩斐然

中国农业科学院是 1957 年建院的，迄今已经走过了 50 多年的历程。半个多世纪以来，经过几代人的努力，中国农业科学院的综合实力不断增强，创新能力不断提高，已发展成为在国际上有一定影响的农业科技创新基地。50 多年来取得各类科技成果近 5 000 项，其中获奖成果 2 359 项，为大陆农业科技率先跨入世界先进行列奠定了坚实的基础。

目前，全院拥有 39 个专业研究所和一个研究生院、一个农业科技出版社。建成了 5 个国家重点实验室、32 个农业部重点开放实验室、39 个国家及部级质检中心、16 个国家动植物改良中心或分中心，拥有保存量居世界首位的国家农作物种质资源库、亚洲最大的国家农业图书馆及大陆农业领域唯一的国家重大科学工程。

经过 50 多年的发展，中国农业科学院成为国际农业科技界有影响的科研学术机构。目前，已与世界上 60 多个国家以及 20 多个国际组织和有关农业研究机构建立了广泛的联系和科技合作，有 11 个国际组织和外国机构在我院建立办事处，通过这些机构获得的国际合作项目已覆盖到 20 多个省、市、自治区的农业科教单位，并形成了相当规模

的农业科技国际协作网。

建院 50 多年来，中国农业科学院为社会培育和输送了大批优秀科技创新人才。目前拥有 6 000 多名农业科研人才的科技队伍，先后有 23 位中国科学院和中国工程院院士在我院工作。中国农业科学院是国内农业科研机构中唯一具有博士学位和硕士学位授予权的单位，拥有 40 个博士授权点、52 个硕士授权点、8 个博士后流动站；博士生导师350 余人，硕士研究生导师 1 000 余人。2001 年以来，中国农业科学院研究生院连续 7 年以农学第一名荣列"中国一流研究生院"行列，成为高层次农业科研人才的重要培养基地之一。

三、两岸农业科技交流与合作大有可为

20 世纪 90 年代初，中国农业科学院与台湾省农业界的科技交流开始起步。十几年来，我院很多学科领域的专家学者与中国台湾同行进行了较为广泛的接触和交流，建立了良好的合作基础。通过人员往来、召开学术研讨会、开展专项农业技术合作等活动，交流与合作的深度与广度逐渐提升。但是，我们也清醒地看到，与经济区域化、一体化迅猛发展的形势相比，这种合作还远远不能适应海峡两岸发展的需要。科技作为新时期农业发展的重要支撑和动力，在竞争日益激烈的国际环境下，成为推动两岸农业共同发展，增强国际竞争力的重要元素。两岸在农业领域的科技发展各具优势、各有特点、互补性极强，加强交流与合作必将为两岸农业和农村经济的发展注入活力。

通过对两岸农业科技发展状况和需求的分析，我认为，目前，两岸可以在如下 5 个重点领域开展交流与合作。

第一是种质资源领域。隶属于中国农业科学院作物科学研究所的国家种质资源库长期保存的种质数量处于世界第一，丰富的农作物种质资源和畜禽品种资源，为作物育种和生产提供了雄厚的物质基础。大陆丰富的农作物种质资源和畜禽品种资源，可以为台湾省农业遗传育种和品种改良提供种质资源基础。台湾省的作物品种资源虽然没有大陆丰富，但经过早期的大量引进和改良，目前在国际上处于领先地位，而且品种改良的速度非常快。特别是台湾省热带作物优良品种的改良速度快、品质高，对大陆农业生产和品种改进有很大帮助。在这一领域，两岸完全可以在知识产权得到有效保障的前提下互补有无。

第二是农业生物灾害预防与控制技术领域。农业生物灾害预防与控制，是当今国际社会共同面对的重大问题。伴随海峡两岸经贸关系的日益紧密，加强合作，共同构筑国家生物安全防御体系非常必要。中国农业科学院在农作物病虫草害以及禽流感、口蹄疫等畜禽疾病防治方面具有很强的科研实力，台湾省的许多科研单位在此方面也有较为先进的技术和研究成果。通过互相通报和协作以及开展交流与合作，可以大大提高双方在疫苗研制和病虫害控制方面的效率和水平。

第三是农产品加工及标准体系建设领域。中国农业科学院"十一五"期间的科技

发展规划强调，要突破农产品加工与物流、清洁生产与全程控制、风险评估与技术标准等关键技术，要创新一批技术标准和产品标准。台湾省农产品加工业技术装备和生产水平都比较高，农产品储运和销售管理技术，特别是国际行销经验已相当成熟，在农业标准化作业和农产品标准化生产方面也建立了较为完善的体系。加强双方的交流与合作，对加快学科建设和提高农产品安全会有积极帮助。

第四是农业经济政策与信息化研究领域。海峡两岸可以相互学习和借鉴各自农业政策体系，特别是在农业价格支持政策、农业产业政策、农业科技政策、农业税收政策、农业组织政策、农业运销支持政策等方面，以进一步提升双方在农业经济与政策领域的研究和决策水平。双方可以在农情通报、信息共享方面进行合作，促进两岸农业信息的交流与沟通，共同推进农业生产、病疫灾害防治以及农产品贸易的发展。

第五是农业高新技术领域。近年来，中国农业科学院在生物技术领域发展较快，部分技术已处于国际先进水平；在基因工程育种、核辐射诱变育种、水稻基因组研究、动物重大传染病防制技术等方面都取得了重大进展。台湾省在实用高新技术方面比较有优势，以生物技术为重点的农业高新技术较早进入实用化阶段，电子及信息技术、遥感技术、激光技术等在农业生产、加工、流通、贸易等环节得到较广泛应用，不少技术居世界前列。两岸可以在农业高新技术领域加强交流，通力合作，优势互补，共创双赢。

各位代表、各位来宾：自2008年5月以来，两岸关系发生了积极变化，迎来了难得的发展机遇，也为推动两岸农业科技交流与合作向深层次发展提供了良好的契机。农业是两岸最具合作基础的领域之一，农业科技交流已越来越成为整个农业领域交流与合作的重点。通过科技交流与合作，提升两岸农业的国际竞争力已经成为两岸农业界有识之士的普遍共识。因此，在新的形势下，应当进一步拓展两岸相关科研、教育和民间机构的合作渠道，加强海峡两岸农业科研领域的人员交往和学术交流，多领域、多形式、多渠道开展交流与合作。例如，有计划、有针对性地组织科研人员的互访交流与考察研讨活动；鼓励两岸农业科研人员就共同关心的学术问题进行合作研究，成果共享；推动建立两岸农业科研单位之间的人员互聘及年轻科研人员交换学习机制，共同培养研究生等等。中国农业科学院愿意为此进行有益的探索，做出积极的努力。希望通过我们的携手合作，为两岸农业及农村经济的发展、农民福祉的提升、农产品国际竞争力的增强做出我们应有的贡献。

最后，预祝研讨会圆满成功！祝各位朋友在北京期间生活愉快、身体健康！

谢谢大家！

五、人事管理与人才建设

中国农业科学院
2009 年人事人才工作综述

　　2009 年，中国农业科学院人事人才工作在院党组的正确领导下，坚持以邓小平理论和"三个代表"重要思想为指导，努力践行科学发展观，认真贯彻落实党的十七大和十七届四中全会精神，紧密围绕"三个中心、一个基地"的建设目标，坚持以人为本、以研为本，突出重点，统筹兼顾，不断加强创新团队建设、高层次人才队伍建设、领导班子建设和人事部门基础工作建设，做好工资分配制度改革、离退休管理、机构编制管理和岗位聘用管理，各方面工作取得良好成效。

一、紧密围绕院党组工作部署，锐意进取，开拓创新，人事人才中心工作取得显著成效

1. 科技创新团队建设工程开创了新局面

　　为贯彻落实院党组《关于加强科技创新团队建设的意见》，加快"科技创新团队建设工程"实施步伐，重点做了三项工作：一是强化了院级优秀科技团队的示范带动作用。加强了院级优秀科技创新团队的建设与宣传，在 2009 年院工作会议上，翟虎渠院长、薛亮书记等院领导亲自为院首批 13 个优秀科技创新团队授牌；组织召开由新华社、中央电视台等 20 家新闻媒体记者参加的新闻发布会；印制优秀团队宣传册，对团队的学科定位、建设目标、科研项目、依托平台、人才梯队以及建设成效等进行宣传；二是促进所级重点创新团队的整合与建设。下达了《关于推进各单位重点科技创新团队建设工作的通知》；在研究所论证、调整的基础上，组织专家对院属单位推荐的 111 个重点科技创新团队进行了两轮评议评审，经院党组审定，确定了 90 个研究所一级的重点科技创新团队；三是强化团队首席科学家的核心引领作用。举办了由院属单位 30 人参加的科技创新团队首席科学家培训班，开展了赴宁夏考察咨询活动。通过上述举措，全面推进了不同层次科技创新团队的建设进程，促进了科技创新团队的健康发展。

2. 高层次人才队伍建设取得了新成效

　　高层次人才是农业科技事业发展的核心力量，抓好高层次人才队伍建设是中国农业科学院人事人才工作的重要任务，2009 年在这方面的工作取得突出成效。一是院士遴选取得突破。根据两院院士增选文件，组织开展了推荐工作，组织召开专门会议，谋划高层次人才队伍建设事宜，积极推进院士推荐工作，经过评审，刘旭副院长成功当选为中国工程院院士；二是专家推荐取得成效。根据人社部《关于开展全国杰出专业技术

人才和专业技术人才先进集体表彰工作的通知》要求，经过推荐和逐级评审，油料作物研究所所长王汉中研究员荣获"全国杰出专业技术人才"荣誉称号，哈尔滨兽医研究所"农业部动物流感重点开放实验室"荣获"全国专业技术人才先进集体"荣誉称号，在第四届全国专业技术人才大会上受到国家领导人的接见和表彰。组织进行了第三届中华农业英才奖推荐工作，水稻研究所所长程式华研究员荣获第三届中华农业英才奖。朱昌雄等 5 人成为享受政府特殊津贴专家，其中蜜蜂所高级技师刘福秀同志成为我国首批享受政府特殊津贴的高技能人才之一。根据《农业部关于开展新中国成立 60 周年"三农"模范人物评选活动的通知》精神，组织推荐的丁颖等 10 位专家荣获新中国成立 60 周年"三农"模范人物荣誉称号；三是海外高层次人才引进工作得到推进。中国农业科学院作为中央人才工作协调小组确定的第一批"海外高层次人才创新创业基地"，2009 年 2 月，翟虎渠院长与农业部孙政才部长和中组部李智勇副部长共同签署了《海外高层次人才创新创业基地建设责任书》。为贯彻落实中央精神和基地建设责任要求，院成立了"海外高层次人才创新创业基地建设领导小组"，组织制定了《海外高层次人才创新创业基地建设方案》，决定今后 5 ~ 10 年实施海外高层次人才引进"1351 计划"；编印了《海外高层次人才引进计划有关文件汇编》；印发了《中共中国农业科学院党组关于加大海外高层次人才引进力度，大力推进创新创业基地建设的意见》；组织院属单位根据学科建设和提升创新能力的需要，积极物色海外高层次人才，制定人才需要计划。依托重大专项和重点实验室推荐上报了 15 名拟引进海外高层次人才；四是组织开展专业技术职务评聘工作。组织完成 2008 年度专业技术职务评聘工作，评聘通过正高级专业技术职务人员 90 人，副高级技术职务人员 156 人。上述工作，促进了全院高层次人才队伍建设，提高了高层次人才的社会地位和对外影响，优化了人才队伍结构，促进了人才资源的合理配置，调动了广大科技人员的积极性，激发了他们自主创新的热情。

3. 领导班子和干部队伍建设取得新进展

着重加强领导班子和干部队伍建设，强化领导班子的主体责任，努力打造一支信念坚定、作风过硬的干部队伍。一是组织召开我院首次领导班子和干部队伍建设工作会议。系统回顾与总结了全院"十五"以来在干部队伍建设方面取得的成效，研究部署新形势下加强我院领导班子和干部队伍建设的各项工作及对策建议。会前，对院属单位领导班子现状进行了深入调研，全面分析了院属单位领导班子的知识结构、年龄结构以及后备干部情况，查找班子建设中存在的问题，向院党组提交了所局级干部及后备干部情况报告，有针对性地提出了领导班子建设的意见和建议。制定印发了《中共中国农业科学院党组关于加强领导班子与干部队伍建设的意见》，提出了完善机制、科学发展、优化结构的建设目标，对于进一步推动领导班子的思想建设、作风建设和能力建设，提升队伍的整体素质将发挥重要指导作用；二是完成了院属单位 2008 年度任务目标完成情况的考核。表彰了 13 个单位（部门），汇编了院属单位 2009 年目标任务摘要。向农业部上报了油料所等 3 个单位领导班子和班子成员任期目标任务书和首批任期试点 13 个单位的届中工作总结，并组织对首批试点单位之一的农业信息研究所进行了届中考察工作；三是制定了全年领导班子调整工作计划并组织实施。按照干部管理权限，配合中组部考察组开展副部级后备干部考察工作；配合农业部人事劳动司完成了 6 名正所局级干部试用期满考察工作。全年共调整所局级干部 36 人次，涉及 18 个院属单位；四是大力加强中层干部队伍建设。不断深化干部选拔任用制度改革。10 月份组织完成了院机关处级及以下干部的聘期考核和空缺处级岗位竞争上岗工作。通过笔试、面试、考察等环节的考察评价，有 16 位同志走上处级领导岗位，其中 5 人来自院属单位。截至 11 月底，院机关共任免处级干部 32 人，院属 24 个单位任免备案中层干部 75 人。一批年富力强、德才兼备的干部走上领导岗位，干部队伍结构得到优化，战斗力、凝聚力不断提高。

4. 岗位设置与聘用工作进入新阶段

为深化干部人事制度改革，建立与市场机制相适应的事业单位人事管理制度，按照农业部的整体部署，进一步完善了岗位聘用制，完成专业技术岗位首次分级聘用以及管理岗位、工勤岗位的聘任工作。结合科研发展、学科建设、机构编制和人员现状等实际情况，制定了全院管理岗位、专业技术岗位、工勤技能岗位设置方案并组织实施。按照《中国农业科学院岗位设置管理暂行规定》，遵循按岗聘用、分级评审、竞争上岗、分步实施和公开、公平、公正、择优的原则，院所两级分别进行了岗位聘用工作。1 月初，完成了专业技术人员首次分级聘任及工资兑现工作。根据农业部批准，72 人聘任到专业技术二级岗位，166 人聘任到专业技术三级岗位。完成京区 44 名所局级干部按照三级、四级管理岗位的聘任及工资兑现工作。目前，通过积极稳妥地推进以聘任制为核心的人事制度改革，岗位设置与首次聘用工作已基本完成，岗位职责关系得以理顺，激励机制进一步完善，提高了人事人才工作科学化、规范化的水平。

二、统筹兼顾，深入、扎实做好各项
人事人才基础性、常规性工作

1. 深入学习实践科学发展观，树组工干部新形象，提升服务意识与管理水平

根据院党组《关于开展深入学习实践科学发展观活动的实施方案》，起草了《人事局深入学习实践科学发展观分析检查报告》，对院人事人才工作取得的成绩、优势条件以及存在的突出问题进行深入研究和分析，制定了《人事局深入学习实践科学发展观整改落实方案》，围绕科技人才队伍建设、干部队伍建设、劳动工资管理、人事制度改革、离退休人员管理、局领导班子建设等 6 个方面 10 个工作方向制定切实可行的整改措施，细化工作方案，明确整改重点和时间进度要求，落实分管领导和责任处室，保证了各项整改措施的全面落实。同时，认真做好总结和组织好学习实践活动回头看工作。

通过深化拓展"讲党性、重品行、作表率"树组工干部新形象活动，《中国农业科学院职工守则》的学习解读、开展读书活动等方式，努力使全院组工干部坚定理想信

念、提高工作水平、树立服务意识，为人事人才工作又好又快发展打造一支过硬的队伍。同时，认真抓好局内队伍建设。坚持每月安排一次学习活动，创新学习方式、确保学习效果；结合七一、国庆等重大纪念日，组织观看了《中华崛起》、《中国式人力资源管理》等录像，组织参观"西藏民主改革50年"大型展览、"复兴之路"主题展览，不断提高全局职工的思想修养和理论水平。

2. 深入开展调查研究，强化人事人才管理的科学性

积极开展人事人才管理机制和管理方法的专题研究工作。组织开展了《农业科研单位岗位管理与绩效分配研究》、《农业科技创新团队的形成机制研究》、《农业科研院所领导人员选拔培养问题》等课题的调研工作，围绕岗位设置现状与改革方向、绩效评价与绩效工资分配、创新团队的内部运行机制、职员制改革的组织与管理模式等方面进行深入研究。组织完成农业部人事劳动司《农业科研单位绩效工资分配政策研究》、《事业单位招录高校毕业生方法研究》、《农业专业技术人才队伍建设研究》、《农业科技领军人才培养与评价机制研究》等课题研究工作。参与了农业部人事劳动司《农业专业技术人才队伍建设规划》的编制。深入细致的调研工作，提高了组工干部发现问题、研究问题、解决问题的能力和水平，促进了人事人才工作管理水平的科学化。

3. 加强干部教育培训与监督工作，不断提高干部队伍的综合素质

一是适应新形势下干部素质、能力建设的要求，积极开展领导干部教育培训工作。成功举办了2009年度英语培训班（南京班），来自全院23个单位24名业务骨干参加了培训；选派了20名优秀业务骨干赴加拿大奎尔夫大学进行深造；先后选派1位院领导、7位所局级领导和35位处级干部参加中组部、农业部组织的培训班；举办全院50余名处级干部参加的培训班等。全年共组织152人次参加20期各级各类培训班和专题讲座。

二是根据中央精神，组织做好高级专家的理论培训和挂职锻炼。组织落实万建民、陈化兰等参加在延安干部学院和井冈山干部学院举办的高级专家理论研修班；组织落实赵秉强等14位专家参加农业部举办的高级专业技术人员业务培训班；完成第九批博士服务团成员考察，选派张继瑜等3人为第十批博士服务团成员，分别赴新疆、西藏、宁夏挂职服务锻炼。

三是贯彻院党组指示精神，做好干部监督工作。严格按照《中国农业科学院党组贯彻落实〈建立健全惩治和预防腐败体系2008～2012年工作规划〉的实施办法》，加强制度建设，严格规范议事决策程序，从源头上预防和治理用人上的不正之风。工作中，坚持干部任前谈话和干部考察过程中的廉政教育，加强对院属单位干部选拔任用工作的指导监督，坚持做好领导配偶子女从业情况申报、处以上领导干部收入申报等工作。同时，与监察局一起，组织落实领导班子巡视工作，并注重科学运用巡视成果。

4. 认真执行劳动工资政策，完善激励与保障机制

加强工资改革调研，认真执行劳动工资相关政策，规范院属单位的收入分配，结合农业科研和人才工作特点，研究绩效工资总额核定和分配办法。一是组织完成离退休人员规范津贴补贴工作。根据《农业部办公厅关于离休人员待遇有关问题的通知》，对全院 30 个单位 287 名离休干部进行津贴补贴规范调整工作；二是对离退休费发放情况进行调研。对全院 38 个工资单位 300 位离休人员和 5 020 位退休人员执行津贴补贴的数量、额度进行全面调研摸底，并向有关部门积极反映，争取政策支持；三是进行工资总额计划测算。在对全院工资总额和职工人数情况摸底调研的基础上，编制 2009 年度职工人数和工资总额计划并分解下达；四是完成院属京区单位工资日常管理和地方下放工资权限的京外单位工资审批。全年累计审批各类工资异动 3 818 人次；五是落实有关补贴政策。根据农业部有关要求，调整了护理费、抚恤金、丧葬费等的发放标准和政策的监督执行工作；六是组织完成了"薪级工资管理软件系统"编写和试用工作。经过有关专家多次讨论和修改，在京区单位已正式投入使用。

5. 加强离退休管理与服务，促进院所和谐发展

一是积极开展慰问老干部、老党员和老工人的工作。贯彻中组部、农业部的文件精神，在庆祝新中国成立 60 周年之际，走访看望了院士等老干部代表 30 余人，给他们送去了组织的温暖；组织老专家和老领导召开座谈会，为我院科技事业发展献计献策；参加农业部举办的"风采展"、"征文"、"诗歌演唱会"等活动；组织举办了我院离退休职工"庆祝建国 60 周年艺术展"，征集、展出各类文化艺术作品 190 余件。系列活动得到农业部离退休干部局和我院领导的肯定。

二是不断加强离退休党总支建设。积极筹备机关离退休党总支换届改选；认真做好先进离退休党支部和离退休工作先进个人的推荐，在农业部表彰会上，我院 3 个支部获"农业部先进离退休党支部"荣誉称号，12 人获"农业部离退休先进个人"荣誉称号；参与农业部老年大学的组织工作。

三是做好离退休职工的日常管理工作。全年探视、祝寿 200 余人次；组织开展各项文体活动，丰富老同志的文化生活。

四是做好老同志的信访工作。先后召开四次座谈会，分析、解决老同志的困难和关心的热点问题，就"两费"落实情况等积极向有关部门反映，争取早日取得政策支持。

6. 统筹做好其他各项工作

一是做好"西部之光"访问学者和第一批"西藏特培"学员的培养工作。顺利完成 2008 年度 32 名"西部之光"访问学者培养工作，落实接收 2009 年度"西部之光"访问学者的培养工作，共有来自西部 11 个省（区、市）的 15 名访问学者在我院 9 个研究所进行访问研修，同时，按照农业部的要求，负责农业部系统共计 21 名访问学者的管理与服务工作。根据人社部部署，2009 年我院接收"西藏特培"学员 2 名，纳入到农业部第六批"西部之光"访问学者班级进行统一管理。

二是做好毕业生接收、培训及人员调配工作：①根据我院人才规划及 2009 年度接收高校毕业生计划，全年京内接收高校毕业生 102 人，京外接收高校毕业生 146 人。②面向京内外单位，举办了新入职干部岗前培训班，京内外 33 个单位和院机关 2009 年新接收高校毕业生、博士后、留学生等 211 人参加了培训。③根据人才引进的实际需要，编制实施了京外调干计划，引进调入 16 位博士后研究人员，接收复员转业军人 1 名。编制上报了 2009 年度京外调干计划。④办理了 5 人的解决夫妻分居调配偶进京手续与 4 人的材料审核和拟文上报工作。

三是做好机构编制管理工作。积极为研究所内部机构调整工作做好服务，严格按照核定的机构编制数，认真审核。办理了农机化所等 10 个单位内设机构的设立及调整的审批工作。为加强全院纪检监察工作，进一步理顺机关部门职能，根据院党组决定，将监察与审计局更名为监察局，审计职能并入财务局，办理了相关处室机构职能调整工作。积极推进我院与地方院所的合作，拟文上报了山东省花生研究所加挂我院花生研究所牌子的请示；组织完成了中央和国家机关集中办理公益性专用电子域名申报工作，共有院属 14 个单位进行了申报。

四是认真做好出国境人员的审查与管理。严格按照农业部授权和出国境人员管理文件要求，把好出口关，先后办理因公出国人员政治审查 588 人次，其中初次出国 157 人次，因公出国免审人员备案 431 人次。办理因私出国人员审查 39 人次。认真完成京区单位因私出国境人员备案管理工作，办理变更备案 33 人。

中国农业科学院组织机构图

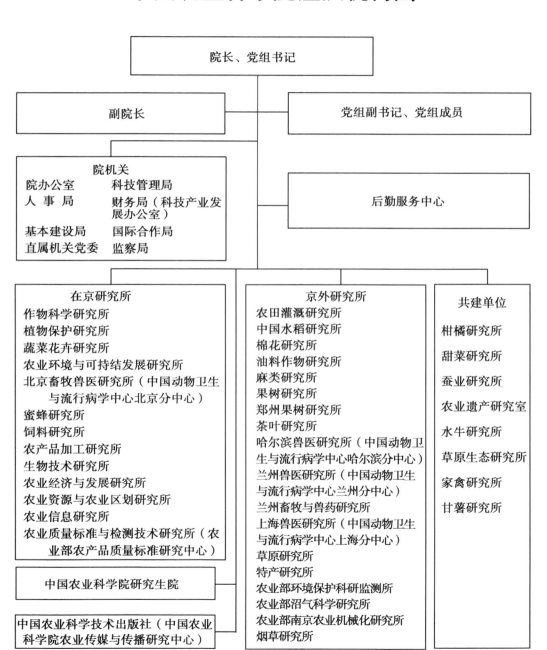

院长、党组书记

副院长

党组副书记、党组成员

院机关
院办公室　　　科技管理局
人事局　　　　财务局（科技产业发展办公室）
基本建设局　　国际合作局
直属机关党委　监察局

后勤服务中心

在京研究所
作物科学研究所
植物保护研究所
蔬菜花卉研究所
农业环境与可持结发展研究所
北京畜牧兽医研究所（中国动物卫生与流行病学中心北京分中心）
蜜蜂研究所
饲料研究所
农产品加工研究所
生物技术研究所
农业经济与发展研究所
农业资源与农业区划研究所
农业信息研究所
农业质量标准与检测技术研究所（农业部农产品质量标准研究中心）

中国农业科学院研究生院

中国农业科学技术出版社（中国农业科学院农业传媒与传播研究中心）

京外研究所
农田灌溉研究所
中国水稻研究所
棉花研究所
油料作物研究所
麻类研究所
果树研究所
郑州果树研究所
茶叶研究所
哈尔滨兽医研究所（中国动物卫生与流行病学中心哈尔滨分中心）
兰州兽医研究所（中国动物卫生与流行病学中心兰州分中心）
兰州畜牧与兽药研究所
上海兽医研究所（中国动物卫生与流行病学中心上海分中心）
草原研究所
特产研究所
农业部环境保护科研监测所
农业部沼气科学研究所
农业部南京农业机械化研究所
烟草研究所

共建单位
柑橘研究所
甜菜研究所
蚕业研究所
农业遗产研究室
水牛研究所
草原生态研究所
家禽研究所
甘薯研究所

中国农业科学院及院属单位领导人员名单

（以 2009 年 12 月底在职为准）

院　长　、党　组　副　书　记：翟虎渠
党　　　组　　　书　　　记：薛　亮
副　　　　院　　　　长：雷茂良　刘　旭　屈冬玉　唐华俊
党　组　副　书　记：罗炳文
党　　　组　　　成　　　员：翟虎渠　薛　亮　雷茂良　刘　旭
　　　　　　　　　　　　　　屈冬玉　罗炳文　唐华俊　贾连奇

院办公室

主　　　　　　　　　任：刘继芳
副　　　主　　　任：汪飞杰　汪学军　方宜文（兼）

科技管理局

局　　　　　　　长：王小虎
副　　　局　　　长：王晓举　戴小枫　袁龙江

人事局

局　　　　　　　长：贾连奇（兼）
副　　　局　　　长：郝志强　李增玉

财务局（科技产业发展办公室）

局　　长（　主　　任）：史志国
副局长（副主任）：吴胜军　潘燕荣　刘瀛弢（女）　范　静（女）

基本建设局

局　　　　　　　长：付静彬
副　　　局　　　长：周　霞（女）　刘现武

国际合作局

局　　　　　　　长：张陆彪
副　　　局　　　长：贡锡锋　冯东昕（女）

直属机关党委

书　　　　　　　记：罗炳文（兼）
常　务　副　书　记：高淑君（正所级，女）
副　　书　　记：林定根（正所级）
工　会　常　务　副　主　席：胡海涛（副所级）

监察局

局　　　　　　　长：张逐陈
副　　　局　　　长：林聚家

后勤服务中心（局）

主　任　、党　委　副　书　记：孟祥云（女）
党　委　书　记　、副　主　任：方宜文
副　主　任　、党　委　副　书　记：赵玉林
副　　　主　　　任：孙启刚　牛力平

作物科学研究所

所　　　　　　　长：万建民
党　委　书　记　、副　所　长：张保明
副　　　所　　　长：王述民　齐秀改（女）　曹永生

植物保护研究所

所　长　、党　委　副　书　记：吴孔明
党　委　书　记　、副　所　长：高士军
副　　　　　所　　　　　长：陈万权　邱德文　郑永权

蔬菜花卉研究所

所　长　、党　委　副　书　记：杜永臣
党　委　书　记　、副　所　长：蒋淑芝（女）
副　　　　　所　　　　　长：孙日飞（副司级）　张宝玺　胡　鸿（女）

农业环境与可持续发展研究所

所　长　、党　委　副　书　记：梅旭荣
党　委　书　记　、副　所　长：栗金池（女）
副　　　　　所　　　　　长：张燕卿　董红敏（女）

北京畜牧兽医研究所（中国动物卫生与
流行病学中心北京分中心）

所长（主任）、党委副书记：时建忠
党委书记、副所长（副主任）：袁学志
副所长（副主任）、党委副书记：文　杰
副　所　长　（　副　主　任　）：何胜才
副　所　长　（　副　主　任　）：王加启

蜜蜂研究所

所　长　、党　委　副　书　记：吴　杰
党　委　书　记　、副　所　长：王　勇
副　　　　　所　　　　　长：周　玮　彭文君
党　委　副　书　记：刘凤彦

饲料研究所

所 长 、党 委 副 书 记：蔡辉益
党 委 书 记 、副 所 长：张步江
副 所 长 、党 委 副 书 记：秦玉昌
副 　　　　所　　　　长：齐广海

农产品加工研究所

所 长 、党 委 副 书 记：魏益民
党 委 书 记 、副 所 长：舒文华
副 　　　　所　　　　长：王志东　王　强

生物技术研究所

所 　　　　　　　　长：林　敏
党 委 书 记 、副 所 长：田小薇（女）
副 　　　　所　　　　长：路铁刚　张洪岭

农业经济与发展研究所

所 长 、党 委 副 书 记：秦　富
党 委 书 记 、副 所 长：任爱荣（女）
副 　　　　所　　　　长：王东阳　马　飞

农业资源与农业区划研究所

所 长 、党 委 书 记：王道龙
副 所 长 、党 委 副 书 记：任天志
副 　　　　所　　　　长：徐明岗　周清波　郭同军

农业信息研究所

所 长 、党 委 书 记：许世卫
党 委 副 书 记 、副 所 长：刘　俐（女）
副 　　　　所　　　　长：孟宪学　王文生

农业质量标准与检测技术研究所
（农业部农产品质量标准研究中心）

所长、党委副书记（主任）：叶志华
党委书记、副所长（副主任）：李恩普（女）
副 所 长 （ 副 主 任 ）：钱永忠
副 所 长 （ 副 主 任 ）：苏晓鸥

研究生院

院　　　　　　　　长：翟虎渠（兼）
党 委 书 记 、 常 务 副 院 长：韩惠鹏
党 委 副 书 记 、 副 院 长：王秀玲（女）
副　　　院　　　　长：刘荣乐

中国农业科学技术出版社

社 长 、 直 属 党 支 部 副 书 记：李思经（副所级，女）
总　　　　　　　编：赵庆慧（副所级）
直 属 党 支 部 书 记 、 副 社 长：申和平（副所级）

农田灌溉研究所

所 长 、 党 委 副 书 记：段爱旺
党 委 书 记 、 副 所 长：黄修桥
副　　　所　　　长：温 季　周子奎

中国水稻研究所

所 长 、 党 委 副 书 记：程式华
党 委 书 记 、 副 所 长：周晓震
副　　　所　　　长：李西明　廖西元
党 委 副 书 记：姜仁华

棉花研究所

所　长　、　党　委　书　记：喻树迅
党 委 副 书 记 、副 所 长：侯志勇
副 所 长 、党 委 副 书 记：李付广
副　　　　所　　　　长：王坤波

油料作物研究所

所　长　、　党　委　书　记：王汉中
党 委 副 书 记 、副 所 长：李光明
副　　　　所　　　　长：王移收　廖　星　廖伯寿　黄凤洪

麻类研究所

所　长　、　党　委　书　记：熊和平
党 委 副 书 记 、副 所 长：王朝云
副　　　　所　　　　长：贺德意　臧巩固　李德芳　黄志辉

果树研究所

所　　　　　　　　　长：刘凤之
副 所 长 、党 委 副 书 记：丛佩华
党　委　副　书　　　记：项伯纯
副　　　　所　　　　长：程存刚

郑州果树研究所

所　长　、　党　委　书　记：刘君璞
副　　　　所　　　　长：王志强
党 委 副 书 记 、副 所 长：李松章
副　　　　所　　　　长：方金豹

茶叶研究所

所　长　、党　委　副　书　记：杨亚军
党　委　书　记　、副　所　长：陈　直
副　　　所　　　长：江用文　鲁成银

哈尔滨兽医研究所（中国动物卫生与流行病学中心哈尔滨分中心）

所　长　（　主　任　）：孔宪刚
党委书记、副所长（副主任）：姜维民
副　所　长　（　副　主　任　）：管国忠　魏凤祥　王笑梅（女）　赵国辉

兰州兽医研究所（中国动物卫生与流行病学中心兰州分中心）

所　长（主任）、党委书记：才学鹏
党委副书记、副所长（副主任）：白银梅（女）
副　所　长　（　副　主　任　）：火德昌　张永光　殷　宏

兰州畜牧与兽药研究所

所　长　、党　委　副　书　记：杨志强
党　委　书　记　、副　所　长：刘永明
副　　　所　　　长：张继瑜　杨耀光

上海兽医研究所（中国动物卫生与流行病学中心上海分中心）

所　长　（　主　任　）：童光志
党委书记、副所长（副主任）：杨　瑾（女）
党委副书记、副所长（副主任）：林矫矫（正所级）
副　所　长　（　副　主　任　）：丁　铲　徐富荣

草原研究所

所　长　、　党　委　副　书　记：侯向阳
党　委　书　记　、　副　所　长：王育青
副　　　　　所　　　　　长：徐　柱　陆致成　李志勇

特产研究所

所　长　、　党　委　副　书　记：杨福合
党　委　书　记　、　副　所　长：沈育杰
党　　委　　副　　书　　记：董　学
副　　　　　所　　　　　长：孙长伟　程世鹏

农业部环境保护科研监测所

所　长　、　党　委　书　记：高尚宾
副　　　　　所　　　　　长：李玉浸（正所级）
副　　　　　所　　　　　长：唐世荣　陈　璐　周其文

农业部沼气科学研究所

所　长　、　党　委　副　书　记：李　谦
党　委　书　记　、　副　所　长：方　向
副　　　　　所　　　　　长：李克伦　胡国全

农业部南京农业机械化研究所

所　长　、　党　委　副　书　记：易中懿
党　委　书　记　、　副　所　长：曹曙明
副　　　　　所　　　　　长：陈巧敏　梁　建

烟草研究所

所　长　、　党　委　副　书　记：王元英
党　　委　　书　　记：管　辉
副　　　　　所　　　　　长：王树声　张忠锋

中国农业科学院2009年院属各单位人员情况统计表

序号	单位	核定编制	职工总数	专业技术人员					管理人员								工勤技能人员				
				小计	正高级	副高级	中级	初级及以下	小计	相当副部	正司局级	副司局级	副厅级	正处级	副处级	科级及以下	小计	技工一级	技工二级	技工三级	技工四级及以下
	全院合计	10 300	7 219	4 476	660	1 144	1 711	961	869	2	37	38	18	202	137	435	1 874	11	191	1 229	443
	京内合计	3 507	2 591	1 818	387	552	652	227	407	2	17	19	16	102	49	202	366	7	98	203	58
	京外合计	6 793	4 628	2 658	273	592	1 059	734	462		20	19	2	100	88	233	1 508	4	93	1 026	385
1	院机关	174	190	104	20	34	25	25	85	2	6	8	10	31	11	17	1			1	
2	后勤中心	216	237	46		3	36	7	72			2	1	8	6	55	119	1	16	75	27
3	作保所	642	316	246	74	81	75	16	22		1	1		5	2	13	48		14	31	3
4	植保所	252	193	157	41	57	47	12	16		1			4	2	9	20	1	9	7	3
5	蔬菜所	254	196	134	29	38	55	12	32		1			5	4	22	30	2	9	16	3
6	环发所	161	156	124	24	36	35	29	26			2	1	9	4	10	6		2	2	2
7	畜牧所	277	158	122	31	40	41	10	11		1	1		2	2	5	25		12	13	
8	蜜蜂所	130	98	62	8	13	26	15	17		2		1	6	1	7	19	1	7	8	3
9	饲料所	120	111	94	15	25	44	10	13		1			6	3	3	4			3	1
10	加工所	246	93	60	12	16	24	8	12			1		4	4	3	21		5	15	1

续表

序号	单位	核定编制	职工总数	专业技术人员					管理人员								工勤技能人员				
				小计	正高级	副高级	中级	初级及以下	小计	相当副部	正司局级	副司局级	副所级	正处级	副处级	科级及以下	小计	技工一级	技工二级	技工三级	技工四级及以下
11	生物所	120	100	84	19	29	26	10	11		1			2		8	5	1	1	3	
12	农经所	130	94	80	22	25	26	7	12		1		1	3	1	6	2	1		1	
13	资划所	284	251	211	50	62	90	9	30			1	1	6	4	18	10		3	4	3
14	信息所	319	219	158	19	56	51	32	21		1	1		5	4	10	40		17	17	6
15	质标所	87	68	59	9	16	25	9	6			1		3		2	3		1	2	
16	研究生院	55	74	47	11	11	15	10	14		1			3	1	9	13		2	5	6
17	出版社	40	37	30	3	10	11	6	7				1	1		5					
18	灌溉所	210	150	98	12	24	37	25	8		1			2	2	3	44		2	37	5
19	水稻所	1270	598	207	25	50	80	52	49		2	1		9	9	28	342		15	224	103
20	棉花所	690	421	174	19	50	72	33	29			1		7	3	18	218		9	198	11
21	油料所	323	236	157	19	41	89	8	16		1	2		4	5	4	63		1	54	8
22	麻类所	234	180	79	14	15	27	23	20			2		1	5	12	81		2	68	11
23	果树所	372	221	72	9	11	29	23	36		1	1		6	11	17	113		5	75	33
24	郑果所	245	214	150	14	41	64	31	22		1	1		5	3	12	42		3	35	4
25	茶叶所	196	165	116	14	29	47	26	14		1	1		4		9	35		6	17	12

续表

序号	单位	核定编制	职工总数	专业技术人员					管理人员								工勤技能人员				
				小计	正高级	副高级	中级	初级及以下	小计	相当副部	正司局级	副司局级	副所级	正处级	副处级	科级及以下	小计	技工一级	技工二级	技工三级	技工四级及以下
26	哈兽医	566	447	267	27	49	107	84	38			1	2	5	3	27	142		6	122	14
27	兰兽医	292	292	232	23	42	105	62	15			1		1	2	11	45		3	25	17
28	兰畜牧	342	205	143	10	43	56	34	22		1	1		7	4	9	40			37	3
29	上兽医	98	129	97	12	18	45	22	19		2			3	3	11	13				13
30	草原所	275	173	104	10	31	27	36	20		2	3		7	3	5	49	4	28	10	7
31	特产所	692	511	291	12	35	89	155	59		1	2		14	11	31	161		2	38	121
32	环保所	150	127	109	12	13	55	29	12		2	1		4	4	1	6			6	
33	沼气所	150	97	71	11	14	20	26	15		1	2		2	4	6	11			3	8
34	农机化所	450	232	158	13	49	55	41	34		2			11	8	13	40		5	31	4
35	烟草所	238	188	111	16	28	48	19	26		2			7	6	11	51		3	41	7
36	祁阳站		17	11		4	4	3	3							3	3			2	1
37	德州站		15	11	1	5	3	2	2							2	2			1	1
38	廊坊基地		10						3					1	2		7		3	2	2

注：1. 本表三类人员数据以工资统计口径为准，即以本人实际执行的岗位工资类别进行分类统计。

中国农业科学院 2009 年院属各单位专业技术人员情况统计表

序号	单位	科技人员总数	职称情况				学历情况			学位情况		年龄情况						专家情况				
			正高级	副高级	中级	初级及以下	研究生	大学	大专及以下	博士	硕士	35岁及以下	36~40岁	41~45岁	46~50岁	51~54岁	55岁及以上	两院院士	国家级专家	部级专家	政府特贴	百千万人才
	全院总计	5 122	698	1 304	1 964	1 156	2 388	1 757	977	1 177	1 370	1 770	743	772	924	617	296	12	6	110	116	46
	机关小计	190	32	72	51	35	95	81	14	32	64	57	29	27	32	24	21	3		5	5	1
	京内合计	2 126	408	642	741	335	1 185	630	311	743	518	604	327	354	438	255	148	10	4	60	76	29
	京外合计	2 996	290	662	1 223	821	1 203	1 127	666	427	852	1 166	416	418	486	362	148	2	2	50	40	17
1	院办公室	27	11	8	7	1	18	6	3	8	8	6	3	5	3	3	7	3		5	4	1
2	科技局	29	8	11	7	3	17	9	3	7	10	6	5	4	7	5	2				1	
3	人事局	26	2	12	6	6	9	14	3	2	9	7	3	4	6	3	3					
4	财务局	38	1	16	13	8	13	23	2	3	10	14	7	4	6	5	2					
5	国合局	24	6	6	6	6	17	7		8	8	8	6	3	4	2	1					
6	基建局	18	1	9	5	3	8	10	3	3	7	6	4	2	2	2	2					
7	机关党委	16	1	5	4	6	8	5			8	6	3	2	2	3	3					
8	监察局	12	2	5	3	2	5	7		1	4	4	1	3	2	1	1					
9	服务中心	86		6	57	23	1	36	49			1	16	13	23	25	8					

续表

序号	单位	科技人员总数	职称情况				学历情况			学位情况		年龄情况						专家情况				
			正高级	副高级	中级	初级及以下	研究生	大学	大专及以下	博士	硕士	35岁及以下	36~40岁	41~45岁	46~50岁	51~54岁	55岁及以上	两院院士	国家级专家	部级专家	政府特贴	百千万人才
10	作科所	257	75	85	74	23	142	68	47	113	49	42	32	61	66	36	20	2		10	15	7
11	植保所	173	41	60	49	23	115	36	22	99	16	44	30	28	37	23	11	2	1	9	10	2
12	蔬菜所	161	30	42	61	28	71	58	32	40	41	46	31	20	29	18	17	1	1	5	8	3
13	环发所	150	24	42	46	38	99	30	21	61	38	54	17	23	32	17	7			4	4	2
14	畜牧所	133	32	42	44	15	85	33	15	73	25	44	19	28	22	11	9	1		8	9	6
15	蜜蜂所	76	9	21	26	20	28	46	2	8	28	35	8	10	13	8	2				1	
16	饲料所	103	16	29	48	10	74	19	10	31	43	32	30	17	13	8	3			3	3	2
17	加工所	71	13	19	28	11	40	16	15	21	18	21	10	9	13	11	7				1	
18	生物所	84	19	29	26	10	59	17	8	45	14	27	19	14	16	5	3	1	1	4	4	5
19	农经所	88	22	30	27	9	57	27	4	45	11	23	10	18	19	11	7			1	2	
20	资划所	227	49	66	95	17	161	50	16	108	52	65	34	38	53	22	15		1	8	10	1
21	信息所	179	21	60	58	40	77	63	39	39	54	53	23	27	41	26	9			2	2	
22	质标所	65	9	18	25	13	37	23	5	16	24	31	9	9	6	4	6				1	1
23	研究生院	52	12	12	15	13	27	21	4	8	28	18	7	9	12	5	1			1	1	

续表

序号	单位	科技人员总数	正高级	副高级	中级	初级及以下	研究生	大学	大专及以下	博士	硕士	35岁及以下	36~40岁	41~45岁	46~50岁	51~54岁	55岁及以上	两院院士	国家级专家	部级专家	政府特贴	百千万人才
24	出版社	31	4	9	11	7	17	6	8	4	13	11	3	3	11	1	2					
25	灌溉所	104	12	26	39	27	42	42	20	12	30	39	9	11	31	9	5			1	1	
26	水稻所	237	26	54	97	60	116	73	48	59	62	82	28	40	52	24	11		1	6	3	3
27	棉花所	197	19	54	80	44	50	92	55	28	22	50	31	49	38	22	7		1	5	4	3
28	油料所	173	19	46	100	8	96	42	35	53	44	59	19	22	42	22	9			7	5	3
29	麻类所	79	14	15	27	23	33	33	13	12	29	39	7	9	15	7	2			2	1	
30	果树所	88	10	15	38	25	39	23	26	5	34	38	12	5	15	11	7			1		
31	郑果所	172	15	43	75	39	54	61	57	9	45	62	16	26	26	28	14			2		
32	茶叶所	126	14	33	51	28	35	64	27	11	23	53	23	22	14	11	3	1		1	1	
33	哈兽研	305	29	51	131	94	131	111	63	57	74	127	56	36	37	32	17	1		2	4	2
34	兰兽所	243	23	42	110	68	106	103	34	41	84	116	41	31	28	16	11			4	4	2
35	兰牧药	160	11	47	61	41	70	49	41	21	49	53	20	23	34	22	8			1	1	
36	上兽所	107	12	21	51	23	58	39	10	36	28	61	19	14	6	6	1			4	3	3
37	草原所	123	14	40	35	34	42	69	12	17	40	39	4	12	30	32	6			3	2	

续表

序号	单位	科技人员总数	职称情况				学历情况				学位情况		年龄情况						专家情况				
			正高级	副高级	中级	初级及以下	研究生	大学	大专及以下	博士	硕士	35岁及以下	36~40岁	41~45岁	46~50岁	51~54岁	55岁及以上	两院院士	国家级专家	部级专家	政府特贴	百千万人才
38	特产所	350	15	42	122	171	126	119	105	25	101	140	66	53	35	47	9			3	4	
39	环保所	109	12	18	54	25	84	16	9	25	59	50	22	14	12	7	4					
40	沼气所	75	11	17	21	26	27	41	7	5	21	23	6	3	27	9	7			2	1	
41	农机化所	189	15	56	68	50	40	96	53	3	48	72	20	27	22	36	12			3	1	
42	烟草所	137	18	33	56	30	49	43	45	15	54	57	17	20	16	15	12			3	5	
43	祁阳站	11		4	4	3	3	4	4		3	4		1	3	1	2					
44	德州站	11	1	5	3	2	2	7	2	2	2	2			3	5	1					1
45	廊坊基地																					

中国农业科学院 2009 年院属各单位离退休人员情况统计表

序号	单 位	离 退 休 人 员 情 况							中共党员	高级专业职务	
		小计	离休干部	退休干部	工人	退养	退职	街道代管		正高级	副高级
	全院总计	5 563	282	3 209	1 915	66	57	34	1 919	830	1 200
	京内小计	1 947	128	1 461	278	44	3	33	900	478	596
	京外小计	3 616	154	1 748	1 637	22	54	1	1 019	352	604
1	院机关	368	44	199	84	25	2	14	220	43	67
2	作物所	339	20	261	51	3		4	150	97	113
3	植保所	145	9	112	18	3		3	52	44	46
4	蔬菜所	140	9	98	29	1		3	59	36	40
5	环发所	74	5	69					35	27	29
6	畜牧所	159	6	120	26	5		2	59	36	41
7	蜜蜂所	78	2	66	9			1	36	18	26
8	饲料所	10		10					5	6	1
9	加工所	126	3	104	17	1	1		52	26	45
10	生物所	12		9	3				4	4	1
11	农经所	50	3	46	1				33	20	21
12	资划所	190	11	162	9	4		4	71	40	91
13	信息所	184	12	143	26	1		2	85	50	61
14	质标所	19		19					12	10	4
15	研究生院	34	4	25	4	1			18	11	7
16	出版社	19		18	1				9	10	3

续表

序号	单 位	离 退 休 人 员 情 况							中共党员	高级专业职务	
		小计	离休干部	退休干部	工人	退养	退职	街道代管		正高级	副高级
17	灌溉所	109	8	73	27	1			41	17	32
18	水稻所	650	4	135	490	3	18		127	35	33
19	棉花所	351	7	121	221		2		80	30	27
20	油料所	206	7	91	108				61	20	38
21	麻类所	107	3	38	60	6			42	11	12
22	果树所	217	8	104	102	3			55	13	33
23	郑果所	121	14	63	44				42	10	30
24	茶叶所	115	3	70	32	3	6	1	44	22	29
25	哈兽研	306	25	148	133				党关系转社区	33	52
26	兰兽研	156	8	105	41		2		46	31	39
27	兰牧药	173	13	135	25				64	28	54
28	家寄所	62	4	46	12				28	14	15
29	草原所	129	5	98	26				57	22	27
30	特产所	323	14	146	156		7		74	11	38
31	环保所	93	6	71	15		1		49	15	32
32	沼气所	94	2	84	8				48	7	31
33	农机化所	233	17	156	54	6			102	21	62
34	烟草所	145	6	57	64		18		58	12	18
35	廊坊站 德州站 祁阳站	26		7	19				1		2

我院刘旭研究员当选中国工程院院士

中国工程院 2009 年院士增选结果 12 月 2 日在京揭晓，包括中国农业科学院副院长刘旭研究员在内的 48 名杰出工程科技工作者当选为中国工程院院士。

刘旭研究员自 1983 年研究生毕业以来一直从事作物种质资源方面的研究工作。在以董玉琛院士为代表的老一代科学家的指导与支持下，参与或主持了中国农作物种质资源收集保存评价与利用项目，完善了我国作物种质资源保护与利用的研究体系，推动了种质资源深入研究，促进了种质资源学科发展；主持了中国作物及其野生近缘植物多样性研究，该研究基本查清了我国作物种质资源本底，建立了作物种质资源技术规范体系，完善了资源信息系统，显著提高了资源利用效率和效益；从事小麦种质资源研究26 年来，比较系统地开展了小麦及其近缘属分析、基因研究及克隆等工作，为小麦的起源和抗源研究奠定了基础。成为继董玉琛院士之后的我国又一代作物种质资源学科带头人之一，为作物种质资源学科建设和事业发展做出了突出成就。

中国工程院院士是国家设立的工程科学技术方面的最高学术称号，为终身荣誉。其院士增选工作每两年进行一次，每次增选名额不超过 60 名。本次工程院院士增选工作经过遴选、第一轮评审、第二轮评审和选举、主席团审议等程序，从 449 名有效候选人中产生了 48 名新院士。

我院程式华研究员荣获中华农业英才奖

2009年12月28日，全国农业工作会议上，水稻所程式华研究员与其他9位农业科技英才一起被授予第三届"中华农业英才奖"，受到国务院副总理回良玉的亲切接见。

程式华研究员现任中国水稻研究所所长、农业部"中国超级稻选育与试验示范"项目和浙江省"水稻育种"重大科技专项（"8812"计划）首席专家、"全国超级稻研究与推广专家组"执行组长、"国家水稻产业技术体系"首席科学家、"浙江省农业新品种育种重大专项专家组"组长。

多年来，程式华研究员在超级稻育种、示范推广、产业开发及其国家水稻产业技术体系建设等领域做出了重要贡献。他先后主持国家"863"计划、国家科技支撑计划、农业部超级稻专项和国际合作项目等多项重大课题，组织和协调全国的杂交稻育种与推广；创新超级杂交稻育种亲本选配理论，提出利用籼粳中间型的超级杂交稻育种亲本选配方法及"后期功能型"超级稻新概念；作为主持人或主要完成人所完成的科研成果8项11次获国家或省部院级奖励，获国家发明专利3项、品种权6项，育成国家和省级审定品种12个；入选浙江省"151"人才工程第一层次、中国农业科学院一级岗位杰出人才和新世纪百千万人才工程国家级人选；曾获农业部、浙江省"有突出贡献中青年专家"、"韩国农村振兴厅荣誉科学家"、浙江省"农业科技突出贡献者"及"浙江省劳动模范"等荣誉称号，享受国务院政府特殊津贴。

"中华农业英才奖"是农业部贯彻落实中央人才强国战略的重要举措，是对在农业科技进步和科技成果转化方面做出突出贡献的农业人才的重大奖励。该奖从2005年设立至今，进行了3届评选，中国农业科学院共有4人当选。他们是我院全体科技人才的优秀代表，他们的当选，必将激励我院广大科研工作者更加奋发图强、扎实工作，为我国农业科技事业发展和社会主义新农村建设做出新的、更大的贡献。

我院王汉中、"农业部动物流感重点开放实验室"分获第四届"全国杰出专业技术人才"和"全国专业技术人才先进集体"荣誉称号

2009年9月10日，第四届全国杰出专业技术人才表彰大会在京举行。表彰大会上，中央组织部、中央宣传部、人力资源和社会保障部、科学技术部联合授予来自科技、教育、文化、卫生等领域科研和生产第一线的50名同志"全国杰出专业技术人才"荣誉称号，授予30个集体"全国专业技术人才先进集体"荣誉称号。中国农业科学院油料作物研究所所长王汉中研究员荣获"全国杰出专业技术人才"荣誉称号；哈尔滨兽医研究所"农业部动物流感重点开放实验室"荣获"全国专业技术人才先进集体"荣誉称号。中共中央政治局常委、中央书记处书记、国家副主席习近平会见与会代表并讲话。

王汉中研究员在国际上首次发现并命名了芸苔属植物第一个不稳定因子 Tbn1，克服了油菜品种中高油与双低、高油与高产、高油与多抗的矛盾，培育出高含油量且适合机械化收获的抗裂角抗倒伏油菜新品种"中双11号"等10余个优质油菜新品种，获国家和省部级成果奖7项，其油菜新品种累计推广1亿余亩，创社会经济效益50亿元以上。2007年，王汉中获得中国科协"求是"杰出青年成果转化奖，成为当年获此殊荣的唯一一位农业科技工作者。

由我院一级岗位杰出人才陈化兰研究员领衔的农业部动物流感重点开放实验室，是我国从事动物流感特别是禽流感应用和基础研究的主要研究机构，是国家禽流感参考实验室和世界动物卫生组织（OIE）禽流感参考实验室，也是我院13个首批优秀科技创新团队之一。该实验室以年轻科技骨干为主，平均年龄在40岁以下，绝大多数成员具有硕士或博士学位。近年来，实验室承担"十一五"国家科技支撑计划、"973"计划、国家"863"计划等国家及部级动物流感相关科研项目17项，为我国及其他国家禽流感防控提供了关键科学技术支撑。

王汉中研究员和动物流感实验室是中国农业科学院专业技术人才队伍的优秀代表，他们受到表彰，不仅是个人和团队的荣誉，也是全院的骄傲。我院广大科技工作者要以受表彰的先进典型为榜样，爱岗敬业，刻苦钻研，努力做农业科技创新的引领者、先进生产力的开拓者，增强协作意识，加强科技创新团队建设，为发展现代农业做出应有贡献。

我院李学勇、田国彬
荣获第十一届中国青年科技奖

2010 年 1 月 11 日，由中共中央组织部、人力资源和社会保障部、中国科学技术协会组织的第十一届中国青年科技奖揭晓，中国农业科学院李学勇、田国彬两位同志获得此项殊荣。

李学勇现为我院作物科学研究所二级岗位杰出人才、美国植物生物学家学会会员。曾在美国耶鲁大学分子细胞与发育生物学系进行博士后研究，2008 年 9 月回国。目前主要从事水稻分蘖、耐低温、耐淹涝等重要农艺性状的基因克隆与分子机理研究，并在水稻和玉米的基因组学与表观遗传学研究领域取得了优异的成绩。共发表论文 14 篇，SCI 收录 10 篇，其中以第一作者在 Nature 上发表论文 1 篇、Plant Cell 上发表 2 篇。

田国彬是我院哈尔滨兽医研究所副研究员。长期从事禽流感疫情监测和诊断方法的研究以及诊断试剂和疫苗的研究与生产等工作，经常参与国内外禽流感援助、疫情调查以及疫情处置的监督指导工作，为禽流感疫情防控工作做出了积极贡献。曾获得国家科技进步一等奖、发明二等奖、黑龙江省优秀中青年专家、黑龙江省青年五四奖章、感动中国畜牧兽医科技创新青年才俊、哈尔滨市青年科技奖以及中国农业科学院优秀共产党员和院级文明职工等荣誉称号。

李学勇、田国彬是我院青年科技创新人才的优秀代表。他们胸怀祖国、心系"三农"，恪守科学精神、学风道德严谨，始终保持探索真知的高昂激情；他们刻苦钻研，瞄准农业科技发展前沿，在基础研究和科技产业发展等方面做出突出成绩；他们团结协作，把个人发展融入创新团队建设，在推动农业科技创新中发挥了排头兵作用。

全院广大科技工作者要向中国青年科技奖获奖者学习，紧紧围绕发展现代农业的目标任务，坚持服务产业发展、服务农民需要的根本方向，奋力攀登、求真务实，不断提高自主创新能力，进一步提升科技对主要农产品有效供给的保障能力、对农民增收的支撑能力和对转变农业发展方式的引领能力，为发展现代农业做出更大贡献。

关于公布 2009 年"新世纪百千万人才工程"国家级人选的通知

农科办人〔2010〕42 号

院属各单位、院机关各部门：

根据人力资源和社会保障部《关于公布 2009 年"新世纪百千万人才工程"国家级人选的通知》（人社部发〔2009〕189 号），现将我院入选 2009 年"新世纪百千万人才工程"国家级人选名单予以公布（见附件），并请做好相关工作。

一、各单位要按照党的十七大和十七届三中、四中全会精神，紧紧围绕建设"三个中心、一个基地"的战略目标，依托学科、平台和科技创新团队建设，以"新世纪百千万人才工程"人选为重点，做好中青年学术技术带头人培养工作。通过不断完善政策机制、搭建条件平台、营造环境氛围、提高宣传影响、加强管理服务，全面推进高层次人才队伍建设。

二、进一步加大对"新世纪百千万人才工程"国家级人选的培养力度。给予他们更多的关怀和支持，创造必要的条件，鼓励他们承担重大科研项目，勇挑科研重担，在科研创新中不断增长才干，更好地发挥作用，贡献力量。

三、相关单位要做好宣传、表彰和服务保障工作，为他们的成长创造良好的环境，激发他们的创造活力和创新热情。

附件：2009 年"新世纪百千万人才工程"国家级人选名单

二〇一〇年三月五日

附件：

2009 年"新世纪百千万人才工程"国家级人选名单

油料所：黄凤洪
蔬菜所：李宝聚、张友军
棉花所：邢朝柱
生物所：路铁刚
作科所：王建康

中国农业科学院关于公布 2008 年度晋升 专业技术职务任职资格人员名单的通知

农科院人〔2009〕114 号

院属各单位、院机关各部门：

我院 2008 年度晋升高级专业技术职务任职资格人员已经农业部人事劳动司备案批复（农人技函〔2009〕9 号），中级专业技术职务任职资格人员已经院人事局审核，现将人员名单予以公布（见附件）。

2008 年度晋升高级专业技术职务人员的任职资格时间自 2009 年 1 月 1 日起计算；晋升中级专业技术职务人员的任职资格时间自你单位中级专业技术职务评审委员会评审通过之日起计算（其中初聘人员自办理初聘手续之日起计算）。

请你单位接通知后，按照岗位需要和有关规定办理相关聘任手续。

附件：院属单位 2008 年度晋升专业技术职务任职资格人员名单

二○○九年四月二十八日

附件：

院属单位 2008 年度晋升专业技术职务任职资格人员名单

作科所

研　究　员：雷财林　石云素　夏兰琴　周永力
编　　　审：程维红
副 研 究 员：徐兆师　王丽侠　刘章雄　刘红霞　刘允军
助理研究员：王丽伟　巫祥云　高　英　张晓玫　付金东
编　　　辑：闫春玲（套改）

资划所

研　究　员：刘宏斌　龙怀玉　尹昌斌　李志宏　程宪国　毕于运
　　　　　　曹尔辰
副 研 究 员：韦东普　周　颖　邓　晖　任建强　顾金刚　冀宏杰
　　　　　　张认连　闫　湘　曹凤明　王　迪（博后）
高级农艺师：高菊生
助理研究员：张保辉　张　莉　李丹丹　高明杰　易小燕　赵士诚
　　　　　　闫玉春　李　娟　胡海燕　陈　强　高春雨
实　验　师：王丽霞　申华平　肖瑞琴
经　济　师：螳　新

质标所

副 研 究 员：李恩普　陈　刚　樊　霞　薛桂玲
助理研究员：刘全吉　王培龙

植保所

研　究　员：张东升　文丽萍　张桂芬　黄启良　梁革梅
副 研 究 员：蔺瑞明　梅向东　刘新刚　刘玉娣　林克剑

　　　　　　吴蓓蕾（博后）　　张　蕾（博后）
助理研究员：陆晏辉　闫晓静　张云慧　毛建军　陈华民　王大伟

郑果所

研　究　员：古勤生　陈汉杰
副 研 究 员：方伟超　顾　红　牛　良
高级农艺师：阎志红
助理研究员：彭　斌　胡　潇

沼气所

研　究　员：胡国全　胡启春　施国中
副 研 究 员：陈子爱
高级工程师：赖　静
工　程　师：丁自立

院机关

研　究　员：何　平　赖燕萍　吴胜军　刘现武　王颖芬　高淑君
副 研 究 员：李滋睿　郝志强　贾中一　王　欣　张明军　宋恒春
助理研究员：刘　佳　张江丽　付长亮　段成立　张　冰　韩　进
　　　　　　李军华　钟　娟

油料所

研　究　员：姜慧芳
副 研 究 员：吴　刚　李文林　沙爱华
助理研究员：陈海峰　任　莉　万楚筠　万　霞　张艳欣　王秀嫔
实　验　师：王玉叶　杨华夏
编　　　辑：王丽芳

研究生院

研　究　员：潘淑敏　汪勋清
高级实验师：胡秀婵

助理研究员：王恩涛　张蓉斌

烟草所

研　究　员：张忠锋　冯全福　钱玉梅
副 研 究 员：梁晓芳　李义强　邱　军
高级实验师；陈志强
助理研究员：迟立鹏　王爱华　曹建敏　刘光亮　高　林　王松峰
　　　　　　张兴伟

牧医所

研　究　员：孙宝忠　顾宪红　郑　彦
副 研 究 员：浦　华　王　赞　卜登攀　潘登科　陈金宝　董晓芳
　　　　　　张　莉
助理研究员：高　芸　刘　涛　侯绍华　周　乐　唐湘方　赵会静

信息所

研　究　员：李哲敏　魏　虹　刘　俐
编　　　审：冯艳秋
副 研 究 员：王永春　谢能付　杨　勇　李　涛　杨　碚
副　编　审：刘洪霞　赵　琪
助理研究员：马　健　刘海燕　朱　亮　徐　磊　姜丽华　陈冬冬
馆　　　员：郭溪川

特产所

研　究　员：张亚玉　李爱民
副 研 究 员：孙成贺　柴秀丽　刘艳环　崔学哲
副　编　审：王守本
助理研究员：丛　波　刘晗璐　张淑琴　张　蕾　司方方　易　立
　　　　　　张秀华　刘佰阳　王凤雪

饲料所

研 究 员：屠 焰　张步江
副 研 究 员：王亚茹　刘庆生
助理研究员；苑 京　范润梅　姜成钢

水稻所

研 究 员：郭龙彪　胡慧英　傅 强
副 研 究 员：欧阳由男　胡 阳　童汉华　刘文真　谢黎虹　张小惠
助理研究员：张卫星　徐春梅　宋昕蔚　陈 洁　王 玲　王志刚
　　　　　　林晓燕

蔬菜所

研 究 员：谢开云　刘富中　明 军
副 研 究 员：武 剑　闫书鹏
高级实验师：徐宝云
副 编 审：史艳华
助理研究员：杨秀波　欧承刚　陈国华　张正海　徐建飞　薛璟祺
会 计 师：任永亮

生物所

研 究 员：张 锐　王 磊
副 研 究 员：燕永亮　张执金　姜 凌　李轶女　宗 娜
助理研究员：孙文丽　李 江　张 芊　张宇宏　周 焘　孟志刚

上兽所

研 究 员：刘金明
副 研 究 员：张建武　邱亚峰　陈鸿军　赵国庆
助理研究员：孟新宇　韦祖樟　王欣之　于 海　陈宗艳　韩先干
　　　　　　滕巧泱　孙竹筠　杨健美

农经所

研　究　员：李　文
副 研 究 员：吕开宇　王秀东　栾春荣
助理研究员：翟研宁　薛　莉　王祖力　辛翔飞
编　　　辑：段艳艳

农机所

研　究　员：张礼钢　宋卫东
副 研 究 员：彭宝良　计福来　朱德文　凌小燕　龚　艳　张　彬
高级工程师：孔　臻
助理研究员：赵　闯　殷　娟　吕晓兰　曹士锋
实　验　师：唐宗义

牧药所

研　究　员：李宏胜　杨博辉
副 研 究 员：程胜利　苏　鹏　苗小楼
高级实验师：牛晓荣
助理研究员：关红梅（套改）　曾玉峰　王宏博　李维红　王东升　肖玉萍
　　　　　　王华东　刘建斌
实　验　师：李　伟　戴凤菊　赵保蕴

棉花所

研　究　员：叶武威　魏守军　刘金海
副 研 究 员：于霁雯　石玉真　时增凯　周大云
助理研究员：冯自力　彭　军　杨子山　陈　伟　刘华涛　陈　伟
　　　　　　李鹏程　贾银华

蜜蜂所

研　究　员：董　捷
副 研 究 员：安建东　李桂芬　陈兰珍

助理研究员：刘建平　冯浩然　代平礼　谢文阁

麻类所

研　究　员：龚友才　肖爱平
副研究员：杨喜爱　李建军
助理研究员：龙松华　严智燕

兰兽所

研　究　员：景志忠　马军武　王超英
编　　审：左翠萍
副研究员：卢曾军　杨　彬　窦永喜　潘　丽　关贵全　王亚军
　　　　　鲁炳义
助理研究员：张少华　陈豪泰　白兴文　蔺国珍　李文卉　王艳华
　　　　　曹小安　王　玺　何继军　周广青　任巧云　陈国华
　　　　　闫鸿斌　王小东　马维民

加工所

研　究　员：赵俊辉　张德权　周洪杰
副研究员：郭波莉
高级工程师：蔡雪雁
助理研究员：丁　楷　方　芳　范　蓓
经　济　师：何　镰

环发所

研　究　员：居　辉　陶秀萍
副研究员：张庆忠　顾峰雪　魏灵玲　白　薇
高级工程师：巫国栋
助理研究员：刘秀英　李瑞林　张淑芳　郝志鹏　惠　燕　徐春英
　　　　　程瑞锋　秦晓波　陈永杏　李贵春

环保所

研　究　员：张克强　周其文
编　　　审：潘淑君
副研究员：秦　莉　黄永春　宋正国　王　农
副　编　审：李无双
助理研究员：皇甫超河　叶　飞　刘红梅　王　林　王　迪　杜连柱
　　　　　　张静妮　邹晓锦　刘　岩　夏　维
工　程　师：王跃华

哈兽所

研　究　员：蔡雪辉　刘思国　孔令达　张永久
副研究员：涂亚斌　高玉龙　葛金英　叶喜永　司昌德　董　齐
　　　　　　华荣虹　陈伟业（博后）　柳金雄（博后）
高级实验师：徐　嵘
高级会计师：张　莹
助理研究员：石星明　郭冬春　沈　楠　杨　涛　陈建飞　王喜军
　　　　　　张宇辉　孙项南　张从禄　辛　颖　董宗宇　孙伟强
　　　　　　崔　钰　杨振林　王振龙　林跃智

果树所

研　究　员：程存刚　董雅凤
副研究员：王　昆　王　强　巩文红
助理研究员：李　敏　张怀江　李海飞
实　验　师：李海航　刘立军

灌溉所

研　究　员：仵　峰　吕谋超
副研究员：樊向阳　郭树龙　陈金平
助理研究员：朱东海　刘战东　黄仲冬　李晓东　宋　妮　高　阳
　　　　　　乔冬梅　邓　忠
实　验　师：刘　平　何义珍

出版社

副 研 究 员：王更新
副 编 审：李功伟
编 辑：马丽萍（套改）

茶叶所

研 究 员：叶 阳 肖 强
副 研 究 员：马立峰 陈 直 孙晓玲 蒋 迎
副 编 审：翁 蔚
助理研究员：朱建淼
馆 员：贾丙娟
会 计 师：乔光辉

草原所

研 究 员：刘爱萍 陆致成
编 审：刘天明
副 研 究 员：春 亮 韩文军
高级实验师：马玉宝
助理研究员：张晓庆 徐春波 徐林波
实 验 师：孙淑枝

中国农业科学院关于公布
重点科技创新团队的通知

农科院人〔2009〕220号

院属各单位、院机关各部门：

根据《中共中国农业科学院党组关于加强科技创新团队建设的意见》精神和《关于推进各单位重点科技创新团队建设工作的通知》（农科院人〔2009〕108号）的要求，本着"学科引领、资源优化、重点突出、整体带动"的原则，院属各单位对拟建设的重点团队在学科定位、依托平台、首席科学家人选、团队人员组成以及团队建设目标等方面进行了反复论证与调整。院里组织专家对各单位推荐的重点科技创新团队进行了两轮评议和评审，并经过院党组审定，确定了90个研究所一级的重点科技创新团队，现予以公布（见附件）。

请各有关单位按照《中共中国农业科学院党组关于加强科技创新团队建设的意见》中对科技创新团队的总体目标、建设任务以及保障措施的要求，在加大政策扶持力度、完善内部运行机制上多下功夫，努力营造有利于团队健康发展的环境氛围。要结合海外高层次人才引进，切实加强首席科学家和学科领军人才、骨干人才的引进、培养，全面提高学科地位、学术水平和竞争力，把科技创新团队真正建设成为在重点学科领域具有明确稳定的主攻方向，特色鲜明，在国内外具有影响力的科技创新团队。

附件：重点科技创新团队名单

二〇〇九年八月二十一日

附件：

重点科技创新团队名单

团队名称	团队首席科学家	团队所在单位
作物品质遗传改良	何中虎	作物科学研究所
玉米种质改良与育种创新	李新海	作物科学研究所
大豆遗传育种	韩天富	作物科学研究所
作物耐旱基因资源挖掘及分子基础研究	王国英	作物科学研究所
作物高产高效栽培与生理	赵　明	作物科学研究所
作物基因发掘与应用基因组学	毛　龙	作物科学研究所
功能基因组学研究创新团队	钱　前	水稻研究所
水稻可持续生产技术研究创新团队	朱德峰	水稻研究所
稻米质量标准与检测技术	朱智伟	水稻研究所
棉花种质创新团队	王坤波	棉花研究所
棉花转基因创新团队	李付广	棉花研究所
棉花高效生产技术创新团队	毛树春	棉花研究所
油料质量安全研究创新团队	李培武	油料作物研究所
油料加工创新团队	黄凤洪	油料作物研究所
夏油遗传改良创新团队	廖伯寿	油料作物研究所
麻类作物创新团队	熊和平	麻类研究所
麻产品加工创新团队	刘正初	麻类研究所
蔬菜花卉种质资源研究团队	李锡香	蔬菜花卉研究所
蔬菜花卉栽培与生理研究	于贤昌	蔬菜花卉研究所
蔬菜花卉病虫害可持续防治研究团队	谢丙炎	蔬菜花卉研究所
果树资源与育种科技创新团队	丛佩华	果树研究所

续表

团队名称	团队首席科学家	团队所在单位
果树优质高效可持续生产技术科技创新团队	刘凤之	果树研究所
果树资源与遗传育种创新团队	王力荣	郑州果树研究所
西甜瓜资源与遗传育种创新团队	徐永阳	郑州果树研究所
果树栽培与品质控制创新团队	方金豹	郑州果树研究所
烟草遗传育种创新团队	王元英	烟草研究所
烟草栽培营养与调制加工创新团队	王树声	烟草研究所
烟草病虫害可持续治理创新团队	王凤龙	烟草研究所
茶树资源与改良研究团队	成　浩	茶叶研究所
茶树绿色栽培技术研究团队	阮建云	茶叶研究所
茶叶质量安全检测团队	刘　新	茶叶研究所
茶叶加工工程团队	林　智	茶叶研究所
农业特殊微生物资源利用创新团队	林　敏	生物技术研究所
生物反应器技术研究创新团队	张志芳	生物技术研究所
转基因农作物环境风险评价及控制技术	彭于发	植物保护研究所
植物病理学与病害防控	何晨阳 王锡峰	植物保护研究所
农业重要入侵生物的生物学及控制技术	万方浩	植物保护研究所
农药化学与应用技术	郑永权	植物保护研究所
生物防治与利用	邱德文	植物保护研究所
动物营养学基础与健康养殖技术研究	罗绪刚	北京畜牧兽医研究所
畜禽分子育种技术研究与应用	杜立新	北京畜牧兽医研究所
牧草遗传改良与利用	高洪文	北京畜牧兽医研究所
人畜共患传染病研究团队	步志高	哈尔滨兽医研究所
慢病毒研究研究团队	孔宪刚	哈尔滨兽医研究所
禽传染病研究团队	刘胜旺	哈尔滨兽医研究所

团队名称	团队首席科学家	团队所在单位
人兽共患病研究创新团队	才学鹏	兰州兽医研究所
草食家畜传染病研究创新团队	柳纪省	兰州兽医研究所
放牧动物寄生虫病研究创新团队	殷宏	兰州兽医研究所
动物寄生虫病防治研究团队	林矫矫	上海兽医研究所
猪病毒病研究创新团队	袁世山	上海兽医研究所
创新兽药研发团队	薛飞群	上海兽医研究所
水禽传染病研究团队	丁铲	上海兽医研究所
兽药研究创新团队	张继瑜	兰州畜牧与兽药研究所
中国牦牛种质创新与资源利用	阎萍	兰州畜牧与兽药研究所
中兽医药学现代化研究	杨志强	兰州畜牧与兽药研究所
旱生牧草种质资源与牧草新品种选育	时永杰	兰州畜牧与兽药研究所
特种经济动物传染病流行病学与防制	武华	特产研究所
长白山特色药用植物资源评价与利用科技创新团队	王英平	特产研究所
特种经济动物饲养创新研究团队	杨福合	特产研究所
草地可持续利用创新团队	孙启忠	草原研究所
草地资源和生态环境监测评价团队	刘桂香	草原研究所
草类遗传资源与育种	于林清	草原研究所
饲料生物技术	姚斌	饲料研究所
饲料应用技术	刁其玉	饲料研究所
蜜蜂生物学科技创新团队	周婷	蜜蜂研究所
蜂产品质量安全与应用研究创新团队	赵静	蜜蜂研究所
农业遥感	周清波	农业资源与农业区划研究所

团队名称	团队首席科学家	团队所在单位
区域农业发展与生态环境建设	任天志	农业资源与农业区划研究所
农业微生物资源与利用	张金霞	农业资源与农业区划研究所
土壤学	张维理	农业资源与农业区划研究所
旱作节水农业创新团队	梅旭荣	农业环境与可持续发展研究所
气候变化与农业减灾创新团队	林而达 李玉娥	农业环境与可持续发展研究所
农业环境工程创新团队	董红敏	农业环境与可持续发展研究所
农区污染环境修复研究	唐世荣	环境保护科研监测所
农业环境监测与信息研究	李玉浸	环境保护科研监测所
食品质量与安全	魏益民	农产品加工研究所
农产品加工技术与工程	王　强	农产品加工研究所
农产品质量安全与检测技术	王　静	农业质量标准与检测技术研究所
技术经济与产业发展	赵芝俊	农业经济与发展研究所
产业组织与农村发展	吴敬学	农业经济与发展研究所
农业信息分析与预警创新团队	许世卫	农业信息研究所
农业信息技术创新团队	王文生	农业信息研究所
能源微生物及利用优秀创新团队	张　辉	沼气科学研究所
沼气工程技术创新团队	邓良伟	沼气科学研究所
主要农作物生产全程机械化研究创新团队	易中懿	南京农业机械化研究所
特色经济作物生产与加工全程机械化研究创新团队	肖宏儒	南京农业机械化研究所

续表

团队名称	团队首席科学家	团队所在单位
有害生物综合防控机械化研究团队	梁　建	南京农业机械化研究所
作物-水关系及高效用水技术	段爱旺	农田灌溉研究所
灌溉新技术与新设备	黄修桥	农田灌溉研究所
农业水资源安全利用与环境保护	齐学斌	农田灌溉研究所

农业部关于中国农业科学院
内设机构调整的批复

农人发〔2009〕7 号

中国农业科学院：

　　《中国农业科学院关于调整我院机关内设机构的请示》（农科院人〔2009〕167 号）收悉。经研究，同意你院将监察与审计局更名为监察局，审计职能划入财务局。调整后，你院本部职能部门 8 个，核定职能部门领导干部职数 23 名。

中华人民共和国农业部

二〇〇九年八月二十四日

中国农业科学院关于
院机关内设机构调整的通知

农科院人〔2009〕231号

院属各单位、院机关各部门：

　　为进一步加强我院党风廉政建设的领导力度，强化纪检监察工作，健全党组纪检组的组织领导，充分发挥纪检组的职能作用，理顺相关职能，经2009年6月23日院党组会议研究，并报农业部批准，决定：

　　中国农业科学院监察与审计局更名为中国农业科学院监察局，实行党组纪检组、监察局与直属机关纪委合署办公。原监察与审计局的审计职能划转财务局。

中国农业科学院
二〇〇九年九月四日

中国农业科学院关于印发
《中国农业科学院海外高层次人才
创新创业基地建设方案》的通知

农科院人〔2009〕106 号

院属各单位、院机关各部门：

根据《中央人才工作协调小组关于实施海外高层次人才引进计划的意见》（中办发〔2008〕25 号）精神，落实中央人才工作协调小组第一批授予的"海外高层次人才创新创业基地"责任要求，经院党组研究，制定《中国农业科学院海外高层次人才创新创业基地建设方案》，现印发给你们，请结合实际认真贯彻执行。

各单位领导要高度重视海外高层次人才引进工作，积极物色人选，并经研究所考核后确定意向人选，填写《海外高层次人才引进人选情况一览表》（附件 2）。对于引进的符合"千人计划"条件的人选（附件 1 对中央"千人计划"作了简要介绍），填写《海外高层次人才引进计划申报书》（附件 3）。以上材料，请尽快上报院人事局人才工作处。

中国农业科学院
二〇〇九年四月二十三日

中国农业科学院海外高层次人才 创新创业基地建设方案

根据《中央人才工作协调小组关于实施海外高层次人才引进计划的意见》（中办发〔2008〕25 号，以下简称“《意见》”）精神，为落实中国农业科学院作为第一批中央人才工作协调小组授予的“海外高层次人才创新创业基地”的责任要求，现提出如下海外高层次人才创新创业基地建设工作方案。

一、背景情况

近期，面对国际经济形势发生的深刻变化，中央高度重视海外高层次人才引进工作，对大力引进海外高层次人才、实施人才强国战略作出了一系列新的重大部署，提出要分层次组织实施海外高层次人才引进计划。国家层面实施海外高层次人才引进“千人计划”，在符合条件的中央企业、高等学校和科研机构以及部分国家级高新技术产业开发区，建立海外高层次人才创新创业基地。

长期以来，我院坚持“支持留学、鼓励回国、来去自由”的开放办院政策，积极吸引海外留学人才来院创新创业。特别是 2002 年启动实施的“杰出人才工程”，加大了优秀海外留学人才吸引力度，4 年间从美国等主要发达国家引进高层次人才 69 人，占一级、二级岗位杰出人才的 32%，高层次人才队伍建设取得显著成效。2003 年 9 月，我院被中组部、人事部、科技部等六部委联合评为“全国留学回国人员先进单位”。2009 年 1 月，我院被授予“国家引进国外智力先进单位”。在 2008 年 12 月 28 日召开的海外高层次人才引进工作会议上，我院等 20 家单位被中央人才工作协调小组确定为“海外高层次人才创新创业基地”。

二、指导思想和工作原则

我院“海外高层次人才创新创业基地”建设工作要以党的十七大和十七届三中全会精神为指导，深入贯彻落实科学发展观，在“杰出人才工程”的基础上，更好实施“人才强院”战略，加快集聚海外高层次优秀人才来我院创新创业。

“海外高层次人才创新创业基地”建设工作坚持学科引领、重点突出、着眼长远、注重实效的工作原则；坚持利用国际国内两个人才市场、开发两种人才资源的原则；坚持回国工作与为国服务相结合的原则；坚持全面吸引与重点引进相结合的原则。

三、目标任务

为认真贯彻中央海外高层次人才引进计划和海外高层次人才创新创业基地建设的责任要求，加快我院"三个中心、一个基地"（具有国际先进水平的国家农业科技创新中心、农业科技成果转化中心、国际农业科技合作与交流中心和高层次农业科研人才培养基地）建设，今后 5～10 年将实施海外高层次人才引进的"1351 计划"。即从海外引进符合"千人计划"条件的战略科学家和科技领军人才 10 人左右；符合农业部要求的部级海外高层次人才 30 人左右；符合我院要求的优秀学术骨干和具有良好发展潜质的中青年科技创新人才 50 人左右；同时，开展广泛的国际合作与交流，柔性引进海外高层次人才 100 人左右，加强协作与沟通，条件成熟时，逐步将智力引进过渡到正式加盟。

积极为引进人才提供良好的工作生活环境和条件保障，探索实行国际通行的科学研究、科技开发机制和管理体制，集聚一批海外高层次创新创业人才和团队。

四、专业领域与标准条件

围绕国家"三农"发展重大需求，依托我院现有学科体系、科研平台和科技创新团队，重点在种质资源收集与基因挖掘、新品种选育、农产品高效生产与质量安全、重大农业生物灾害预防与控制、农业资源高效利用等对我国经济社会发展具有重大意义的优先发展领域、重点学科和重点实验室，有望实现重大突破的新兴学科、特色学科引进一批海外高层次人才。具体引进专业和岗位可由各研究所根据本单位长远发展需求提出，经院学术委员会研究确定后，编制海外高层次人才需求专业、岗位目录。

引进的"千人计划"人才和农业部级海外高层次人才，需分别符合国家和农业部相关规定条件。

引进的院级海外高层次人才应在海外取得博士学位或具有博士学位，年龄一般不超过 50 岁，并符合下列条件之一。

（一）在国外著名高校、科研机构担任相当于副教授及以上的专家学者；

（二）在国际知名企业担任高级职务的专业技术人才；

（三）拥有自主知识产权、具有市场开发前景的自主创新产品或掌握相关核心技术的专业技术人才；

（四）同行专家认可具有较高学术水平、具有良好发展潜质的专业技术人才；

（五）相关学科专业急需紧缺的其他高层次创新创业人才。

五、主要方式

采取以下方式引进海外高层次人才。

（一）提名推荐。通过院属各单位长期以来开展国际合作与交流已了解和掌握的海外高层次人才信息情况，利用师承关系、同窗同事等举荐形式，由单位提出或专家提名已掌握的符合条件人选。

（二）组织海外招聘活动。参加中央有关部委组织的赴北美洲、欧洲、日本等海外高层次人才聚集的国家、地区开展招聘活动，或通过团体出访等机会进行有针对性的招聘活动，邀请海外高层次人才来院考察、洽谈，开展交流对接活动。

（三）通过国际机构引荐。通过国际合作局以及国际机构与海外各组织机构、海外留学生组织和华人华侨社团的密切联系，积极物色人选。

（四）利用信息平台引才。每年汇集全院海外高层次人才需求目录，建立网上信息发布、申报和交流平台。

（五）依托重大项目引才。根据国家科技重大专项的战略目标和任务需求，依托国家重大科研项目、重大工程项目、重大产业攻关项目等，加强海外高层次人才的引进。

（六）利用各方资源引才。从国家海外高层次人才库中遴选需要的人才，通过社会中介机构和人才猎头公司引进海外高层次人才，密切与海外高层次人才的联系，发现并举荐人选。

在上述形式基础上形成意向人选后，由各研究所进行初步考核评审，提出聘用意向，再由院组织有关领域专家进行评审，确定拟引进的院级海外高层次人才和国家级、农业部级海外高层次人才的推荐人选。

六、支持措施

（一）对于"千人计划"战略科学家和科技领军人才，除了享受中央财政100万元生活补贴支持外，农业部提供相应经费配套支持。我院积极支持引进人才担任研究所中级以上领导职务或者高级专技职务、担任重点实验室首席科学家，担任国家重大科技专项、"863"、"973"、自然科学基金等项目负责人，为引进人才提供施展才华的空间和条件。

（二）对于纳入"农业部高层次人才支持计划"的海外高层次人才，除享受农业部提供的生活工作补贴和科研项目支持外，积极争取农业部海外高层次人才基地建设资金，所在单位提供必要的经费配套。我院积极支持引进人才担任部级重点实验室领导职务，担任现代农业产业技术体系科学家，"948"、农业行业科技等项目负责人，为引进人才提供充足的科研项目和科研经费。

（三）部、院层面引进的海外高层次人才，参照"杰出人才"管理办法给予年薪和工作生活条件支持，我院积极支持引进人才承担国家自然科学基金委项目、国家和地方的科技项目。充分发挥中央级科研单位公益性专项资金项目、院长基金项目的作用，支持他们自主开展前沿领域的研究探索。

（四）大胆吸收和借鉴国外先进的人才管理理念和科学方法，让担任项目负责人的海外高层次人才有职有权，充分落实他们的科研自主权、人事管理权和经费支配权。同时建立符合高层次人才工作特点的业绩考核和薪酬激励机制，让薪酬与科研成果相挂钩、与实际贡献相匹配，最大限度地激发他们的积极性与创造性。

（五）院所两级要积极为引进人才提供必要的科研条件和办公条件，做好引进人才的户口落实、家属随迁、子女就学等事宜，并积极协助解决住房安置、配偶工作安排等问题，积极为优秀海外人才营造良好的工作、生活环境。

七、加强领导和服务

（一）健全组织机构。院成立"海外高层次人才基地建设领导小组"，负责基地建设重大事项的决策和人才引进的组织领导；在院人事局设立"海外高层次人才基地建设办公室"，具体负责海外高层次人才引进计划的组织实施工作。

（二）完善服务机制。建立海外高层次人才信息库，并进行动态维护，与海外高层次人才建立长期的联系制度，为海外高层次人才提供及时的帮助与服务。

附件：1. 中央海外高层人才引进计划（千人计划）简介
　　　2. 海外高层次人才引进人选情况一览表
　　　3. 海外高层次人才引进计划申报书

附件 1：

中央海外高层次人才引进计划
（千人计划）简介

为进一步推进人才强国战略，2008 年底中办转发了《中央人才工作协调小组关于实施海外高层次人才引进的意见》（以下简称《意见》），制定了《引进海外高层次人才暂行办法》，明确了一系列政策措施。现简介如下。

一、"千人计划"的目标任务

从 2008 年开始，用 5 ～ 10 年时间，在国家重点创新项目、重点学科和重点实验室、中央企业和国有商业金融机构、高新技术产业园区等，引进并有重点地支持 2 000 名海外高层次人才。建立 40 ～ 50 个海外高层次人才创新创业基地，探索建立国际通行的科研体制，集聚一批海外高层次创新创业人才和团队。

二、"千人计划"的标准条件

在国外取得博士学位，在著名高校、科研机构担任相当于教授职务的专家学者或在国际知名企业担任高级职务的专技人才等，年龄不超过 55 岁，引进后每年在国内工作不少于 6 个月。

三、"千人计划"依托平台与引进程序

我院可依托国家重点创新项目、重点学科和重点实验室引进"千人计划"人才。农业领域国家重点创新项目有转基因专项（涉及水稻、小麦、玉米、棉花、大豆五大作物和猪、牛、羊三大动物）和水体污染控制与治理专项，具体组织实施单位分别是农业部和环保部。重点学科和重点实验室的牵头组织单位分别是教育部和科技部。

具体程序是：用人单位将符合条件的意向人选上报牵头组织单位评审，评审通过后报专项办审批，根据批复结果，落实重大专项或通过财政资金提供科研经费支持。

四、"千人计划"的支持措施

1. 以重大专项和重点实验室引进的人才，由科技部协调落实引进人才的项目、经

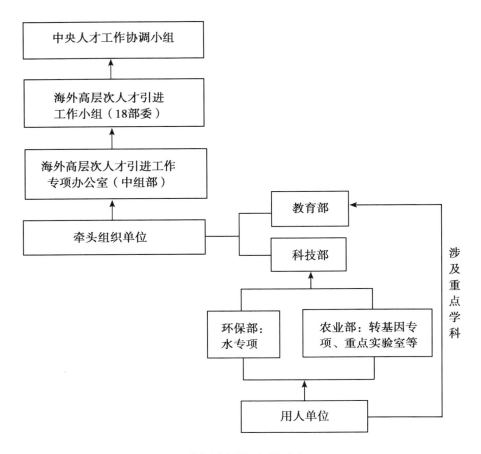

"千人计划"申报流程

费和配套条件；以重点学科引进的人才，由教育部会同财政部等有关部门，对引进人才提供稳定的科研经费支持。

2. 中央财政给予引进人才每人人民币 100 万元的补助。

3. 用人单位主管部门制定相关政策措施，为引进人才匹配专项支持经费。

4. 引进人才可担任中级以上领导职务或高级专技职务；担任国家重大科技专项、"863"、"973"、自然科学基金等项目负责人。

5. 用人单位可参照引进人才回国（来华）前的收入水平，给予相应的薪酬待遇。

6. 对引进人才在居留和出入境、落户、医疗、保险、住房、税收、配偶安置等方面给予相应的特殊待遇。

附件2：

海外高层次人才引进人选情况一览表

序号	目前所在国别	目前工作单位	姓名	性别	出生年月	政治面貌	国籍	专业技术职务	学历学位	最高学历学位取得学校名称	毕业时间	从事专业	学习和工作经历（从大学填起）	主要学术组织兼职情况（限四项，包括学术组织名称、兼职起始时间、兼职职务）	重要科技奖项或荣誉称号（包括获奖国别、获奖年份、奖项级别、本人排名）	拥有的专利、发明或专有技术（包括发明专利名称、批准国别、批准年份、专利号、本人排名）	论文或专著发表情况（限有代表性的论文和著作10篇册，包括论著作名称、发表年份、本人排名、发表刊物或出版社名称）	主要业绩（500字以内）	备注

附件 3：

海外高层次人才引进计划申报书

申　报　人＿＿＿＿＿＿＿＿＿＿
拟依托的引进平台＿＿＿＿＿＿＿＿＿

申报单位＿＿＿＿＿＿＿＿＿＿＿＿＿＿＿＿＿
联系人＿＿＿＿＿＿＿＿＿电话＿＿＿＿＿＿＿＿

申报日期＿＿＿＿＿＿＿＿＿年＿＿＿＿月＿＿＿＿日

引进海外高层次人才工作专项办公室制

填 表 说 明

一、本申报书中"申报单位"、"用人单位"指具有独立法人资格的高等院校、科研机构，中央企业、国有商业金融机构，各类园区（包括高新技术开发区、国家级创业中心、留学人员创业园、大学科技园和工业园）。

二、"拟依托的引进平台"：填写国家重点创新项目、重点学科和重点实验室、中央企业和国有商业金融机构或创业人才引进平台等。

三、主管部门（单位）意见：拟依托国家重点创新项目引进的人选，由国家科技重大专项牵头组织单位填写；拟依托重点学科和重点实验室引进的人选，由教育部、科技部、中科院等主管部门填写；拟依托创业人才引进平台引进的人选，由省（自治区、直辖市）党委组织部门填写。

四、个人有关情况原则上由申报人填写，用人单位也可代为填写。其中，学位、职称、职务、专业、参加学术组织及社会兼职、所获奖项等，请同时加注英文。

五、请根据各平台引进工作细则的有关要求，准备附件材料。

六、本申报书以纸质形式运转。一式5份。

个人有关情况				
姓　　名	（中文）			（照片）
	英文			
性　　别		民族（宗教）		
出生日期		目前国籍		
现工作单位	（国内）			
	（国外）			
现任职务		专业方向		
联系方式	电　　话		E－mail	
	通讯地址			
教育和主要工作经历				

主要业绩、创业成就①

① 拟依托国家重点创新项目、重点学科和重点实验室、中央企业和国有商业金融机构三个平台引进的人选，主要填写代表性科技创新成果、学术著述、国际学术地位和影响等；拟依托创业人才引进平台引进的人选，主要填写代表性技术和产品成果及其知识产权的拥有情况、自主创业经历及成就等方面的情况。

回国后工作设想（包括创新创业的内容、目标、方案以及现有基础、团队等情况）
需提供的特殊条件
申报人签字： 年　　月　　日

用人单位
提供的事业平台和保障条件（包括项目任务、岗位安排、经费支持及其他配套支持条件、生活待遇等。拟引进的创业人才，还应填写优惠政策、投融资支持等方面的内容）

单位主要负责人签字　　　　　　　　　单位（盖章）

年　月　日

主管部门（单位）
提供的配套支撑条件
推荐意见
 　　　　组织（人事）部门主要负责人签字＊　　　　　　（公章） 　　　　　　　　　　　　　　　　　　　　　　　　年　月　日

＊依托国家科技重大专项引进的人选，由相关重大专项实施管理办公室主要负责人签字。

引进平台的牵头单位
专家评审意见
专家组长（签字）： 年　月　日
部门意见
（公章） 年　月　日
引进海外高层次人才工作小组意见
组长签字　　　　　　　　　　　（专项办章） 年　月　日

中共中国农业科学院党组关于印发
梁田庚、翟虎渠、薛亮同志
在加强领导班子与干部队伍建设
工作会议上讲话的通知

农科院党组发〔2009〕36号

院属各单位、院机关各部门：

　　现将农业部党组成员、人事劳动司梁田庚司长、翟虎渠院长、薛亮书记在我院加强领导班子与干部队伍建设工作会议上的讲话印发给你们。请各单位结合会议精神以及当前的实际工作，认真组织学习，深刻领会并贯彻落实。

　　　　　　　　　　　　　　　　　　中国共产党中国农业科学院党组
　　　　　　　　　　　　　　　　　　　　　　二〇〇九年九月九日

在中国农业科学院加强领导班子与 干部队伍建设工作会议上的讲话

农业部党组成员、人事劳动司司长　梁田庚

（2009 年 8 月 24 日）

各位领导，同志们：大家上午好！

农科院召开这次领导班子与干部队伍建设工作会议，专门研究加强领导班子与干部队伍建设问题，非常必要，意义重大。胡锦涛总书记指出，全党同志特别是领导干部要讲党性、重品行、作表率。要努力把各级党组织建设成为贯彻落实科学发展观的坚强堡垒，把干部队伍建设成为贯彻落实科学发展观的骨干力量，为推动科学发展提供坚强组织保证。这为广大党员尤其是领导干部加强自身建设指明了方向。所局级领导干部是组织和带领农科院广大干部职工推动各项事业发展的中坚力量，在单位的改革发展稳定方面肩负着重要职责和使命，发挥着举足轻重的作用。加强所局级领导班子、干部队伍和人才队伍建设，是担负新使命、迎接新挑战、创造新业绩的重要保证。

近年来，农科院在翟虎渠院长、薛亮书记带领下，深入贯彻落实科学发展观，围绕中心、服务大局，团结广大干部职工，在推进"三个中心、一个基地"建设、积极服务农业农村经济发展方面，取得了显著成绩。刚才，翟院长代表院党组作了工作报告，全面总结了近些年加强领导班子与干部队伍建设的成效和经验，就进一步加强领导班子与干部队伍建设提出了明确要求，薛亮书记还要作重要讲话，我们要很好地领会和贯彻。下面我谈三点意见，供大家参考。

一、认清形势，进一步增强做好农业人才工作的紧迫感和责任感

科学技术是第一生产力，人才是第一资源、是科学发展的第一要素。当今世界，经济全球化深入发展，知识经济方兴未艾，人才已经成为综合国力竞争的关键。当前，我国的现代化建设正处在经济结构优化升级、发展方式加快转变的关键阶段。过去那种主要靠廉价资源、靠低成本劳动力支撑发展的方式已经难以为继；人才作为科学发展的第一要素，作用越来越突出。

党的十七大以来，中央把人才工作提到国家发展战略的高度，作出了一系列重要部署。胡锦涛总书记多次作出重要批示，强调人才是事业发展最可宝贵的财富。世界范围

的综合国力竞争，归根到底是人才特别是创新型人才的竞争；要把培养、造就高素质人才作为根本大计，努力建设宏大的创新型人才队伍；坚持用事业凝聚人才，用实践造就人才，用机制激励人才，用法制保障人才；要抓住当前有利时机，引进更多更好的先进技术和优秀人才。

中央人才工作协调小组认真贯彻落实胡锦涛总书记等中央领导的指示精神，在加强对全国人才工作的宏观指导和协调方面做了大量工作。一是研究制定人才发展战略规划，谋划人才工作思路。根据党的十七大关于"更好地实施人才强国战略"的要求，着眼于为实现全面建设小康社会奋斗目标提供强有力的人才支撑，启动了《国家中长期人才发展规划纲要（2009～2020年）》，深入研究未来一个时期人才工作的思路和举措；二是召开全国人才工作座谈会，部署人才工作。李源潮同志指出，要确立人才优先发展的战略布局，把人才优先发展的思想体现到工作部署中，大力培养造就高层次创新创业人才，抓好党政领导人才、企业经营管理人才、各领域高级专家和高技能人才队伍，创新人才工作体制机制，为推进农村改革发展提供有力的人才和智力支撑；三是实施海外高层次人才引进计划，积极引进急需紧缺人才。国际金融危机爆发后，一些发达国家企业破产、裁员增多。党中央审时度势，决定抓住时机，大力引进先进技术、延揽优秀人才。这是落实科学发展观、建设创新型国家的迫切需要，是提升人才结构的特殊需要，是参与经济全球化和国际人才竞争的战略举措。为此，中央提出要实施"千人计划"，专门制定了"一个意见、八个办法"，准备用5～10年引进2 000名左右海外高层次人才回国（来华）创新创业，同时要求各地各部门以及各用人单位，要结合实际，大力引进海外高层次人才；四是专门部署农业农村人才工作。党的十七届三中全会指出，要"依托重大农业科研项目、重点学科、科研基地，加强农业科技创新团队建设，培育农业科技高层次人才特别是领军人才"。2007年中办国办专门制定了《关于加强农村实用人才队伍建设和农村人力资源开发的意见》，对农业农村人才工作作出了全面部署。

贯彻落实中央的精神，部党组把农业人才作为促进农业农村经济发展的重要支撑，把人才规划纳入农业农村经济发展规划，把海外高层次人才摆上重要议事日程，以创新型科技人才尤其是领军人才为重点，统筹推进农业人才队伍建设。孙政才部长指出，重视农业人才，就是重视农业的未来，投资农业人才，就是投资农业的未来；部属单位要重点培养高素质的公务员队伍，高水平、专业化的事业单位人才队伍和科技创新人才队伍。中央的决策部署和部党组的工作安排，为农业人才队伍建设指明了方向。我们一定要认真学习、深刻领会，提高对实施人才强农战略重要性的认识，切实夯实促进农业农村经济持续健康发展的人才基础。

二、坚持改革创新，牢牢把握农业人才队伍建设的正确方向

我国现有人才总量不小，但经济社会发展急需的高层次人才仍然紧缺。从某种意义

上讲，我们目前最缺的不是资金，而是人才，尤其是一流的科技领军人才和科研管理人才。中国农业科学院作为我国农业科研的"国家队"，在当前和今后一个时期，要紧紧围绕发展现代农业的中心任务，按照中央的决策部署和部党组的工作安排，坚持服务发展、人才优先，使用为本、创新机制，高端引领、整体开发，以更加敏锐的眼光发现人才，以更加急迫的愿望引进人才，以更加宽广的胸怀使用人才，以更加自觉的行动服务人才。一是要大力弘扬科学精神，坚持以德立学。梁启超先生说过，科学精神，就是可以教人求得有系统之真知识的方法。科学精神最核心的，一是求实精神，一是创新精神。不求实就不是科学，不创新科学就不会发展。所以，要坚持解放思想、实事求是，勇于面对科技发展和各项工作中的新情况新问题，在尊重事实和规律的前提下，敢于"标新立异"，并通过研究和反复实践，不断创新，不断前进。要坚持以德立学，科研人员要重操守、重品行、重修养，自觉践行社会主义荣辱观，模范遵守学术道德规范，像爱惜自己眼睛一样珍惜自己的学术声誉，真正做到做人做事相统一、立德立学相统一、人品学识相统一，坚决抵制学术上的不正之风，维护科技创新成果的公信度，维护科技工作者的良好形象。从院所建设和队伍建设的角度，我们都要采取切实措施，在科研人员中大力弘扬科学精神，树立志存高远、甘于寂寞、严谨缜密、探求真知的学风和以德立人、以德立业的正气，大力提倡科研人员不为浮名所累，不为功利所扰，做到勤奋、刻苦、专注，勇攀科学高峰，为农业科技进步踏踏实实地做出自己的贡献；二是要着力加强高层次创新人才队伍建设。当前，无论是国际还是国内，围绕高层次人才的竞争不是减弱了，而是更加激烈了。大家对农科院的情况都很了解，高层次领军人才缺乏是我们遇到的一个突出问题：高级专家特别是两院院士数量不多，年龄偏大，多年没有产生中科院院士，2005 年、2007 年连续两届院士增选失利；创新型人才数量不足，与国内其他农业科研教学单位相比，人才优势不够明显。高层次人才的竞争，有如逆水行舟，不进则退。因此，必须抓住机遇，以求贤若渴、只争朝夕的精神，争取在新一轮人才竞争中赢得主动，千方百计引进人才、用好人才、储备人才。要花力气培养农业科技领军人才。树立科学发展以人为本、人才培养以用为本的理念，依托农业重大科研和重大工程项目、重点学科和重点科研基地、国际学术交流合作项目，积极组建优秀创新团队，努力造就一批德才兼备、国际一流的科技尖子和领军人才。通过院士推荐、国务院特贴专家选拔、中华农业英才奖评选等方式，促进领军人才的成长和涌现。要将领军人才选拔与人才梯队建设结合起来，充分发挥领军人才在打造创新团队中的核心作用。要大力实施海外高层次人才引进计划。2008 年底，中组部为首批 20 家国家级"海外高层次人才创新创业基地"授了牌，中国农业科学院是其中之一。建设人才基地就是构建"人才特区"。在基地里，要探索实行国际通行的科学研究、科研开展和科技创业机制，这对科研单位的发展既是难得的机遇，也是一种责任。引进人才要为用而引、引用结合。要按照部党组的统一部署，进一步解放思想，以更加宽广的胸怀、更大的气魄和时不我待、只争朝夕的精神，做好海外高层次人才引进工作，尤其是要抓紧引进学科建设和产业发展的紧缺人才。要强化协作，形成科技发展合力。关起门来搞建设不行，关起门来搞创新更不行。要按照"强化科研大协作"的精神，在院士遴选推荐、科研项目立项争取、重大成果申报评奖等方面，强化科学家与科学家之间、研究所与研究所之间、实验室与实验室之间的协作，通过组建大团队，构筑大平台，实行多部门协作、多学科集成，着力推进重大科技攻关，努力突破核心技术，致力形成重大成果；三是要努力营造良好的创新环境。科技创新和人才培养，都离不开环境。讲创新、讲成才必须讲环境，必须重视良好环境的建设和维护。要建设有利于自主创新、人才成长的体制机制。要大胆改革科技管理体制，特别是要解决影响发展全局的深层次矛盾和问题，努力建立既能发挥市场配置资源的基础性作用，又能有效整合各种资源的国家创新体系。要进一步完善人才管理体制机制，建立民主、公开、竞争、择优的用人机制，客观、公正、科学、规范的人才评价机制和保障创新劳动和发明者权益的政策措施。在人才评价使用上，要形成一套以业绩、贡献为重点，体现知识、能力等要素的各类人才评价指标体系，形成"处处是创造之地，天天是创造之时，人人是创造之才"的良好环境。要营造有利于自主创新和人才成长的文化氛围。要充分尊重人，包括尊重人的权利、人的尊严和人的价值，特别是要尊重创新人才的自主权，尊重科技工作者的劳动。自主创新的主体是人才，若主体失去了自主权，创新就成了无源之水，创新人才的培养也就无从谈起。要坚决摒弃急功近利的浮躁之风，以及弄虚作假的学术腐败行为；要大力提倡追求真理、勇于创新、不怕失败的科学精神，让广大创新人才有一个可以安身立命的精神家园和良好的工作环境。

三、进一步明确责任，切实加强领导班子与人才队伍建设

研究所是农科院的基本单元，具有独立法人地位，具有相对独立、相对完整的学科领域和工作体系。研究所的改革发展，离不开部党组、院党组的正确领导、有效管理和积极支持。但是，又不能单纯依靠部里和院里，特别是不能有"等"、"靠"、"要"思想，而是更多地要依靠自身力量实现改革发展。今天在座的不少是研究所的党政"一把手"，借此机会，我想就研究所的领导班子和人才队伍建设问题跟大家作些交流探讨。

（一）所局级领导班子要进一步强化主体责任

研究所的党政"一把手"在领导班子中处于关键地位，对单位的改革发展负有重大责任，是第一责任人，是发动机、火车头。中组部对"一把手"曾提出过十二个字的方针，就是：出主意、抓大事、带班子、用干部。在座的"一把手"都要以此来对照和不断改进自己的工作。

第一，要准确定位，不失职、不缺位。要强化对本单位发展方向的责任意识。把握农业农村经济发展要求和科研工作规律，着眼长远，超前谋划，充分论证，研究制定本

单位中长期学科发展、领导班子和干部队伍、人才队伍建设等各方面规划，保证各项事业沿着正确的方向发展，使广大干部职工奋斗有目标、前进有方向、干事有奔头。还要细化近期目标、实化工作措施、强化科学管理，不断提高工作质量和效率。要增强抓人才带队伍的责任意识。现在有的研究所，领导工作忙忙碌碌，队伍建设和内部管理始终摆不上重要议程，工作骨干不足、后备人才匮乏的局面长时间没有改观。不但所局级后备干部缺乏，中层干部力量也明显不足。在班子调整和推进重点工作时，往往只能将就凑合，因陋就简，既错失了许多机遇，也影响了事业的发展。对此，大家都感同身受、不无感慨。我们一定要引起足够的重视。要从事业兴旺发达的高度，牢固树立人才立所、人才强所观念，舍得下功夫、花本钱培养好、使用好干部和人才，以此促进单位的持续健康发展。那些没有学科带头人、没有科研骨干的研究所，务必把加强人才队伍建设作为头等大事来抓，勇于破除"没有实力，没有比较优势"的消极思想，敢于实现突破。那些发展得比较好的研究所，也要重视人才培养，切不可有松口气的思想。

第二，要认真贯彻执行民主集中制原则。民主集中制执行得好不好，"一把手"是关键。研究所的领导都要熟悉民主集中制的基本要求、基本程序、基本方法，并自觉在工作中带头执行，以身作则，并努力成为坚持民主集中制的模范。贯彻民主集中制，要形成制度，养成习惯，接受监督。要进一步完善民主集中制的各项制度，包括建立健全各项工作制度，并不折不扣地执行。

第三，要树立良好形象，发挥表率作用。马克思曾经说过，一步实际行动比一打纲领更重要。榜样的力量是无穷的。"一把手"发挥表率作用，首先要坚持原则、出以公心、为人正派、办事公道，率先垂范地带动和感染一班人，共同推动事业的发展。只有这样，才能赢得广大干部群众的信任和尊重，才能带好班子，领好队伍，推动各项工作的开展。比如，专家型所长，如何处理好自己的科研领域和其他科研领域的资源分配关系，让老百姓服气；如何处理好兼顾科研和抓好单位内部管理的关系，让单位保持持续稳定健康发展等等，都是需要认真思索和正确对待的问题。这类问题稍不注意，就容易引发矛盾，久而久之就会损害形象、涣散队伍，影响事业发展。

第四，要增强开放、协作意识。研究所"一把手"这个位置，从纵向看有上级和下级，横向看有同行近邻、兄弟单位。我们都处在开放的环境当中，这就要有开放的思维，强化协作意识，这既是整合资源的需要，也是创造良好环境的需要。只有这样，才能带领单位不断向前发展。

（二）所局级领导干部要高度重视加强自身建设

一要加强党性锻炼，做到政治上过硬。要进一步坚定共产主义理想信念，增强政治意识、大局意识、改革意识、服务意识，始终与党中央保持高度一致；坚持以党的事业和人民利益为重，热忱为基层服务、为工作对象服务，始终保持与人民群众的血肉联系；牢固树立马克思主义世界观、人生观、价值观，坚持正确的权力观、地位观、利益观、政绩观和科学的发展观，自觉做到守法遵规、不贪钱色、情趣健康、谨慎交友，始终保持共产党人的本色；二要提高能力素质，做到业务上过硬。所局级领导干部工作责任重，发展压力大，必须切实增强事业心和责任感，加强学习，深入研究，勤勉工作，按照科学发展观的要求，结合农业科研单位的实际，进一步开阔眼界、开阔思路、开阔胸襟，着力提升科技创新能力、业务开拓能力和科研管理能力，成为行家里手；三要勇于解决问题，做到作风上过硬。领导干部要勇于承担责任，敢于面对矛盾，善于解决问题。要高度重视单位干部职工的合理诉求，大兴求真务实之风，加强调查研究，强化督促落实，切实研究解决长期积累的难点问题、群众关注的热点问题、关系发展的根本问题；要坚持严于律己，老老实实做人，干干净净做事，始终保持高尚的精神追求和道德情操。要大力弘扬艰苦奋斗之风，牢记两个务必，做到八个坚持、八个反对。要大力推进党风廉政建设，进一步增强党员领导干部拒腐防变和抵御风险的能力；四要坚持开拓创新，做到工作上过硬。提高领导干部的开拓创新能力，最重要的是提高准确运用科学理论指导实践、把理论与实践结合起来的本领；提高贯彻党的路线方针政策、结合实际创造性地开展工作的本领；提高灵活运用掌握的知识和经验去分析和解决工作中突出矛盾和问题的本领；提高善于集中各方面智慧提出新思路、采取新举措、开创新局面的本领。

（三）各研究所各单位要努力引导广大干部职工增强主人翁意识，以积极的态度面对改革、投身改革、支持改革

改革是事业和单位不断发展的根本动力。同时，随着改革的深化，也必然会给一些人带来观念冲击，甚至会触及一些人的利益。

由于各种原因，有的研究所在改革中出现了一些不稳定、不和谐因素。需要注意的是，研究所的改革发展，离不开广大干部职工的理解和支持。因此，领导班子要千方百计增强干部职工的主人翁意识，增强大家的归属感，使广大干部职工认识到单位是"我们的"，是一个命运共同体，做到真心实意地关心单位的改革发展，满腔热忱地支持单位的决策和部署。

首先要正确认识改革。2004 年起，社会上关于改革问题产生了激烈争论。为此，中央领导同志表达了坚定推进改革的决心。胡锦涛总书记强调，"要在新的历史起点上继续推进社会主义现代化建设，说到底要靠深化改革，扩大开放。要毫不动摇地坚持改革方向，进一步坚定改革的决心和信心。"温家宝总理指出，要坚定不移地推进改革开放，走中国特色社会主义道路，"前进中尽管有困难，但不能停顿，倒退没有出路。"继续推进研究所的各项改革是大势所趋，当前我们面临的问题是怎么改和如何突破难点、加快改革发展步伐，而不是要不要改革。在这一点上一定要统一思想，形成共识，坚定不移地沿着改革发展的道路前进。

其次，要以积极的心态投身改革，支持改革。各单位的改革发展稳定，既取决于所领导班子的作风、能力和水平，也取决于广大干部职工的共识和努力。从某种意义上说，后者更是决定性因素。如何引导广大干部职工进一步解放思想，以积极的心态参与改革、支持改革、推动改革，需要认真研究。在这个问题上，既要通过宣传教育，使大家增强主人翁意识，树立"所兴我荣、所衰我耻"的观念，做讲大局、讲团结、讲奉献的模范；也要充分发扬民主，集中大家的智慧来理清发展思路、制定科学的改革方案，正确处理个人利益与集体利益、当前利益与长远利益、局部利益和整体利益的关系。在此基础上形成改革共识，增强改革信心。在推进改革过程中，还要注意做好深入细致的思想工作，及时化解矛盾，避免问题积累和情绪激化，促进单位稳定和社会和谐。

同志们，加强领导班子和干部队伍建设，意义深远，责任重大，使命光荣。衷心祝愿中国农业科学院及各研究所，通过加强领导班子和干部队伍建设，进一步开阔眼界、放宽胸怀，创新思路、提高效能，超前谋划、把握主动，强化协调、形成合力，不断开创农业科研事业的新局面。

在中国农业科学院加强领导班子与
干部队伍建设工作会议上的讲话

中国农业科学院院长　　翟虎渠

（2009 年 8 月 24 日）

同志们：

　　在全国兴起学习实践科学发展观活动的热潮、深入贯彻落实十七大、十七届三中全会精神、喜迎新中国成立 60 周年的重要时期，中国农业科学院召开加强领导班子与干部队伍建设工作会议，具有重要意义。这次会议的主要任务是：以"三个代表"重要思想和科学发展观为指导，深入贯彻落实党的十七大、十七届三中全会、全国组织工作会议精神，总结我院"十五"以来干部队伍建设方面取得的成效，结合学习实践科学发展观活动查找到的突出问题，研究新形势下进一步加强我院领导班子与干部队伍建设的对策措施，进一步提高我院领导干部领导科学发展、服务科学发展、推动科学发展的能力，为全面提升我院科技自主创新能力、促进社会主义新农村建设和发展现代农业提供坚强的思想保证和组织保证；讨论分析影响我院及各研究所发展的突出问题和制约因素，研究提出切实解决问题的对策和措施，推进研究所科学发展。下面，我就进一步加强领导班子和干部队伍建设，推动研究所科学发展讲几点意见。

一、"十五"以来我院领导班子建设取得的成效

　　"十五"以来，院党组坚持以"三个代表"重要思想和科学发展观为指导，认真贯彻落实《中共中央关于加强党的执政能力建设的决定》，紧密结合农业科技发展的时代要求，围绕院党组的"三个中心、一个基地"发展战略目标，不断提升各级领导班子和领导干部的素质和能力，有力地支撑了农业农村经济的可持续发展。领导班子与干部队伍建设取得的主要成效表现在以下几个方面。

（一）强化教育培训，领导干部的综合素质得到提高

　　按照中央和农业部党组的要求，我院坚持把思想政治建设作为领导班子建设的核心，把加强理论学习和武装作为思想政治建设的基础，不断提升领导班子的综合素质，

提高理论指导实践的能力。各单位领导班子坚持个人自学、中心组学习和集中培训的学习制度，把理论学习和武装作为增强本领、开拓创新的动力，作为增强党性、提高素养的重要途径。"十五"以来，我院共选派188名所（局）级、241名处级及以下干部参加中组部、农业部、中央党校、国家干部管理学院举办的各类培训班，我院自主举办所局级领导干部、组织人事干部、英语培训等12个班次，共培训各级领导干部和专业技术人才500余人次。同时我们还坚持以重大理论、重大事件专题宣讲为重要形式，强化理论教育和理论宣传，营造良好氛围；以重大活动、重点工作为有力抓手，不断丰富学习教育的有效载体；以深入基层考察调研为重要途径，坚持理论联系实际，做到真学、真信、真用，把理论学习的成果应用于促进事业发展中。

（二）注重能力建设，各项事业取得长足发展

院党组坚持把"以发展选干部、为发展育干部、用干部促发展"作为领导班子和干部队伍建设的指导思想，狠抓领导干部科技自主创新能力和科研管理水平的提升。"十五"以来，全院共承担各级各类科技项目（课题）7 751项，科技经费约41亿元。获奖成果503项，其中国家级、省部级奖290项，国家奖中一等奖4项、二等奖30项。取得了禽流感疫苗、转基因三系杂交棉、矮败小麦、超级稻、双低油菜、植酸酶玉米等一批具有自主知识产权、世界领先的重大农业科技成果，为农业农村经济持续、稳定、健康发展提供了强有力的科技支撑。在促进农业科研事业发展的实践中，各单位领导班子着力提升科技创新和业务开拓的能力，紧紧围绕"三个中心、一个基地"的战略目标，不断强化学科建设，积极引进培养高层次科研人才团队，努力搭建科研条件平台，逐步形成了学科、岗位、人才、平台四位一体发展的新机制，各单位的科技创新能力和竞争实力得到了显著的提高。经过近几年的建设与发展，我院已初步形成以9大学科群，41个一级学科、173个二级学科构建的现代农业学科体系，构建了一支由一级岗位杰出人才（43人）、二级岗位杰出人才（124　）和三级岗位杰出人才（246人）的人才梯队；遴选出了首批13个由杰出人才领衔的院级创新团队。我院被中组部授予了首批"海外高层次人才创新创业基地"。

（三）坚持"以研为本"、"以人为本"，领导班子和干部队伍的作风得到加强

"十五"以来，我院始终贯穿"以研为本"、"以人为本"的主线，大力弘扬求真务实的科学精神，全面加强新形势下领导班子和干部队伍的作风建设。以落实党风廉政建设责任制为总抓手，逐步构建教育、制度、监督并重的惩防体系，建立反腐败联席会议制度，及时对反腐工作进行研究、部署、落实；以转变工作作风为切入点，完善调查研究制度，制定了关于加强调查研究工作的意见，院党组成员经常深入各单位了解情

况，解决问题，指导工作；以保持党与群众密切关系为出发点，建立工作情况通报制度和群众来信来访制度，及时了解群众意见并予以反馈；以弘扬科学精神，转变科研作风为重点，充分发挥学术委员会、学位评定委员会等学术管理机构在端正学术风气、加强学术道德建设中的作用，积极开展创先争优活动，激励干部奋发有为、干事创业的热情。"十五"以来，我院共有5人被评为全国劳动模范、全国先进工作者或获得全国五一劳动奖章，涌现出贾继增、刘玉梅、郭三堆、景蕊莲等一批先进典型。从祁阳红壤试验站几代科技工作者身上传承、凝炼出的"执著奋斗、求实创新、情系"三农"、服务人民"的"祁阳站精神"，已经成为我国农业科技战线的一面旗帜。

（四）坚持民主集中制，领导班子科学决策水平得到提升

中国农业科学院党组和各单位党委（支部）在发挥领导核心作用中，始终坚持集体领导、分工负责的原则，相互协调、相互配合、相互支持、相互监督，正确行使权力，严格规范个人行为。主要领导同志率先垂范，带头学习、模范执行民主集中制，大事讲原则，小事讲风格，严格按照"集体领导，民主集中，个别酝酿，会议决定"的原则，完善决策程序，规范权力运作。落实了党内生活制度：各单位制定了民主生活会、领导成员互相沟通思想、党内外互相监督等制度。各级领导班子坚持每年一次的民主生活会制度，班子成员之间大都能开展谈心活动，互相交流思想，沟通情况，增进理解，开展批评与自我批评。落实了班子议事制度：各单位普遍制定所长办公会议、党政联席会议、所务会制度、党委会等议事规则；充分发挥党委保驾护航的作用，建立党内民主的渠道和机制，各单位年度工作计划、发展战略规划等都经过党政联席会讨论决定；建设好工会、职代会和全体职工大会制度，使其工作制度化、经常化，为更好地参与管理和监督创造条件。

（五）严格按照《条例》选好配强领导班子，干部人事制度改革不断深化

"十五"以来，院党组坚决贯彻执行《党政领导干部选拔任用工作条例》，结合我院实际，相继出台了《中国农业科学院领导干部选拔任用工作办法》、《所（局）级领导干部公开选拔和竞争上岗办法》、《所（局）级领导干部任职试用办法》、《任前公示办法》等一系列规章制度，坚持德才兼备、以德为先的用人导向，坚持注重实绩、群众公认的用人原则，选好干部、配强班子。不断深化干部人事制度改革，积极推行领导干部的公开招聘、竞争上岗、任前公示、任前谈话、任职试用和按岗聘用、聘用有期的一系列做法，营造出了让想干事的干部有机会、能干事的干部有舞台、能干成事的干部有位子的政策环境。从2002年至2008年，院党组共提拔所（局）级领导干部92人（平均年龄46岁，93%为大学本科以上学历）。截至2008年12月，院属各单位共有在

任所局级干部 163 名，平均年龄 48 岁（年龄结构保持相对稳定，2002 年为 48 岁）；本科以上学历的占 92%（明显提升，2002 年为 85%），其中研究生以上学历的占 47.8%（大幅提升，2002 年为 35%）。目前，院机关和院属各单位的处级干部绝大部分已经实行了竞争上岗，100% 实行任前公示，新提拔的所（局）级领导干部 100% 实行了 1 年的试用期制。

总体上看，在中央和农业部党组的正确领导和指导下，我们采取了一系列有效措施，使我院各级领导班子思想政治素质有明显提高，工作作风有明显转变，领导能力有明显增强。所（局）级领导班子和领导干部能够坚持以"三个代表"重要思想为指导，深入学习实践科学发展观，认真贯彻执行党的路线方针政策，带着对农业、农村、农民的深厚感情开展工作，思路开阔、作风深入、工作扎实、效率提高，为我国的农业科研事业做了大量卓有成效的工作。

但是在看到成绩的同时，也要清醒地看到并认真对待存在的问题。比如，有的领导干部对政治理论学习重视不够，学习不深入，理论功底不扎实，思想观念不适应新形势新任务的要求；有的领导干部不了解市场经济的一般规律，推进改革与发展的能力较弱，在带领干部职工进行改革和推进事业发展上缺少办法；有的领导干部政治意识和大局观念不强，不折不扣地贯彻部、院党组工作部署的自觉性还不够，在围绕院里中心任务开展工作上缺乏主动性和积极性；有的领导干部执行制度不坚决，特别是还存在不坚持原则、不按程序办事的问题；有的领导干部民主作风不够，领导班子不团结，推诿扯皮现象严重，领导班子凝聚力、战斗力比较弱，群众意见大；有的领导班子忽视单位的后备干部队伍建设，造成新生力量匮乏，发展后劲不足，后继无人。

解决领导班子和干部队伍建设中的这些问题，最关键的是各单位的领导班子，要切实在领导班子和干部队伍建设上下功夫。

二、提高认识，强化责任，进一步增强领导班子 与干部队伍建设的责任感和使命感

加强领导班子与干部队伍建设，是推进党的建设新的伟大工程、实现全面建设小康社会目标的关键所在。胡锦涛总书记指出，坚持和改善党的领导，全面推进党的建设新的伟大工程，进一步把党建设好，是做好各项工作的根本保证。我们一定要从政治的高度深刻认识加强领导班子和干部队伍建设的重要意义，以提高素质为重点，切实加强党政领导班子、干部队伍和人才队伍建设。

（一）加强领导班子与干部队伍建设，是深入贯彻落实科学发展观、推动各项事业科学发展、和谐发展的必然要求

胡锦涛总书记强调："要着力提高各级党组织、领导班子和领导干部贯彻落实科学

发展观的本领，努力把各级党组织建设成为贯彻落实科学发展观的坚强堡垒、把干部队伍建设成为贯彻落实科学发展观的骨干力量，为推动科学发展提供坚强组织保证。"总书记这一重要论述，对于我院进一步加强领导班子和干部队伍的能力素质建设、不断开创农业科技事业新局面具有很强的现实指导意义。当前，我国农业处于国际政治经济环境变化较大、面临困难和挑战较多的时期，农业科技事业也处在一个改革发展的重要时期，这些都对各级党组织和党员干部队伍的能力素质是一个实实在在的考验。能不能团结带领群众从实际出发，科学谋划、抢抓机遇，推动各项事业科学发展、和谐发展，关键在于各级领导干部是否具有统筹兼顾、驾驭全局，真抓实干、开拓创新，维护稳定、促进和谐，应对风险、化解矛盾等四个方面的能力。可以说，没有一支政治上靠得住、工作上有本事、作风上过得硬、人民群众信得过、经得起各种风浪考验、能够担当重任的高素质干部队伍，再科学的理论、再美好的蓝图、再健全的制度都是无法实现的。

（二）加强领导班子与干部队伍建设，是落实中央关于干部队伍建设要求，提高干部队伍素质的重要举措

中央要求，党员干部特别是高中级干部要带头学习和实践"三个代表"重要思想，成为勤奋学习、善于思考的模范，解放思想、与时俱进的模范，勇于实践、锐意创新的模范。要不辱使命、不负重托，适应新形势新任务的要求，在实践中掌握新知识，积累新经验，增长新本领，解决新问题，谋求新发展。要认真贯彻《党政领导干部选拔任用工作条例》，注重在改革和建设的实践中考察和识别干部，把那些德才兼备、实绩突出和群众公认的人及时选拔到领导岗位上来。加大培养选拔优秀年轻干部的工作力度，着重帮助他们加强党性修养、理论学习和实践锻炼，全面提高素质。党的十七大报告指出："党的执政能力建设关系党的建设和中国特色社会主义事业的全局，必须把提高领导水平和执政能力作为各级领导班子建设的核心内容抓紧抓好。"我们一定要按照中央的要求，认真研究和落实各项措施，必须紧紧围绕加强党的执政能力建设，切实选好配强各级领导班子，大力提升干部队伍素质，以坚强的领导集体和高素质的干部队伍推动跨越式发展。

（三）加强领导班子与干部队伍建设，是提升我院科技自主创新能力，推进农业科技进步的迫切需要

实践证明，坚持立足国情、自主创新，大力发展农业科技，依靠农业科技进步，是解决我国粮食等主要农产品有效供给，提高农产品质量，促进农民增收等一系列重大问题的根本途径；也是在农业发展中掌握主动，引领农业生产取得突破性进展，支撑我国农业持续稳定发展的必由之路。当前，我国农业农村经济发展已站在新的历史起点上，面临着严峻挑战和复杂局面。贯彻落实党的十七届三中全会精神，积极应对国际金融危

机冲击，促进农业农村经济平稳较快发展，农业科技的支撑和保障作用更为至关重要。能否担负起国家赋予我们的历史使命，能否推动我国农业科研事业又好又快发展，关键在于我院各级领导班子和干部队伍。新的形势和任务，对我院各级领导班子和干部队伍的素质提出了新的更高要求，进一步提高各级领导班子、干部队伍的整体素质和驾驭科学发展、促进社会和谐的能力显得尤为紧迫和重要。我们必须充分认识新形势下加强领导班子建设的重要性和紧迫性，切实增强责任感和紧迫感，在班子和队伍建设上花大力气，下大功夫。

三、着眼于新形势、新任务、新要求，进一步加强我院的领导班子与干部队伍建设

（一）强化理论武装，努力在提高政治理论素质上下功夫

强化思想政治建设是领导班子建设的首要任务，是带动领导班子其他建设的根本性建设。中央要求，必须把理论武装放在领导班子思想政治建设的首要位置，坚持用中国特色社会主义理论体系武装头脑、指导实践、推动工作。当前，我院广大党员领导干部要把坚定理想信念和学习贯彻科学发展观作为重点，高举旗帜、实践宗旨，坚持党的基本理论、基本路线、基本纲领、基本经验，进一步巩固和扩大学习实践科学发展观活动的成果，真正把"科学发展"的理念落实到农业科学研究的各项工作中去，体现到为"三农"服务的具体行动之中。并把通过学习实践活动所形成的共识、取得的成效、积累的经验切实转化为提升我院农业科技自主创新能力、推动农业科研事业发展的强大动力。今后院里要把中国特色社会主义理论体系作为院里举办各类干部培训班的一项重要学习内容。所（局）级领导干部每年都要结合思想、工作实际，结合部、院中心工作，撰写上交一篇有理论深度、对工作有指导意义的论文，人事局将负责把干部理论学习的考核结果作为选拔任用干部的一项重要依据。

（二）加强能力建设，努力在提高领导科学发展的能力上下功夫

提高领导水平和执政能力是领导班子建设的核心内容。加强领导班子能力建设的重点是，努力提高领导科学发展、服务人民群众、应对突发事件、驾驭复杂局面的能力。这几种能力不是相互孤立的，而是一个有机整体，要努力通过学习和贯彻执行党的路线方针政策，不断在工作实践中锻炼提高。要坚持想大事、议大事、抓大事，培养战略眼光。这是衡量领导班子和领导干部能力建设成效的一个重要标准。中国农业科学院肩负着重大的历史使命，各单位领导班子和领导干部，必须始终围绕国民经济发展，围绕农业生产的重大战略需求，围绕解决关键问题和核心技术，对那些带有全局性、前瞻性和战略性的重大问题进行认真研究，为早日实现"三个中心、一个基地"的战略目标贡

献力量。院里已经考虑建立"务虚研究"制度，要求各单位每半年或一年召开一次务虚会，结合国情、院情、所情对国家农业战略需求和世界农业科技发展前沿等重大问题作战略性和前瞻性研究，不断加深对科技创新规律的认识、对科研管理规律的认识，提高领导干部领导科技创新的能力和加强科研管理的水平。

（三）加强作风建设，努力在勤政廉政上下功夫

坚持立党为公、执政为民，树立和弘扬优良作风，是加强领导班子建设的根本出发点和落脚点。十七届中央纪委三次全会对加强党性修养和作风建设作出了全面部署，中央近期又陆续下发了《关于党政机关厉行节约若干问题的通知》、《关于坚决制止公款出国（境）旅游的通知》等规定，我们必须不折不扣地贯彻落实。5月份，我院召开了中国农业科学院监察审计工作会议，对新时期党员领导干部党风廉政建设和反腐败工作提出了新的要求。各单位领导班子要认真落实会议精神，大力发扬艰苦奋斗精神，带头执行中央有关精简经费开支的要求，严格遵守因公出国（境）管理制度，精简会议和文件，压缩会议费用，控制会议规模，提高会议质量。要大兴求真务实之风，重实际、讲实话、出实招、办实事、求实效，通过建立领导干部接待日、领导干部联系点等制度，千方百计为群众解决实际问题，为人民群众办实事。要坚持严于律己之风，秉公用权，廉洁自律，认认真真学习，老老实实做人，干干净净做事，自觉接受组织和群众的监督，建立和完善党风廉政建设和反腐败工作领导体制和工作机制，层层签订廉政责任书，全面落实党风廉政责任制，确保构建惩防体系各项任务落到实处。

（四）加强组织建设，努力在提高选人用人水平上下功夫

从2009年春季调研的结果看，我院的干部队伍建设与事业的科学发展要求相比还有较大差距，干部队伍整体年龄偏大，一些单位领导班子年龄结构和专业结构不合理，高层次、专业强的领军型人才还不多，懂市场、善经营、会管理的复合型人才还不足，这在一定程度上制约了我院的发展壮大。院里准备在今后班子换届中，要加大干部年轻化的力度，着眼于培养选拔一批20世纪70年代出生的所（局）级干部，争取到2015年领导班子要形成有不同年龄段干部构成的梯队配备；同时优化专业知识结构，构建一支由战略科学家、科研管理专家、党政管理专家、优秀科技骨干组成的，以中青年为主，富于创新活力，开拓进取、精干高效的领导干部队伍。希望各单位领导班子也要结合本单位的实际，研究制定有针对性的措施，切实加强组织建设，加强干部队伍建设。首先要加强对《党政领导干部选拔任用工作条例》的学习，各单位党政主要负责同志要高度重视，深刻领会，全面把握，坚决贯彻执行。其次要继续完善选人用人和监督机制，树立正确的用人导向，坚持德才兼备、以德为先，多渠道选拔任用干部，积极营造优秀人才脱颖而出的环境。再次要加强后备干部队伍建设，重视管理干部队伍建设，大

力培养选拔优秀年轻干部。特别是要加强中层干部队伍的培养管理和使用工作。加强中层干部的选拔培养，既是研究所事业发展的需要，也是所领导班子的职责所在，务必予以重视。

（五）加强民主集中制建设，努力在提高班子凝聚力和战斗力上下功夫

加强领导班子建设，民主集中制尤为关键。民主集中制是我们党带有根本性的组织制度和领导制度，也是我们应该认真执行的基本工作制度和工作方法。贯彻执行民主集中制原则，要形成制度、养成习惯。要进一步健全和完善领导班子工作规则和议事程序，制定事关全局性的重大决策、重要干部任免、重大项目安排及大额度资金使用的决策程序和机制，进一步明确决策的会议形式以及各种会议的不同功能，做到程序清晰，运作规范。要建立健全并落实院所领导干部谈心制度、领导干部任（免）职前谈话制度、廉政谈话制度和提醒谈话制度等，进一步加强和改进对领导干部的日常教育和管理。要高标准开好民主生活会，班子主要负责人带头深入剖析，认真开展批评与自我批评，增强领导班子解决自身问题的能力。直属机关党委、人事局、监察与审计局要按照有关要求，切实履行指导和监督的职能。

（六）加强制度建设，努力在构建领导班子与干部队伍建设长效机制上下功夫

制度建设是管长远、管根本的建设。要高度重视并着力推进领导班子与干部队伍建设的科学化、制度化和规范化。积极探索加强和改进领导班子建设的有效途径，不断总结领导班子建设经验，把一些行之有效、实践证明是好的做法上升为制度，转化为长效机制。

对现有的有关制度规定，要不折不扣地抓好贯彻执行。同时，要根据情况变化和工作需要，在实践中及时加以修订完善，形成符合科学发展观要求的加强我院领导班子建设的制度体系。人事局已起草了关于加强领导班子与干部队伍建设的意见，提出了"调研制度"、"务虚研究"、"谈心谈话"制度等一系列有关进一步加强我院领导班子、干部队伍建设的具体措施，大家在会上还可以提出修改意见和建议。

加强领导班子和干部队伍建设，是我院各级党委的重要职责，必须切实加强领导、常抓不懈，务求见到明显成效。党委主要负责同志要积极配合所长，充分发挥表率作用，切实担负起抓班子、带队伍的主要责任，努力带出一个政治过硬、思想过硬、作风过硬的团队。人事部门要充分发挥职能作用，当好所领导的参谋助手，进一步增强工作的原则性、系统性、预见性和创造性，及时发现和解决存在的问题，认真抓好各项决策部署的落实。

四、以加强领导班子与干部队伍建设为契机，着力解决影响单位科学发展的问题和制约因素，促进单位又好又快地发展

在全国开展深入学习实践科学发展观活动中，为了指导院属各单位解决影响和制约科学发展的突出问题，更好地为"三农"工作提供科技支撑，2009年春季，院党组组织了7个调研组，分别由院领导同志带队，对院属各单位进行集中调研，全面了解各项事业基本情况及发展优势，分析查找发展中存在的突出问题。从调研情况看，在农业部党组和院党组的正确领导下，各单位领导班子能够积极带领广大科技人员，勤勉工作，锐意进取，开拓创新，取得了较显著成绩。"十五"以来，我院科技项目大幅度增加，重大成果不断涌现，农业基础研究取得突破，高层次人才显著增加，优秀创新团队逐步形成，科技合作和交流不断拓展，科研平台建设有了质的提升。同时，我们也要清醒地看到制约我院发展的一些深层次矛盾还没有从根本上解决。如因改革遗留问题，造成了转企研究所发展整体呈下降趋势，发展方向不明确；领军型人才偏少、年龄偏大，人才学科布局不均衡；部分研究所学科建设方向不明确、学科优势不明显，发展不平衡；种业、肥料、饲料等科技产业发展比较缓慢。

7月15日，院党组专门向部党组就农科院的情况进行了汇报，孙部长对我院的各项工作给予了充分肯定，他指出，中国农业科学院是我国农业科技创新的领头羊，是重大农业科学技术研发主力军，是农业科研工作的国家队。院党组认真贯彻落实部党组的决策部署，明确发展定位，狠抓应用基础研究、应用研究和科技成果转化及应用推广，为提高我国农业科技自主创新能力、为农业和农村经济发展做出了重要贡献。一是积累了改革与发展成功经验，二是相继涌现出了一系列重大成果，三是提升了成果转化能力和水平，四是强化了农业科技人才队伍建设，五是有力推进了农业科技国际交流与合作。

在肯定我院取得成绩的同时，孙政才部长对推进我院科学发展提出了具体指导意见和要求，他指出，农科院要继续加速建设与发展，要在全国农业科技发展的大形势、大背景下，一定要立足大局，着眼长远，开拓创新，与时俱进，进一步强化对科技支撑现代农业发展的认识，大力提高自主创新能力、推广应用能力和人才保障能力。一是要把握农业发展大局，把握农业科技规律，进一步增强责任感和使命感。把握住了"大局"和"规律"，才能真正发挥科学技术是第一生产力作用，才能正确指导中国农业科学院的行为和发展；二是立足产业需求抓农业科技创新。要继续发挥好全国农业科技领头羊的作用，加强农业基础研究、前沿技术研究和共性技术研究，集中解决带有全局性、关键性、方向性的重大科学问题和技术问题；三是立足农民需求抓好成果转化和技术服务。中国农业科学院要在"科技兴农"中发挥更大作用，积极开展农技推广工作，努力探索与基层农业技术推广服务体系有效对接的形式和接口；四是要立足创新实践抓好

人才队伍建设。要继续实施好"人才兴院"战略，建设一批优秀的科技创新团队，做好扶持院士级专家的培养工作；五是要进一步推进联合与协作。要进一步加强所与所、实验室与实验室、科技人员与科技人员的合作，交流共享科技资源。带头推进全国农业科技的大联合大协作，加强国际农业科技合作与交流；六是要进一步重视和加强创新文化建设。要通过精神引导、典型宣传、规章制度建设、院风院貌建设等一系列配套措施的实施，形成有利于持久创新的浓厚氛围。

按照孙部长的指示精神和对调研中发现的问题，院党组高度重视，先后四次召开会议，进行了分析研究，提出有关对策和措施。近期内院里将着力加强以下几方面的工作。

（一）加大科技创新力度

进一步突出国家目标，紧紧围绕农业农村经济发展中的重大科技问题，开展中国农业科学院"十二五"科技发展战略研究工作，超前谋划学科发展和产业技术发展，做好项目储备。加强科技项目申报立项，积极组织实施好各级各类在研项目。进一步加强国家级和部、院级重点实验室建设、完善升级和运行管理工作，充分发挥重点实验室在重大科技创新中的作用。建立与项目相衔接的成果培育机制，着力培育重大科技成果，争取涌现更多的省部级奖项和其他社会贡献奖项。

（二）加快创新团队建设和人才引进

进一步抓紧院所两级创新团队建设工作，最近院党组已审核确定90个所级重点创新团队，各单位要进一步研究提出具体的扶持措施和建设方案，切实发挥创新团队在集中力量出大成果和锻炼培养优秀人才等方面的作用。抓住国家实施高层次人才引进计划的机遇，认真落实我院海外高层次人才创新创业基地建设方案，积极争取引进一批海内外高层次人才。

（三）加大成果转化和为"三农"服务力度

围绕国家增加1 000亿斤粮食生产能力的战略构想要求，我院将与河南、吉林、黑龙江等粮食主产区进一步加强科技合作，加强河南新乡等地试验示范推广基地建设，为地方提供更多的科技支持和技术示范推广。同时将与各省（自治区、市）开展更广泛的科技服务与合作，启动实施中国农业科学院"三百"科技支农行动计划，全面参与、全力完成部里组织的各项科技服务"三农"的任务。

在这次会议上，我们专门安排了一天时间，把通过调研归纳的各单位的主要问题和建议提到会上，与各单位领导班子共同进行分析研究，提出切实可行的解决方案。希望各单位领导班子高度重视，从本单位的实际出发，按照院党组的部署要求，认真抓好落实。

　　同志们，加强领导班子与干部队伍建设，事关中国农业科学院改革发展大局，事关广大干部职工的根本利益。我们要认真贯彻落实中央和农业部的部署要求，进一步解放思想，拓宽思路，完善措施，努力建设一支政治过硬、业务熟练、作风优良、公平正义、一心为民的坚强领导集体，努力开创领导班子和干部队伍建设新局面，为实现我院又好又快发展、促进院所和谐稳定做出积极贡献。

在中国农业科学院加强领导班子与
干部队伍建设工作会议上的总结

中国农业科学院党组书记　薛　亮

（2009 年 8 月 26 日）

同志们：

　　中国农业科学院加强领导班子与干部队伍建设工作会议圆满完成了各项议程，就要结束了。这次会议贯彻落实党的十七大、十七届三中全会、全国组织工作会议精神，全面总结了我院"十五"以来干部队伍建设方面取得的成效，研究部署了新形势下加强我院领导班子与干部队伍建设的各项工作，认真分析研讨了影响我院科学发展的主要问题和制约因素。前天上午翟虎渠院长作了重要讲话，深刻阐述了进一步加强领导班子与干部队伍建设的重要意义，强调指出了进一步加强我院的领导班子与干部队伍建设必须在六个方面狠下功夫，明确了进一步推进我院科学发展的工作任务。农业部党组成员、人事劳动司梁田庚司长参加了开幕式并作了重要讲话。翟院长和梁司长的讲话对于我们深入贯彻中央和农业部的要求，切实加强新形势下我院领导班子与干部队伍建设，具有很强的思想性、针对性和指导性，我们要认真学习领会，抓好贯彻落实。

　　7 月 15 日，院党组专门向部党组就农科院的工作情况作了全面汇报，孙政才部长对我院的工作给予了充分肯定，并对推进我院科学发展和加强领导班子建设提出了具体意见和要求。这充分体现了部党组对我院工作的支持和关心。我们要以此为动力，以改革创新、奋发有为的精神抓好贯彻落实。

　　会上，大家还紧密联系实际深入讨论了《中共中国农业科学院党组关于加强领导班子与干部队伍建设的意见（征求意见稿）》，提出了一些很好的修改意见。有 4 位同志作了大会的交流发言，从不同侧面介绍了他们的经验，讲的都很好，很有借鉴意义。围绕各研究所科学发展问题，院领导与各所领导进行了深入沟通讨论，并对下一步团队建设和重大项目跟踪管理工作作出了部署。与会同志普遍反映，这次会议主题鲜明，内容丰富，重点突出，要求明确，措施有力。大家感到会议开得很成功，收获很大。我认为这次会议开得好有两个主要特点：一是通过学习、讨论和交流，大家提高了认识，受到了启发；二是紧密联系实际工作，以领导班子与干部队伍建设为纲，带动研究所全面建设与发展、创新团队建设、重点项目建设等重点工作。

　　院党组成员 2009 年上半年到院属各单位进行了深入调研，并把了解单位领导班子总体情况和干部队伍的建设情况作为一项重要的调研内容。根据调研了解的情况和我们平时对各单位领导干部日常管理的情况，院属单位大体上可分为"好"、"比较好"和"一般"三类。

"好"的领导班子，一是政治过硬，形成坚强有力的领导核心，能够正确贯彻执行党的路线方针政策；二是宏观驾驭能力强，能够围绕部、院党组的中心工作开展各项业务工作，工作思路清晰，求真务实，成效显著；三是领导班子整体素质较高，学历层次、年龄结构等有较强的互补性；四是思想作风过硬，能够较好地贯彻执行党的民主集中制原则，领导班子成员之间能够互相尊重、互相补台，凝聚力、战斗力强；五是廉政建设抓得紧，各项规章制度比较健全，自我约束能力强，表率作用发挥好，单位的风气比较正。

"比较好"的领导班子，班子总体团结，各方面工作运转正常，没有大的问题，但个别方面还存在一些问题。例如，单位"一把手"有的不太注意工作方式方法，发挥副职作用不够，有的对业务工作还需要进一步熟悉，有的开拓精神不够、工作魄力不足等；班子成员中存在个别同志工作能力不强，威信不高，配合不好等问题；有的班子原有基础较差，新班子组建后，单位事业处在起步或爬坡阶段，正在逐步走向好转。

"一般"的领导班子，整体工作情况只能说过得去，但是在能力、作风、工作成效方面存在明显缺陷。思路不够开阔，单位发展缓慢，班子内部不和谐，群众意见比较大。

所局级领导班子的上述状况向我们提出了急需解决的几个问题。一是领导班子的年龄结构急需优化。目前，所局级干部的平均年龄是48岁，副所级干部比正所级干部的平均年龄仅小2岁，40岁以下副所局级干部仅7名。领导班子老化现象比较严重，在34个院属单位（不含院机关）的领导班子中，平均年龄在45岁以下的只有1个，平均年龄超过50岁的有9个，其他24个单位也都在48岁左右。近5年内，有近21人要到达退休年龄，其中党政主要领导有6人，急需培养补充年轻干部。领导班子不仅整体年龄偏大，而且多数单位班子成员之间年龄相近，没有形成合理的梯队；二是所局级干部工作激情有待加强。从我院所局级领导干部年龄看，绝大多数是20世纪50年代末60年代初出生的，很多同志已在所局级岗位上工作了多年，有的30岁左右就担任了所局级领导，至今已干了十几年，工作激情或多或少都有减退。迫切需要进一步振奋精神，焕发新的工作热情；三是院属各单位中层干部队伍建设亟待加强。中层干部是推动各单位事业发展的骨干力量，起着承上启下、协调各方的重要作用，关系到领导班子执行力和后备力量。目前，各单位领导班子对于中层干部培养、锻炼不够重视，普遍存在中层干部年龄偏大、年龄梯队不合理、管理能力不强、缺乏重要岗位锻炼等问题。从各单位实际工作需要来看，急需补充一批年富力强、综合素质好、发展潜力大的中层干部，培养后备梯队。

当前，我国农业农村经济发展已进入新的发展阶段，对中国农业科学院也提出了新的更高要求。建设好强有力的领导班子和干部队伍，对提升我院自主创新能力，推动研究所科学发展具有重大意义。因此，我们这次会议开得很必要、很及时。

下面我就如何贯彻落实好这次会议的精神讲几点意见。

一、理清思路，明确任务，不断提高领导班子建设水平

一要增强政策理论水平和依法管理的能力。中国农业科学院各级领导班子成员必须要进一步认识政治理论学习的重要性，要通过学习，提高思想政治素质，加强理论武装。首先要学习党的基本理论，不断用马克思主义中国化的最新成果武装头脑、指导实践、推动工作；其次要以解决工作中面临的突出问题为中心，认真学习党的"三农"方针政策、法律法规和业务知识，分析和解决工作中的实际问题，不断提高科学决策和依法管理水平；再次要创新学习方法，完善学习制度，提高学习效果。领导班子每年要安排不少于2次集体学习研讨，结合研究所发展面临主要问题，确定重点题目，在调查研究基础上进行认真准备，提出解决问题的思路和对策，做到研讨一个专题、推动一项工作。

二要提高科技创新能力和业务开拓能力。近几年，受农业发展环境和科技体制改革的影响，一些研究所学科发展不平衡，重点不突出，发展环境脆弱，个别研究所科技创新能力不强，业务开拓水平不高等问题已经成为制约发展的重要原因。科研是立院之基，创新是强院之本。新时期发展现代农业和建设社会主义新农村的历史任务，对中国农业科学院提出了严峻的挑战和压力：我国人口增长和经济发展对农产品需求的增长，最根本的还要靠农业科技的进步来解决；国际科技发展迅速，我国农业科技要在2020年达到世界先进水平，任务艰巨；国内同行、省级农科院进步很快，对我院竞争压力大；我院自身发展环境在体制、资金等方面有多重制约等。院属各单位必须要把握学科发展大趋势，结合本单位的实际，明确学科发展方向和重点，着力解决科技创新和业务开拓能力不足的问题，集中力量在关节点上寻求突破，切实加快农业科技创新的步伐。

三要坚持民主集中制。民主集中制是我们党的根本组织原则和领导制度，是领导班子的一项根本性建设。我们在调研的过程中发现，有的领导干部在贯彻执行民主集中制方面存在的主要问题是"四个不够"，即发扬民主不够，正确集中不够，开展批评不够，严肃纪律不够。这样班子就难以形成团结和谐的领导集体，就缺乏凝聚力、号召力、战斗力。根本原因是制度建设不健全，工作不规范。因此，要进一步坚持和完善所务会、所长办公会、党委会等会议制度，提高重大事项决策的民主化、科学化、规范化程度；健全和落实班子内部谈心制度，党政"一把手"要主动与班子成员进行谈心交流，进一步加强领导班子的沟通协调机制。通过制度建设充分发挥领导班子的整体功能。

四要不断深化干部人事制度改革。目前，有的单位对《党政领导干部选拔任用工作条例》重视不够，研究讨论干部问题有简单化现象；有的单位对任职条件把关不严，随意性大；有的单位在履行干部选拔任用程序上欠缺，例如不搞民主推荐，不进行个别

谈话，甚至没有考察材料就直接上会，需要事前向上级备案的不备案等。这些问题虽然不是普遍现象，但必须引起我们高度重视。选人用人是所里的大事，必须讲政策、讲程序，严格按照《条例》规定的原则、标准和程序，做好干部选拔任用工作。切实把好民主推荐、组织考察、集体讨论等环节。要把贯彻《条例》与健全干部选拔任用机制相结合，积极推进干部人事制度改革，树立正确的用人导向，提高选人用人的公信度。要建立领导干部任（免）职前谈话制度、廉政谈话制度和提醒谈话制度，进一步加强和改进对领导干部的日常教育和管理。各单位都要对本单位干部人事管理方面的规章制度进行梳理，抓紧修订完善，真正做到用制度管人、管事、管权。

　　五要加强后备干部队伍建设。近年来，我院在引进人才、留住人才、激励人才方面做了大量工作，取得了可喜的成绩。但是与农业科研事业发展的要求还有很大的差距，特别是后备干部梯队未形成，这是摆在我们各级领导干部面前的严峻问题。院里将按照素质优良、数量充足、结构合理、堪当重任的要求，健全所局级后备干部选拔、培养、管理和任用机制。对有发展潜力的正所局级后备人选，将采取培训、交流、挂职等方式，有计划、有步骤地进行关键岗位、艰苦环境和承担艰巨任务的锻炼。研究所党政领导班子，要结合本单位的实际，研究制定有针对性的具体培养措施，大力培养选拔年轻干部，关心和帮助年轻管理人才、科研骨干的成长，及早把有培养前途和潜力的年轻同志放到中层领导岗位上来锻炼。要进一步解放思想，破除论资排辈的束缚，把培养选拔年轻干部作为我院人事制度改革与发展的新突破口，加大力度、加快步伐，让更多德才兼备的年轻人走上各级主要领导工作岗位。院里也将尽快研究中层干部的职数、待遇等相关问题。

二、把握角色、履行职责，切实加强领导班子自身建设

（一）"一把手"要抓大事、议大事

　　关于"一把手"，中组部提出了"十二字"方针，就是"出主意、抓大事、带班子、用干部"。"一把手"首先要抓大事、议大事。要准确把握本单位改革发展的全局，决不能陷于具体事务中。要处理好与分管副职的关系，明确分工责任和工作程序，不能代替分管领导去管事，使得其无所适从；其次，要有强烈的带队伍意识。对于"一把手"来讲，干部队伍和人才队伍建设是一项重要的基础性工作，需要站在科学发展观的高度来认识和把握。从干部成长的一般规律来看，培养一位成熟的所长往往需要10年左右的时间甚至更长，培养一位副所长也至少需要六七年时间。"一把手"作为单位的主要负责人，要舍得花精力培养好、用好干部和人才。如果工作几年下来，带不出一个好班子、一支好队伍，就是没有尽到责任；再次，要注意树立好的形象，发挥表率作用。"一把手"要心胸宽阔，为人正派，办事公道，只有这样，才能得到群众的尊重，才能带好班子，带好队伍。特别是"专家型"的"一把手"，要特别注意处理好三个关

系，即领导与专家不同职责的关系；研究领域课题项目与全所业务建设的关系；个人作用与班子作用的关系。

（二）所长、书记要各司其职、团结协作

我院实行院所长负责制，所长担负着总揽全局、统一指挥的全面责任，是第一负责人。作为所长，在工作中要坚持党的民主集中制原则，敢于负责，善于集中，增强责任意识、班长意识。同时要大力支持党委书记的工作，自觉接受党内监督。党委书记要发挥党的政治核心作用，充分支持和配合行政领导履行职责，同时也要切实负起责任，在职责范围内积极主动地做好各项工作，特别是在执行党的方针政策、国家法律法规方面要把好关，做到大是大非面前讲原则、讲党性。党委书记要坚决围绕研究所改革发展的目标和重点，抓好思想建设、组织建设、作风建设、制度建设和干部人才队伍建设。

（三）领导班子副职要主动分担

具体来说要把握好五个关系：领导职务上的配角和分管工作中的主角关系，宏观决策上的配角和参谋建议时的主角关系，全局工作中的配角和单项工作中的主角关系，形成核心方面的配角和维护团结上的主角关系，涉及名利时的配角和排忧解难时的主角关系。

总之，领导班子每一位成员都要有强烈的事业心、责任感、危机感，团结奋斗，打造一个有凝聚力、战斗力、创造力的领导集体，带领研究所不断创造出无愧于时代要求的业绩。

三、以加强领导班子和干部队伍建设为抓手，推进研究所科学发展

（一）加强组织领导，狠抓落实，建立健全领导班子建设和干部队伍建设的工作机制

加强我院领导班子与干部队伍建设既是一项长期任务，也是一项紧迫任务，必须站在全局和战略的高度，加强组织领导，抓住关键环节，扎实推进，努力开创我院领导班子建设的新局面。一是加强组织领导。要把加强和改进领导班子、干部队伍建设列入重要议事日程，纳入每年的任务目标和任期目标之中，作为重点工作内容切实抓紧抓好。院人事局、机关党委、监审局等有关部门要各司其职、密切配合，形成工作合力；二是加强统筹规划。要立足当前，也要着眼长远，加强对一些重点问题的调查研究，准确把握领导班子和干部队伍建设的主要特点和工作规律，准确把握农业农村经济发展对农业

科研院所领导班子建设提出的新要求，推进领导班子、干部队伍建设工作上新台阶；三是抓好工作落实。针对各单位、各部门不同类型领导班子的特点，加强分类指导。坚持把班子建设、干部队伍建设作为对领导班子和领导干部考核、巡视的重要内容，加大督促检查力度。注意总结表彰先进典型，推广先进经验，为加强领导班子建设和干部队伍建设营造良好环境和舆论氛围。

（二）认真研究解决影响科学发展的问题和制约因素，加速研究所的建设与发展

这次会议上，院领导和各单位主要领导，利用一天时间，将 2009 年上半年到各单位调研发现的影响研究所科学发展的问题和制约因素进行了深入交流研讨。各单位都认为归纳提出的问题基本切合实际，分析透彻，提出的措施和建议针对性很强，对研究所下一步做好整改工作具有很强的指导性。大多数研究所具有共性的问题，是程度不同地存在研究所学科建设方向不明确、学科优势不突出、发展不平衡；领军型人才偏少、年龄偏大、人才学科布局不均衡；科技产业发展比较缓慢等问题。对此，要根据各单位实际，进一步认真梳理，特别要在抓住机遇抢占学术制高点、按国家队标准提升学科水平、培养造就领军型人才、建设一流创新团队、加强产业开发等方面下功夫，加速研究所的建设与发展。

（三）加强项目跟踪管理工作，扎实推进科技团队建设

1. 加强项目跟踪管理工作。在院所两级共同努力下，我院"十一五"科研项目经费大幅增加，科研项目管理工作取得重要进展。今明两年是执行"十一五"各类科技计划项目的关键时期，各研究所要采取切实措施，认真落实《中国农业科学院关于加强科研项目管理工作的指导意见》，完善科研项目管理制度，创新管理机制和模式，进一步提高科研项目管理水平；继续抓好重点项目跟踪管理工作，以点带面，示范带动全院科研项目的管理，整体推进全院"十一五"各项科研任务的圆满完成；继续抓好"十一五"后两年科研立项工作，瞄准国家各类科技主体计划，积极申报新增项目，争取我院科研立项工作再上新台阶；继续抓好重大科技成果培育工作，提高科研产出水平，对有产出重大成果苗头的项目，要加强引导扶持，进一步加强对申报国家奖工作的指导；统筹安排我院"十二五"科技发展战略规划研究工作，做好学科项目集和产业项目集建设储备工作，提早谋划"十二五"科研立项工作，为我院在下一个五年科研工作再上新台阶打下坚实基础。

2. 扎实推进科技团队建设。2007 年 4 月，院党组印发了《中共中国农业科学院党组关于加强科技团队建设的意见》，全面启动实施了"科技创新团队建设工程"，两年来，院所两级共同努力，科技创新团队建设工程实现了良好开局并取得了积极的成效。

在 2008 年遴选了 13 个院一级优秀科技团队基础上，近期又确定了 90 个所一级重点学科科技创新团队。103 个科技创新团队基本覆盖了我院的 9 大学科群和 41 个一级学科，体现了我院的学科发展重点。我们应该看到，"科技创新团队建设工程"是一项复杂的、长期的系统工程，优秀和重点科技创新团队的遴选确定，只是科技创新团队建设工作阶段性成果，更艰巨的工作是在科技创新团队的建设和发展阶段。因此，各单位领导班子必须坚持"以院引领、以所为主"的建设原则，下更大的功夫，做更扎实的工作，要进一步做好政策扶植、措施保障、管理服务等方面的工作，引导好、支持好、建设好、发展好优秀和重点科技创新团队，把科技创新团队做实做强，全面提高我院的科技创新能力。要进一步增强贯彻落实院党组的《意见》精神和团队建设的工作紧迫感和责任感，加大学科领军人才和科技骨干人才的引进，加强对团队首席科学家的培养与锻炼，研究建立适合团队建设与发展的有效机制，积极推动团队的文化建设，促进科技创新团队全面、协调、可持续发展。

同志们，农业科研工作任务艰巨而繁重，领导班子与干部队伍建设任重而道远。我们要以高度的政治责任感和历史使命感，以"三个代表"重要思想和科学发展观为指导，深入贯彻落实党的十七大、十七届三中全会精神，在以胡锦涛同志为总书记的党中央的领导下，坚决贯彻落实农业部党组的部署和要求，切实加强领导班子与干部队伍建设，推进各项事业的科学发展，为促进社会主义新农村建设和发展现代农业做出新的更大的贡献。

在团队首席科学家培训班上的讲话

中国农业科学院院长、党组副书记　翟虎渠

（2009 年 7 月 8 日）

各位团队首席科学家、同志们：

大家好！

为贯彻落实院党组《关于加强科技创新团队建设的意见》和今年院工作会议精神，加快我院科技创新团队建设步伐，同时密切科学家与地方的联系，院党组决定开展一次团队首席科学家培训、考察咨询活动。这次活动分为三部分：一是邀请有关领导、专家作专题讲座；二是对前不久院属单位上报的重点团队进行评审，确定 100 个左右重点建设的科技创新团队；三是赴宁夏进行考察、开展学术交流并组织大家休假。

借此机会，我讲几点意见：

一、以院引领、以所为主，我院科技
创新团队建设取得良好开局

"十五"以来，中国农业科学院确定的"三个中心、一个基地"的战略目标，为全院建设与发展指明了方向，发挥了很好的引导作用，奠定了坚实的发展基础。八年半的发展实践证明："三个中心、一个基地"战略目标符合发展现代农业的要求以及我院的发展实际，必须坚持这个目标不放松。

在学科建设和"杰出人才工程"的基础上，面对形势与任务，院党组决定"十一五"及今后较长时期在全院实施"科技创新团队建设工程"，于 2007 年 4 月下达了《关于加强科技创新团队建设的意见》。这是我院继"杰出人才工程"之后实施"人才强院"战略的又一重大举措。具体地讲，就是以研究所为主，在全院建设 100 个左右在重点学科领域具有明确稳定的主攻方向，特色鲜明、竞争有力、在国内外具有一定影响和发展潜力的科技创新团队。院从中选出 20 个左右团队，通过大力扶持，培育成为本学科领域在国际上处于领先地位、能够引领我们科学发展的优秀创新团队，力争有 3 ~ 5 个创新团队得到国家自然科学基金委员会资助。

为贯彻落实院党组《意见》精神，加快推进团队建设，院里做了一系列工作，取得了积极的成效：一是印发了《关于推进科技创新团队建设有关问题的通知》，对团队建设的组织领导、制度制定、条件支持等方面进行了明确要求。并成立了科技创新团队

工作领导小组；二是于 2007 年 7 月底在长春召开了"科研管理与创新团队建设工作会议"。研究部署了科技创新团队建设工作，要求各单位将团队建设作为近几年本单位工作的中心任务来抓，把此项工作纳入到领导班子任期目标任务和年度考核指标中去落实。会议围绕院党组文件做了专题报告进行解读，部分研究所作了典型发言并分组进行了讨论交流；三是连续召开汇报会、座谈会，听取各所团队建设进展汇报，进行分析论证和资源整合，听取了相关研究所拟推荐的优秀创新团队整合、建设情况汇报，围绕各所推荐团队的研究方向、建设目标、科研项目、依托平台、人才梯队等方面逐一进行了分析评议；四是为加强优秀团队的建设、遴选和管理工作，印发了《优秀科技创新团队管理办法》。规定了优秀团队及团队首席科学家应具备的基本条件，遴选程序，院、所的支持措施以及组织管理制度等；五是于 2008 年 11 月底召开了优秀科技创新团队遴选会议，邀请有关部门领导、相关领域院士、专家等组成评审委员会，遴选产生了首批13 个院级优秀团队。在 2009 年院工作会议上举行了授牌仪式并召开了新闻发布会。

今年以来，我们走访了一些优秀团队，与团队首席科学家和部分骨干人员进行了座谈，了解到一些情况。我们也与青年科技人员进行了交流座谈。从了解到的情况来看，大家对我院开展团队建设的重要性和必要性的认识不断提高，有的优秀团队还专门制定了《团队建设管理办法》，规范团队管理。团队首席科学家除了倾心于科学研究外，开始关注并着手团队的制度建设和人才的持续培养，显现出良好的发展势头。我相信，通过连续几年的支持建设，我院的科技创新团队建设会越来越成功，效果将越来越明显。

从启动科技创新团队建设工作以来，院里主要发挥一个号召和引领的作用，调动大家的积极性，引导各研究所工作重心向团队建设上转移。我们强调各研究所所长是团队建设的第一责任人，所领导要站在出成果、出人才和长远发展、兴衰成败的高度来认识团队建设的重要性和必要性，要积极谋划、统筹规划、抓好落实。今天在座各位都是团队的首席科学家，有院里选出来的也有所里推荐出来的，你们是团队带头人，是本团队建设的第一责任人，你们的能力和水平在很大程度上决定了所带领团队的能力与水平。

通过院里一系列的举措，各单位团队建设工作逐渐铺开，都制定了《科技创新团队实施方案》，明确了团队建设的总体思路，建设目标与研究任务，制定了有针对性的支持保障措施。目前，各研究所重点建设的科技创新团队也已上报到院里，明天将组织大家进行评审。

二、充分认识此次活动的目的与意义，努力
提高引领团队发展的素质与能力

举办此类活动，在中国农业科学院历史上还是第一次。院里非常重视，把它作为深入贯彻落实科学发展观、全面推进我院"三个中心、一个基地"建设的重要举措，作为推进我院团队建设和团队首席科学家队伍建设的一个重要手段。

管理学界有一个著名的管理寓言就是："一头狮子带领一群羊能够打败一头羊领导

的一群狮子"，这充分强调了带头人的作用。一个优秀的科技创新团队必然要有一个领军人物，领军人物必须具有较强的战略思维能力、学科透视与把握能力、组织协调能力和合作精神，具有良好的学术道德和社会责任感，能够发现人才、培养人才和大胆使用人才。有学者曾用统领者、用贤者、掌权者、服务者来描述团队带头人的四种角色，战略眼光、宽广胸怀、公正原则和奉献精神则分别是这四种角色所对应的素质。

我认为，除此之外，我院的团队首席科学家还要有三个方面的素质与能力：

首先，在科学研究上，要有较高的学术造诣和学术威望，较大的学术影响和敏锐的学术眼光，是团队在学术上的领军人物；其次，在人才培养上，要有甘为人梯，传承薪火的精神，愿意勉励、培养、帮助年轻人，能够在团队的科研实践中培养更多的高层次人才；再者，在团队建设上，能够成功协调和处理团队内外各种关系，具有良好的学风、优秀的品格和合作的精神，能够用学识魅力和人格魅力吸引人才、团结队伍，带领团队成员协同作战。

围绕上述三个方面的能力与素质，这次培训我们安排了三场专题讲座，邀请了张子仪院士、国家自然基金委生命科学部冯峰副主任和中组部培训中心郭驰处长，分别就这三方面为大家进行专门讲解。张院士主要围绕农业科学研究团队的历史任务、创新思维、人才建设和团队凝炼四部分展开讲解；冯主任主要谈国家自然基金委的科研、人才和创新群体基金支持体系概况、建设进展，以及基金申请、支持的一些政策措施等；郭处长则重点为我们讲解如何建设高绩效团队及如何领导团队并进行有效沟通。

此次活动的第二项议程是对我院各所重点建设团队进行研讨与评审。在座各位都是研究所本学科领域的学术领军人才，对本领域我院相关研究所的科研、人才和平台等情况都比较熟悉，对本领域的团队建设工作有一定的发言权。因此，我们也想借此机会让大家对前不久各研究所上报的重点团队进行评审，共同研讨确定我院重点建设的100个左右的科技创新团队，同时对在座各位所在团队今后的建设也有一定的启发与帮助。

本次活动的另一项重要议程是赴宁夏开展考察咨询活动。我们与宁夏政府进行了前期沟通，成立我院团队首席科学家暑期赴宁考察咨询团。此项活动，一方面是落实与宁夏签订的院地科技合作协议，为宁夏农业农村经济发展出谋划策；另一方面，考虑到大家平时工作辛苦，难得有休闲的时间，考察咨询过程中，我们专门为大家安排了一些风景名胜和历史古迹，让大家从繁忙的科研工作中解脱出来，领略自然风光和人文风情，放松心情。这充分体现了院里对团队首席科学家的重视和关爱，对大家辛苦工作的理解和支持。

希望大家充分认识此次活动的目的与意义，高度重视起来，用心学习、积极思考，举一反三。暂时抛开具体的科研工作任务，充分利用院里此次宁夏考察咨询活动，放松身心。

三、学以致用，狠抓团队内部建设，带动
科技创新团队建设又好又快发展

我院目前的团队基本上涵盖了各研究所的重点学科、骨干人才和优良的条件平台，基本上把研究所的优势力量整合到一起了，但这种整合还仅仅停留在初级阶段，团队内部的凝聚力比较低，还没有真正形成"拳头"，甚至有的团队还存在临时拼凑现象，那就显得更为松散了。

因此，我希望在座的各位首席科学家要以此次培训、考察咨询活动为契机，在今后的科研和团队建设过程中，进一步分析团队的科研优势与研究特色，明确团队的学科发展方向，优化整合科研项目、骨干人才和条件平台等资源，凝炼团队建设目标，狠抓团队建设。我们既要重视团队"硬件"条件的建设，更要重视团队"软环境"的建设，在团队整合的基础上，围绕团队建设目标，通过完善团队的运行机制建设和团队文化建设，构建团队建设的长效机制。团队的运行机制包括沟通机制、激励机制、培训机制、用人机制、冲突管理机制等，是团队建设中的重要环节，是团队的黏合剂和强化剂，是科技创新团队有机组合、有序运行、健康快速成长的关键。

"软环境"建设过程中，还有一个重要方面，就是要加强团队文化建设，创建和谐宽松、合作互助、共同学习、相互激励的科研氛围；树立团队精神和团队理念，形成民主的学术气氛，统一的奋斗目标，荣辱与共的精神追求。原创性的科研成果的取得是几代人不懈努力的结果，没有良好的团队文化，再优秀的科研项目也只能是开花而不能结果。而具有良好文化氛围的团队就能够获得优势互补、信息共享的优势，从而充分发挥团队的力量，产生 $1+1>2$ 的效果。

同志们，科技创新团队的建设是一项复杂的、长期的系统工程。毛泽东同志指出，"政治路线确定之后，干部就是决定的因素。"在一个团队的发展历程中，团队首席科学家发挥着至关重要的作用。希望在座各位首席科学家真正履行好对团队建设的领导作用，多花心思在团队的自身建设上，促进科技创新团队建设又好又快发展。

谢谢大家！

在 2009 年新职工岗前培训班上的讲话

中国农业科学院党组书记　薛　亮

（2009 年 8 月 31 日）

同志们：

按照中国农业科学院党组的工作安排，从今天开始，我们组织全院新接收高校毕业生、留学生和博士后进行为期 6 天的岗前培训。在此，我代表院党组和全院职工对你们的到来表示热烈欢迎！

在你们刚刚踏上工作岗位之际，举办这次岗前培训，目的就是使大家进一步了解中国农业科学院，尽快地转换角色，适应新环境、新岗位。从 2006 年开始，已连续举办了三届京内新职工岗前培训班，取得了较好成效。为更好地落实科学发展观以人为本的核心和全面协调可持续的基本要求，按照院党组的相关部署，本次培训班扩大了范围，首次将京外新职工纳入培训范围。

本次培训对于在座各位来讲，是一次学习的机会，希望大家好好珍惜。在此，我谈几点意见。

一、充分认识岗前培训的重要意义，尽快实现三个转变

今天在座的同志，分别来自京内外 31 个单位和院机关 3 个部门，绝大多数都是应届毕业生，经过十几年寒窗苦读后直接参加工作，没有工作经历和经验，对我院的情况也了解很少。因此，举办这次培训十分必要，主要有三点意义。

一是通过专题讲座、院内参观，使大家尽快对全院的基本情况和基本制度有一个概括了解；二是通过专家授课、有关科目的训练以及相互交流和沟通，帮助大家树立正确的世界观、人生观、价值观和科研道德观，培养团队精神，增强合作意识；三是通过岗前培训，帮助大家增强岗位适应能力，尽快进入工作角色。

人的一生会经历不同的时期和阶段，在座的大多数同志，都是刚刚完成学业、初次跨入社会的有志青年，来到中国农业科学院，即将在这里开创个人事业，施展才能，为国家农业事业贡献智慧和力量。在新的起点，大家要认真审视自己，找准目标、定好位，以本次培训为契机，尽快实现以下三个方面的转变。

首先是思想观念的转变。大家的思想要尽快从"刻苦求学业"转变到"勤奋干事业"中来。在座各位都是在校成绩优异、素质较佳的优秀人才，经过严格的考试考核

筛选后，今天才得以聚集在这里。你们的到来为我院带来一股清新的空气，带来了青年人鲜活的思想。既然大家选择了中国农业科学院，就要牢牢树立"为农业科研奋斗、为农业事业奉献"的思想观念，立志成为一名合格的中国农业科学院人，在这里实现自己的理想。

其次是身份角色的转变。十载寒窗、勤奋学习，使大家积累了丰富的科学文化知识；现在步入工作岗位，从事农业科研和服务工作，身份角色发生了根本变化。一方面，你们不再是学生，周围的人无论年长年少，大家都是同事，都是为着农业科技事业而走到一起的；另一方面，你们仍然是学生，"三人行，必有我师"。周围的同事，比起你们都有或长或短的工作经历和更为丰富的工作经验，你们要虚心向他们学习和请教，拜他们为师，从点滴做起，在各自的岗位上、在实践中逐步锻炼自己、丰富自己，增长才干，尽快成熟、成长起来。

最后是职责任务的转变。学生阶段，我们的主要任务是学习，是积累科学文化知识。参加工作以后，到了施展才华和实现理想的时候，大家要根据各自的岗位职责任务和要求，勤奋工作，努力实现人生价值，无论是在科研岗位，还是管理服务岗位，都要立足本职，忠于职守、尽职尽责，努力完成好从学习状态到工作状态的转变。要自觉遵守国家法律法规、院及本单位的各项规章制度。针对毕业生接收与管理工作，院里专门制定下发了《高校毕业生接收管理办法》，大家要认真学习领会，自觉贯彻执行。

二、进一步认识我院的地位和作用，明确今后工作方向

农业是安天下、稳民心的战略产业，没有农业现代化就没有国家现代化，没有农村繁荣稳定就没有全国繁荣稳定，没有农民全面小康就没有全国人民全面小康。构建创新型国家，全面实现小康社会，最繁重最艰巨的任务在农村。我国是农业自然资源短缺的发展中国家，发展现代农业、建设社会主义新农村，必须坚持以科学发展观为指导，加快农业科技创新和成果转化，提高科技对农业增长的贡献率。

中国农业科学院作为国家级农业科研机构，肩负着发展农业科学技术、培养高级农业科研人才、组织全国农业科研大协作、开展农业国际合作与交流、代表国家参与国际竞争、服务宏观决策的历史使命。在农业科技基础性工作，基础研究、应用基础研究、前沿高技术研究、共性关键技术研究，以及重大技术集成与示范、推广与转化，解决农业与农村经济发展中的重大问题和关键技术，引领我国农业科学技术发展等方面，行使着农业科研"国家队"的重要职责和重大使命。

中国农业科学院成立于1957年，至今已经走过了半个多世纪的光辉历程。2007年我院成功召开了建院50周年庆祝大会，回良玉副总理应邀出席会议并作重要讲话，充分肯定了我院建院以来所取得的非凡成就。50多年来，我院科技工作者坚持"攀登农业科研新高峰、服务经济建设主战场"的科研精神，大胆创新，勇于实践，兢兢业业，克尽厥职，取得了丰硕的成果和辉煌的业绩。我院共取得各类科技成果近5 000项，获

奖成果 2 400 余项。创立了水稻、小麦品种光温反应特性理论，发现并建立了蝗虫、黏虫、小麦条锈病等重大病虫害流行规律和防治技术体系；突破了杂交水稻、超级稻、杂交玉米、转基因抗虫棉、矮败小麦、杂交油菜、畜禽疫病基因工程疫苗等重大核心技术；取得了农作物新品种培育、中低产田改造、禽畜良种繁育、集约化养殖、畜禽胚胎分割、胚胎移植、性别控制，猪瘟、牛瘟、马传贫、口蹄疫、禽流感疫苗等一大批科研成果，为我国农业科技率先跨入世界先进行列奠定了坚实基础。

我院既是国家重要的农业科研基地，同时也是培养孕育农业科研人才的摇篮。50 多年来，从我院走出的优秀农业科研人才遍布全国农业生产各个地区和领域，涌现出一大批杰出代表人物。包括丁颖、金善宝、陈凤桐等新中国农业科技奠基人的 23 位两院院士；邱式邦、庄巧生、卢良恕等为中国农业科技发展做出重要贡献的著名科学家，等等。近年来，又有一大批中青年杰出农业科学家在农业科技前沿领域崭露头角。

"十五"期间，我院贯彻落实科学发展观，坚持"以人为本"，以"三个中心、一个基地"建设为目标，于 2002～2005 连续 4 年实施了"杰出人才工程"，面向海内外公开招聘学科带头人，进一步壮大了我院高层次科技人才队伍。截至目前，全院在职职工 7 150 人，其中科技人员 4 905 人，高级专业技术职务人员 2 038 人，中级专业技术职务人员 1 817 人；有两院院士 11 人，在职国家级专家 8 人，省部级专家 156 人，享受国家政府特殊津贴专家 976 人，国家"百千万人才工程"人选 40 人；现有科技人才中，45 岁以下的中青年人才占 68%，具有博士、硕士学位的占 47%。可以说，我院拥有一支年富力强、敢于拼搏、勇于创新，并在国内外具有较高地位和影响的科研学术队伍。

在学科建设和"杰出人才工程"取得成效的基础上，为了适应科技发展趋势，进一步提高我院自主创新能力和对外竞争实力，院党组决定于"十一五"及今后较长时期，在全院实施"科技创新团队建设工程"。科技创新团队建设是实现我院"三个中心、一个基地"发展战略目标的重要举措，也是继"杰出人才工程"实施以来的又一项人才建设工程。目的是通过以院引领、以所为主的持续建设，在全院形成 100 个左右主攻方向明确、特色鲜明、竞争有力、影响广泛、潜力巨大的科技创新团队。我院从其中遴选 20 个左右具有领先地位、能够引领国内外学科发展的优秀创新团队进行重点支持，力争取得重大科研成果，大幅度提高我院科技创新能力。2008 年 11 月底，已遴选出首批 13 个院级优秀科技创新团队。目前正在积极推动院属各单位的重点团队建设。科技创新团队建设的最终目的，就是要通过院所两级的共同努力，打造一批研究方向明确、特色鲜明、竞争有力，在国内外具有一定影响和发展潜力的科技创新团队。

当前，我国正处在工业化、信息化、城镇化、市场化、国际化加快推进的发展阶段，处在全面建设小康社会，加快推进现代化进程的历史时期，处在建设国家农业科技创新体系、依靠自主创新发展农业科学技术的关键时期。为应对全球粮食危机，保障国家粮食安全，国务院制定了《国家粮食安全中长期规划纲要》，目标是使粮食自给率稳定在 95% 以上，2020 年达到粮食综合生产能力 10 800 亿斤（5 400 亿千克）以上。面对发展现代农业、建设社会主义新农村和创新型国家的时代召唤，中国农业科学院以国家使命为己任，制定了面向现代农业、面向未来的发展蓝图，提出要通过学科、平台和团队建设，加强农业科技自主创新能力，加强原始创新和集成创新，把中国农业科学院建设成为国家农业科技自主创新中心，引领我国农业科技事业的发展，为保证国家粮食安全提供强大科技支撑。

50 多年的建设发展成就离不开党中央、国务院的坚强领导和亲切关怀。建院以来，党中央、国务院始终高度重视我院工作，并对我院所取得的成绩给予了充分肯定。刘少奇、朱德、邓小平等老一辈党和国家领导人先后视察指导我院工作；建院 40 周年庆典上，江泽民、李鹏等领导人分别题词；近年来，胡锦涛、吴邦国、曾庆红、回良玉等领导人分别到我院视察指导，并看望著名科学家和广大科技人员；温家宝总理多次就我院工作作出重要批示，不断给我院农业科技发展工作指明方向、鼓足干劲。

回顾历史，50 多年艰苦奋斗和执着追求，铸就了今天的辉煌成就，中国农业科学院人倍感骄傲和自豪。同时，也成就了一批又一批有志之士的科研事业，一代又一代农科院人在此实现了他们的人生理想。今天，你们加入到中国农业科学院的队伍中来，在感到骄傲和自豪的同时，更要牢记自己的责任和使命，完成时代赋予的重任，为建设创新型国家、发展现代农业、建设社会主义新农村做出自己的贡献。

最后，在新工作、新生活开始之际，我向各位同志提出几点希望和要求：

第一，希望你们勤奋学习，提高素质。综合素质涵盖了方方面面，主要包括思想素质、道德素质、文化素质、专业素质和身心素质。其中，思想道德素质是根本，文化素质是基础，专业素质是本领，身心素质是本钱。一个人的综合素质不是天生的，而是在积累知识、提高能力和修养身心的实践过程中不断培养提升而成的。青年人要追求进步，要做一个有理想、有抱负的人。在新的工作环境中，你们会遇到各种各样的新情况、新问题，可能和所学专业有些距离，可能和想象的有所不同。要想解决好这些问题，顺利地开展工作，除了要积极、快速地适应新环境、新工作，还需要大家多多向老同志们学习好的经验、方法。周恩来总理曾说过，"人要活到老学到老"。古语道：玉不琢，不成器，人不学，不知义。学习永无止境。大家一定要志存高远，刻苦学习，勤奋钻研，努力成为农业事业和我院发展需要的优秀人才。

第二，希望你们崇尚科学，勇于创新。严谨的学风、科学的方法和敢于怀疑、勇于创新的精神，是大家必备的基本要求。马克思说过，"在科学上没有平坦的大道，只有不畏劳苦沿着陡峭山路攀登的人，才有希望达到光辉的顶点"。同志们首先要热爱科学，崇尚科学，还特别要善于从马克思主义理论中汲取营养，树立科学的世界观，把握正确的方法论，努力做科学探索和创新的先锋。创新是一个民族的灵魂，是一个国家兴旺发达的不竭动力，是经济社会发展的决定性力量。参加工作和学生时代不一样，无论是在科研还是管理岗位，都要努力培养自己的创新意识和能力。我院是综合性农业科研单位，需要单学科深入追踪和多学科联合攻关、协同作战相结合，所以大家要开阔视野，广泛汲取多学科知识。当代青年思想敏锐，接收新事物快，有着良好的创新基础，蕴藏着极大的创新热情，大家一定要发挥和保持这种优势，通过一系列工作和活动，逐步把自己锻炼成为优秀的创新型人才。

第三，希望你们顾全大局，团结协作。顾全大局，首先要认清什么是大局。对于中国农业科学院人来说，推动农业科技进步，服务农村经济发展就是我们的大局。我们的日常工作就要自觉地服从、服务这个大局。当今科技发展的一个重要趋势就是多学科的相互交叉、融合与渗透，这也是增强科技创新的重要途径。现代管理学已经证明，在科研单位的重大科研成果中，95%以上都得益于科研团队的联合、协作。新的科学发现和重大科技进展已越来越难以在一个独立的学科中实现。因此，要取得高水平的原创性科研成果，就必须加强不同学科之间的相互交流、沟通、协作，只有这样相互探讨、互相启发，才能进一步激发科研灵感，启迪创新思路，拓宽研究领域。

同志们要尽快树立同心同德、团结协作的大局意识，要懂得只有握起来的拳头才更有力量的道理。要热爱集体，以大局为重；要关心他人，努力维护团结。生活中要互相帮助，工作中要形成合力。既要重视个性发展，又要强调团结协作；既要在合作中竞争，又要在竞争中合作。

第四，希望你们做人唯诚、治学唯精。要想成为德才兼备的高素质人才，必须具备高尚的品质修养和职业道德。如果说一个人的道德品质和治学态度好比大海，他的事业好比在海上行使的船，那么高尚的道德品质和严谨的治学态度就能够载起这艘航船，帮助他驶向成功；相反，卑鄙的道德品质和浮躁的治学态度最终只能导致船毁人亡。

科研工作更是如此，来不得半点马虎和偏差。当前，社会上一些不好的风气在学术界也同样存在，少数人违背基本的学术道德，侵占他人劳动成果，抄袭剽窃，找他人代写文章，粗制滥造论文，甚至篡改、伪造科研数据等，造成了恶劣的社会影响。这种做法无疑是在阻碍科技进步的同时，为今后个人事业的发展画上了一个句号。

胡锦涛总书记指出，"要坚持德才兼备原则，要把品德、知识、能力和业绩作为衡量人才的主要标准。"在科研单位，学位不等于素质，学历不等于能力，知识不等于贡献。希望大家不断锤炼品质，严格要求自己，如同竹守其节、玉守其白，毕一生如一日，以崇高的人格和务实的作风贯穿职业生涯的始终，努力在自己的岗位上有所作为。

第五，希望你们脚踏实地，深入实践。古语道："道虽迩，不行不至；事虽小，不为不成。"意思是说，认知只有赋之于实践，才具有彻底的意义。在座各位来自全国各地，为了一个共同的目标走到一起。你们年轻、活跃、富有朝气，是中国农业科学院的希望和未来。农科院的美好前程，需要大家坚定不移的意志和信念，需要大家全心全意的投入和付出。农业科研的性质决定了它和其他领域的科研有着很大的不同，需要经过更长的时间周期和更多的付出，才能看到成果。为此，希望大家能够以饱满的热情、坚韧的品质和踏实肯干的作风迎接工作和挑战，发扬从我做起、从点滴做起的精神，肯于吃苦、甘于寂寞、不怕失败、勇往直前。把自己的所学所悟付诸于实践，在实践中取得成绩，实现价值。

同志们，光荣的历程让我们自豪，时代的召唤催我们奋进。希望大家珍惜这几天的培训时间，认真学习体会，并以此为契机，求真务实，开拓进取，扎实工作，以饱满的精神、昂扬的斗志、良好的作风，满腔热忱地投入到工作中去，在各自的工作岗位上做出突出的成绩，为我国农业科研事业和社会主义新农村建设贡献自己的力量，以实际行动和优异成绩迎接新中国成立 60 周年！愿大家在中国农业科学院大家庭中生活愉快、事业进步、再创辉煌！

最后，预祝本期新职工岗前培训班取得圆满成功！

谢谢大家！

在农业部第五批"西部之光"访问学者培养工作总结会上的讲话

中国农业科学院党组书记　薛　亮

（2009 年 8 月 7 日）

同志们：

在这充满希望的盛夏八月，2008 年度在我院进行研修学习的 29 位"西部之光"访问学者已经圆满完成工作计划即将奔赴各自的工作岗位。在此，我代表农科院党组，代表全院的科技人员及全体职工，向全体"西部之光"访问学者一年来所取得的收获与成就表示衷心的祝贺！向中组部、农业部的领导对我院"西部之光"培养工作的关心、支持与帮助表示衷心的感谢！向研究生院、有关研究所及有关部门的领导和同志们对我院工作的支持与配合表示衷心的感谢！特别要对"西部之光"访问学者的培养导师们一年来的辛勤劳动表示衷心的感谢！

今年是我院连续第五年承担农业部系统的"西部之光"访问学者培养工作。自 2004 年接收首批访问学者开始，农科院党组就高度重视此项工作，翟虎渠院长强调指出要站在战略的高度上将该项工作作为政治任务来认真完成。5 年来，在中组部、农业部各级领导的关心、支持和帮助下，我院接收访问学者的各研究所和研究生院通力配合，培养导师悉心指导，访问学者刻苦钻研，努力工作，通过不断完善工作机制，改进管理方式，创造研修学习条件，改善工作生活环境，比较圆满地完成了这项光荣而又重要的政治任务。

实施西部大开发、加快西部地区发展是党中央、国务院根据新世纪新形势提出的重大决策，是全面建设小康社会的重要举措。"西部之光"人才培养计划是落实中央关于实施西部大开发和人才强国战略，着眼于西部地区各项事业长远发展和人才的总体需求，进一步加强西部地区人才队伍建设的重要战略部署。刚才，听了访问学者的学习成果报告、班委会工作汇报、导师代表发言，我深有感触。一是感到访问学者在一年的研修学习过程中，不忘自己肩负的责任与使命，克服困难，只争朝夕，努力工作，刻苦学习，积极进取，注意全方位锻炼和提高自己，取得了丰硕的成果：撰写了 115 篇论文，公开发表 72 篇，完成调研报告 68 项，申请专利 2 项。在此，向访问学者表示由衷的祝贺！二是感到我们的培养导师充分认识到了这项工作的重要性，在繁忙的科研工作中，不仅为访问学者制定了严格的培养计划，让他们直接参与到国家攻关、"863"或"973"专项、国家自然科学基金和农业部攻关项目等重大科研项目中，还提供了许多课题调研、学术交流的机会，开阔了访问学者的专业视野和科研思路，较好地完成了这项光荣的政治任务，得到了各级领导的一致好评。特别值得一提的是，在此次培养工作中，我院一部分培养导师按照中组部"西部之光"访问学者导师回访安排，亲自到访问学者的派出地考察调研，与当地农业研究单位的领导和技术人员进行了广泛的交流，进一步加深了对西部地区的了解和认识，为今后的合作与交流奠定了良好基础。

西部大开发，人才是关键。社会主义现代化建设根本要靠科学技术。科学技术上的重大突破可以使社会生产力产生革命性的飞跃。科技发展归根到底靠人才。谁在人才上占有优势，谁就能在科技上占领制高点。发展科技事业，建设创新型国家，必须造就大批杰出人才。发展科技教育和壮大人才队伍，是提升国家竞争力的决定性因素。2009年，适逢新中国成立60周年，是承前启后、继往开来的一年，我想，在座的，无论是作为西部地区科技骨干人才的访问学者，还是作为农业科技领域国家队的农科院的各位专家，都应该抓住我国当前重要的战略机遇期，坚持以邓小平理论和"三个代表"重要思想为指导，牢固树立和全面落实科学发展观，不断增强创新意识，提高创新能力，大力弘扬科学精神，恪守学术道德，共同为实现西部地区跨越式发展贡献我们的智慧和力量。

访问学者即将带着一年来取得的成就回到各自的工作岗位，在此，我提三点希望与大家共勉：第一，希望各位学者回去后认真梳理一年来的研修情况，将学到的先进思想、先进技术和先进的管理经验传播到西部去，为提升本单位的科研能力和学术水平做出积极的贡献，为西部大开发添砖加瓦。第二，希望大家回去后，继续严格要求自己，保持谦虚谨慎、虚心学习、刻苦钻研的作风，发挥模范带动作用，力争做一名优秀的学术带头人，带动本单位甚至整个地区的农业人才队伍建设。第三，希望大家常回来看看，继续和我院保持联系，建立长久合作关系，将农科院的科研优势和地方资源环境优势充分结合，努力促进西部地区的农业科研工作，努力促进农业科技成果的转化应用，为"三农"工作和经济建设做出积极的贡献。同时，我也希望我们农科院的各位专家，能够在圆满完成各项培养工作的基础上，抽出更多的时间到西部看一看，对访问学者进行回访和指导，进一步加深对西部大开发战略的理解，更好地为西部农业和农村经济发展提供服务和咨询。

一年的研修工作已经圆满结束，访问学者即将回到各自的工作岗位，但可以说我们的合作才刚刚开始。过去的一年，使我们彼此结下了深厚的友谊。"西部之光"这种人才培养形式为我们架起了长久合作的桥梁和纽带，让我们携起手来，共同为西部农业和农村经济的发展，为我国农业科技事业的腾飞做出应有的努力和贡献！

谢谢大家！

在农业部 2009 年"西部之光"访问学者 欢迎座谈会上的讲话

农业部党组成员、人事劳动司司长　梁田庚

（2009 年 11 月 12 日）

各位导师、各位专家、同志们：

大家上午好！今天我们满怀喜悦，欢聚一堂，热烈欢迎农业部第六批"西部之光"访问学者和第一批"西藏特培"学员。我谨代表农业部对各位学者的到来表示热烈的欢迎。过去几年，在中组部的领导下，农业部有关单位通力合作，顺利完成了前五批"西部之光"访问学者的培养任务。我们将继续按照中组部的部署和要求，努力做好服务工作，使各位访问学者圆满完成研修任务。

刚才，王永宏同志代表学员、高祥照研究员代表导师分别作了很好的发言，中国农业科学院雷茂良副院长代表培养单位介绍了培养工作的经验做法；中组部人才工作局副局长栾成杰同志作了重要讲话，对做好工作提出了明确要求，我们要认真贯彻落实。下面我讲三点意见。

一、充分认识西部人才特殊培养工作的重要意义

中央组织实施"西部之光"培养计划和"西藏特培工作"，根本任务是为西部地区培养和造就一大批热爱西部、扎根西部、有较高水平和能力的学术带头人和教学科研骨干。在发展现代农业，推进社会主义新农村建设的新形势下，针对西部地区开展专门的人才特殊培养计划具有十分重要的现实意义。

（一）开展西部地区人才特殊培养计划是贯彻落实科学发展观的具体行动。实现农村经济社会全面发展，推动农业科技进步，提高农业生产水平，都亟需培养一大批立志农业、扎根农村、服务农民的科研骨干和高层次人才。目前，西部地区由于特殊的地理环境和历史原因，培养、引进和留住人才面临特殊困难，人才队伍总量不足、素质不高、结构不合理的问题比较突出。实施"西部之光"培养计划和"西藏特培工作"，直接目的是培养人才，根本目的是要促进西部地区经济社会又好又快发展。所以，承担并完成好访问学者的培养任务，就是学习实践科学发展观的具体行动。

（二）开展西部地区人才特殊培养计划是连接农业科研国家队和地方队的桥梁。中

央提出健全区域协调互动机制，加强区域之间的技术、人才合作交流，形成以东带西、东中西共同发展的格局。"西部之光"培养计划和"西藏特培工作"，正是实现东西对接、国家科研院所与地方科研院所对接的桥梁和纽带。所以，大家到北京来学习，既代表个人也代表单位，甚至代表了一个地区。这次进修不仅仅是个人的一次培训机会，同时也是访问学者所在单位、所在地区与培养单位、与农业部、与其他国家部委加强联系沟通的一种重要方式；访问学者学习的过程，同时也是地方机构与中央单位交流和对接的过程。从教学相长角度讲，也是培养导师、培养单位向地方同志学习的好机会。所以，我们要充分利用好这一交流学习的机会，搭建起农业科研国家队和地方队之间交流合作的桥梁。

（三）开展西部地区人才特殊培养计划是加强西部人才队伍建设的有效措施。人才方面的差距是西部地区与东部地区的主要差距。没有人才，基础设施再好、项目再多，也发挥不了应有的作用。中央把大家派到中央部委和东部地区来研修，根本目的是要加强西部地区的人才队伍建设，通过培养德才兼备的高素质人才队伍，为西部地区加快发展做贡献。实践证明，这是一条行之有效的途径。

二、积极为访问学者营造良好的工作生活环境

（一）积极落实计划，精心做好服务。农科院、药检所、农技中心和疫控中心，要高度重视"西部之光"访问学者培养工作，坚持从大局出发，积极采取措施，将这项工作作为重要的政治任务来完成。2009年，农科院还承担了第一批"西藏特培"学员培养任务。前段时间，四个单位已经为每位学员逐一落实了培养导师、课题研究、研修内容、工作岗位、食宿安排等各项事宜，为实施好培养计划奠定了坚实基础。下一步，要切实抓好各项措施、任务的落实，认真做好服务工作，确保圆满完成培养任务。

（二）建立健全培养工作机制，建立目标化管理模式。农业部承担"西部之光"访问学者培养任务5年来，在完善培养工作机制方面进行了积极探索，建立了培养单位和访问学者之间的合同协议制度，明确了双方的权利和义务；建立了工作责任人制度和班主任制度，进一步将管理责任落实到人等等，为培养任务的顺利完成奠定了良好基础。为完成好这批访问学者的培养任务，我们选派专人担任班主任，负责班级的日常管理，选出了班委会成员。下一步，中国农业科学院研究生院和各培养单位要积极探索，进一步创新培养工作机制。也希望各位访问学者积极参与，共同做好这项工作。

（三）广泛筹措资金，不断改善生活条件。为了尽可能给访问学者创造一个好的学习研究条件，中国农业科学院研究生院和各培养单位从细节入手，努力安排好访问学者的生活。中国农业科学院在住房资源有限的条件下，拿出培训用房，尽可能为访问学者提供最好的住宿条件，为访问学者添置了书桌、开通了宽带网。对修建年代较早的宿舍，培养单位尽力进行改造，专门配备了台灯、热水壶、网卡、淋浴设备等。各研究室努力安排科研课题，保证访问学者的实验条件。各位导师根据自己所承担的课题和访问

学者的专业方向，结合访问学者所在地区的实际情况，积极安排研究课题、落实经费。

三、努力完成学习培养任务，不辜负
组织的培养和西部人民的重托

选派来的学者都是西部地区重点培养、具有强烈事业心和良好思想品质的青年科技人才，都肩负着组织的期望和人民的重托。为了圆满完成好一年的学习研修任务，我提几点希望：

（一）要尽快适应新生活，实现三个转变。要尽快完成从科研人员和部门领导到学员的转变；尽快完成从原来的工作状态到现在工作、学习状态的转变；尽快完成从原来家庭生活到现在集体生活的转变。希望培养单位和导师给予访问学者更多的关心和支持，使他们尽快融入到农科院、药检所、农技中心和疫控中心的大家庭中；班委会要积极主动搞好服务，帮助大家尽快融入研修班的集体生活之中。

（二）要潜心学习，求真务实。要发扬求真务实、刻苦钻研的精神，抓紧时间潜心学习。按照中组部的要求，在学习结束时，我们要对访问学者进行评价，根据大家研修期间的表现写出鉴定材料，分别发送给省委组织部和访问学者所在单位。大家在学习结束之前都要完成两项作业，一是写一份思想和学习情况总结；二是写一篇科研论文或调研报告。

（三）要遵守纪律，严格管理。大家到了农科院、药检所、农技中心和疫控中心之后，就是这些研修单位的工作人员，要自觉接受单位的管理，严格遵守各项规章制度。要严格考勤和请销假制度。无特殊原因，不得擅自返回原单位。除了和导师出差外，离京外出要向农科院人事局、药检所、农技中心和疫控中心人事部门请假，返回后及时销假。要遵守工作纪律，积极主动地参加课题组的工作，认真完成导师指定的实验和论文。要遵守生活纪律。考虑到大家的健康和安全，确保大家在进修期间有一个好的环境和条件，我们采取集中管理的方式，希望大家认真遵守管理制度。要强化班委会制度。为了便于大家自我服务、自我管理，我们成立了班委会和临时党支部。希望班委会和临时党支部认真履行职责，充分发挥自我管理、自我教育和自我服务的作用。

各培养单位和导师要敢抓敢管，严格要求；精心培养，热情服务；确保访问学者学有所获、学有所成。希望各位访问学者牢记使命，严格要求，刻苦学习，练就更多的新本领。祝大家在新的岗位上工作顺利、学习进步、生活愉快！

在"新中国成立60周年'三农'模范人物"代表座谈会上的发言

中国农业科学院党组副书记 罗炳文

（2009 年 9 月 22 日）

尊敬的危副部长，各位领导、专家，大家上午好！

在举国上下喜迎新中国60华诞之际，农业部组织召开"新中国成立60周年'三农'模范人物"代表座谈会具有非常重要的意义。新中国成立60年来，我国农业农村经济发展实现了历史性跨越，农业农村面貌发生了翻天覆地的变化，为中国特色社会主义事业发展全局做出了巨大贡献。这些成绩的取得，离不开一代又一代农业工作者的不懈奋斗。在回顾总结60年伟大成就的时候，农业部组织百位"三农"模范人物的评选表彰活动，体现了部党组对"三农"工作的高度重视，也体现了对农业人才工作的高度重视，是部党组贯彻落实以人为本的科学发展观的重要举措。

此次活动组织周密，动员力度大，影响范围广，远远超出了评选先进人物本身，已经成为全国农业系统学习先进、争当典型的受教育过程，成为一次深入的贯彻落实科学发展观、认真总结历史发展经验、推进"三农"事业又好又快发展的实践过程。此次推荐表彰的百位"三农"模范人物涵盖了农业的方方面面，有从事科学研究的两院院士等专业技术人才；有从事农业科技推广工作的典型代表；有连接小农户与大市场，推动农业产业化发展的农业企业家和农村实用人才，等等。虽然他们处于不同年代、不同环境、不同岗位，但他们身上所体现出来的崇高精神，在本质上是一致的，那就是：热爱农业、献身"三农"、艰苦奋斗、锐意进取、开拓创新、淡泊名利、无私奉献。这是我国从传统农业向现代农业发展过渡、从解决温饱问题到建设社会主义新农村的历史进程中所孕育、积累的宝贵财富，值得我们深入挖掘和升华，大力继承和弘扬。

在此次评选推荐过程中，我院非常重视此项工作，及时进行了宣传动员和组织推荐工作，并以此次组织推荐为契机，广泛宣传动员，在我院科技人员和全体职工中掀起学习先进、争作模范的热潮。经过精心组织、广大干部职工的热情参与，在我院推荐的人选当中，有10名同志荣获"三农"模范人物光荣称号，其中9人是两院院士。这些专家中既有为我院建立，为我国农业科技事业奠基的老一辈农业科技人才，也有新中国成立后出生，在国家改革开放政策和科教兴国、人才强国战略指引下成长起来的新一代年轻科技人才。其中，丁颖院士是我院第一任院长，1924 年毕业于日本东京帝国大学，是我国现代稻作科学主要奠基人，被周恩来总理誉为"中国人民优秀的农业科学家"。

陈化兰同志年仅 40 岁，是新中国培养的优秀青年女科学家，任国家禽流感参考实验室主任，在禽流感防控相关基础及应用研究领域做出了重要贡献。还有金善宝、盛彤笙、邱世邦、李竞雄、庄巧生、卢良恕、董玉琛、陈宗懋等 8 位院士也都在各自领域取得了突出成就，做出了重要贡献。他们对"三农"事业执著追求，坚韧不拔，刻苦攻关，勇于创新，勇攀高峰，是我院广大科技人员中的杰出代表。他们不仅学术成就卓越，而且他们的创新精神、献身农业的可贵品质更是感染了一代又一代的农科院人。

在发展现代农业，建设社会主义新农村的历史进程中，中国农业科学院作为农业科技工作的国家队，责任重大，使命神圣。我们不仅要为国家创造更多的具有自主知识产权的先进适用的农业科技成果，还要培育更多的引领我国农业科技发展的高层次领军型人才。我们要以庆祝新中国成立 60 周年为契机，深入开展向百位"三农"模范人物学习活动，在全院范围内大力弘扬"三农"模范人物锐意进取、开拓创新的优秀品格，讴歌他们的崇高精神和感人事迹，创造条件，创新思路，改善环境，让更多的农业科技人才创新创业，带动我国农业科研整体实力不断提升，为我国农业科技率先整体进入世界先进行列做出应有的贡献。

谢谢大家！

六、计划财务管理
与条件建设

中国农业科学院 2009 年财务管理工作概况

2009 年，中国农业科学院财务管理工作在院党组和上级主管部门的领导和关怀下，全面贯彻落实科学发展观，以服务科研为主要目标，不断强化服务理念，扩大预算规模，优化经费结构，提高管理水平，规范财务和资产管理，为我院"三个中心、一个基地"建设提供了有力的支撑。

一、以政策预研、预算执行为重点，全面提升保障能力

通过深入调研，摸清基层情况，把握政策方向，积极向有关部门建言献策，用准确数据作支撑，为有关部门提供决策依据，确保我院财政经费大幅增长，财政拨款资金结构有所优化，为全院人员机构有效运转以及我院科研事业发展提供资金保障。依托我院建设的科技经济政策研究中心在本年度正式挂牌成立，为我们开展财政投入、科技经济、农业经济等领域政策研究搭建了广阔的平台。依靠此平台以及相关研究力量，本年内开展了卓有成效的专题研究活动，政策研究能力得到了长足的发展，工作的前瞻性进一步增强。

（一）财政资金对科研保障能力进一步加强

秉持服务理念，强化预算管理，在保持财政经费稳定的基础上，深入开展调查研究，千方百计争取加大财政投入，优化经费结构。

1. 部门预算财政拨款总体规模继续大幅增长

2009 年全院财政拨款总计 24.43 亿元，同比增长 19.58%，是 2005 年的 2.49 倍（图 1）。通过多方共同努力，争取追加下达科技重大专项、公益性行业等预算追加经费超过 6.71 亿元。2010 年部门预算"一下"财政拨款 19.99 亿元，与 2009 年"一下"预算控制数（17.72 亿元）相比，增长了 12.81%。

2. 财政拨款结构有所优化，部分单位基本支出经费紧张的状况得到缓解

2009 年我院非营利性科学事业单位公用经费同比增长 50%，解决了部分单位长期以来没有公用经费的问题。安排京外在职职工住房补贴 6 100 万元，全部兑现了除东部地区研究所以外的住房补贴。2010 年，农机化所、灌溉所、质标所、出版社等四家农业事业单位实现离退休归口管理，农机化所、灌溉所、质标所人员经费增加 552 万元、348 万元、141 万元，同比增长 34%。

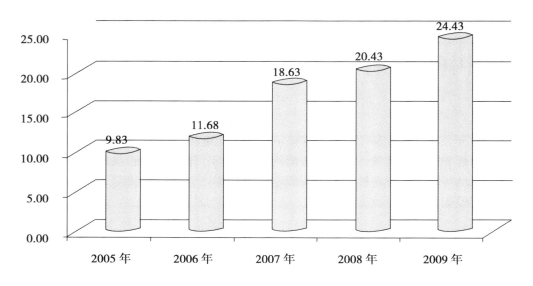

图1　2005～2009 年我院财政经费收入情况（亿元）

值得强调的是，我院争取部分单位纳入基本支出定员定额试点，这些单位基本支出财政拨款紧张状况得到了有效缓解。2009 年我院农机化所、灌溉所纳入农业事业单位定员定额试点，基本支出财政拨款 2 720 万元，同比增长了 27.5%。2010 年，两家单位基本支出财政拨款 3 613 万元，同比又增长 32.8%。从人员经费来看，两家单位基本支出财政拨款人员经费 2010 年人均达到 3.78 万元，是我院平均水平（2.25 万元）的 1.68 倍，基本满足了人员经费需求。

2010 年，草原所也纳入了事业单位基本支出定员定额试点，作为农业部纳入试点的 2 家科学单位之一，是我院继农机化所、灌溉所之后的第三家试点单位。根据 2010 年部门预算"一下"，草原所基本支出财政拨款 1 002 万元，同比增长了 16%。从人员经费来看，2010 年草原所基本支出财政拨款人员经费人均达 2.88 万元，超过了全院平均水平。

3. 财政专项经费继续大幅增加

2009 年，全院财政项目经费（不含基建）14.93 亿元，比 2008 年大幅增加了 27.17%，为我院各单位人员机构运转以及科研事业发展提供更好的资金支持。其中：

一是运转费项目。2009 年项目 11 个，金额 3 630 万元，比 2008 年增加 11.69%。2010 年部门预算，我院又新增运转费项目 3 个，支持金额 590 万元，净增长 16.3%，使我院有专门运转费支持的单位达到 14 家，总计达 4 160 万元，为我院部分重大设施、设备稳定有效运转提供必要的资金保障。

二是修缮购置专项。2009 年获得修购专项金额 2.93 亿元，比 2008 年（2.40 亿元）增长 22%。2010 年，在中央财政形势严峻的情况下，我院仍获得专项经费 2.75 亿元，作为一项受到各单位高度重视的专项，继续发挥保障我院科研条件改善的作用。

三是行业科技专项。2009 年度我院行业科技专项金额（含年初预算和年度内追加经费）1.69 亿元，比 2008 年度增长 25.6%。经过多方努力争取，2010 年度部门预算"一下"获得 1.59 亿元，比 2009 年"一下"同比增长 30.8%。

四是转基因生物新品种培育科技重大专项。2009 年，我院获得 3 次追加经费共 4.23 亿元，是 2008 年底追加经费的 11.4 倍。2010 年部门预算"一下"又获得重大专项经费 2.69 亿元。

五是基本科研业务费专项，自 2006 年以来，每年获得 8 556 万元，2006~2008 年，支持 18 个项目单位各类自主科研课题 813 项，共 2.57 亿元。

财政专项经费的大幅增加，为我院科研工作的开展以及科技创新成果的取得提供了必要的资金保障。

4. 财政专项对科研条件更新和保障作用突出

截至 2010 年，修缮购置专项已经连续 5 年对我院科研条件建设给予大额稳定支持，2006~2010 年我院累计获得修缮购置专项资金 14 亿元。通过修购专项的支持，我院大部分研究所陈旧落后的面貌得到了改观。一批危房设施得到修复改造，有毒有害物质防护设施得到加强，水、电、暖、气等设施的保障能力明显提高；购置大批仪器设备，重点建设野外台站，购置升级了相关仪器设备后，一批实验室、质检中心、分析测试中心、改良中心、野外台站等仪器设备落后的问题得到了重大缓解；科研试验基地温室、网室、旱棚、田间设施等得到了一定程度的改善；部分试验田土地得到了改良，为建设现代农业科研基地奠定了良好的基础。

仅以设备购置类项目计，经初步统计，2006~2009 年修购专项项目执行完毕后将为我院 30 个项目单位新购置光学仪器、分析仪器、生命科学仪器等约 2 000 台（套），金额约 7.1 亿元，其中单价 100 万元以上设备 90 多台（套），极大地促进我院科研设备的更新换代，为我院科技创新打下坚实的基础。

（二）搭建政策研究平台，提升工作前瞻能力

1. 科技经济政策研究中心挂牌成立

我院近年来承担了财政部教科文司委托的多项政策研究、科技信息管理软件研发和日常运行维护等工作，较好地完成了任务并形成了很好的研究与管理基础。经过多次酝酿，充分协商，2008 年 4 月，我院向农业部请示启动研究中心的筹建工作。财政部、农业部同意依托我院组建科技经济政策研究中心，同时 2009 年预算安排 1 000 万元研究中心开办费用和研究经费。经过近 1 年的筹建，完成了研究中心的人员配备、办公场所布置及管理制度拟定等工作。2009 年初，研究中心正式建成开始试运行。4 月底，财政部教科文司、农业司，农业部科技教育司、财务司主管领导、院领导、我院相关局领导出席，科技经济政策研究中心正式揭牌成立。

研究中心的定位是按照"独立、客观、公正"的原则，开展与农业科技发展全局

相关的财政投入、项目监管及政策绩效研究，侧重对科技政策、科技投入、科技服务中具有全局性、前瞻性、战略性的重大共性问题进行系统研究，为国家财政农业科技投入和管理提供理论支持、科学依据、决策咨询和技术支撑。研究中心在为国家有关部门服务的同时，也将成为我局和我院开展科技经济政策研究的平台。

2. 开展财政投入管理相关前瞻研究

开展财政投入结构专题调研。为摸清全院财政资金投入、支出、需求状况，向上级有关部门提出解决财政资金投入结构的建议，开展财政投入结构专题调研，制定、下发《中央级农业科研单位财政投入结构研究》课题问卷，召开京内、京外两次专门会议布置相关工作，并对兰兽研、兰牧药、茶叶所、水稻所四所进行了实地调研，完成了课题报告初稿。

开展财政项目绩效考评研究。本年度科技经济政策研究中心接受农业部财务司正式委托，承担"农业部2007年度公益性行业科研专项项目绩效考评"工作任务。经过制定方案、工作准备、现场考评、系统总结、撰写报告等环节，顺利完成了考评工作任务，形成的项目绩效考评工作报告得到了委托部门的认可。我们在考评工作中组织协调、考评规范、工作结果，均得到了农业部财务司的充分肯定。通过这次绩效考评工作，研究中心对行业科研项目绩效考评指标体系与流程设计等进行了积极的探索，取得了丰富的实践经验，培养了队伍，提高了研究人员素质，确立了专题研究任务的组织、实施和总结报告的典范，为研究中心今后进一步深入开展科技、经济及农业等领域的政策咨询研究奠定了良好的基础。

开展修缮购置专项经费稳定支持机制研究。针对修缮购置专项未来3～5年调整需求，受农业部委托，开展中央级农业科研机构修缮购置专项稳定支持机制研究活动，通过数据调查，摸清有关需求，为专项规划做好准备。

开展其他多项财务管理相关课题研究活动。其他正在开展的研究课题包括：中央级农业科研院所基本支出定员定额标准体系研究、中央级农业科研院所重点实验室运行经费保障机制研究、内部审计在惩治和预防腐败体系中的职能探析、中央级农业科研院所公用经费测定研究等。

3. 全力为上级部门提供专项管理服务保障

保障公共财政与科技经济信息收集与数据平台稳定运行，服务对象为全国科研机构，年登录量超过11万人次，下载客户端达上万次，得到了财政部、农业部等主管部门的充分肯定。主要承担《中央级科学事业单位修缮购置专项资金管理信息系统》、《公益性行业科研专项项目预算管理系统》、《国家重点实验室设备购置经费管理信息系统》3个国家级系统和《农业部中央级科学事业单位修缮购置专项资金项目管理信息系统》、《农业部基本科研业务费项目管理信息系统》2个部级系统的维护、升级和研发任务。确保年度申报管理、监督执行工作顺利开展，各项功能不断完善，系统稳定性提高到新水平。

4. 千方百计加快预算执行进度

在院领导的支持下，全局上下高度重视预算执行工作，采取了一系列措施：及时解决执行难点，如提前启动住房补贴发放工作，简化批复手续，对大额项目申请直接支付等；进行月度预算执行排名，激励做好预算执行工作；进行约谈、督导；加强项目预算编制的科学性，从源头上解决预算执行难的问题。坚持争取经费和保证预算执行两手抓，两手一样硬，使进度和质量实现双增长。

截至 2009 年 12 月底，全院预算执行进度达到 77.81%，比 2008 年提高了 12.67 个百分点，年终国库结余资金 7.12 亿元，比 2008 年少 2.63 亿元。

二、以预算执行审计为契机，推动全院财务管理水平提高

2009 年初，配合接受国家审计署对我院预算执行情况和会议费支出专项检查，同时根据有关部门安排开展小金库专项检查，我院未发现重大违规问题。结合审计检查情况和近年财务管理重点问题，我院对 10 个研究所进行了财务联合检查。针对各项检查发现问题，我局紧密结合各项业务工作，在各业务环节加强规范管理，完善管理制度，及时开展有关业务培训，全面促进我院财务管理水平提升。

（一）积极配合接受审计和小金库治理专项检查

1. 配合开展财务审计工作

接受国家审计署农林水审计局 2008 年预算执行情况和会议费支出情况审计，积极配合开展审计工作。不掩盖矛盾，高度重视审计意见，针对审计中发现的问题积极沟通，解释我院的实际情况，争取对方的理解和支持。根据审计决定及时进行整改，同时举一反三，以此为契机，提高财务管理质量。在全院层面审计未发现有重大违规问题。

2. 开展"小金库"专项检查和治理

按照中央统一部署，从 5 月份开始，制定《中国农业科学院"小金库"专项治理和会议费、行政事业性收费专项检查工作方案》，召开全院"小金库"专项治理会，开展自查自纠工作，上报全院自查自纠报告；组织四个检查组，对院属 12 家单位进行以"小金库"专项治理为重点的检查工作，形成检查报告；召开多次专门会议，研究部署"小金库"治理工作，并将农业部要求的自查"回头看"工作情况，再次汇总上报。接受中央驻农业部"小金库"重点检查组对我院自查工作的核查，对草原所进行的重点抽查，由于事前自查自纠严格，事中沟通协调及时，加上草原所积极配合，最终顺利通过检查。

3. 开展 2009 年度财务联合检查

针对年初审计和小金库专项检查情况，结合近年审计重点问题，我们对院属 10 个

单位开展财务联合检查。及时发现各单位财务管理中存在的问题，与相关单位进行充分的沟通，查找问题的原因，研究整改方案和解决措施，形成检查报告。

（二）认真自查自纠，主动规范财务管理

1. 促进预算执行效率，提高科研服务质量，完成预算管理各项工作

预算执行上，从预算源头做起，预算编制更加全面、科学，决算报表数据统计更加完整、准确，国库支付管理更加高效、及时；按时上报国库用款计划，及时上报科技重大专项、公益性行业科技等预算追加用款计划；及时办理科技重大专项、基本建设项目等经费的国库用款垫付和归垫申请，及时办理国库直接支付业务数千万元。

采取措施提高预算执行进度。一是下达执行进度预算指标，及时汇总和上报全院预算执行情况，认真分析影响预算执行进度的主客观因素；二是下发月度预算执行排名，激励做好预算执行工作；三是高度重视，及时解决预算执行难点，提前启动全院住房补贴发放工作，及时上报大额财政直接支付申请并跟踪支付办理情况；四是利用各种场合，反映我院预算执行的特点，争取上级部门的理解，积极配合财政部教科文司、农业部对我院预算执行进度调研工作，我们反映的情况也得到了财政部的理解。

根据要求对 2009 年出国费、招待费、交通费等三项经费进行压缩，并根据 2010 年部门预算"一下"数据，上报 2010 年三项经费报表。

2. 严格审核，及时且高质量完成各类报表任务

伴随财务精细化管理方式，有关部门各类财务报表工作任务繁重。2009 年我局各业务处室完成各类统计报表达 83 项，比 2008 年报表数量增长 46%，工作量增长近一半。在人员紧缺的情况下，我局各业务处室加班加点，严格审核，确保各类财务信息质量。

3. 政府采购与资产管理进一步规范有序

本年度政府采购仍然严格坚持按照采购预算和采购计划执行的工作原则。审批、汇总全院 2009 年度政府采购计划，截至 12 月 7 日，全院 2009 年政府采购计划的预算金额 11.7 亿元，其中补报政府采购预算金额 4 731 万元。完成汇总审核 2010 年度全院政府采购预算 17 亿元。

执行《政府采购进口产品管理办法》规定，组织我院有关研究所政府采购进口产品的申报审批 9 批，仪器设备共约 1 500 多台/套，价值约 3.2 亿元。

制定完整的招标方案，保证科研仪器设备院集中采购部分的工作顺利实施。2009年共招标采购仪器 147 台/套，预算金额 4 900 万元。完成我院各所 2007～2008 年度仪器设备院集中采购招标收尾工作。

完成院本级和院下属单位共 34 个单位 2008 年国有资产保值增值考核计算表的汇总上报，全院国有资产保值增值率达到 102.89%，超额完成了农业部下达的 101% 的任务。

稳步推进我院土地管理工作。对我院在京土地使用权证情况进行清理和登记，开展我院在京土地未登记发证宗地的相关申请工作。完成泛太大厦土地使用权证办理指界，完成大院土地登记测量。

（三）规范管理细节，确保财政专项资金效益

修缮购置专项项目申报阶段，聘请工程造价等专业性的中介咨询机构提供专业咨询服务，总结过去项目评审中的主要问题，组织人员进行形式审查和技术审核，提高文本编制质量。在财政经费紧张情况下，2009 年和 2010 年度分别获得财政拨款 2.93 亿元、2.74 亿元，确保我院项目资金规模，满足科研条件需求。

修缮购置专项项目执行阶段的管理周密细致。结合全院财务检查工作，根据项目执行实际，对麻类所等 10 个单位修购项目执行情况进行监督检查。针对蔬菜所、院本级个别项目存在执行难的问题，邀请农业部有关领导、分管院领导到达项目单位，分析存在的问题，研究解决方案，推进问题的解决，保障了项目的顺利执行。

编制《修缮购置专项项目验收工作手册》指导验收工作，保证规范一致。规范验收专家组成，提高验收工作质量，确保财政资金安全；尝试"单位初验，现场初审，集中验收"三步走的验收组织方式，提高验收工作效率，促进项目单位交流、提高项目管理水平。基本完成 2006 年度项目验收工作，及时总结经验，完善 2007～2008 年度项目验收流程。

精心组织修缮购置专项共建共享试点工作方案研讨，广泛征求意见，推进修购专项共建共享试点工作落实。2009 年度我院有 2 个单位 4 个项目纳入共建共享试点，资金 2 335 万元；2010 年度有 4 个单位 7 个项目，预算资金 5 150 万元。

研究基本科研业务费专项管理机制，推动专项管理流程规范化。着手组织基本科研业务费课题总结验收工作，并研究部署课题和专项的验收、绩效考评工作。

（四）举办业务培训班，提高财务人员业务水平

1. 组织政府采购培训研讨班

聘请农业部、中央国家机关政府采购中心、华盛中天咨询有限责任公司有关专家就政府采购执行中相关操作程序及项目验收的工作要求进行讲解，水稻所等 4 个单位作了大会发言和交流。指导院属各单位相关人员通过深入学习《政府采购法》及相关规章制度、总结交流经验、分析解决问题，明确政府采购、资产管理、科研仪器设备管理等近期工作要点，进一步提高政府采购工作水平，实现我院政府采购工作依法、合规、高效的目标。

2. 举办 2009 年度财政专项资金管理培训班

邀请农业部科技教育司、工程技术服务中心专家，对我院修缮购置专项、基本科研

业务费专项项目单位主管所领导、处级领导和具体管理人员进行财政专项管理知识与专项管理技能培训；作科所等 4 个单位作了专项执行管理经验介绍。通过专项管理培训，提高各单位负责人的责任意识，强化项目规范实施与科学管理，推进专项执行进度，提高项目执行效益。

4. 组织海关监管知识培训

对院属京内各所办理仪器设备免税报关人员进行业务培训。邀请中关村海关有关同志对海关进出口货物减免税管理办法，以及科教用品减免税政策、享受减免税政策的权责、减免税申报审批流程、申请单位应注意的事项进行系统讲解，将海关进出口货物减免税管理有关制度文件整理成册并在财务局网页公布，为各所报关人员提供服务，提高各所报关效率和质量，得到各单位热情欢迎。

5. 组织政府采购进口产品审核培训

针对政府采购进口产品审核环节各所上报材料出现的问题，组织学习政府采购进口产品管理有关文件，对文件规定和上级部门的要求进一步说明，促使政府采购进口产品申报工作不断规范。

（五）加强制度建设，规范财务管理过程

全年面向院属各单位共制定、印发财务管理、项目管理、产业管理相关规章制度文件 6 份。制定印发《财务局公文处理办法（试行）》等 7 项局内综合管理制度，进一步规范了局内工作流程。

此外，配合农业部主管部门完成《农业部科学事业单位修缮购置专项资金管理实施细则》、《农业部基本科研业务费项目管理办法（试行）》的修订工作；参与完成《修缮购置专项管理工作问答》的编制工作，有力地促进了相关专项管理的可操作性。本年度顺利完成京区职工经济适用住房出售工作。完成对京区 25 个单位或部门的无房户 3 次调查统计，对 599 户无房户的情况进行全面系统的分析。起草印发《2009 年中国农业科学院京区单位经济适用房出售方案》。分批完成了 1 237 名职工的选房工作，755 人选了房，其中无房户 467 户。同时还承担了选房后职工放弃、退房等相关问题的协调处理工作。

中国农业科学院 2009 年基本建设工作概况

在党的十七届四中全会精神的指引和中国农业科学院党组的正确领导下，全院基本建设工作坚持以邓小平理论和"三个代表"重要思想为指导，深入学习实践科学发展观，全面贯彻落实"三个中心、一个基地"战略目标，强化规划引导意识，推进投资执行进度，加大项目筹划力度，加强基建队伍建设，提升科学管理能力，为我院实现"三个中心、一个基地"战略目标做好条件支撑和保障工作。

一、不断扩大全院投资和项目规模

一是确保国家基本建设投资稳步增长。紧紧围绕"搭建科研平台，提升科技创新能力"的工作主线，确立"以重大科研基础设施建设和实验试验基础设施建设为重点、加快构建综合研究平台和完善实验试验体系"的工作思路，明确"确保项目申报质量不断提高，确保年度投资规模稳步增长；增加重大项目在基建投资中的比例，增加单体项目的国家投资规模；完善试验基地区域布局，完善现有基地的科研基础条件"的工作目标，努力实现基本建设从生存型向发展型转变。2009 年新增中央预算内基本建设投资 3.52 亿元，比 2008 年增长 2.62%，其中：农业部门自身建设中央预算内投资 16 193 万元，种植业种子工程 2 385 万元，动物防疫体系 9 773 万元，质量安全监督检验体系 5 156 万元，重大科技基础设施建设 1 000 万元，草原防火等基础设施建设 700 万元。在建的各类科研建筑 69 824 平方米，温室 8 788 平方米，网室 5 736 平方米，购置科研仪器设备 2 603 台（套）。全院 7 个项目立项，新增投资 9 683 万元。

二是加大重大项目筹划与立项工作力度。按照建设一批、设计一批、申报一批和筹划一批的思路，采取重大项目申报逐项汇报、常规项目按批汇报、土地规划与控规调整等专题汇报的方式，谋划和推进科技平台重大基本建设项目 5 个，共计建设实验楼、图书馆等 165 170.2 平方米，购置仪器设备 4 310 台（套），总投资 126 956.35 万元。国家农业图书馆项目于 2009 年 3 月国家发改委批复初步设计，新建 22 902 平方米，改造 9 034 平方米，总投资 20 232 万元。国家农业生物安全科学中心项目于 2009 年 9 月国家发改委批复初步设计，主要建设实验室、信息分析处理网络用房等 16 818 平方米，购置仪器设备 319 台（套），总投资 15 510 万元。国家畜禽改良研究中心、国家种质资源库、农业应用微生物研究中心等 3 个项目申报立项中：国家畜禽改良研究中心项目可行性研究报告正在国家发改委审批过程中，拟建设科研楼 18 983 平方米，购置仪器设备 1 517 台（套），申请投资 28 978 万元；国家种质资源库项目建议书已通过国家发改委评审，拟建设种质库及辅助用房 16 000 平方米，申请投资 19 952.07 万元；农业应用微生物研究中心项目建议书通过农业部上报国家发改委，拟建设科研实验楼 24 000 平方米，试验车间 2 000 平方米，温室 2 500 平方米，网室 5 000 平方米，基地辅助用房 1 200 平方米及相应配套设施，150 亩试验地田间设施建设，购置仪器设备 403 台（套），申请投资 19 697.88 万元。

二、加大在建项目执行进度的推进

按照农业部的要求和工作部署，2009 年我院加大了在建项目执行进度的管理力度，加速我院科研基础设施能力的形成。

一是明确目标。制定全院在建项目年度执行计划目标，要求各建设单位严格按照计划实施好项目，确保目标的实现。

二是加强考核。在建项目执行计划完成情况作为考核各单位工作业绩的一项重要指标；同时，要求各单位将项目执行进度作为分管领导和具体承办人员年度考核和任职考核的一项重要指标。

三是与新项目申报、年度投资申请挂钩。对于没有完成执行计划的单位，将停止新项目申报和年度投资计划安排。

四是检查与约谈并举。对结余资金大、在建项目个数多的单位进行检查、督导和业务强化培训，对项目进度存在严重问题的单位，院领导约谈项目单位一把手。

五是建立通报制度。从 2009 年 6 月份起，每月通报各单位在建项目进展情况，并抄报院领导和上级有关部门。

通过努力，全年完成基本建设项目投资 4.2 亿元，结余资金由 2008 年年底的 5 亿元降至 4.32 亿元。48 个项目全面完成建设内容，在建项目由 2008 年底的 118 个下降至 70 个。

三、切实做好院本级项目实施管理

一是充分做好中国农业科学院图书馆项目的沟通工作。在较短时间内完成园林绿化专业审查和审批、环境影响评价审查、抗震设防要求审查、交通影响评价批复、规划许可证、施工计划报批、节水意见审查批复等，顺利完成招标工作，于 2009 年 11 月 18 日开工建设。

二是完成国家农业生物安全科学中心项目阶段性工作。认真审核初步设计图纸，多次与使用单位和设计单位研究讨论施工图设计前的有关问题，对施工现场地上、地下建筑物、构筑物、地下管网等情况进行摸底和核实，为施工图设计和项目开工建设打下良好的工作基础。

三是积极推进马连洼住宅建设项目实施。主动与建委、规委、供电、燃气等行政管理部门沟通协调,高效完成开工前的审批工作。与招标代理机构共同研究、反复修改招标文件,顺利完成招标工作,于 2009 年 7 月 10 日开工建设。

四是确保农业科技展示园项目顺利开工。农业科技展示园项目虽然工程本身并不复杂,但专业性强;投资总量不大,但资金来源渠道及管理方式不同。多次与使用单位、设计单位、招标代理公司研究修改招标文件,顺利完成招标工作,于 11 月底开工建设。

五是全面建设完成中关村院区监控系统。监控系统共安装摄像机 90 部,中控室设有一套由 30 台 32 英寸液晶电视组成的电视墙,可以显示重点部位图像和 16 画面分割的各个部位图像。同时,配备无线对讲中转台,用于紧急状态下的指挥调度。经过两个月的施工建设与调试,监控系统于 2009 年 9 月中旬投入使用。

六是积极落实马连洼老干部活动中心改造工程。按照院长办公会的部署,组织召开现场办公会,认真听取 3 个研究所、特别是离退休职工代表的想法和建议,多次优化实施方案,最大限度地满足使用功能的需求。工程不仅对场地进行了专门装修,还配置了乒乓球、台球、健身器械、棋牌、音响、多媒体及空调等设备,工程于 2009 年 8 月交付使用。

七是努力推进基地项目的前期工作。跟踪协调,新疆综合实验基地和海南综合实验基地的初步设计获得批复,迅速展开并顺利完成招标工作,分别于 2009 年 10 月、12 月开工建设。

八是督促协调农业资源综合研究中心项目和研究生宿舍楼项目的执行,前者已进入施工招标阶段,后者已完成招标,预计 2010 年初开工。

九是做好院本级修购专项。2009 年在建项目 18 个,总投资 7 380 万元,建设地点分散在中关村院区、马连洼院区、廊坊基地、延庆基地、海南基地等。通过积极协调、各方配合,9 个项目通过验收,4 个项目全部完工。其中,马连洼自备井改造工程的实施,彻底改变了三所职工饮用水的质量;面貌一新的旧主楼,于 2009 年 4 月底交付使用。

十是为新办公楼和质标楼维护和管理保驾护航。顺利完成新办公楼投入使用后的地下车库地面环氧自流平建设、自来水改造、档案室改造等新增建设内容。加强与新办公楼物业管理、保卫、消防、维修等管理部门合作,采取多种措施,为新办公楼正常运行提供保障。协调施工单位,与物业、保卫、消防等部门顺利交接,有力保证了质标楼的后续管理和正常运行。

四、做好基本建设管理基础工作

一是强调规划先导作用,提高科学管理能力。围绕保障粮食安全、生态安全、发展现代农业等国家重大需求和战略部署,把握"支撑科技自主创新、强化科技服务'三农'、提升基础保障水平"这根发展主线,编制《中国农业科学院基本建设规划(2010~2020 年)》初稿,明确了"十二五"和"十三五"期间我院基本建设的工作思路和建设重点，对指导我院科研平台建设和重大项目筹划具有重要的意义。

二是强化制度建设，规范管理行为。规范本级基建项目的招投标工作，在院监察局的全程监督下启动并完成招标代理机构的招标工作。修订《基本建设局工作规则》，制定《基本建设局职工目标考核办法（试行）》、《基本建设局档案管理办法（试行）》，起草《基本建设项目变更洽商审批管理办法（征求意见稿）》，印发《中国农业科学院图书馆项目建设管理办法（暂行）》，初步建立了"以制度作保障，以创新促发展"的现代科学发展机制体制。

三是明确责任，加强沟通，清理遗留问题。针对不同项目的不同遗留问题，制定详细工作计划表，细化到月，责任到人，注重与监察局、财务局的沟通并反复磋商达成一致意见，全面完成中国农作物基因资源与基因改良国家重大科学工程和作物基因工程技术试验楼及配套项目、农产品质量标准与检测中心科研楼及室外配套项目、院部办公楼及室外配套项目、院部大院总体规划及地理信息系统项目、院部大院自来水改造项目、马连洼锅炉改造项目、院部大院10kV外电源项目、院部大院供电系统增容改造项目、中关村院区供电及路灯改造项目、院部住宅项目等10个项目的收尾工作。

科技经济政策研究中心 2009 年工作概况

为加强科技经济政策研究，加快科技管理及投入机制创新，推进决策科学化，经财政部、农业部研究决定，依托中国农业科学院成立科技经济政策研究中心（以下简称"中心"）。在各有关部门的大力支持下，经过一年多的筹备，2009 年 4 月中心正式挂牌，进入稳定运行阶段。现将本年度主要工作情况简要报告如下。

一、顺利挂牌

在财政部、农业部、院各级领导的关心下，4 月 29 日中心揭牌仪式正式举行。财政部教科文司和农业司、农业部财务司和科教司主要领导和工作人员出席了揭牌仪式。我院主要领导以及人事局、财务局、科技局等机关职能部门主要领导出席了大会。

会议审议了中心章程、2009 年工作计划、专家咨询委员会名单并讨论了中心建设的相关问题。会后在《农民日报》等媒体上进行了报道。

二、科技经济信息收集与数据平台管理

受财政部和农业部委托，中心承担了《中央级科学事业单位修缮购置专项资金项目管理信息系统》、《公益性行业科研专项经费预算管理系统》、《国家重点实验室科研仪器设备经费管理系统》和《农业部中央级科学事业单位修缮购置专项资金项目管理信息系统》4 个管理信息系统（MIS）的研发、运行、维护等工作，有力地保障了各专项的申报、评审、预算下达、执行、监督等工作顺利实施，为实现专项动态实时管理提供了现代手段的技术支撑。

其中，《中央级科学事业单位修缮购置专项资金项目管理信息系统》完成 35 个部门 2010 年项目申报、评审、终审的系统运行保障，全年登录 43 394 人次；《公益性行业科研专项经费预算管理系统》完成了 2010 年 11 个部门、933 个单位项目申报、评审、终审系统运行保障，全年登录 45 976 人次，下载客户端 6 647 次；《国家重点实验室科研仪器设备经费管理系统》重点完成了 2010 年经费审定过程的数据支持；《农业部中央级科学事业单位修缮购置专项资金项目管理信息系统》完成 2009 年、2010 年项目信息导入，完成 2010 年项目实施方案填报的系统运行保障，该系统全年登录 14 385 人次，发布通知 108 条（次）。

与此同时，中心组织专家进行了"科技经济信息收集与数据平台"的功能完善与

升级改造工作。2009 年共完成上述系统的 12 个功能模块改造，82 个 bug 的修复工作。重新设计了修缮购置专项资金项目管理信息系统、公益性行业科研专项管理系统的内核，系统架构更加合理、稳定，为将来设计新管理信息系统提供良好基础。升级后系统数据库更换为 SQL Server 数据库，实现了每天数据定时备份，保证数据安全；在管理信息系统服务器外层加装带有 VPN 功能的交换机，取消外网直接用管理员登录，并全天监控外网用户访问日志，保证系统和数据的安全；根据新的管理需求，设计研发了《中国农业科学院基本科研业务费管理信息系统》。申请取得软件著作权 2 个。

三、开展科技经济政策相关研究

中心刚刚起步，研究队伍尚在筛选组建之中，2009 年在财政部、农业部大力支持下，主要开展了以下研究工作。

一是为进一步了解农业部科学事业单位对修缮购置专项经费的未来需求，探讨需求的影响因素和规律，开展了《中央级农业科研机构修缮购置专项经费稳定支持机制研究》。

二是做好农业行业科研专项项目过程考评试点工作，开展 2007 年度项目绩效考评，完成 5 个项目实施的现场考评；汇总分析农业部委托 3 家单位共 15 个项目的现场考评报告；汇总分析农业部 2007 年度 58 个行业科研项目绩效考评自评报告。

三是为适应科研机构预算管理工作需要，开展了《中央级农业科研院所公用经费测定研究》。

四是开展美国农业 R&D 分析模型和工具引进与应用研究，初步建立起农业 R&D 分析模型合作研究框架，为进一步开展农业研究搭建国际化研究平台；比较分析国内外有代表性模型，为引进相关分析模型做好准备工作；对所要引进的工具软件进行分析和验证。

四、加强内部建设

为保障中心正常运转，建立健全内部管理机制至关重要。2009 年着力在内部建设方面主要抓了三件事：

一是硬件建设。完成了中心的装修改造、设备设施购置、安装调试、竣工决算和审计，为中心正常运转提供了比较完备的物质条件保障。

二是制度建设。制定了中心《章程》和一系列内部管理制度，如科技经济政策研究中心会议、保密、印章、人员等管理办法；采取措施加强数据信息保密工作，确保专项数据安全；同时制定了中心《管理系统团队工作制度》、《软件系统运行规范与指南》和《软件系统研发规范与指南》，规范工作流程、服务标准及研发标准。

三是人员队伍建设。着手组建完整的数据信息平台研发团队，完成相关信息管理系统维护、更新任务，对已开发完成的管理信息系统采取专人负责制，设专职客户支持人员负责答疑工作；根据研究任务需要，聘用部分研究人员参与上级部门委托的研究任务；聘用了服务人员，保障会议服务和综合管理工作顺利开展。

五、经费支出情况

部门预算安排中心 2009 年度专项经费 1 000 万元，用于开办费和业务费。支出情况如下。

一是开办费支出 647.3 万元，完成中心开办建设任务，为中心顺利运转提供必要的物质条件保障。支出经费中，用于办公场地、设施维修改造工程 325 万元，设备和家具购置 322.3 万元。

二是业务费 352.7 万元，用于保障中心运转的房租、聘用人员、办公等支出，其中：支付房租 140 万元，网络光纤租用 18 万元，软件开发、修缮工程审计等委托业务费 98 万元，调研差旅费用 31 万元，会议费、临时聘用人员劳务费、办公用品、印刷、维修等其他费用支出 65.7 万元。

六、存在问题

开展宏观性、前瞻性、战略性研究不足。

七、2010 年工作计划

经初步商议，2010 年拟集中做好以下两个方面工作。

一是受上级部门委托开展科技经济政策研究，主要是宏观性、前瞻性、战略性研究；科技管理体制与机制创新研究，以及典型科技专项管理案例研究。

二是继续做好科技经济信息收集与数据平台管理与服务支撑工作，在此基础上将管理信息系统整合为统一的数据平台；分析管理信息数据，形成规范的数据分析报告制度。

完成好领导交办的其他任务。

中国农业科学院2009年一般预算财政拨款收入支出决算表

（单位：万元）

支出功能分类科目编码 类 款 项	科目名称	上年结余	本年收入 合计	本年收入 其中：基本建设资金收入	本年支出 合计	本年支出 基本支出	本年支出 项目支出	年末结余
栏次		1	2	3	4	5	6	7
	合计	130 576.91	223 318.98	43 975.00	263 089.00	53 114.20	209 974.80	90 806.89
202	外交	3.27	100.00		53.69		53.69	49.58
20299	其他外交支出	3.27	100.00		53.69		53.69	49.58
2029900	其他外交支出	3.27	100.00		53.69		53.69	49.58
206	科学技术	90 012.20	167 553.86	22 946.00	193 829.42	35 728.90	158 100.52	63 736.64
20602	基础研究	20 320.01	24 469.40	18 828.00	23 667.77	299.56	23 368.21	21 121.64
2060201	机构运行		299.56		299.56	299.56		
2060204	重点实验室及相关设施	19 094.48	22 086.24	17 528.00	20 975.23		20 975.23	20 205.49
2060206	专项基础科研		1 000.00	1 000.00	499.96		499.96	500.04
2060299	其他基础研究支出	1 225.53	1 083.60	300.00	1 893.02		1 893.02	416.10
20603	应用研究	21 109.91	88 123.46		97 088.23	35 429.34	61 658.89	12 145.14
2060301	机构运行	859.26	35 413.38		35 429.34	35 429.34		843.31
2060302	社会公益研究	20 250.64	52 710.08		61 658.89		61 658.89	11 301.83

续表

支出功能分类科目编码 类 款 项	科目名称	上年结余	本年收入 合计	其中：基本建设资金收入	本年支出 合计	本年支出 基本支出	项目支出	年末结余
栏次		1	2	3	4	5	6	7
	合计	130 576.91	223 318.98	43 975.00	263 089.00	53 114.20	209 974.80	90 806.89
20604	技术研究与开发	7 024.98	150.00		4 340.09		4 340.09	2 834.89
2060402	应用技术研究与开发	5 893.52	150.00		3 780.81		3 780.81	2 262.71
2060403	产业技术研究与开发	1 131.45			559.28		559.28	572.18
20605	科技条件与服务	37 845.31	33 453.00	4 118.00	54 340.25		54 340.25	16 958.05
2060503	科技条件专项	36 084.81	29 335.00		49 608.06		49 608.06	15 811.75
2060599	其他科技条件与服务支出	1 760.50	4 118.00	4 118.00	4 732.20		4 732.20	1 146.30
20699	其他科学技术支出	3 712.00	21 358.00		14 393.08		14 393.08	10 676.92
2069904	科技重大专项		21 358.00		11 170.53		11 170.53	10 187.47
2069999	其他科学技术支出	3 712.00			3 222.55		3 222.55	489.45
207	文化体育与传媒		2 146.31	2 000.00	2 118.83	146.31	1 972.52	27.48
20701	文化		2 000.00	2 000.00	1 972.52		1 972.52	27.48
2070104	图书馆		2 000.00	2 000.00	1 972.52		1 972.52	27.48
20705	新闻出版		146.31		146.31	146.31		
2070505	出版发行		146.31		146.31	146.31		
208	社会保障和就业		20.28		20.28	20.28		

page 386, 中国农业科学院年鉴 2009

续表

支出功能分类科目编码			科目名称	上年结余	本年收入		本年支出			年末结余
类	款	项			合计	其中:基本建设资金收入	合计	基本支出	项目支出	
栏次				1	2	3	4	5	6	7
合计				130 576.91	223 318.98	43 975.00	263 089.00	53 114.20	209 974.80	90 806.89
20805			行政事业单位离退休		20.28		20.28	20.28		
	2080502		事业单位离退休		20.28		20.28	20.28		
211			环境保护	66.57	380.00		414.78		414.78	31.79
	21104		自然生态保护	5.71	380.00		353.93		353.93	31.79
		2110402	农村环境保护	5.71	380.00		353.93		353.93	31.79
	21111		污染减排	60.85			60.85		60.85	
		2111101	环境监测与信息	60.85			60.85		60.85	
213			农林水事务	36 737.99	41 105.92	19 029.00	52 579.60	3 146.31	49 433.28	25 264.31
	21301		农业	36 737.99	41 105.92	19 029.00	52 579.60	3 146.31	49 433.28	25 264.31
		2130102	一般行政管理事务	10.69	100.00		102.21		102.21	8.48
		2130104	农业事业机构	3 734.22	3 066.31	2 240.00	3 066.31	3 066.31		
		2130106	技术推广		8 070.02		9 901.19		9 901.19	1 903.04
		2130107	技能培训		15.00		15.00		15.00	
		2130108	病虫害控制	13 107.89	830.00		6 577.81		6 577.81	7 360.09
		2130109	农产品质量安全	4 328.30	19 097.59	13 524.00	19 409.56		19 409.56	4 016.33

续表

项目 支出功能分类科目编码			科目名称	上年结余	本年收入		本年支出			年末结余
类	款	项			合计	其中:基本建设资金收入	合计	基本支出	项目支出	
			栏次	1	2	3	4	5	6	7
			合计	130 576.91	223 318.98	43 975.00	263 089.00	53 114.20	209 974.80	90 806.89
2130110			执法监管	19.54	240.00		257.84		257.84	1.70
2130111			信息服务	199.47	1 846.00		1 746.63		1 746.63	298.84
2130113			农业资金审计		10.00		10.00		10.00	
2130114			对外交流与合作	198.63	460.00		548.57		548.57	110.06
2130115			耕地地力保护	15.95	230.00		183.15		183.15	62.79
2130118			农业资源调查和区划	40.48			28.45		28.45	12.03
2130125			农产品加工与促销	26.84	940.00	880.00	461.59		461.59	505.25
2130131			农业国有资产维护	65.00	660.00		663.75	65.00	598.74	61.26
2130132			农业前期工作与政策研究	11.62	315.00		290.00		290.00	36.62
2130135			农业资源保护	645.30	2 948.00	845.00	2 411.29		2 411.29	1 182.01
2130138			农村能源综合建设	12.92	220.00		230.47		230.47	2.45
2130199			其他农业支出	14 321.14	2 058.00	1 540.00	6 675.77	15.00	6 660.77	9 703.36
229			其他支出	3 756.89	12 012.61		14 072.40	14 072.40		1 697.10
22903			住房改革支出	3 756.89	12 012.61		14 072.40	14 072.40		1 697.10
2290301			住房公积金	37.31	5 400.46		5 177.95	5 177.95		259.82
2290302			提租补贴	98.33	512.15		496.07	496.07		114.41
2290303			购房补贴	3 621.25	6 100.00		8 398.39	8 398.39		1 322.87

中国农业科学院 2009 年行政事业类项目收入支出决算表

（单位：万元）

支出功能分类科目编码			项目	栏次	合计	资金来源				支出数			用事业基金弥补收支差额	年末结余	
类	款	项	科目名称（项目）			上年结转		财政拨款	其他资金	合计	财政拨款	其他资金		合计	其中：财政拨款结余
					1	小计 2	其中：财政拨款结转 3	4	5	6	7	8	9	10	11
			合计		212 294.38	77 467.83	75 636.24	128 370.53	6 456.02	163 355.02	157 404.38	5 950.64	2.62	48 941.98	46 602.39
202			外交		103.27	3.27	3.27	100.00		53.69	53.69			49.58	49.58
	20299		其他外交支出		103.27	3.27	3.27	100.00		53.69	53.69			49.58	49.58
		2029900	其他外交支出		103.27	3.27	3.27	100.00		53.69	53.69			49.58	49.58
		2029900	亚洲区域合作专项资金项目		53.27	3.27	3.27	50.00		53.27	53.27			49.58	49.58
		2029900	APEC 地区粮食生产能力与安全研讨会		50.00			50.00		0.42	0.42			49.58	49.58
206			科学技术		188 049.46	72 698.52	70 895.10	108 894.92	6 456.02	143 200.17	137 249.99	5 950.17	2.62	44 851.91	42 540.02
	20602		基础研究		9 607.35	3 874.01	3 822.67	5 341.84	391.50	7 654.09	7 249.88	404.21		1 953.26	1 914.63
		2060204	重点实验室及相关设施		8 380.91	3 822.67	3 822.67	4 558.24		6 466.28	6 466.28			1 914.63	1 914.63
		2060204	兽医生物技术国家重点实验室（仪器设备）专项经费		212.00	212.00	212.00			212.00	212.00				
		2060204	家畜疫病病原生物学国家重点实验室开放运行费		659.97	259.97	259.97	400.00		609.87	609.87			50.10	50.10

续表

项目			资金来源					支出数			用事业基金弥补收支差额	年末结余	
支出功能分类科目编码（类 款 项）	科目名称（项目）	栏次	合计	上年结转		财政拨款	其他资金	合计	财政拨款	其他资金		合计	其中：财政拨款结余
				小计	其中：财政拨款结转								
			1	2	3	4	5	6	7	8	9	10	11
	合计		212 294.38	77 467.83	75 636.24	128 370.53	6 456.02	163 355.02	157 404.38	5 950.64	2.62	48 941.98	46 602.39
2060204	家畜疫病原生物学国家重点实验室基本科研业务费		800.00	400.00	400.00	400.00		506.92	506.92			293.08	293.08
2060204	兽医生物技术国家重点实验室基本科研业务费		628.19	128.19	128.19	500.00		628.19	628.19				
2060204	动物营养学国家重点实验室基本科研业务费		459.63	240.28	240.28	219.35		458.18	458.18			1.44	1.44
2060204	兽医生物技术国家重点实验室仪器设备购置		380.00			380.00						380.00	380.00
2060204	兽医生物技术国家重点实验室开放运行费		724.03	324.03	324.03	400.00		719.70	719.70			4.33	4.33
2060204	水稻生物学国家重点实验室基本科研业务费		885.50	510.50	510.50	375.00		736.16	736.16			149.33	149.33
2060204	植物病虫害生物学国家重点实验室仪器设备购置		809.00	401.00	401.00	408.00		401.00	401.00			408.00	408.00
2060204	植物病虫害生物学国家重点实验室开放运行费		754.54	354.54	354.54	400.00		697.56	697.56			56.98	56.98
2060204	水稻生物学国家重点实验室开放运行费		740.89	365.89	365.89	375.00		429.75	429.75			311.13	311.13
2060204	动物营养学国家重点实验室开放运行费		301.00	81.00	81.00	220.00		297.15	297.15			3.85	3.85
2060204	植物病虫害生物学国家重点实验室基本科研业务费		782.67	385.28	385.28	397.39		769.79	769.79			12.89	12.89
2060204	水稻生物学国家重点实验室仪器设备购置		243.50	160.00	160.00	83.50						243.50	243.50

续表

项目 支出功能分类科目编码			科目名称（项目）	栏次	资金来源					支出数			用事业基金弥补收支差额	年末结余	
类	款	项			合计	上年结转		财政拨款	其他资金	合计	财政拨款	其他资金		合计	其中：财政拨款结余
						小计	其中：财政拨款结转								
					1	2	3	4	5	6	7	8	9	10	11
			合计		212 294.38	77 467.83	75 636.24	128 370.53	6 456.02	163 355.02	157 404.38	5 950.64	2.62	48 941.98	46 602.39
		2060299	其他基础研究支出		1 226.43	51.33		783.60	391.50	1 187.81	783.60	404.21	2.62	38.63	
		2060299	中央级科研单位研究生培养专项补助经费		783.60			783.60		783.60	783.60				
		2060299	非财政预算项目支出		442.83	51.33			391.50	404.21		404.21		38.63	
	20603		应用研究		76 290.78	22 002.73	20 250.64	52 710.08	1 577.97	62 867.30	61 658.89	1 208.41	2.62	13 426.09	11 301.83
		2060301	机构运行		33.39	33.39				33.39		33.39			
		2060301	非财政预算项目支出		33.39	33.39				33.39		33.39			
		2060302	社会公益研究		76 257.39	21 969.34	20 250.64	52 710.08	1 577.97	62 833.91	61 658.89	1 175.02	2.62	13 426.09	11 301.83
		2060302	绿肥作物生产与利用技术集成研究与示范		970.21	95.21	95.21	875.00		672.01	672.01			298.20	298.20
		2060302	马铃薯旱作节水栽培技术研究与集成示范		539.11	20.11	20.11	519.00		507.87	507.87			31.24	31.24
		2060302	盲蝽象区域灾变规律与监测治理技术研究		626.96	69.96	69.96	557.00		610.67	610.67			16.29	16.29
		2060302	环渤海区域农业碳氮平衡定量评价及调控技术研究		397.49	36.49	36.49	361.00		383.42	383.42			14.08	14.08
		2060302	黄淮海小麦抗旱抗干热风生产技术研究与示范		473.51	22.51	22.51	451.00		437.41	437.41			36.09	36.09
		2060302	科研院所运转及设备维护费		3 001.28	31.28	31.28	2 970.00		2 958.68	2 958.68			42.61	42.61

续表

支出功能分类科目编码			科目名称(项目)	栏次	合计	资金来源					支出数			用事业基金弥补收支差额	年末结余	
类	款	项				上年结转		财政拨款	其他资金		合计	财政拨款	其他资金		合计	其中:财政拨款结余
						小计	其中:财政拨款结转									
					1	2	3	4	5		6	7	8	9	10	11
			合计	合计	212 294.38	77 467.83	75 636.24	128 370.53	6 456.02		163 355.02	157 404.38	5 950.64	2.62	48 941.98	46 602.39
2060302			棉花简化种植节本增效生产技术研发与应用		688.00			688.00			688.00	688.00				
2060302			农业部科技经济政策研究中心经费		1 000.00			1 000.00			765.07	765.07			234.93	234.93
2060302			农业公益性行业科研专项经费		55.53	55.53	55.53				39.53	39.53			16.00	16.00
2060302			农业结构调整重大技术研究专项经费		8.20	8.20	8.20				5.61	5.61			2.59	2.59
2060302			名优绿茶高效栽培及加工关键技术研究		524.00			524.00			524.00	524.00				
2060302			南方早稻稻田质提良及抗逆栽培技术研究与示范		796.71	347.71	347.71	449.00			691.23	691.23			105.48	105.48
2060302			农药高效安全科学施用技术		367.00			367.00			346.32	346.32			20.68	20.68
2060302			大豆产业效益提高综合配套技术研究与示范		424.05	64.05	64.05	360.00			423.83	423.83			0.22	0.22
2060302			保健功能生水稻新品种选育示范生产研究		1 256.83	704.83	704.83	552.00			1 238.49	1 238.49			18.34	18.34
2060302			捕食螨繁育与大田应用技术研究		324.00			324.00			242.00	242.00			82.00	82.00
2060302			食用豆类资源创新核心样本和新品种配套栽培技术研究与集成示范		325.04	131.04	131.04	194.00			130.00	130.00			195.04	195.04
2060302			牛羊重大疫病防控技术研究与产业化		752.84	22.84	22.84	730.00			751.59	751.59			1.25	1.25

续表

支出功能分类科目编码 类 款 项	科目名称（项目）	资金来源 合计	上年结转 小计	上年结转 其中:财政拨款结转	财政拨款	其他资金	支出数 合计	支出数 财政拨款	支出数 其他资金	用事业基金弥补收支差额	年末结余 合计	年末结余 其中:财政拨款结余
栏次	合计	1	2	3	4	5	6	7	8	9	10	11
	合计	212 294.38	77 467.83	75 636.24	128 370.53	6 456.02	163 355.02	157 404.38	5 950.64	2.62	48 941.98	46 602.39
2060302	抗震救灾						2.62		2.62	2.62		
2060302	不同蜂蜜生产区抗逆增产技术体系研究与示范	528.77	71.77	71.77	457.00		350.70	350.70			178.08	178.08
2060302	恶性外来入侵植物紫茎泽兰防控及利用技术研究与示范	872.99	179.99	179.99	693.00		757.93	757.93			115.05	115.05
2060302	非财政预算项目支出	3 296.66	1 718.69			1 577.97	1 172.40		1 172.40		2 124.26	
2060302	非营利性科研机构改革专项启动费	14 038.29	2 803.62	2 803.62	11 234.67		12 399.05	12 399.05			1 639.24	1 639.24
2060302	不同生态区优质绿毛皮生产关键技术研究	229.00			229.00		227.41	227.41			1.59	1.59
2060302	大宗农产品加工转化性研究与品质评价技术	603.00			603.00		603.00		603.00		603.00	603.00
2060302	东北春播玉米稳产技术措施研究与示范	421.24	40.24	40.24	381.00		391.10	391.10			30.15	30.15
2060302	现代农业产业技术体系建设专项奶牛产业科学家经费	60.00	30.00	30.00	30.00		16.00	16.00			44.00	44.00
2060302	现代农业产业技术体系建设专项合子体系岗位科学家经费	140.00	70.00	70.00	70.00		120.66	120.66			19.34	19.34
2060302	现代农业产业技术体系建设专项合子体系首席科学家经费	60.00	30.00	30.00	30.00		55.38	55.38			4.62	4.62

续表

支出功能分类科目编码			科目名称（项目）	资金来源					支出数			用事业基金弥补收支差额	年末结余	
类	款	项		合计	上年结转		财政拨款	其他资金	合计	财政拨款	其他资金		合计	其中：财政拨款结余
					小计	其中：财政拨款结转								
				1	2	3	4	5	6	7	8	9	10	11
			总计 合计	212 294.38	77 467.83	75 636.24	128 370.53	6 456.02	163 355.02	157 404.38	5 950.64	2.62	48 941.98	46 602.39
2060302			现代农业产业技术体系建设专项大宗蔬菜体系首席科学家经费	60.00	30.00	30.00	30.00		42.12	42.12			17.88	17.88
2060302			现代农业产业技术体系建设专项蛋鸡体系岗位科学家经费	543.99	263.99	263.99	280.00		491.99	491.99			52.00	52.00
2060302			现代农业产业技术体系建设专项蜂体系岗位科学家经费	1 260.00	630.00	630.00	630.00		996.11	996.11			263.89	263.89
2060302			现代农业产业技术体系建设专项胡麻体系岗位科学家经费	280.00	140.00	140.00	140.00		280.00	280.00				
2060302			现代农业产业技术体系建设专项麻类体系首席科学家经费	57.86	27.86	27.86	30.00		53.78	53.78			4.08	4.08
2060302			现代农业产业技术体系建设专项马铃薯体系岗位科学家经费	418.54	208.54	208.54	210.00		210.86	210.86			207.68	207.68
2060302			现代农业产业技术体系建设专项马铃薯体系首席科学家经费	60.00	30.00	30.00	30.00		31.55	31.55			28.45	28.45
2060302			现代农业产业技术体系建设专项花生体系岗位科学家经费	414.70	204.70	204.70	210.00		399.47	399.47			15.23	15.23
2060302			现代农业产业技术体系建设专项梨体系岗位科学家经费	420.00	210.00	210.00	210.00		386.48	386.48			33.52	33.52

续表

项目			资金来源					支出数			用事业基金弥补收支差额	年末结余	
支出功能分类科目编码（类款项）	科目名称（项目）	合计	上年结转		财政拨款	其他资金	合计	财政拨款	其他资金		合计	其中：财政拨款结余
			小计	其中：财政拨款结转								
栏次		1	2	3	4	5	6	7	8	9	10	11
合计		212 294.38	77 467.83	75 636.24	128 370.53	6 456.02	163 355.02	157 404.38	5 950.64	2.62	48 941.98	46 602.39
2060302	现代农业产业技术体系建设专项麻类体系岗位科学家经费	1 535.55	765.55	765.55	770.00		1 074.02	1 074.02			461.52	461.52
2060302	食用菌菌种质量评价与菌种信息系统研究与建立	346.86	12.86	12.86	334.00		346.86	346.86				
2060302	蔬菜优势产区规范化生产关键技术研究与集成示范	778.00			778.00		747.16	747.16			30.84	30.84
2060302	饲用、食用和啤酒大麦品种筛选及生产示范	504.94	56.94	56.94	448.00		401.74	401.74			103.20	103.20
2060302	丘陵山地小型农机具技术研究与示范	438.00			438.00		304.76	304.76			133.24	133.24
2060302	日本血吸虫病、包虫病、弓形虫病和红细胞体等重要人畜共患寄生虫病的防控技术研究	676.00			676.00		450.23	450.23			225.77	225.77
2060302	生态碳复农田绿色控害技术研究	905.26	71.26	71.26	834.00		795.39	795.39			109.87	109.87
2060302	危险外来入侵生物早期预警警技术条件建设	0.35	0.35	0.35							0.35	0.35
2060302	现代农业产业技术体系建设专项大麦体系岗位科学家经费	280.00	140.00	140.00	140.00		187.12	187.12			92.88	92.88
2060302	现代农业产业技术体系建设专项大麦体系首席科学家经费	60.00	30.00	30.00	30.00		11.17	11.17			48.83	48.83

续表

支出功能分类科目编码			项目		资金来源					支出数			用事业基金弥补收支差额	年末结余	
类	款	项	科目名称（项目）	合计	合计	上年结转		财政拨款	其他资金	合计	财政拨款	其他资金		合计	其中：财政拨款结余
			栏次	1		小计	其中：财政拨款结转								
						2	3	4	5	6	7	8	9	10	11
			合计	212 294.38		77 467.83	75 636.24	128 370.53	6 456.02	163 355.02	157 404.38	5 950.64	2.62	48 941.98	46 602.39
2060302			现代农业产业技术体系建设专项大宗蔬菜体系岗位科学家经费	1 680.00		840.00	840.00	840.00		1 610.25	1 610.25			69.75	69.75
2060302			现代农业产业技术体系建设专项茶叶体系岗位科学家经费	1 259.63		629.63	629.63	630.00		719.52	719.52			540.11	540.11
2060302			现代农业产业技术体系建设专项茶叶体系首席科学家经费	57.04		27.04	27.04	30.00		24.55	24.55			32.49	32.49
2060302			现代农业产业技术体系建设专项大豆体系岗位科学家经费	560.00		280.00	280.00	280.00		414.49	414.49			145.51	145.51
2060302			现代农业产业技术体系建设专项玉米体系首席科学家经费	60.00		30.00	30.00	30.00		45.02	45.02			14.98	14.98
2060302			现代农业产业技术体系建设专项支麻体系岗位科学家经费	280.00		140.00	140.00	140.00		280.00	280.00				
2060302			现代农业产业技术体系建设专项资金科学家经费	216.79		216.79	216.79			199.61	199.61			17.18	17.18
2060302			现代农业产业技术体系建设专项油菜体系岗位科学家经费	979.40		489.40	489.40	490.00		953.37	953.37			26.03	26.03
2060302			现代农业产业技术体系建设专项油菜体系首席科学家经费	60.00		30.00	30.00	30.00		60.00	60.00				

续表

支出功能分类科目编码			科目名称(项目)	资金来源					支出数			用事业基金弥补收支差额	年末结余	
类	款	项		合计	上年结转 小计	其中:财政拨款结转	财政拨款	其他资金	合计	财政拨款	其他资金		合计	其中:财政拨款结余
栏次				1	2	3	4	5	6	7	8	9	10	11
			合计	212 294.38	77 467.83	75 636.24	128 370.53	6 456.02	163 355.02	157 404.38	5 950.64	2.62	48 941.98	46 602.39
		2060302	现代农业产业技术体系建设专项玉米体系岗位科学家经费	980.00	490.00	490.00	490.00		853.25	853.25			126.75	126.75
		2060302	现代农业产业技术体系建设专项奶牛体系首席科学家经费	140.00	70.00	70.00	70.00		138.17	138.17			1.83	1.83
		2060302	现代农业产业技术体系建设专项奶牛体系岗位科学家经费	264.29	124.29	124.29	140.00		263.13	263.13			1.16	1.16
		2060302	现代农业产业技术体系建设专项棉花体系岗位科学家经费	1 260.00	630.00	630.00	630.00		1 014.05	1 014.05			245.95	245.95
		2060302	现代农业产业技术体系建设专项棉花体系首席科学家经费	60.00	30.00	30.00	30.00		60.00	60.00				
		2060302	现代农业产业技术体系建设专项绒毛用羊体系岗位科学家经费	138.08	68.08	68.08	70.00		136.55	136.55			1.52	1.52
		2060302	现代农业产业技术体系建设专项肉羊体系岗位科学家经费	137.19	67.19	67.19	70.00		126.53	126.53			10.67	10.67
		2060302	现代农业产业技术体系建设专项水稻体系综合试验站站长经费	34.00	4.00	4.00	30.00		33.85	33.85			0.15	0.15
		2060302	芝麻、亚麻、黄/红麻的高效生产与收获技术研究	577.63	6.63	6.63	571.00		470.61	470.61			107.02	107.02

续表

支出功能分类科目编码			科目名称（项目）	合计	资金来源					支出数			用事业基金弥补收支差额	年末结余	
类	款	项			上年结转		财政拨款	其他资金		合计	财政拨款	其他资金		合计	其中：财政拨款结余
					小计	其中：财政拨款结转									
			栏次	1	2	3	4	5		6	7	8	9	10	11
			合计	212 294.38	77 467.83	75 636.24	128 370.53	6 456.02		163 355.02	157 404.38	5 950.64	2.62	48 941.98	46 602.39
2060302			小麦白粉菌和赤霉菌的群体遗传结构及其时空动态	326.64	23.64	23.64	303.00			291.15	291.15			35.49	35.49
2060302			小麦苗情数字遥感监控与诊断管理关键技术	614.00			614.00			370.72	370.72			243.28	243.28
2060302			作物孢囊线虫病控制技术研究与示范	551.00			551.00			540.00	540.00			11.00	11.00
2060302			中央级公益性科研院所基本科研业务费	11 288.91	2 797.50	2 797.50	8 491.41			9 163.59	9 163.59			2 125.32	2 125.32
2060302			主要农产品产地土壤重金属污染阈值研究与防控技术集成示范	166.00			166.00			113.38	113.38			52.62	52.62
2060302			小麦锈病监测与综合治理技术研究与示范	605.00			605.00			545.22	545.22			59.78	59.78
2060302			现代农业产业技术体系建设专项小麦体系首席科学家经费	60.00	30.00	30.00	30.00			20.85	20.85			39.15	39.15
2060302			现代农业产业技术体系建设专项小麦体系综合试验站站长经费	95.00	35.00	35.00	60.00			91.47	91.47			3.53	3.53
2060302			现代农业产业技术体系建设专项燕麦体系岗位科学家经费	140.00	70.00	70.00	70.00			85.95	85.95			54.05	54.05
2060302			新外来入侵植物黄顶菊防控技术研究	848.95	182.95	182.95	666.00			821.73	821.73			27.22	27.22
2060302			新型胡萝卜产业化技术体系研发及示范	239.00			239.00			170.37	170.37			68.63	68.63

续表

项目			资金来源					支出数			用事业基金弥补收支差额	年末结余	
支出功能分类科目编码（类 款 项）	科目名称（项目）	栏次	合计	上年结转 小计	其中：财政拨款结转	财政拨款	其他资金	合计	财政拨款	其他资金		合计	其中：财政拨款结余
			1	2	3	4	5	6	7	8	9	10	11
	合计		212 294.38	77 467.83	75 636.24	128 370.53	6 456.02	163 355.02	157 404.38	5 950.64	2.62	48 941.98	46 602.39
2060302	油菜全程机械化关键技术的集成与示范		627.39	230.39	230.39	397.00		458.36	458.36			169.03	169.03
2060302	现代农业产业技术体系建设专项水稻体系岗位科学家经费		1 119.71	559.71	559.71	560.00		951.23	951.23			168.47	168.47
2060302	现代农业产业技术体系建设专项水稻体系首席科学家经费		60.00	30.00	30.00	30.00		20.81	20.81			39.19	39.19
2060302	现代农业产业技术体系建设专项水禽体系岗位科学家经费		273.94	133.94	133.94	140.00		273.86	273.86			0.08	0.08
2060302	现代农业产业技术体系建设专项食用菌体系首席科学家经费		60.00	30.00	30.00	30.00		10.25	10.25			49.75	49.75
2060302	现代农业产业技术体系建设专项食用菌体系岗位科学家经费		276.48	136.48	136.48	140.00		227.12	227.12			49.36	49.36
2060302	现代农业产业技术体系建设专项水禽体系首席科学家经费		58.45	28.45	28.45	30.00		49.83	49.83			8.62	8.62
2060302	现代农业产业技术体系建设专项水禽体系首席科学家经费		60.00	30.00	30.00	30.00		59.70	59.70			0.30	0.30
2060302	现代农业产业技术体系建设专项麦类体系综合试验站站长经费		60.00	30.00	30.00	30.00		47.41	47.41			12.59	12.59

续表

支出功能分类科目编码 (类/款/项)	科目名称（项目）	栏次	资金来源					支出数			用事业基金弥补收支差额	年末结余	
			合计	上年结转		财政拨款	其他资金	合计	财政拨款	其他资金		合计	其中：财政拨款结余
				小计	其中：财政拨款结转								
			1	2	3	4	5	6	7	8	9	10	11
	合计		212 294.38	77 467.83	75 636.24	128 370.53	6 456.02	163 355.02	157 404.38	5 950.64	2.62	48 941.98	46 602.39
2060302	现代农业产业技术体系建设专项甘薯体系岗位科学家经费		140.00	70.00	70.00	70.00		114.28	114.28			25.72	25.72
2060302	现代农业产业技术体系建设专项大豆体系首席科学家经费		60.00	30.00	30.00	30.00		58.34	58.34			1.66	1.66
2060302	现代农业产业技术体系建设专项桃体系岗位科学家经费		280.00	140.00	140.00	140.00		270.50	270.50			9.50	9.50
2060302	现代农业产业技术体系建设专项西甜瓜体系岗位科学家经费		840.00	420.00	420.00	420.00		823.64	823.64			16.36	16.36
2060302	现代农业产业技术体系建设专项小麦体系岗位科学家经费		840.00	420.00	420.00	420.00		649.55	649.55			190.45	190.45
2060302	现代农业产业技术体系建设专项苹果体系岗位科学家经费		420.00	210.00	210.00	210.00		386.31	386.31			33.69	33.69
2060302	现代农业产业技术体系建设专项葡萄体系岗位科学家经费		560.00	280.00	280.00	280.00		512.57	512.57			47.43	47.43
2060302	现代农业产业技术体系建设专项葡萄体系综合试验站站长经费		120.00	60.00	60.00	60.00		120.00	120.00				
2060302	现代农业产业技术体系建设专项棉花体系综合试验站站长经费		120.00	60.00	60.00	60.00		120.00	120.00				

续表

支出功能分类科目编码 类 款 项	科目名称（项目）	合计	资金来源					支出数			用事业基金弥补收支差额	年末结余	
			上年结转			财政拨款	其他资金	合计	财政拨款	其他资金		合计	其中:财政拨款结余
			小计	其中:财政拨款结转									
栏次		1	2	3	4	5	6	7	8	9	10	11
	合计	212 294.38	77 467.83	75 636.24	128 370.53	6 456.02	163 355.02	157 404.38	5 950.64	2.62	48 941.98	46 602.39
2060302	现代农业产业技术体系建设专项牧草体系岗位科学家经费	966.47	476.47	476.47	490.00		822.90	822.90			143.57	143.57
2060302	现代农业产业技术体系建设专项牧草体系综合试验站站长经费	120.00	60.00	60.00	60.00		112.83	112.83			7.17	7.17
2060302	现代农业产业技术体系建设专项绒毛用羊体系岗位科学家经费	280.00	140.00	140.00	140.00		187.51	187.51			92.49	92.49
2060302	现代农业产业技术体系建设专项肉羊体系岗位科学家经费	560.00	280.00	280.00	280.00		537.22	537.22			22.78	22.78
2060302	现代农业产业技术体系建设专项生猪体系岗位科学家经费	697.51	347.51	347.51	350.00		577.39	577.39			120.12	120.12
2060302	现代农业产业技术体系建设专项食用豆体系岗位科学家经费	560.00	280.00	280.00	280.00		311.47	311.47			248.53	248.53
2060302	现代农业产业技术体系建设专项肉鸡体系岗位科学家经费	1 258.89	628.89	628.89	630.00		1 093.15	1 093.15			165.74	165.74
2060302	现代农业产业技术体系建设专项肉鸡体系首席科学家经费	60.00	30.00	30.00	30.00		60.00	60.00				
2060302	现代农业产业技术体系建设专项肉牛体系岗位科学家经费	279.26	139.26	139.26	140.00		240.53	240.53			38.72	38.72

续表

支出功能分类科目编码（类 款 项）	科目名称（项目）	栏次	资金来源 合计 (1)	上年结转 小计 (2)	上年结转 其中:财政拨款结转 (3)	财政拨款 (4)	其他资金 (5)	支出数 合计 (6)	支出数 财政拨款 (7)	支出数 其他资金 (8)	用事业基金弥补收支差额 (9)	年末结余 合计 (10)	年末结余 其中:财政拨款结余 (11)
	合计		212 294.38	77 467.83	75 636.24	128 370.53	6 456.02	163 355.02	157 404.38	5 950.64	2.62	48 941.98	46 602.39
2004	技术研究与开发		7 323.98	7 024.98	7 024.98	150.00	149.00	4 340.09	4 340.09			2 983.89	2 834.89
2060402	应用技术研究与开发		6 192.52	5 893.52	5 893.52	150.00	149.00	3 780.81	3 780.81			2 411.71	2 262.71
2060402	高产优质专用棉花育种技术研究及新品种选育		31.33	31.33	31.33			31.33	31.33				
2060402	耕地地力提升与退化耕地修复关键技术研究		17.18	17.18	17.18			17.18	17.18				
2060402	高产优质多抗水稻育种技术研究及新品种培育		87.57	87.57	87.57			87.57	87.57				
2060402	豆类、油料、糖料基因资源发掘与种质创新利用研究		49.61	49.61	49.61			49.61	49.61				
2060402	复合（混）肥养分高效优化技术与工艺		43.56	43.56	43.56			26.72	26.72			16.84	16.84
2060402	航天育种工程		1 438.57	1 438.57	1 438.57			171.09	171.09			1 267.48	1 267.48
2060402	秸秆还田有效利用和快速腐解技术		48.00	48.00	48.00			4.49	4.49			43.51	43.51
2060402	国家科技支撑计划课题		964.79	964.79	964.79			825.47	825.47			139.33	139.33
2060402	耕地质量区分评价与保育技术及指标体系研究		79.19	79.19	79.19			45.89	45.89			33.29	33.29
2060402	灌区地下水开发利用关键技术研究		38.13	38.13	38.13			30.92	30.92			7.21	7.21
2060402	安全环保型中兽药的研制与应用		90.00	90.00	90.00			90.00	90.00				

续表

项目	支出功能分类科目编码			合计	资金来源				支出数			用事业基金弥补收支差额	年末结余	
科目名称（项目）	类	款	项		上年结转		财政拨款	其他资金	合计	财政拨款	其他资金		合计	其中：财政拨款结余
					小计	其中：财政拨款结转								
栏次				1	2	3	4	5	6	7	8	9	10	11
合计				212 294.38	77 467.83	75 636.24	128 370.53	6 456.02	163 355.02	157 404.38	5 950.64	2.62	48 941.98	46 602.39
北方农业干旱调控技术研究	2060402			35.22	35.22	35.22			35.22	35.22				
大豆等作物引进品种在喀斯特山区的适应机制研究	2060402			16.90	16.90	16.90			3.06	3.06			13.84	13.84
口蹄疫综合防控技术集成与示范	2060402			37.91	7.91	7.91		30.00	7.91	7.91			30.00	
高致病性禽流感疫苗的研制与产业化	2060402			180.00	180.00	180.00			15.41	15.41			164.59	164.59
东北黑土区地力衰减农田综合治理技术模式研究与示范	2060402			61.03	61.03	61.03			35.42	35.42			25.62	25.62
动物源性人畜共患疾病原体和朊病体病防控生物新制剂的研究	2060402			182.36	157.36	157.36		25.00	86.49	86.49			95.86	70.86
地震灾后畜禽养殖及疾病防控技术研究	2060402			91.72	91.72	91.72			91.72	91.72				
草原牧区退化草地改良技术集成与示范	2060402			9.01	9.01	9.01			9.01	9.01				
城郊集约化农田污染综合防控技术集成与示范	2060402			52.00	52.00	52.00			52.00	52.00				
农田有害生物循环阻控与消减关键技术研究	2060402			66.00	66.00	66.00			66.00	66.00				
农业科技三项费用	2060402			18.12	18.12	18.12							18.12	18.12
农田污染源头控制关键技术研究	2060402			11.91	11.91	11.91			11.91	11.91				

续表

支出功能分类科目编码	项目	科目名称（项目）	资金来源					支出数			用事业基金弥补收支差额	年末结余	
	类 款 项		合计	上年结转				合计	财政拨款	其他资金		合计	其中：财政拨款结余
				小计	其中：财政拨款结转	财政拨款	其他资金						
		栏次	1	2	3	4	5	6	7	8	9	10	11
		合计	212 294.38	77 467.83	75 636.24	128 370.53	6 456.02	163 355.02	157 404.38	5 950.64	2.62	48 941.98	46 602.39
200402		南方季节性干旱防控技术研究	9.33	9.33	9.33			1.91	1.91			7.42	7.42
200402		农田恶性杂草防控新技术	10.52	10.52	10.52			10.52	10.52				
200402		禽流感、新城疫综合防控技术集成与示范	205.00	205.00	205.00			134.34	134.34			70.66	70.66
200402		人畜共患病重要特媒—硬蜱防控生物新制剂的研究	103.19	86.19	86.19		17.00	86.19	86.19			17.00	
200402		平衡肥与养分管理技术	60.00	60.00	60.00			23.50	23.50			36.50	36.50
200402		农业资源利用与管理信息化技术研究与应用	74.62	74.62	74.62			74.62	74.62				
200402		农作物基因资源安全保存评价关键技术研究	5.60	5.60	5.60			5.60	5.60				
200402		麻与蚕桑资源高效开发利用技术研究与装备开发	2.26	2.26	2.26			2.26	2.26				
200402		马铃薯种质资源的发掘、保存利用与新品种培育	61.65	61.65	61.65			61.65	61.65				
200402		粮食主产区三大作物重大病虫害防控技术研究	25.05	25.05	25.05			25.05	25.05				
200402		口蹄疫苗的研制与产业化	77.38	47.38	47.38		30.00	38.03	38.03			39.35	9.35

续表

支出功能分类科目编码			项目	栏次	资金来源					支出数			用事业基金弥补收支差额	年末结余	
类	款	项	科目名称（项目）		合计	上年结转				合计	财政拨款	其他资金		合计	其中:财政拨款结余
						小计	其中:财政拨款结转	财政拨款	其他资金						
					1	2	3	4	5	6	7	8	9	10	11
			合计		212 294.38	77 467.83	75 636.24	128 370.53	6 456.02	163 355.02	157 404.38	5 950.64	2.62	48 941.98	46 602.39
		2060402	粮食主产区农田肥水资源可持续高效利用技术研究		54.28	54.28	54.28			54.28	54.28				
		2060402	奶牛优质饲草生产技术研究及开发		14.90	14.90	14.90			14.90	14.90				
		2060402	奶牛主要疾病综合防控技术研究及开发		39.56	39.56	39.56			39.56	39.56				
		2060402	棉花重大病虫害防控技术		13.97	13.97	13.97			13.97	13.97				
		2060402	麦类基因资源发掘与种质创新利用研究		14.00	14.00	14.00			11.93	11.93			2.07	2.07
		2060402	棉花、麻类基因资源发掘与种质创新利用研究		1.02	1.02	1.02			1.02	1.02				
		2060402	有机肥资源综合利用技术		30.04	30.04	30.04			30.04	30.04				
		2060402	玉米、高粱、粟类基因资源发掘与种质创新利用研究		22.48	22.48	22.48			22.48	22.48				
		2060402	优质肉用牛新品种选育		0.64	0.64	0.64			0.64	0.64				
		2060402	优质抗逆专用草新品种选育		33.25	33.25	33.25			33.25	33.25				
		2060402	优质牧草繁育及种子加工技术研究与示范		59.00	59.00	59.00			59.00	59.00				
		2060402	仁果类主要果树新品种选育研究		78.00	78.00	78.00			78.00	78.00				

续表

项目			资金来源					支出数			用事业基金弥补收支差额	年末结余	
支出功能分类科目编码（类/款/项）	科目名称（项目）	合计	合计	上年结转 小计	其中：财政拨款结转	财政拨款	其他资金	合计	财政拨款	其他资金		合计	其中：财政拨款结余
栏次		1	1	2	3	4	5	6	7	8	9	10	11
	合计	212 294.38	212 294.38	77 467.83	75 636.24	128 370.53	6 456.02	163 355.02	157 404.38	5 950.64	2.62	48 941.98	46 602.39
2060402	乳品加工关键设备及材料研究与开发	26.91	26.91	26.91	26.91			26.91	26.91				
2060402	饲料安全关键因子监测评价新技术研究	74.00	74.00	74.00	74.00							74.00	74.00
2060402	玉米重大虫害防控技术	50.72	50.72	50.72	50.72			50.72	50.72				
2060402	园艺作物基因资源发掘与种质创新利用研究	9.79	9.79	9.79	9.79			9.79	9.79				
2060402	杂交稻育苗移栽及配套栽培技术研究	75.14	75.14	75.14	75.14			75.14	75.14				
2060402	政策引导类计划相关项目	150.00	150.00			150.00						150.00	150.00
2060402	重大病虫害生物防治新技术	8.68	8.68	8.68	8.68			8.68	8.68				
2060402	猪繁殖与呼吸综合征新活疫苗（CH-IR株）	50.00	50.00	50.00	50.00			50.00	50.00				
2060402	重大病虫害区域性灾变监测与预警新技术	33.05	33.05	33.05	33.05			33.05	33.05				
2060402	优质草产品加工、储藏技术研究与示范	64.86	64.86	64.86	64.86			64.86	64.86				
2060402	优质高产专用小麦育种技术研究及新品种培育	4.45	4.45	4.45	4.45			4.00	4.00			0.45	0.45
2060402	优质专用羊新品种选育	13.73	13.73	13.73	13.73			13.73	13.73				
2060402	中国良好农业规范关键点分级及符合性验证技术研究与示范	94.00	94.00	94.00	94.00			94.00	94.00				

续表

支出功能分类科目编码			科目名称（项目）	资金来源					支出数			用事业基金弥补收支差额	年末结余	
类	款	项		合计	上年结转		财政拨款	其他资金	合计	财政拨款	其他资金		合计	其中：财政拨款结余
					小计	其中：财政拨款结转								
				1	2	3	4	5	6	7	8	9	10	11
			合计	212 294.38	77 467.83	75 636.24	128 370.53	6 456.02	163 355.02	157 404.38	5 950.64	2.62	48 941.98	46 602.39
	2060402		中南贫瘠红壤与水稻土地力提升关键技术模式研究与示范	27.93	27.93	27.93			27.93	27.93				
	2060402		新型工业化健康养殖畜禽应激管理与调控技术研究与开发	6.49	6.49	6.49			6.49	6.49				
	2060402		畜禽基因资源发掘与品质评价利用研究	18.53	18.53	18.53			11.59	11.59			6.94	6.94
	2060402		小麦重大病虫害防控技术	38.84	38.84	38.84			38.84	38.84				
	2060402		土源性人畜共患蠕虫病防控生物新制剂的研究	56.19	48.19	48.19		8.00	45.41	45.41			10.78	2.78
	2060402		污染农田治理关键技术研究	24.34	24.34	24.34			23.94	23.94				
	2060402		农业入侵物种区域减灾与持续治理技术	13.28	13.28	13.28			13.28	13.28				
	2060402		牧草与生态草种繁育关键技术研究	13.55	13.55	13.55			13.55	13.55				
	2060402		养殖废水资源化与安全回灌关键技术研究	15.61	15.61	15.61			15.61	15.61				
	2060402		畜禽健康养殖过程控制关键技术研究	2.40	2.40	2.40			2.40	2.40			0.40	0.40
	2060402		畜禽养殖污染物减排利用废弃物资源循环利用技术研究与示范	46.07	46.07	46.07			12.42	12.42			33.65	33.65
	2060402		食品污染溯源技术研究	32.02	32.02	32.02			32.02	32.02				

续表

支出功能分类科目编码			科目名称（项目）	资金来源					支出数			用事业基金弥补收支差额	年末结余	
类	款	项		合计	上年结转		财政拨款	其他资金	合计	财政拨款	其他资金		合计	其中：财政拨款结余
					小计	其中：财政拨款结转								
			栏次	1	2	3	4	5	6	7	8	9	10	11
			合计	212 294.38	77 467.83	75 636.24	128 370.53	6 456.02	163 355.02	157 404.38	5 950.64	2.62	48 941.98	46 602.39
		2060402	食源性人畜共患虫媒虫病防控生物新制剂的研究	273.00	234.00	234.00		39.00	174.27	174.27			98.73	59.73
		2060402	三大作物可持续提高产量共性生理与重大模式研究	88.79	88.79	88.79			88.42	88.42			0.38	0.38
		2060402	入侵物种风险评估与早期预警技术	44.40	44.40	44.40			44.40	44.40				
		2060402	入侵物种快速检测与监测技术	44.12	44.12	44.12			44.12	44.12				
		2060402	饲料基础数据及配套应用技术研究	1.52	1.52	1.52			1.52	1.52				
		2060402	饲料生产新工艺及关键设备研究与产业化示范	18.37	18.37	18.37			18.37	18.37				
		2060402	水稻基因资源发掘与种质创新利用研究	78.49	78.49	78.49			78.07	78.07			0.42	0.42
		2060402	世界粮食贸易风险变动对我国的影响研究	10.00	10.00	10.00			10.00	10.00				
		2060402	薯类燃料乙醇高效酶菌种改良	37.38	37.38	37.38			30.12	30.12			7.26	7.26
		2060403	产业技术研究与开发	1 131.45	1 131.45	1 131.45			559.28	559.28			572.18	572.18
		2060403	中稻种业科技股份有限公司耐基因抗虫奈交稻品种创新高技术产业化示范工程	1 131.45	1 131.45	1 131.45			559.28	559.28			572.18	572.18
		20605	科技条件与服务	65 432.36	36 084.81	36 084.81	29 335.00	12.55	49 620.61	49 608.06	12.55		15 811.75	15 811.75

续表

支出功能分类科目编码			科目名称（项目）	资金来源					支出数			用事业基金弥补收支差额	年末结余	
类	款	项		合计	上年结转 小计	其中：财政拨款结转	财政拨款	其他资金	合计	财政拨款	其他资金		合计	其中：财政拨款结余
			栏次	1	2	3	4	5	6	7	8	9	10	11
			合计	212 294.38	77 467.83	75 636.24	128 370.53	6 456.02	163 355.02	157 404.38	5 950.64	2.62	48 941.98	46 602.39
		2060503	科技条件专项	65 432.36	36 084.81	36 084.81	29 335.00	12.55	49 620.61	49 608.06	12.55		15 811.75	15 811.75
		2060503	茶叶新品种实验用房危屋修缮	149.36	149.36	149.36			125.84	125.84			23.52	23.52
		2060503	长白山特种经济植物生长发育与品质控制实验室仪器设备购置	260.00			260.00		258.06	258.06			1.94	1.94
		2060503	稻作技术研究条件技术平台仪器	610.00			610.00		463.72	463.72			146.28	146.28
		2060503	2006年农科院植物保护研究所所中央级科学事业单位修缮购置专项资金	87.63	87.63	87.63							87.63	87.63
		2060503	2006年中国水稻研究所所中央级科学事业单位修缮购置专项资金	137.32	137.32	137.32							137.32	137.32
		2060503	草地生态与植物生理生态实验室仪器购置	670.00			670.00		668.57	668.57			1.43	1.43
		2060503	国家科技基础条件平台建设项目	1 435.31	1 435.31	1 435.31			1 318.50	1 318.50			116.81	116.81
		2060503	国家水稻改良中心专用仪器（延续）	442.18	442.18	442.18			303.41	303.41			138.78	138.78
		2060503	国家特种经济动物遗传资源保存场基础设施改造	315.00			315.00		269.14	269.14			45.86	45.86
		2060503	东、西、南场区试验仓库修缮	30.30	30.30	30.30			30.30	30.30				

续表

支出功能分类科目编码（类款项）	科目名称（项目）	合计	上年结转小计	其中：财政拨款结转	财政拨款	其他资金	支出数合计	财政拨款	其他资金	用事业基金弥补收支差额	年末结余合计	其中：财政拨款结余
	合计	212 294.38	77 467.83	75 636.24	128 370.53	6 456.02	163 355.02	157 404.38	5 950.64	2.62	48 941.98	46 602.39
2060503	动物流行病学实验室仪器设备购置	195.00			195.00		101.04	101.04			93.96	93.96
2060503	功能基因实验室仪器设备购置	965.00			965.00		141.37	141.37			823.63	823.63
2060503	北繁育种基地改造	58.59	58.59	58.59			58.59	58.59				
2060503	2006年农科院作物科学研究所所中央级科学事业单位修缮购置专项资金	25.81	25.81	25.81							25.81	25.81
2060503	2006年农科院生物技术研究所所中央级科学事业单位修缮购置专项资金	8.15	8.15	8.15							8.15	8.15
2060503	超高通量测序平台	480.00			480.00		374.71	374.71			105.29	105.29
2060503	昌平畜禽试验基地基础设施改造	745.00			745.00		416.20	416.20			328.80	328.80
2060503	茶叶试验基地基础设施综合改造项目（土壤改良及设施改造）	230.00			230.00		135.04	135.04			94.96	94.96
2060503	2006年农科院兰州兽医研究所所中央级科学事业单位修缮购置专项资金	86.79	86.79	86.79							86.79	86.79
2060503	2006年农科院农业环境与可持续发展研究所所中央级科学事业单位修缮购置专项资金	2.80	2.80	2.80							2.80	2.80

续表

支出功能分类科目编码 (类/款/项)	项目 科目名称(项目)	栏次	资金来源 合计	上年结转 小计	其中:财政拨款结转	财政拨款	其他资金	支出数 合计	财政拨款	其他资金	用事业基金弥补收支差额	年末结余 合计	其中:财政拨款结转
			1	2	3	4	5	6	7	8	9	10	11
	合计		212 294.38	77 467.83	75 636.24	128 370.53	6 456.02	163 355.02	157 404.38	5 950.64	2.62	48 941.98	46 602.39
2060503	2006年农科院农业资源与农业区划研究所中央级科学事业单位修缮购置专项资金		5.36	5.36	5.36							5.36	5.36
2060503	2006年农科院农业信息研究所中央级科学事业单位修缮购置专项资金		1.10	1.10	1.10							1.10	1.10
2060503	2006年农科院农产品加工研究所中央级科学事业单位修缮购置专项资金		139.40	139.40	139.40							139.40	139.40
2060503	2006年农科院本级中央级科学事业单位修缮购置专项资金		862.57	862.57	862.57							862.57	862.57
2060503	牦牛藏羊分子育种创新研究仪器购置		520.00			520.00		196.05	196.05			323.95	323.95
2060503	门头沟陈家庄蜂场基础设施改造		90.00			90.00		71.48	71.48			18.52	18.52
2060503	蜜蜂生态试验场房屋及附属设施修缮		95.00	95.00	95.00			36.90	36.90			58.10	58.10
2060503	廊坊园区堤坝修缮及土地平整改良		290.00			290.00		4.78	4.78			285.22	285.22
2060503	绿色化学合成实验室		405.00	405.00	405.00			405.00	405.00				
2060503	麻类创新综合实验基地田间基础设施改造		585.00			585.00		8.14	8.14			576.86	576.86
2060503	农产品市场预警监测系统设备购置		125.00			125.00		125.00	125.00				

续表

支出功能分类科目编码	科目名称（项目）	合计	资金来源					支出数			用事业基金弥补收支差额	年末结余	
			上年结转			财政拨款	其他资金	合计	财政拨款	其他资金		合计	其中:财政拨款结余
			小计	其中:财政拨款结转									
	栏次	1	2	3	4	5	6	7	8	9	10	11
	合计	212 294.38	77 467.83	75 636.24	128 370.53	6 456.02	163 355.02	157 404.38	5 950.64	2.62	48 941.98	46 602.39
2060503	农产品质量安全研究实验室仪器设备升级改造	35.00			35.00		31.27	31.27			3.73	3.73
2060503	农牧交错区试验示范基地基础设施改造	285.00			285.00		220.16	220.16			64.84	64.84
2060503	棉花科技信息系统及监控设施改造	130.00			130.00		80.76	80.76			49.24	49.24
2060503	南方水禽疾病研究中心仪器设备购置	530.00			530.00		487.06	487.06			42.94	42.94
2060503	农产品产地环境污染防治实验室仪器购置	4.71	4.71	4.71							4.71	4.71
2060503	节能减排设施改造	45.00			45.00		27.77	27.77			17.23	17.23
2060503	净结余安排修缮购置专项	117.30	117.30	117.30			117.30	117.30				
2060503	科辅楼综合修缮	167.35	167.35	167.35			166.72	166.72			0.63	0.63
2060503	果品加工中试车间房屋修缮	2.62	2.62	2.62			2.62	2.62				
2060503	海南试验中心基础设施改造	280.00			280.00		7.10	7.10			272.90	272.90
2060503	河北植物创新材料试验基地改造项目	61.96	61.96	61.96			47.43	47.43			14.53	14.53
2060503	科研楼室外道路及水电暖设施改造	115.00			115.00		115.00	115.00				
2060503	科研生产蓄水池及其配套供水设施维修改造项目	186.38	186.38	186.38			162.61	162.61			23.77	23.77

续表

支出功能分类科目编码 类 款 项	项目 科目名称(项目)	资金来源 合计	上年结转 小计	其中:财政拨款结转	财政拨款	其他资金	支出数 合计	财政拨款	其他资金	用事业基金弥补收支差额	年末结余 合计	其中:财政拨款结余
栏次		1	2	3	4	5	6	7	8	9	10	11
合计	合计	212 294.38	77 467.83	75 636.24	128 370.53	6 456.02	163 355.02	157 404.38	5 950.64	2.62	48 941.98	46 602.39
2060503	昆虫疫苗与生态研究仪器设备购置	450.00			450.00		385.02	385.02			64.98	64.98
2060503	科研、榴保楼及果品加工车间修缮	210.00			210.00		178.50	178.50			31.50	31.50
2060503	科研产品开发与服务中心房屋修缮	40.00			40.00		40.00	40.00				
2060503	科研核心区室内改造工程	130.00			130.00		34.73	34.73			95.27	95.27
2060503	农业部牧草资源重点野外科学观测试验站科研用地综合改造	475.24	475.24	475.24			307.44	307.44			167.80	167.80
2060503	农业部呼伦贝尔观测实验站仪器设备购置	255.00			255.00		216.52	216.52			38.48	38.48
2060503	农药实验楼房屋修缮	630.00			630.00		119.48	119.48			510.52	510.52
2060503	农业部植物病虫害抗性监测检验中心仪器设备购置	900.00	900.00	900.00			894.75	894.75			5.25	5.25
2060503	农业部沅江流域类资源重点野外科学观测试验站基础设施综合改造	345.80	345.80	345.80			1.24	1.24			344.57	344.57
2060503	农业部气候变化与农业环境重点开放实验室仪器购置	570.00	570.00	570.00			550.54	550.54			19.46	19.46
2060503	南口中试基地外电源改造	380.00	380.00	380.00			380.00	380.00				

续表

项目 支出功能分类科目编码	科目名称（项目）	资金来源 合计	上年结转 小计	其中：财政拨款结转	财政拨款	其他资金	支出数 合计	财政拨款	其他资金	用事业基金弥补收支差额	年末结余 合计	其中：财政拨款结余
栏次		1	2	3	4	5	6	7	8	9	10	11
	合计	212 294.38	77 467.83	75 636.24	128 370.53	6 456.02	163 355.02	157 404.38	5 950.64	2.62	48 941.98	46 602.39
2060503	牧草试验示范基地改造工程项目	270.00			270.00		207.73	207.73			62.27	62.27
2060503	蜜蜂遗传与育种研究室项目仪器购置	22.75	22.75	22.75			22.75	22.75				
2060503	农村科技信息服务平台建设	360.00			360.00		352.80	352.80			7.20	7.20
2060503	农产品质量安全研究实验室仪器设备购置	725.00			725.00		707.97	707.97			17.03	17.03
2060503	农产品精深加工中试车间厂区地能修建工程	34.11	34.11	34.11			29.44	29.44			4.67	4.67
2060503	生物质能技术及工程研究中心仪器设备购置项目	234.88	234.88	234.88			234.88	234.88				
2060503	设施农业与环境工程研究中心仪器设备购置	320.00	320.00	320.00			311.65	311.65			8.35	8.35
2060503	青州基地科研用房维修	19.76	19.76	19.76			18.65	18.65			1.11	1.11
2060503	试验场区污水处理、锅炉燃煤改城市集中供暖设施改造	358.40	358.40	358.40			326.00	326.00			32.40	32.40
2060503	实验室恒温室改造	259.13	259.13	259.13			95.81	95.81			163.31	163.31
2060503	实验基地区内道路改造	43.55	43.55	43.55			43.55	43.55				
2060503	农业远程信息采集与智能诊断系统升级改造	60.00			60.00		60.00	60.00				

续表

项目			资金来源					支出数			用事业基金弥补收支差额	年末结余	
支出功能分类科目编码	类款项	科目名称（项目）	合计	上年结转		财政拨款	其他资金	合计	财政拨款	其他资金		合计	其中：财政拨款结余
				小计	其中：财政拨款结转								
			1	2	3	4	5	6	7	8	9	10	11
		合计	212 294.38	77 467.83	75 636.24	128 370.53	6 456.02	163 355.02	157 404.38	5 950.64	2.62	48 941.98	46 602.39
2060503		农业合同信息实验室设置购置	450.00			450.00		416.03	416.03			33.97	33.97
2060503		农业环境污染物源解源实验室仪器设备购置	595.00			595.00		583.35	583.35			11.65	11.65
2060503		青岛即墨科研实验基地基础设施综合改造项目	1.41	1.41	1.41			1.41	1.41				
2060503		气科楼修缮	120.24	120.24	120.24							120.24	120.24
2060503		农作物试验基地农机具购置项目	160.00	160.00	160.00			151.62	151.62			8.38	8.38
2060503		河北省信息技术成果示范与推广基地仪器设备购置	6.81	6.81	6.81			6.81	6.81				
2060503		果树病虫害生物测定实验室	36.44	36.44	36.44			36.44	36.44				
2060503		国家油料作物加工中心仪器设备升级改造	11.10	11.10	11.10			11.10	11.10				
2060503		抗虫杂交棉长江试验站改造项目	415.28	415.28	415.28			415.28	415.28				
2060503		经济动物健康养殖实验室仪器设备购置	195.00			195.00		187.74	187.74			7.26	7.26
2060503		家畜疫病原生物学国家重点实验室	384.89	384.89	384.89			384.89	384.89				
2060503		辅助研究用房屋修缮项目	53.18	53.18	53.18			53.18	53.18				
2060503		东场区试验田土地整理改造	175.00			175.00		1.75	1.75			173.25	173.25

续表

支出功能分类科目编码			科目名称（项目）	栏次	资金来源					支出数			用事业基金弥补收支差额	年末结余	
类	款	项			合计	上年结转		财政拨款	其他资金	合计	财政拨款	其他资金		合计	其中：财政拨款结余
						小计	其中：财政拨款结转								
					1	2	3	4	5	6	7	8	9	10	11
			合计		212 294.38	77 467.83	75 636.24	128 370.53	6 456.02	163 355.02	157 404.38	5 950.64	2.62	48 941.98	46 602.39
2060503			东、南生物安全防护坡（档墙 维修（一期）		570.00			570.00		394.48	394.48			175.52	175.52
2060503			国家特种经济动物遗传资源保存场房屋修缮		190.00			190.00		153.34	153.34			36.66	36.66
2060503			国家实验用小型猪研究中心配套设施改造		162.62	162.62	162.62			161.60	161.60			1.02	1.02
2060503			国家昌平农业工程中心畜牧办中心基础设施综合改造一期		574.80	574.80	574.80			454.96	454.96			119.84	119.84
2060503			蔬菜薪虫害防控功能研究室仪器设备购置		50.00			50.00						50.00	50.00
2060503			廊坊园区室外工程维修改造		534.17	534.17	534.17			407.88	407.88			126.28	126.28
2060503			廊坊基地基础设施改造		620.00			620.00		32.76	32.76			587.24	587.24
2060503			蜜蜂分子生物学重点实验室仪器设备购置项目		1.24	1.24	1.24			0.58	0.58			0.66	0.66
2060503			门头沟陈家场房屋修缮		45.00			45.00		33.99	33.99			11.01	11.01
2060503			蔬类遗传育种功能研究室仪器设备购置		45.00			45.00						45.00	45.00
2060503			科研辅助用房－物资仓库、种子风干室、综合楼修缮		143.56	143.56	143.56			107.00	107.00			36.56	36.56
2060503			科研办公大楼房屋修缮		340.00			340.00		41.20	41.20			298.80	298.80

续表

支出功能分类科目编码 类/款/项	科目名称（项目）	栏次	资金来源 合计	上年结转 小计	其中：财政拨款结转	财政拨款	其他资金	支出数 合计	财政拨款	其他资金	用事业基金弥补收支差额	年末结余 合计	其中：财政拨款结余
			1	2	3	4	5	6	7	8	9	10	11
	合计		212 294.38	77 467.83	75 636.24	128 370.53	6 456.02	163 355.02	157 404.38	5 950.64	2.62	48 941.98	46 602.39
2060503	科技经济政策数据中心仪器设备购置		230.00			230.00		227.27	227.27			2.73	2.73
2060503	科研用房修缮		155.00			155.00		155.00	155.00				
2060503	科研区道路管网基础设施综合改造		199.83	199.83	199.83			137.49	137.49			62.34	62.34
2060503	科研楼及附属设施修缮		193.84	193.84	193.84			132.28	132.28			61.56	61.56
2060503	农业部国家紫米良中心仪器设备购置		565.00			565.00		546.28	546.28			18.72	18.72
2060503	污水处理站改造		555.00			555.00		462.69	462.69			92.31	92.31
2060503	新疆实验站田间沟渠、灌溉、供电设施改造		185.00			185.00		133.55	133.55			51.45	51.45
2060503	学术交流中心及学术报告厅房屋修缮		120.00			120.00		120.00	120.00				
2060503	水稻病虫害实验室		90.00	90.00	90.00			90.00	90.00				
2060503	所区供水、电、气线路改造		12.49	12.49	12.49			12.49	12.49				
2060503	田间试验用房修缮		116.60	116.60	116.60			78.46	78.46			38.14	38.14
2060503	原锅炉房等科研辅助用房与设施修缮		185.00			185.00		31.99	31.99			153.01	153.01
2060503	质量检验楼维修		117.30	117.30	117.30							117.30	117.30

续表

支出功能分类科目编码			科目名称（项目）	栏次	资金来源					支出数			用事业基金弥补收支差额	年末结余	
类	款	项			合计	上年结转 小计	其中：财政拨款结转	财政拨款	其他资金	合计	财政拨款	其他资金		合计	其中：财政拨款结转
					1	2	3	4	5	6	7	8	9	10	11
			合计		212 294.38	77 467.83	75 636.24	128 370.53	6 456.02	163 355.02	157 404.38	5 950.64	2.62	48 941.98	46 602.39
		2060503	中兽医实验大楼及药品贮存库存库维修		322.81	322.81	322.81			322.81	322.81				
		2060503	研究生宿舍楼房屋修缮		288.37	288.37	288.37			288.37	288.37				
		2060503	油料功能基因实验室仪器设备购置		756.44	756.44	756.44			756.44	756.44				
		2060503	油料作物遗传改良创新平台（夏油）		295.00			295.00		27.08	27.08			267.92	267.92
		2060503	寿阳旱地农业野外科学观测试验站修缮		32.24	32.24	32.24			31.94	31.94			0.30	0.30
		2060503	试验田七里河防涝设施改造		66.04	66.04	66.04			66.04	66.04				
		2060503	试验农场基础设施改造		266.60	266.60	266.60			216.62	216.62			49.99	49.99
		2060503	数字化语言实验室设备购置		450.00			450.00		450.00	450.00				
		2060503	蔬菜种质资源保护、研究与共享平台仪器设备购置		141.44	141.44	141.44			141.44	141.44				
		2060503	兽医生物技术国家重点实验室		387.82	387.82	387.82			387.82	387.82				
		2060503	试验动物基地网关区隔离改造和路面修缮		250.00			250.00		250.00	250.00				
		2060503	试验农场农机具购置		200.00			200.00		13.10	13.10			186.90	186.90

续表

支出功能分类科目编码	科目名称(项目)	资金来源 合计 (1)	上年结转 小计 (2)	上年结转 其中：财政拨款结转 (3)	财政拨款 (4)	其他资金 (5)	支出数 合计 (6)	支出数 财政拨款 (7)	支出数 其他资金 (8)	用事业基金弥补收支差额 (9)	年末结余 合计 (10)	年末结余 其中：财政拨款结余 (11)
	合计	212 294.38	77 467.83	75 636.24	128 370.53	6 456.02	163 355.02	157 404.38	5 950.64	2.62	48 941.98	46 602.39
2060503	兽医生物技术国家重点实验室仪器设备购置项目(延续)	748.69	748.69	748.69			743.14	743.14			5.55	5.55
2060503	试验基地基础设施改造(昌平/吉林)	595.00			595.00		249.29	249.29			345.71	345.71
2060503	试验基地房屋修缮(昌平/吉林/廊房)	100.00			100.00		68.17	68.17			31.83	31.83
2060503	试验动物基地农机具购置	85.00			85.00		85.00	85.00				
2060503	综合试验基地和分析测试实验室仪器设备购置	275.00			275.00		267.54	267.54			7.46	7.46
2060503	转基因试验区田间工程改造	485.00			485.00		10.00	10.00			475.00	475.00
2060503	主要农作物分子标记辅助育种科研实验室设备购置项目	820.44	820.44	820.44			817.72	817.72			2.72	2.72
2060503	中国农业科学院农业科技展示园科研辅助用房修缮	430.00			430.00		36.94	36.94			393.06	393.06
2060503	中国农业成果演示与报告系统设备购置	66.50	66.50	66.50			57.60	57.60			8.90	8.90
2060503	综合试验站生活用水设施配套	160.00			160.00		155.10	155.10			4.90	4.90
2060503	综合研究大楼修缮	5.23	5.23	5.23			3.00	3.00			2.23	2.23
2060503	综合研究大楼附属基础设施改造	65.00	65.00	65.00			65.00	65.00				

续表

支出功能分类科目编码 类款项	科目名称（项目）栏次	资金来源 合计(1)	上年结转 小计(2)	其中：财政拨款结转(3)	财政拨款(4)	其他资金(5)	支出数 合计(6)	财政拨款(7)	其他资金(8)	用事业基金弥补收支差额(9)	年末结余 合计(10)	其中：财政拨款结余(11)
	合计	212 294.38	77 467.83	75 636.24	128 370.53	6 456.02	163 355.02	157 404.38	5 950.64	2.62	48 941.98	46 602.39
2060503	作物变体与转基因材料筛选综合设施平台仪器设备购置	555.00			555.00		555.00	555.00				
2060503	中药材现代化科技支撑平台仪器设备购置	0.20	0.05	0.05		0.15	0.20	0.05	0.15			
2060503	中央级科学事业单位修缮购置专项资金	13 682.52	13 670.32	13 670.32		12.21	13 132.79	13 120.58	12.21		549.73	549.73
2060503	作物变体与转基因材料筛选综合设施平台基础设施改造	925.00			925.00		647.61	647.61			277.39	277.39
2060503	中国农业科学院生物技术研究所西南研究中心仪器设备购置	130.00			130.00		90.20	90.20			39.80	39.80
2060503	中国农业科学院共享试点：猪蓝耳病研究中心仪器设备购置	1 520.00			1 520.00		1 464.05	1 464.05			55.95	55.95
2060503	中国农业科学院共享试点：环境分析测试公共实验室基础设施改造	110.00			110.00		97.65	97.65			12.35	12.35
2060503	中试基地房屋修缮	19.37	19.37	19.37			19.37	19.37				
2060503	中国农业综合生产力与食物安全预警子系统设备购置	75.00			75.00		5.71	5.71			69.29	69.29
2060503	中国农业野外试验网络数据中心设备购置	380.00	380.00	380.00			376.07	376.07			3.93	3.93

续表

支出功能分类科目编码（类 款 项）	科目名称（项目）	资金来源 合计	上年结转 小计	其中：财政拨款结转	财政拨款	其他资金	支出数 合计	财政拨款	其他资金	用事业基金弥补收支差额	年末结余 合计	其中：财政拨款结余
栏次	合计	1	2	3	4	5	6	7	8	9	10	11
	合计	212 294.38	77 467.83	75 636.24	128 370.53	6 456.02	163 355.02	157 404.38	5 950.64	2.62	48 941.98	46 602.39
2060503	中国农业科学院农业科技展示园场区综合改造	620.00			620.00		8.00	8.00			612.00	612.00
2060503	中国动物卫生与流行病学中心上海分中心动物医学实验室基础设施综合改造	170.00	170.00	170.00			167.07	167.07			2.93	2.93
2060503	中国动物卫生与流行病学中心上海分中心动物实验室仪器设备购置	476.13	476.13	476.13			0.71	0.71			475.43	475.43
2060503	中国农业科学院共享平台：环境定位连续监测体系仪器设备购置	645.00			645.00		488.47	488.47			156.53	156.53
2060503	中国农业科学院共享平台：环境定位连续监测体系湖南基地田间设施改造	60.00			60.00		54.57	54.57			5.43	5.43
2060503	中国农业科学院蔬菜花卉所玻璃实验温室改造	495.00			495.00		425.60	425.60			69.40	69.40
2060503	实验温室基础设施改造	175.79	175.79	175.79			161.50	161.50			14.29	14.29
2060503	试验地田间电气、观察道改造	233.91	233.91	233.91			225.08	225.08			8.84	8.84
2060503	沼气工程研究及生物质能技术中心仪器设备购置	640.00			640.00		163.77	163.77			476.23	476.23
2060503	生物安防护坡（挡墙）维修项目	245.39	245.39	245.39			170.07	170.07			75.32	75.32
2060503	生物质能技术研究实验室房屋修缮项目	11.65	11.65	11.65			7.72	7.72			3.93	3.93

续表

支出功能分类科目编码 类 款 项	项目 科目名称（项目）	栏次	资金来源 合计	上年结转 小计	其中：财政拨款结转	财政拨款	其他资金	支出数 合计	财政拨款	其他资金	用事业基金弥补收支差额	年末结余 合计	其中：财政拨款结余
			1	2	3	4	5	6	7	8	9	10	11
	合计		212 294.38	77 467.83	75 636.24	128 370.53	6 456.02	163 355.02	157 404.38	5 950.64	2.62	48 941.98	46 602.39
2060503	实验区科研楼综合修缮		165.83	165.83	165.83			154.75	154.75			11.08	11.08
2060503	油料作物质量安全创新平台－质量标准与食物安全研究仪器设备升级改造		80.00			80.00		80.00	80.00				
2060503	油料作物遗传改良创新平台－挂藏室基础设施改造		45.00			45.00		45.00	45.00				
2060503	油料作物遗传改良创新平台－花生分子生物学及黄曲霉研究仪器设备升级改造		25.00			25.00		25.00	25.00				
2060503	灾后重建与恢复项目		55.00			55.00		55.00	55.00				
2060503	院旧主楼修缮工程		577.17	577.17	577.17			349.29	349.29			227.88	227.88
2060503	沅江试验站资源辅助区工作房修缮		75.00			75.00		1.05	1.05			73.95	73.95
2060503	农业部沅江麻类资源重点野外科学观测试验站科研辅助用房修缮		143.20	143.20	143.20							143.20	143.20
2060503	农业部资源遥感与数字农业重点开发实验室设备购置		121.48	121.48	121.48			114.59	114.59			6.89	6.89
2060503	农业科技信息远程服务条件建设		94.73	94.73	94.73			91.55	91.55			3.18	3.18

续表

项目				资金来源					支出数			用事业基金弥补收支差额	年结余	
支出功能分类科目编码（类 款 项）	科目名称（项目）	栏次	合计	上年结转		财政拨款	其他资金	合计	财政拨款	其他资金		合计	其中：财政拨款结余
				小计	其中：财政拨款结转								
			1	2	3	4	5	6	7	8	9	10	11
	合计		212 294.38	77 467.83	75 636.24	128 370.53	6 456.02	163 355.02	157 404.38	5 950.64	2.62	48 941.98	46 602.39
2060503	农业部麻类产品质量监督检验测试中心仪器设备购置		288.32	288.32	288.32			211.90	211.90			76.42	76.42
2060503	农业部农业技术与农产品加工重点开放实验室（续建三期）		270.00	270.00	270.00			270.00	270.00				
2060503	农业部棉花类作物质量监控重点开放实验室设备购置		615.00			615.00		598.10	598.10			16.90	16.90
2060503	禽流感参考实验室仪器设备购置		975.00			975.00		963.27	963.27			11.73	11.73
2060503	青岛研发中心基础设施综合改造项目		9.11	9.11	9.11			7.52	7.52			1.59	1.59
2060503	区划实验楼房屋修缮		26.42	26.42	26.42			10.88	10.88			15.54	15.54
2060503	农业领域科学计算机网络建设		1.54	1.54	1.54			1.54	1.54				
2060503	农作物试验基地房屋修缮项目		218.00	218.00	218.00			127.69	127.69			90.31	90.31
2060503	普洱茶试验基地基础设施综合改造		28.05	28.05	28.05			28.05	28.05				
2060503	微生物资源评价与挖掘实验室仪器设备购置		210.00			210.00		57.74	57.74			152.26	152.26
2060503	微生物工程实验室仪器设备购置		450.00			450.00		76.93	76.93			373.07	373.07
2060503	特种经济动植物生物技术实验室		11.72	11.72	11.72			2.06	2.06			9.66	9.66

续表

项目			资金来源					支出数			用事业基金弥补收支差额	年末结余	
支出功能分类科目编码 类/款/项	科目名称（项目）	合计	上年结转 小计	其中：财政拨款结转	财政拨款	其他资金	合计	财政拨款	其他资金			合计	其中：财政拨款结余
栏次		1	2	3	4	5	6	7	8	9		10	11
	合计	212 294.38	77 467.83	75 636.24	128 370.53	6 456.02	163 355.02	157 404.38	5 950.64	2.62		48 941.98	46 602.39
2060503	新疆基地田间道路、排灌设施改造	504.40	504.40	504.40			473.98	473.98				30.42	30.42
2060503	消防设施配套	125.00			125.00		99.86	99.86				25.14	25.14
2060503	温泉基地实验设施改造	305.00			305.00		260.91	260.91				44.10	44.10
2060503	所核心区雪灾后房屋及设施维修	50.00			50.00		50.00	50.00					
2060503	所部试验基地改造	339.30	339.30	339.30			339.30	339.30					
2060503	数字土壤实验室	340.00	340.00	340.00			340.00	340.00					
2060503	特种经济动物病原学和生物制品学实验室仪器设备购置	165.00			165.00		164.46	164.46				0.54	0.54
2060503	特种动物生物工程研究中心仪器设备购置	0.20				0.20	0.20		0.20				
2060503	所区2号院排水设施改造	40.00			40.00		40.00	40.00					
2060503	野外台站设备购置	340.00	340.00	340.00			90.75	90.75				249.25	249.25
2060503	阴湿综合试验基地基础设施改造	485.00			485.00		485.00	485.00					
2060503	延庆基地科研及辅助用房修缮二期	499.20	499.20	499.20			99.05	99.05				400.15	400.15

续表

支出功能分类科目编码（类 款 项）	科目名称（项目） 栏次	资金来源 合计	上年结转 小计	其中：财政拨款结转	财政拨款	其他资金	支出数 合计	财政拨款	其他资金	用事业基金弥补收支差额	年末结余 合计	其中：财政拨款结余
		1	2	3	4	5	6	7	8	9	10	11
	合计	212 294.38	77 467.83	75 636.24	128 370.53	6 456.02	163 355.02	157 404.38	5 950.64	2.62	48 941.98	46 602.39
2060503	油料作物产品加工创新平台秸秆资源化利用技术仪器设备升级改造	45.00			45.00		45.00	45.00				
2060503	油料种质资源共建技术实验室	376.66	376.66	376.66			376.66	376.66				
2060503	营养代谢与调控实验室仪器设备购置	460.00	460.00	460.00			459.61	459.61			0.39	0.39
2060503	虚拟农业实验室仪器设备购置项目	20.53	20.53	20.53			20.53	20.53				
2060503	信息楼屋面防水及安防系统修缮	30.00			30.00		30.00	30.00				
2060503	新疆库尔勒试验站试验田设施改造	215.00			215.00		205.26	205.26			9.74	9.74
2060503	延庆基地基础设施改造一期	86.49	86.49	86.49			2.38	2.38			84.11	84.11
2060503	烟草所电力、天然气等基础设施改造	265.00	265.00		265.00		256.19	256.19			8.81	8.81
2060503	学术报告厅修缮	80.00	80.00		80.00		76.21	76.21			3.79	3.79
2069	其他科学技术支出	29 395.00	3 712.00	3 712.00	21 358.00	4 325.00	18 718.08	14 393.08	4 325.00		10 676.92	10 676.92
2069904	科技重大专项	25 683.00			21 358.00	4 325.00	15 495.53	11 170.53	4 325.00		10 187.47	10 187.47
2069904	科技重大专项（抗病转基因水稻新品种培育）	1 939.00			1 554.00	385.00	1 388.89	1 003.89	385.00		550.11	550.11

续表

支出功能分类科目编码 类 款 项	科目名称（项目）	资金来源 合计 (1)	上年结转 小计 (2)	其中：财政拨款结转 (3)	财政拨款 (4)	其他资金 (5)	支出数 合计 (6)	财政拨款 (7)	其他资金 (8)	用事业基金弥补收支差额 (9)	年末结余 合计 (10)	其中：财政拨款结余 (11)
	合计	212 294.38	77 467.83	75 636.24	128 370.53	6 456.02	163 355.02	157 404.38	5 950.64	2.62	48 941.98	46 602.39
2069904	科技重大专项（抗除草剂转基因大豆新品种培育）	1 086.00			1 086.00		523.14	523.14			562.86	562.86
2069904	科技重大专项（规模化转基因技术体系构建）	1 623.00			1 623.00		337.06	337.06			1 285.94	1 285.94
2069904	科技重大专项（节粮型瘦肉率转基因猪）	1 780.00			1 780.00		1 648.54	1 648.54			131.46	131.46
2069904	科技重大专项（抗逆抗除草剂转基因水稻）	1 018.00			1 018.00		634.13	634.13			383.87	383.87
2069904	科技重大专项（优质功能转基因玉米新品种培育）	1 092.00			1 092.00		664.88	664.88			427.12	427.12
2069904	科技重大专项（转基因棉花环境安全评价技术）	1 714.00			804.00	910.00	1 394.25	484.25	910.00		319.75	319.75
2069904	科技重大专项（抗逆转基因小麦新品种培育）	1 352.00			1 352.00		570.27	570.27			781.73	781.73
2069904	科技重大专项（抗逆转基因玉米新品种培育）	1 173.00			1 173.00		447.46	447.46			725.54	725.54
2069904	科技重大专项（高产高效分高利用转基因大豆新品种培育）	291.00			291.00		187.15	187.15			103.85	103.85
2069904	科技重大专项（转基因杂交棉花新品种培育）	2 478.00			1 238.00	1 240.00	1 873.35	633.35	1 240.00		604.65	604.65
2069904	科技重大专项（转基因耐旱耐盐碱棉花新品种培育）	929.00			929.00		878.92	878.92			50.08	50.08

续表

支出功能分类科目编码			项目	资金来源					支出数			用事业基金弥补收支差额	年末结余	
类	款	项	科目名称（项目）	合计	上年结转				合计	财政拨款	其他资金		合计	其中：财政拨款结余
					小计	其中：财政拨款结转	财政拨款	其他资金						
				1	2	3	4	5	6	7	8	9	10	11
		总次 合计		212 294.38	77 467.83	75 636.24	128 370.53	6 456.02	163 355.02	157 404.38	5 950.64	2.62	48 941.98	46 602.39
		206904	科技重大专项（转基因早熟棉花新品种培育）	1 992.00			1 142.00	850.00	1 393.11	543.11	850.00		598.89	598.89
		206904	科技重大专项（转基因玉米小麦大豆环境安全）	1 488.00			1 488.00		305.71	305.71			1 182.29	1 182.29
		206904	科技重大专项（转基因生物安全监测技术）	629.00			629.00		361.71	361.71			267.29	267.29
		206904	科技重大专项（优质转基因肉羊新品种培育）	615.00			615.00		422.42	422.42			192.58	192.58
		206904	科技重大专项（基因克隆新技术新方法）	1 136.00			1 136.00		465.86	465.86			670.14	670.14
		206904	科技重大专项（转基因水稻环境安全评价技术）	1 179.00			1 179.00		564.18	564.18			614.82	614.82
		206904	科技重大专项（转基因优质纤维棉新品种培育）	2 169.00			1 229.00	940.00	1 434.50	494.50	940.00		734.50	734.50
		206999	其他科学技术支出	3 712.00	3 712.00	3 712.00			3 222.55	3 222.55			489.45	489.45
		206999	科技重大专项（转基因生物安全监测技术）	144.00	144.00	144.00			144.00	144.00				
		206999	科技重大专项（节粮型瘦肉率转基因猪）	234.00	234.00	234.00			234.00	234.00				
		206999	科技重大专项（转基因棉花环境安全评价技术）	165.00	165.00	165.00			165.00	165.00				

续表

支出功能分类科目编码			科目名称(项目)	资金来源					支出数			用事业基金弥补收支差额	年末结余	
类	款	项		合计	上年结转		财政拨款	其他资金	合计	财政拨款	其他资金		合计	其中:财政拨款结余
			栏次		小计	其中:财政拨款结转								
			合计	1	2	3	4	5	6	7	8	9	10	11
			合计	212 294.38	77 467.83	75 636.24	128 370.53	6 456.02	163 355.02	157 404.38	5 950.64	2.62	48 941.98	46 602.39
2069999			科技重大专项(转基因耐盐碱棉花新品种培育)	164.00	164.00	164.00			164.00	164.00				
2069999			科技重大专项(高产养分高效利用转基因大豆新品种培育)	63.00	63.00	63.00			30.00	30.00			33.00	33.00
2069999			科技重大专项(抗病转基因水稻新品种培育)	256.00	256.00	256.00			256.00	256.00				
2069999			科技重大专项(抗除草剂转基因大豆新品种培育)	213.00	213.00	213.00							213.00	213.00
2069999			科技重大专项(规模化转基因技术体系构建)	242.00	242.00	242.00							242.00	242.00
2069999			科技重大专项(基因克隆新方法)	230.00	230.00	230.00			230.00	230.00				
2069999			科技重大专项(优质转基因肉羊新品种培育)	124.00	124.00	124.00			122.55	122.55			1.45	1.45
2069999			科技重大专项(转基因水稻环境安全评价技术)	247.00	247.00	247.00			247.00	247.00				
2069999			科技重大专项(转基因玉米小麦大豆环境安全)	154.00	154.00	154.00			154.00	154.00				
2069999			科技重大专项(转基因早熟棉花新品种培育)	109.00	109.00	109.00			109.00	109.00				
2069999			科技重大专项(转基因杂交稻棉花新品种培育)	259.00	259.00	259.00			259.00	259.00				

续表

项目			资金来源				支出数			用事业基金弥补收支差额	年末结余	
科目名称（项目）	支出功能分类科目编码 类 款 项	总收 合计	上年结转 小计	其中:财政拨款结转	财政拨款	其他资金	合计	财政拨款	其他资金	金额补收支差额	合计	其中:财政拨款结余
		1	2	3	4	5	6	7	8	9	10	11
合计		212 294.38	77 467.83	75 636.24	128 370.53	6 456.02	163 355.02	157 404.38	5 950.64	2.62	48 941.98	46 602.39
科技重大专项（抗逆转基因玉米新品种培育）	2069999	192.00	192.00	192.00			192.00	192.00				
科技重大专项（优质功能转基因玉米新品种培育）	2069999	225.00	225.00	225.00			225.00	225.00				
科技重大专项（抗逆转基因小麦新品种培育）	2069999	277.00	277.00	277.00			277.00	277.00				
科技重大专项（抗逆抗除草剂转基因水稻）	2069999	197.00	197.00	197.00			197.00	197.00				
科技重大专项（转基因优质纤维新品种培育）	2069999	217.00	217.00	217.00			217.00	217.00				
环境保护	211	446.57	66.57	66.57	380.00		414.78	414.78			31.79	31.79
自然生态保护	21104	385.71	5.71	5.71	380.00		353.93	353.93			31.79	31.79
农村环境保护	2110402	385.71	5.71	5.71	380.00		353.93	353.93			31.79	31.79
农业生态环境保护	2110402	385.71	5.71	5.71	380.00		353.93	353.93			31.79	31.79
污染减排	21111	60.85	60.85	60.85			60.85	60.85				
环境监测与信息	2111101	60.85	60.85	60.85			60.85	60.85				
第一次全国污染源普查项目经费	2111101	60.85	60.85	60.85			60.85	60.85				
农林水事务	213	23 695.08	4 699.47	4 671.30	18 995.61		19 686.38	19 685.92	0.46		4 008.70	3 981.00

续表

支出功能分类科目编码			项目 科目名称（项目）	资金来源					支出数			用事业基金弥补收支差额	年末结余	
类	款	项		合计	上年结转		财政拨款	其他资金	合计	财政拨款	其他资金		合计	其中：财政拨款结余
					小计	其中：财政拨款结转								
			栏次	1	2	3	4	5	6	7	8	9	10	11
			合计	212 294.38	77 467.83	75 636.24	128 370.53	6 456.02	163 355.02	157 404.38	5 950.64	2.62	48 941.98	46 602.39
21301			农业	23 695.08	4 699.47	4 671.30	18 995.61		19 686.38	19 685.92	0.46		4 008.70	3 981.00
2130102			一般行政管理事务	110.69	10.69	10.69	100.00		102.21	102.21			8.48	8.48
2130102			肥料登记专项	110.69	10.69	10.69	100.00		102.21	102.21			8.48	8.48
2130106			技术推广	6 951.87	1 121.85	1 093.68	5 830.02		5 715.15	5 714.68	0.46		1 236.73	1 209.02
2130106			国家农作物品种区域试验经费	403.06	135.06	135.06	268.00		378.20	378.20			24.86	24.86
2130106			"948"项目经费	4 809.60	726.58	698.41	4 083.02		3 808.12	3 807.66	0.46		1 001.47	973.77
2130106			农业科技跨越计划经费	411.08	118.08	118.08	293.00		305.87	305.87			105.21	105.21
2130106			优势农产品重大技术推广经费	16.49	16.49	16.49			16.49	16.49				
2130106			农技推广与体系建设专项经费	1 311.63	125.63	125.63	1 186.00		1 206.46	1 206.46			105.17	105.17
2130107			技能培训	15.00			15.00		15.00	15.00				
2130107			农业业务培训经费	15.00			15.00		15.00	15.00				
2130108			病虫害控制	1 081.50	251.50	251.50	830.00		924.22	924.22			157.28	157.28
2130108			农作物病虫鼠害监测与防治经费	270.00			270.00		262.44	262.44			7.56	7.56

续表

支出功能分类科目编码 类	款	项	科目名称（项目）	栏次	资金来源 合计	上年结转 小计	其中：财政拨款结转	财政拨款	其他资金	支出数 合计	财政拨款	其他资金	用事业基金弥补收支差额	年末结余 合计	其中：财政拨款结余
					1	2	3	4	5	6	7	8	9	10	11
			合计		212 294.38	77 467.83	75 636.24	128 370.53	6 456.02	163 355.02	157 404.38	5 950.64	2.62	48 941.98	46 602.39
2130108			动物疫情监测与防治经费		780.25	220.25	220.25	560.00		630.52	630.52			149.73	149.73
2130108			新型禽流感疫苗研制经费		22.39	22.39	22.39			22.39	22.39				
2130108			农作物病虫害疫情监测与防治经费		8.86	8.86	8.86			8.86	8.86				
2130109			农产品质量安全		7 601.73	2 028.14	2 028.14	5 573.59		6 282.89	6 282.89			1 318.84	1 318.84
2130109			农产品质量安全监管专项经费		6 497.06	1 850.47	1 850.47	4 646.59		5 426.76	5 426.76			1 070.30	1 070.30
2130109			农业标准化实施示范		20.00			20.00		20.00	20.00				
2130109			农业部农产品质量安全监管专项经费（助奥行动补助）		42.50	42.50	42.50			42.50	42.50				
2130109			农业行业标准制定和修订		1 042.17	135.17	135.17	907.00		793.63	793.63			248.54	248.54
2130110			执法监管		259.54	19.54	19.54	240.00		257.84	257.84			1.70	1.70
2130110			进口饲料添加剂注册登记经费		209.58	14.58	14.58	195.00		209.58	209.58				
2130110			农业专项管理工作经费		45.00			45.00		43.30	43.30			1.70	1.70
2130110			跨区作业管理		4.96	4.96	4.96			4.96	4.96				
2130111			信息服务		2 045.47	199.47	199.47	1 846.00		1 746.63	1 746.63			298.84	298.84

续表

项目			资金来源					支出数			用事业基金弥补收支差额	年末结余	
支出功能分类科目编码	科目名称（项目）	合计	合计	上年结转		财政拨款	其他资金	合计	财政拨款	其他资金		合计	其中：财政拨款结余
类 款 项				小计	其中：财政拨款结转								
		栏次	1	2	3	4	5	6	7	8	9	10	11
	合计		212 294.38	77 467.83	75 636.24	128 370.53	6 456.02	163 355.02	157 404.38	5 950.64	2.62	48 941.98	46 602.39
2130111	农业信息预警		133.42	133.42	133.42			132.68	132.68			0.74	0.74
2130111	农业农村资源等监测统计经费		1 665.00			1 665.00		1 471.09	1 471.09			193.91	193.91
2130111	生猪等畜产品信息监测统计经费		247.06	66.06	66.06	181.00		142.86	142.86			104.19	104.19
2130113	农业资金审计		10.00			10.00		10.00	10.00				
2130113	农业部内部审计		10.00			10.00		10.00	10.00				
2130114	对外交流与合作		658.63	198.63	198.63	460.00		548.57	548.57			110.06	110.06
2130114	农业国际交流与合作		658.63	198.63	198.63	460.00		548.57	548.57			110.06	110.06
2130115	耕地地力保护		245.95	15.95	15.95	230.00		183.15	183.15			62.79	62.79
2130115	农作物秸秆机械化还田利用		5.30	5.30	5.30			5.30	5.30				
2130115	保护性耕作		4.76	4.76	4.76			4.76	4.76				
2130115	土壤有机质提升试点补贴		5.89	5.89	5.89			5.89	5.89				
2130115	耕地质量保护专项		230.00			230.00		167.21	167.21			62.79	62.79
2130118	农业资源调查和区划		40.48	40.48	40.48			28.45	28.45			12.03	12.03

续表

支出功能分类科目编码			项目	资金来源					支出数			用事业基金弥补收支差额	年末结余	
类	款	项	科目名称（项目）	合计	上年结转				合计	财政拨款	其他资金		合计	其中：财政拨款结余
					小计	其中：财政拨款结转	财政拨款	其他资金						
			栏次	1	2	3	4	5	6	7	8	9	10	11
			合计	212 294.38	77 467.83	75 636.24	128 370.53	6 456.02	163 355.02	157 404.38	5 950.64	2.62	48 941.98	46 602.39
213	01	18	农业资源调查和区划经费	40.48	40.48	40.48			28.45	28.45			12.03	12.03
213	01	25	农产品加工与促销	86.84	26.84	26.84	60.00		65.77	65.77			21.07	21.07
213	01	25	农产品促销	86.84	26.84	26.84	60.00		65.77	65.77			21.07	21.07
213	01	31	农业国有资产维护	660.00			660.00		598.74	598.74			61.26	61.26
213	01	31	直属单位、中心（实验室）运行费	660.00			660.00		598.74	598.74			61.26	61.26
213	01	32	农业前期工作与政策研究	326.62	11.62	11.62	315.00		290.00	290.00			36.62	36.62
213	01	32	农业部项目年建设经费	15.00			15.00		4.11	4.11			10.89	10.89
213	01	32	农业法制建设与政策调研	311.62	11.62	11.62	300.00		285.88	285.88			25.74	25.74
213	01	35	农业资源保护	2 748.30	645.30	645.30	2 103.00		2 156.07	2 156.07			592.23	592.23
213	01	35	物种资源保护费	2 612.81	629.81	629.81	1 983.00		2 020.74	2 020.74			592.07	592.07
213	01	35	农作物物种资源保护	0.46	0.46	0.46			0.30	0.30			0.16	0.16
213	01	35	植物新品种保护费	135.04	15.04	15.04	120.00		135.04	135.04				
213	01	38	农村能源综合建设	232.92	12.92	12.92	220.00		230.47	230.47			2.45	2.45

续表

支出功能分类科目编码 类	款	项	科目名称（项目）	资金来源 合计 (1)	上年结转 小计 (2)	其中：财政拨款结转 (3)	财政拨款 (4)	其他资金 (5)	支出数 合计 (6)	财政拨款 (7)	其他资金 (8)	用事业基金弥补收支差额 (9)	年末结余 合计 (10)	其中：财政拨款结余 (11)
			总计 合计	212 294.38	77 467.83	75 636.24	128 370.53	6 456.02	163 355.02	157 404.38	5 950.64	2.62	48 941.98	46 602.39
2130138			农村能源综合建设	232.92	12.92	12.92	220.00		230.47	230.47			2.45	2.45
2130199			其他农业支出	619.54	116.54	116.54	503.00		531.23	531.23			88.31	88.31
2130199			乡镇企业东西合作示范经费	15.00			15.00		15.00	15.00				
2130199			转制科研院所实验室（中心）运转费	116.54	116.54	116.54			28.23	28.23			88.31	88.31
2130199			直属单位和转制单位设施设备维修购置项目	438.00			438.00		438.00	438.00				
2130199			农机产品测试检验费	50.00			50.00		50.00	50.00				

中国农业科学院 2009 年度资产概况

　　根据中国农业科学院《2009 年度部门决算报表》，全院 2009 年末资产状况为：院本级和 33 个研究所资产合计 712 961.40 万元，其中流动资产 341 997.81 万元，对外投资 15 962.77 万元，固定资产净值 308 179.68 万元，财政应返还额度 41 180.18 万元。各项资产比例如下图所示。

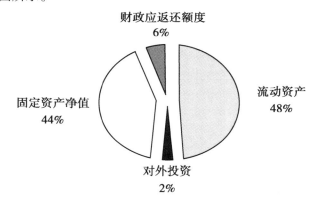

图　中国农业科学院 2009 年末各项资产比例

　　全院 2009 年末国有资产状况为：净资产总量 501 218.24 万元，如下表所示。其中，院本级、兰州兽医研究所、哈尔滨兽医研究所、中国水稻研究所、作物科学研究所、油料作物研究院所、农业信息研究所、棉花研究所、植物保护研究所、农业环境与可持续发展研究所、农业资源与农业区划研究所、蔬菜花卉研究所、北京畜牧兽医研究所、特产研究所、烟草研究所共 15 个单位国有资产总量超过 1 亿元，占全院国有资产总量的 77.25%。

中国农业科学院 2009 年末资产状况一览表　　（单位：万元）

序号	单位名称	资产合计	流动资产	对外投资	固定资产净值	财政应返还额度	净资产合计
1	中国农业科学院合计	712 961.40	341 997.81	15 962.77	308 179.68	41 180.18	501 218.24
2	农业部沼气科学研究所	4 397.50	1 894.21	135.00	1 823.02	545.28	2 993.45
3	农业部环境保护科研监测所	8 011.97	2 431.35	0.00	5 295.36	285.25	6 986.47
4	中国农业科学院院本级	94 263.39	68 259.24	4 000.00	18 069.95	3 934.19	60 970.27

续表

序号	单位名称	资产合计	流动资产	对外投资	固定资产净值	财政应返还额度	净资产合计
5	中国农业科学院研究生院	7 938.78	3 098.44	128.00	4 683.16	29.17	6 511.46
6	中国农业科学院农业经济与发展研究所	4 953.72	3 171.00	0.00	1 072.78	709.94	2 324.30
7	中国农业科学院农业质量标准与检测技术研究所	6 759.21	2 905.91	0.00	2 878.60	974.70	4 011.68
8	中国农业科学院农业信息研究所	27 995.26	5 786.64	0.00	22 157.16	51.46	24 251.55
9	中国农业科学院作物科学研究所	57 233.09	27 356.45	276.21	21 503.47	7 720.97	32 526.53
10	中国农业科学院蔬菜花卉研究所	25 837.86	10 913.53	500.00	13 792.23	632.09	16 405.26
11	中国农业科学院农业环境与可持续发展研究所	23 362.63	5 170.59	204.38	17 025.46	962.20	17 889.18
12	中国农业科学院农业资源与农业区划研究所	26 638.94	10 798.44	70.00	13 848.81	1 921.69	17 405.99
13	中国农业科学院植物保护研究所	28 935.20	14 336.60	654.00	11 044.70	2 899.90	18 351.74
14	中国农业科学院农产品加工研究所	11 363.38	6 068.62	0.00	4 513.16	781.61	7 824.25
15	中国农业科学院棉花研究所	24 334.93	8 609.11	45.00	12 698.59	2 862.23	19 289.48
16	中国农业科学院油料作物研究所	33 108.55	15 670.69	3 094.13	10 546.63	176.77	24 624.83
17	中国农业科学院果树研究所	5 508.31	2 006.28	120.00	3 230.93	151.10	4 496.78
18	中国农业科学院郑州果树研究所	7 351.14	2 481.13	162.56	4 604.76	102.69	5 493.66
19	中国农业科学院茶叶研究所	14 793.08	6 884.24	919.00	6 168.77	815.89	8 778.70
20	中国农业科学院烟草研究所	15 929.34	10 387.44	200.00	4 971.55	28.34	10 636.47
21	中国农业科学院麻类研究所	10 674.38	2 808.34	0.00	5 031.32	1 834.72	8 559.21
22	中国农业科学院农田灌溉研究所	5 354.48	1 622.11	51.29	3 459.29	221.79	3 349.46
23	中国农业科学院北京畜牧兽医研究所	23 275.98	13 326.14	507.00	8 156.13	1 273.26	12 132.49
24	中国农业科学院蜜蜂研究所	6 001.64	1 180.82	160.00	4 039.58	621.24	5 230.76

续表

序号	单位名称	资产合计	流动资产	对外投资	固定资产净值	财政应返还额度	净资产合计
25	中国农业科学院哈尔滨兽医研究所	49 884.36	30 578.32	0.00	18 270.48	910.55	39 826.65
26	中国农业科学院兰州兽医研究所	56 019.46	25 394.16	400.00	28 677.10	1 548.19	46 532.31
27	中国农业科学院兰州畜牧与兽药研究所	9 899.53	2 911.69	61.00	6 097.23	829.61	8 463.82
28	中国农业科学院草原研究所	9 415.49	1 911.60	39.00	6 318.76	1 107.13	8 306.22
29	中国农业科学院特产研究所	19 737.57	12 501.36	438.06	6 691.27	106.87	11 419.63
30	中国农业科学院上海兽医研究所	11 318.46	3 590.71	100.00	7 290.55	337.20	7 952.75
31	中国水稻研究所	44 460.75	19 696.50	459.15	19 725.37	4 579.74	34 933.77
32	农业部南京农业机械化研究所	8 269.69	2 465.99	448.00	4 931.58	424.13	6 242.23
33	中国农业科学院饲料研究所	9 132.01	3 856.47	496.00	4 249.72	529.82	6 253.82
34	中国农业科学院生物技术研究所	17 719.60	9 375.62	2 225.00	4 857.37	1 261.62	8 662.63
35	中国农业科学技术出版社	3 081.73	2 548.06	70.00	454.84	8.83	1 580.44

中国农业科学院 2009 年基本建设投资计划概况

2009 年基本建设项目共计下达 7 批计划，总投资 35 207 万元，资金来源全部为中央预算内投资。

第一批计划文件《农业部关于下达第三批扩大内需项目农产品质量安全检验检测体系建设 2009 年中央预算内投资计划的通知》（农计发〔2009〕8 号）下达投资 5 156 万元。

第二批计划文件《农业部关于下达第三批扩大内需项目动物防疫体系建设 2009 年中央预算内投资计划的通知》（农计发〔2009〕9 号）下达投资 9 773 万元。

第三批计划文件《农业部关于下达第四批扩大内需项目种植业种子工程 2009 年中央预算内投资计划的通知》（农计发〔2009〕20 号）下达投资 2 385 万元。

第四批计划文件《农业部关于下达 2009 年部门自身建设项目中央预算内投资计划的通知》（农计发〔2009〕21 号）下达投资 16 163 万元。

第五批计划文件《农业部关于下达第四批扩大内需项目草原防火等农业基础设施 2009 年中央预算内投资计划的通知》（农计发〔2009〕23 号）下达投资 700 万元。

第六批计划文件《农业部关于下达第三批扩大内需项目国家重大科技基础设施建设 2009 年中央预算内投资计划的通知》（农计发〔2009〕31 号）下达投资 1 000 万元。

第七批计划文件《农业部关于下达 2009 年直属单位建设中央预算内投资计划的通知》（农计发〔2009〕32 号）下达投资 30 万元。

中国农业科学院 2009 年基本建设投资计划情况表

序号	项目名称	建设性质	建设地点	主要建设内容	建设年限	下达投资（万元）	
1	农业部茶叶质量安全监督检验中心	改扩建	浙江省杭州市西湖区云栖路1号	改造实验室1 284平方米，新建超净工作室16平方米，建设通风柜、防酸碱试验台等辅助设施，购置仪器设备165台（套）	2007～2009		300
						基金拨款	300
						自有资金	
2	农业部油料及制品质量安全监督检验中心	改建	湖北省武汉市武昌区徐东二路2号	改造实验室、试剂药品库房及实验动物房共1 140平方米，购置仪器设备96台（套）	2008～2009		300
						基金拨款	300
						自有资金	
3	农业部稻米及制品质量安全监督检验中心	改建	浙江省富阳市水稻所路28号	改造实验室1 800平方米，购置仪器设备41台（套）及相关配套设备	2008～2009		300
						基金拨款	300
						自有资金	
4	农业部果品及苗木质量安全监督检验中心	新建	河南省郑州市航海东路63号果树所院内	新建冷藏室54平方米、人工气候室50平方米，通风空调、除湿、排烟和消防设施各1套，购置仪器设备89台（套）	2008～2010		600
						基金拨款	600
						自有资金	
5	农业部蜂产品质量安全监督检验中心	改建	北京市海淀区香山卧佛寺1号	改造实验室1 028平方米，购置仪器设备52台（套）	2007～2009		300
						基金拨款	300
						自有资金	
6	部级棉花质量安全监督检验中心	新建	河南省安阳市开发区黄河大道中棉所院内	新建实验室1 447平方米，购置仪器设备139台（套）、实验台80延长米	2008～2009		500
						基金拨款	500
						自有资金	
7	农业部甜菜及制品质量安全监督检验中心	改建	黑龙江省哈尔滨市南岗区学府路74号	改造实验室1 973平方米，购置仪器设备47台（套）	2008～2009		200
						基金拨款	200
						自有资金	

续表

序号	项目名称	建设性质	建设地点	主要建设内容	建设年限	下达投资(万元)	
8	部级蚕业产品质量安全监督检验中心	改扩建	江苏省镇江市润州区四摆渡蚕业研究所院内	改造实验室及辅助设施1 212平方米,扩建实验室641平方米,新建温室491平方米,水泥道路570平方米,购置仪器设备493台(套)	2008~2010		600
						基金拨款	600
						自有资金	
9	部级种禽质量安全监督检验中心	改扩建	江苏省扬州市广陵区桑园路46号	改造实验室847平方米,新建水禽测定舍2 087平方米,购置仪器设备199台(套)	2008~2010		743
						基金拨款	743
						自有资金	
10	农业部农业环境质量安全监督检验中心	改扩建	天津市南开区复康路31号	改造实验室1 881平方米,改造室外管道系统,新建室外气瓶间20平方米,购置仪器设备48台(套)	2007~2009		607
						基金拨款	607
						自有资金	
11	部级柑橘及苗木质量安全监督检验中心	改建	重庆市北碚区歇马镇柑橘村15号	改造实验室及附属用房1 355平方米,新建配套辅助设施,购置仪器设备46台(套)	2008~2010		706
						基金拨款	706
						自有资金	
12	国家动物疫病防控生物安全四级实验室	续建	哈尔滨市	生物安全实验楼13 164平方米,锅炉房692平方米,污水处理站1 328平方米,储油罐200立方米,配套室外管网、道路、绿化、围墙大门等工程。购置实验仪器设备275台(套)	2007~2010		9 773
						基金拨款	9 773
						自有资金	
13	中国农业科学院西瓜甜瓜种质资源中期库	新建	河南省郑州市管城回族区	新建种子保存库及配套用房288.88平方米,完善田间工程,购置仪器设备25台(套)	2年		270
						基金拨款	270
						自有资金	
14	中国农业科学院麻类种质资源中期库	新建	湖南省长沙市岳麓区	新建中期库房及辅助用房等1 300平方米,完善田间工程,购置仪器设备34台(套)	2年		270
						基金拨款	270
						自有资金	
15	中国农业科学院无性繁殖蔬菜资源圃	新建	北京市海淀区	新建种质保存隔离池等土建工程5 505平方米,完善田间工程,购置仪器设备16台(套)	2年		305
						基金拨款	305
						自有资金	

续表

序号	项目名称	建设性质	建设地点	主要建设内容	建设年限	下达投资（万元）	
16	航天育种工程	新建	北京市海淀区圆明园西路2号	新建综合实验楼9 999.5平方米、实验温室1 346.8平方米，进行放射性设施改造，购置仪器设备276台（套）	4年		1 340
						基金拨款	1 340
						自有资金	
17	国家农作物大豆改良中心北京分中心项目	新建	北京市昌平区	新建大豆抗旱棚400平方米，购置仪器设备73台（套）	2年		200
						基金拨款	200
						自有资金	
18	中国农业科学院畜牧兽医研究所畜禽舍搬迁项目	新建	北京市昌平区马池口乡	实验猪场2 120平方米，实验鸡场2 640平方米，反刍动物实验养殖场510平方米，实验鸭场2 720平方米，配套用房1 500平方米，购置配套养殖设备	2008~2009		833
						基金拨款	833
						自有资金	
19	中国农业科学院水稻研究所生物科学研究实验室建设项目	新建	浙江省杭州市富阳市水稻研究所	水稻生物科学研究实验室及附属设施，总建筑面积为9 877平方米，框架结构，主体四层，地下室一层	2008~2010		1 500
						基金拨款	1 500
						自有资金	
20	中国农业科学院南京农业机械化研究所科研实验室建设项目	新建	江苏省南京市玄武区柳营100号	新建科研实验室8 068平方米，中心配电室125平方米，并购置农业机械试验台架及设备4台（套）	2008~2010		1 000
						基金拨款	1 000
						自有资金	
21	中国农业科学院沼气科学研究所厌氧微生物重点开放实验室改造项目	新建	四川省成都市武侯区人民南路四段13号	改造实验室6 325平方米，更新实验台柜，购置微生物学研究、分子生物学研究、分析等仪器设备93台（套）	2009~2010		700
						基金拨款	700
						自有资金	
22	中国农业科学院烟草研究所科研综合实验室项目	新建	山东省青岛市崂山区	建设总面积7 995平方米，地下一层，地上六层	2008~2010		620
						基金拨款	620
						自有资金	
23	中国农业科学院蜜蜂研究所所区改造项目	改建	北京市海淀区香山卧佛寺1号	改造各类实验室和配套用房6 070平方米，完善室外供暖、给排水、供电、道路及绿化等工程	2008~2009		365
						基金拨款	365
						自有资金	

序号	项目名称	建设性质	建设地点	主要建设内容	建设年限	下达投资(万元)	
24	中国农业科学院研究生宿舍楼建设项目	新建	北京市海淀区中关村南大街12号	新建研究生宿舍楼15 506平方米	2008~2010		300
						基金拨款	300
						自有资金	
25	上海家畜寄生虫病研究所动物医学实验室配套项目	新建	上海市闵行区紫月路518号	新建室外道路9 080平方米,围墙562延长米,绿化11 169平方米,污水处理系统1套,改造无菌安全实验室净化系统6间共504平方米,购置实验台、柜、排毒柜(通风柜)等配套实验设施,并缴纳市政基础设施统建费	2007~2009		730
						基金拨款	730
						自有资金	
26	农业部沙尔沁牧草资源重点野外科学观测试验站建设项目	新建	内蒙古自治区呼和浩特市土默特左旗沙尔沁乡公布板村北中国农业科学院草原研究所试验场	新建实验室400平方米,改造实验室48平方米,新建农机库200平方米,种子储藏库200平方米,日光温室200平方米,网室200平方米,晒场500平方米,旱棚200平方米,打机井1眼,灌溉工程100亩,场区道路1 050平方米,田间道路2 460平方米,围栏1 050米,绿化1 040米,试验站至国道水泥道路2 000米,购置配套野外观测实验仪器设备	2008~2009		75
						基金拨款	75
						自有资金	
27	农牧交错区试验示范基地基础设施建设	新建	内蒙古自治区呼和浩特市土默特左旗沙尔沁乡	新建混凝土道路69 950平方米,砂石路15 720平方米,建设630KVA箱式变电站1座,敷设高压电缆4 000米,低压电缆入地敷设4 500米,购置太阳能庭院灯35套;加固防护堤8 493米,防护沟清淤25 479米,建设围栏9 030米及配套设施	2009~2010		200
						基金拨款	200
						自有资金	
28	寿阳旱地农业重点野外科学观测试验站	新建	山西省晋中市寿阳县	新建综合科研楼1 320平方米;建设仓库等595平方米;修建道路4 000平方米,围墙600米;晒场1 000平方米,机井及配套设备1套,维修各类沟渠2 000米,田间道路2 000平方米,新建径流场、肥料试验场、气象观测场等10亩;购置仪器设备19台(套)	2008~2009		200
						基金拨款	200
						自有资金	

序号	项目名称	建设性质	建设地点	主要建设内容	建设年限	下达投资（万元）	
29	农业资源与农业区划研究所洛阳旱作农业重点野外科学观测试验站	扩建	河南省洛阳市	新建科研观测实验室及生活用房1 500平方米，实验温室600平方米，锅炉房、仓库等配套用房380平方米，购置配套野外观测仪器设备和农机具37台（套）	2008～2009		475
						基金拨款	475
						自有资金	
30	中国农业科学院农业资源综合利用研究中心	新建	北京市海淀区中关村南大街12号	新建科研用房7 398平方米及室外工程，购置配套试验台	2008～2010		500
						基金拨款	500
						自有资金	
31	中国农业科学院祁阳红壤实验站	新建	湖南省永州市祁阳县文富市镇祁阳红壤实验站	新建实验辅助及生活用房760平方米，温室300平方米，网室400平方米，大型径流观测场3 800平方米，田间气象观测场800平方米，规范化观测样地20亩，配套田间道路、机井和灌溉等基础设施，购置配套野外观测和实验仪器设备	2008～2010		200
						基金拨款	200
						自有资金	
32	中国农业科学院特产研究所综合实验室建设项目	新建	吉林省长春市净月潭旅游经济开发区	总建筑面积9 896平方米，配套建设室外工程，并购置安装实验台	2008～2010		1 000
						基金拨款	1 000
						自有资金	
33	中国农业科学院棉花研究所杂交棉综合试验基地	新建	安徽省合肥市国家高新技术开发区	新建综合实验室及科研人员生活用房4 500平方米，种子挂藏风干室600平方米，晒场2 400平方米以及水、电、路、气等场区工程，购置配套仪器设备	2008～2010		300
						基金拨款	300
						自有资金	
34	农业部兴城北方落叶果树资源重点野外科学观测试验站	新建	辽宁省兴城市元台子乡药王庙村果树研究所砬山试验场	新建工作用房760平方米，锅炉房57平方米，混凝土道路5 758平方米，砂石道路7 200平方米，绿化1 344平方米，围墙232延长米，围栏1 600延长米，改造蓄水池200立方米，二级提水管线300延长米，灌溉系统管线1 200延长米，购置配套野外观测仪器设备	2008～2009		410
						基金拨款	410
						自有资金	

续表

序号	项目名称	建设性质	建设地点	主要建设内容	建设年限	下达投资(万元)	
35	中国农业科学院郑州果树研究所综合实验室建设项目	新建	河南省郑州市管城回族区航海东路63号	总建筑面积8 173平方米,并建设道路、绿化、管网等室外工程	2007~2009		500
						基金拨款	500
						自有资金	
36	中国农业科学院油料作物研究所阳逻综合试验基地建设项目	新建	湖北省武汉市新洲区阳逻经济开发区	新建综合科研实验室4 054平方米,种子仓库680平方米,挂藏室1 600平方米,种子工作间1 440平方米,风雨晒场1 600平方米,旱棚1 440平方米,智能温室315平方米,隔离网室9 450平方米,塑料大棚1 275平方米,晒场3 000平方米,建设室外工程并购置配套农机具8台(套)	2007~2010		500
						基金拨款	500
						自有资金	
37	中国农业科学院油料作物研究所北方繁育基地建设项目	新建	青海省海东地区平安县小峡镇上红庄村	新建综合实验楼2 900平方米,建设挂藏室、种子仓库、温室、农机具房等2 398平方米,晒场4 000平方米,配套场区给排水、供配电、道路和绿化工程。建设排灌区、蓄水池、机耕路、田埂等田间设施180亩,购置仪器设备62台(套)	2009~2010		200
						基金拨款	200
						自有资金	
38	中国农业科学院哈尔滨兽医研究所新所区66kV变电所及院区电网建设项目	新建	黑龙江省哈尔滨市香坊区	新建66kV变电所1 500平方米,66kV进线1回,10kV进线1回,10kV出线20回;新建10kV变电所50平方米,10kV进线2回	2008~2010		800
						基金拨款	800
						自有资金	
39	中国农业科学院饲料工艺标准参考实验室建设项目	新建	北京市昌平区南口镇	新建原料品质控制实验室、成品质量控制实验室和综合实验楼共计2 079.15平方米以及配套辅助工程设施;购置仪器设备166台(套)	2009~2010		510
						基金拨款	510
						自有资金	
40	中国农业科学院饲料研究所饲料安全评价基准实验室建设	新建	北京市昌平区南口镇马坊	建设鸡精细饲养实验室556.15平方米,猪精细饲养实验室590.21平方米,发酵间102.08平方米,沉淀池60立方米,氧化塘60平方米,配套场区工程。购置仪器设备139台(套)	2008~2009		65
						基金拨款	65
						自有资金	

序号	项目名称	建设性质	建设地点	主要建设内容	建设年限	下达投资(万元)	
41	中国农业科学院饲料及畜产品安全监测设备购置项目	新建	北京市海淀区中关村南大街12号	购置液相色谱与串联四极杆质谱联用仪1套、气相色谱与串联四极杆质谱联用仪1套、超高效液相色谱仪1套，共3套仪器设备	2009~2010		500
						基金拨款	500
						自有资金	
42	全国重点农产品加工技术研发中心体系建设项目	新建	北京市海淀区中国农业科学院农产品加工研究所等	购置各类农产品加工基础研究、应用开发、中试设备和检测仪器65台（套）	2009		880
						基金拨款	880
						自有资金	
43	中国农业科学院新疆综合实验基地建设项目	新建	新疆阿克苏地区苏市南工业园区、石河子总场、阿克苏市温宿县青年农场	新建实验用房3 000平方米，宿舍及食堂等配套用房2 000平方米，种子库和挂藏室1 500平方米，晒场4 000平方米，建设室外配电、供暖、道路、绿化等场区工程；建设试验田2 000亩，打机井4眼，新建田间道路、灌溉设施和电力设施等；购置实验仪器设备33台（套），工作用越野车和面包车各1辆，实验台450延长米及家具	2008~2010		500
						基金拨款	500
						自有资金	
44	中国农业科学院农业科技展示园	新建	北京市海淀区联想桥南侧	主要建设内容包括展示温室13 500平方米，植物工厂1 500平方米，停车场3 000平方米，道路2 240平方米，绿化1 260平方米，以及配套基础设施	2009~2010		300
						基金拨款	300
						自有资金	
45	中国农业科学院图书馆	扩建	北京市海淀区中关村南大街12号	总建筑面积31 936平方米，其中新建22 902平方米，改造9 034平方米	2009~2011		2 000
						基金拨款	2 000
						自有资金	
46	中国农业科学院海南综合实验基地建设项目	新建	海南省三亚市市辖区田独镇荔枝沟	新建实验室及配套用房5 101.75平方米，建设标准化试验田500亩，田间工作用房716.82平方米，购置实验仪器设备、农机具及后勤用设备243台（套）	2008~2010		500
						基金拨款	500
						自有资金	

序号	项目名称	建设性质	建设地点	主要建设内容	建设年限	下达投资(万元)	
47	中国农业科学院作物科学研究所能源作物高效培育技术示范基地	新建	河北省廊坊市广阳区万庄镇中国农业科学院高新技术产业园	建设种子质量检验室、考种室、样品挂藏室、风干室、种子仓库、化肥农药等生产资料库、品种展示厅等共1 200平方米,购置仪器设备18台(套)	2009~2010		200
						基金拨款	200
						自有资金	
48	国家农业生物安全科学中心	新建	北京市海淀区圆明园西路	主要建设高危植物病原、高危昆虫和高危植物科学研究专业实验室,其中包括相应的高级、中级生物安全隔离室和温室及相关的科研仪器设备;农业生物安全信息分析处理网络等设施,为实验室提供相关配套的附属用房、工程配套用房等	2009~2012		1 000
						基金拨款	1 000
						自有资金	
49	项目前期工作费用	新建	北京市海淀区	中国农业科学院基本建设规划及国家耕地质量科学中心等重点项目评审论证等前期工作费	2009		30
						中央投资	30
						自有资金	

中国农业科学院 2009 年建成项目一览表

（单位：万元）

序号	项目名称	项目单位	主要建设内容	完成投资（国拨）
1	中国农业科学院基本建设前期工作	院部		20
2	2008 年中国农业科学院规划编制和重大项目评审	院部		20
3	中国农作物基因资源与基因改良重大科学工程和作物基因工程技术实验楼项目	院部	重大科学工程总建筑面积 13 951.9 平方米，购置仪器设备 69 类、433 台（套）；实验楼总建筑面积 9 730 平方米	16 988
4	院部外电源	院部	铺设高压电缆 7 304 米，铺设 PVC 管 800 米，新建直通井 2 眼，转角井 9 眼	1 085
5	马连洼锅炉改造	院部	改造锅炉房 567 平方米，购置并安装 26 台模块化直流燃气热水锅炉及配管，更换循环泵、补水泵、软化水系统控制系统和燃气调压箱等，铺设天然气外线并更新部分热力二次线	800
6	院部大院供电系统增容改造	院部	中心配电室购置并安装两台 2 000KVA 变压器，16 面高压开关柜，19 面低压配电柜及附属设备 3 台，安装原中心配电室的 10 面高压开关柜；北区配电室移至办公楼地下室，购置并安装 4 台高压环网柜，2 面低压柜，安装由中心配电室移入的 2 台 1 250KVA 变压器，17 面低压柜；东区新建配电室 175 平方米，购置并安装 1 600KVA 变压器 2 台，15 面低压开关柜，4 面高压环网柜，安装由原东区配电室移入的 1 台 800KVA 变压器，6 面低压柜，2 台高压环网柜；以及室外电缆工程	1 069

续表

序号	项目名称	项目单位	主要建设内容	完成投资（国拨）
7	中国农业科学院供水改造	院部	将原有的自备井供水改为城市自来水管网供水，改造市政和院内供水管线及辅助设备设施	304
8	农作物国外引种隔离检疫基地搬迁	作科所	改造种质检验综合楼 2 013 平方米，新建引种检疫检验温室 708 平方米，健康种子繁殖温室 797 平方米，防鸟网室 2 042平方米，防虫网室 402 平方米，附属用房 213 平方米及场区配套设施工程，购置仪器设备及农机具 264 台（套）	1 545
9	植物保护研究所科研温室	植保所	建设常温温室 3 栋 869 平方米，低温温室 1 栋 169 平方米，操作间 432 平方米	347
10	国家转基因农作物检测与监测中心（北方）	植保所	改造实验室 445 平方米、基地工作间 1 157平方米、养虫室 175 平方米、隔离网室 414 平方米，新建隔离网室 824 平方米、晒场 1 000平方米，修建渠道 1 023 延长米，打机井 2 眼，硬化田间道路 2 100 平方米，建设围栏 2 605 延长米，灌溉设施 1 座，电力设施 1 套，购置仪器设备 43 台（套）	440
11	植物保护研究所实验楼改造	植保所	改造总建筑面积 5 600平方米，包括装修工程、电气工程、采暖空调工程等	294
12	植物保护研究所电梯更新	植保所	更新六层六站客货两用电梯 1 部	40
13	农业部蔬菜质量安全监督检验测试中心建设项目	蔬菜所	实验室改造 600 平方米，购置安装实验台 60 延长米，通风柜 4 个。购置仪器设备 105 台（套）	1 665
14	国家转基因园艺作物检测与监测中心项目	蔬菜所	改造实验室 361.67 平方米、温室 590.46 平方米，新建网室 1 044.4平方米、隔离围栏 508.1 延长米，土壤改良及灌溉 10.9 亩，购置仪器设备 51 台（套）	281
15	畜牧业环境调控专用冷风机科技成果转化项目	环发所	1#、2#综合加工车间、综合实验室、管理用房等主题土建工程 1 598平方米，购置仪器设备 41 台（套）	400

序号	项目名称	项目单位	主要建设内容	完成投资（国拨）
16	结核病和宠物疫病诊断实验室	畜牧所	改造实验室 704.4 平方米，新建地下污水处理池 51.94 立方米，购置仪器设备 120 台（套）	1 009
17	农业部蜂产品质量安全监督检验测试中心	蜜蜂所	改造实验室 1 028 平方米，购置仪器设备 52 台（套）	2 380
18	蜜蜂研究所所区改造	蜜蜂所	改造总建筑面积 6 070 平方米	765
19	酶法生产低聚寡糖饲料添加剂科技成果转化示范项目	饲料所	新建生产车间 1 395 平方米，实验室及管理用房 510 平方米，仓库 396 平方米，及建设室外管道工程等，购置仪器设备 105 台（套）	445
20	2007 全国农产品加工技术研发中心体系建设项目	加工所	购置仪器设备 251 台（套）	1 800
21	国家植物用转基因微生物检测与监测中心	生物所	改建实验室和工作间 546 平方米，新建日光温室 1 207 平方米、隔离网室 2 447 平方米、农田灌溉设施 1 套、田间道路 874 米等，购置仪器设备 35 台（套）	409
22	呼伦贝尔草甸草原生态环境重点野外观测试验站	资划所	新建实验室、用房 1 302 平方米，食堂及厨房等附属用房 287.53 平方米，新建围栏 10 000 米，田间道路 1 500 平方米，新建标准气象观测场 1 个，标准径流观测场 3 个，购置仪器设备 41 台（套）	480
23	农业资源区划资料库改造	资划所	改造书库 2 000 平方米，改造学术报告厅 285 平方米，购置配套设备及资料管理软件等	220
24	农业科技数字出版系统	出版社	改造机房 50 平方米，购置服务器、交换机、路由器、UPS 电源等网络设备，办公自动化及出版编辑 ERP 系统、农业科技数字化出版系统和编辑、出版、发行、综合查询等相关软件	280

续表

序号	项目名称	项目单位	主要建设内容	完成投资（国拨）
25	农田灌溉研究所综合科学实验室	灌溉所	拆除旧实验楼 2 751平方米，新建综合实验室 5 861平方米，建设室外配套工程，购置锅炉房及学术交流厅设备 18 台（套）	1 100
26	农业部稻米及制品质量安全检验检测体系建设项目	水稻所	改造实验室 1 800平方米，购买仪器设备 41 台（套）及相关配套设备	1 840
27	国家转基因水稻检测与监测中心项目	水稻所	新建、改造实验室等 1 000平方米，仪器购置 66 台（套）等	431
28	国家转基因油菜检测与监测中心项目	油料所	改造实验室 406 平方米，新建仓库、隔离网室等 1 600平方米，改造农田 50 亩，购置仪器设备 41 台（套）	334
29	农业部油料制品质量安全监督检验中心改造项目	油料所	改造实验室、试剂药品库房及实验动物房共 1 140平方米，购置仪器设备 96 台（套）	1 570
30	国家油料作物改良中心二期	油料所	新建种子库 227 平方米、农药化肥库 136 平方米、农具库 126 平方米、泵房 33 平方米以及田间工程等。购置仪器 164 台（套）	880
31	果树研究所所区基础设施综合改造	果树所	翻建电动伸缩门、传达室；新建农机具库、车库、热交换站等 746.9 平方米；购置实验台 440 延长米、翻修所区道路 8 000平方米、绿化 6 300平方米、围墙围栏 2 230延长米；新建污水处理系统及管线，改造配电系统、供暖线路等	607
32	果树研究所综合实验楼	果树所	建设综合实验楼 6 127平方米	1 200
33	国家桃、葡萄改良中心	郑果所	改造实验室 1 200平方米、建设智能型日光温室 250.7 平方米、冷库 60 平方米、锅炉房及附属用房 615.3 平方米，完善田间设施，购置仪器设备 134 台（套）	1 060
34	茶叶研究所所区基础配套设施综合改造	茶叶所	拆除危旧建筑 2 369 平方米，道路 4 260平方米，新建污水处理池 1 座，道路 6 000平方米，排水沟 300 米，场区绿化 38 300平方米	970

续表

序号	项目名称	项目单位	主要建设内容	完成投资（国拨）
35	农业部茶叶质量安全监督检验中心项目	茶叶所	改造实验室1 284平方米，新建超净工作室16平方米，建设通风柜、防酸碱试验台等辅助设施，购置仪器设备165台（套）	1 714
36	SPF鸡胚生产设施建设项目	哈兽研	建设SPF鸡胚生产厂房及辅助用房9 181平方米。购置各类仪器设备183台（套）	3 000
37	禽流感疫苗抗原储备库建设项目	哈兽研	新建抗原储备库1 975平方米。购置工艺设备294台（套）及部分动力设备	1 345
38	农业部兰州黄土高原生态环境重点野外科学观测试验站建设项目	兰牧药	新建科研观测实验室1 190平方米，车库与仓库153平方米、配电室25平方米，长期定位试验场70亩，混凝土道路720平方米，泥结碎石道路3 600平方米，室外给排水、供热管道780米；购置仪器设备21台（套）	500
39	动物医学实验室	上海所	建设动物医学实验楼8 105平方米，包括中心仪器室、国家防治动物血吸虫病实验室、农业部寄生虫学重点开放实验室，动物生物技术研究室和畜产品安全研究室等用房	2 450
40	鄂尔多斯沙地草原生态环境重点野外科学观测试验站	草原所	新建科研观测实验室756平方米，围栏2 245延长米，水井1眼，机井房22平方米及配电等附属设施，购置配套野外观测仪器设备30台（套）	460
41	特种经济作物有效成分低农残提取科技成果转化示范项目	特产所	改建原料库、成品库等用房1 074.28平方米，购仪器设备68台（套）	570
42	特产研究所供水改造	特产所	新建净化间280平方米，送水泵房86.4平方米，清水池100立方米，购置水泵7台，电器及自控设备1套，曝气、过滤、消毒设备5台（套），更新管线	190

续表

序号	项目名称	项目单位	主要建设内容	完成投资（国拨）
43	国家转基因生物生态环境检测与监测中心	环保所	改造实验室 666 平方米，改建网室 1 422平方米，购置仪器设备 57 台（套）	327
44	环境保护科研监测所水电改造	环保所	改造供电系统，翻建原有配电站 150 平方米，将原有 315KVA 变压器更换为 800KVA 变压器，更新高压开关柜 5 台，低压开关柜 6 台，低压电容柜 2 台，更新电力电缆 400 米；改造排水系统，新建污水检查井 2 座，雨水检查井 20 座，1#化粪池 2 座，更新给水主管线 140 米，污水主管线 800 米，雨水管线 1 020 米，雨水口 65 个；恢复道路 2 500平方米	170
45	南京农业机械化研究所所区综合改造工程	南农机	扩建主干道 4 230 平方米，次干道 3 830 平方米，新建人行道 2 870平方米，原路面翻新 2 250平方米，改造主入口大门及门卫室，新建次入口大门两座，扩建花式铸铁围墙 724 米，原围墙粉刷 1 218米，改造给水系统、更新室外污水、雨水、燃气管线和路灯等	991
46	国家烟草改良中心项目	烟草所	新建种子资源库 711 平方米，屋顶 273 平方米，温室 782 平方米。修建水泥路 2 193平方米，围墙 880 平方米等设施。购置仪器设备 135 台（套）	1 014
47	柑橘研究所综合实验楼	柑橘所	总建筑面积 5 970平方米	900
48	柑橘研究所室外水电改造	柑橘所	改造给排水系统，更新上水主管道 1 250米及相应闸阀，改造高压水塔以及配套设施，改造供电系统，更新电缆线 4 600米	130

中国农业科学院 2009 年修购专项项目批复情况

中国农业科学院 2009 年获批复的修购专项项目 91 个，批复预算总金额 29 335 万元，如下表所示。其中，房屋修缮类项目 16 个，批复预算 2 810 万元，基础设施改造类项目 33 个，批复预算 10 665 万元，仪器设备购置类项目 37 个，批复预算 15 615 万元，仪器设备改造升级类项目 5 个，批复预算 245 万元。批复 2 单价在 200 万元以上的大型仪器设备 4 台（套），金额 1 370 万元。

中国农业科学院 2009 年中央级科学事业单位
修缮购置专项资金项目预算表

主管部门：农业部

编号	项目名称	财政预算数（万元）	其中：大型设备	
			数量	金额（万元）
—	中国农业科学院合计	29 335.00	4	1 370.00
125161001	农业部沼气科学研究所	735.00		
125161002	农业部环境保护科研监测所	720.00	1	360.00
125161003	中国农业科学院（本级）	1 340.00		
125161004	中国农业科学院研究生院	450.00		
125161005	中国农业科学院农业经济与发展研究所	75.00		
125161008	中国农业科学院农业信息研究所	805.00		
125161009	中国农业科学院作物科学研究所	1 175.00	1	480.00
125161010	中国农业科学院蔬菜花卉研究所	1 060.00		
125161012	中国农业科学院农业环境与可持续发展研究所	815.00		
125161013	中国农业科学院农业资源与农业区划研究所	915.00		
125161014	中国农业科学院植物保护研究所	1 525.00		

续表

编号	项目名称	财政预算数（万元）	其中：大型设备	
			数量	金额（万元）
125161015	中国农业科学院农产品加工研究所	130.00		
125161016	中国农业科学院棉花研究所	1 685.00		
125161017	中国农业科学院油料作物研究所	1 025.00		
125161018	中国农业科学院果树研究所	515.00		
125161019	中国农业科学院郑州果树研究所	420.00		
125161021	中国农业科学院茶叶研究所	990.00	1	220.00
125161023	中国农业科学院烟草研究所	880.00		
125161024	中国农业科学院麻类研究所	755.00		
125161028	中国农业科学院北京畜牧兽医研究所	1 015.00		
125161029	中国农业科学院蜜蜂研究所	585.00		
125161030	中国农业科学院哈尔滨兽医研究所	1 700.00	1	310.00
125161031	中国农业科学院兰州兽医研究所	1 125.00		
125161032	中国农业科学院兰州畜牧与兽药研究所	805.00		
125161033	中国农业科学院草原研究所	955.00		
125161034	中国农业科学院特产研究所	1 125.00		
125161035	中国农业科学院上海兽医研究所	2 050.00		
125161036	中国水稻研究所	1 560.00		
125161038	中国农业科学院饲料研究所	790.00		
125161039	中国农业科学院生物技术研究所	1 610.00		

中国农业科学院 2009 年基本科研
业务费项目批复情况汇总表

（单位：万元）

序号	编码	单位名称	数量	金额
一	合计	—	373	8 556
1	125161002	环保所	13	330
2	125161003	院（本级）	35	480
3	125161004	研究生院	7	90
4	125161005	农经所	19	240
5	125161008	信息所	22	210
6	125161009	作科所	20	1 215
7	125161012	环发所	22	390
8	125161013	资划所	38	480
9	125161014	植保所	10	420
10	125161016	棉花所	34	660
11	125161017	油料所	26	480
12	125161028	北兽医	25	465
13	125161030	哈兽研	15	726
14	125161032	兰牧药	32	630
15	125161033	草原所	13	435
16	125161035	上兽医	18	315
17	125161036	水稻所	6	720
18	125161039	生物所	18	270

中国农业科学院 2009 年度政府采购情况

根据中国农业科学院 2009 年度《全国政府采购信息统计报表》，全院 2009 年采购预算金额 106 036.51 万元，实际采购金额 103 283.87 万元，实际采购金额比 2008 年增长 124.16%。实际采购相对预算的节约资金总额 2 752.64 万元，总节约率 2.6%；货物类节约金额 1 606.10 万元，节约率 4.66%；工程类节约金额 899.25 万元，节约率 1.31%；服务类节约金额 247.29 万元，节约率 7.87%。

一、政府采购资金来源

实际采购中预算内资金 76 129.86 万元，占总采购金额的 73.71%；自筹资金 27 154.01 万元，占总采购金额的 26.29%。

二、政府采购构成情况

实际采购中货物类采购金额 32 884.59 万元，占总采购金额的 31.84%；工程类采购金额 67 504.27 万元，占总采购金额的 65.36%；服务类采购金额 2 895.02 万元，占总采购金额的 2.8%。

三、政府采购组织形式

实际采购中集中采购金额 8 581.00 万元，占总采购金额的 8.31%，分散采购金额 94 702.87 万元，占总采购金额的 91.69%。

四、政府采购方式

实际采购中公开招标采购金额 101 111.01 万元，占总采购金额的 97.90%，邀请招标采购金额 482.76 万元，竞争性谈判采购金额 987.54 万元，询价采购金额 561.87 万元，单一来源采购金额 140.7 万元。

五、政府采购合同授予

实际采购中进口采购金额 20 739.15 万元，国内采购金额 82 544.72 万元，占总采购金额的 79.92%，其中省内采购金额 77 966.29 万元，省外采购金额 4 578.43 万元。

六、节能专项统计

实际采购中节能节水专项同类产品采购金额 2 351.27 万元，节能节水采购金额 2 346.80 万元，占总采购金额的 99.81%，非节能节水采购金额 4.47 万元，占总采购金额的 0.19%。

七、环保专项统计

实际采购中环保专项同类产品采购金额 3 048.74 万元，环保采购金额 2 711.61 万元，占总采购金额的 88.94%，非环保采购金额 337.13 万元，占总采购金额的 11.06%。

中国农业科学院图书馆项目建设管理办法

为使中国农业科学院图书馆建设项目（以下简称"项目"）建设管理工作有序高效，明确项目建设期间的管理范围和工作职责，保质保量地按期完成建设任务，根据《农业部农业基本建设管理办法》，制定本项目管理办法。

一、总　　则

本项目由基本建设局组织建设，按照项目立项批复文件以及项目法人负责制要求，本项目法人单位为中国农业科学院，法定代表人为翟虎渠，法定代表人授权基本建设局局长付静彬为其代理人，全权负责签署经济合同、法律文件及重要技术文件。

为了加强本项目的规范管理，委托有资质的专业机构代理本项目的建筑安装施工、监理、工艺设备、重要材料等招标；科研仪器设备的招标采购由基本建设局与信息研究所共同按照仪器设备招投标管理有关规定执行。

本项目的整个建设过程严格执行国家及部门规章制度，特别是项目法人负责制、招投标制、工程监理制、合同制，严格执行基本建设财务管理规定。项目变更洽商严格按照农业部《农业基本建设项目申报审批管理规定》履行报批手续，原则按照先确认、后施工的程序执行。

二、项目组织管理

本项目设立项目建设领导小组：

组　长：翟虎渠

副组长：雷茂良

组　员：付静彬、许世卫、刘俐、周霞

本项目由基本建设局项目管理处负责具体实施，人员分工如下。

项目负责人：付静彬

分管副局长：周霞

甲方代表（技术负责人）：杨照斌

土建组：杨照斌、刘洪业、杨记碌

暖通组：原敏

电气组：蒋大雄、王文生（弱电）等

仪器设备组：杨记磙、王文生等

档案资料组：原敏、杨记磙　农业信息研究所一人（协助工作）

监察组：解小慧、王玎、王欣

三、管理职责

项目建设过程中出现的重大及重要事项由项目领导小组负责决策；非重大事项、一般事项由基本建设局局领导、或基本建设局重大问题技术小组与项目处有关人员研究决策。项目管理部门负责及时向有关领导汇报各种事项。

（一）项目建设领导小组：听取项目进展情况、施工质量情况、投资情况等汇报，研究决策项目建设中的重大及重要事项。所有招投标文件等重要技术资料，必须经过基本建设局重大问题技术小组讨论并通过，方可执行。

（二）项目负责人

本项目负责人为基本建设局局长。负责项目的总体管理；负责向项目建设领导小组汇报重大和重要事项、项目进展情况、施工质量及投资情况等工作；听取汇报、参加每周的监理会议、决策、确认、签署变更洽商及相关文件。

（三）分管副局长

分管副局长负责向基本建设局局长、项目负责人汇报重大和重要事项、项目进展情况、施工质量及投资情况等；具体负责项目的协调、管理、组织变更洽商及相关文件的审核，参加每周的监理会议等工作。

（四）甲方代表暨建设单位技术负责人

本项目甲方代表（建设单位技术负责人）为基本建设局项目管理处负责人。负责整个项目建设管理及投资控制管理，作为甲方代表参加监理例会，作为项目建设的技术负责人，负责协调、处理各专业的技术问题；负责材料进场检验，关键工序检验，在相关专业组的组长完成隐蔽工程检验、签字后的签字确认；负责向分管副局长汇报项目建设进展及资金使用情况，汇报项目建设过程中需领导决策的重大、重要及非重大事项。

（五）项目管理部门

本项目具体管理部门为基本建设局项目管理处。其管理职责为：

1. 严格执行国家、农业部及我院关于基本建设项目管理办法、基本建设项目财务管理办法和招投标管理规定，严格执行有关基本建设廉政规定。

2. 负责按时向项目负责人和分管副局长汇报项目建设情况及资金使用情况，负责及时向项目负责人和分管副局长汇报项目建设过程中的重大及重要事项；负责项目建设总体安排、协调和运作，监督项目实施全过程；负责协调、督导、巡查施工、监理工作情况；负责项目质量管理"三检"工作；负责设备材料考察、招标、采购工作；负责办理资金使用审批手续；办理经济合同、变更洽商文件及技术文件等最终签字确认各项手续；办理其他相关内容的审批、确认手续。

3. 负责起草项目建设过程中需向上级部门请示、汇报、报批事项等的文件资料；负责组织项目验收、竣工备案和竣工资料收集入档等工作；负责与项目有关的会务、会议记录并形成会议纪要；分发文件和通知；收集整理项目资料形成项目资料档案等。

（六）各专业组工作分工：

各专业组设组长一名，负责完成本专业工作，向甲方代表（建设单位技术负责人）负责。

1. 土建组：

（1）负责办理项目建设前期有关手续，取得有关部门的批复文件；

（2）组织招标代理机构进行施工、监理招标工作，办理施工许可证手续；

（3）审查设计图纸文件，组织图纸会审，确保各专业图纸配套，特别是与工艺的配套；

（4）负责合同执行管理，协调管理建筑安装工程施工，负责本专业的"三检"工作并签字确认（材料进场检验和签字、关键工序检验和签字、隐蔽工程检验和签字），负责隐蔽工程的检验及签字确认；负责建安工程土建专业施工中的变更洽商按程序确认；负责封存样品的保管；负责其他专业设备与建安工程的衔接；协助工艺设备安装和验收管理；巡察和督导施工现场的土建专业施工管理，督察施工、监理人员认真负责地按程序施工；

（5）审查监理单位的监理规划、月报和有关技术、经济资料；

（6）负责收集、整理项目建设前期文件资料并归档；派专人担任联络员，负责对设计院、施工单位和监理单位的联络工作，负责撰写与设计院、施工单位和监理单位往来函件；负责往来文件、资料的登记，担任信息员，负责项目建设过程中图片资料等电子文档的制作、收集、整理、归档；负责收集、整理、汇总工程施工期间建安工程有关土建专业的文件资料并归档；

（7）负责审核建安工程土建专业进度款支付及竣工结算，并按照合同条款及院本级基建项目财务管理规定履行支付及报销手续；

（8）办理建安工程竣工验收相关手续；负责建安工程土建专业竣工资料整理归档等工作；

（9）负责召开会议和会议记录、纪要等工作；

（10）负责向上级领导及时汇报本专业在施工中的有关问题和项目建设进展情况；负责交办的其他工作。

2. 暖通组：

（1）负责整个项目的给排水、采暖、通风、空调等设备的考察、招标和采购工作；

（2）负责该专业的施工管理工作；负责该专业隐蔽工程的验收及签字确认；负责本专业的"三检"工作（材料进场检验和签字、关键工序检验和签字、隐蔽工程检验和签字）；

（3）负责本专业在施工中变更洽商按程序确认；巡查和督导施工现场的本专业施

工管理，督察施工、监理人员认真负责地按程序施工；

（4）审查监理单位的月报、有关本专业的技术、经济资料；

（5）负责在施工期间与其他专业的衔接工作；协助工艺设备安装和验收管理工作；

（6）负责召开本专业的会议、会议纪录、纪要等工作；负责向技术负责人及时汇报本专业在施工中的有关问题和项目建设进展情况；

（7）负责收集、整理、汇总本专业在建设期间的有关文件资料；负责审核本专业的工程结算；办理本专业的有关竣工验收手续，负责本专业的竣工资料整理归档工作。

3. 电气组：

（1）负责整个项目的强电、弱电及配电室设备的考察、招标、采购工作；

（2）负责本专业的施工管理工作；负责该专业隐蔽工程的验收及签字确认；负责本专业的"三检"工作（材料进场检验和签字、关键工序检验和签字、隐蔽工程检验和签字）；

（3）负责收集、整理、汇总本专业在建设期间的有关文件资料；负责本专业在施工中变更洽商按程序确认；巡查和督导施工现场的施工管理，督察施工、监理人员认真负责地按程序施工；

（4）审查监理单位的月报、有关本专业的技术、经济资料；

（5）负责在施工期间与其他专业的衔接工作；协助工艺设备安装和验收管理工作；

（6）负责审核本专业的工程结算；办理本专业的有关竣工验收手续；负责本专业的竣工资料整理归档工作；

（7）负责召开本专业的会议、会议纪录、纪要等工作；负责向技术负责人及时汇报本专业在施工中的有关问题和项目建设进展情况。

4. 仪器设备组：负责按国家和院的采购规定，进行招标和采购工作；负责设备到货后的手续办理、安装、调试和资料收集整理归档工作；负责本组的变更洽商按程序确认；巡察和督导设备安装管理；负责本组工作的财务结算；负责与其他专业的协调和衔接工作；负责向技术负责人及时汇报本专业在施工中的有关问题和项目建设进展情况。

5. 档案资料组：负责定期（每周五）与不定期（随时）到各专业组收集资料；负责本项目的全部档案资料按分类收集、整理、装订成册和存档等工作；负责与城建档案馆落实项目城建档案归档和办理相关手续工作；负责向技术负责人及时汇报本专业在施工中的有关资料的收集、归档等问题。

四、工程管理

1. 质量控制。实施甲方人员"三检"制度：材料进场检验，关键工序检验，隐蔽工程检验。施工单位在场，由甲方相关专业组组长会同监理人员进行，经考察或招标确定的样品由甲方封存。

2. 造价管理。本项目外聘专业造价咨询机构，协助进行变更洽商、竣工决算等的造价审核、审计工作；造价师咨询机构将对工程量清单进行审核，对工程造价以及投标控制价的合理性进行审核；认真实施过程造价审核审计，由施工单位造价人员与监理及甲方的造价人员进行充分沟通、核对，实施预算控制。

3. 对外法律文件管理。外聘律师事务所，授权审核相关法律文件，代甲方处理有关法律事务等。

4. 招标管理。严格执行工程建设项目招投标有关规定，聘请专业招标代理机构代理项目有关内容的招标工作，项目所有招标文件均须经过基本建设局技术小组讨论通过，方可正式使用，监察组参与所有招标评标工作。

5. 对总监的管理。支持总监理工程师的工作，必要时与总监理工程师事前沟通，避免在施工单位面前与总监理工程师发生争执；督促总监理工程师增强服务意识，规范服务行为。

6. 图纸管理。请专业审图单位认真审查施工图纸，防止出现重大漏项及设计错误。严格按照出图时间、批次及使用目的分类管理图纸。

五、变更洽商管理

1. 项目建设过程中遇有重大变更或投资额变化的，按照农业部基本建设项目申报审批管理规定（农计发［2004］10号）、农业部财政修缮项目管理规定履行报批手续。

2. 项目实施过程中遇有与招标阶段提供的施工图纸不同、发生变化、且招标过程中没有专门说明的非重大内容的调整、变动均需作变更洽商处理。

3. 所有变更洽商均须履行审批手续，得到批复后方可实施。未履行完变更洽商审批程序而发生的变更洽商，建设单位一律不予认可，一切责任由施工单位承担。

4. 对于因不可预见原因、设计问题或建设单位原因发生的普通变更，由建设单位驻工地代表（甲方代表）先行履行变更内容的局内报批程序（文字），得到确认后，再签字确认变更内容及工程量；在其后10日内，由施工单位提交变更预算，按照本管理办法履行签字审批程序；同步可以进行相关内容的施工。

对于不引起造价、功能等变更的纯技术变更，由甲方代表（建设单位技术负责人）在履行完基本建设局内报批程序后签字确认，再实施。

对于重大变更，除履行本办法第二条规定的报批程序外，还须按照本办法附件所列程序履行报批手续后方可实施。

其他非重大变更，须按照本办法履行报批手续后方可实施。

5. 变更洽商文件内容：包括但不限于变更洽商前的情况、变更洽商原因、变更洽商后的情况、附图、变更洽商引起的造价变化情况、预算书、建设单位、监理单位、设计院、施工单位等各方签字栏等。

6. 变更洽商提出者分别为设计院、建设单位、施工单位。

当变更洽商提出者为设计院时，变更洽商文件须附设计变更通知书；当变更洽商者为建设单位时，变更洽商文件须附建设单位变更通知单；当变更洽商提出者为施工单位时，变更洽商文件须附施工单位变更原因、理由的通知书。

7. 变更洽商审批程序中各个审核单位审核内容：

（1）设计院——审核变更洽商的必要性（理由是否充分，是否有必要发生）、可行性（设计、技术、安全、规范等方面的可行性）、合理性（方案是否合理、是否为最佳方案）、风险评估；

（2）监理单位——审核变更洽商的合理性、造价等。出据监理审核报告，待建设单位最终确认变更后，与造价审计部门一起同施工单位协调变更洽商费用及工期；

（3）建设单位驻工地代表——审核变更洽商的必要性、合法性（是否得到设计认可、甲方是否认可）、风险评估、造价及真实性。签字确认变更；

（4）分管处长——审核变更洽商的必要性、合理性、合法性、风险评估、真实性、造价。签字确认变更；

（5）造价审核单位——审核变更洽商科学性、合理性、造价。待建设单位最终确认变更洽商后，与监理单位一起同施工单位协调变更洽商费用及工期；

（6）分管副局长——审核变更洽商的合规性；

（7）建设单位项目负责人（基本建设局局长）——最终审核并签批。

8. 变更洽商审批程序详见变更洽商审批流程图（详见附件）；图中所称建设单位为基本建设局。

9. 履行签批手续须持附件一《中国农业科学院院本级基建项目文件签批单》、除建设单位外其他三方均已签字确认的变更洽商记录表（含附图及预算附件）、监理审核意见、造价审计单位审核报告。

10. 待完成变更洽商签批手续后，才可由建设单位驻工地代表通知总监，由总监下达命令，否则，后果由责任人承担。

履行变更洽商签批手续后，建设单位经办人持签批单找本单位项目负责人履行变更洽商记录表签字确认手续。

11. 所有签批确认后的变更洽商单，须由建设单位经办人分别提交给建设单位项目负责人（基本建设局局长）、建设单位分管副局长和处负责人各一份复印件，以便督导执行。

12. 变更洽商报批文件、图纸等资料随项目归档。

六、资金管理

院财务局负责整个项目的经费管理和财务核算工作，随着项目的进展，按照有关规定支付项目所发生的费用，完成项目财务决算工作，办理项目竣工财务决算和审计工作。

本项目拟对项目建设全过程实行在线造价审计。

审计单位的确定及有关审计费用谈判由院财务局负责。

审计部门对项目建设过程中的变更洽商引起的投资增减情况、工程进度款支付等进行造价审核，提出造价审核结果和下一步资金使用计划，并编制月财务报表。资金审核结果、下一步用款计划及月财务报表均要报项目领导小组成员审阅，且必须经基本建设局局长审核签字才能认可。

审计单位的审核结果作为编审项目支出预算、审核付款、工程价款结算和报批项目竣工决算的主要依据。

资金支付程序：

1. 施工单位依据合同的规定和工程进展的实际情况提出书面资金使用报告。

2. 施工监理单位就上述报告中所述业务的真实性和合理性在2日内提出审核意见。

3. 基本建设局项目管理处对照合同和项目进展情况进行审核，并签署是否同意支付的意见。

4. 造价审计单位对上述报告进行真实性、合理性、合法性、正确性等的全面审核。

5. 基本建设局分管副局长审核签字。

6. 基本建设局局长审核签字审批付款。

如无特殊情况，上述活动在一周内完成。

七、合同管理

本项目中凡涉及与本单位以外的所有单位、组织和个人的经济或非经济性的活动均需签订合同。

合同是进行施工管理、控制资金支付的依据。全体管理人员要严格按照合同进行项目建设管理。

合同文本要求采用国家或北京市的规范合同文本。

造价审计单位参与合同签订。

所有合同均需经过律师审定后，方可送签。

我方留存正式合同文本最少不得少于4份，由具体经办人分别送达档案管理人员一份用于存档、财务局财务管理人员一份用于财务管理、审计部门一份用于资金审核、工程（专业）人员自留一份用于实施合同管理，其他人员如有需要可使用复印件。

八、文件资料及档案管理

1. 在工程招投标及参建各方签订合同、协议时，应对相关资料和工程资料的编制责任、数量、质量、费用和移交期限做出明确约定。

2. 本项目同时建立纸质文档及电子文档。

项目前期报批资料（建设单位）、项目招投标资料（招标代理提供）、项目实施阶段资料（施工单位、监理单位提供）、项目竣工验收阶段资料（建设单位、监理单位、施工单位三方提供）构成完整的项目档案资料。

项目前期报批阶段产生的项目建议书、项目可行性研究报告、项目初步设计及概算、各个阶段的审批文件、规划、用地报批文件等原件全部分类归档。

工程建设过程中产生的所有招投标文件、合同、资金使用审批文件、变更洽商资料、造价审核资料、报告资料、审批资料、报批资料、选型报告、会议纪要等项目建设全过程产生的纸质文件全部分类存档。

工程建设过程所经历的每一个重要节点、每一个重要事项、工程形象进度中的每一个里程碑、领导视察、各类检查及施工过程中产生的需要影像记录的问题、场景等均须形成电子文档。

3. 项目各个专业组组长为各专业文件资料收集移交第一责任人。

4. 必须归档的文件资料须及时办理归档手续，将原件归档；工作中常用的归档文件，可使用复印件。所有文件资料的借阅、流动均需办理借阅、签证手续。

5. 工程资料应随工程进度同步收集、整理，并按规定移交、归档。

6. 工程资料分级管理，分别由建设、监理、施工单位整理归档。

7. 对工程图纸进行全程归档管理。每批次图纸均作归档管理；由图纸接收者详记每批次图纸的提供者、提供时间、图纸目录、数量、事由、用途、去向、经办人等。

8. 项目档案详细管理内容参见：

（1）建设工程资料管理规程

（2）国家档案局第8号令《机关文件材料归档范围和文书档案保管期限规定》

（3）基本建设局基建档案管理办法

九、验收与移交管理

1. 验收：各专业组负责和组织本专业的隐蔽工程验收、阶段性验收和竣工验收；经验收检查不合格的部位，需及时写出书面整改报告，经批准后，再次验收，直至全部合格。竣工验收由土建组负责组织验收工作。

2. 移交：整个工程全部施工完成，经验收合格后，及时向使用人办理移交手续。其程序为：建设单位与施工总包单位签署移交协议、移交竣工资料及钥匙，建设单位与使用单位签署移交协议和移交钥匙；整个工程交付使用后，在质量保修期内，属工程质量缺陷的，建设单位负责组织施工总包单位维修（缺陷属那个专业的，由那个专业组织维修）；在保修期内，由于使用人的原因而出现的问题，原则上由使用人负责解决，如使用人自身无法解决，需要原施工单位解决的，建设单位负责联系原施工单位，但维修费用由使用人支付。

3. 各专业组需按程序完成单项工程竣工验收和竣工资料整理工作，同时按照农业部《农业基本建设项目竣工验收管理规定》完成项目总体竣工验收的准备工作。项目四方验收合格后，完成工程竣工结算审计工作，配合财务部门完成财务审计，并配合完成项目验收工作和竣工资料存档工作。

4. 项目建成并交付使用后，在合同约定的保修时间内，属于工程质量缺陷需要维修的，由各专业组负责联系、督促和落实维修工作。

十、监督检查及廉政管理

1. 所有参加项目建设管理的人员均须遵守国家有关法律法规、党、政部门及我院有关廉洁自律的规定，遵纪守法，秉公办事，廉洁自律。

2. 项目设立监察组，由监察局、基本建设局综合处派员组成，随着项目建设的进展，实施跟踪监督检查，直到项目交付使用为止。

3. 根据《中国农业科学院对重大项目实行廉政监督检查的若干规定》，建立项目监督检查制度，特别是监督检查项目在招投标、仪器设备采购、设备材料考察等过程中的公正、廉政情况。

4. 本项目所有管理人员须集体签署项目建设廉洁承诺书，上交基本建设局。

5. 项目建设过程中，凡涉及对外谈判、材料考察等工作内容，均需要监察组派员参加，有关管理人员两人以上参加。

6. 监察组人员除按规定参加项目有关内容的招标工作外，还参与项目建设过程中有关材料的考察、邀请招标等工作。

7. 监察组人员有权根据工作需要，随时查阅项目建设过程中的所有文档资料。

十一、审批制度

1. 文件审批制度：

文件分为 3 类，即技术文件、经济文件、技术与经济文件，按照附件一《中国农业科学院院本级基建项目文件签批单》要求履行相应的审批手续。为了确保项目建设的时效性和连续性，每个审批单的审批确认时间 1 个日历天内完成，较大经济文件审批确认时间 3 个日历天内完成，如遇结构施工、浇筑混凝土等特殊情况，可先口头请示，同意后连续施工，但随后 1 个日历天内完成审批确认手续或在监理会上汇报变更洽商原因和理由，在会上研究确定是否变更，项目负责人确认是否变更，在办理变更洽商审批手续的同时，写入监理会纪要。属于农业部规定的需履行报批手续的变更洽商除外。

2. 财务审批制度：

付款需按照附件二《中国农业科学院院本级基建项目支票领用单》要求履行审批手续。报销需持正式发票按照附件三《中国农业科学院院本级基建项目报销审批单》的要求履行审批手续。

3. 未履行完审批程序的文件和用款单，原则上不得提前施工和领用支票（有领导特批和特殊情况除外），否则，后果由承办人承担。

十二、会议制度

为了确保项目的顺利实施和及时解决问题，每周召开一次周会，总结上周工作完成情况和存在的问题，安排下周工作；每个月底召开一次总结会，总结一个月来的工程进展情况和存在的问题，研究解决问题的办法，研究工程进度是否与计划一致等，每次会议都须由负责召开会议的专业组负责记录并形成会议纪要。根据需要选择月中召开调度会，研究和解决有关问题。

十三、其他

1. 凡属本项目的各种谈话、工作汇报、领导指示、决议、会议、变更洽商、施工现场检查出的问题、设备材料考察等，均需形成文字记录备查；此类文字记录原件交档案组存档；并给分管局长、分管处长和项目、技术负责人各一份复印件。

2. 各专业组负责人、技术负责人是本项目执行的主要业务负责人，各专业组的成员必须按照本项目的管理办法，认真履行职责。

3. 农业信息研究所派入本项目的人员，主要是协助进行项目施工管理的相关工作，参加有关会议，办理拨、付款手续等。

4. 院基本建设局将根据项目实施的需要，对本管理办法进行修改和完善。

5. 本管理办法由基本建设局负责解释。

十四、附件清单

附件一：《中国农业科学院院本级基建项目文件签批单》
附件二：《中国农业科学院院本级基建项目支票领用单》
附件三：《中国农业科学院院本级基建项目报销审批单》
附件四：变更洽商审批流程图

附件一：

中国农业科学院院本级基建项目文件签批单

项目名称			
文件内容			
价款		拟签订时间	
甲方			
乙方			
第三方			
局长		日期	
分管局领导		日期	
分管处室审核		日期	
经办人		日期	
备注	1. 项目包含院本级修缮项目、院本级管理的基建项目。 2. 文件种类有合同、变更洽商、审核单等。		

附件二：

中国农业科学院院本级基建项目支票领用单

项目名称			
收款单位		用款性质	□工程款 □其他费
合同名称		局　　　长	
合同价款			
本次支付金额 （大写）		分管局长 审核	
本次支付时间			
累计支付金额		处长审核	
		经办人	

附件三：

中国农业科学院院本级基建项目报销审批单

单 位		姓 名		票据张数	
项目名称			用款性质	□工程款 □其他费	
摘 要					
金 额	（大写） _____ ￥_____				
局长审批			分管局长审核		
处长审核			经办人		

附件四：

变更洽商审批流程图

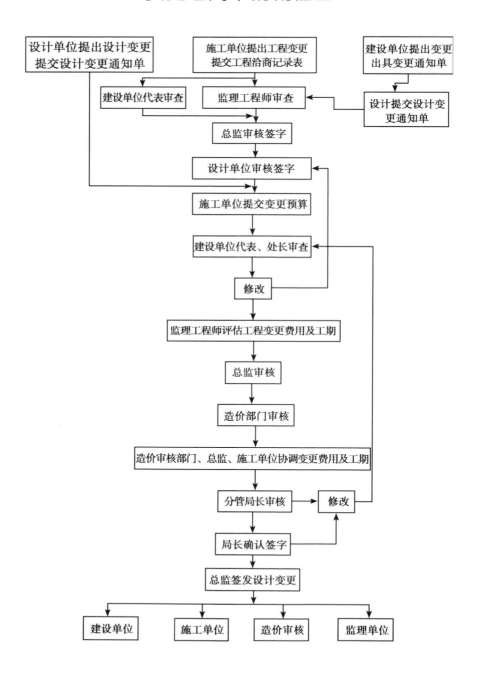

雷茂良副院长在中国农业科学院 2009 年度财政专项资金管理培训班上的讲话

（2009 年 10 月 21 日）

同志们：

举办这次财政专项资金管理培训班，实际上是一次重要的财政专项资金管理工作会议，目的是通过学习贯彻《农业部部门预算执行进度管理暂行办法》和农业部财务司邓庆海副司长在 2009 年部属单位预算执行管理座谈会上的讲话精神，分析研究当前中国农业科学院修购专项和基本科研业务费专项执行管理工作面临的新形势，总结交流两个专项管理工作经验，妥善解决专项管理中存在的问题，在系统培训研讨的基础上，推进两个专项的管理与执行，通过两个专项的培训，推进其他专项的执行。下面，我分三个方面来谈。

一、近年来财政专项经费推动我院发展发挥的重要作用

近年来，随着国家对农业及农业科技事业的不断重视，国家财政逐步加大了对农业科研事业的经费支持，农业科研投入情况得到了大幅的改善。与此同时，我院的财政经费支持额度不断扩大。2008 年全院财政经费收入 20.43 亿元，其中：基本支出 5.31 亿元，项目支出 15.12 亿元，占总经费的 75%，抓好项目支出，预算的执行就有了保障。经费总量在 2008 年增长 59.5%的基础上，2009 年比去年又增长 10%，比"十五"期末经费总量翻了一番还多。近几年在修购专项、基本科研业务费等财政专项的持续支持下，科研基本条件得到极大的改善，初步改变了有钱打仗无钱养兵的问题和局面。从前我院基本支出不足，竞争性经费比例过高，自主科研比重小，科研条件差等问题均得到解决。财政经费支持的力度和范围，在朝着满足科研需求的方向不断靠近，科研保障能力得到全面提高。

1. 中央级科学事业单位修缮购置专项资金

长期以来，我院科研基础条件非常薄弱，又缺乏其他的经费来源用以进行改善，因此与其他中央级科研单位和高校有着比较明显的差距，与我院"国家队"的地位极不匹配。2006～2009 年 4 年，我院共获得中央级科学事业单位修缮购置专项资金 11.25 亿元，这笔资金受到了研究所的高度重视。修购项目启动实施 4 年来，专项实施成效显著，受到支持的研究所科研基础条件得到了实质性的改善，一批迫切需要的科研仪器设备到位，科研人员深受鼓舞。

2. 中央级公益性科研院所基本科研业务费专项资金

2006～2009年这4年，我院共获得基本科研业务费专项资金3.42亿元，这笔资金的设立，受到科研人员的普遍欢迎。由于专项资金的相当一部分以课题形式用于支持优秀科研后备力量开展探索性研究，或支持新引进人才在得到国家科研项目之前的自主性研究，因此，在支持研究所的人才团队建设中，发挥着不可替代的作用。专项资金放手让研究所每年都能对科研有正常的安排，尤其是两个专项资金在农业科研条件建设中发挥了重要作用。另外，专项资金还向那些缺乏国家科研计划立项的前瞻性、储备性研究方向倾斜，成为国家科研计划的有益补充。

二、目前我院财政专项管理存在的一些突出问题

随着中央财政对我院投入的不断增大，特别是专项经费的大幅增加，各单位项目管理任务更多、管理要求也更复杂。保障资金安全，推进项目顺利实施，提高资金使用效率，加快预算执行进度，成为当前我们面临重要任务。经过努力，2009年前三季度我院专项管理工作较2008年比取得显著成效，但管理上仍然存在问题，下一步工作仍面临着很大挑战。

(一) 预算执行进度仍然存在缓慢的情况

截至2009年9月底，我院2006～2009年4年修购专项共获批复资金11.25亿元，实际已支付金额7.9亿元，总体预算执行进度为70.57%，比农业部总体进度低0.5个百分点，在农业部属三院中排第二位，低于水科院，高于热科院。院属各单位中，低于全院总体的进度的单位有14个，最低的单位仅为47.63%。2007、2008、2009年各年度执行进度也基本与农业部总体执行进度持平。

另外，我院2006～2009年4年基本科研业务费专项在2009年的预算合计1.1亿元，已支出金额0.5亿元，总体预算执行进度仅为44.93%，进度最低的单位仅为18.73%。

国庆节前在上海召开的2009年部属单位预算执行管理座谈会上，农业部财务司有关领导分析了第四季度预算执行的形势，提出了执行进度指标。结合我院修购专项与基本科研业务费专项这个月的预算执行情况，可以看出，我院项目支出压力更加趋重，工作形势十分严峻，要完成既定目标尚需加倍努力。

(二) 项目立项预见性不足，准备工作不充分

由于经验不足，许多项目立项准备工作不充分，部分涉及地方规划和审批的建设内容未做足工作，导致项目批复后，在具体实施过程中，受到诸多限制，无法顺利组织实

施工作。如，蔬菜所的 2007 年度"南口基地外电源改造"修购项目，郑果所的 2006 年度"所区供电系统改造"项目，院本级的 2006 年度"南口基地供电、弱电及路灯改造"项目等，项目实施方案批复后，项目单位组织实施时，才发现项目预算与实施方案无法符合当地供电部门相关规划施工要求，导致项目无法顺利执行。

再如水稻所等单位的部分基础设施改造项目，实施地点处于外省市的试验基地内，具体管理工作由协作单位负责，其项目实施进度较难控制，延误了项目实施进度。

（三）项目实施管理人员队伍不稳定，管理素质不高

绝大部分单位都按照要求建立了三级修购项目管理体系，形成了本单位修购专项领导小组以及项目实施小组，制定了修购专项管理办法。但有个别单位，领导重视程度不够，项目组织管理松懈，具体实施管理人员在基建、设备购置等方面的管理经验不足。从而导致项目实施进度未能控制在实施方案约定的时间内，延误了项目执行进程，拖延了预算执行进度。

（四）项目档案资料管理工作不够细致

部分单位修购项目相关档案资料整理不及时，归档不全，有些资料不在本单位保存，还有一些项目存在招标过程资料数据前后不一致，合同条款不严谨，合同签字、日期不齐全等问题；有些合同的双方责任、付款条件等重要条款约定不清楚。项目档案资料是项目实施管理、项目验收、接受检查、财务审计的基本载体与重要依据。管理条例的缺失与不规范，对于项目执行不利，也会影响日后项目的顺利验收。另外，招标资料中的数据是确定合同价款的重要依据，招投标书往往是合同的组成部分之一，而合同是约束甲乙双方权利及义务的重要载体，在工程不出现问题的情况下，合同中不够严谨的地方不会表现出来，一旦甲乙双方出现分歧，需要通过法律渠道解决时，签订不够严谨的合同，将会给项目单位（甲方）造成很大的损失。

（五）项目实施内容变更太过轻率

关于项目变更的问题，修购专项管理办法和实施细则中都有明确的规定，必须的、必要的变更需报经院里，报农业部，经农业部审核后报财政部审批。对于变更问题的处理，院里、部里相关部门都做过许多的沟通和努力，目前的结论是从严控制和管理，因客观原因确实无法按原实施方案执行下去的项目，只好中止执行，剩余资金列入净结余，由部里统一调剂使用。

修购项目实际执行中，由于价格变动等原因，发生一些材料或内容上的调整可以理解。因为不可预见因素，导致项目无法按原计划执行时，在经过所专项管理领导小组认

真研究的基础上，履行变更申请，可以适当做些调整。但也有一些单位，项目立项准备工作不足，项目实施方案编制不细，项目实施过程中，做出较大幅度的项目内容变更或调整，项目建设地址发生变化，购置仪器设备名称数量发生变化，修缮改造面积缩水，用于修购项目的钱去干另外的事等等。这些变更或调整决定的做出太过轻率，太过主观，客观原因分析不足，没有经过认真的研究和思考，有些甚至没有经过所专项管理领导小组的研究。这种情况在修缮改造类和仪器设备类几类项目中都有发生，变更或调整的事项违反了专项管理办法和实施细则。对于这类变更或调整申请，院里不会允许，部里也不会批准。

三、关于做好下一步工作的要求

只有进一步加强项目管理的科学化、规范化，才能充分利用好专项资金，发挥财政经费的更大效益，对此我提几点要求：

（一）进一步提高认识，落实好责任机制

修购专项、基本科研业务费专项等，这些财政专项资金来之不易。应当肯定，中国农业科学院大部分单位领导对其管理都很重视，在抓项目管理，做好项目工作中，下了很多功夫，然而我们要承认专项管理中还有很多不足，要正视认识水平上的差距。按照《农业部科学事业单位修缮购置专项资金管理实施细则》规定，"项目单位法定代表人对修购项目负有第一责任"。因此，有必要再次强调，要进一步提高认识，建立责任制，把专项管理的责任分别落实到管理者、实施者、使用者每个人心里。按照部里有关要求，形成项目承担者直接负责，财务部门协助负责，利益攸关，责任落实的管理机制。实现用制度约束规范，把财政专项的管理水平提高到一个新的高度。

（二）下大力气，抓好项目预算执行进度

对于狠抓专项执行进度，大家要有信心，更要有责任心和公心，要大公无私。截至9月底，2009 年度全院执行进度仅为 21.55%，仅有 2 个单位达到了 75% 以上，有 13个单位连 10% 都不到，还有 5 个单位 1 分钱也没有支出。今年已经过去 9 个月了，年度项目执行到这个程度，实在说不过去。

就修购项目预算执行问题，农业部提出了 85% 的进度指标。按照部里的要求，至2009 年底前，2007 年度项目除质量保证金、工程尾款、项目验收与财务审计费用外，项目资金应支付完毕；2009 年度项目中仪器设备购置与仪器设备升级改造类项目预算执行进度要达到 95% 以上，房屋修缮与基础设施改造类项目预算执行进度达到 75% 以上；关于基本科研业务费专项，要求 2006~2008 年度基本科研业务费项目全部结题，

2009 年度项目至 2009 年 11 月底前，预算执行进度达到 90% 以上，年底无结余。

（三）完善组织管理，加强项目管理人员的队伍建设工作

各单位在修购专项管理工作中，要大力加强专项的组织管理工作，强化修购专项管理领导小组的工作职能，完善专项财务、实施管理、项目监督各个环节的工作。加强制度建设，用制度约束和规范专项实施管理各个环节，明确任务，责任到人，切实把专项管理工作抓好抓实。

要提高专项管理人员队伍素质，努力培养和吸纳懂专业、有能力、责任心强的人员进入专项管理队伍。尽力保障专项管理人员队伍稳定化，不要频繁换人。同时应积极开展人员学习与培训活动，积极参加院里、部里举办的基建、财务以及专项管理各方面的培训活动。这次培训班的举办就是为了全面系统地对全院的修购专项管理人员，从领导到具体联系人开展一次完整的培训。大家要认真把握住这次机会，虚心向专家学习，在专项管理工作中遇到的问题，在会议交流期间随时都可以向有关专家提问。

（四）做好立项前期准备，不能随意调整项目内容

关于修购项目实施阶段的调整和变更，我要特别强调，除极特殊情况，修购项目的调整和变更院里原则上一律不作审批，希望大家在这方面多多考虑。为了尽力避免项目调整的情况，我认为，第一，项目立项要深入调查、加强论证。在严格论证的基础上设立项目，以解决科技基础条件瓶颈问题为重点，以最大限度发挥存量资源使用效益为前提，保证立项的科学性和迫切性；第二，在项目立项前期准备时，要特别注意收集整理完备的基础数据，落实好相关规划、批文、制度要求等事项，对现有基础条件做到成竹在胸，为项目立项以及顺利实施创造有利条件；第三，应坚持实事求是、科学合理的原则，遵循自然规律、经济规律和社会发展规律，认真设计项目招标方式、采购计划、技术路线和进度计划，严格审查工程设计和技术标准，在有充分依据的基础上进行经费预算，力求使编制的项目实施方案符合实际，可行性强，利于实施；第四，项目实施过程中，发生发现的一些意外情况，要慎重对待，妥善解决，不能简单地以变更建设内容的方式进行处理。

最后，希望各单位参会人员抓住这次培训机会，认真向专家学习，积极做好交流工作，多掌握专项管理知识，切实提高财政专项管理水平。

谢谢大家。

练内功，提升管理
上手段，确保进度

——雷茂良在中国农业科学院2009年
基本建设管理培训交流会上的讲话

（2009年11月9日）

同志们：

　　这次基本建设管理培训交流会是在两个背景下召开的，一是2009年7～9月份中国农业科学院基本建设局结合督导项目进度，对我院10个单位31个项目进行了检查，发现项目管理中还存在一些问题，需要通过加强培训，提升管理能力，进一步规范我院基本建设管理；二是在建项目建设进度仍然缓慢，形势非常严峻。2009年9月27日，农业部召开了部属单位基本建设工作会议，危朝安副部长、杨绍品司长在会上就项目建设进度作了重要讲话，并提出了明确要求：各单位要高度认识加快项目建设进度的重要性，从大局出发，克服困难，务必实现各单位的进度目标。为此，我院紧急召开这次培训交流会，旨在通过培训，进一步提高规范管理和加快进度的认识，提升管理能力，强化管理措施，规范管理行为，确保建设进度。下面结合我院具体情况谈两个大方面的问题。

一、苦练内功，提升管理

　　根据7～9月份的检查情况来看，我院基本建设管理主要还存在以下几个方面的问题。

　　一是执行进度慢。在后面我要专门谈这个问题。

　　二是执行批复不严。部分项目建设内容存在较大幅度调整，个别项目调整幅度达到总规模的30%，但未按规定履行报批；部分项目设计未严格按照批复要求进行公开招标，个别项目施工存在肢解发包问题。

　　三是财务管理欠规范。部分单位尚未制定基建财务管理制度；未按要求设置科目，记流水账；工程款支付手续不全；个别单位存在超合同支付现象。

　　四是合同管理欠规范。部分合同约定内容不全、不具体，甚至还有个别合同无金额约定；普遍存在合同非法定代表人签署，但无委托书。

　　五是基建档案管理不规范。大部分单位未建立基建档案管理制度，对基建档案管理重视程度不够，无专人负责；资料收集不全，存放较乱，没有统一归档等现象较为普遍。

出现这些情况，我想并不是某个单位和个人主观上要这么做，主要还是管理能力问题。就如何提升我院基本建设项目管理能力？我谈四点意见：

（一）提高规范管理认识

基本建设很复杂，程序性强、政策性强、规矩也多，2008 年院基建局还专门编制了一本基本建设政策法规汇编，厚厚一本。国家为什么要出台这么多基本建设管理政策？就是要规范管理。什么叫规范管理？我想其一要合法合规，按照国家相关法律、行政法规以及部门规章办事；其二要符合基本建设程序，按程序办事；其三要严格执行项目批复。做到这三点就是管理规范，做不到就是不规范，甚至是违规。基本建设管理不规范会带来很多问题，一是项目本身执行效率不高、效果不好；二是项目检查和验收会通不过；三是可能还会滋生腐败。所以，我们一定要高度重视规范管理，特别是在基建程序、招标采购、建设内容变更、资金管理等方面要谨慎。

（二）加强基建队伍建设

规范管理人才是关键，必须培养一支懂程序、懂法规、懂技术的基建管理人才队伍。但是有些单位存在顾虑，总认为基本建设不是年年有，下不了决心成立专门机构和招聘专业人才。就是因为这种顾虑，导致我院基建管理队伍很不健全，2/3 的单位没有专业人员，一半的单位没有基建管理机构，还有部分单位连个固定的基建管理人员都没有，这种队伍状况怎么谈规范管理？我想一个单位要发展，就需要基建，不成立专门机构但至少得固定一名基建管理人员，或不是专业人员但至少能够通过培训了解基建程序和相关法规的管理人员。各单位在加强基建队伍建设时要注意两点：一是选择有一定素质的基建管理人员，不仅要有高度的责任心和良好的职业道德，而且还要有一定的管理协调能力；二是加强培训，不断提高基建管理人员的管理能力。

（三）健全相关管理制度

管理制度的重要性在以前的基建会议上多次强调过，2009 年春天院组织调研也强调制度建设问题，但在这次项目检查中还是发现制度建设不完善的问题，为什么这个问题老是解决不了呢？我想是因为制度建设是个相对务虚的工作，没有建设或不健全从表面看不是什么大问题，但是从每次项目检查的情况来看，所有的问题本质上都和制度建设有关联，像没有实行公开招标、挪用建设资金、基建档案管理混乱等问题，都与制度建设有关系。如果有一个完善的管理制度进行约束，也就不会出现这样那样的问题了。

所以，各单位还是要重视基建管理制度建设工作。在建立健全管理制度时，要注意三点：一是管理制度建设不能流于形式，要从各单位实际出发，具有可操作性；二是制度建设要遵从国家相关法律法规和基建程序；三是制度建设贵在执行。

（四）创新基建管理模式

无论从管理的规范性还是建设进度，国家对项目管理要求都越来越高，基于当前我院基建管理队伍的现状，我想必须利用好社会力量。现在建设领域分工越来越细，专业化程度越来越高，有必要探索一种新的基本建设管理模式，如代建、项目管理、工程总承包、项目咨询等，我院的基本建设管理要走出去，拓宽视野，吸收好的经验，大胆创新。

二、强化手段，确保进度

根据10月份的全院在建项目进度月报，到10月底我院还有6.4亿元的建设资金未支付，在建项目还有95个，与我院123号文所确定的结余资金3.5亿元，在建项目个数65个，分别还差2.9亿元和30个。到年底还不到两个月时间，怎么办？如果大家还不引起足够的重视，2009年的结余资金将比2008年的5亿元还要多，更不用说3.5亿元的目标了。形势严峻，压力很大。为此，我提四点要求：

（一）切实提高认识，务必把进度作为当前基建工作的第一要务

最近几年为什么国家审计署要查各部门结余资金问题，并进行审计爆光？为什么国家发展改革委、财政部、农业部多次要求加快项目建设进度，并采取了一系列强有力的措施？

第一，我们都知道基本建设是拉动国民经济持续增长的重要手段之一。自全球进入经济危机之后，党中央明确要求采取有力措施，拉动内需，确保增长。从2008年开始国家基本建设投资陆续用于拉动内需，去年下半年下达我院的投资全部是扩大内需的投资，2009年的投资大部也是扩大内需的投资。建设进度缓慢，一定程度上直接影响了扩大内需效果，影响了扩大内需保增长的国家方针政策，所以说项目执行进度问题在这个特殊阶段是贯彻执行国家方针政策问题，大家要高度重视，如果执行不好，国家肯定要采取强制措施。

第二，基本建设投资是按当年需求资金下达的，应该当年基本完成，但是我院当前未支付资金达6亿元之多，相当于我院两年的投资总和。从财政的角度讲，中央财政资金应该支持最急需资金的地方，但我院还有这么多资金沉淀着；从投资的角度讲，投资要出效益，但是我院还有这么多在建项目、这么多投资形成不了效益。所以，国家发展

改革委控制农业部的项目和投资规模，农业部控制我院的项目和投资规模，严重影响了我院新项目的争取和投资计划申请，有几个进度较慢的项目已经暂停了 2010 年投资安排。

第三，基本建设是构建我院科研平台和改善基础条件的重要手段。基本建设项目执行进度缓慢直接影响我院科研平台构建和基础条件改善的速度，直接影响我院科技创新能力的提升，再加上国家发改委和农业部对建设进度缓慢的制裁，更是雪上加霜。我院"三个中心、一个基地"还怎么建设？国际一流的现代科研院所还怎么建设？

同志们，无论是从国家政策层面还是我院发展角度，加快在建项目建设进度已经是迫在眉睫了，请大家务必清醒地认识到这一点。

（二）切实加强领导，务必协调各部门全力以赴打好攻坚战

俗话说火车跑得快，全凭车头带。根据院里检查情况来看，凡是单位领导班子重视基建工作，领导有力，项目建设进度就快，像作科所、蔬菜所、棉花所、草原所等；相反，如果项目单位领导不重视，不管院里怎么督促，建设进度就是慢。目前还有相当一部分单位领导很重视项目申报，重视投资争取，这也没错。但问题是，拿回来的项目、投资得抓紧执行。我就加强领导提两点要求：

一是要求各个单位一把手负起责任。农业部颁布的《农业建设项目管理办法》中明确要求，项目建设要严格执行"四制"，"四制"首先就是法人责任制。项目能不能按照国家下达的任务完成投资，批复的年限完成建设，第一责任人是一把手。说实在的，一把手自己不可能亲自操刀，一把手做什么呢？我想做好四件事就行：①要把目标落实到人；②在部门之间建立快速有效的协调机制，这一点很重要，基本建设项目执行涉及基建、财务和科研等部门，一个部门不配合，工作就受阻，分管基建的所领导有时也难协调；③要建立进度目标考核机制，要下狠心去做，只有把部门、个人业绩考核与进度目标挂钩，才有真的压力和动力；④要经常过问和督促，2009 年只剩下一个来月的有效时间了，我希望一把手再忙，也要过问一下项目进度的事。

二是分管领导要切实履行分管责任。各单位分管基建的领导要对本单位和一把手负起责任来，单位和一把手既然委托分管领导负责基本建设，就是一种信任和责任，要切实负起责任来。我希望分管基建的领导和基建管理人员共同努力，想方设法推进在建项目进度。分管领导要组织好项目实施，控制好项目的关键环节，有些环节要亲力亲为，特别是外部关系协调，加大攻关力度，突破瓶颈，必要的时候请一把手出面协调。特别强调，不管分管领导在某些问题是否可能与一把手有不同意见，但在建设进度上要同心协力，不得推诿。

刚才谈到基建、财务、科研部门协调问题。我对财务部门谈几点具体意见：

基本建设支出是预算支出的重要组成部分，基本建设预算执行效率关系到全所的预算执行效率，财务部门一定要有大局意识，要做到：①提示所领导和基建部门资金支付

的环节和周期；②主动配合基建部门加快资金支付工作；③积极协调财政专员办加快直接支付速度；④做好年度财务决算，合理降低财政结余资金，特别是降低预付款数量。

（三）切实落实责任制，务必责任到人，实行进度目标考核

2009年5月，我院制定了详细的进度目标计划，以院发文件的形式下发到各个单位。现在看目标完成得很不理想，离目标还差2.9亿元，问题在哪儿？就在责任落实上。现在可能还有一部分领导和同志在想，进度慢一点怕什么，又不是犯错误，不会影响到我个人成长和进步。没有触及到个人利益，这是问题的关键。但是我们院、我们所受到了严重的利益影响，项目申请和投资下达受到了限制，我院科研平台建设和科技创新能力受到了严重影响。我们必须将项目建设进度与个人利益挂钩，切实落实责任。

第一，务必将进度目标进行细化，责任到人。请各单位按照进度目标倒排工作计划，在安排工作计划时要注意四点：一是要围绕两个目标，即降低结余资金和在建项目个数；二是要统筹考虑工程进度和支付进度；三是要详细、具体到办事环节；四是明确任务，责任到人，特别是涉及科研部门和财务部门的任务，更应该明确具体责任人和时间要求。

第二，务必将进度目标完成情况与责任人年度考核挂钩。这要触及个人利益，但现在没有办法了，请各单位领导与单位人事部门衔接好，于2009年11月20日前将进度目标考核办法报院。院里也要把各单位进度目标完成情况作为考核各单位工作的重要依据。

（四）切实加快进度，务必实现全年进度目标

2009年5月院以农科院基建〔2009〕123号文正式印发我院2009年在建项目进度目标，并在文件中强调如不能按计划完成，要来院说明情况，调整进度目标。但没有一个单位来院说明完成不了，说明各单位对目标的完成是有把握的，所以，我们也将进度目标上报农业部，到年底一定要兑现，这个时候不要再强调客观原因，你们自己想办法。如果不能按照进度目标完成任务，我们只能采取如下措施。

一是限制该单位部分预算的申报。对近期项目执行进度仍然缓慢的和没有采取有力措施推进建设进度的单位，在近期"二上"预算时，加以限制部分预算申请。

二是暂停该单位新项目的申报。对年底进度目标完成较差的单位或同一单位有两个以上（含两个）在建项目的单位，将暂停该单位新项目申报。

三是通报进度目标完成情况。在2010年院工作会上将通报各单位进度目标完成情况，对完成目标较差的单位点名批评，同时，向农业部通报目标完成情况。

同志们，今天是2009年11月9日，加上财务提前封账和国库直接支付周期，有效的资金支付时间只剩下一个月。请各单位要按照目标倒排计划，落实责任。对于下达投

资 3 年以上没有开工且难以实施的项目，要马上提出撤项申请，消灭遗留问题。请各位务必同心协力，全力以赴，打好年底进度攻坚战，实现我院全年建设进度目标。

这次大会既是一个进度督导大会，也是一个培训交流会，尽管时间不长，但安排内容很丰富，三个培训讲座很实，就我们的同志自己讲，讲程序、讲工作、讲经验，都是我们日常工作中必须掌握的东西，非常有操作性，希望大家静下心来，认真听讲，好好消化。四个单位的经验交流很有针对性，主要交流加快项目建设进度，对当前我院基本建设项目管理工作很有借鉴意义。

最后，我代表院党组对基本建设管理培训交流会的召开表示祝贺，并预祝大会圆满成功。

七、研究生教育与管理

中国农业科学院研究生院 2009 年工作概要

2009 年，中国农业科学院研究生院在院党组的领导下，在院属各研究所的大力支持和配合下，全面贯彻党的十七届三中、四中全会精神，以邓小平理论和"三个代表"重要思想为指导，深入学习实践科学发展观，紧紧围绕"人才基地建设"的战略目标，始终坚持"立足科研，质量为本，科教兴农"的办学理念，审时度势，开拓进取，以改革创新精神加快推进研究生教育事业发展，在招生、学科建设、导师队伍、国际合作、办学条件、党建和精神文明建设等方面取得了新进展，在中国研究生院竞争力排名中进入前三十强。

一、全面回顾办学历程 院庆庆典圆满成功

全面回顾办学历程。我院专门成立《院志》编委会，中国农业科学院院长、研究生院院长翟虎渠教授担任编委会主任，韩惠鹏常务副院长、王秀玲副院长、刘荣乐副院长担任编委会副主任，编委会本着实事求是的科学态度，以历史文件档案为依托，全面地记述了我院创立、建设、发展的历程，全面系统地总结了我院学科建设、招生与就业等各方面的成就。此外，我院以着重突出研究生教育特色和优势，加强国内外合作和交流为目的，编写了中国农业科学院研究生院中英文宣传册，为扩大我院对外影响，提升我院形象，提供了重要的宣传资料。

院庆庆典圆满成功。10 月 18 日，我院迎来了 30 周年院庆。国务院副总理回良玉发来贺信，回副总理在贺信中充分肯定了研究生院 30 年来所取得的成绩，为国家培养了大批优秀农业科技创新和管理人才，为促进我国农业科技进步和农村发展做出了重要贡献。农业部部长孙政才出席大会并讲话，孙部长对我院 30 年研究生教育成就给予充分肯定，并对研究生院的未来发展提出了希望。中国农业科学院院长、研究生院院长翟虎渠教授在庆典大会上致辞，对研究生教育 30 年成就进行了总结，同时，对研究生院的发展提出了要求。他说，我院要顺应发展潮流，更新教育观念，完善学科建设，强化师资力量，深化教育教学改革，推进国际交流与合作，为把我院建设成为"高层次、研究型、国际化、有特色"的国内一流、国际知名的培养和造就高层次农业科技人才的基地而奋斗。出席大会的还有教育部、北京市教委、农科院、兄弟高校、省农科院的领导，参加庆典大会的领导、嘉宾和校友代表约 3 000 人。庆祝大会结束后，我院特邀 3 位国内外著名学者也是我院毕业生作学术报告，他们独到的学术观点和精辟的讲解，拓宽了同学们的视野。农业部、中国农业科学院网站报道了我院院庆盛典，《光明日

报》、《科技日报》、《科学时报》、"新华网"、《农民日报》、中央电视台七台等媒体在第一时间报道了我院 30 周年庆典盛况，并着重介绍了我院 30 年来研究生教育事业取得的卓越成就。

二、招生规模稳步增长　就业管理逐步规范

在校生规模稳步增长。按照我院"十一五"人才建设规划，研究生教育规模稳步发展。2009 年招收全日制研究生 785 人，其中博士生 206 人（包括少数民族骨干计划 20 人），硕士生 579 人，招生规模总数较 2008 年增长了 6.7%。招收专业学位硕士 265 人。在校研究生 3 747 人，较 2008 年增长了 2.4%，其中全日制在校生 2 289 人（硕士 1 554 人，博士 643 人，全日制专业学位硕士 46 人），专业学位硕士 1 258 人（包括预先选课学生 140 人），在职申请学位 200 人。

提升招生管理工作效率，加大招生宣传力度。本年度首次使用了"招生目录编制系统"，实现了招生目录编制工作全程网络化管理，确保了招生信息的及时性和准确性，极大地提高了招生管理工作效率和信息化水平。招生宣传形式多样，在注重各种媒体宣传的同时，组织京内外 20 余个研究所到综合性大学开展招生宣传，广泛吸引优秀生源，报考我院 2010 年的硕士生涉及全国 30 个省、自治区和直辖市，报名人数 1 936 人，较 2008 年增长了 18.1%。

就业管理体系逐步规范，服务水平不断提高。我院组织召开毕业生宣讲会，详解就业形势和流程，邀请知名农业企事业单位到我院举办专属招聘会，组织毕业生参加多场农业专场招聘会，为我院毕业生创造更多同用人单位直接交流的机会。采取多种形式的宣传教育活动，鼓励毕业生到基层和西部建功立业，本年度有 7 人担任北京村官和社区工作者，有 6 名博士、8 名硕士毕业生支援西部。2009 年毕业 618 人，其中博士 188 人，硕士 430 人，毕业生一次就业率保持在 91% 以上，派遣率 100%。

三、学位管理日臻完善　首建优博培育机制

学位管理日臻完善。为保证研究生教育质量，我院全面推行"中国知网"研发的"学位论文不端行为检测系统"，实践证明该系统有利于促使研究生端正学风，提高学位论文质量。本年度组织了植保园艺、管理科学、动物科学、资源环境、作物科学和专业学位等六个评定委员会和第七届学位评定委员会的换届工作，在分委会审议的基础上，召开了第七届学位评定委员会第一次会议，授予博士学位 173 人，硕士学位 610 人（其中全日制硕士 431 人，在职申请学位硕士 15 人，专业学位硕士 164 人）。

启动"优秀博士论文培育计划"。为了加强高层次人才创新能力培养，鼓励博士研究生开展原创性研究工作，进一步提高我院博士生教育质量，我院启动了优秀博士论文培育计划，首批有 18 位导师指导的 21 名博士研究生进入优秀博士论文培育计划。

四、加强课程建设力度 完善培养管理制度

加强课程建设，构建科学的知识结构和能力结构。完成了教学委员会换届，组织召开了第二届教学委员会第一次会议，探讨了如何提高我院研究生教育质量，促进研究生教育又好又快发展的途径和措施，为进一步深化教学改革提出了指导性意见。继续实施主干课程建设，提高整体教学水平，13 门主干课程通过验收，启动了 15 门课程建设工作。新增前沿交叉领域课程 6 门，着力推广研讨式教学，加强专题课、实验课、实习课课程建设。博士生政治理论课《现代科技革命与马克思主义》首次采取专题讲座形式，取得了良好的教学效果。增设了《艺术鉴赏》等人文类课程，为开拓视野，提高研究生综合素质创造条件，全年网上课程教学评估优良课程达到了 95% 以上。

完善激励机制，加强教师队伍建设。教师在保障研究生教育质量中发挥着举足轻重的作用。我院采取了各种激励措施吸引和鼓励优秀教师为我院研究生授课，努力建设一支高水平、多元化、教学和科研并重的教师队伍。2009 年选聘任课教师 444 人，较 2008 年增长 27%，新聘任教师 54 人。注重对课程质量的监控，定期召开课代表会议，及时向任课教师反馈教学评价，尽快解决教学过程中出现的问题，对不符合要求的教师和课程进行调整。对于课程教学优秀的教师，我院按照"优秀教师评选办法"进行表彰，2009 年评选表彰优秀教师 95 名。此外，我院充分发挥教研室职能，推进专职教师队伍建设，2 个教研室出色地完成了各自承担的教学和管理工作。

完善培养管理制度，加强院所结合，提高培养质量。2009 年严格执行《培养方案》和《教学大纲》要求，修订了《研究生手册》中有关培养课程管理工作制度，初步形成了一套适合科研单位研究生培养的管理制度。重视课程学习环节，加强了研究生回所后培养环节的监督，进一步规范了开题报告、中期考核等过程管理，培养处及时派人参加各研究所了解中期考核情况，现场指导工作。全年评选了课程优秀生 73 名，中期考核优秀生 105 名，硕博连读 24 名。同时，督促各研究所导师及时为回所研究生开设专业课程，鼓励研究生参与学术活动，较好地完成了 2009 届毕业生的资格审查工作。我院按照《中国农业科学院研究生院关于研究生管理先进集体和先进个人评选办法》，评选表彰了 2008 年度 11 个研究所为研究生管理先进集体，23 名同志为 2008 年度研究生管理先进个人，此举对调动各研究生培养单位研究生管理人员的积极性和创造性、提升我院研究生培养管理水平具有积极作用。

五、规范来华留学生管理 加强国际合作交流

留学生人数初具规模，管理服务逐步规范。本年度，我院招收了 12 名外国留学生，不仅完成今年的留学生招生计划，而且也圆满完成了中国政府奖学金生、北京市外国留学生奖学金生的招生任务。目前在校留学生（6 个月以上长期生）22 人，来自 10 个国

家，分布在 10 个研究所，涉及 12 个专业。本年度，我院外国留学生奖学金总数及获奖人数大幅增加，奖学金总额达 75 万元。我院加强了留学生工作制度化、规范化建设，建立健全了招生、培养、奖学金评估、签证等各项规章制度，召开了留学生研讨会，开展了法制宣传教育，编制了中英文《留学生手册》，组织了丰富多彩的留学生活动，为留学生创了良好的学习生活环境。

不断开拓新的国际合作交流渠道。本年度，圆满完成了俄亥俄州立大学 2009 年来华学习项目，共有 8 名学生和 1 名教师参加，该项目得到了美方学生和老师的高度评价，进一步促进了与美国俄亥俄州立大学的合作和友谊。接受了 1 名美国粮食基金会资助的实习生来我院学习，为期 60 天。美国俄亥俄州立大学副校长及食品、农业和环境科学学院院长 Booby Moser 博士应邀访问我院，双方就如何进一步拓宽合作交流途径等问题交换了意见。Booby Moser 博士表示在继续开展美方学生交流的基础上，积极拓宽双方合作交流空间。此外，与美国加州戴维斯学院等高校在国际合作培养人才方面进行了积极有效的探讨。

六、专业学位管理规范　　培训平台发挥作用

专业学位教育管理逐步规范，质量不断提高。重点加强了专业学位教育网站建设，完善了专业学位管理信息系统，规范了档案工作。严格过程管理，保证培养质量，今年我院有 2 篇毕业论文被评为"2009 年度全国农业推广硕士专业学位优秀论文"（全国共评选 20 篇）。专业学位教育紧密配合农业部中心工作，启动了基层农技推广骨干素质提升计划，面向 21 个省（区、市）组织了 600 多名县乡农技推广骨干报考我院农业推广硕士，此项工作作为农业部加强体系建设的一项重要举措，具有重大现实意义和深远历史影响，得到农业部高度重视和支持。

高度重视培训服务，充分发挥平台作用。2009 年度，我院积极开展各类培训工作，承办了中国农业科学院新职工岗前培训班、处级干部培训班，举办了 UNDP 特派员项目第三期培训班和第二期农产品国际贸易经理及管理人员培训班，全年参训人员达 420 余人次。这些培训活动在促进国内外农业科技合作交流、培养农业科技人才、发挥我院人力资源与科技资源优势、扩大对外影响等方面做出了积极的贡献。

七、改革创新步伐加快　　管理水平日益提升

加强制度建设，严格办事程序。制定了《在校研究生出国（境）管理办法（试行）》、《研究生院岗位评聘实施方案》等 10 余个制度，修订完善了《研究生手册》、《学生管理规定》等有关管理工作制度，严格了内部请示制度，实施了标准化公文管理，实现了管理工作的制度化、规范化和科学化管理。

深入探讨调研结果，提升管理工作水平。在对京内、外研究所调研的基础上，专门

召开了调研工作研讨会，针对调研中发现的影响和制约研究生教育事业发展的因素进行了深入分析，并逐项提出了解决方案。2009 年 5 月份出台了《关于中国农业科学院研究生教育的若干意见》，落实了调研建议，对促进研究生教育事业持续健康发展具有重要意义。

加强博士后、"西部之光"管理工作，促进人才基地建设。2009 年我院园艺学和生物学两个博士后流动站顺利通过评估。本年度，博士后进站 85 人，比 2008 年增加 27%，出站 41 人；今年，国家资助招收指标增加到 12 个，比去年增加了 33%；获博士后科学基金特别资助 3 人，获博士后科学基金面上资助 23 人。积极配合人事局做好第六届"西部之光"访问学者培养和管理工作，充分发挥桥梁作用，培养扎根西部的优秀青年科研人才，直接为西部地区经济建设和社会发展服务。

八、党建工作总揽全局　校园文化和谐发展

扎实推进党建工作。研究生院充分发挥学生党总支和教工支部作用，积极推进党的组织建设。全年新增设党支部 24 个，目前共有支部 54 个，其中学生支部 50 个；全年培训入党积极分子 164 人，培训学生支部委员 70 余人，发展党员 126 人（其中教工党员 2 人），转正党员 110 人，接转组织关系 692 人次；目前研究生院现有党员 958 人，其中学生党员 898 人。认真组织开展多种形式的党建活动，在新生党员中开展了"以学习实践科学发展观为主题的先进性教育活动"，切实增强学生党员的理想信念，提高党员的综合素质。我院在对党支部和党员进行民主评议的基础上，评选了 2 个先进基层党支部，表彰了 20 名优秀党员，通过表彰先进、学习先进，进一步激励了广大党员奋发进取、努力拼搏的斗志。

注重创新，积极开展创建文明单位活动。党委带领全体师生积极开展精神文明创建工作，充分发挥文明单位创建工作领导小组作用，以处室为单位开展了创建活动，每年年底结合年度考核按职工总数的 20% 评选文明职工并给予奖励。2009 年，我院连续三次被农科院评为"文明单位标兵"，首次获农业部"文明单位"称号。2009 年我院被全国妇联评为"全国巾帼文明岗"。11 月份，通过了农业部检查组考核，获得好评。我院工会带领全体职工积极参加体育锻炼，为职工篮球队、游泳队、合唱队开展活动提供经费、场所。2009 年我院职工篮球队获得了"中国农业科学院研究生院院庆杯篮球邀请赛"冠军。院工会获 2006~2008 年度农科院"优秀工会工作奖"。我院长期以来注重安全生产，2009 年连续 12 年获得了海淀区交通安全先进单位，一名同志获"海淀区奥运服务保障工作优秀志愿者"荣誉称号。

加强校园文化建设，营造和谐育人环境。我院组织青年志愿者参加"2009 年中国北京国际节能环保展览会"，获"优秀组织奖"。在"学雷锋活动月活动"中，开展了以"学雷锋精神，扬道德风尚"为主题的宣誓大会，在农科院家属区、老年活动中心、海淀公园等处进行义务劳动，增强了研究生的服务意识。举办了纪念一二·九运动大合

唱比赛，以爱国主义教育的形式增强了新生班级的凝聚力和团队合作精神。通过举办师生运动会、拔河比赛、趣味运动会、校园歌手大赛、元旦联欢会等活动，丰富了同学们业余文化生活，促进了校园和谐，倡导了积极向上的校园文化。与农科院科技局共同举办以"瞻学术前沿，育农业英才"为主题的学术节，邀请了中央农村工作领导小组办公室主任陈希文等多位专家作报告，通过名家论坛、企业家面对面、配音大赛等多种形式活动，活跃了学术气氛，提高了学生科研素质，增强了创新意识。

　　共建工作取得新进展。充分发挥学生优势，积极开展和谐共建活动。继续加强与解放军艺术学院文化管理系的军民共建工作，双方在圆明园共同举办了七一入党宣誓活动，隆重庆祝中国共产党 88 周年华诞，邀请解放军艺术学院文化管理系老师对我院校园卡拉 OK 大赛和一二·九运动大合唱进行指导和点评，组织我院 700 余名新生参观文管系学员内务，增强了我院学生的组织纪律性，同时也加强了两院的交流，增进了军民情谊。我院连续 5 年获得"海淀区拥军优属先进单位"荣誉称号，首次获首都"军（警）民共建"标兵单位。2009 年，我院与首都高校、科研院所建立了全方位、多层次的交流和联系，尤其是与中科院、林科院、中央党校等科研院校通过互访活动，增进了感情，加强了交流，促进了合作。我院承办了科研院所学位与研究生教育工作网第二届羽毛球比赛，我院获季军，出色的组织和服务工作也获得了兄弟院所单位领导的高度赞扬。积极参加科研教育网"庆祝新中国成立 60 周年歌咏比赛"文艺汇演，我院歌舞剧《感恩的心》获三等奖。

中国研究生教育评价报告 2008～2009 出炉
中国农业科学院研究生院竞争力评价进入前三十强

　　武汉大学中国科学评价研究中心于 2008 年 3～6 月开展了中国研究生教育竞争力评价工作，按 31 个省、直辖市、自治区，56 个研究生院，478 所高校，11 个学科门类，81 个一级学科和 373 个专业，运用中国研究生教育评价信息系统，对培养单位的教育竞争力进行排名。

　　中国农业科学院研究生院竞争力排名第二十九位，在农林学科类型排名第一，在北京地区综合排名第七，在国家科学院研究生院（中国科学院研究生院、中国农业科学院研究生院、中国社会科学院研究生院、中国医学科学院研究生院）排名第二。农林学科类型同时进入前三十强的还有中国农业大学研究生院（第三十名）。

中国农业科学院学位授权点一览表
（56 个硕士点，44 个博士点）

学科门类	一级学科（名称与代码）	二级学科（名称与代码）
理学	大气科学（0706）	气象学（070601）
	生物学（0710）	微生物学（071005）
		＊生物化学与分子生物学（071010）
		＊生物物理学（071011）
		生态学（071012）
工学	农业工程（0828）	农业机械化工程（082801）
		＊农业水土工程（082802）
		农业生物环境与能源工程（082803）
	环境科学与工程（0830）	环境科学（083001）
		环境工程（083002）
	食品科学与工程（0832）	食品科学（083201）
		农产品加工及贮藏工程（083203）
农学	＊作物学（0901）	＊作物栽培学与耕作学（090101）
		＊作物遗传育种（090102）
		＊作物种质资源学（090120）
		＊农产品质量与食物安全（090121）
		＊作物生态学（090122）
		＊作物信息科学（090123）
		＊作物气象学（090124）
		＊药用植物资源学（090125）

续表

学科门类	一级学科（名称与代码）	二级学科（名称与代码）
农学	* 园艺学（0902）	* 果树学（090201）
		* 蔬菜学（090202）
		* 茶学（090203）
		* 观赏园艺（090220）
	* 农业资源利用（0903）	* 土壤学（090301）
		* 植物营养学（090302）
		* 农业水资源利用（090320）
		* 农业区域发展（090321）
		* 农业遥感（090322）
		* 草地资源利用与保护（090323）
	* 植物保护（0904）	* 植物病理学（090401）
		* 农业昆虫与害虫防治（090402）
		* 农药学（090403）
		* 杂草科学（090420）
		* 病虫测报（090421）
		* 生物安全（090422）
		* 农业微生物学（090423）
	* 畜牧学（0905）	* 动物遗传育种与繁殖（090501）
		* 动物营养与饲料科学（090502）
		* 草业科学（090503）
		* 特种经济动物饲养学 （含：蚕、蜂等）（090504）
		* 动物信息科学（090520）

续表

学科门类	一级学科（名称与代码）	二级学科（名称与代码）
农学	＊兽医学（0906）管理 profession consult	＊基础兽医学（090601）
		＊预防兽医学（090602）
		＊临床兽医学（090603）
		＊中兽医学（090620）
		＊兽药学（090621）
	林学（0907）	野生动植物保护与利用（090705）
管理学	管理科学与工程（1201）	
	＊农林经济管理学（1203）	＊农业经济管理（120301）
		＊农业资源与环境经济学（120320）
		＊农产品贸易（120321）
		＊农业技术经济（120322）
		＊农业信息管理学（120323）
		＊农业经营管理（120324）
	图书馆、情报与档案学（1205）	情报学（120502）

注：带 ＊ 为博士学位授权点，加粗字体为 2005、2006 年新增自主设置学科。

关于授予胡春雷等 97 人硕士学位的决定

中国农业科学院第六届学位评定委员会第八次全体会议于 2009 年 1 月 7 日在北京召开，根据《中华人民共和国学位条例》和《中国农业科学院学位授予工作细则》规定，决定授予胡春雷等 97 人硕士学位，名单如下。

1. 授予硕士研究生硕士学位名单（8 人）：

胡春雷　么　杨　宋　妮　翁　宇　严　琦　韵晋琦　陆　坤
时　克

2. 授予以研究生毕业同等学力人员硕士学位名单（2 人）：

韩慕俊　卢柏山

3. 授予农业推广硕士学位名单（87 人）：

曹丽梅	侯向娟	李玉祥	祁　英	王元军	叶健毅	陈俊华
侯艳艳	梁金平	钱宏伟	王鹭飞	游小妹	陈庆根	黄桂河
林梅桂	秦树文	魏长增	游秀梅	陈　嫣	黄国磊	林淑燕
邵红刚	魏茂青	袁　丁	陈　永	黄先洲	林万法	宋晓琪
吴洪江	袁　文	陈政明	贾向辉	林子龙	孙开梦	吴文明
曾增河	程　鹏	姜　伟	刘秉宇	孙小波	吴文荣	张　莉
狄艳红	鞠进增	刘化政	孙增平	吴宇芬	张梦飞	范永胜
阚睿斌	刘俊喜	汤葆莎	武培锋	张树发	郭达伟	康效生
刘瑞壁	王端岚	锡保平	张苏伟	郭培军	兰美香	刘社平
王　莉	徐福乐	张文强	韩　磊	蓝厚凤	刘育红	王丽伟
徐国柱	张志勇	韩忠吉	李文杨	刘召乾	王琪萍	杨海波
赵　劲	郝兆丰	李先成	卢焕涛	王新民	杨金发	周俊杰
贺晨邦	李艳丽	潘锡才				

4. 学位授予时间为 2009 年 1 月 7 日。

关于授予柴军等 20 人博士学位的决定

　　中国农业科学院第六届学位评定委员会第八次全体会议于 2009 年 1 月 7 日在北京召开，根据《中华人民共和国学位条例》和《中国农业科学院学位授予工作细则》规定，决定授予柴军等 20 名研究生博士学位，名单如下。

1. 授予博士研究生博士学位名单（20 人）：

柴　军　韩丽娟　李　雪　宋丽敏　王琴芳　杨建仓　陈兆波
贾芝琪　刘瑞涵　唐盛尧　王　翔　袁　平　程广燕　康俊梅
吕志创　王金凤　王　政　邹维华　耿锐梅　李淑英

2. 学位授予时间为 2009 年 1 月 7 日。

关于授予石锋等 486 人硕士学位的决定

　　中国农业科学院第七届学位评定委员会第一次全体会议于 2009 年 6 月 30 日在北京召开，根据《中华人民共和国学位条例》和《中国农业科学院学位授予工作细则》规定，决定授予石锋等 486 人硕士学位，其中全日制硕士研究生 397 人，农业推广硕士专业学位研究生 77 人，同等学力申请硕士学位人员 12 人，详细名单见附件，学位授予时间为 2009 年 6 月 30 日。

　　中国农业科学院 2009 年夏季授予硕士学位名单

1. 授予硕士学位名单（397 人）：

石　锋	韩　雪	王雅琼	马　宝	何　爽	张颖娴	李白玉
徐　凡	王　丹	张浣中	杨淑静	刘传娟	李晓光	周　磊
史金丽	谢学文	王　淼	陈亚娟	洪伟东	陈　虹	洪浩舟
张　琪	裴熙祥	孙书琦	孙　鹤	张静涛	樊　颖	田　鹏
李　梅	樊慧俐	焦晓明	孙　雯	郑小梅	韩月婷	梁成真
钟　雪	张　磊	刘　欣	吴　博	田立荣	白泽涛	张大军
薛仁风	王晓婧	靳　鹏	尚世界	张立超	庞春艳	费桂林
陶丽莉	宋　瑜	姜建芳	侯彦楠	崔丽虹	冉淦侨	李　斌
苏　涛	李焕杰	王　萍	马诗淳	孙丽丽	袁　敏	冯一潇
李　超	李文学	李远东	宗　洁	张俊鹏	黄叶飞	韩华峰
闻　婧	闫铁柱	聂志强	魏益华	于　丹	刘　刘	胡　勇
杨　静	张庆芳	宋金慧	王知非	熊志冬	邓　乐	吴雅欣
许园园	马铁铮	孙伟峰	张钟元	孙照勇	李建辉	饶伟丽
孙源源	王绍云	陈亚房	丁丹丹	刘　睿	张　品	李　伟
王俊芳	李俊辉	郭璐璐	孔　晔	赵　新	吉艳慧	邵　财
宋晓霞	王　进	魏金鹏	霍　光	张彦红	马　勇	吴　东
孙福鼎	崔艳红	任　毅	王汝慈	唐　傲	蔡　晶	韩金香
王晓光	亓芳丽	郭素英	太帅帅	范爱颖	郝建轶	张晓杰
彭鹏飞	刘海燕	于绍轩	丰　光	李亚栋	许兴涛	吴　健
杨国辉	马　成	李　芳	宋建龙	刘书环	刘绍东	刘　学
彭　建	曲平治	王浩雅	程　浩	王浩军	荣凡番	余利平
陈红奎	解振兴	丰　明	王凤敏	赵国红	朱秀兰	李同亮
于　萍	薛　蕾	史冀伟	杨志奇	肖鑫辉	王　栋	翟　伟

王家祥	徐　微	李国营	顾　竞	乔小燕	林衣东	袁新跃
刘晓辉	吴　迪	李　琼	沈丹玉	李　靓	崔宏春	钟秋生
段俊彦	叶国注	董星光	吴春红	姜建福	崔　磊	刘　冰
裴红霞	赵　滢	刘海星	舒海波	潘　颖	韩启厚	段艳凤
赵海涛	曾爱松	刘二艳	刘　博	莫舒颖	易　旸	李　威
冯艳丽	郭　科	王锐竹	万学闪	赵光伟	申昌跃	郑　妍
魏　娜	和秋红	刘　璇	张洪涛	张　燕	李梦雅	胡育骄
文方芳	苑举民	丁根胜	刘相甫	叶东靖	吴　迪	习　斌
赵建忠	朱小波	乔树华	岳凌粉	宋　倩	冯　超	李　晶
陈　瑜	龚佑辉	熊立钢	邹德玉	马　蕊	韩海亮	韩永强
黄少虹	王兆勇	刘树森	陈　豪	张　庆	袁　佳	孙晓会
薛智平	慕林轩	赵杏利	孟祥伟	张　娜	戴　莲	王奕海
滕　希	包　磊	刘　循	张米茹	孟庆会	张　玉	赵彦杰
管文静	赵　磊	王　翠	王宏乐	侯婉莹	彭　焕	何　文
李　磊	曹学仁	隗　爽	崔友林	崔庆东	王素娟	邢启明
宁　发	王海清	王美珍	王步云	郑敏娜	刘艳昆	乔海云
庞云渭	邢成锋	刘　琛	张　菊	刘鹏曾	盛　诚	黄宏刚
廖　冰	卢亚洲	刘立波	袁天杰	陈倩妮	王凤红	张卫兵
张文德	吴秀丽	王永伟	李　博	梁克红	盛洪建	郭利亚
胡华伟	张　婷	杨　伟	阿　仑	张海涛	于　萍	符林升
高华杰	郑卫宽	马永杰	李娟娟	王瑞国	李庆德	刘建静
吴志成	郭　军	宋兴超	沈彦军	刘　锋	马全朝	王加兰
张月美	徐　敏	张　莹	裴　磊	李　森	陈长木	葛　叶
吕茂杰	牛成明	柴　政	黄立平	刘爱玲	杜金玲	邢俊吉
杜艳芬	谭复善	展小过	蒋良丰	陈普成	王　斌	肖　燕
陈娜莎	梁　瑾	宋修庆	王永强	李继松	曾伟伟	孙庆歌
戴伶俐	陈　超	冯军科	李　鑫	朱振营	田海燕	张　宝
张中旺	冯海燕	张淑刚	李永亮	孙　帅	丛雁方	安立刚
王建科	徐贵财	王洪林	李真光	赵春霏	张锦秀	张利娜
刘　丹	郝　辉	王聪慧	王莉飞	吴江寿	张　瑜	梁　川
许　超	刘　阁	范　越	东　湖	张　昶	高　涛	白　石
刁海辉	韦良中	王晓凌	游　侠	王素雅	袁　园	刘赟青
王阿星	朱媛娇	王瑜洁	王玉珏	程春辉	赵　群	姜　昊
李光达	张　杜	杜　丹	徐　倩	宗南苏		

2. 授予以研究生毕业同等学力人员硕士学位名单（12 人）：

冯永芳	郝彩环	姜明松	马　越	乔海云	王洪梅	黄　辉

李翠霞　杨江涛　刘　方　石玉真　姚金波

3. 授予农业推广硕士学位名单（77人）：

陈　华　蔡毅生　陈　强　成　昕　杜　昊　范　威　房丽敏
郭祥锋　韩明轩　韩淑明　黄佳生　解　沛　李连波　李拥福
林北森　刘洪成　罗永雅　缪忠英　齐晓雷　曲修杰　石铭奎
孙建宏　孙建伟　王宏兴　王维济　杨洪岩　杨坤年　殷剑辉
苑　京　臧　波　张传芹　张　梅　张瑞新　张秀霞　赵峰松
赵赞江　赵治国　蔡　利　李克鹏　马晓彤　车　育　崔志峰
戴宏亮　贾希征　马海滨　缪伏荣　潘　雷　沈志刚　孙本晓
王国文　于文钢　张　帆　郭喜平　胡民强　蒋亲贤　金寿珍
潘建义　杨　扬　叶火香　赵跃铎　朱永明　雷元胜　冯小虎
耿宝峰　李　玲　刘尚鹏　刘少云　罗　英　裴　军　宋　俊
王暖春　王　颖　吴元华　许立峰　严仕忠　杨志和　张永春

关于授予陈锐等 150 人博士学位的决定

中国农业科学院第七届学位评定委员会第一次全体会议于 2009 年 6 月 30 日在北京召开，根据《中华人民共和国学位条例》和《中国农业科学院学位授予工作细则》规定，决定授予陈锐等 150 人博士学位，详细名单见附件，学位授予时间为 2009 年 6 月 30 日。

中国农业科学院 2009 年夏季授予博士学位名单（150 人）：

陈　锐	郭惠明	候思宇	胡群文	胡瑞波	黄火清	李　宁
刘　权	孟宪鹏	潘　婕	潘雅姣	石　磊	王溪森	卫　波
吴雪峰	肖朝文	杨雅麟	岳同卿	张　颖	周国安	林春梅
高　阳	单贵莲	何　丹	李　刚	徐丽君	关　宁	王　瑜
刘本英	牟玉莲	牛丽莉	员新旭	张路培	邓露芳	刘世杰
齐珂珂	王宁娟	王志红	岳　明	赵占中	董新昕	刘红芝
刘　鹭	孙丰梅	吴海文	蔡晓明	封云涛	高玉林	尹　姣
岳　梅	张　莹	李迎春	吴亚君	闫贵欣	余志坚	石淑芹
万　利	董铁博	芦晓飞	余　昊	高玉梅	李红双	李　梅
沈　镝	袁素霞	高志光	高　静	李忠芳	孟令钦	唐　旭
曹轶梅	常继涛	董　辉	独军政	高　旭	李　炯	秦立廷
任宪刚	沈　阳	王　群	韦天超	温志远	吴国华	张维军
张晓东	郑　浩	崔海兰	傅本重	李广旭	孙　蕾	王会伟
胡　昊	李录久	李文娟	刘增兵	陕　红	王秀斌	徐爱国
岳现录	李　虎	吕春生	唐　政	张爱平	张　华	庄　严
柏军华	郭学兰	陈福禄	刘　洋	马雄风	庞朝友	商海红
苏治军	童　晋	王林海	王日新	吴永升	张银波	付雪丽
郝桂娟	刘青丽	张贵龙	李小军	王坤波	张成伟	朱彩梅
杨建青	孟俊杰	李洪涛	李建桥	李俊岭	李　鹏	栾海波
王　川	王立平	王　茜	聂迎利	王　婷	杨栋会	杨艳涛
喻　闻	曾　洁	张玉梅	赵胜钢	赵英杰	王素霞	杨伟民
房丽娜	梅付春	刘苏社				

关于授予彭仁海等 3 人博士学位、张茜茜等 27 人硕士学位的决定

中国农业科学院第七届学位评定委员会第二次全体会议于 2009 年 8 月 4 日在北京召开，根据《中华人民共和国学位条例》和《中国农业科学院学位授予工作细则》规定，决定授予彭仁海等 3 人博士学位、张茜茜等 27 人硕士学位，详细名单见附件，学位授予时间为 2009 年 8 月 4 日。

中国农业科学院 2009 年夏季授予博士、硕士学位名单（30 人）：

彭仁海　王　剑　徐　佳　张茜茜　李　鹏　贾　倩　付晓芬
王德龙　吴立文　范静苑　朱春云　邢丽梅　张秀玉　王　芳
李继平　徐　博　刘占彬　李　勇　刘玉春　郝守峰　关宇强
王万利　石　霖　郝雪峰　刘建刚　李小庆　张　昱　颜　彦
田佳妮　郭溪川

关于表彰中国农业科学院 2009 年度
研究生管理先进集体和先进个人的决定

按照中国农业科学院研究生院农科研生［2009］104 号文件《关于评选表彰 2009 年度研究生管理先进集体和先进个人的通知》的精神，在各所推荐的基础上，经研究生院院务会研究决定，表彰作物科学研究所等 13 个研究所为我院 2009 年度研究生管理先进集体，陈巨莲等 23 位同志为我院 2009 年度研究生管理先进个人。

一、研究生管理先进集体

中国农业科学院作物科学研究所
中国农业科学院烟草研究所
中国农业科学院特产研究所
中国农业科学院信息研究所
中国农业科学院农业经济与发展研究所
中国农业科学院植物保护研究所
中国农业科学院蔬菜花卉研究所
中国农业科学院油料作物研究所
中国农业科学院北京畜牧兽医研究所
中国农业科学院农业环境与可持续发展研究所
中国农业科学院农业资源与农业区划研究所
中国农业科学院上海兽医研究所
中国农业科学院哈尔滨兽医研究所

二、研究生管理先进个人

陈巨莲	植物保护研究所
仇贵生	果树研究所
沈菊艳	农田灌溉研究所
刁青云	蜜蜂研究所
李晓宁	郑州果树研究所
王述民	作物科学研究所

赵利华	饲料研究所
魏 磊	烟草研究所
赵家平	特产研究所
唐守伟	麻类研究所
崔 艳	生物技术研究所
于迎建	农业信息研究所
李锁平	农业经济与发展研究所
宋国立	棉花研究所
张文静	草原研究所
廖 星	油料作物研究所
刘素琴	北京畜牧兽医研究所
姬军红	农业环境与可持续发展研究所
董 维	农产品加工研究所
苏胜娣	农业资源与农业区划研究所
杨锐乐	上海兽医研究所
刘益民	哈尔滨兽医研究所
周 莉	环境保护科研监测所

关于表彰2009年度"三仪助学金"获得者的决定

　　根据《中国农业科学院研究生院"三仪助、奖学金"评选办法〈试行〉》的有关规定，在个人申请、班委评选的基础上，经过研究生院"三仪助、奖学金"评审委员会的评审、公示和大连三仪动物药品有限公司的审核，最终评选出2009年度"三仪助学金"获得者37名。

2009年度"三仪助学金"获助名单

序号	姓名	性别	班级	研究所	导师姓名
1	雍红军	男	2008博士一班	作科所	李新海
2	宋广树	男	2008博士二班	环发所	孙忠富
3	汤秋香	女	2008博士二班	资划所	任天志
4	张　猛	男	2008博士四班	植保所	张朝贤
5	袁峥嵘	男	2008博士四班	北京畜牧兽医研究所	许尚忠
6	田　茜	女	2008硕士一班	作科所	卢新雄
7	别晓敏	女	2008硕士一班	作科所	叶兴国
8	解丽娟	女	2008硕士二班	资划所	王伯仁
9	易　琼	女	2008硕士二班	资划所	何　萍
10	李新娜	女	2008硕士三班	生物所	张　维
11	史延华	男	2008硕士三班	研究生院	闫艳春
12	柳　峰	男	2008硕士四班	蔬菜所	吴青君
13	张春芝	女	2008硕士四班	蔬菜所	李君明
14	段敏杰	女	2008硕士五班	环发所	高清竹
15	王少然	女	2008硕士六班	饲料所	王建华
16	姚喜梅	女	2008硕士六班	饲料所	石　波

续表

序号	姓名	性别	班级	研究所	导师姓名
17	刘天垒	男	2008 硕士七班	信息所	刘世洪
18	李治宇	男	2008 硕士七班	农经所	胡志全
19	唐继洪	男	2008 硕士八班	植保所	罗礼智
20	郑作良	男	2008 硕士八班	植保所	陈万权
21	谭建庄	男	2008 硕士九班	北京畜牧兽医研究所	张宏福
22	李玉坤	女	2008 硕士九班	北京畜牧兽医研究所	高洪文
23	盛小波	男	2008 硕士十班	加工所	木泰华
24	张付凯	男	2008 硕士十班	加工所	潘家荣
25	张志榜	男	2008 硕士十一班	哈兽研	冯 力
26	郭 晶	女	2008 硕士十一班	哈兽研	陈化兰
27	赵 清	女	2008 硕士十二班	兰兽研	李 冬
28	郭 凯	男	2008 硕士十二班	兰牧药	梁剑平
29	马继红	女	2008 硕士十三班	上海兽医研究所	童光志
30	付维星	男	2008 硕士十三班	上海兽医研究所	薛飞群
31	巴金莎	女	2008 硕士十四班	烟草所	张怀宝
32	邢素娜	女	2008 硕士十四班	油料所	卢长明
33	王 凯	男	2008 硕士十五班	水稻所	庄杰云
34	杨作仁	男	2008 硕士十五班	棉花所	李付广
35	魏 丹	女	2008 硕士十六班	天津环保所	徐应明
36	白 娜	女	2008 硕士十六班	沼气所	梅自力
37	陶生才	男	2008 硕士十七班	环发所	许吟隆

特此通报表彰，并颁发荣誉证书和奖金。

二〇〇九年五月六日

关于表彰 2009 年度"三仪奖学金"获得者的决定

　　根据《中国农业科学院研究生院"三仪助、奖学金"评选办法〈试行〉》的有关规定，在个人申请及研究所推荐的基础上，经过研究生院"三仪助、奖学金"评审委员会的评审、公示和大连三仪动物药品有限公司的审核，最终评选出"三仪奖学金"获得者 16 名。

2009 年度"三仪奖学金"获奖名单

序号	姓名	性别	学历	专业	研究所	导师
1	徐倩	女	硕士	情报学	信息所	孟宪学
2	黄宏刚	男	硕士	动物遗传育种与繁殖	北京畜牧兽医所	李奎
3	王永强	男	硕士	预防兽医学	哈兽研	王笑梅
4	王斌	男	硕士	预防兽医学	哈兽研	童光志
5	李真光	男	硕士	预防兽医学	特产所	武华
6	马诗淳	男	硕士	微生物学	沼气所	邓宇
7	杨建青	男	博士	农产品贸易	农经所	刘小和
8	王剑	男	博士	作物信息科学	信息所	周国民
9	赵占中	男	博士	基础兽医学	上海兽医所	薛飞群
10	李宁	女	博士	生物化学与分子生物学	饲料所	姚斌
11	任宪刚	男	博士	预防兽医学	哈兽研	薛飞
12	岳明	男	博士	动物营养与饲料科学	饲料所	丁宏标
13	高玉林	男	博士	农业昆虫与害虫防治	植保所	吴孔明
14	吴永升	男	博士	作物遗传育种	作科所	张世煌
15	吴海文	女	博士	农产品质量与食物安全	加工所	王强
16	唐旭	男	博士	土壤学	资划所	马义兵

　　特此通报表彰，并颁发荣誉证书和奖金。

二〇〇九年六月十六日

关于表彰中国农业科学院 2009 年度
优秀博士学位论文的决定

为了进一步提高我院博士研究生培养质量和创新能力，促进研究生教育的健康发展，我院开展了优秀博士学位论文评选工作。

根据《中国农业科学院优秀博士论文评选办法》，经过各个学位评定分委员会推荐和同行专家的通讯评议，中国农业科学院第七届学位评定委员会第三次会议评审确定了 2009 年度院级优秀博士论文的入选名单。黄火清、周国安、樊树芳获得优秀博士论文奖，高玉林、高阳、赵占中获优秀博士论文提名奖（附件）。

研究生院对获奖者颁发证书和奖金，奖励优秀博士论文奖作者和指导教师各 10 000 元，奖励优秀博士论文提名奖作者和指导教师各 5 000元。上述获奖论文可直接推荐参加当年度北京市优秀博士学位论文评选和全国优秀博士学位论文评选。

二〇一〇年一月十三日

附件：

中国农业科学院 2009 年度优秀博士学位论文获奖名单

姓　名	专　业	导　师	研究所	论文题目
黄火清	生物化学与分子生物学	姚　斌	饲料所	不同环境中植酸酶基因多样性分析及新基因的克隆与表达
周国安	生物化学与分子生物学	邱丽娟	作科所	大豆抗逆基因 GmUBC2、GmPK 和 GmNHX2 的克隆与功能分析
樊树芳	预防兽医学	陈化兰	哈兽研	H5N1 亚型禽流感病毒弱毒毒活疫苗株的构建及在不同动物模型上免疫效力的评价
高玉林	农业昆虫与害虫防治	吴孔明	植保所	田间棉铃虫对 Bt 棉花的耐性演化分析
高　阳	农业水土工程	段爱旺	灌溉所	玉米/大豆条带间作群体 PAR 和水分的传输与利用
赵占中	基础兽医学	薛飞群	上海兽医所	硝唑尼特在山羊体内的药物代谢动力学及毒理学研究

我院农业推广硕士学位论文喜获全国农业推广硕士专业学位教育指导委员会优秀论文

根据全国农业推广硕士专业学位教育指导委员会下发的［2009］11 号文件《关于评选第二届全国农业推广硕士优秀论文的通知》，我院有 2 名农业推广硕士研究生的毕业论文被评为"2009 年度全国农业推广硕士专业学位优秀论文"（全国共评选 20 篇）。

获奖论文题目	学生	指导教师
东北三江平原耐低磷胁迫水稻品种特性研究	张淑华	周建朝
鸡肌内脂肪和肌苷酸性状选择及其与繁殖性状的遗传相关分析	郑麦青	文 杰

翟虎渠在 2009 届研究生毕业典礼暨学位授予仪式上的讲话

（2009 年 7 月 2 日）

尊敬的各位来宾、老师、同学们：

大家好！今天我们欢聚一堂，隆重举行 2009 届研究生毕业典礼和学位授予仪式。首先请允许我代表中国农业科学院党组向学业有成、即将告别母校、踏上新的人生征途的全体 2009 届毕业生表示最热烈的祝贺；向精心培育和悉心关怀你们的全体导师和你们的家人表示崇高的敬意；向长期以来支持、关心我院研究生教育事业的各级领导、科研管理人员以及研究生院的全体教职员工表示衷心的感谢！

春华秋实，2009 年我院共有全日制研究生 604 人毕业，其中博士毕业生 173 人，硕士毕业生 431 人。另有，在职同等学力申请硕士学位 15 人，农业推广硕士学位 167 人。有 115 名同学在校期间光荣地加入了中国共产党，16 名同学获得大连三仪公司在我院设立的奖学金，13 名同学获得优秀毕业生称号，15 名同学志愿支援西部，2 名同学将到农村基层担任党支部书记助理、村委会主任助理。

同学们，你们在校期间热情地关心和支持着学校的建设与发展，并以主人翁的姿态积极投身于学校的各项重大改革和活动中，为农科院的发展做出了贡献。2009 年，是新中国成立 60 周年，60 年来，我们国家发生了翻天覆地的变化，取得了举世瞩目的伟大成就。国民经济持续快速健康发展，综合国力显著增强，人民生活水平不断提高，精神文明建设取得丰硕成果，城乡面貌发生巨大变化，国际地位空前提高，中国成为世界上欣欣向荣的、充满生机活力的社会主义国家。中国农业科学院肩负党和人民的重托，为社会培育和输送了大批优秀科技创新人才，为推进我国农业进入新阶段做出了重要贡献。我们坚信，新时期的中国农业科学院，一定能够发扬光大优良传统，肩负起发展现代农业科学技术的历史使命，成为全国农业科技事业的领头羊、排头兵、主力军和学术高地。

研究生院作为农科院"三个中心、一个基地"总体构架中的创新型人才培养基地，2009 年即将迎来建院 30 周年的盛大庆典。研究生院自 1979 年建院以来，经过不断探索和改革，已基本形成了独具特色、适应科研单位特点的教学和培养体系，尤其是近几年来，在上级领导部门的大力支持、院党组的正确领导和院属各所的通力合作下，我院研究生教育工作取得了跨越式的发展，办学规模不断扩大，学科建设不断突破，导师队伍不断壮大，培养质量持续提高，国际合作广泛开展，条件建设得到改善，有力地保障了我院"三个中心、一个基地"的发展战略的顺利推进。自 2002 年起我院已连续七年蝉联"中国一流研究生院"。2009 年，在 30 周年院庆之际，我们高兴地看到，你们的顺利毕业为母校的 30 年华诞献上了一份厚礼。相信不久的将来，我们还会欣慰地看到，你们依然心系农科院，继续为母校的发展群策群力！

同学们，作为时代的弄潮儿，你们是幸运的。今天，我们的祖国日益强大，在座的各位都是其中的受益者。时世造英雄，同学们，希望你们抓住这一良好的发展契机，为我国农业事业的发展注入你们的激情与智慧，用自己的所学为社会创造更多的价值，为我们伟大的祖国繁荣富强贡献一份力量。

同学们，研究生生活瞬息即过，但它将是你们的瑰丽人生中最浓丽的一抹色彩！3 年来，农科院留下了你们奋斗的足迹和激扬奋发的青春豪情。农科院一个个科研领域的重要进展有你们的辛苦工作，一个个重大科技项目的突破有你们辛勤的汗水，一个个科研成果的取得有你们智慧的结晶，你们的贡献，在农科院的发展历史上留下了浓重的一笔！

同学们，很快你们就要离开这片曾经留下无数汗水与梦想的土地，离别朝夕相处的老师和同学。临别之际，我仅提出几点希望，与同学们共勉：

第一，希望你们热爱祖国、奋发图强。当代研究生应该时刻心系民族命运、心系国家发展、心系人民福祉，使爱国主义精神在新的时代条件下发扬光大。将来无论何时何地，不管你们在现实中遇到怎样的挫折和磨砺，都要对国家无限忠诚，对人民饱含深情，热爱你的祖国。希望你们能以自己出色的工作承载起历史的重任，励精图治，奋发图强。

第二，希望你们健全人格，善待人生。只有高尚的人、把个人价值融入社会价值的人，才能创造完美的人生。一个高尚的人，不仅在于知识的不断丰富，更在于品格的不断完善。因此，我们不仅要敢于创新、善于创造，更要不断加强和完善自身修养，勇于承担社会责任，争取为国家、为社会做出更大贡献。

第三，希望你们爱岗敬业、终身学习。"创业维艰，奋斗以成"，成功永远属于有崇高理想、坚定信念和艰苦奋斗的人们。希望你们踏实工作，勤勤恳恳，砺练心志，在平凡的工作岗位上建功立业。"吾生也有涯，而知也无涯"，希望同学们充分认识终身学习的重要性，树立终身学习的理念，成为终身学习理念的实践者。

亲爱的同学们，你们就要离开母校，游学四海，建树八方。学子对母校最大的回报是成材，成为对社会、对民族、对国家有用的人才。你们取得的每一点成绩，都是对母校最好的支持。母校的每一点发展和进步，也都饱含着你们的心血和汗水。母校，她会永远像母亲一样支持你、思念你、欢迎你。母校，是你们永远的精神家园。海阔凭鱼跃，天高任鸟飞，就让你们的生命之舟在新的岁月港湾里启航，载着对未来的憧憬和畅想，直挂云帆，乘风破浪。

最后，祝各位毕业生前程似锦！祝各位老师工作顺利、合家幸福！

谢谢大家！

翟虎渠在 2009 级研究生开学典礼上的讲话

（2009 年 9 月 12 日）

各位来宾、老师、同学们：

今天我们隆重举行 2009 级研究生开学典礼。在此，我谨代表中国农业科学院党组和研究生院全体师生向在百忙之中应邀出席典礼的各位领导、嘉宾表示热烈的欢迎和诚挚的感谢！向刚刚迈进中国农业科学院研究生院的 776 名博士和硕士研究生表示衷心的祝贺和热烈的欢迎！向刚刚度过第 25 个教师节的全体教师员工们致以诚挚的问候和崇高的敬意！

今年，是新中国成立 60 周年，60 年来，我们国家发生了翻天覆地的变化，取得了举世瞩目的伟大成就。国民经济持续快速健康发展，综合国力显著增强，国际地位空前提高，城乡面貌发生了巨大的变化。今年，也是中国农业科学院创办研究生教育 30 周年。我院研究生院建院 30 年来，一直秉承着"明德格物、博学笃行"的办学宗旨，经过不断探索和改革，已基本形成了独具特色、适应科研单位特点的教学和培养体系，为社会培育和输送了大批优秀科技创新人才，为推进我国农业发展和进步做出了重要贡献。

同学们，中国农业科学院成立于 1957 年，是国家级综合性农业科研机构，经过 50 多年的发展和建设，中国农业科学院在我国农业科技攻关、攀登科学高峰、服务宏观决策和经济建设主战场，支撑国家农产品供给实现总量平衡、丰年有余的历史性转变，结束短缺时代、走向全面建设小康社会的伟大历史进程中做出了不可替代的重要贡献。目前，中国农业科学院有 39 个研究所和一个研究生院、一个中国农业科学技术出版社，分布在全国 17 个省（市、自治区）。

中国农业科学院在发展建设的进程中，贯彻《中共中央、国务院关于加强人才工作的决定》，落实科学发展观，始终把人才资源作为促进科技事业发展的第一资源，突出"以人为本"、"以研为本"，注重并不断加强科技人才队伍建设，取得了以下几方面的突出成就。

1. 九大学科建设初具规模

中国农业科学院确定了作物科学、动物科学、农业微生物科学、农业资源与环境科学、食品科学与工程、农业质量标准与检测、农业信息学、农业工程学、农业经济与科技发展 9 大学科领域和"41 个一级学科、173 个二级学科、84 个重点研究方向"的学科建设框架，初步形成面向现代农业、面向科学技术发展，结构合理、门类齐全、重点突出、以任务带学科的新型学科体系。

2. 人才队伍不断壮大、创新团队逐步形成

中国农业科学院形成了以院士为"龙头"，以国家级专家、部级专家、政府特殊津贴专家、国家"百千万人才工程"人选、杰出人才为主体的高层次人才队伍。目前，我院现有两院院士11人，在职国家级专家8人，省、部级专家151人，政府特殊津贴专家134人，国家"百千万人才工程"人选29人，一级岗位杰出人才43人，二级岗位杰出人才124人，三级岗位杰出人才241人。"千军易得，一将难求"，国际一流的科技尖子人才、领军型人才可以带出高水平的创新型科研团队。"杰出人才工程"有效地促进了我院科技创新人才队伍的结构优化和梯队建设，同时为构建科技创新团队奠定了基础。

3. 科研条件逐步改善、科技创新工作硕果累累

截至2007年年底，我院拥有国家重点实验室5个、国家重大科学工程1个、部级重点开放实验室23个、国家及部级质量监督检测中心35个、国家农作物改良（育种）中心、分中心14个、国家和部级野外台站25个，工程研究中心3个、国家作物种质资源库1座（保存量38.4万份，居世界首位）和国家农业图书馆1座（藏书200万余册、33万余种）。

建院以来，我院先后共获得科技成果4 618项，其中获奖成果2 359项，取得了一批具有自主知识产权的、原创性的重大农业科技成果，在一些重要研究领域取得了突破性进展，成果处于世界领先地位。"十五"期间，我院立足自主创新，以解决事关国家农业中长期发展和粮食安全的战略性、前瞻性和方向性的现代农业高技术和常规手段难以突破的重大技术难题为目标，突破了一批关键技术，取得了禽流感基因工程疫苗、转基因抗虫棉三系杂交配套技术、双低油菜、矮败小麦育种平台、超级稻等一批具有自主知识产权、世界领先的科研成果。在此期间，我院获国家级一等奖3项，二等奖17项，三等奖161项。

4. 招生规模不断扩大、研究生教育实现跨越式发展

中国农业科学院研究生院成立于1979年，是我国第一批具有博士学位与硕士学位授予单位之一。经过30年的发展，尤其是近几年来，我院研究生教育事业取得了骄人的成绩：学科建设不断增强，现拥有8个博士后流动站，7个一级学科博士学位授权点，有44个二级学科博士学位授权点，有8个一级学科硕士学位授权点，56个二级学科硕士学位授权点，设有农业推广硕士和兽医硕士2个专业学位，以及在职人员以同等学历申请硕士和博士学位授权点；办学规模迅速扩大，在校生从"九五"末的500余名增长到目前的2 500多名；师资队伍不断壮大，拥有400多位博士生导师和1 000多位硕士生导师；培养质量显著提高，研究生院连续7年以农学门类第一名获得"中国一流研究生院"光荣称号；基础建设逐年完善，2009年，我院投入大量财力物力对宿舍楼和教学楼进行了翻修，更换了计算机教学设备，改建了运动场地，规划中的新学生宿舍楼也将于今年破土动工。

同学们，20世纪头20年，对我国来说，是重要的战略机遇期，未来5~15年是我

国发展现代农业、建设社会主义新农村和建设创新型国家的重要历史时期，也是建设国家农业科技创新体系、依靠自主创新发展农业科学技术的关键时期。在这里，中国农业科学院将发挥重要作用，我院计划到"十一五"末，实现"三个中心、一个基地"的目标，即把我院建设成为一流的国家农业科技创新中心、农业科技产业孵化中心、国际农业科技合作与交流中心和高级农业科研人才培养基地，引领我国现代农业科学技术发展，为国家粮食安全、农业增效、农民增收和社会主义新农村建设提供有力的科学技术支撑，提升我国农业科学技术的国际竞争力。

在自主创新方面：我们将重点放在种质资源收集挖掘利用与动植物新品种培育、农产品高效生产与质量安全、重大农业生物灾害预防与控制、农业资源高效利用、农业环境控制与生态修复、农业信息技术与数字农业、农业工程技术与智能化装备、农产品加工与现代物流、生物质能源与新材料、农业经济与科技政策等领域，力争取得突破性的研究进展和成果。

在学科建设方面：我们将继续培育九大优势学科群，形成 2 ~ 3 个国际一流、30 ~ 40 个国内一流、40 ~ 50 个具有我院特色的重点学科（中心）；培育建设 5 个左右新兴或交叉学科。力争博士一级学科授权点 8 ~ 10 个，博士二级学科授权点 60 个左右，硕士授权点 70 个左右，博士后流动站 10 个左右。

在人才与创新团队建设方面：培养和造就一批在关键领域和重点岗位的领军型人才和科技骨干人才，使各类专家和高层次人才队伍进一步壮大，形成 20 名左右国际知名专家、50 名左右具有能够把握国内外科技发展动态的战略科学家、200 名左右在国内外有影响的学科带头人、重点培养和建设 100 个左右具有自主创新能力和高水平的科技创新团队；形成全日制在校研究生 3 000 人以及专业学位 1 500 人、在职申请学位 300 人、在站博士后 200 人、国外来华留学生人数 100 人的高级农业科研人才培养基地；引进 100 名左右高水平国内外科技人才来我院工作。

在科技基础条件平台建设方面：中国农业科学院将围绕九大学科群建设，新建 1 ~ 2 个国家重大科学工程，再建 3 个左右国家重点实验室、10 个部门重点实验室，重点建设 4 ~ 6 个农业综合试验示范与繁育基地、7 ~ 10 个改良中心或分中心、一大批国家级试验站、10 ~ 15 个农产品质量监督与检测中心、3 ~ 5 个国家级工程技术（研究）中心。在农业科技创新体系中我们提出要在全国建设 300 个左右试验站作为农业科技创新和推广的接口。同时，我们要新建国家农业图书馆，新建农业科技国际合作与交流中心。

同学们，今天，你们选择中国农业科学院作为迈向新的人生历程的起点，我祝贺你们，你们的选择是正确的，因为你们将直接参与我院"十一五"关键技术领域的创新研究工作。今后，研究生院将在培育和造就创新人才中发挥基地的作用，着力培养研究生的创新能力和实践能力，为创新人才培养营造学术氛围。你们将在建设国家农业科技创新体系中发挥生力军的作用。

在同学们即将掀开人生新的一页的时候，我想对你们提几点希望：

1. 希望你们求真务实，锐意创新

"创新"是一个国家、一个民族，同样也是一所学校得以发展的不竭动力和源泉。希望同学们珍惜学校提供的良好的学习条件，不断地提升获取知识的能力、实践动手的能力、科学研究的能力、社会实践的能力，不断地提升创新和创业的能力，坚持从实际出发，敢于向传统挑战，敢于向权威挑战，敢于向思维定势挑战，敢于在不断的探索与否定中寻找正确的答案，实现自己的人生价值。

2. 希望你们勤学多思，学以践行

"明德格物、博学笃行"是历代中国人求学精神的积淀。希望同学们尽快实现从大学教育到研究生教育的转变，从被动等待老师布置任务，到自己主动地学习、独立地思考；从死记硬背知识点，到追求科学真理，批判性地学习，广泛阅读参考文献；从不会提出问题，到不断发现问题、研究问题、解决问题；从不敢质疑，到有意识地培养自己的创新思维，提升创新意识，增强创新能力。真正实现从"学而不思、知而不行"到"学思结合、学行并重"的转变，使自己真正成为学习的主人。

3. 希望你们身心健康，和谐发展

在即将开始的学习生活中，同学们将会面临生活环境、学习方式、心理、生理等各个方面的许多新的变化，将会面临知识挑战、学习竞争、交友困惑、师生磨合、家长期望等许多新的问题。希望同学们在繁忙的学习工作中注意加强锻炼，积极参加学校组织的各项文体活动，及时调整自我情绪和自我心态；希望同学们学会学习、学会做人、学会做事，培养独立生活的能力，养成良好的生活习惯，尽快适应新的校园生活；希望同学们在不断的磨砺中实现个人身心、个人与他人、个人与自然的和谐发展。

同志们，同学们，新的画卷已经展开，美好的明天正在等待我们去创造，希望你们能按照胡锦涛总书记对青年所期望的那样：努力成为理想远大、信念坚定的新一代，品德高尚、意志顽强的新一代，视野开阔、知识丰富的新一代，开拓进取、艰苦创业的新一代。在我院创办研究生教育 30 周年之际，为把我院建成国际知名、国内一流的培养和造就高层次农业科技人才基地的宏伟蓝图而共同奋斗！让青春在建设中国特色社会主义的伟大事业中焕发出更加绚丽的光彩！

谢谢大家！

八、综合政务管理

关于进一步规范
中国农业科学院公文格式的通知

农科办办〔2009〕74 号

院属各单位、院机关各部门：

《中国农业科学院公文处理办法》（农科院办〔2002〕170 号）实施后，我院公文质量和办文效率明显提高。但从报到院里的公文情况看，一些部门、单位的公文格式仍有不规范的现象，主要表现为标题字体和字号不对、正文结构层次不清晰、附件不按规定格式排版等，影响了公文运转效果和效率。为进一步提高公文质量，现就公文写作中出现的主要问题明确规范如下。

一、关于标题

公文标题用 2 号华文中宋体字或小标宋体字，根据字数多少可分一行或多行居中排列。

公文正文的文字大小一律用 3 号字，除各层次标题外，均用仿宋字体。文中标题结构层次如下：第一层用"一、""二、""三、"……标序，标题用黑体字；第二层用"（一）""（二）""（三）"……标序，标题用楷体字并加粗；第三层用"1.""2.""3."……标序，标题用仿宋体字并加粗；第四层用"（1）""（2）""（3）"……标序，标题用仿宋体字（见附件）。

二、关于附件

公文如有附件，在正文下空 1 行左空 2 字用 3 号仿宋体字标识"附件："；如果附件多于 1 个，应使用阿拉伯数字标出序号（如"附件：1. ××××"），附件名称后不加标点符号。

附件中的内容也要按照正文格式要求〔见《中国农业科学院公文处理办法实施细则》（农科院办〔2002〕170 号）〕进行排版。

三、审核和印制

院机关各部门起草的有关院文件应交院文印室统一印制。院属各单位发文由单位办公室（综合处）对格式、内容统一进行审核、把关，严格按照《中国农业科学院公文处理办法实施细则》（农科院办〔2002〕170 号）进行排版、印制。

公文规范化是公文处理工作规范化、制度化、科学化的基础，各部门、各单位要制定相应的管理制度，并在工作中落到实处，全面提升我院公文处理的质量和水平。

附件：中国农业科学院文件（样稿）

中国农业科学院办公室
二〇〇九年五月七日

附件：

中国农业科学院文件

农 科 院 × 〔2009〕 ×号

中国农业科学院关于××××的通知

院属各单位、机关各部门：

为了×××。

一、主要做法和特点

（一）高度重视，全面部署

中国农业科学院×××。

1. 领导带头。×××。

2. 全体动员。×××。

（二）深入学习，武装头脑

××。

（三）结合实际，加强调研

×××。

附件：1.　×××××××××××××××××××××××××××

　　　　×××××××××××××××××××××××

　　2.　×××××××××××××××××××××××××××

　　　　×××××××××××××××××××××××

关于印发《〈中国农业科学院院内签报〉办理办法》的通知

农科办办〔2009〕186号

院机关各部门：

　　根据中国农业科学院工作需要，为便于院机关各部门向院领导请求指示、汇报工作和答复询问，现印发《〈中国农业科学院院内签报〉办理办法》，请各部门遵照执行，原《中国农业科学院院内请示》的办理自本通知实施之日起废止。

　　　　　　　　　　　　　　　　　　　　　中国农业科学院办公室
　　　　　　　　　　　　　　　　　　　　　二〇〇九年十一月六日

《中国农业科学院院内签报》办理办法

第一条　《中国农业科学院院内签报》（以下简称签报）适用于院机关各部门向院领导请求指示或批准、向院领导汇报工作或答复询问。签报应一事一报，不得几事一报，也不得一事多报。

第二条　签报必须使用规范格式，首页格式附后，正文格式规定与中国农业科学院公文格式相同（参见《中国农业科学院公文处理办法实施细则》农科院办〔2002〕170号）和（《关于进一步规范中国农业科学院公文格式的通知》农科办办〔2009〕74号）。凡未使用规范格式的院内签报，院办公室不予受理、转呈。

第三条　经办人按规范格式将签报打印出纸质件，其所在处室负责人核稿无误后签名，经部门综合处负责人审核签名后，由部门负责人签发。

第四条　若签报中涉及相关的依据性文件、资料，应将所涉文件、资料按签报提及顺序作为附件附后。

第五条　当签报事项涉及院机关其他部门职责时，呈报部门应将签报送相关部门进行会签。签报事项涉及部门应在规定时限内明确表示同意或不同意，对有异议的事项提出具体意见。签报内容涉及其他部门，又未与之会签的，院办公室退回呈报部门重新办理。

第六条　签报作为中国农业科学院院内文件，不对外复印或转送。

中国农业科学院院内签报

密级：　　　　　　　　　　　　　　　（　）请〔2009〕第　号

院领导批示：	会签单位
	呈报单位：
	签 报 人：
	综合处审核：
拟办意见：	处室负责人： 经办人： 联系电话： 日期：

标题：

主送领导：

关于印发《中国农业科学院甲型 H1N1 流感防控应急预案》和《中国农业科学院突发公共事件专项应急预案》的通知

农科院办〔2009〕214 号

院属京区各单位、机关各部门：

为进一步加强和提高我院甲型 H1N1 流感防控工作和各项突发公共事件的应急管理，及时、有效地处理各种应急事件，避免或减少因发生突发公共事件而造成的人员伤亡及财产损失，现将《中国农业科学院甲型 H1N1 流感防控应急预案》和《中国农业科学院突发公共事件专项应急预案》印发给你们。

请各单位组织有关人员学习和宣传以上两个预案的内容以及各种防控知识和方法，并根据本单位的工作实际，制定本单位的应急预案，一旦发生突发事件，能够及时应对。

特此通知。

中国农业科学院

二〇〇九年八月七日

中国农业科学院甲型 H1N1 流感
防控应急预案

为做好甲型 H1N1 流感防控工作，提高防控水平和应对能力，做到早发现、早报告、早隔离、早治疗，及时有效地采取各项防控措施，防止疫情传播、蔓延，保障广大职工健康和生命安全，维护正常的工作秩序，特制定本预案。

一、工作原则

分工负责，部门配合；依法防控，科学应对；预防为主，防治结合；群防群控，分级负责；及时上报，责任到人。

二、组织领导

1. 成立甲型 H1N1 流感防控工作领导小组
组　　长：罗炳文
副 组 长：贾连奇、刘继芳、孟祥云
小组成员：郝志强、吴胜军、孙启刚
2. 下设防控工作办公室
主　　任：孟祥云
副 主 任：杨　宁、徐　伟、侯希闻
办公室设在院后勤服务局。

三、应急处理

1. 我院京区职工一旦发生甲型 H1N1 流感疫情，防控工作办公室实行 24 小时值班制，开通疫情监控联系电话，确保信息畅通。做到人员到位、联络通畅、反应迅速。
2. 严格执行疫情报告程序。发现本单位出现甲型 H1N1 流感病例，要及时向所在地街道或疾病预防控制机构报告，同时报院防控工作办公室，由院防控工作办公室上报农业部。
3. 配合所在地疾病预防控制机构，采取必要的消毒、隔离等措施，主动接受所在街道卫生服务机构的指导，有效应对可能出现的疫情，严防疫情的扩散和蔓延。并督促密切接触者主动接受医学观察。

4. 如需对进出大院人员控制，由院保卫处负责实施。

5. 对疑似病人活动场所的消毒工作，由院后勤服务中心负责。

6. 人事、保卫部门协助排查密切接触人员。

7. 任何部门和个人都不得隐瞒、迟报、谎报或者授意向他人隐瞒、迟报、谎报甲型 H1N1 流感疫情，对有违反者将追究单位领导及当事人的责任。

8. 建立甲型 H1N1 流感疫情举报制度。任何部门和个人都有权和有义务报告甲型 H1N1 流感疫情隐患，有权举报有关部门不履行甲型 H1N1 流感疫情应急处理规定和职责的情况。

四、有关联系电话

北京疾控中心：64407014

北下关街道：62126060 - 314

马连洼街道：62811529

香山街道：82590506

院防控工作办公室：82109394

农业部机关服务局：59192214

农业部值班室：59192318/59193316

中国农业科学院突发公共事件专项应急预案

根据《国家突发公共事件总体应急预案》的要求，为及时、妥善、有效地处置院京区单位内发生的突发公共事件，避免或减少因发生突发公共事件而造成的人员伤亡及财产损失，尽快恢复正常的科研、学习、生活秩序，做到有备无患，特制定本专项预案。

一、应急机构及主要职责

院设立突发公共事件应急指挥中心，主任由分管安全工作的院领导担任，副主任由院办公室、人事局、后勤服务局主要负责同志担任。成员由人事局、科技局、财务局、基本建设局、后勤服务局、保卫处负责同志组成。负责领导、组织、指挥对院内发生的突发公共事件的处置，和及时向农业部等上级有关部门报告等方面的工作。应急指挥中心办公室设在院办公室。

院突发公共事件应急指挥中心下设：

现场指挥组：组长由事发地单位主要领导担任，成员由参加应急工作的相关部门负责人组成。负责事发现场应急各项工作的指挥、组织、协调，如发生火灾、重大刑事案件、重大疫病，应立即向公安、消防、卫生防疫部门报告，并及时将事件发展及处置情况向院突发公共事件应急指挥部报告。

警戒和疏散组：由事发单位负责人及有关人员和保卫处、院卫队人员组成，现场警戒、疏散人员，协助、配合公安等部门对事件进行调查和处置。

救护组：由事发单位有关人员和院门诊部人员组成，负责对受伤人员进行前期救治，协助、配合医疗卫生部门开展救护和防疫工作。

保障和抢修组：由事发单位负责人及有关人员和院后勤服务局有关部门人员组成，负责供水、供电、提供车辆。当院内供电、供水、供暖设施出现故障或遭到破坏时，院后勤服务局负责供电、供水、供暖的部门要及时组织人力进行应急抢修，如凭单位的人力、设备无法修复的，要及时向有关部门报告，并协助、配合抢修，尽快恢复到正常工作状态。

二、应急工作要求及程序

根据应急工作的紧急程度和影响范围，分级组织实施应急工作：

遇有影响范围小，涉及个别单位的突发公共事件时，由院办公室和事发单位组织相关部门实施应急工作。

遇有影响范围大，涉及全院的突发公共事件时，由院应急指挥中心直接组织实施应急工作。

应急工作要本着"提前预防、充分准备、周密部署、快速反应、靠前指挥、协调联动、果断处置"的原则，按照下列程序和要求开展应急工作。

（一）接到国家和地方政府发布的突发公共事件预警信息，或院属京区单位突发公共事件的报警时，院各应急机构应立即组织本部门应急工作人员到达各自工作岗位，备齐应急所需的车辆、工具和物资，同时向院应急办公室报告工作准备情况。应急指挥中心根据预警状态和事件发展情况向有关部门发出进入应急状态通知，各部门应尽快启动本部门应急工作预案，进入工作状态。

（二）按照院应急办公室通知，指挥中心成员及有关部门负责同志应及时赶赴应急指挥中心工作，保证统一指挥、协调联动。有关部门应迅速出发赶赴现场，并与办公室保持密切通讯联络，随时通报紧急和突发情况。

（三）根据事件发展状况，经应急指挥中心主任或副主任批准，由院应急办公室及时发布院内应急临时管理措施的信息，通告全院。

（四）院应急办公室要及时收集、汇总院内发生突发公共事件和应急工作的情况，迅速向农业部等上级主管部门报告，并向院属单位和职工通报有关情况。

（五）应急工作结束后，由院应急办公室发出通知，各有关部门的应急队伍分别撤回。

三、应急保障措施

（一）启动应急预案后，院属各单位及有关部门必须按照指挥部的统一指挥，立即按照本部门制定的应急预案采取应急措施。

（二）各单位、各部门要层层落实责任制，明确责任人，以保证应急工作顺利开展。

（三）院应急办公室要建立起有效的应急指挥体系和通信联络体系，确保应急工作信息渠道的畅通。

（四）院应急办公室要做好应急物资调配工作，落实应急工作资金。

（五）为了保证及时、高效、有序地实施应急行动，根据事件的发展情况，经院领导批准，院应急办公室负责组织落实，由有关单位、部门人员组成具有反应迅速、突击力强的应急救援队伍。

四、突发公共事件的应对

（一）自然灾害的应对

1. 自然灾害主要包括气象灾害、地震灾害、地质灾害、生物灾害等。

2. 当国家或北京市政府发布自然灾害预警信息后，院办公室应立即向院领导报告，通知院应急办组成人员迅速到岗及相关应急部门进入应急待命状态。自然灾害情况出现后，院应急办要立即通知相关应急部门转入应急工作状态。重特大自然灾害发生时，院应急办经报请院领导批准后，可动员全院职工投入应急工作，开展自防自救。

3. 院属各单位在接到院应急办发出的应急通知后，应立即启动本单位的应急预案，组织应急队伍进入应急工作状态，保持通信畅通。

4. 保卫处带领院卫队负责维护院内秩序，确保重点要害部位的安全。

5. 院门诊部协助、配合医疗卫生部门救治受伤人员。

6. 院后勤服务局有关部门负责水、电、车辆保障。必要时可直接调集院属京区单位的各类交通工具，紧急疏散事发地人员和重要财产。

7. 院后勤服务局物业部负责协助有关单位、部门做好灾后现场清理工作。

8. 院应急办负责组织、协调院内灾后的恢复重建工作，落实人员、物资、经费。

（二）疫情的应对

1. 根据国家和北京市政府发布的疫情预警信息，经报请院领导批准，院应急办公室组成人员到岗就位进入应急工作状态，院相关应急部门同时进入应急工作状态。

2. 院属各单位在接到院应急办发出的应急通知后，应立即启动本单位的应急预案，组织应急队伍进入应急工作状态，保持通信畅通。及时备好防疫物资药品，做好监控防疫等方面的工作。

3. 院应急办根据国家和北京市政府公布的疫情发展情况，研究制定并公布院内监控防疫临时管理措施。

4. 院后勤服务局有关部门负责水、电、车辆保障。

5. 院属京区各单位在卫生防疫部门的指导下，认真做好公共场所的防疫消毒工作。

6. 院门诊部协助、配合医疗卫生部门做好院内的监控防疫和患者救治等方面的工作。

7. 保卫处带领院卫队人员负责维护院内秩序，确保重点要害部位的安全，执行院应急办制定公布的院内监控防疫临时管理措施。

8. 院应急办应及时收集、汇总院内监控防疫工作的情况，上报农业部等有关上级部门；并及时向职工和居民通报情况，安定人心、稳定情绪，避免人员过于恐慌；根据国家和北京市政府的解除疫情公告，发出解除院内疫情应急工作通知，各单位及有关部门恢复正常工作状态。

（三）恐怖事件的应对

1. 恐怖事件的防范

（1）各级领导要本着对国家财产、人民生命财产安全高度负责的态度，在思想上对反恐防爆工作给予高度重视，加强组织、精心部署、周密安排、警钟长鸣、常抓不懈，切实把反恐防爆各项措施落到实处。

（2）要对职工进行反恐防爆和情报信息等方面的安全教育工作，增强职工的反恐防暴意识，做到发现有可疑恐怖迹象立即报告。

（3）各单位要严格门卫制度，认真查验出入人员及物品，对形迹可疑的人员、车辆要严加盘查，严防恐怖分子混入或闯入单位内部。

（4）对重要的科研、办公楼、危险化学药品库、供水供电设施、食堂、人员聚集场所等重点防范部位，要经常进行反恐防爆安全检查，及时查处隐患，堵塞漏洞、落实防范措施。对重点防范部位的工作人员要进行安全教育，特别是重点岗位的工作人员，要做到情况明、底数清，严防可能有极端行为的人出现在重点防范部位的工作岗位上。

（5）院内举办重要或大型活动，活动组织者应在筹备阶段通知保卫处，并制定安全保卫方案，保卫处根据活动的安排和要求组织人员对活动场所、行车路线进行检查，安排院卫队人员上岗值勤并疏导交通，维护活动场所秩序，确保安全。

（6）楼内装有电视监控系统的单位，要加强监控系统的管理。使其经常保持灵敏有效，处于正常工作状态；值班人员要坚守岗位，发现可疑情况及时处理上报。

（7）各单位要针对各自工作的实际情况，制定反恐防爆及突发事件处置预案，在思想上、人员上、物资上做好应对恐怖事件和突发事件的准备。

（8）要有针对性地组织值班、巡逻人员进行反恐防爆演练，不断提高其处置恐怖事件和突发事件的能力。

2. 恐怖事件的应对

（1）如院内发生爆炸等恐怖事件，任何知情人员都应迅速拨打 110 电话报警，并向院应急办公室报告。办公室接到报警后，要立即向有关领导、部门报告，同时通知相关应急机构立即进入应急工作状态。

（2）保卫处带领院卫队人员对爆炸等现场进行封闭，保护好现场，疏散人员，协助、配合公安部门对恐怖事件进行调查和处置。

（3）救护组协助、配合医疗卫生部门对现场受伤人员进行抢救。

（4）保障组要积极创造条件尽快恢复爆炸等现场的供水、供电，并将受伤人员迅速转送医院救治。院属各单位在接到院应急办发出的应急通知后，应立即启动本单位的应急预案，组织应急队伍进入应急工作状态，保持通信畅通。

（5）院应急办公室要及时收集、汇总恐怖事件发展和应急工作等方面的情况，上报农业部等有关上级部门。并要及时向职工和居民通报情况，安定人心、稳定情绪，避免人员过于恐慌。

（6）应急工作结束后，由院应急办公室发出解除应急工作状态通知，各有关部门的应急队伍分别撤回。

（四）食物及饮水中毒事件的应对

1. 如在院内同一时间，同一地点就餐后，同时有 5 名以上人员，或食用同样食物、饮用相同的水后，连续有 5 名以上人员出现症状相似的身体不适现象，应立即报告院应急办公室。

2. 院应急办公室接到报警后，要及时向院有关领导报告，并通知相关应急部门。

3. 保卫处带领院卫队人员负责保护现场，向有关人员了解事件的情况。

4. 及时向卫生检验部门报告，并对中毒者的呕吐物取样送检。

5. 院门诊部医务人员协助、配合医疗卫生部门迅速将中毒者送往医院救治。

6. 保卫处协助、配合公安和食品卫生检验部门对食物及饮水中毒事件进行调查、处置。并将中毒事件的调查、处置情况及时向院有关领导和部门报告。

（五）供电、供水系统遭到破坏的应对

1. 院内在事先未得到通知的情况下，突然发生大面积供电、供水中断现象，院内负责供电、供水的有关部门应组织专业技术人员查明断电、断水原因，并立即向有关部门报告。如因技术或设备原因中断供电、供水，应组织人员抢修，尽快恢复供电、供水。

2. 如因人为破坏造成中断供电、供水，应立即向院应急办公室报告，院应急办公室要及时向有关领导和部门报告。

3. 保卫处接报后，要带领院卫队人员迅速赶赴现场，封闭保护现场。

4. 在公安等相关部门到达现场前，保卫处应抓紧时间向有关人员询问，了解情况。

5. 院后勤服务局应向院属各单位和职工通报事件情况，在短时间内无法恢复供电、供水时，要采取措施尽可能安排临时供电、供水。

6. 院有关部门要积极协助、配合公安等相关部门对破坏供电、供水系统事件进行调查、处置。

（六）火灾事故的应对

1. 如院内发生火灾事故，发现火情人员应立即拨打"119"火警电话，向消防指挥中心报告详细的着火地点、火势情况、燃烧物质，并派人在院大门口等候，指引消防车顺利到达失火现场，同时向院应急办公室报告。

2. 失火单位应本着人的生命高于一切的原则，采取先救人、疏散人的措施，尽可能防止和减少人员伤亡。

3. 院应急办公室接到报警后，要及时向有关领导和部门报告，通知有关部门对起火现场实施断气、断电等措施，保卫处带领院卫队迅速赶赴现场。

4. 保卫处指挥院卫队人员协助失火单位维护现场秩序，在能有效控制火势蔓延的前提下，对起火点进行扑救，以减少损失。

4. 消防车到达后，积极配合、协助消防队员扑救火灾。

5. 院有关部门要积极协助、配合公安消防部门对火灾事故进行调查、处置。

6. 院应急办公室要及时将火灾事故及处置情况，向有关领导和部门报告。

五、有关部门联系电话

1. 报警：匪警 110、火警 119、急救 120、999
2. 院应急办公室：82109398
2. 保卫处：82109493
3. 院卫队：82109498
4. 农研派出所：82109501
5. 物业管理部：82109938
6. 院门诊部：82109661
7. 车管部：82109877

中国农业科学院突发公共事件
应急指挥中心成员名单

应急指挥中心
主　　任：罗炳文
副主任：贾连奇、刘继芳、孟祥云
成　　员：王小虎、史志国、付静彬、方宜文、郝志强、徐　伟
应急指挥中心办公室
主　　任：刘继芳
副主任：孟祥云
成　　员：徐　伟、侯希闻、孟　波、赵英杰

关于同意成立中国农业科学院
欧亚温带草原研究中心的批复

农科办办〔2009〕24 号

草原研究所：

　　你所《关于成立中国农业科学院欧亚温带草原研究中心的请示》（农科草科〔2008〕63 号）收悉。为提升我国草业科技自主创新能力，培养高层次人才和团队，促进国际合作与交流，推动世界草业科学的发展，缓解草原建设与经济发展之间的矛盾，促进中国乃至全球草业事业的全面、协调、持续发展及环境友好型社会建设，经研究，同意在你所成立"中国农业科学院欧亚温带草原研究中心"。中心成立后，要联合全国及国外相关研究机构，选择重点领域，重点突破，为草原生态建设与保护做出应有的贡献。

　　此复。

中国农业科学院办公室
二〇〇九年二月十九日

关于同意成立中国农业科学院
信息网络中心的批复

农科办办〔2009〕32号

农业信息研究所：

你所《关于成立"中国农业科学院信息网络中心"的请示》（农科信息办〔2008〕8号）收悉。为统筹全院资源，全面规划和大力推进院、所信息化建设，经研究，同意在你所成立"中国农业科学院信息网络中心"，该中心依托你所网络技术研究室，承担全院计算机网络的管理职能。

此复。

中国农业科学院办公室
二〇〇九年二月二十五日

中国农业科学院关于
同意增设扬州试验站的复函

农科院办〔2009〕213号

江苏里下河地区农业科学研究所：

你所《关于增设"中国农业科学院扬州试验站"的请示》（里农科字〔2009〕08号）收悉，经研究，同意你所加挂"中国农业科学院扬州试验站"牌子，原行政隶属关系、单位级别、人员编制不变。今后我院将进一步加强与你所在农业科技创新、转化和推广等方面的合作，共同为区域及我国农业发展做出更大贡献。

特此复函。

中国农业科学院

二〇〇九年八月六日

中国农业科学院关于同意农田灌溉研究所加挂 "河南省灌溉排水技术研究所" 牌子的批复

农科院办〔2009〕275号

农田灌溉研究所：

《农田灌溉研究所关于加挂"河南省灌溉排水技术研究所"牌子的请示》（农科灌办〔2009〕61号）收悉。为加强灌溉技术研究，特别是加大你所为河南省在灌溉技术方面服务的力度，经研究，同意你所加挂"河南省灌溉排水技术研究所"牌子，请你所尽快与河南省政府有关部门联系加挂牌子的具体事宜。

特此批复。

中国农业科学院

二〇〇九年十月十六日

武汉市人民政府与中国农业科学院
农业科技合作框架协议

甲方：武汉市人民政府（以下简称：甲方）

乙方：中国农业科学院（以下简称：乙方）

　　为加强双方农业科技合作与交流，促进武汉地区都市农业又好又快发展，为武汉农业增效、农民增收更好地服务，加紧推进"两型社会"建设，加快中国农业科学院科技成果在武汉地区的转化推广，经甲、乙双方友好协商，达成如下框架协议。

　　第一条　合作原则

　　甲、乙双方本着"共建、共享、共赢"的原则，以推进武汉地区"两型农业"建设为目标，积极推广先进实用农业科技，促进农业科技成果转化，并共享合作带来的各方面效益。

　　第二条　合作范围

一、总体合作范围

　　甲、乙双方将在包括粮、棉、油、畜牧、蔬菜等各个农业领域开展广泛合作。

二、专题合作

　　（一）甲方可根据当地都市农业发展的需要，向乙方提出专门的研究课题，甲方应在武汉地区内优先推广应用乙方的科技成果。

　　（二）乙方应在甲方提出研究课题后，根据甲方需求进行专题研究或组织专题攻关，并将各类科研成果优先提供给甲方使用。

　　（三）加强双方科技人员之间的交流、合作，共同研究解决生产上出现的影响产业健康发展的必须解决的关键、难点问题。共同提高为农民培训、技术咨询和解决农民生产中实际问题等服务能力和水平。

三、项目合作

　　（一）甲方应对在武汉地区乙方给予了扶持和参与的项目进行大力支持，在项目审批、用地手续上应优先办理，并给予一定的政策倾斜和经费支持。

（二）乙方应积极加强对甲方已启动项目的指导和支持，帮助甲方已启动的如下项目提高水平：国家（武汉）水生蔬菜资源圃、国家行业计划（甜菜夜蛾防控技术研究与示范）、国家现代农业产业技术体系功能试验站（大宗蔬菜、食用菌）、茄子种质资源创新（航天育种）、萝卜雄性不育种技术研究等。

（三）甲、乙双方应通力合作，快速启动各合作项目：中国农业科学院蔬菜新品种华中试验与示范工作站、武汉地区畜牧养殖小区标准化无害化处理技术集成示范、选拔甲方农业科技人员到乙方研究生院学习。

第三条　合作机制

甲、乙双方将建立双方高层领导不定期会晤对话机制，明确具体经办职能部门并建立相关的沟通机制，同时积极促进双方有关专家的交流挂职并建立有针对性的主题论坛机制。同时，双方还将在甲方为乙方提供推广成果的保障机制，乙方为甲方提供技术支撑方面继续探求更深、更广、更新的合作方式。

第四条　附则

一、本协议经双方代表人或代表人授权的代理人签字并加盖双方公章后生效。

二、本协议若双方无异议可自动延续，并无固定期限。

三、本协议生效后，双方不得擅自修改本协议的任何条款。甲方授权武汉市农科院与乙方对协议未尽事宜进行协商，商定的内容以补充协议形式确定。

四、本协议一式四份，协议双方各执二份，具有相同的法律效力。

甲方：武汉市人民政府　　　　　　　　乙方：中国农业科学院

授权代表：　　　　　　　　　　　　　授权代表：

盖章：　　　　　　　　　　　　　　　盖章：

日期：2009 年 9 月 22 日　　　　　　日期：2009 年 9 月 22 日

中国农业科学院与河南省新乡县人民政府科技合作框架协议

为进一步加强中国农业科学院与河南省新乡县在农业领域的全面科技合作，充分发挥中国农业科学院的科技和人才资源优势，为实现河南省增产300亿斤粮食的战略目标提供科技支撑，积极推进新乡县现代农业和新农村建设，双方本着优势互补、合作共赢的原则，经友好协商，达成如下科技合作框架协议。

一、合作原则

根据新乡农业和农村经济发展的需要，中国农业科学院将以综合集成的技术优势，支持新乡发展区域农业主导产业，围绕新乡优质小麦基地县建立高水平的粮食生产科技支撑基地，积极开展多层次、多渠道、多形式及多领域、全方位的科技合作。

二、重点合作内容

双方科技合作地址选在河南省新乡县七里营镇，合作用地10 000亩，租金折合小麦　　公斤/亩，其中建设用地200亩，每亩价格按建设用地成本价计算。重点开展优质小麦、玉米、棉花、花卉、蔬菜、林果及畜牧养殖等设施农业的良种繁育、品比试验、栽培模式、中低产田改造以及防灾减灾等方面的综合性试验示范及技术的组装集成工作；开展节水灌溉技术的综合应用；开展农业科技培训和服务；加快农业技术成果的集成创新、中试熟化和推广应用。

三、合作方式

双方联合成立科技合作领导小组，领导小组下设办公室，负责实施具体合作事宜及日常管理工作。

四、双方责任

中国农业科学院将在上述合作领域提供科技支撑与技术服务，并将适宜推广应用的研究成果优先在新乡县开展试验示范和转化推广。

　　新乡县将提供科技支撑基地建设所需用地及相关优惠政策，并全力做好基地建设的其他有关事宜。

五、本框架协议涉及的具体实施事宜，经双方 另行磋商解决并签订具体合作协议

　　本协议一式四份，双方各执二份。

中国农业科学院　　　　　　　　　　新乡县人民政府

代表签字：　　　　　　　　　　　　代表签字：

二〇〇九年二月十七日　　　　　　　二〇〇九年二月十七日

九、党建、反腐败与精神文明建设

中国农业科学院直属机关 2009 年党的工作综述

2009 年，在农业部直属机关党委和院党组领导下，中国农业科学院直属机关党委和院属各级党组织坚持以邓小平理论和"三个代表"重要思想为指导，深入贯彻落实科学发展观，围绕中心，服务大局，以加强党的先进性建设为主线，以巩固和扩大学习实践科学发展观活动成果为重点，以庆祝新中国成立 60 周年为契机，以深入推进创新文化建设为载体，全面推进院直属机关党的建设，为推动全院农业科技创新中心工作的完成发挥了重要的保证和促进作用。

（一）科学谋划，求真务实，认真完成学习实践科学发展观活动整改落实和"回头看"工作

2009 年，院直属机关党委和院属各级党组织继续把深入学习实践科学发展观作为加强全院党建工作的一项重要任务，热情不减、劲头不松、抓紧抓好、确保实效。

一是抓好整改落实阶段各项工作。各级党组织认真学习贯彻院党组关于做好整改落实阶段工作的文件精神，进一步突出实践特色，从促进农业科技创新的要求和各单位实际出发，围绕院党组整改落实方案提出的 11 个方面 31 项工作和各单位整改落实任务，集中力量解决了一批影响和制约科学发展的突出问题，积极推进体制机制创新，取得了实实在在的成果。

二是认真做好学习实践活动总结。各级党组织按照院党组确定的学习实践活动指导思想、目标要求、方法步骤，对照本单位活动开展情况，认真总结学习实践活动中取得的实践成果和思想认识成果，认真总结有特色的好做法、好经验，把总结的过程作为进一步深化认识、促进工作的过程，用学习实践活动的成果推动全院各项工作开展。

三是及时做好"回头看"工作。根据院党组要求，各级党组织高度重视、周密部署，认真组织学习实践活动"回头看"工作。院直属机关党委印发了《关于做好深入学习实践科学发展观活动后续工作的通知》，就做好学习实践活动后续工作提出明确要求。院学习实践活动办公室对北京畜牧兽医所等三个单位"回头看"情况进行抽查，推动了全院"回头看"工作的迅速开展。同时，认真做好农业部学习实践活动"回头看"检查组对我院抽查的接待和汇报工作。

通过深入开展学习实践科学发展观活动，切实解决了一批影响院所科学发展的实际问题，实现了"党员干部受教育、科学发展上水平、人民群众得实惠"的活动目标，经群众满意度测评，"满意"和"比较满意"比例达 99.4%。

　　我院的学习实践活动得到了农业部的高度认可，时任部长孙政才作出重要批示："中国农业科学院深入学习实践科学发展观活动组织严密、主题鲜明、工作扎实、成效明显。希望在巩固和扩大学习实践成果上下功夫，着力深化改革，不断完善各项制度，切实提高管理水平，不断增强创新能力，不断提高服务'三农'能力，多出成果，多出人才，为发展现代农业、建设社会主义新农村做出新的更大的贡献。"

（二）统一思想，提高认识，及时传达学习党的十七届四中全会精神

　　学习贯彻党的十七届四中全会精神，是 2009 年我院各级党组织当前和今后一个时期重要的政治任务。四中全会召开后，院党组及时下发《关于认真学习贯彻党的十七届四中全会精神的通知》，就全院学习贯彻四中全会精神作出部署。院直属机关党委按照院党组要求，结合我院实际，组织全院党员干部开展了一系列学习活动：一是邀请中组部党建研究所赵湘江研究员作党的十七届四中全会精神专题辅导报告；二是组织各单位理论中心组认真开展学习贯彻十七届四中全会精神专题学习活动；三是发放《中共中央关于加强和改进新形势下党的建设若干重大问题的决定》单行本和贯彻落实党的十七届四中全会精神辅导光盘；四是做好舆论宣传，通过院报、院网、院党建网页等途径及时宣传报道我院各级党组织的学习贯彻情况。

　　院属各级党组织采取多种形式，组织党员认真学习党的十七届四中全会精神。环发所党委、信息所党委、后勤服务中心党委分别召开会议，专题研究学习贯彻党的十七届四中全会精神；财务局党支部通过举办党的十七届四中全会理论学习暨知识竞赛、邀请院党组书记薛亮同志讲党课等活动，激发支部党员学习热情，营造学习氛围。通过广泛、认真的学习，我院广大党员干部深刻理解了新形势下加强和改进党的建设的重要性和紧迫性，深刻领会了加强和改进党的建设的新理念和新举措，使全院党员干部的思想和行动进一步统一到党的十七届四中全会精神上来，落实到本职工作中去。

（三）强化学习，夯实组织，不断开创党建工作新局面

　　2009 年，我院各级党组织进一步加强理论武装，进一步夯实党的基层组织，进一步加强调查研究，充分发挥基层党组织的战斗堡垒作用和党员的先锋模范作用，有力地推动了我院党的工作开展，党员意识明显增强，党组织的影响力和凝聚力显著提高。

　　一是组织召开院直属机关 2009 年党的工作会。对 2008 年党的工作进行总结，对 2009 年党的工作进行部署。会上，国际合作局、资源区划所、北京畜牧兽医所、环发所等四个单位党组织负责同志作大会交流发言。

　　二是认真抓好理论中心组学习。一年来，各级党组织不断健全完善理论中心组学习制度，严格制定学习计划，确定学习主题，提出学习要求，落实学习任务。认真传达学习全国"两会"精神，使全院党员进一步加深对中央大政方针的理解和加强应对挑战

的信心。各基层党组织积极创新学习方式，提高学习效果，院办公室党支部、人事局党支部、植保所党委等采取报告会、研讨会、专题辅导、集中学习、观看录像、参观考察等多种形式强化学习，激发了党员的学习热情，确保了学习实效。

三是不断加强基层党组织建设。院直属机关党委高度重视基层党组织工作，指导质标所等五个基层党组织顺利召开党员大会选举产生新一届党委和纪委，充实班子，健全组织。各级党组织认真开好党员领导干部民主生活会，围绕"加强领导干部党性修养、树立和弘扬优良作风"主题，精心组织学习，广泛征求意见，深入开展谈心活动，认真开展批评与自我批评，增强了团结，改进了作风，提高了领导干部的党性修养和领导班子的凝聚力和战斗力。认真做好党员发展工作，认真组织入党积极分子参加农业部举办的入党积极分子培训班，各级党组织全年共发展党员147名，壮大了党的力量。充分发扬党内民主，认真做好我院出席农业部第七次党代会代表的推选工作，严格按照代表资格条件和构成比例的要求，推选我院32名代表出席农业部第七次党代会。

四是积极做好党务干部的培训学习。为不断提升我院党务工作水平，提高党务工作者的素质和能力，促进党务工作交流，2009年院直属机关党委相继举办了党办主任培训班、新任党支部书记培训班，与院人事局共同举办院离退休党支部书记培训班，就基层党组织换届、理论中心组学习、民主生活会、做好党支部工作等方面内容进行培训，取得了很好的效果，得到了广大基层党务工作者的充分肯定和欢迎。

五是注重加强教育引导和舆论宣传。各级党组织始终把加强党员的经常性教育、开展政治理论学习作为党建工作的核心任务和重要抓手，以中国特色社会主义理论体系、社会主义核心价值观和形势政策教育为主要内容，通过多种形式组织党员学习，提高学习效果。一年来，院直属机关党委为全院党员干部购买了《理论热点面对面》、《六个"为什么"——对几个重大问题的回答》、《中国特色社会主义理论体系学习读本》、《社会主义核心价值体系学习读本》等学习图书8 000余册，有力地促进了党员干部的学习教育活动。各级党组织围绕中心、服务大局，注重舆论宣传，大力营造氛围，充分利用各种载体和平台，积极发布并上报信息，使全院党的宣传工作更上新台阶。全年共出版院宣传栏5期，院直属机关党建网页上传新闻100余条，网站点击率近3万次，为宣传报道我院党的工作，交流经验，发挥了正确的舆论导向作用。在农业部直属机关党委2009年党建宣传信息工作评比考核中，我院获得第一名。

六是深入开展调查研究。院直属机关党委围绕"院所长负责制下农业科研院所党组织、党员发挥作用"主题深入开展调研，调研组先后到京内外5个研究所实地调研，召开了6次座谈会，征集了40多篇论文。同时，向院属31个研究所发放了调查问卷，634人参加了答卷。报告总结了9个方面的成效、分析了5个方面的问题、提出了5条工作建议，得到了院领导的高度重视。

七是以研究会为平台促进党建工作交流。2009年6月，院"两研会"在南京召开了第五届理事会第二次会议，翟虎渠院长出席会议并作重要讲话，为我们进一步做好党建研究工作指明了方向。全国"两研会"在广州召开了第二次会长办公会，就进一步做好全国"两研会"工作进行专题研讨，确定了工作重点。2009年5月，全国党建研究会科研院所专委会成立，10月我院承办了专委会2009年研究成果交流会暨年会，我院的研究成果在会上获二等奖。由我院直属机关党委和农业部直属机关党委组成的课题组撰写的报告《实行院所长负责制的农业科研院所发挥党组织、党员作用的实践与思考》获全国党建研究会研究成果二等奖。

（四）加强教育，落实责任，党风廉政建设不断深入

开展党风廉政教育是加强党员干部廉洁自律、预防和治理腐败的一项重要措施，对于提高党员干部思想政治素质、坚定理想信念、增强拒腐防变能力，具有十分重要的作用。

一是认真组织学习胡锦涛总书记在十七届中央纪委第三次全会上的重要讲话精神，不断加强领导干部党性修养和党性锻炼，树立和弘扬优良作风，以坚强的党性、良好的作风保证科学发展观和党的各项决策部署在我院的贯彻落实；二是不断加强党性党风党纪教育，着力打造党员干部拒腐防变的思想政治基础，引导党员干部认真学习党章，坚定理想信念，做到讲党性、重品行、作表率；三是以树立正确权利观为重点，有针对性地开展示范教育、警示教育和岗位廉政教育，改进教育方式，提高教育实效，不断提高党员干部拒腐防变的能力和意识；四是全面落实党风廉政责任制，按照我院《贯彻落实2009年反腐倡廉工作任务的分工意见》要求，院直属机关党委、院人事局、院监察局等单位齐抓共管，把反腐倡廉各项任务分工到各部门，落实到具体人；五是认真贯彻执行《院党组贯彻落实〈建立健全惩治和预防腐败体系2008～2012年工作规划〉的实施办法》，分解任务，细化措施，明确责任，并加强对贯彻落实情况的监督检查。通过全面加强党风廉政建设，提高了我院广大党员的党性观念和党纪意识，为各项事业科学发展创造了良好的环境。

（五）精心组织，统筹安排，大力开展庆祝新中国成立60周年系列主题活动

2009年是新中国成立60周年，为进一步弘扬爱国主义精神，营造60年大庆的热烈气氛，增强院所凝聚力，院直属机关党委和各级党组织积极组织或参与了一系列庆祝活动。

七一前夕，院直属机关党委专门下发《关于开展"迎国庆主题党日活动"的通知》，就各级党组织围绕迎国庆开展主题党日活动提出明确要求。国庆前夕，组织举办了全院庆祝新中国成立60周年大型文艺演出，各级党组织认真筹备、精心组织，广大党员职工踊跃参与，演出获得了圆满成功。组织召开了由我院全国政协委员、各民主党派负责人和无党派知识分子参加的庆祝新中国成立60周年座谈会，各位代表畅谈体会，

充分抒发爱国情怀。组织我院干部职工观看新中国成立 60 周年献礼影片《建国大业》、参观"辉煌六十年——中华人民共和国成立 60 周年成就展"和"复兴之路"主题展览。组织我院 12 名青年职工参加了国庆 60 周年群众游行和广场联欢活动。组织举办"我与祖国共奋进"专题报告会活动等，都取得了很好成效。

各级党组织也围绕纪念建党 88 周年和新中国成立 60 周年，纷纷开展丰富多彩的主题党日活动。科技局党支部、基建局党支部、蔬菜所党委组织党员参观爱国主义教育基地或国家重点工程；监察局党支部、饲料所党委、农产品加工所党委、出版社党支部组织党员参观庆祝新中国成立 60 周年主题展览；生物所党委组织全体党员和入党积极分子观看革命历史题材文艺演出。各级党组织通过开展系列主题党日活动，使党的历史和革命传统教育、爱国主义教育、社会主义教育以及改革开放以来国家取得的辉煌成就更加深入人心，全院党员的党性意识、爱国爱院爱所意识明显增强。

（六）突出重点，彰显特色，创新文化建设取得新成效

创新文化是党的建设和精神文明建设的有效载体，也是不断提升我院农业科技创新能力的有效保证。2009 年，我院创新文化建设在继续深化上下功夫，进一步突出重点、突出特色、突出成效。

一是院党组印发了《关于深入推进创新文化建设的意见》，对我院深入推进创新文化建设进行部署。结合 3 年工作实践，对深入推进创新文化建设的重要意义、工作目标、主要任务和保障措施提出了明确要求；二是根据院党组安排，组织开展了《中国农业科学院职工守则》和《中国农业科学院科技人员道德准则》的宣传贯彻动员工作；三是进一步挖掘提炼中国农业科学院精神，在院党组特别是薛亮书记的大力支持下，对我院建院以来的两院院士、获得中央国家机关以上奖励和中华英才奖的 49 个先进集体和个人的事迹材料进行汇编，形成《农科英才》一书；四是积极推进机关创新文化建设，为营造整洁、优雅、文明、和谐的机关办公环境，组织开展了院机关办公室文化建设大检查，从室内环境、文化氛围、职工形象和工作秩序四个方面对各部门进行评比，有力地发挥了院机关在全院创新文化建设中的模范标杆作用，推动了全院创新文化建设的开展。

院属各级党组织结合自身特点，认真分析本单位创新文化建设中存在的深层次问题，继续深入推进创新文化建设，取得明显成效。农经所党委召开了"深入推进创新文化建设"动员会，进一步明确了研究所创新文化建设的目标任务和工作方向。蜜蜂所党委举办了"至诚至信 惟实惟新"讲座，所党委书记亲自讲解，提高职工对创新文化的认识。

（七）激发活力，共建和谐，群众性精神文明创建活动蓬勃开展

构建和谐院所是我院党的建设和精神文明建设的重要目标，开展群众性精神文明创建活动，是贯彻落实科学发展观、构建和谐院所的必然要求。

一是认真开展文明单位创建活动。2009年，各级党组织结合国庆60周年、创建文明单位、争做文明职工等活动，积极主动开展工作，着力突出工作亮点。资源区划所、研究生院在连续两届被评为院级文明单位标兵的基础上，被评为农业部文明单位。

二是积极开展"评先进 树典型"活动。2009年，院直属机关党委和各级党组织通过多种途径，开展形式多样的评先进、树典型活动。全院共评选出22个基层单位、75名个人为院级先进，6个基层单位、16名个人为部级先进，3名个人为国家级先进。生物所郭三堆研究员被授予"全国五一劳动奖章"，作科所肖世和研究员被授予"中央国家机关五一劳动奖章"，作科所景蕊莲研究员被评为"全国三八红旗手"。通过对先进典型的广泛宣传，在我院形成了学先进、比贡献的良好氛围。

三是注重发挥工青妇组织的桥梁纽带作用。一年来，先后组织举办了职工摄影比赛、职工拔河比赛、"奋进杯"篮球比赛、"青春风采"主持人大赛、三八妇女节纪念活动等多项活动。积极组队参加农业部第二届职工运动会，经过全院各级党组织的大力支持，全院运动员的顽强拼搏，我院团体总分名列农业部直属单位组第一名并荣获"特殊贡献奖"。继续做好军民共建工作，举办八一、春节军民联谊活动，开展军地和谐工程示范项目建设。一系列丰富多彩文体活动的开展，充分展示了我院职工的风采和良好的精神面貌，丰富了职工的业余生活。认真做好走访慰问工作，通过召开座谈会、上门看望等形式走访慰问老党员、生活困难党员131名，筹措慰问经费近10万元，给他们送去了党组织的温暖。

四是扎实做好统战工作。充分发挥我院民主党派多、人员层次高等优势，积极引导并大力支持他们开展符合自身特色的活动。例如，组织开展了"我为应对国际金融危机影响献一策"活动，其中，九三学社蒋万杰研究员撰写的《建议采取积极措施，防止奶农"杀牛"》得到全国政协主席贾庆林，国务院副总理李克强，全国政协副主席王刚同志的批示；九三学社逄焕成研究员撰写的《应对我国北方冬小麦特大旱灾的技术对策》得到国务院副总理回良玉同志的批示。积极支持各民主党派工作，如支持九三学社中国农业科学院委员会顺利换届，向中央统战部推荐5位党外知识分子作为信息联络员，选送民主党派专家著作参与华夏英才基金评选，资源区划所九三学社成员逄焕成的《节水节肥型多熟超高产理论与技术》成功入选。

五是认真做好政治稳定工作。各级党组织以高度的政治责任感，始终把维护政治稳定作为重要工作之一。院直属机关党委多次召开党组织负责人会议，传达中央和农业部有关稳定工作会议精神，对我院政治稳定工作进行部署。各级党组织认真研究、周密部署，切实做好重要节假日和政治敏感期的政治稳定工作，为庆祝新中国成立60周年和

服务农业科技创新提供了稳定的政治环境。

　　总之，我院 2009 年直属机关党的工作取得了可喜的成绩，圆满完成了农业部直属机关党委和院党组赋予的任务，有力促进了科技创新中心工作的开展。同时，也应清醒地看到：我院 2009 年党的工作中还存在着一些薄弱环节，理论学习的深度还要进一步加强，党建工作的活力还要进一步激发，开展思想政治工作的方式还要进一步创新等，这些问题都需要在今后的工作中不断加以改进。在新的一年，我们将以党的十七届四中全会精神为指导，扎实推进学习型党组织建设，深入开展创新文化建设，不断提高直属机关党的工作科学化水平，为全面落实并圆满完成我院"十一五"科技创新各项工作任务提供坚强的政治、思想和组织保证。

中国农业科学院直属机关 2009 年党的工作要点

2009 年是国庆 60 周年，也是推进国民经济"十一五"计划顺利实施的关键一年，加强和改进党的建设至关重要。今年，中国农业科学院直属机关党的工作的总体要求是：全面贯彻党的十七大和十七届三中全会精神，以邓小平理论、"三个代表"重要思想为指导，深入贯彻落实科学发展观，坚持围绕中心、服务大局，以加强党的先进性建设为主线，巩固和发展学习实践科学发展观活动成果，切实加强领导干部党性修养，全面推进直属机关党的思想、组织、作风、制度、反腐倡廉建设和精神文明建设，深入开展创新文化建设，充分发挥基层党组织战斗堡垒作用和广大党员的先锋模范作用，为提高农业科技自主创新能力提供坚强的政治、思想和组织保证，以优异成绩迎接新中国成立 60 周年。

一、强化理论武装，不断提高党员干部
贯彻落实科学发展观的素质和能力

（一）抓好中国特色社会主义理论体系的学习。坚持把中国特色社会主义理论体系的学习、宣传、教育作为理论武装工作的重点，深入学习实践科学发展观和党的十七大、十七届三中、四中全会精神，认真组织学习《中国特色社会主义理论体系学习读本》，引导党员干部深刻理解中国特色社会主义理论体系的精髓，着力提高运用理论解决实际问题的能力。

（二）巩固和发展学习实践科学发展观活动成果。坚持学习实践科学发展观活动形成的好经验、好做法，推动学习实践科学发展观活动各项整改措施的落实，引导广大党员干部努力解决突出问题，不断巩固和扩大学习实践活动取得的理论成果、实践成果与制度成果。

（三）加强形势政策教育。认真学习贯彻全国"两会"精神，引导干部职工加深对中央保增长、扩内需、调结构、促改革、惠民生等政策措施的认识和理解，不断增强应对困难和挑战的信心和决心。结合国庆 60 周年活动，采取举办报告会、参观展览等形式，开展爱国主义教育和时事政策教育，激发爱国热情。

（四）进一步增强党组织的学习功能。坚持以中心组学习为龙头、处以上干部为重点、党支部抓落实的理论武装工作格局，进一步落实《关于深入开展学习型党支部创建活动的意见》，深化创建学习型党支部工作，强化学习功能，激发组织活力。继续组织好领导干部理论学习论文撰写工作。

二、深入贯彻落实保持共产党员先进性长效
机制文件，扎实推进基层组织建设

（五）继续抓好保持共产党员先进性长效机制文件的落实。深入贯彻落实中央关于加强党员经常性教育、加强和改进流动党员管理、做好党员联系和服务群众工作、落实基层党建工作责任制等四个保持共产党员先进性长效机制文件和院党组《关于建立健全保持共产党员先进性长效机制的意见》，加强对落实情况的督促检查、经验总结。

落实党建工作责任制，明确工作责任，研究落实措施。认真贯彻《中国农业科学院直属机关党建工作考核办法（试行）》，完善考核方式，加强监督检查，推动党建工作任务的落实。贯彻落实《党员权利保障条例》，积极探索扩大基层党内民主的多种实现形式。

（六）加强基层党组织建设。学习贯彻全国机关党的建设工作会议精神和新修订的《中国共产党党和国家机关基层组织工作条例》。要进一步发挥直属机关党委会作用，加强理论学习和工作交流。各级党组织要按照党章规定，按时换届改选，充分发挥党组织的政治保证作用。要严格党内生活，坚持"三会一课"制度，不断创新载体，切实增强效果。要进一步做好发展党员工作，特别要重视在中青年科研骨干中发展党员工作，开展好入党积极分子培训。要不断加强宣传工作，重点做好党内重大活动和先进典型的宣传。

（七）加强党务干部队伍建设。各直属党组织要关心党务干部的成才成长，以能力建设为重点，加强党务干部和业务干部的交流，加强党务干部教育培训和实践锻炼。院直属机关党委将继续举办党办主任、党支部书记培训班。

三、加强党风廉政教育，深入推进反腐倡廉建设

（八）切实加强领导干部党性修养，牢固树立和大力弘扬优良作风。认真学习、深入贯彻胡锦涛总书记重要讲话和十七届中央纪委第三次全会精神，加强领导干部党性修养，推进领导干部思想作风、学风、工作作风、领导作风和生活作风建设。要把改进领导干部作风作为促进科学发展的重要切入点，认真落实"八个坚持、八个反对"的要求，大力提倡八个方面的良好风气，切实做到为民、务实、清廉。要引导党员干部通过党性修养和党性锻炼，着力增强宗旨观念，提高实践能力，强化责任意识，树立正确的政绩观、利益观，增强党的纪律观念，发扬艰苦奋斗精神，努力做到政治坚定、作风优良、纪律严明、勤政为民、恪尽职守、清正廉洁。

（九）深入开展党风廉政教育，不断提高党员领导干部的拒腐防变能力。要加强中国特色社会主义理论体系教育和党性党风党纪教育，着力打牢党员干部拒腐防变的思想政治基础。要引导党员干部认真学习并严格遵守党章，坚定理想信念，增强立党为公、

执政为民的自觉性和坚定性，做到讲党性、重品行、作表率。要以树立正确权力观为重点，开展示范教育、警示教育和岗位廉政教育，不断提高党员干部拒腐防变的意识和能力，督促党员领导干部自觉做到遵纪守法和廉洁从政、廉洁从业。

（十）加强监督，深化治本抓源头工作。要充分发挥监督作用，有效防止权力失控、决策失误和行为失范。一是严格执行党风廉政建设责任制。紧紧围绕责任分解、责任考核、责任追究等关键环节，加大对责任制落实情况的检查、考核和追究力度；二是认真贯彻执行《中国农业科学院党组贯彻落实〈建立健全惩治和预防腐败体系 2008～2012 年工作规划〉的实施办法》，加强对贯彻落实情况的监督检查；三是完善监督约束机制，加强对领导干部遵守政治纪律、贯彻落实科学发展观、执行民主集中制和落实廉洁自律各项规定情况的监督，加强对重点领域和关键环节的监督。京区各单位纪检组织要按照分工做好基建项目招投标、预算资金政府采购招投标监督工作。

四、深入开展创新文化建设，营造良好氛围

（十一）继续推进创新文化建设。要进一步落实院党组《关于开展创新文化建设工作的指导意见》，健全和完善创新文化建设的领导体制，加强对创新文化建设的领导。各单位要结合实际，在已有工作的基础上，进一步突出特色，在理念文化、标识文化、制度文化、园区文化方面取得新进展。2009 年要召开深化创新文化建设工作会，探讨思路，交流经验，部署工作。

（十二）加强对创新文化成果的运用。不断强化我院和院属各单位标识物的应用。要唱响《中国农业科学院之歌》。各单位要结合实际，做好标识物的应用工作，充分体现农业科研文化的理念与精神。

（十三）提炼农科院精神。要总结我院优秀文化传统，赋予改革开放的时代特征，提炼农科院精神，宣传先进单位、先进人物的事迹，引导科研人员树立科技创新所必须的追求真理、尊重科学，崇尚创新、无私奉献的中国农业科学院精神，营造鼓励创新的文化氛围。

（十四）开展创新文化建设研究。围绕创新文化建设的重点内容，积极组织开展《创新文化建设对策研究》，不断总结创新文化建设的实践经验，提高对创新文化建设的认识，推进创新文化建设。

五、扎实推进精神文明建设，构建和谐院所

（十五）着力突出工作亮点。各直属党组织要结合国庆 60 周年、创建文明单位、争做文明职工、军民共建等活动，积极主动开展工作，要明确主题、体现特色、注重创新，在培育亮点上下功夫，努力做到全年精神文明建设"主题鲜明、氛围浓郁、亮点突出、成效显著"，进一步激发广大党员干部的爱国爱院爱所热情。

（十六）强化思想道德教育。大力加强社会主义核心价值体系建设，认真组织学习《社会主义核心价值体系学习读本》，把社会主义核心价值观贯穿到精神文明建设之中，弘扬抗震救灾精神、北京奥运精神和载人航天精神，加强社会公德、科研道德、家庭美德教育，进一步提高干部职工思想道德素质。

（十七）加强思想政治工作。针对党员干部关注的热点、难点问题，创新工作方式方法。要把开展广泛的形势政策教育与面对面的思想工作结合起来，把解决思想问题与解决实际问题结合起来，做好理顺情绪、平衡心理、化解矛盾、人文关怀等工作，不断增强思想政治工作的亲和力和感召力，努力构建和谐院所。充分发挥中国农业科学院党的建设和思想政治工作研究会的平台作用，探索新形势下思想政治工作的特点和规律。做好帮扶困难党员工作，开展向困难职工"送温暖"活动。切实做好政治稳定工作，确保敏感期的稳定。

六、切实加强统战和群团工作

（十八）做好统战工作。加强对统战工作的领导，落实统战工作五项制度，支持各民主党派开展活动，充分发挥各民主党派和无党派人士的作用，鼓励他们为农业科技事业发展建言献策。

（十九）充分发挥工、青、妇组织作用。加强对工、青、妇组织的领导，充分发挥工、青、妇组织的桥梁纽带作用，提高组织群众、引导群众、服务群众的能力。通过贯彻落实工会十五大、共青团十六大、妇女十大会议精神，庆祝新中国成立60周年、纪念五四运动90周年、开展知识讲座、体育比赛、文艺演出、参观考察、爱国主义教育等系列活动。学习贯彻《全民健身条例》，进一步落实《中央国家机关干部职工健身行动实施意见》，积极推动职工健身活动，提高职工健康水平。

中国农业科学院直属机关
2009 年党的纪检工作要点

2009 年中国农业科学院直属机关党的纪检工作的总体要求是：坚持以科学发展观为统领，按照十七届中央纪委第三次全会精神和部、院廉政建设工作会议精神，坚持标本兼治、综合治理、惩防并举、注重预防的方针，以完善惩治和预防腐败体系为重点，以改革创新精神抓好《中国农业科学院党组贯彻落实〈建立健全惩治和预防腐败体系2008～2012 年工作规划〉的实施办法》的落实，紧紧围绕院"三个中心、一个基地"的战略目标，把党风廉政建设寓于各项工作之中，着力解决党员干部党性党风方面存在的问题，为我院科技创新和各项事业又好又快发展提供坚强保证。

一、全面贯彻落实十七届中央纪委第三次全会精神，
不断增强做好反腐倡廉工作的自觉性和坚定性

（一）深入学习十七届中央纪委第三次全会精神

要将学习胡锦涛总书记重要讲话和十七届中央纪委第三次全会精神纳入党委理论学习中心组、党（总）支部和党员学习计划。要深刻领会其精神实质，准确把握 2009 年反腐倡廉建设的指导思想、基本要求、工作目标和主要任务，切实把思想统一到胡锦涛总书记重要讲话和十七届中央纪委第三次全会精神上来，进一步增强广大党员干部廉洁从政的自觉性和坚定性。

（二）认真抓好十七届中央纪委第三次全会精神的贯彻落实

要结合本单位的中心工作和党员干部队伍的实际，提出贯彻落实十七届中央纪委第三次全会精神的具体措施。要把学习贯彻十七届中央纪委第三次全会精神，与深入学习实践科学发展观紧密结合起来，与贯彻落实党的十七届三中全会精神、部院两级廉政建设工作会议精神结合起来，切实用反腐倡廉的最新理论成果指导实践，着重在围绕中心、服务大局上下功夫，在源头治腐、制度建设上下功夫，把我院的反腐倡廉建设工作不断引向深入。

二、加强党性修养，进一步推进领导干部作风建设

（一）促进领导干部加强党性修养

引导党员干部通过党性修养，着力增强宗旨观念，实践能力，强化责任意识，树立正确的政绩观、利益观，增强党的纪律观念，发扬艰苦奋斗精神，努力做到政治坚定、作风优良、纪律严明、勤政为民、恪尽职守、清正廉洁，充分发挥模范带头作用。

（二）改进领导干部作风

要把加强领导干部作风建设作为促进科学发展的重要切入点，认真落实"八个坚持、八个反对"，大力提倡八个方面的良好风气，促进领导干部作风进一步转变，切实做到为民、务实、清廉。加强对领导干部党性修养和作风养成情况的监督检查，把学习贯彻胡锦涛总书记重要讲话精神、解决领导干部党性与作风方面存在的突出问题作为2009 年党员领导干部民主生活会和落实党风廉政建设责任制检查的重要内容。

（三）加强机关作风建设

要发扬求真务实精神，大兴求真务实之风，坚决反对形式主义、官僚主义，认真解决作风漂浮、推诿扯皮等问题。大力发扬艰苦奋斗精神，坚决执行中央有关厉行节约、反对铺张浪费的规定，规范公务接待和领导干部职务消费行为，严禁用公款大吃大喝、出国（境）旅游和进行高消费娱乐活动，以良好的党风带政风。

三、深入开展党风廉政教育，不断提高党员领导干部的拒腐防变能力

（一）加强理想信念和党风党纪教育

结合庆祝新中国成立 60 周年、建党 88 周年等重大活动，配合党组织深入开展中国特色社会主义理论体系教育和党性党风党纪教育，引导党员干部认真学习并严格遵守党章，坚定理想信念，增强立党为公、执政为民的自觉性和坚定性，做到讲党性、重品行、作表率。把反腐倡廉教育列入党员干部教育培训规划，在领导干部任职培训、干部在职岗位培训中开展廉政教育。

（二）加强权力观教育

以树立正确权力观为重点，开展示范教育、警示教育和岗位廉政教育，不断提高党员干部拒腐防变的意识和能力。把反腐倡廉教育同社会公德、职业道德、家庭美德和个人品德教育结合起来，大力推进廉政文化建设，努力营造浓厚的"以廉为荣、以贪为耻"的文化氛围，使领导干部自觉做到遵纪守法和廉洁从政、廉洁从业。

（三）认真抓好领导干部廉洁自律各项规定的贯彻落实

严禁领导干部违反规定收送现金、有价证券、支付凭证和收受干股行为，落实领导干部配偶及子女从业、投资入股、到国（境）外定居等规定和有关事项报告登记制度。严禁领导干部相互请托，违反规定为对方的特定关系人在就业、投资入股、经商办企业等方面提供便利，谋取不正当利益。

建立教育长效机制，把反腐倡廉教育贯穿于领导干部的培养、选拔、管理、任用等各个方面。把中国特色社会主义理论体系和反腐倡廉理论作为领导干部理论中心组学习的重要内容，作为新任职的领导干部教育培训的重要内容，继续努力创新廉政教育的有效形式，营造良好的廉政文化氛围。

四、强化监督工作，推进党风廉政建设责任制落实

（一）严格执行党风廉政建设责任制

各级纪检组织要协助党组织把党风廉政建设与业务工作一起部署、一起落实、一起总结，认真落实一岗双责制，形成一级抓一级、层层抓落实的良好局面。要紧紧围绕责任分解、责任考核、责任追究等关键环节，加大对责任制落实情况的检查、考核和追究力度。

（二）认真贯彻执行《中国农业科学院党组贯彻落实〈建立健全惩治和预防腐败体系 2008～2012 年工作规划〉的实施办法》

应从实际出发，紧紧抓住我院惩治和预防腐败体系建设中的重点难点问题，采取得力措施，增强有效性。要建立科学的责任考核评价标准，把贯彻落实《工作规划》情况纳入党风廉政建设责任制和领导班子、领导干部考核评价范围，作为工作实绩评定和干部奖惩的重要内容。加强对贯彻落实《工作规划》情况的监督检查，同时认真分析贯彻落实中出现的新情况、新问题，积极研究对策措施，加强领导，推动工作。

（三）完善监督约束机制，加大从源头上预防和治理腐败的力度

要积极配合有关部门加强对领导机关、领导干部特别是各级领导班子主要负责人的监督，加强对权力运行的重要部门、重要岗位和关键环节的监督，真正使权力在阳光下运行。提高民主生活会质量，严格执行述职述廉、诫勉谈话、函询和党员领导干部报告个人有关事项等制度。

要积极配合有关部门加强干部选拔任用、财政资金使用以及基建项目招投标、政府采购招投标等关键环节、重点领域的监督，保证领导干部正确行使权力。要进一步规范招投标监督工作，院属各级纪检组织要参与到此项工作中来，做好监督工作。

五、加大查办案件工作力度，发挥案件查处的治本功能

（一）严肃查处违纪违法案件

针对我院工作实际，严厉查处在干部任免、预算资金管理、纪检招投标、政府采购、科技开发、土地房屋出租转让、行政事业性收费中滥用职权、贪污贿赂、腐化堕落、失职渎职等各类案件。充分发挥各级党委、纪委作用，明确责任，对发生在身边的典型案例，要深入剖析原因，深刻总结教训，查找漏洞，发挥查办案件的治本功能。

（二）加强查办案件的管理

要认真执行关于严格依法依纪查办案件的规定，坚持重事实、重证据、重程序，正确运用党内法规、国家法律法规和政策，严格案件检查、审理和党纪处分程序，确保办案质量。

（三）做好信访举报工作

要加强信访举报工作，健全来信来访实名举报办理规定，完善督办机制，对实名举报实行反馈和回复制度。做到件件有着落，事事有回音。加强对下级纪检组织办理信访举报件情况的督促和指导。

六、践行科学发展观，切实加强干部队伍建设

（一）加强纪检干部队伍建设

要通过深入学习实践科学发展观活动，切实加强我院纪检干部队伍建设。广大纪检干部要加强政治和业务知识学习，带头加强党性修养，树立和弘扬良好作风，切实增强政治意识、大局意识、责任意识、创新意识和服务意识，努力做到政治坚强、公正清廉、纪律严明、业务精通、作风优良，树立纪检干部可亲、可信、可敬的良好形象。

（二）发挥纪检组织职能作用

要建立健全纪检组织工作规则，严格执行党的工作程序和纪检工作程序，完善纪委会工作规则。坚持围绕中心，服务大局，全面履行"保护、惩处、监督、教育"的职能。进一步加强分类指导，对重点单位进行督查检查，推动党风廉政建设和反腐败工作深入开展。

中共中国农业科学院党组
关于巡视工作的办法（试行）

农科院党组发〔2009〕41号

第一章　总　　则

第一条　为加强对院属各单位领导班子及其成员的监督，完善巡视制度，规范巡视工作，根据《中国共产党章程》、《中国共产党巡视工作条例（试行）》和《中共农业部党组关于巡视工作的办法（试行）》，结合我院实际，制定本办法。

第二条　巡视工作坚持以邓小平理论和"三个代表"重要思想为指导，深入贯彻落实科学发展观，认真贯彻执行党要管党、从严治党的方针，健全和完善监督机制，维护党的纪律，保证党的路线方针政策、决议、决定和中央重大决策部署的贯彻执行。

第三条　巡视工作坚持党的领导，实事求是、客观公正，发扬民主、依靠群众的原则。

第四条　巡视组对院属各单位领导班子及其成员的下列情况进行监督。

1. 贯彻执行党的路线方针政策和决议、决定的情况，特别是贯彻落实邓小平理论、"三个代表"重要思想以及科学发展观的情况；

2. 执行民主集中制的情况；

3. 执行党风廉政建设责任制和自身廉政勤政的情况；

4. 开展作风建设的情况；

5. 选拔任用干部的情况；

6. 联系群众，认真解决群众最关心、最直接、最现实的利益问题的情况；

7. 院党组要求了解的其他事项。

第二章　组织领导

第五条　院监察局、人事局、直属机关党委建立巡视工作联席会议制度。联席会议在院党组领导下，负责研究、组织、协调巡视工作。

联席会议下设办公室，办公室设在院监察局。

第六条　成立巡视组，承担巡视工作。巡视组在院党组领导下开展工作，对院党组负责。

巡视组由组长和工作人员组成，人员从院机关、院属单位抽调。巡视组实行组长负责制，巡视组组长由所局级干部担任。巡视组人员实行公务回避和任职回避。

第七条　联席会议对巡视工作反映的情况、提出的意见和建议，研究提出处理意见，重要情况和意见、建议及时向院党组报告。

第八条　巡视组人员的基本条件是：

（一）政治坚定，同党中央保持高度一致，认真学习马克思列宁主义、毛泽东思想、邓小平理论和"三个代表"重要思想，深入贯彻落实科学发展观，坚决执行党的路线方针政策，具有履行职责所需要的政治理论水平；

（二）坚持原则，依法办事，实事求是，公道正派，联系群众，清正廉洁，组织纪律性强，严守秘密；

（三）有强烈的事业心和责任感，思想敏锐，有一定的工作经验，熟悉党务政务和相关的政策法规；

（四）有较强的调查研究和文字综合能力；

（五）身体健康，能胜任工作要求。

第三章　工作方式

第九条　由院监察局负责巡视组的日常管理、后勤保障及与院属各单位的联系。巡视工作所需经费单独列支。

第十条　巡视组的主要工作方式：

（一）听取工作汇报；

（二）根据工作需要列席有关会议；

（三）受理反映领导班子及其成员问题的来信、来电、来访等；

（四）召开座谈会；

（五）与领导班子成员和干部群众个别谈话；

（六）查阅有关文件、会议记录等资料；

（七）对被巡视领导班子及其成员进行民主测评、问卷调查；

（八）以适当方式对被巡视单位的下属单位或服务对象进行走访调研；

（九）对专业性较强或者特别重要问题的了解，可以商请有关职能部门或者专业机构予以协助。

对反映领导班子及其成员的重要问题，经批准可进行深入了解。

巡视组不干预被巡视单位的正常工作，不查办案件。

第十一条　巡视结束后，巡视组要向院党组写出巡视工作报告。

第四章　巡视组的管理

第十二条　严格执行请示报告制度。巡视组对巡视中发现的有关问题，应及时请示报告。发现重要情况、重大问题或紧急情况可直接向院党组汇报。

第十三条　巡视组收到的信访举报材料，应根据情况对举报材料作出处理。

巡视组对巡视工作中形成的材料要妥善保管，及时移交。

第十四条　加强巡视组自身建设。建立健全巡视组日常管理制度，严格规范工作程序，组织开展学习培训，不断提高巡视组人员的政治、业务素质和工作水平。

第十五条　严肃工作纪律。巡视组要正确履行职责，不干预被巡视单位的正常工作，不处理被巡视单位的具体问题，严格遵守保密、回避、廉洁自律等有关规定。

第十六条　巡视组要认真履行职责。对被巡视单位干部群众反映强烈、属于巡视工作职责范围内的重要问题，应当了解而没有了解，应当报告而没有报告甚至隐瞒不报的，要追究责任，并视情节轻重予以处理。

第五章　附　则

第十七条　本办法由院监察局解释。

第十八条　本办法自发布之日起试行。

中国农业科学院巡视工作规程（试行）

农科院监审〔2009〕260 号

（2009 年 9 月 24 日）

为明确我院巡视工作程序，推进巡视工作科学化、规范化和制度化，根据《农业部巡视工作规程（试行）》和《中共中国农业科学院党组关于巡视工作的办法（试行)》，制定本规程。

一、巡视准备

（一）拟定计划。巡视工作联席会议办公室根据院党组部署，拟定年度巡视工作计划，经巡视工作联席会议审议后，报院党组审批。在年度计划外开展专项巡视由巡视工作联席会议办公室拟定工作计划，经巡视工作联席会议审议后，报院党组审批。

（二）组成人员。由巡视工作联席会议办公室提出巡视组成员建议名单，征求联席会议成员单位意见后，报院党组审批。巡视组实行组长负责制，要根据工作任务，明确分工，责任到人。

（三）制定方案。巡视组根据年度巡视工作计划制定巡视工作方案。主要内容包括：巡视对象、巡视时间、巡视内容、工作方法和工作要求等。

（四）了解情况。巡视组应事先向院办、人事局、财务局、直属机关党委、监察局等部门了解被巡视单位领导班子及其成员的有关情况。

（五）集中学习。根据巡视工作的任务和要求，组织巡视组人员进行集中学习培训。

（六）发布通知。巡视工作联席会议办公室一般应在开展巡视前 10 个工作日向被巡视单位发出巡视通知。主要内容包括：巡视时间、主要任务、工作要求、巡视组组成人员和被巡视单位有关准备事项。

二、巡视实施

（一）巡视预告。巡视组到达被巡视单位前，应委托被巡视单位在办公地点的醒目位置张贴（同时在局域网上发布）巡视预告。主要内容包括：巡视时间、主要任务、工作方法、工作纪律、巡视组组成人员及巡视组联系方式等。

（二）通报情况。巡视组到达被巡视单位后，巡视组组长向被巡视单位主要负责人和领导班子成员通报巡视工作的有关事宜，商定巡视工作安排，明确巡视工作要求。

（三）设意见箱。被巡视单位按照巡视组的要求，在办公地点适当位置设置意见箱，巡视组要指定专人负责开启。

（四）巡视动员。召开巡视工作动员大会。巡视组组长在大会上作巡视工作动员讲话。大会由被巡视单位领导班子主要负责人主持，并代表领导班子作表态发言，提出配合巡视工作的要求。

参加动员大会人员的范围按照《中国农业科学院领导干部选拔任用工作办法》中有关民主推荐参加人员范围的规定执行。

（五）民主测评。巡视工作动员后，巡视组对被巡视单位的领导班子及其成员进行民主测评（民主测评票根据巡视内容专门设计）。要准确统计参加民主测评的人数，并对收回的民主测评票进行统计分析。

（六）听取汇报。巡视组听取被巡视单位领导班子近年来的全面工作汇报。根据工作需要，还可听取党风廉政建设、干部选拔任用、经营收益、财务管理等方面的专题汇报。

（七）个别谈话。巡视组采取个别谈话的方式，听取谈话对象对领导班子及其成员的评价、意见和建议。

1. 谈话范围：被巡视单位领导班子成员，所属部门、单位正副职干部，部分一般干部及离退休干部（具体人员由巡视组选定）。

2. 谈话内容：领导班子执行党的路线方针政策和决议、决定的情况，贯彻落实邓小平理论、"三个代表"重要思想以及科学发展观的情况；执行民主集中制的情况；执行党风廉政建设责任制和自身廉政勤政的情况；开展作风建设的情况；选拔任用干部的情况；联系群众，认真解决群众最关心、最直接、最现实的利益问题的情况；其他需要了解的情况。

3. 谈话方式：个别谈话可分组进行，一般应两人以上，由专人做好谈话记录；特殊情况经巡视组组长同意也可进行单独谈话；重要谈话记录要及时整理，并向巡视组组长报告。

（八）组织座谈。根据工作需要，可分别召开部分干部职工（含离退休干部）参加的座谈会，广泛听取他们对领导班子及其成员和本单位工作的意见、建议。参加座谈会的人员由巡视组选定。

（九）列席会议。巡视期间，巡视组可列席被巡视单位的党委会、民主生活会、班子办公会、常务会及其他有关会议。

（十）调阅资料。调阅被巡视单位有关原始资料及其他资料。一般包括：

1. 贯彻党的路线方针政策以及落实院党组工作部署方面的有关资料；

2. 党委会、民主生活会、班子办公会等会议记录；

3. 财务管理、基建项目招投标、大宗物品采购和审计报告等有关资料；

4. 党风廉政建设方面的有关资料；

5. 选拔任用干部方面的有关资料；

6. 有关规章、制度和文件；

7. 其他需要调阅的资料。

调阅资料应妥善保管，不得涂改、损毁或丢失。根据工作需要，可以复制有关资料。

（十一）走访了解。对京外单位，巡视组要走访当地相关协管部门，听取他们对被巡视单位领导班子及其成员的评价和意见。

1. 走访由巡视组组长带队，一般应两人以上，随行人员要做好记录，整理后交巡视组组长审阅。

2. 走访部门由被巡视单位协助联系。

（十二）实地调研。巡视组根据需要，可以有选择地到被巡视单位的服务对象中开展实地调研，进一步了解被巡视单位领导班子及其成员的有关情况，注意听取基层干部群众的反映、意见和建议。

实地调研可采取组织座谈会、个别谈话、查阅资料和问卷调查等方式进行。

（十三）受理信访。巡视期间，对反映被巡视单位领导班子及其成员问题的来信、来访、来电，做好登记、接待和记录，重大问题要及时向院巡视工作联席会议办公室报告。

（十四）其他方式。根据工作需要，还可采取其他方式了解有关情况。

三、总结汇报

（一）梳理情况。巡视期间，巡视组应及时汇总、归纳、分析和梳理有关情况，初步形成对被巡视单位领导班子及其成员的基本评价和对有关问题的处理意见及建议。

（二）撰写报告。巡视工作结束后，要及时整理有关材料，形成巡视工作报告及其他专题报告。巡视工作报告的内容主要包括：开展巡视工作的基本情况、对领导班子及其成员的基本评价、存在的主要问题、巡视组的意见和建议，以及需要反映的其他问题。

（三）巡视汇报。巡视工作结束后，巡视组要向联席会议和院党组汇报巡视工作情况。需要整改的问题，经巡视工作联席会议研究提出意见后，报院党组决定。

四、反馈整改

（一）反馈意见。对被巡视单位的反馈意见，经院党组审定后，在 15 个工作日内向被巡视单位领导班子反馈。反馈按照以下方式进行。

1. 反馈巡视意见以书面方式为主，并要求被巡视单位在一定范围内进行通报。

2. 巡视组组长通过电话方式反馈，被巡视单位要做好电话记录。

3. 必要时可派专人到被巡视单位反馈巡视意见，并视情况确定参加反馈的人员范围。

（二）检查整改。被巡视单位自收到巡视反馈意见 60 个工作日内，向巡视工作联席会议办公室上报整改方案，并且自整改方案报送之日起 12 个月内报送整改情况报告。

巡视工作联席会议办公室可以通过回访等方式，了解被巡视单位的整改情况并向巡视工作联席会议报告；也可以根据工作需要，对被巡视单位整改方案落实情况进行检查，并向巡视工作联席会议报告检查整改情况。

（三）资料归档。巡视组要及时整理巡视工作的有关资料，于巡视工作结束后交巡视工作联席会议办公室统一归档。归档资料主要包括：巡视计划，巡视方案，巡视通知，民主测评、问卷调查的汇总结果，谈话记录，座谈会记录，复制调阅的有关资料，来信、来访、来电记录，巡视工作报告，巡视反馈意见，被巡视单位整改方案，检查整改情况报告以及其他有关资料。

巡视工作重要资料应留有备份。

五、其他

（一）本规程由院监察局解释。

（二）本规程自印发之日起试行。

中国农业科学院经济责任审计
审前预告暂行办法

农科院监审〔2009〕50 号

第一条 为充分发挥群众监督的作用，增强领导干部经济责任审计工作的透明度，提高审计质量，制定本办法。

第二条 经济责任审前预告，是指将经济责任审计的有关事项，在一定范围和期限内，在被审计单位预先予以公告，接受群众监督的行为。

第三条 经济责任审前预告要坚持有利于群众监督、便于群众参与的原则，保障被审计单位职工对审计工作的知情权、参与权和监督权。

第四条 经济责任审计审前预告的内容：

（一）被审计的领导干部的姓名、职务及任职时间。

（二）审计的主要事项。包括重大经济决策的合法性、效益性；预算执行情况及其他财务收支的真实性、合法性；国有资产保值、增值情况；国家资金投资及建设项目的效益情况；领导干部个人廉洁自律情况等。

（三）审计方式：进驻审计或送达审计。

（四）审计时间。

（五）审计组组长及成员名单。

（六）审计工作人员纪律规定。

（七）审计组的联系电话及办公地点。

第五条 审计组将预告内容与审计通知书同时送达被审计单位及被审计领导干部，并要求被审计单位将预告内容在被审计单位进行公告，公告期为自公告之日起10天。

第六条 被审计单位要将预告内容张贴在被审计单位办公场所的明显位置，根据工作需要，审计组可要求将预告范围扩大到所属单位。

第七条 审计组要对群众反映的意见做好登记、整理工作，对群众反映的相关问题，要本着实事求是的态度，认真调查，核实情况，并在审计报告中对群众反映的问题调查核实情况进行说明。

第八条 审计组要遵守审计纪律，做好保密工作，严禁泄露反映意见的群众姓名和内容。对违反审计纪律的审计人员要严肃处理。

第九条 本规定由监察与审计局负责解释。

第十条 本规定自印发之日起实施。

附件：

经济责任审计审前预告（模板）

　　根据中国农业科学院经济责任审计工作安排，我局派审计组自20××年×月×日起，对×××同志（自20××年×月至20××年×月在×××单位任××职）进行任期经济责任审计。为了充分发挥群众监督的作用，增强经济责任审计工作的透明度，根据《中国农业科学院经济责任审计审前预告暂行办法》，现将有关事项公告如下。

　　一、审计的主要事项。包括重大经济决策的合法性、效益性；预算执行情况及其他财务收支的真实性、合法性；国有资产保值、增值情况；国家资金投资及建设项目的效益情况；领导干部个人廉洁自律情况等。

　　二、审计方式：进驻审计（或送达审计）。

　　三、审计时间：自20××年×月×日至20××年×月×日。

　　四、审计组成员：组长×××，审计人员×××。

　　五、审计纪律：审计组成员要严格执行《农业部审计工作人员纪律规定》。

　　六、审计组的联系电话：××××××；办公地点：××××。

　　七、本公告期为自公告之日起10天。

中国农业科学院贯彻落实 2009 年
反腐倡廉工作任务的分工意见

为贯彻落实第十七届中央纪委第三次全会精神，按照农业部及中国农业科学院2009 年党风廉政建设工作会议部署、《农业部贯彻落实 2009 年反腐倡廉工作任务的分工意见》和《中国农业科学院党组关于贯彻落实〈建立健全惩治和预防腐败体系2008～2012 年工作规划〉的实施办法》，现提出我院 2009 年党风廉政建设工作分工意见。

一、严明党的政治纪律，推动科学发展和中央关于
"三农"重大决策部署的贯彻落实

（一）督促各单位党员领导干部通过中心理论组等各种形式，认真学习胡锦涛总书记重要讲话和十七届中央纪委第三次全会精神，按照农业部及我院党风廉政建设工作会议的部署，结合本单位工作实际，提出切实可行的党风廉政建设工作思路和具体措施。

负责单位：监审局、直属机关党委

（二）坚持把维护党的政治纪律、确保中央政令畅通放在首位，为我院科技创新、服务"三农"和实现"三个中心、一个基地"战略目标提供坚强保证。

负责单位：监审局

二、落实党风廉政建设责任制，大力推进廉政文化建设

（三）认真落实党风廉政建设责任制，自上而下签订责任书，真正把责任落实到人。抓好责任分解、责任考核、责任追究，促进各级领导干部特别是主要领导干部对所管辖范围内的党风廉政建设切实负起领导责任。

负责单位：监审局、人事局

（四）进一步落实《中国农业科学院廉政文化建设方案》。一是把廉政文化建设寓于创新文化建设之中；二是把廉政文化建设与创建文明单位相结合，把廉政文化建设的开展作为精神文明单位评选的重要指标，大力推进廉政文化进院所；三是把廉政文化建设与转变机关工作人员工作作风和提高管理水平相结合，大力推动廉政文化进机关。

负责单位：监审局、直属机关党委、院办

（五）加强领导干部党性修养，树立和弘扬优良作风。组织学习关于党性修养的文件文献，加强文明道德和业务知识学习，按照理论修养、政治修养、思想道德修养、文化知识修养、作风修养、组织纪律修养等方面的要求，加强党性、思想道德和法纪规章教育，进一步增强广大党员领导干部加强党性修养、作风建设的意识。结合新中国成立60周年、建党88周年等重大活动，深入开展中国特色社会主义理论体系教育和党性党风教育，引导党员干部认真学习遵守党章，坚定理想信念，增强立党为公、执政为民的自觉性和坚定性。

负责单位：直属机关党委、人事局

（六）在干部任职培训、初任培训等各类培训中开设廉政教育课程，并保证不少于半天的课时量。在组织专业技术人员和各类人才培训中增加廉政教育内容。

负责单位：人事局

（七）对新任用干部和新录用工作人员，按照干部管理权限进行任职谈话必须包括廉政教育内容。对人财物管理的重点岗位，要加强经常性教育，特别是在干部考察、项目审批、最近安排、出差、出国（境）、开展工作检查、政府采购、招投标等活动之前，都要进行廉政教育和提醒。

负责单位：人事局、财务局、科技局、基建局、国际合作局

（八）充分发挥闭路电视、网络、院报等媒介的优势，以专题报道、通讯等形式，加强党风廉政建设进展、成效、经验的宣传教育。大力宣传我院及农业部系统勤廉兼优的先进典型，运用发生在我院以及农业部系统违纪违法案例开展警示教育。积极探索群众喜闻乐见、形式多样的教育途径，提高教育的针对性和实效性。建立健全反腐倡廉教育的相关制度，使教育工作和教育活动在领导、组织、时间、经费上得到切实保障。

负责单位：监审局、院报、直属机关党委、后勤服务中心（局）

（九）积极开展党风廉政建设和反腐败理论研究，坚持理论联系实际，用研究成果指导新的实践，不断拓展工作的广度和深度。

负责单位：监审局

三、切实加强对领导干部及权力运行
过程的监督，确保权力正确行使

（十）完善议事制度，保证重大事项科学民主决策。坚持党组（委）会、常务会、院（所）长办公会制度，严格议事程序，做到重要事项提前收集整理、汇总归纳，并分别按照不同内容提交到不同会议上讨论。凡涉及重大决策、重要干部任免、重大项目安排和大额度资金的使用，必须经集体讨论作出决定，确保党内监督规范运作，确保民主集中制的贯彻落实。

负责单位：院办、院属各单位

（十一）进一步推进政务公开和办事公开，建立健全相关规章制度，积极推进行政

权力公开透明运行。

负责单位：院办、院属各单位

（十二）认真执行党内监督条例，加强对领导干部执行民主集中制情况的监督，加强对民主生活会、述职述廉、谈话函询和党员领导干部报告个人有关事项等制度执行情况的检查。加强上级党委和纪委对下级党委及其成员的监督，加强党组织领导班子内部监督，主要负责人要自觉接受领导班子成员的监督。

负责单位：直属机关党委、监审局、人事局

（十三）深入推进党务公开，贯彻落实中央关于党务公开有关要求，建立健全党务公开制度。

负责单位：直属机关党委

（十四）配合开展巡视工作，提高巡视工作质量，重视巡视成果的综合运用。

负责单位：人事局、监审局、直属机关党委

四、抓好廉洁自律工作，规范领导干部廉洁从政行为

（十五）落实领导干部廉洁自律各项规定，严禁领导干部违反规定收送现金、有价证券、支付凭证和收受干股等行为；落实领导干部配偶和子女从业、投资入股、到国（境）外定居等规定和有关事项报告登记制度，严禁发生与公共利益冲突的行为；纠正领导干部违反规定发放住房补贴、多占住房、已明显低于市场价格购置住房或以劣换优、以借为名占用住房等问题；严禁领导干部利用和操纵招商引资项目、基建工程及政府采购项目，为本人或特定关系人，谋取私利；严禁领导干部相互请托，违反规定为对方的特定关系人在就业、投资入股、经商办企业等方面提供便利，谋取不正当利益。

负责单位：监审局、人事局、财务局、基建局

（十六）认真执行中央有关厉行节约、反对铺张浪费等规定，规范公务接待，严禁用公款大吃大喝、出国（境）旅游和进行高消费娱乐活动。

负责单位：财务局、院办、国际合作局、监审局

（十七）加强领导干部出国护照管理，从严控制出国（境）团组数量和规模，从严控制在国（境）外停留时间，建立经费审核与任务审批联动机制。凡因公出国（境）的团组和个人必须通过因公出国（境）审批渠道办理手续，不得持因私护照出国（境）执行公务。

负责单位：国际合作局、人事局、院办、财务局、监审局

五、加大查办案件工作力度，维护党纪国法的严肃性

（十八）以查办领导干部滥用职权、贪污贿赂、腐化堕落、失职渎职的案件为重点，严肃查办官商勾结、权钱交易的案件；严肃查办索贿受贿、徇私舞弊的案件；严肃

查办领导干部干预招标投标获取非法利益的案件；严肃查办隐匿、侵占、私分、转移国有资产以及领导干部失职渎职造成国有资产流失的案件。严肃查办严重损害农民利益、严重违反政治纪律和组织人事纪律的案件。

负责单位：监审局

（十九）继续深入开展治理商业贿赂专项工作，严厉查处商业贿赂案件，逐步建立健全防止商业贿赂的长效机制。

负责单位：财务局、监审局

（二十）加强案件剖析，认真研究案发规律，严厉查处商业贿赂案件，逐步建立健全防止商业贿赂的长效机制。

负责单位：监审局

六、加强对重点领域和关键环节的监督，深化治本抓源头工作

（二十一）严格执行《党政领导干部选拔任用工作条例》，提高选拔任用干部工作的透明度，严把选人用人关。进一步深化干部人事制度改革，完善符合科学发展观要求的干部综合考核评价体系，建立干部初始提名情况和推荐、测评结果在领导班子内部公开制度。坚持和完善干部选拔任用前征求同级纪检监察部门意见的制度。在组建考察组时，要吸收机关党委、纪检监察部门的同志参加。畅通对干部选拔任用问题的反映渠道，对拟提拔的干部一律公示，接受群众的监督，对群众举报的问题要认真核查。

负责单位：人事局、监审局

（二十二）严格履行资产使用和处置事项的审批手续，进一步完善国有资产保值增值考核体系，推进国有资产管理信息化建设。

负责单位：财务局、基建局、院办

（二十三）继续开展规范津贴补贴工作，严肃查处和纠正工资管理方面的各种违规违纪行为，维护国家工资政策的严肃性。

负责单位：人事局、财务局、监审局

（二十四）继续开展治理"小金库"工作。

负责单位：财务局、监审局

（二十五）严格控制新建楼堂馆所，纠正超预算、超标准新建和装修办公用房，以及超标准超编制配备使用小汽车的问题。

负责单位：基建局、财务局、后勤服务中心（局）

（二十六）严格执行《中国农业科学院基本建设项目招投标廉政监督办法（试行)》和《中国农业科学院政府采购项目招投标廉政监督办法（试行)》，进一步加强对基本建设项目和政府采购项目招投标的廉政监督。

负责单位：监审局

（二十七）进一步加强领导干部任期经济责任审计（院办公司经理任期审计）和基

建项目竣工决算审计，加大揭示问题和整改力度，对涉嫌违纪违法的问题进行严肃查处。

负责单位：监审局、人事局

（二十八）按照《中国农业科学院党组贯彻落实〈建立健全惩治和预防腐败体系2008～2012年工作规划〉的实施办法》的安排，各牵头单位抓紧完成 2009 年反腐倡廉基本制度、源头防治领域等专项制度建设任务。建立健全重大投资论证制度、重大投资领导班子集体决策制度和重大投资决策失误责任追究制度，废止《中国农业科学院机关工作秩序管理暂行规定》，进一步修订《中国农业科学院工作规则》等 15 份文件，起草制定《中国农业科学院运转费管理办法》、《中国农业科学院经济责任审计审前预告暂行办法》等 20 多项新的管理制度。加强对已有规章制度落实和执行情况的督促检查，维护制度的严肃性和执行力。

负责单位：按照《中国农业科学院党组贯彻落实〈建立健全惩治和预防腐败体系2008～2012年工作规划〉的实施办法》分工落实

负责单位中列在第一位的为牵头单位。各单位有严格执行党风廉政建设责任制。院党风廉政建设工作领导小组各成员单位要把党风廉政建设列入工作日程，按照本《意见》的分工，落实各项工作任务，做好承担任务的分解细化，落实责任和工作进度，制定切实可行的实施方案，组织实施并强化监督检查。对本《意见》中确定的反腐倡廉工作具体任务，各成员单位要在 2009 年年底前写出各自完成任务的书面材料，并由成员单位负责人向院党风廉政建设领导小组作全面汇报。

中国农业科学院工程建设领域
突出问题专项治理工作方案

为认真贯彻落实中共中央办公厅、国务院办公厅《关于开展工程建设领域突出问题专项治理工作的意见》，有计划、有步骤地完成我院工程建设领域专项治理各项任务，规范工程建设领域市场交易行为和审批决策行为，根据《农业部工程建设领域突出问题专项治理工作方案》（农监发〔2009〕3号），结合中国农业科学院实际，就工程建设领域突出问题专项治理制定如下工作方案。

一、目标要求

按照农业部的统一部署和要求，在学习动员的基础上，院属各单位要以政府投资和使用国有资金项目特别是扩大内需项目为重点，认真组织开展自查自纠工作，进一步规范招标投标活动，推进决策管理工作公开透明，加强工程项目监督管理，进一步完善建设项目管理机制，加强执行力度，打击和惩治工程建设领域违法违纪行为，确保行政行为、市场行为更加规范，促进农业科研又好又快发展。

二、专项治理和检查的主要内容

（一）规范农业建设项目申报审批行为情况

严格执行《农业基本建设项目申报审批管理规定》，严把项目申报受理关。通过检查，主要解决申报把关不严、越级申报以及未批先建、违规审批等突出问题。

（二）规范农业建设项目招标投标活动情况

依据《农业基本建设项目招标投标管理规定》，严把评审和水平项目招标方案。重点解决该招标不招标、该公开招标却邀请招标以及虚假招标、规避招标、擅自改变批复的招标方案等突出问题，促进招标投标活动的公开、公平、公正。

（三）切实加快项目建设进度情况

各项目主管单位对照项目批复的建设期和投资期，制定加快项目建设进度的工作方案，加强建设进度调度，定期通报项目建设进度情况。重点解决项目执行和资金支出进度缓慢，严重影响投资效益发挥的问题。

（四）强化项目监管工作情况

严格按制度办事，落实《农业部关于进一步规范农业项目管理工作的通知》（农计发〔2009〕14号）要求，加强项目建设程序监管，落实监管责任。切实提高各单位对工程项目监管工作的重视程度，不断强化项目建设全过程监管理念，进一步前移监管关口，将监管工作抓实、抓好。

三、实施步骤

（一）动员部署阶段（2010年1月15日前）

各单位要按照农业部2009年8月20日召开的农业工程建设领域突出问题专项治理工作动员会的部署和朱保成组长的讲话要求，认真组织学习中共中央办公厅、国务院办公厅《关于开展工程建设领域突出问题专项治理工作实施方案》和相关配套文件，深刻领会何勇、马凯同志在全国工程建设领域突出问题专项治理工作电视电话会议上的讲话精神，组织相关人员观看工程建设领域突出问题专项治理电视片《重药治顽症》。通过学习动员，提高对开展工程建设领域突出问题专项治理工作重要性和紧迫性的认识，纠正思想认识上的偏差，增强开展自查自纠工作的主动性。

各单位要对专项治理工作进行动员部署，统一思想，明确要求，坚持集中治理与加强日常监管相结合，要结合学习动员，通过召开座谈会、征求意见、实地核查等多种形式进行调查摸底，掌握本单位工程建设活动中存在的漏洞，明确治理方向，确定自查自纠重点。

（二）对照检查阶段（2010年1月15日至2010年2月）

根据有关要求，各单位要重点对2008年以来政府投资项目和使用国有资金项目特别是扩大内需项目进行检查，找出存在的突出问题，分析原因，提出治理对策。自查有关情况于2010年2月底前报院工程建设领域突出问题专项治理领导小组办公室。

1. 要深入开展自查。院属各单位和院机关各部门要按照党中央、国务院有关文件精神和要求，围绕专项治理和检查的主要内容，认真查找项目申报、项目评审、项目审批、工程招标投标、征地拆迁、物资采购、资金拨付和使用、施工监理、工程质量、工程建设实施等重点部位和关键环节存在的突出问题。要紧密结合实际，认真开展自查，摸清问题的关键，掌握涉及问题人员的基本情况。我院将适时组织对自查情况进行重点检查。

2. 要深刻分析原因。针对发现的问题和隐患，从主观认识、法规制度、权力制约、行政监管、市场环境等方面，分析产生的根源，查找存在的漏洞和薄弱环节，提出改进的措施和办法，明确治理工作的目标和责任要求。

3. 要严肃自查纪律。对不认真自查的单位，相关部门将加强督导；对拒不自查、掩盖问题或弄虚作假的，将继续严肃处理。对虽有问题但能主动认识和纠正的，可以按有关规定从轻、减轻或免于处分。

（三）整改建制阶段（2010年2月至2010年10月）

各单位要针对自查中发现的问题，认真查找日常管理工作中的薄弱环节和漏洞，研究制定切实可行的整改措施，完善相关规章制度，明确整改责任，加强督促和指导，及时纠正问题，确保各项整改措施落到实处，保证政府投资项目和使用国有资金项目优质、高效、安全、廉洁。

对自查的突出问题根据实施情况、情节轻重、影响大小和认识态度等，予以区别对待。对情节轻微的，以批评教育和自我纠正为主；对虽有问题，但能主动说清并认识错误的，可以依据有关规定从轻、减轻或免予处分。对拒不自查自纠、掩盖问题的，一经发现，要从严处理。对整改措施不力、效果不好的，相关部门将督促其重新进行整改。

（四）总结验收阶段（2010年11月至2011年6月）

我院将组织检查组对专项治理工作任务的落实情况进行检查验收，重点检查整改措施的落实情况，确保专项治理工作整改措施落到实处。

各单位要形成专项治理工作的总结报告，并于2011年6月底前报院工程建设领域突出问题专项治理工作领导小组办公室，我院将对专项治理工作进行全面总结，向农业部专项治理工作领导小组报告。

四、保证措施

1. 加强组织领导

我院工程建设领域突出问题专项治理工作在院党组的统一领导下进行，院属各单位、院机关各部门要切实负起责任，抓好职责范围内的专项治理工作，建立健全责任机制，落实任务分工。

2. 成立机构

成立中国农业科学院工程建设领域突出问题专项治理工作领导小组及其办公室。院党组成员、副院长雷茂良任组长，基本建设局付静彬局长、监察局张逐陈局长任副组长，院办公室、人事局、财务局等有关负责同志为领导小组成员。办公室设在监察局。

3. 加强监督检查

院属各单位、院机关各部门，特别是具有工程建设项目监管职能的单位和部门，要加强对重点项目、重点部位、关键环节的检查，掌握工作进度，督促工作落实。对治理工作进展迟缓的单位，要重点督查，促其整改，对拒不自查、掩盖问题或弄虚作假的，要严格追究责任。院监察局要加强对工程建设领域突出问题专项治理工作的监督检查，纠正和查处违规违纪问题，推进我院专项治理工作的开展。

4. 推进廉政建设

要以开展工程建设领域突出问题专项治理工作为契机，进一步加强廉政建设，切实推进从源头上预防腐败工作。要进一步建立、完善和落实各项廉政制度，按照公正透明、民主决策、依法管理的要求，探索和建立决策制约机制。加大查办案件工作力度，重点查处领导干部利用职权违规干预招标投标等以权谋私、权钱交易的问题，坚决遏制工程建设领域腐败现象易发多发的势头。公布专项治理举报电话，认真受理群众举报和投诉。

翟虎渠在中国农业科学院 2009 年
党风廉政建设工作会议上的讲话

同志们：

　　新年伊始，在全院深入学习实践科学发展观活动及院工作会议之际，我院召开 2009 年党风廉政建设工作会议，目的就是为了深入贯彻党中央精神，把广大干部党员的思想进一步统一到科学发展观的要求上来，开拓我院党风廉政建设工作新局面，为推进我院"三个中心、一个基地"建设提供坚强保证。刚才，炳文同志代表院党组对我院 2008 年党风廉政建设和反腐败工作进行了总结，对 2009 年的工作进行了部署，讲得很好，我完全同意。下面，董涵英局长还要对我院党风廉政建设工作作重要讲话，各单位领导班子要组织全体党员认真学习领会，抓紧制定 2009 年党风廉政建设和反腐败工作计划，把这次会议的精神落到实处。

　　当前，我们正处在改革发展的关键时期，加强反腐倡廉工作是大力推进农业科技创新和进步的重要保证，必须高度自觉地把反腐倡廉工作摆在更加重要的位置。反腐倡廉是使我们党永不变色，沿着中国特色社会主义道路奋勇前进的重要保证。对我院来讲，反腐倡廉能够保证我们"三个中心、一个基地"目标的实现；能够保证我们集中精力来搞科技创新，使我院真正能够建成农业科学研究的创新中心。我们反腐败的根本目标是要保证我们党和国家各项方针政策的贯彻执行，保证我们农科院的目标能够顺利实现，保证我们的各项事业能够在中央指引的轨道上进行。

　　下面，我代表院党组讲三点意见：

一、以科学发展观统领纪检监察工作，努力
开创我院党风廉政建设的新局面

　　做好新形势下的反腐倡廉工作，最关键的是坚持用中国特色社会主义理论体系指导反腐倡廉新的实践。当前，最迫切的任务就是用科学发展观武装头脑、谋划发展、解决问题、推动工作。我们要以科学发展观为统领，准确把握其科学内涵、精神实质和根本要求，运用科学发展观来谋划、部署我院党风廉政建设各项工作，把科学发展观的要求贯穿和落实到纪检监察工作的各个方面。努力探索实践符合科学发展观要求的思想观念、方式方法和制度机制，认真解决好工作中存在的突出问题，不断增强工作的实效性，努力开创新局面。

　　第一，紧紧围绕保障和促进农业科技事业的科学发展来谋划和推进纪检监察工作。

党的十七届三中全会鲜明地提出了把解决好"三农"问题作为全部工作重中之重的基本要求，作为农业科技的国家队，在新的历史起点上任重道远。我们知道，虽然中国的农业科技取得了很大成就，但是与发达国家相比，还有距离；与国家和人民赋予的重任相比，我们还有差距。所以，在新的历史起点上，我们的纪检监察工作必须着眼于我院的科技创新中心，必须着眼于保证我院"三个中心、一个基地"目标的实现，进一步树立大局意识、中心意识、服务意识，了解农业科技发展中的新情况、新问题，立足大局谋划纪检监察工作、出台举措，不断增强服务科学发展、保障科学发展、推动科学发展的能力。

第二，切实把以人为本的理念贯穿到纪检监察工作中去。以人为本是科学发展观的核心。在纪检监察工作中做到以人为本，就是要把以人为本的理念体现在工作的方方面面：教育坚持以人为本，就是要紧密结合我院党员干部和科研人员的思想、工作和生活实际，提高针对性和实效性；查办案件坚持以人为本，就是要维护群众利益，解决群众利益攸关的问题，同时要严格依法依纪，重程序重证据，保障党员干部合法权利；监督坚持以人为本，就是要重在预防，关口前移，保障和促进事业发展，保护干部干事创业的积极性。在新的形势下，我们要做好单位的化解矛盾的工作。很多事情是由小矛盾引起的，所以我们要把矛盾消灭在萌芽状态。

第三，坚持按照全面协调的要求和统筹兼顾的方法开展纪检监察工作。全面协调可持续发展是科学发展观的基本要求，统筹兼顾是科学发展观的根本方法，也是做好纪检监察工作的根本要求和方法。我们要善于从全局和战略高度观察和审视党风廉政建设和反腐败斗争面临的形势和任务，把反腐倡廉建设纳入我院工作的全局，作为一个重要方面，寓于各项改革和举措中。要坚持标本兼治、综合治理、惩防并举、注重预防的方针，整体推进反腐倡廉教育、制度、监督、改革、惩处各项工作。要认真贯彻落实中央《建立健全惩治和预防腐败体系2008～2012年工作规划》，力争经过几年的扎实工作，经过几年的努力，真正建立起我院惩治和预防腐败体系的基本框架和长效机制。

二、结合院情，有针对性地解决我院
党风廉政建设工作中重点问题

近年来，我院努力推进"三个中心、一个基地"战略目标的实现，在科技创新、体制创新、人才兴院、科技平台建设、基本建设、院容院貌等方面都取得了很大的进展。发展中的中国农业科学院在科研经费、政府采购、基本建设、产业开发总量上都达到了前所未有的规模，此外还掌握着不少土地、房屋等公共资源。因此，我们广大党员领导干部要特别注意克服"麻痹思想"，警惕发展中可能产生的腐败问题，积极建立健全用制度管权、管事、管人的长效机制。我们要深入了解院情和所情的新趋势、新情况、新特点，解决查找容易诱发腐败的部位和环节，有针对性地提出预防和治理的措施，杜绝腐败产生的温床。

我认为，结合我院的实际情况，主要是强调以下四个大的方面。

一是关于民主决策。昨天上午，薛书记在讲话中提到，从党政"一把手"来谈，我们的院所长要多讲民主集中制，我们书记要多讲院所长负责制。民主决策就是增强决策的科学性，避免决策的片面性，是对事业发展、对党和人民负责的表现。各单位、各部门要坚决贯彻落实民主集中制，完善议事制度，做到民主决策。凡是与广大职工的切身利益密切相关的重大事项，凡是涉及制度改革、人事调配、重大项目的事宜，凡是涉及土地开发、科技产业开发等重大经济活动，必须充分、广泛征求意见，必须经领导班子集体研究讨论，防止个人拍脑袋决策。同时，要严格遵守国家、农业部的各项政策制度，该咨询的咨询，该请示的请示，该报告的报告，一句话，重大事项一定要严格按程序办事。

二是关于科研经费管理问题。现在有一个很大的问题，就是事业费严重不足，而科研经费有很大的增长。很多所领导处于两难的境地，就全院来讲，我们的事业人头费占我们年终人头费总支出的 32%～33%。我们根据国家的要求，各项经费都不能错用。"十五"以来我们承担了 4 000 多个国家重大科技项目，"十五"总经费是 22.8 亿元，"十一五"期间可能达到 30 亿元。如何把这些钱花好，真正花在科研上，花在刀刃上，我们的所领导还是要把关。要尊重课题组负责人，尊重研究室的意见，但是资金的流向、把关的情况，所里还要做到心中有数。防止出现跑冒滴漏，防止出现挪用、转移科研经费，防止出现中饱私囊。要加强对科研人员的学风和作风教育，坚决反对并且严格要求整治学术腐败，净化优化学术环境，保障科研事业顺利发展。

三是关于基本建设和仪器设备采购的招标问题。我们反复地强调，刚才罗炳文副书记也讲了，超过一定数额的、符合相关规定条件的，都要进行招标。现在，我院基本建设和政府采购招标活动比较多、比较大。2007、2008 年，我院政府采购的预算都在四五个亿左右。据粗略统计，2008 年我院举行招标的基本建设和政府采购项目，中标总金额就超过了 6 亿元。这样的招标规模事关重大。因此，我们要进一步强调关口前移，纪检监察的同志提前介入招标活动，要按照国家、有关行业以及纪检监察部门的要求来办事。要进一步完善基本建设和仪器设备采购招投标的组织、管理制度，不但要严格依照有关法律法规进行，还要完善内部决策和组织机制，关口前移，纪检监察部门全程参与。2008 年，我院出台了两个廉政监督办法，对基本建设和政府采购招标活动进行廉政监督，希望各单位加强学习，认真遵照执行。这里还要强调两个"回避"的问题：①建议单位的主要负责同志不要直接参与、不要干预招标活动；②有关领导干部的亲属、朋友等有利害关系的人不能参与投标活动以及领导干部管辖范围内的经济活动。这既是对我们的集体和事业负责，也是对我们的干部本人负责。

四是干部选拔任用等人事工作方面。总体上讲，农科院近几年来的干部任用应该说是健康的，是按照有关人事制度办事的。我们要以能力建设为核心，着力改革和完善干部公开选拔、竞争上岗、民主测评、考核等机制和办法，在干部人事任免上一定要党委集体议事。最近，中纪委、中组部联合印发了《关于深入整治用人上不正之风　进一步提高选人用人公信度的意见》，提出要坚持预防、监督、查处并举，把严格监督、严肃纪律贯穿干部选拔任用工作的始终。在收入分配、福利待遇、岗位设置、职称评审涉及职工切身利益等方面，注意关心、保护弱势群体的利益，努力做到公平公正，让院所广大职工实实在在地享受到中国农业科学院改革发展带来的实惠。

三、以深入学习实践科学发展观活动为契机，切实加强领导干部和纪检监察队伍自身建设

在这里，主要讲两个方面：

（一）领导干部要加强自身学习。我们一些领导干部忽视了自身的学习，虽然没有直接做贪污、受贿这类事情，但是对本行业、本系统的要求也没有严格执行，没有做好本行业的有关工作，给我们的工作，给研究所带来了一些损失。我们的领导干部要认真反思，深刻汲取教训，进一步加强学习，提高自身修养。我们很多的所领导，特别是所长，既是行政干部，又是业务干部，可能更多地注意于业务。但是，我们既然在所长的岗位上，就必须肩负起所长的职责。

另一方面，我们现在很多工作，比如干部提拔、干部任期中，都要做民主测评。有些干部不敢大胆地放手工作。我希望我们的领导干部还是要实事求是地看待这个问题。一个单位的领导，特别是"一把手"，哪怕只领导三个人，这个"一把手"也不好当，责任重大。我们体谅到，在当前形势下，又要谋发展，又要搞科研，又要管理几百个人，确实不容易。但我希望我们的所领导，特别是主要领导，要大胆地抓工作。大家都是一团和气，工作是做不上去的。我们要旗帜鲜明地、大胆地按照我们党的方针政策，按照研究所的建所目标、工作要求来抓工作，理直气壮。当然，我们也要防止蛮干。

另外，希望我们的研究所要处理好效率与公平的关系，要能够正确理解中国一些不好的、小农经济的传统思想。比如，"能够共患难，不能共富贵"，"不患寡而患不均"。注意处理好在新的形势下，贡献大的人和贡献小的人之间的利益分配问题，效率优先，兼顾公平。我们有几个研究所处理得不好，甚至影响研究所的正常工作。没有出现这种情况的研究所，也要未雨绸缪，防患于未然。希望我们主要领导，特别是党委书记，要做好有关工作。总之，我们抓工作，一定要大胆，一定要尊重事实，一定要按规章制度办事，不能屈从于不正之风。

（二）纪检监察部门同志要加强学习。纪检监察同志做了大量的工作，也要加强学习，进一步提高自己。要切实增强政治意识、大局意识、责任意识、忧患意识，发扬求真务实、艰苦奋斗精神，恪尽职守，埋头苦干；坚持讲党性、重品行、作表率，自觉接受监督，维护我们纪检监察队伍的良好形象。我们纪检监察队伍自身建设的实际成效，也要体现到推动科学发展观的贯彻落实当中来，为推进党风廉政建设和反腐败斗争提供坚强的组织保证和人才支持。在这里，我代表院党组向关心支持纪检监察审计工作的各位领导和同志们，向奋斗在纪检监察审计工作战线的同志们致以亲切的慰问和崇高的

敬意!

　　最后，再强调一下加强春节期间党风廉政建设的问题。再过些天，就是我国的传统节日新春佳节了，党员领导干部要严格要求自己，过一个健康、文明、节俭的节日。同时，请各位所领导能够关心弱势群体，关心困难职工，帮助他们解决好生活问题。在春节前，做好访贫问苦、解决困难职工生活问题的工作，使他们能够和我们大家一起，过一个和谐、愉快的春节!

　　谢谢大家!

翟虎渠在中国农业科学院
党的建设和思想政治工作研究会
第五届理事会第二次会议上的讲话

（2009 年 6 月 3 日）

同志们：

按照《中国农业科学院党的建设和思想政治工作研究会章程》和"两研会"的工作计划，今天，我们在南京召开第五届理事会第二次会议。这次会议是在全院深入学习贯彻落实科学发展观，不断巩固和扩大学习实践活动成果的形势下召开的。本次"两研会"研究的主题是"实行院所长负责制的农业科研院所如何充分发挥党组织和党员作用"。希望通过大家的深入调研，积极思考，广泛研讨，认真交流，不断探索党建和思想政治工作新思路，总结新经验，解决新问题，为推动全院党的建设和思想政治工作发展做出新的贡献。党建和思想政治工作，既关系到我院党组织的自我完善和发展，同时也是凝聚人心，促进院所科学发展的有力保证。我院党的建设和思想政治工作应重点做好两个方面的工作，一是要让本单位在政治上、思想上、行动上和中央保持一致，和上级党组织保持一致；二是要为单位的中心工作服务，围绕中心，服务大局，促进本单位更好地、更有效地完成既定的目标和任务。

多年来，我院各单位、各级党组织坚持以邓小平理论和"三个代表"重要思想为指导，按照科学发展观的要求，围绕中心工作，不断创新党建和思想政治工作方式，充分发挥党组织政治核心作用、党支部战斗堡垒作用和党员先锋模范作用，为实现我院各项事业又好又快发展提供坚强的政治、思想和组织保证。同时，在实行院所长负责制的农业科研院所，如何进一步加强党建和思想政治工作，促进农业科研院所改革与发展，仍需要做大量工作。

根据会议安排，院党组副书记罗炳文同志将代表"两研会"作讲话，对前一阶段工作进行总结，对下一阶段工作进行部署。下面，我想围绕会议主题讲几点意见。

第一，要进一步加强理论武装。用科学的理论武装头脑，这不仅是加强党建和思想政治工作的一项长期任务，也是深入学习实践科学发展观，实现全院新的发展的客观要求。新时期理论武装的基本任务是，坚持不懈地用马克思主义中国化的最新成果武装党员干部头脑，当前最重要的就是学习贯彻党的十七大和十七届三中全会精神，树立和落实科学发展观，毫不动摇地走中国特色社会主义道路。全院党员干部要通过学习，深刻理解中央提出这些重大战略思想的科学内涵和精神实质，准确把握贯穿其中的马克思主义立场、观点、方法，不断提高马克思主义理论水平，增强贯彻落实的自觉性和坚定性。加强理论武装，靠自觉，更靠制度。要建立健全理论学习的各项制度，制定学习计划，明确学习内容，认真抓好落实。理论的价值在于指导实践，学习的目的在于运用。中国农业科学院各级党员干部要大力弘扬理论联系实际的学风，努力在联系实际、学以致用、指导实践上下功夫、见成效。学习的目的在于运用，不要为了学习而学习，也不要空谈学习，不要坐而论道，要紧密联系国际国内形势和全国"三农"工作大局，紧密围绕本单位科学发展的重大课题，认真开展调查研究和专题研讨活动，力求每次调研、研讨都能有利于解决重点、难点问题，有利于深化对热点、难点问题的认识，提出解决问题的思路和办法。院党组2009年春季安排的集中调研活动就是一种很好的联系实际的方式，在座的很多同志都参与了，大家普遍感觉收获很大。对调研中的一些共性的问题，院党组还将专门研究，提出指导性的意见。

第二，要进一步做好第一批学习实践活动单位"回头看"工作。根据中央部署，我院除个别京外研究所参加地方的第二批学习实践活动以外，全院范围内的学习实践科学发展观活动基本结束。院属京区单位和京外研究所中参加第一批学习实践活动的单位，当前要按照中央《关于做好第一批学习实践活动整改落实后续工作的通知》要求，认真做好"回头看"工作。要准确把握"回头看"工作的主要内容，比照各单位整改落实方案，重点看党员干部特别是各级领导班子和党员领导干部的理想信念是否更加坚定，推进科学发展的决心是否更加明确；看领导班子分析检查报告和整改落实方案中确定的推进本单位科学发展的具体举措是否已经或正在得到落实；看影响和制约本单位科学发展的突出问题、群众反映强烈的突出问题是否已经或正在得到解决；看体制机制创新是否已经或正在取得重大成果。各级党组织要高度重视"回头看"工作，将其作为巩固和扩大学习实践活动成果的重要工作，切实抓紧抓好。京外研究所参加第二批学习实践活动的单位，要按照中央和地方党组织的安排，思想上不放松、标准上不降低、力度上不减弱，高标准、高质量完成好学习实践活动各阶段各环节的基本要求，真正达到中央提出的"党员干部受教育、科学发展上水平、人民群众得实惠"的工作目标，真正能够向党、向群众、向本单位职工交上一份满意的答卷。

第三，要进一步加强基层党组织和党员队伍建设。党的基层组织是党的全部工作和战斗力的基础，也是提高党的执政能力、巩固党的执政地位的基础。院党组提出的建设创新型农业科学院、实现"三个中心、一个基地"战略目标，要靠大家来努力，最重要的要靠各级党组织卓有成效的工作来保障我院的"三个中心、一个基地"的战略目标的实现。要坚持以围绕中心、服务大局为主线，以加强基层党组织建设为重点，以建设高素质的基层党员干部队伍为关键，开拓创新，务求实效，不断提高我院基层党组织的创造力、凝聚力和战斗力。进一步加强对全院党员的教育和管理，增强党员意识，在农业科技创新中发挥主力军作用。今天重点强调的是要做好发展新党员工作。发展党员工作做的如何，新发展党员素质的高低，直接影响着党的凝聚力、战斗力和吸引力。做好新时期发展党员工作，既是保证党的事业兴旺发达、后继有人的需要，也是保持党的先进性、进一步推进党的建设新的伟大工程的需要。各单位党委要从保持党的先进性、巩固党的执政地位、全面建设小康社会需要的高度，深刻认识做好新形势下发展党员工作的重要性，以对党的事业高度负责的精神，以强烈的政治责任感和使命感，认真做好发展党员各项工作。要把政治素质好、业务能力强的优秀分子吸收到党组织中来，尤其是要做好在中青年科研骨干中发展党员工作，从而增强全院党员队伍的生机和活力。

第四，要进一步加强思想政治工作。思想政治工作是一切工作的生命线，是我们党的传家宝，也是我院各项事业创新发展的重要保证。长期以来，我院各级党组织高度重视思想政治工作，加强领导，健全组织，开展教育，营造氛围，充分调动和发挥了广大科技人员的积极性、主动性、创造性，为落实全院各项决策部署、完成中心任务提供动力与保障。新形势下我院科研人员的思想政治工作出现了一些新特点，这就要求我们要更加重视开展思想政治工作，用科学的理论武装人。各级党组织要围绕思想政治工作面临的热点、难点问题进行研究，积极探索加强和改进思想政治工作的新途径、新方法。要坚持正确的舆论导向，通过决策透明、完善制度等举措，消除不利于加强和改进思想政治工作的各种因素。结合我院实际，各单位党委要按照院党组的要求，针对本单位出现的一些思想认识问题和社会实际问题，做好职工的思想政治工作，不要让不和谐的声音干扰院所的正常发展。要坚决按照中央的政策要求，确保职工工资尤其要优先保证离退休人员工资按时发放。对于职工提出的要求暂时无法解决的，要尽量解释。要按照财务的要求，规范科研经费和事业费的使用，特别强调要加强对科研人员科研经费的管理。要认真落实好《中国农业科学院职工守则》和《中国农业科学院科技人员道德准则》两项制度，规范职工行为习惯，端正工作作风和生活态度，形成积极进取的精神风貌，自觉投入科研实践，推动事业发展，促进院所和谐。

第五，要进一步加强创新文化建设。中国农业科学院作为农业科研的国家队，一定要有自己的文化，即创新文化。创新文化建设是我院加强党建和思想政治工作的一项重要创新，也是自2006年以来我院各级党组织开展工作的一项重要抓手。创新文化建设开展3年多来，经过共同努力，创新文化概念已在全院形成共识，创新文化建设取得明显成效。创新文化建设应把握好三个关键点：①在政治上要和中央保持一致；②要体现有中国传统文化的深厚内涵或者说底蕴，体现50多年来中国农业科学院人的精神；③创新文化要围绕创新，提升科技创新能力。当前，我院创新文化建设正处在深化期，推进工作的难度更大，任务更艰巨。各单位、各级党组织要结合不断变化的科技创新实践，进一步完善创新文化工作方案，明确深化创新文化建设的工作目标和各项任务。要进一步提高认识，彻底革除我院传统文化中一些不适应创新的文化思想观念。要继续完善所长负总责、党委组织实施、工青妇组织齐抓共管的工作格局。要抓好工作落实，努力打造以标识文化、园区文化为载体、以制度文化为内容、以精神文化为核心的创新文化体系，凝炼中国农业科学院核心价值观。要深化理论研究，牢固确立创新文化在我院的主流地位，不断提高我院软实力，为农业科技创新提供精神动力和智力支持。

第六，要进一步加强党风廉政建设。要认真学习胡锦涛总书记在十七届中央纪委第三次全会上重要讲话精神，引导党员干部通过党性修养和党性锻炼，着力增强宗旨观念，提高实践能力，强化责任意识，增强党的纪律观念，发扬艰苦奋斗精神，努力做到政治坚定、作风优良、纪律严明、勤政为民、恪尽职守、清正廉洁。上个月，我院召开了监察审计工作会议，对党风廉政建设和反腐败工作作出了新的部署。院党组书记薛亮同志在会上作了讲话，各单位、各级党组织要按照薛亮书记的要求，认真落实会议精神，通过进一步学习，教育大家筑牢拒腐防变的思想道德防线，常修为政之德，常思贪欲之害，常怀律己之心。同时，要注重从源头上预防和治理腐败。要加强制度建设，抓好党内和领导班子的内部监督。要加大查处力度，对腐败分子要严肃处理，决不姑息。通过加强党风廉政建设，提高广大党员的党性观念和党纪意识，为各项事业科学发展创造良好的环境。

除了以上几个方面，各单位还要注重加强领导班子建设和干部队伍建设。领导班子，既是党的路线、方针、政策的实践者和推动者，又是各部门、各单位事业发展、党的建设的全面领导者。面对科技创新和科学发展的繁重任务，进一步加强我院各级领导班子建设，努力建设一支政治坚定、业务过硬、作风优良、一心为民的坚强领导集体，为实现我院又好又快发展、促进院所和谐稳定做出积极贡献。同时各单位党委要抓好干部队伍建设，不断地向本单位和上级单位输送人才。2009年，院党组将召开专门会议，研讨领导班子建设和干部队伍建设。

同志们，加强党建和思想政治工作，服务科学发展，是新形势下我院各单位、各级党组织的神圣使命，希望各位理事把握这次会议的精神实质和要求，会后做好传达工作。让我们紧密团结在以胡锦涛同志为总书记的党中央周围，深入贯彻落实科学发展观，以改革创新精神全面推进我院党建和思想政治工作，确保全年各项工作任务圆满完成，以优异成绩迎接新中国成立60周年。

在中国农业科学院直属机关
2009 年党的工作会议上的讲话

中国农业科学院党组书记　薛　亮

（2009 年 3 月 4 日）

同志们：

　　刚才罗炳文同志代表院直属机关党委作了工作报告，我完全赞成，四个单位的典型发言都讲得很好，很有启发。下面讲三点意见。

一、坚持发挥基层党组织的政治核心作用

　　我院各级党组织的基本任务，就是坚持围绕中心、服务大局，在保证完成农业科技创新中心工作中发挥政治核心作用。大力提高农业科技自主创新能力，是中国农业科学院的中心任务，也是党的工作的出发点和落脚点。

　　（一）认真学习、宣传、贯彻党的路线、方针、政策和国家的法律法规

　　各级党组织必须有坚定正确的政治方向，必须有高度的政治敏锐性和政治鉴别力，分析处理问题要讲政治。当前最重要的就是学习贯彻党的十七大和十七届三中全会精神，树立和落实科学发展观，毫不动摇地坚持走中国特色社会主义道路。在科研和业务工作中不折不扣地贯彻党的方针政策，把握正确的政治方向，不断提高政策理论水平和法律意识，在事关政治、政策、法律问题上要有清醒的认识。在投资财务制度、党风廉政建设等方面，都要严格按照中央和国家的有关规定办。

　　（二）坚持贯彻落实科学发展观

　　科学发展观是党中央提出的发展中国特色社会主义必须坚持和贯彻的重大战略思想，对指导推动我国经济社会全面协调可持续发展、全面建设小康社会并正确把握农业科技事业发展方向具有深远的意义，贯彻落实科学发展观也是一项长期任务，需要坚持不懈地抓下去。要认真总结学习实践活动的经验，巩固发展学习实践活动的成果。贯彻落实科学发展观从根本上说，就是要遵循规律，重在实践，不断创新。

党的十七届三中全会对我国农业农村经济进入新的发展阶段作出了战略部署，指出农业科技发展面临重大历史任务，农业发展的根本出路在科技进步，要大力推进农业科技自主创新，力争在关键领域和核心技术上实现重大突破。为此，我们的全部工作要保证科技创新上台阶、出成果：一是创造有利于创新的环境。各项制度、各项建设、各项活动都应围绕有利于科技创新来展开，构建一个和谐、团结的氛围，促进创造的思潮喷涌；二是弘扬科学精神。总结先进典型，弘扬潜心科研、严谨求实、甘于吃苦、献身科学的精神，倡导培养良好的科研职业道德；三是为科研工作做好各项服务。包括科辅服务、后勤保障、条件建设等。

（三）加强所局领导班子建设和干部梯队建设

一是坚持和完善民主集中制，完善决策程序，真正做到"集体领导，民主集中，个别酝酿，会议决定"，不断提高科学决策和民主决策水平；二是加强领导班子团结协作，遇事相互协商，工作相互支持，思想相互理解，健全民主生活会制度，所局长、党委书记要作合作共事的表率；三是注意干部梯队的培养，不断把年轻、有组织领导潜力的同志放到一定的岗位上来锻炼，在推动科技人才脱颖而出的同时，也要加强组织管理人才的培养。近期院机关召开了全体干部大会，翟虎渠院长特别强调要加强干部交流，这里也应当包括安排党务干部与行政、业务工作干部之间的交流，以提高党务干部的业务水平和整体素质。

（四）持之以恒地抓好共产党员先进性建设

要把发挥共产党员的先进性作为加强党组织政治核心作用的重要内容，继续贯彻落实中央四个保持共产党员先进性长效机制文件和院党组关于贯彻落实的意见，与时俱进地将党的先进性建设要求纳入到思想、组织、制度和作风建设中，落实到班子建设、党员干部和党员队伍的教育、管理和服务中。通过教育和引导工作，保证全院党员干部始终坚持正确的政治方向，始终保持锐意进取、奋发有为的精神状态，在农业科技创新的各个岗位上充分发挥先锋模范作用。

二、努力创新党建工作

党的十七大提出，要以改革创新的精神不断加强和改进党的建设。我院各级基层党建工作要结合新的形势、时代要求和本单位工作实际，不断加强和提高。我院党建工作应着重在以下四方面下功夫。

（一）创新理论学习机制，不断提高理论学习的质量

为提高全院党员干部理论学习的有效性，各级党组织在学习方式上要进行改进。可以采取集中学习与分散学习相结合、个人主讲与集体讨论相结合、业务学习与理论学习相结合、"走出去"与"请进来"相结合等方式,开展形式多样的理论学习活动。要注重发挥基层党支部的灵活性和创造性,使党支部生活富有生机与活力。通过学习制度创新,使全院党员干部的学习质量得到提高。

(二) 创新思想政治工作方式,不断做好人的工作

党建工作说到底是做人的工作,我院是知识分子高度集中的单位,专业技术人员占全院职工总数的67%,特别是近年来人才引进和交流的开放度越来越大,专业科研人员与院内外、国内外同行的联系与交流日益广泛。与此相关联,我院科研人员的价值观念、人生追求和利益诉求也在向多元化发展。因此,要创新思想政治工作方式方法,使我们的工作更加适应时代的需要和实践的要求。树立以人为本的理念,将尊重人、关心人、教育人、培养人作为党建工作的新基点,最大限度地调动每个职工的积极性、主动性和创造性,从而保证中心任务的完成。

(三) 创新党的组织生活,夯实党建工作基础

党的工作要把着力点放在党的组织建设上,不少研究所把支部建在业务处室,使党支部工作紧贴业务工作,有利于党员的教育、管理和监督。要坚持"三会一课"制度,做到主题突出、内容丰富、形式多样、学有所获。党支部生活除了开展一些基本的学习活动外,应根据单位的工作重点,党员关心的热点开展一些党员喜闻乐见的活动,增强党的活动的吸引力和实效性。要进一步加强党内民主制度的建设,坚持民主公开的原则,尊重党员的民主权利。

(四) 要创新活动载体,进一步提高党建工作的影响力

有活动才有活力,有活动才有影响力,这既是党建工作的传统,又是新形势下开展党建工作的有效途径。在我院各项重要工作中,必须要有党组织的声音、党组织的活动、党组织的形象。在创新党建工作载体上,应做到"三个结合":一是与文明单位创建活动和创新文化建设相结合;二是与党建工作中心任务、重大活动相结合;三是与业务工作相结合,如结合我院实际,开展形式多样的科技下乡、科技扶贫、科技兴农等。通过主题活动,使全院党的工作与业务工作有机融为一体,充分体现党组织的凝聚力、战斗力,进一步提高党建工作的有效性。

三、切实加强党建工作的领导

加强和改进我院党建工作，关键在领导。各单位主要负责人要不断提高"双肩挑、两手抓"的意识和能力，做到思想到位、责任到位、工作措施到位。

（一）切实做到业务工作和党建工作统筹兼顾、两手抓

统筹兼顾既是重要的思想方法，也是重要的工作方法。特别是党组织的主要负责同志，要增强"双肩挑"的意识，提高"两手抓"的能力，树立大局观，学会"弹钢琴"。要把党建工作有机地融入到业务工作中去，在抓好业务工作的同时不放松党建工作。做到党建工作与业务工作在指导思想上相一致，在工作目标上相协调，在工作部署上相呼应，努力实现党建工作与业务工作"两手抓、两促进"。

（二）加强党性修养，培养优良作风

党性修养是党的建设的永恒课题，我们要认真学习、深入贯彻胡锦涛总书记在十七届中央纪委第三次会议上的重要讲话精神，把加强党性修养、作风养成作为党建工作的重要任务来抓，切实落实到党建各项工作中去。要努力建设学习型单位，深入学习中国特色社会主义理论，做到真学、真懂、真信、真用，增强理论素养。要紧紧围绕社会主义核心价值体系建设，教育引导广大党员干部坚持党性原则，提高道德修养，树立正确的政绩观、利益观，培养高尚的生活情趣。要加强党风党纪教育，增强宗旨意识、纪律观念，做到廉洁自律，令行禁止。要培养和发扬良好的作风，密切与农民群众的血肉联系，深入农业生产第一线调查研究和科学实验，刻苦钻研，不图虚名，杜绝浮夸，务求实效。要认真落实中央关于厉行节约的文件精神，发扬艰苦奋斗精神，勤俭办事业，反对铺张浪费和大手大脚，把有限的资金和资源用在科研发展的刀刃上。

（三）全面推进研究所科研、团队等建设

最近院党组决定，由院领导带队组成 7 个调研组，对院属 33 个单位开展一次集中的调研活动。院属各单位要以这次调研为契机、为开端，坐下来认真研究本所的发展思路，全面推进业务建设和党的建设，使科研、团队、班子、精神文明、创新文化等都提高到一个新水平。

同志们，加强党的工作，服务科学发展，是新形势下中国农业科学院各级党组织面临的神圣使命。我们要以改革创新精神推进党的建设，为确保我院农业科技创新各项任务的完成、促进农业科技创新事业又好又快发展做出新的更大贡献。

薛亮在中国农业科学院
2009 年监察审计工作会议上的讲话

（2009 年 5 月 19 日）

同志们：

　　今天，我们召开中国农业科学院监察审计工作会议。刚才，炳文同志向大会作了监察审计工作报告，对中国农业科学院 2006 年至 2008 年纪检监察审计工作进行了回顾总结，对 2009 年党风廉政建设和反腐败工作进行了具体部署和明确要求，讲得很好，我完全赞成。对过去几年院纪检监察审计工作取得的成绩，院党组给予充分肯定；对今年的工作任务，各单位要认真抓好落实。下面，我就学习十七届中央纪委第三次全会精神，深入推进我院反腐倡廉工作和审计工作，谈几点意见。

一、全面加强中国农业科学院的纪检监察审计工作

（一）认真学习贯彻十七届中央纪委第三次全会精神

　　十七届中央纪委第三次全会总结了党的十七大以来党风廉政建设和反腐败工作，研究部署了 2009 年的任务。胡锦涛同志作重要讲话，从党和国家事业发展全局和战略的高度，全面分析了当前的反腐倡廉形势，明确提出了深入推进党风廉政建设和反腐败斗争的总体要求和主要任务，深刻阐述了新时期加强领导干部党性修养、树立和弘扬良好作风的重要性和紧迫性以及基本要求和工作重点。对于深入开展党风廉政建设和反腐败斗争，全面推进党的建设新的伟大工程，具有重大而深远的意义。我们要认真学习胡锦涛同志重要讲话和全会精神，进一步加大贯彻落实力度，把我院党风廉政建设和反腐败斗争不断引向深入。

　　学习贯彻胡锦涛同志讲话和全会精神，要深刻认识反腐倡廉的重要性和紧迫性。从全党看，当前党风廉政建设和反腐败斗争方向更加明确、思路更加清晰，消极腐败现象得到进一步遏制，人民群众满意程度有所提高。但是形势仍然严峻，任务仍然繁重，要充分认识反腐败斗争的长期性、复杂性、艰巨性，毫不动摇地把党风廉政建设和反腐败斗争不断引向深入。

　　学习贯彻胡锦涛同志讲话和全会精神，要深刻理解新时期加强领导干部党性修养、树立和弘扬优良作风的重大政治任务。我们党在长期革命斗争和建设过程中形成了一系

列光荣传统和优良作风；改革开放以后，党的第二代、第三代中央领导集体多次作出了加强党的作风建设的决定；党的十六大以来，党中央大力推进以保持党同人民群众血肉联系为重点的作风建设，党的光荣传统和优良作风不断发扬光大并不断被赋予新的内涵。锦涛同志指出领导干部作风上存在的六个方面问题，作风问题说到底是党性问题。我们党的干部标准是德才兼备、以德为先，"德"的核心就是党性。加强领导干部党性修养、树立和弘扬优良作风，是党的执政能力建设和先进性建设的重要内容，是贯彻落实科学发展观的重要保证，也是每个领导干部改造主观世界的终身课题。

学习贯彻胡锦涛同志讲话和全会精神，要按照中央、国务院和农业部的部署切实抓好当前的廉政建设工作。中国农业科学院肩负着加快科技创新，为扩大内需、促进经济平稳较快发展和现代农业发展提供科技支撑的重任，为此，我们要严格执行中央政策和要求，切实加强干部作风建设，推进重点领域和关键环节的改革创新，规范权力运作和监督，发扬艰苦奋斗精神，厉行节约，不折不扣地完成2009年农业科研、为经济建设服务和党风廉政建设的各项任务。

（二）对我院反腐倡廉形势保持清醒认识，坚持不懈地加强党风廉政建设

党的十七大以来，我院坚持开展党风廉政建设和反腐败斗争，纯洁了干部队伍，增强了党的创造力、凝聚力、战斗力，维护了我院改革发展稳定的大局，为更好地进行科技创新和服务"三农"做出了应有的贡献。在肯定成绩的同时，我们必须对中国农业科学院的反腐倡廉形势保持一个清醒的认识。

第一，我院的党风廉政建设和反腐败工作与中央的要求还存在着一定的差距。院属各单位党风廉政建设开展不平衡，有的领导干部存在重科研业务、轻党风廉政建设工作的倾向；有的单位领导对反腐倡廉工作长期性、复杂性和艰巨性缺乏足够认识，反腐倡廉浮于表面，流于形式，工作成效不明显；有的单位财务等管理制度不完善、不健全，制度执行力不强；有的单位领导对不廉洁和作风不正现象警觉性不高、要求和管理不严等。这些问题都有待于切实加以改进。

第二，近两年信访举报数量有增加，针对个别研究所的信访举报还比较频繁，问题也比较集中。这些信访举报反映出一些研究所领导，政策把握不准，一些问题处理不当，有作风不纯、不够廉洁现象，在财务、资产、土地开发经营、基建和采购招投标等方面的管理薄弱，单位风气不正等。对此，我们一定要高度重视，认真分析，对确实存在的问题切实加以纠正。

第三，近年来我院的快速发展对反腐倡廉工作提出了更高的要求。随着党和政府以及社会各界对"三农"工作重视程度的不断提高，我院面临着重要的发展机遇：一是我院科研建设资金总量大幅增加。近几年来，科研经费、基本建设、产业开发等资金快速增长，土地、房屋等固定资产总量增大，我院"十五"科研总经费超过20亿元，"十一五"期间可能会更多。2008年基本建设和政府采购招标的项目，中标总金额超过

了6亿元；二是我院与外界方方面面的交流沟通不断扩大和深化。随着科技体制改革的不断深入，科技与经济的融合越加密切，研究所的开放度、活跃度大为增强，自主权相应增大，农业科研单位在结构、资源和人员等方面都呈现多元化态势。在这种情况下中国农业科学院的快速发展、资金增加和社会上不良风气的冲击，极易导致一些消极腐败思想的滋生。一些人利用掌控的项目、资金等权力，以各种形式进行违规运作或"暗箱操作"，谋取不正当利益的行为也随之发生，学术风气不正的问题时有发生。

因此，我们在看到中国农业科学院发展成绩的同时，也要对我院反腐倡廉工作的长期性、艰巨性、复杂性保持清醒的认识，了解院所新发展过程中容易诱发腐败的部位和环节，有针对性地提出预防和治理的措施，将反腐倡廉引向深入。

（三）发扬改革创新精神，扎实推进我院惩防体系建设

以完善惩治和预防腐败体系为重点，加强反腐倡廉建设，是我党深刻总结反腐倡廉实践经验，准确把握我国现阶段反腐倡廉形势得出的科学结论，也是我们反腐倡廉必须抓好的战略任务。最近，孙政才部长明确指示：中国农业科学院要全面加强纪检监察工作。我们要贯彻标本兼治、综合治理、惩防并举、注重预防的方针，以改革创新精神推进制度建设，寻求治本办法，注重研究新情况、总结新经验、解决新问题，破解工作难题，不断探索我院党风廉政建设和反腐败工作的新思路和新举措，更加科学有效地防止腐败。

一要抓紧落实《工作规划》，统筹推进各项工作。中央印发的《建立健全惩治和预防腐败体系2008～2012年工作规划》是我们今后几年抓反腐倡廉的基本依据，院党组制定了《实施办法》。要从农科院的实际情况出发，加强组织领导，统筹好廉政教育、制度建设、强化监督、推进改革、惩治腐败、纠风整纪六个方面，根据《实施办法》的任务分解抓紧落实各项工作。要健全工作机制、加强协调配合、加强监督检查，立足于建立长效机制，立足于解决实际问题，不断取得阶段性成果。

二要抓好廉政教育和廉洁自律两项基础性工作。作为农业科研单位，我们的党风廉政建设和反腐败工作的重点要放在预防上。廉政教育和廉洁自律就是领导干部拒腐防变的第一道防线，非常重要。要结合廉政文化建设，着重加强中国特色社会主义理论体系和社会主义核心价值观教育，加强党性和党的优良作风教育，着力增强宗旨观念，强化责任意识，树立正确的政绩观、利益观和纪律观念。院所领导干部要通过不断学习，明确共产党员和领导干部最基本的意识、职责和要求，明确党的纪律的"高压线"。对于一些苗头性、倾向性问题，要早发现、早教育、早提醒。要严格执行廉洁自律各项规定，坚决杜绝领导干部利用职务之便谋取不正当利益。

三要加强监督机制和制度建设，深化源头防治。要深入调查研究，积极查找制度和管理上的薄弱环节，针对容易诱发腐败的部位，提出预防和治理的措施，建立健全长效机制。对拥有财权、物权、人事权等的部门，要进一步健全制度，明确职责，划定权限，规

定程序，规范操作。要按照我院制定的基本建设项目招投标廉政监督办法、政府采购项目招投标廉政监督办法执行，严肃治理领导干部违规插手招标投标、土地出让、产权交易、政府采购等市场交易活动的问题，严防权力失控和滥用。通过严格遵循工作程序、建立健全评价机制、加大责任追究力度来切实提高制度执行力。同时把党内监督、群众监督、纪委监察审计部门的专门监督更好地结合起来，加强对权力的控制和约束。

四要切实解决群众反映强烈的突出问题，树立单位正气。领导干部要把群众利益放在第一位，把解决好群众关心的问题、群众反映强烈的问题作为自己的基本职责。要按照国家的各项政策，认真研究解决关系职工群众切身利益的有关问题，妥善处理各种矛盾，及时化解矛盾。2009年是中央有关部门提出的"信访积案化解年"，各单位要按照严格要求，全面排查信访情况，摸清未决事项，分解重点任务，化解矛盾，解决积案。同时，要弘扬优良作风，树立正气，结合宣传贯彻最近下发的《中国农业科学院职工守则》、《中国农业科学院科技人员道德准则》，使职工进行自我教育、自我完善，营造有利于科技创新的良好氛围。

五要加大查办案件力度，严肃党纪国法。在注重预防的同时，要继续加大查办案件的工作力度，对严重违法违纪问题，必须严肃查处。在办案过程中，坚持以事先提醒、教育挽救为主，避免损失发生。并通过办案，分析原因，查找管理和制度漏洞，推进制度机制创新，发挥治本作用。

总之，我们要贯彻十七届中央纪委第三次全会的精神，按照中央、国务院及农业部关于党风廉政建设和反腐败工作的要求，结合我院实际情况，在驻部纪检组监察局的直接指导下，全面加强我院的纪检监察工作，在坚决惩治腐败的目标下，更加注重治本，更加注重预防，更加注重制度建设，通过脚踏实地的工作，使我院成为反腐倡廉的坚强阵地。

二、重视和加强审计工作，充分发挥审计职能

伴随着我院各研究所的改革和发展，相关经济活动日趋频繁，经济往来更加紧密，经济总量大幅增长。内部审计作为经济监督的眼睛、经济工作的警察，为院所发展担当着"经济卫士"和"参谋助手"的重要责任。近年来，审计部门贯彻落实《审计法》、《审计署关于内部审计工作的规定》等相关法律法规，结合内审工作实际，紧紧围绕我院的重点、难点、热点，开展经济责任审计、课题经费专项审计、财务收支审计、基建项目审计，充分发挥内审的监督和服务职能，明确经济责任、提高经济效益、保障国有资产增值、促进党风廉政建设，为我院改革和发展做出了贡献。

今天在此我想强调，请各单位领导、特别是主要领导和分管财务工作的领导要认真学习《审计法》和其他有关财经法规政策，切实提高对审计功能和作用的认识。我感到在一些领导同志中对审计有模糊认识，认为审计是查领导问题的，在审计中采取尽量避开一点、掩盖一点的态度，最好不要让审计人员查出问题来。对此，我谈两点认识：

第一，审计是各单位财务管理的重要保证。资金管理、财务工作是一个单位生存与发

展的生命线，各单位主要领导同志对此都十分重视，按国家有关法规，各单位主要负责人是财务工作的第一责任人。实际上，对单位领导来说，审计是助手，它能够帮助我们正确理财、规范理财、依法理财；审计是监督，它能及时发现财务管理中的问题，及时提醒，及早纠正；审计是卫士，它能使我们对财务问题早发现、早纠正，领导不犯大错误，单位不受大损失。许多同志都有过对审计从不认识到加深认识的过程，从怕审计到主动找审计、要审计，一旦真正认识了审计、理解了审计，就会主动向审计求帮助、求监督、求保护，基于这样的认识，各单位的领导同志对于审计一定要积极配合，全力支持。

第二，审计的基本功能和主要任务是发现问题。对一个单位的审计，审计报告都会对财务管理情况作出全面客观的评价，对好的做法给予肯定，但重点应当是发现问题，对问题进行详细的揭示和强烈的警示，并提出改正要求。特别是作为我院的内审工作，其基本任务就是发现问题、及时纠正、促进发展。从目前对研究所主要领导的经济责任审计报告来看，肯定成绩的篇幅过大，发现问题的功能弱化，相关整改的要求不严，对此必须调整过来。对某某同志任期经济责任审计，重点并不是针对个人的，而只是将其任期作为审计时段的界定，重点是对单位财务管理进行审计，发现问题，加以改进。如果是离任审计，实际上是后任来改正，前任吸取教训。当然，如果有重大财务违法违规问题，领导干部要承担相应责任。如果我们把这个关系调整好了，每个单位隔几年就能进行一次全面的审计，全院的财务管理就会得到很大的加强，就能保证少出问题、不出大的问题，相关领导少犯错误、不犯大的错误。

审计工作是一项政策性强、涉及面广、专业技术要求高的工作。由于主客观方面的原因，目前我院内部审计工作的方向和重点需要进一步明确，内审功能要明确，方法要改进，力度要加强，审计报告质量也要提高。要充分发挥现代审计的经济评价和经济监督的作用，今后我院的审计报告，主要内容应当是查摆问题和整改建议，并提出整改时限，相关单位要在整改期限内提交整改报告。对此不仅是院审计部门，而且主要是各单位领导一定要统一认识，共同推进。

三、全面加强队伍建设，提高监察审计工作水平

各级党组织要健全对纪检监察审计工作的领导和指导，加强纪检监察审计干部队伍的建设。纪检监察审计干部队伍承担着推进党风廉政建设和反腐败斗争的神圣职责，使命光荣，任务艰巨。党风廉政建设和反腐败斗争越深入，对纪检监察审计干部的要求就越高，队伍建设必须常抓不懈。要加强干部的政治理论素养和业务能力培养，全面提高纪检监察审计工作的能力和水平。要进一步抓好纪检监察审计干部的培养、提拔、交流和使用，加强干部多岗位锻炼，把党性强、作风硬、素质高的干部充实到纪检监察审计队伍中来，也可把优秀的纪检监察审计干部选派到其他需要的岗位上去。努力建设一支政治坚定、公正清廉、纪律严明、业务精通、作风优良的纪检监察审计干部队伍。

董涵英在中国农业科学院
2009年党风廉政建设工作会议上的讲话

（2009年1月6日）

同志们：

一年一度的农科院党风廉政建设工作会议在院工作会议召开之际召开，体现了反腐倡廉建设和业务工作两手抓、两手都要硬的指导思想，也体现了反腐倡廉和业务工作一起部署、一起落实、一起检查、一起考核的根本要求。今天，我受朱保成组长的委托来参加这次会议，主要是来听取和学习会议精神，并和大家交流一些想法。十七届中央纪委第三次全会将于1月12～14日召开，农业部党风廉政建设工作会议也将在近期召开。这两个会议召开之后，农科院系统要认真贯彻会议精神，部署相关工作。在这里我主要谈两点想法，供同志们参考。

第一点，农科院反腐倡廉建设取得明显成效。刚才听了罗炳文副书记的工作报告，也听了翟虎渠院长的讲话，我有一个很深的感受，就是不仅仅2008年，多年来农科院在反腐倡廉建设中都取得了明显成效。无论是在抓反腐倡廉教育、廉政制度建设，还是强化权力运行过程中的监督，以及在推进改革、惩治腐败现象等重要工作方面，都有举措并且都落实得不错。尽管偶然也出现个别问题，但总体来看，农科院包括京内外研究所的事业总体是蓬勃发展、兴旺发达的。这从一个侧面证实了农科院在抓反腐倡廉建设中取得了明显成效。如果一个单位腐败成风、作风不正、领导的群众基础不好、工作思路不明、措施不得力，那么这个单位就不可能发展好。因为事业发展和反腐倡廉建设之间必然存在着内在关联。反腐倡廉是事业发展的纪律保证和作风保证，这个保证最主要体现在发展成果上。围绕中心、服务大局，这是纪检监察工作也是反腐倡廉工作的根本原则和宗旨。这个宗旨不仅体现在于具体工作中抓反腐倡廉各项措施的落实，也最终体现在发展成果上。从总体上看我们国家尽管存在很多腐败现象，但是从改革开放30年走过的历程来看，从取得的伟大成就来看，我认为腐败现象的严重性我们必须看到，但是也必须看到我们党在反腐败中的坚强决心，在反腐败过程中不断取得的成效。不然就没有办法解释我们的事业为什么有这么好的发展，有这么快的发展。所以，对农科院反腐倡廉所取得的成效要给予肯定和客观评价。这是我想谈的第一点感受。

第二点，就进一步做好农科院系统反腐倡廉工作谈几点希望。总体概括起来是16个字：高度重视、深入研究、突出重点、狠抓落实。

第一是高度重视。从大的方面讲，反腐倡廉关系党的生死存亡，关系国家的兴衰成败，也关系到社会的和谐发展。具体到农科院和下属各研究所来说，反腐倡廉关系科技创新和科技发展，关系一个单位的和谐稳定，关系到单位内部的团结、凝聚力和创造力。如果一个单位腐败现象十分严重，矛盾横生、人心涣散，那么这个单位肯定形不成创业干事的力量，也很难将这些力量凝聚在一起。因此，一个单位发展是否健康、稳定，在很大程度上取决于这个单位的客观环境，而这个环境又取决于这个单位是否风气正、心气顺、干劲足。这里讲到高度重视，有几种思想需要注意防止：一是要防止厌战情绪。从20世纪90年代初，我们党就开始加大反腐败工作力度，抓了几十年。几十年中，大家都有切身感受，有的同志认为腐败现象越来越多，越来越严重；有的同志感觉反腐倡廉年年都是这些提法，抓来抓去也没有什么新招。用我的话说就是没有一剑封喉的措施能一下子把腐败置于死地。所以，抓得时间长了，大家觉得没什么新鲜感，都是老套路，于是有了厌战情绪。具体落实到工作上，就是满足于一般化，在这个问题上投入的精力不多，有针对性地采取的措施不够；二是要防止麻痹思想。科研单位相对于国家机关、权力部门来说，反腐倡廉并不是处于最重要的位置。但是也要看到，随着事业的发展，科研单位在支配资源的能力上，在权力使用的范围上，都有了很大扩张。这里所说的权力是一个广义的概念，不仅仅是行政审批权，也包括资源配置权，人事管理权，财务管理权等。对于农科院系统来说，每天有这么大量的资金在运转，有这么多人员在管理，而且要跟方方面面的人打交道，权力的转移和交换不可避免。小到报销招待费，大到决定投资项目，都是权力在运作。而对权力运作的过程如果不加以有效监督，就有可能产生腐败问题。所以，在这个问题上我们一定要有清醒的认识，不要认为农科院是清水衙门，不是政府机关也不是权力部门，反腐倡廉不是它的重要任务，要坚决克服这种麻痹思想；三是要防止悲观失望情绪。这是针对"对反腐败必胜有没有信心"的问题来说的。有的同志看到腐败现象层出不穷、花样翻新，涉及腐败的领域越来越多，涉及腐败的案件越来越触目惊心，因此在反腐败的形势面前产生悲观情绪。实际上，反腐败是一个长期的过程。大的方面说，腐败现象，古今中外，概莫能外。小的方面讲，我们国家作为发展中的国家，作为调整转型的国家，在发展过程中，也必然会出现腐败现象的高发期和多发期。目前看，我们现在处于这样一个阶段，因此在这个问题的认识上，我们应该进一步增强信心。通过我们的工作，把自身抓好。古语说：穷则独善其身，达则兼济天下。把我们自己的人看好，把我们自己的事情做好，也是对整个国家反腐倡廉建设的贡献。在座各单位的领导同志，思想上要高度重视，要牢固树立两手抓意识，一手抓业务工作，一手抓党风廉政建设。

第二是深入研究。农科院是一个庞大的体系，人才荟萃，智力集中。我们要充分发挥这样的优势和特长，深入研究反腐倡廉的特点和规律，研究预防腐败的制度和措施。反腐倡廉的部署和提法很多，这些提法要具体化，就需要针对各单位实际，对具体面临的形势和问题有清醒的认识。也就是说，我们要把反腐倡廉搞得有成效，就必须增强其针对性。要增强针对性，就必须把面临的问题搞清楚，有针对性地加强制度建设，强化监督措施，开展廉政教育，推进深化改革和体制机制创新。因此，应根据各单位面临的现状，深入研究其问题出在哪里，应该在哪些方面强化措施。

第三是突出重点。从农科院系统的业务特点来看，在反腐倡廉内容上有三个方面应作为重点：一是科研经费管理。科研单位的支撑和运转大部分依赖于科研经费，科研经费的管理也在逐步严格和规范，在管理过程中也难免会出现一些具体矛盾。管得太紧，不利于事业发展；管得太松，容易出现监督失控局面。因此，如何把握科研经费管理中"度"的问题是值得研究的。我去上海一个单位调研时，发现他们有一个很好的科研经费管理方法，就是通过网络等技术手段让有一定权限的人员能清楚地了解项目经费运作的整个过程。虽然这种约束相对比较软，但我认为是有效的。应该说，科研经费管理是科研单位反腐倡廉的一个重要领域；二是学风建设。刚才翟院长也强调了要加强学风建设。学风建设是科研领域一个独特问题，是要认真、扎实、刻苦、勤奋地开展科学研究，防止剽窃，防止学术上的不正之风。扎扎实实做学问，老老实实做人是科研单位的一贯传统，不能让那些腐朽的风气毒害科研单位清洁的领域。科研人员应该具备这种职业道德；三是要加强产业发展中的经营管理。客观来讲，虽然这些年事业费、科研经费都有一定幅度的增长，但是总体来说，经费还相对稀缺。在这种情况下，我们要立足于事业发展，就要推进科技成果转化，就要发展农业科技产业，这也是科研单位发展的方向。发展产业的目的就是要创收，在创收的过程中首先是要遵纪守法，然后是管理规范。科研人员在这方面不是特长，因此，要学习这方面的知识，增长这方面的本领，把经营管理、产业发展这一块很好地抓起来。以上说的是从内容上看要抓住三个重点。

从关键环节看，有两个方面是重点。一是要认真贯彻民主集中制。刚才翟院长也十分强调了这一点，我非常赞同。民主集中制是党和国家的根本领导制度和组织制度，是集中智慧、团结和谐、凝聚力量的制度。所谓民主科学决策最重要的是体现在贯彻民主集中制上。《中国共产党党内监督条例》第三章"监督制度"中，排在第一位的制度就是民主集中制。作为领导班子来讲，"三重一大"事项都要做到民主决策，即重要决策、重要项目、重要人事任免和大额度资金使用都要列入民主决策的议程；二是阳光操作。腐败的定义用公式来说明，就是：腐败＝权力＋暗箱操作。暗箱操作是腐败滋生的主要原因，而公开透明是最好的反腐剂，是开展监督最有效的办法。将信息在一定场合通过一定形式公开，成本最低，获得信息的人也最多，监督就最有效。我们如果把项目决策的过程，把重要事项决策的程序等都予以公开的话，监督成本将下降很多，而且效果也特别好。因此，我们要在信息公开化上下功夫，真正发挥监督的作用。

第四是狠抓落实。主要谈三个方面。首先是要落实责任。1998 年，中央制定了《关于实行党风廉政建设责任制的规定》。这个规定已经制定了 10 多年，实践证明这是一项抓反腐倡廉的总制度、根本制度。要把抓反腐倡廉的责任落实到每个人头上，当然主要是落实在党政领导干部，特别是党政"一把手"头上，一级抓一级，层层抓落实。过去我们在执行这项制度的过程中存在着一些缺陷，就是讲责任时讲的很重，但是追究责任时往往责任不清。2008 年的"三鹿奶粉"事件在全国掀起了"问责风暴"，相关责任人被追究了责任。这说明在人民群众利益面前，不管哪一级干部，不管哪一级部门，都必须承担应付的政治责任；其次是落实制度。可以说，现在制度泛化的现象普遍存在，很多单位和部门热衷于制定制度，而没有考虑到制度的针对性和有效性，制度制定出来后形同虚设。在今后的工作中要着重抓制度的落实，要制定切实管用的制度，并严格执行；最后是要落实措施。刚才罗副书记的工作报告中提到，农科院在反腐倡廉工作中采取了一系列的措施，比如为规范招投标管理制定了监督办法，为加强科研项目管理工作出台了相关文件，组织开展全院财务检查等等，这些都是落实措施的具体表现。

农科院在党风廉政建设方面积累了许多宝贵经验，为农业部反腐倡廉工作做出了重要贡献。农科院党组和各研究所对驻部纪检组监察局的工作给予了很多的支持和帮助，在此，我代表驻部纪检组监察局向农科院及其各研究所表示衷心的感谢！

从农科院实际出发做好反腐倡廉工作

——在中国农业科学院 2009 年监察审计工作会议上的讲话

驻农业部纪检组监察局局长　董涵英

（2009 年 5 月 19 日）

同志们：

很高兴参加农科院纪检监察审计工作会议，对我来说是一次很好的学习机会。刚才听了薛亮书记的重要讲话，听了罗炳文副书记的工作报告，很受教育、很有启发。农科院系统是一个庞大的系统，从布局的角度说，相对分散，京内有 13 个所，京外有 18 个所，遍布全国各地，具有工作任务重、工作战线长的特征。多年来，农科院在部党组和院党组的领导下，扎实推进科研建设，积极发展科研产业，努力培养一流人才，在成果创新、人才培养上做出了突出贡献，为我国"三农"事业发展特别是为我国农业科技事业发展做出了重要的贡献。这些年，农业正处在一个最好的发展时期，粮食连续 5 年增产，农民收入连续 5 年较大幅度增加，2009 年的夏粮也有望获得丰收，这与农科院为农业科技发展作支撑有直接关系。在此，我代表驻部纪检组监察局向在座的各位表示崇高敬意。

我们这次会议是纪检监察工作的专门会议。我从事纪检监察工作 15 年，有一个切身的体会，反腐倡廉是一个不断创新的领域。在这个领域，我们会不断遇到新情况和新问题，所以就要不断学习，不断研究新情况，解决新问题。农科院召开这次会议，一个很重要的方面就是研究新情况，解决新问题，很必要也很及时，说明院党组对纪检监察审计工作是高度重视的。前不久，孙政才部长明确指示，农科院要加强党风廉政建设，加强纪检监察工作。这次会议也是落实孙部长这一指示的具体行动，所以说又是很及时的。多年来，农科院系统在党风廉政建设中不断取得明显的成效，也积累了丰富的经验，值得认真推广。下面我想就农科院系统进一步加强纪检监察工作，或者说进一步加强党风廉政建设和反腐败工作，提几点希望和建议。

第一，要全面落实《实施纲要》和《工作规划》。《建立健全教育、制度、监督并重的惩治和预防腐败体系实施纲要》是 2005 年由中央颁布的，一直要管到 2020 年。为了落实好《实施纲要》，中央先后印发了到 2007 年底前的工作要点，又制定了 2008 ~ 2012 年的工作规划。《工作规划》从指导思想、工作目标、基本原则、工作任务、工作内容和重大措施各方面，部署得很全面，同时对《实施纲要》又有新的发展。《实施纲要》和《工作规划》是指导反腐倡廉建设的纲领性文件。抓好党风廉政建设也好，做好纪检监察工作也好，一定要以落实《实施纲要》、《工作规划》为主线。抓住《实施纲要》、《工作规划》的落实，就是抓住了工作的关键。

第二，要以落实党风廉政建设责任制为总抓手。中央《关于实行党风廉政建设责任制的规定》是在1998年颁布的，到现在已经10多年了。党风廉政建设责任制规定了各级领导班子抓党风廉政建设的基本责任，比如在教育上的责任、在监督上的责任、在重大问题和重要情况发生后报告的责任，以及在党风廉政建设上出了严重问题要承担的领导责任等等。党风廉政建设责任制是做好工作的总抓手，只有把责任落实到位，各司其职、各负其责，工作才能抓好。

第三，要贯彻好基本方针。标本兼治、综合治理、惩防并举、注重预防是党风廉政建设和反腐败的基本方针。这一基本方针是党的十六大确定的，是今后抓好党风廉政建设的战略方针。也就是说不能只治标而不治本，也不能只惩治而不预防，要各方面兼顾，把反腐败当作一个系统工程来抓。

第四，全面落实反腐败各项工作任务。从落实工作任务这个角度说，包括加强教育，完善制度，强化监督，搞好纠风，推进改革，进行惩治六个方面。这六个方面的内容都包含在《工作规划》里面。2005年制定的《实施纲要》没有把纠风作为单独的部分，后来在《工作规划》中明确了。现在看，纠风这项工作越来越重要。过去我们把这项工作称为纠正行业和部门不正之风，后来慢慢变为纠正损害人民群众利益的不正之风。我认为，纠风也可以与作风建设结合起来。纠建并举，纠正不良作风和发扬优良作风，两者相辅相成。

以上讲的四点是我们抓好工作的总路数，是一个大的纲要性的框架。对反腐倡廉的具体工作，通过多年来对这项工作的认识，我用8个字来概括：反贪、戒奢、正风、肃职。反贪，就是指反贪污，反受贿，反对把国家的钱非法装到个人腰包里，这应该是反腐败的主要任务，比较好理解。戒奢，主要是指戒除奢靡的风气、浮华的风气，也就是说当前我们讲的，要厉行节约，反对浪费，反对大手大脚，反对讲排场、比阔气、浪费国家资财。奢靡的习惯和风气一定要戒除。正风，就是端正我们的作风。作风包括领导作风、学风、工作作风、思想作风，还有领导干部生活作风。我个人认为，作风涵盖很广，最重要的是思想作风，其中的关键就是实事求是、求真务实。要实事求是，一切从实际情况出发。2009年，在十七届中央纪委第三次全会上胡锦涛同志讲话的主题就是加强党性修养，弘扬优良作风。肃职，就是正确地履行职责。身为领导干部、国家工作人员，要在其位，谋其政，认真工作，高度负责。近年来不断出现的责任事故令人痛惜，后果惨烈的事件带给我们深刻的教训。各级党政机关领导干部和国家机关工作人员要正确地履行职责，要兢兢业业工作。比如说"三鹿奶粉"事件，既有不法分子违反添加三聚氰胺这个直接原因，也有相关部门监管不力的因素。监管不力就是失职，所以，有关方面也追究了一些领导同志的责任。我们必须树立这样的观念：不认真地履行职责也是一种腐败现象，是官僚主义作风的反映。新中国成立初期的反腐败，内容就是两项，一项是反经济上的贪污受贿，另一项就是反官僚主义作风。

以上讲的是抓好党风廉政建设和反腐败工作要掌握的一些要点，或者说基本脉络。下面，对农科院系统纪检监察审计工作提几点建议。

第一，要提高认识，增强政治责任感。党风廉政建设和反腐败关系到党的生死存亡，用陈云同志的话叫做"执政党的党风关系到党的生死存亡"，当然也关系到党和国家事业的兴衰成败，这是从大的方面说的。从小的方面说，具体到一个单位，反腐败关系到单位的和谐稳定和健康发展。如果一个单位腐败问题很多，人心涣散，矛盾丛生，领导不会有心思去干事，职工也不会有多大的积极性和创造性。这个单位根本就不会有凝聚力，也就根本谈不上发展。在解决对反腐败工作认识的问题上，有三点需要引起重视。

一是克服掉以轻心的麻痹思想。有的单位确实存在这种思想，认为我们只是一个科研单位，又不是党政机关，不是权力集中的部门，在科研单位反腐败有没有必要？这就是麻痹思想的表现。实际上，任何一个单位都存在着权力。只要有权力，而权力不加以有效地制约，都有可能产生腐败，这是一个经验，也是一条规律。现在社会上出现了腐败的泛化现象，腐败在多领域、全方位地发生。找不到一片绝对的、毫无腐败现象的净土，用我的话说，从幼儿园到火葬场，都有可能发生腐败。具体说来，科研单位也掌握着一定的资源，包括人力资源、资金资源等，内部管理也需要由权力来运行，对外也有单位与单位的关系、单位与个人的关系，权力的运行是无处不在的。所以，科研单位也不能掉以轻心，不能有麻痹思想。

二是克服无所作为的畏难情绪。大家都知道反腐败很重要，大家都说，当今人心不古，江河日下。但是又往往觉得不可能凭某个人的力量来扭转整个社会的风气，所以感觉在反腐败上无能为力。要解决这个认识问题，就是要从自身做起，从我们能做到的那一点做起。古人讲，穷则独善其身，达则兼济天下。我能做到的，就尽力去做，履行好我的职责。何况我们这个社会是由每一个细胞组成的。良性细胞越多，社会整体运行就越好。人应该有这种宏观思维，因为改变世界是困难的，改变自己是最容易的，通过改变自己来改变世界是一个基本途径。英国威斯敏斯特大教堂里有一块名扬世界的墓碑，上面刻着这样一席话：我年轻的时候，想改变世界，后来我发现这个世界是不可改变的；最后我发现，我能改变自己，通过改变自己来改变别人，改变世界。说的多么精辟，多么深刻！

三是克服老生常谈的厌战心理。反腐败工作搞久了都会有一个感觉，就是觉得反腐倡廉很多内容都是老调子，廉洁自律、警钟长鸣，筑牢思想道德防线等等，没有什么新意。时间一长，大家就有了厌战情绪。确实，在反腐倡廉领域进行创新是有困难的，特别是制度创新非常困难，比如社会上很多人呼吁要建立官员财产登记制度，但目前条件时机不成熟，制定这样的制度还有不小的阻力。所以，我们不厌其烦地强调要树立正确的世界观、人生观、价值观，要廉洁自律，不能私欲膨胀、不能奢侈腐化、不能伸手，伸手必被捉等等。实际上，这样反复强调是有道理的。因为人是容易忘事的，这是人的一个基本属性，叫做"好了伤疤忘了痛"，何况那些没有受过伤的人，更没有疼的体验。所以反腐倡廉要警钟长鸣，好比寺庙里的暮鼓晨钟，不能敲一次鸣一次能管一年，而是每天都要敲，都要鸣，反复冲击，强化记忆，加强使命意识，让大家能够习惯性地、自然而然地衡量和约束自己的行为。所以，警示教育要经常做，有事没事提个醒，时间长了，大家形成习惯了，自觉了，那就好了。这是我想说的第一个建议，要增强政治责任感，解决三个方面的认识问题。

第二，要结合农科院的工作实际，抓住重点。从农科院的实际情况出发，有针对性地抓工作，这样才能事半功倍。我认为在农科院系统有四个问题需要引起重视。

一是要对学术和学风的不端。当前社会上有一些关于学术不端行为的议论，比如剽窃和抄袭他人的成果。我想，首先要弄清楚借鉴继承和侵占抄袭之间的区别。知识是不断积累的，后人之所以站得高是因为站在前人的肩上。现在科研要出成果都需要集体的智慧，需要大家共同努力，这里确实存在继承和发展的关系。但是，继承和发展与抄袭、侵占他人成果有本质的区别。在科研领域，最来不得的是虚假，搞科研不能有半点虚假。有个别科研单位或者高等院校已出现类似情况，败坏了学术名声和单位的声誉。这是我们要注意防止的一个问题。有时候，问题没有这么严重，不存在抄袭或者剽窃的问题，但还存在一个科研成果署名的问题。大家都知道，科研成果第一完成人，第二完成人，要进行排序。谁在前谁在后，应当依据对成果的贡献大小，而不应当依据官衔大小来定。做了贡献就是做了贡献，应该谁在第一，就该谁在第一。不能没有做什么工作，硬要在成果上署名。在这一点上，我们的领导干部要自觉，不能做沽名钓誉之辈。

二是要防止在基本建设、政府采购招标投标等方面出问题。相对来说，基本建设和政府采购、招标投标是一个资金聚集和权力运作比较明显的领域，因此要加强监督。

三是要进一步规范科研经费管理。现在很多科研单位的事业经费在单位经费总支出中所占比重逐年下降，而科研经费在管理上远远没有财政拨款的事业费管理来得更规范。科研经费管理有它自身的规律，叫做课题主持人负责制。所以，必须逐步建立起一种以课题负责人为主，同时又能防范胡支乱花等腐败问题的，符合科研经费管理规律的制度和规范。既不要管得太死，又不能管得太松。近几年农科院一直致力于研究科研经费管理问题，应该说很有成果，特别是有的文章写得确实有真知灼见，要把这些研究成果变成制度成果，在我们的科研经费管理中加以运用。

四是在创办科研产业过程中要防止发生问题。要遵纪守法，照章办事。比如科技成果转化，有科技成果转化法来规范。另外，科研产业，特别是一些转企研究所，自身要发展就有一个管理层要不要持股，职工怎么入股的问题，这与办企业有点类似。如何把企业发展好，同时又不出问题，我觉得这个问题十分值得研究。农科院系统和其他事业单位有所不同，科研与生产之间挂得比较紧密，存在一个内部运行的链条，自己的科研成果，可以自己进行转化，然后走向社会，走向市场。

第三，要强化廉政教育。教育的根本问题是增强针对性和有效性。现在开展教育最大的问题是我们通常讲的大道理说不服人，这有两个原因：①道理没有讲透，讲得离实际太远，空洞的套话，隔靴搔痒，确实不能解决思想问题。②领导没有以身作则，领导干部的行为和人格，没有得到普遍的敬佩，说得天花乱坠，行为却是背道而驰，人们从心里不服。古人云，政者正也；其身正，不令而行，其身不正，虽令不从。如果领导干部自己不带头廉洁自律，再去教育别人，就没有任何说服力。我们的教育要解决有效性和针对性的问题，解决让人服气的问题，道理要讲清楚，启发要富于智慧。比如说，人生在世到底为什么，想来想去，还是为了幸福和快乐。怎么才能做到幸福快乐，有不同的实现途径。那么幸福到底是什么呢？我认为是一种感觉。为什么有的人幸福感强，有的人幸福感不强，这里有个幸福指数的问题。幸福指数就是你的愿望的实现程度和愿望之间的比例。这个比例取决于你的愿望高不高，你的欲望强不强。欲望很强，落差很大，自然就不幸福。所以，知足常乐，降低欲望，是人们追求幸福的一个根本途径。这样讲道理，就把道理讲得通俗易懂，听者心服口服。我们在座的都是纪检监察干部，要善于研究这些东西，善于把思想工作做到人的心灵深处。

第四，要完善制度。完善制度，我以为最终要解决的是制度的科学性和严肃性问题。所谓科学性，是指制度要制定得合理，要制定得让大家能够遵从。有些制度制定得不符合实际，但更多的是制定的制度缺乏严肃性，违反制度不追究，执法不严，这才是制度失效的根本原因。所以，我们的制度，既要有科学性，更要体现严肃性。在这个会上，我看到两个招投标廉政监督办法，我建议在科研经费管理上也应该制定一个类似的办法。

第五，要加强监督。监督，我认为核心的问题是要解决信息对称问题。监督这两个字，本身就包含着运用信息解决问题的概念。监是观察察看，督是督促纠正，所以监督要最大量地发现或者说掌握信息，要以此为手段，才能加强监督。两眼一摸黑，不可能开展监督。为什么很多人主张领导干部个人财产公开？公开就是让更多的人知道信息，解决信息不对称问题。解决信息不对称问题，最重要的途径是信息公开透明。越透明就越容易操作，透明是监督的重要方式，也是减少猜疑的主要办法。重大事项、重要决策公开透明了，大家知道了，很多问题就迎刃而解。2009 年 4 月份，农业部发生一起意外事件，事情很突然，完全出乎意料。部党组毅然决定在事发当天通报情况，效果很好。如果藏着掖着，一百个人会有一百个猜测。让大家了解了真实的情况，也就没有乱七八糟的议论了。把事情告诉大家，是进行监督、减少麻烦的一个重要方法。抓党风廉政建设，一定要把政务公开和信息的公开化、透明化作为重要手段和方法。

最后，我祝农科院事业兴旺，人才辈出，工作不断取得新的成效，为"三农"工作不断做出新的贡献！也祝在座的各位同志工作顺利，身体健康！

深入贯彻落实科学发展观
努力开创党建工作新局面

——在中国农业科学院直属机关2009年党的工作会议上的报告

中国农业科学院党组副书记、直属机关党委书记　罗炳文

（2009年3月4日）

同志们：

　　这次会议是在中国农业科学院刚刚结束深入学习实践科学发展观活动后召开的一次十分重要的会议。会议的主要任务是：传达贯彻农业部直属机关党的工作会议精神，回顾2008年我院直属机关党的工作，部署2009年我院直属机关党的工作。

　　刚才，贾连奇同志传达了农业部直属机关党的工作会议精神，各单位党组织要认真学习领会并结合实际贯彻落实。

　　下面，我受院直属机关党委常委会委托，向会议作工作报告。

一、2008年我院党建工作回顾

　　2008年，在农业部直属机关党委和院党组的领导下，院直属机关党委和所属各级党组织按照《直属机关2008年党的工作要点》的部署，坚持以邓小平理论和"三个代表"重要思想为指导，全面贯彻落实科学发展观，以深入学习党的十七大和十七届三中全会精神为主线，以开展深入学习实践科学发展观活动为重点，以加强党的先进性建设为抓手，以继续推进创新文化建设为载体，围绕中心、服务大局，为推动我院科学发展、促进院所和谐提供了坚强的政治、思想和组织保证。

（一）全力以赴，扎实开展深入学习实践科学发展观活动

　　按照中央和农业部的统一部署，自我院全面开展深入学习实践科学发展观活动以来，院直属机关党委充分发挥组织引导、宣传教育、协调服务、联系群众、督导检查作用，我院各级党组织高度重视，加强领导，精心组织，紧紧围绕"党员干部受教育、科学发展上水平、人民群众得实惠"的总要求，坚持把学习贯穿始终，突出活动的实践特色，抓好每一个环节的工作。各级党组织还把学习实践活动与认真学习贯彻党的十

七大和十七届三中全会精神紧密结合起来，引导广大党员干部进一步增强走中国特色社会主义道路的自觉性和坚定性；与认真学习贯彻胡锦涛总书记在纪念党的十一届三中全会召开 30 周年大会上重要讲话精神紧密结合起来，引导广大党员干部进一步解放思想、改革创新，把科学发展观的要求贯彻落实到促进院所又好又快发展的各项工作中。

各级党组织认真组织学习培训、深入进行调查研究、广泛开展解放思想大讨论、多方面征求党员群众意见、认真开好专题民主生活会、努力形成高质量的分析检查报告、认真落实整改方案。通过学习实践活动，广大党员干部进一步加深了对科学发展观的理解，形成了本单位本部门实现科学发展的共识，理清了科学发展的思路，明确了整改方向、目标和措施，取得了切实的成效。在我院召开的解放思想大讨论集中交流会上，作科所、蔬菜所、植保所、蜜蜂所、农经所、科技局 6 个单位党组织作了交流发言。其中，作科所党委在农业部解放思想大讨论集中交流会上作了题为"转变观念、忧近图远、广征良策、谋划发展"的典型发言。

在学习实践活动中，我院京区各单位、机关各部门共组织理论中心组学习 42 场次、集中学习 262 场次、解放思想大讨论 74 场次、各类主题实践活动 54 场次、民主生活会 26 场次、组织生活会 144 场次，征求意见建议 1 002 条，印发学习实践活动办公室文件 24 份，编发简报 41 期，2 745 名党员参加了学习实践活动。总的来看，我院学习实践活动行动迅速，部署到位，措施扎实，推进有力，学习实践活动开展很有特色，取得了切实的成效，得到了孙政才部长和农业部第七指导检查组的肯定。

（二）加强学习，不断深化理论武装工作

我院各级党组织按照上级的安排和部署，密切结合实际，坚持党的理论创新每推进一步、理论武装就跟进一步，引导广大党员干部以学习中国特色社会主义理论体系为中心内容，深刻领会党的十七大和十七届三中全会提出的重大理论观点、重大战略思想、重大工作部署，坚定走中国特色社会主义道路的理想信念，努力提高运用发展着的马克思主义研究新情况、解决新问题的能力。一是深化理论学习，充分发挥中心组带头作用。各单位党组织坚持理论中心组学习制度，做到指定篇目与自学篇目相结合，集中学习与个人自学相结合，学习理论与指导工作相结合，充分发挥其带头作用。作科所党委坚持理论中心组学习制度，不断创新学习形式，增强理论学习的计划性、针对性，研讨解决实际问题，通过中心组的学习，带动全体党员理论武装工作的深入开展。加工所党委坚持把理论中心组学习作为提高政治理论水平的重要手段，密切结合研究所实际，精心制定计划，明确学习重点，确保学习时间，提高学习效果。后勤服务中心、饲料所、生物所、研究生院党委理论中心组学习也在深化理论学习上下功夫，取得实际效果；二是不断创新学习方式，切实提高学习效果。为使学习收到实效，各级党组织分别采取发放学习材料，举办报告会、研讨会，进行专题辅导，组织集中学习、观看录像等多种形式强化学习，增强学习效果。为帮助我院广大党员干部全面理解、准确把握科学发展观

的科学内涵和精神实质，举办了系列报告会，翟虎渠院长，雷茂良、刘旭、唐华俊副院长围绕科学发展观主题分别作了专题辅导报告；组织全国"两会"精神报告会，请我院全国政协委员作"两会"精神的报告。院办公室党支部建立学习制度，制定学习计划，确保学习有序进行；人事局党支部在全体党员自学的基础上，组织了以党小组为单位的集中学习，并要求党员领导干部对重点篇目进行精读，撰写心得体会；农经所党委邀请中国人民大学国际关系学院副院长金灿荣教授作形势报告；质标所党委组织全体党员观看中央党史研究室副主任李忠杰教授关于"坚持以科学的思想方法贯彻落实科学发展观"的辅导报告录像；植保所、畜牧所、加工所党委共同邀请中央社会主义学院副院长张峰教授作学习实践科学发展观专题辅导报告。

通过学习，进一步提高了党员领导干部的政治理论素养，增强了贯彻党中央、国务院各项政策的自觉性和坚定性，激发了全体党员和干部职工加快农业科技创新、建设现代农业的工作热情。党员领导干部在认真学习理论的同时，积极撰写学习论文，努力把理论学习的效果落到实处。我院屈冬玉、罗炳文、张保明三位同志的论文在农业部直属机关党委"学习贯彻党的十七大精神"征文活动中获奖。

（三）开拓创新，不断加强基层组织建设

组织建设是党的工作的核心，2008 年各级党组织深入贯彻农业部保持共产党员先进性长效机制文件，进一步完善和落实党建工作责任制，不断加强对党员的教育、管理和服务，抓党建、带队伍、促发展的意识和能力得到提高，充分发挥了基层党组织推动发展、服务群众、凝聚力量、促进和谐的作用。

2008 年初组织召开了直属机关党的工作会，对 2007 年党的工作进行总结，对 2008 年党的工作进行部署。蜜蜂所党委、出版社党支部、科技局党支部顺利完成了基层党组织换届选举工作，充实了班子，健全了组织。深入开展了"创先争优"活动，表彰 2006～2007 年度 15 个院级"先进基层党组织"、20 名"优秀共产党员"和 16 名"优秀党务工作者"。资划所党委被评为农业部"先进基层党组织"，蔬菜所张志斌研究员被评为农业部"优秀共产党员"，资划所白丽梅同志被评为农业部"优秀党务工作者"。继续举办了党办主任培训班，就基层党组织换届选举、发展党员、党建信息报送等方面进行了培训，提高了党务干部的工作水平。组织了 26 名入党积极分子参加了农业部为期一周的培训班，提高了他们对党的认识。2008 年院属京区各单位党组织共发展新党员 101 名，壮大了党的队伍。严格规范了民主评议党员工作，下发了《关于加强和改进民主评议党员工作的通知》，全院有 1 344 名在职党员参加评议，其中 282 名党员被评为优秀，整个评议工作达到了增进团结、查找问题，共同提高的目的。认真开展了"纪念改革开放 30 周年"主题党日活动，院直属机关党委转发了农业部直属机关党委《关于组织开展"纪念改革开放 30 周年"主题党日活动的通知》。人事局党支部组织了以"忆三十载成就贡献，思百年复兴大业"为主题的学习活动；质标所党委组织了

"新党员宣誓"主题党日活动；资划所党委组织党员参观《四川地震灾区羌族文化展》，观看奥运电影《筑梦2008》等活动；离退休党总支结合自身特点组织参观活动，感受改革开放30年社会主义新农村的变化。财务局、国合局、出版社党支部也围绕主题开展特色活动。继续做好党内统计工作，建立健全了党组织和党员信息库。据统计，院属京区25个党组织共187个党支部，3 070名党员，党员人数实现稳步增长。进一步加强思想政治工作，不断提高我院思想政治工作水平。院党的建设和思想政治工作研究会召开理事会会议进行了换届选举，健全了组织。积极开展思想政治工作课题调研，13个直属党组织承担了6个子课题并顺利结题，在此基础上，撰写了《加强思想政治工作与激励科研人员积极性关系的研究》调研报告，分析总结了思想政治工作模式与激励科技人员积极性发挥的内在联系和特征，提出了我院新时期开展思想政治工作的对策与建议。大力开展党的宣传工作。紧紧围绕党的十七届三中全会、全国"两会"、抗震救灾、奥运会、科技创新、党的建设等主题，通过院报、院网、院宣传栏、《思想政治工作和人才建设》杂志、院闭路电视等媒体广泛开展宣传工作，努力营造良好氛围，引导各级党组织、广大共产党员把思想统一到中央的路线方针政策和农业部党组、院党组的安排部署上来，激励大家在农业科研工作中建功立业。

（四）严格党纪，加强党风廉政建设

深入开展党风党纪宣传教育，增强廉政意识。2008年，各级纪检组织认真组织党员学习胡锦涛总书记在中纪委二次全会上的重要讲话等文件精神，不断增强党性观念和廉政意识，筑牢思想政治防线。制定《中国农业科学院廉政文化建设方案》，积极推进廉政文化建设。院直属机关纪委先后组织参观北京监狱警示教育基地、网上宣传政策法规、在院闭路电视播放中纪委组织制作的《每月一课》警示教育片，营造"以廉为荣、以贪为耻"的廉政文化氛围。

认真贯彻落实《建立健全惩治和预防腐败体系2008～2012年工作规划》（以下简称《工作规划》）。制定了《中国农业科学院党组贯彻落实〈建立健全惩治和预防腐败体系2008～2012年工作规划〉的实施办法》，分解任务，细化措施，明确责任。组织各单位负责人参加农业部组织的学习《工作规划》培训。邀请中央纪委法规室监察法规处周鹏飞处长作学习贯彻《工作规划》辅导报告。组织参加中央纪委主办的《工作规划》知识竞赛，院属京区处以上干部385人参加了知识问答。

全面落实党风廉政建设责任制。制定《中国农业科学院贯彻落实2008年反腐倡廉工作任务的分工意见》，党政齐抓共管，把反腐倡廉各项任务分工到部门，部门制定方案落实到人。

通过加强党风廉政建设，提高了广大党员的党性观念和党纪意识，为各项事业科学发展创造了良好的环境。

（五）牢记使命，各级党组织和党员干部发挥重要作用

过去的一年，我国大事多、难事多、急事多，各级党组织和广大党员坚持围绕中心、服务大局，充分发挥战斗堡垒作用和先锋模范作用，坚决贯彻执行上级党组织的决策部署，采取有力措施，有序开展工作，在关键时刻和急难险重任务中发挥了重要作用。

面对 2008 年年初发生的历史罕见的低温雨雪冰冻自然灾害，我院广大党员干部心系灾区，按照上级党组织的部署，扎实开展科技救灾工作，作科所、蔬菜所、信息所、环发所、畜牧所等研究所党员争先工作在一线，深入灾区，指导开展科技抗灾、救灾。

面对突如其来的四川汶川特大地震灾害，我院各级党组织把抗震救灾作为最紧迫的任务和最直接的考验，快速反应、迅速行动，发挥科技优势，组织安排相关专家奔赴灾区一线，积极投身到抗震救灾工作中。广大党员发扬"一方有难，八方支援"的精神，为地震灾区踊跃交纳"特殊党费"364.67 万元，用自己的一份爱心支援抗震救灾，以实际行动践行了全心全意为人民服务的宗旨。

面对世界体育盛事北京奥运会，我院各级党组织高度重视，按照上级的部署，认真做好奥运会筹办期间的各项有关工作。积极开展了"迎奥运、讲文明、树新风"系列活动，发放奥运书籍，宣传奥运精神，普及奥运知识，传播奥运文化；组织 1 000 多名同志参加了"迎奥运、讲礼仪、作表率"知识竞赛，组织观看奥运会、残奥会开闭幕式和比赛；推荐畜牧兽医所王加启博士作为农业部系统唯一的火炬手参加奥运火炬传递；全力做好原"法轮功"练习者的思想稳定工作和个别人的转化工作，植保所党委被评为北京市"奥运安保先进集体"。

（六）注重引导，深入开展创新文化建设

2008 年在各单位党组织的共同努力下，创新文化建设工作机制不断健全，创新文化理念更加深入人心，创新文化建设取得新的成效。2008 年 4 月份组织召开了全院创新文化建设工作会议，总结、部署了工作，探讨了下一步创新文化建设的思路。哈兽研所、资划所、水稻所 3 个单位交流了创新文化建设的经验。2008 年我院顺利完成了《中国农业科学院之歌》的歌词创作和谱曲工作，制成光盘并在全院职工中进行传唱；对《中国农业科学院职工守则》和《中国农业科学院科研道德规范》进行了进一步修改完善；积极开展创新文化建设研究，完成了《我院创新文化建设与创新团队能力建设研究》报告，并获中央国家机关 2008 年度调研报告优秀奖；汇编了《中国农业科学院创新文化建设部分成果》；在职工中开展宣传"祁阳站"精神，倡导"五种精神"等多种形式的创新文化主题宣传活动。截至目前，全院 33 个研究所有 30 个研究所设计了所徽，23 个研究所提出了所训，8 个研究所谱写了所歌，11 个研究所制作了所旗。院

属各单位创新文化建设取得新的成效，有力推动了我院创新文化建设的深入开展。

（七）全面推进，大力加强精神文明建设

2008年，各级党组织围绕促进院所和谐和"迎奥运、讲文明、树新风"活动，深入开展精神文明建设，不断提高全院职工的文明素质和道德水平。组织开展了"2007～2008年度院级文明单位、文明职工"评选表彰活动。评选表彰了5个文明单位标兵，18个文明单位，10名文明职工标兵，24名文明职工。作科所肖世和同志还被评为中央国家机关"创建文明机关，争做人民满意公务员先进个人"。继续做好军民共建工作。举办八一、春节军民联谊活动，向解放军艺术学院20名学员颁发"共建杯"优秀学员奖，与解放军艺术学院开展科技文化双下乡活动。我院被授予全国"爱国拥军模范单位"称号。2008年组织看望慰问了困难职工65名，发放慰问金84 000元，为困难职工子女申请了4 000元的"阳光助学"补助金，为他们送去党组织的关怀和温暖。积极组织向汶川地震灾区捐款捐物活动，院领导率先垂范，院属京区各单位、机关各部门领导干部带头，广大党员积极参加，共计捐款455万余元（其中特殊党费364.67万元），捐献棉衣被3 448件。

（八）加强领导，做好群团和统战工作

各级工青妇组织紧紧围绕党和国家工作大局，结合自身特点，积极主动开展工作，在本职岗位上充分发挥了作用。院工会组织16支代表队和仪仗队、健身操表演队等500多名职工参加农业部第二届职工运动会，以明显优势获得了预赛团体总分第一名。院妇工委开展了"绿色生活在我家"主题活动并取得良好效果；组织评选和表彰了12名2007～2008年度我院"巾帼建功"标兵；协助全国妇女活动中心组织庆三八系列活动。院妇工委被评为农业部"直属机关先进基层妇女组织"，畜牧兽医所陈继兰、蜜蜂所赵静被评为农业部"巾帼建功标兵"。院团委进行换届改选，选举产生了共青团中国农业科学院第十届委员会，配齐了班子，健全了组织；组织开展了2004～2007年度院"十佳青年"评选活动，其中，资划所何萍博士同时当选为"农业部十佳青年"和"中央国家机关十大杰出青年"，畜牧兽医所魏宏阳博士同时当选为"农业部十佳青年"和"中央国家机关优秀青年"。认真做好统战工作。各级党组织支持民主党派开展组织活动，主动听取他们的意见和建议。

在肯定成绩的同时，我们还必须清醒地认识到工作中存在的一些不足，理论武装工作需要进一步加强，党建工作需要进一步创新，创新文化建设需要进一步深入，这些问题需要在以后的工作中加以改进。

同志们，2008年我院党建工作取得了一定的成绩。这些成绩的取得，是院党组高度重视、正确领导的结果，是各级党组织开拓进取、扎实工作的结果，也是广大党员干

部辛勤耕耘、无私奉献的结果。借此机会，向在座的各位和广大党务干部表示衷心的感谢！向广大党员表示亲切的慰问，并致以崇高的敬意！

二、2009 年我院党建工作思路

2009 年是国庆 60 周年，也是推进国民经济"十一五"计划顺利实施的关键一年，加强和改进党的建设至关重要。今年，我院直属机关党的工作的总体要求是：全面贯彻党的十七大和十七届三中全会精神，以邓小平理论、"三个代表"重要思想为指导，深入贯彻落实科学发展观，坚持围绕中心、服务大局，以加强党的先进性建设为主线，巩固和发展学习实践科学发展观活动成果，切实加强领导干部党性修养，全面推进直属机关党的思想、组织、作风、制度、反腐倡廉建设和精神文明建设，深入开展创新文化建设，充分发挥基层党组织战斗堡垒作用和广大党员的先锋模范作用，为提高农业科技自主创新能力提供坚强的政治、思想和组织保证，以优异成绩迎接新中国成立 60 周年。

（一）强化理论武装，不断提高党员干部贯彻落实科学发展观的素质和能力

深入学习实践科学发展观是一项长期的任务，必须持之以恒，常抓不懈。各直属党组织学习实践活动结束后，要进一步巩固和发展学习实践科学发展观活动成果，坚持学习实践科学发展观活动形成的好经验、好做法，推动学习实践科学发展观活动各项整改措施的落实，引导广大党员干部努力解决突出问题，不断巩固和扩大学习实践活动取得的理论成果、实践成果与制度成果。各级党组织要坚持以中心组学习为龙头、处以上干部为重点、党支部抓落实的理论武装工作格局，以中国特色社会主义理论体系的学习、宣传、教育作为理论武装工作的重点，深入学习实践科学发展观和党的十七大、十七届三中、四中全会精神，认真组织学习《中国特色社会主义理论体系学习读本》，引导党员干部深刻理解中国特色社会主义理论体系的精髓，进一步落实《关于深入开展学习型党支部创建活动的意见》，深化创建学习型党支部工作，强化学习功能，激发组织活力。要加强形势政策教育，引导干部职工认真学习贯彻全国"两会"精神，加深对中央保增长、扩内需、调结构、促改革、惠民生等政策措施的认识和理解，不断增强应对困难和挑战的信心和决心。结合国庆 60 周年活动，采取举办报告会、参观展览等形式，开展爱国主义教育和时事政策教育，激发爱国热情。

（二）深入贯彻落实保持共产党员先进性长效机制文件，扎实推进基层组织建设

要深入贯彻落实中央关于加强党员经常性教育、加强和改进流动党员管理、做好党

员联系和服务群众工作、落实基层党建工作责任制等四个保持共产党员先进性长效机制文件和院党组《关于建立健全保持共产党员先进性长效机制的意见》，加强对落实情况的督促检查、经验总结。要认真学习贯彻全国机关党的建设工作会议精神和新修订的《中国共产党党和国家机关基层组织工作条例》。要进一步发挥直属机关党委会作用，加强理论学习和工作交流。各级党组织要按照党章规定，按时换届改选，充分发挥党组织的政治保证作用。要严格党内生活，坚持"三会一课"制度，不断创新载体，切实增强效果。各直属党组织要关心党务干部的成才成长，以能力建设为重点，加强党务干部和业务干部的交流，加强党务干部教育培训和实践锻炼。院直属机关党委将继续举办党办主任、党支部书记培训班。要进一步做好发展党员工作，特别要重视在中青年科研骨干中发展党员，开展好入党积极分子培训。要不断加强宣传工作，重点做好党内重大活动和先进典型的宣传。

各直属党组织要落实党建工作责任制，明确工作责任，研究落实措施。认真贯彻《中国农业科学院直属机关党建工作考核办法（试行）》，完善考核方式，加强监督检查，推动党建工作任务的落实。贯彻落实《党员权利保障条例》，积极探索扩大基层党内民主的多种实现形式。

（三）加强党风廉政教育，深入推进反腐倡廉建设

认真学习、深入贯彻胡锦涛总书记重要讲话和十七届中央纪委第三次全会精神，加强领导干部党性修养，推进领导干部思想作风、学风、工作作风、领导作风和生活作风建设。要把改进领导干部作风作为促进科学发展的重要切入点，认真落实"八个坚持、八个反对"的要求，大力提倡八个方面的良好风气，切实做到为民、务实、清廉。要引导党员干部通过党性修养和党性锻炼，着力增强宗旨观念，提高实践能力，强化责任意识，树立正确的政绩观、利益观，增强党的纪律观念，发扬艰苦奋斗精神，努力做到政治坚定、作风优良、纪律严明、勤政为民、恪尽职守、清正廉洁。

要加强中国特色社会主义理论体系教育和党性党风党纪教育，着力打牢党员干部拒腐防变的思想政治基础。要引导党员干部认真学习并严格遵守党章，坚定理想信念，增强立党为公、执政为民的自觉性和坚定性，做到讲党性、重品行、作表率。要以树立正确权力观为重点，开展示范教育、警示教育和岗位廉政教育，不断提高党员干部拒腐防变的意识和能力，督促党员领导干部自觉做到遵纪守法和廉洁从政、廉洁从业。要充分发挥监督作用，有效防止权力失控、决策失误和行为失范。严格执行党风廉政建设责任制。紧紧围绕责任分解、责任考核、责任追究等关键环节，加大对责任制落实情况的检查、考核和追究力度。认真贯彻执行《中国农业科学院党组贯彻落实〈建立健全惩治和预防腐败体系 2008~2012 年工作规划〉的实施办法》，加强对贯彻落实情况的监督检查。不断完善监督约束机制，加强对领导干部遵守政治纪律、贯彻落实科学发展观、执行民主集中制和落实廉洁自律各项规定情况的监督，加强对重点领域和关键环节的监

督。京区各单位纪检组织要按照分工做好基建项目招投标、预算资金政府采购招投标监督工作。

（四）深入开展创新文化建设，营造良好氛围

要进一步落实院党组《关于开展创新文化建设工作的指导意见》，继续推进创新文化建设，健全和完善创新文化建设的领导体制，加强对创新文化建设的领导。各单位要结合实际，在已有工作的基础上，进一步突出特色，在理念文化、标识文化、制度文化、园区文化方面取得新进展。2009年要召开深化创新文化建设工作会，探讨思路，交流经验，部署工作。要不断强化我院和院属各单位标识物的应用，唱响《中国农业科学院之歌》，做好各单位标识物的应用工作，充分体现农业科研文化的理念与精神。要进一步总结我院优秀文化传统，赋予改革开放的时代特征，宣传先进单位、先进人物的事迹，引导科研人员树立科技创新所必须的追求真理、尊重科学，崇尚创新、无私奉献的中国农业科学院精神，营造鼓励创新的文化氛围。要围绕创新文化建设的重点内容，积极组织开展创新文化建设研究，不断总结创新文化建设的实践经验，提高对创新文化建设的认识，推进创新文化建设。

（五）扎实推进精神文明建设，构建和谐院所

各直属党组织要结合国庆60周年、创建文明单位、争做文明职工、军民共建等活动，积极主动开展工作，要明确主题、体现特色、注重创新，在培育亮点上下功夫，努力做到全年精神文明建设"主题鲜明、氛围浓郁、亮点突出、成效显著"，进一步激发广大党员干部的爱国爱院爱所热情。要强化思想道德教育，认真组织学习《社会主义核心价值体系学习读本》，把社会主义核心价值观贯穿到精神文明建设之中，弘扬抗震救灾精神、北京奥运精神和载人航天精神，加强社会公德、科研道德、家庭美德教育，进一步提高干部职工思想道德素质。要针对党员干部关注的热点、难点问题，创新工作方式方法，加强思想政治工作。要把开展广泛的形势政策教育与面对面的思想工作结合起来，把解决思想问题与解决实际问题结合起来，做好理顺情绪、平衡心理、化解矛盾、人文关怀等工作，不断增强思想政治工作的亲和力和感召力，努力构建和谐院所。充分发挥院党的建设和思想政治工作研究会的平台作用，探索新形势下思想政治工作的特点和规律。做好帮扶困难党员工作，开展向困难职工"送温暖"活动。切实做好政治稳定工作，确保敏感期的稳定。

（六）切实加强统战和群团工作

要加强对统战工作的领导，落实统战工作五项制度，支持各民主党派开展活动，充

分发挥各民主党派和无党派人士的作用，鼓励他们为农业科技事业发展建言献策。要加强对工、青、妇组织的领导，充分发挥工、青、妇组织的桥梁纽带作用，提高组织群众、引导群众、服务群众的能力。通过贯彻落实工会十五大、共青团十六大、妇女十大会议精神，国庆60周年、纪念五四运动90周年、开展知识讲座、体育比赛、文艺演出、参观考察、爱国主义教育等系列活动。学习贯彻《全民健身条例》，进一步落实《中央国家机关干部职工健身行动实施意见》，积极推动职工健身活动，提高职工健康水平。

同志们，服务科学发展，加强党建工作，是我院各级党组织的重要使命和根本任务。让我们紧密团结在以胡锦涛同志为总书记的党中央周围，高举中国特色社会主义伟大旗帜，进一步坚定信心、振奋精神，求真务实、开拓创新，为我院"三个中心、一个基地"建设做出更大贡献，以优异成绩向新中国成立60周年献礼！

谢谢大家！

围绕中心　突出特色
扎实推进党风廉政建设和反腐败工作

——在中国农业科学院 2009 年党风廉政
建设工作会议上的工作报告

中国农业科学院党组副书记　罗炳文

2008 年，我院党风廉政建设和反腐败工作在农业部党组、驻部纪检组监察局的领导和关怀下，以邓小平理论和"三个代表"重要思想为指导，以科学发展观为统领，围绕"三个中心、一个基地"的战略目标，深入贯彻落实党的十七大、中央纪委二次全会精神，坚持标本兼治、综合治理、惩防并举、注重预防的方针，着力抓好以惩防体系建设为重点的反腐倡廉建设，努力拓展从源头上防治腐败的工作领域，为我院又好又快发展提供了坚强保证。现将我院 2008 年党风廉政建设和反腐败工作情况报告如下。

一、统一思想，认真部署，全面推进反腐倡廉工作

2008 年年初，中央纪委二次全会召开后，我院立即组织召开了院 2008 年党风廉政建设工作会议。部党组成员、中央纪委驻农业部纪检组组长朱保成同志、驻部监察局局长董涵英同志、部直属机关纪委书记陶永平同志、院党组全体成员、院属各单位领导班子成员、院属京内单位纪检监察干部及机关处以上干部共 130 多人参加了会议。朱保成同志传达了中央纪委二次全会的主要精神并作重要讲话。院长翟虎渠同志主持会议并讲话。院党组成员、副院长屈冬玉同志作工作报告，作科所等 4 个单位在会上作了典型发言。这次会议的召开为 2008 年全院党风廉政建设形成良好开局。农业部 2008 年党风廉政建设工作会议召开后，院党组立即召开中心学习组会议，深入学习胡锦涛总书记在中央纪委二次全会上的重要讲话和孙政才、朱保成等同志在农业部廉政工作会议上的讲话，联系我院特点和工作实际，认真分析我院党风廉政建设和反腐败工作面临的新情况和新问题，查找工作中存在的薄弱环节，进一步明确工作重点，理清工作思路。会后，院党风廉政建设工作领导小组召开专门会议，进一步明确了责任分工，将任务层层分解，落到实处。院属各单位和机关各部门高度重视党风廉政建设工作，自觉把党风廉政建设和反腐败工作寓于各项业务工作中，通过反腐败为各项事业可持续发展创造良好的环境，为全面履行农业科研部门职责提供了坚强的政治保证。

二、加强廉政宣传教育，营造廉政文化氛围

（一）深入学习中国特色社会主义理论，增强政治意识

中国农业科学院始终把学习邓小平理论、"三个代表"重要思想和贯彻落实科学发展观放在首位，通过组织党员领导干部学习《党章》、《中国共产党纪律处分条例》、《中国共产党党内监督条例（试行）》等文件，不断增强党性观念和廉政意识，筑牢思想政治防线。开展深入学习实践科学发展观活动后，院党组高度重视、认真组织、扎实推进。通过学习实践活动，广大党员干部进一步增强了政治意识、责任意识和大局意识，提高了贯彻落实科学发展观的自觉性和坚定性。

（二）学习贯彻《建立健全惩治和预防腐败体系 2008～2012 年工作规划》

中央《建立健全惩治和预防腐败体系 2008～2012 年工作规划》（以下简称《工作规划》）出台后，我院迅速组织开展了一系列学习活动：一是组织各单位负责人参加农业部组织的学习《工作规划》的培训；二是召开学习贯彻《工作规划》辅导报告会，邀请中央纪委法规室监察法规处周鹏飞处长作辅导报告。院党组书记薛亮主持会议并讲话，院长翟虎渠等院领导以及京内所领导班子成员、纪检监察干部、院机关处级以上干部参加了辅导报告会；三是积极参与中央纪委主办的《工作规划》知识竞赛，院属京区处以上干部 385 人参加了知识问答；四是制定了《中国农业科学院党组贯彻落实〈建立健全惩治和预防腐败体系 2008～2012 年工作规划〉的实施办法》。通过学习，全体党员干部对贯彻落实《工作规划》的重大意义有了更深刻的认识，增强了自身的政治责任感。

（三）开展廉政文化建设，丰富廉政宣传教育方式

我院大力开展创新文化建设，广泛宣传"执著奋斗、求实创新、情系'三农'、服务人民"的祁阳站精神。廉政文化作为创新文化的组成部分，在反腐倡廉工作中发挥着重要作用。我院在开展创新文化建设中，积极推进廉政文化建设，制定了《中国农业科学院廉政文化建设方案》。以"一切为科研、一切为基层、一切为群众"为核心理念，以"廉洁奉公、服务人民"为主题，通过组织参观北京监狱警示教育基地、网上宣传政策法规、在院闭路电视播放中纪委组织制作的《每月一课》警示教育片等方式，营造"以廉为美、以廉为乐、以廉为荣、以贪为耻"的廉政文化风尚，增强广大党员干部的拒腐防变意识。

三、完善制度，规范管理，从源头上预防治理腐败

（一）全面落实党风廉政责任制

我院始终把贯彻落实党风廉政建设责任制、建立健全惩防体系作为一项战略性、全局性工作紧抓不放。一是成立院党风廉政建设工作领导小组。翟虎渠同志亲自担任组长、为院党风廉政建设责任制第一责任人，各单位"一把手"为各单位党风廉政建设责任制的第一责任人。制定《中国农业科学院贯彻落实 2008 年反腐倡廉工作任务的分工意见》，把反腐倡廉各项任务分工到部门，部门又制定方案落实到人。这样一级抓一级，层层抓落实，把反腐倡廉各项工作真正落在实处；二是党政齐抓共管。院党组领导带头抓，其他领导协同抓，具体部门任务落实，将科研、行政工作与党风廉政建设一同部署，一同落实；三是与年终考核和创建文明单位活动紧密结合。把落实党风廉政建设责任制作为单位领导班子年终述职的重要内容和考核的重要指标，也作为评选文明单位的重要标准，纳入各单位年度工作的重要内容。

（二）完善议事规程，保证重大事项科学民主决策

严格执行院党组会、院常务会、院长办公会议制度，做到重要事项提前收集整理、汇总归纳，并分别按照不同内容提交到不同会议研究决定，保证我院各项重大事项没有遗漏，做到科学分析，民主决策。凡涉及重大决策、重要干部任免、重大项目安排和大额度资金的使用，必须经集体讨论作出决定，严格按规定程序运作，确保民主集中制的贯彻落实。

（三）严格执行《党政领导干部选拔任用工作条例》，防止选人用人的不正之风

积极推进干部人事制度改革，在干部考察任用工作中，严格遵守《党政领导干部选拔任用工作条例》，增加选拔干部工作的透明度，严把选人用人关。在选拔任用所局级领导干部时，院领导亲自参加考察；在组织考察组时，吸收机关党委、纪检监察部门的同志参加。扩大干部竞争上岗、选拔任用的范围，对提拔的干部一律进行公示，接受群众的监督，有效地预防了选人用人上的不正之风。

（四）狠抓领导干部廉洁自律

在检查全院廉政工作会议精神落实情况期间，对领导干部是否违反规定收受现金、

有价证券、支付凭证和收受干股的问题，是否在住房上以权谋私的问题，是否违规插手经济活动谋取私利等五个方面的问题进行了认真检查。同时向领导班子和领导干部强调认真执行"三谈两述"和询问质询制度、领导干部个人重大事项报告制度、党风廉政建设责任追究制度的严肃性。2008 年度，全院各单位领导干部述职述廉 541 人次，领导干部任前廉政谈话 125 人次，执行党员领导干部报告个人有关事项 463 人次，主动上交礼金和有价证券合计 4.34 万元。

（五）规范科研项目管理，加强项目经费审核

中国农业科学院从项目申请到立项、从课题经费的使用到项目的验收，都以文件的形式进行了规范，并采取一系列办法对项目经费的使用进行监督和管理。2008 年 12 月，我院制定出台了《中国农业科学院关于加强科研项目管理工作的指导意见》，进一步加强了项目经费审核，规范了项目执行情况报告制度，严格了项目会议的管理，探索建立项目绩效考评制度等。加大了对科研课题经费管理使用的监督力度，配合农业部组织我院承担"948"项目的有关研究所，接受国家审计署对包括项目的管理情况、执行情况、科研产出以及经费的使用情况进行项目效益审计，审计报告上报有关主管部门。

（六）采取有力措施，加大财政专项和财政资金的监管力度

出台《中国农业科学院本级财务管理实施细则》、《中国农业科学院本级财政项目预算执行管理办法（暂行)》，进一步规范了财务管理。

组织开展全院财务检查，对院属各单位资金使用情况和财政专项项目开展情况进行全面调研，及时发现问题并提出整改措施，督促相关单位改进管理，提高资金使用效益、加快财政专项执行进度。

加强院办企业的管理，制定有关制度，防止国有资产损失，确保国有资产保值增值。加强对院属企业的年度审计，针对审计中发现的问题，督促企业逐一改正，进一步完善内控建设，完善相关财务管理制度，从制度上规范企业经营运作；加强对院属企业的财务监管。坚持和完善财务月报工作制度，及时了解、把握企业财务状况，对报表中异常财务数据或者变动较大的项目及时跟踪处理，对院办公司实行不定期财务抽查。完善院属企业法人治理结构，严格按照现代企业制度要求，建立、完善院属企业法人治理结构，强化股东会、董事会、监事会的议事程序和监管职责，明确国有资产出资人的监管责任，确保国有资产的保值增值。

（七）规范政府采购和基建项目管理，加强招投标监督工作

我院严格按照《政府采购法》等相关法律法规规定的程序进行采购活动，坚持

"公开、公平、公正、诚信、科学、严谨"的原则，全部招标信息均在"中国政府采购网"上发布。在招标公告规定的时间内进行资格预审、发售标书及投标、开标、评标、定标等工作程序。中标结果在中国政府采购网上公示后与中标单位签订供货合同。

我院于 2008 年 9 月起对在建项目严格实行月报制度，便于及时掌握基建项目执行信息。要求各研究所每月初上报基本建设执行情况，根据上报情况，统计分析项目进展是否正常，对进展异常项目加强管理。为进一步规范基本建设监督管理行为，编制了《基本建设项目管理文件汇编》，出台《中国农业科学院基地建设管理办法》。

为加强对招投标工作的监督检查力度，出台了《中国农业科学院政府采购项目招投标廉政监督办法（试行）》和《中国农业科学院基本建设项目招投标廉政监督办法（试行）》，从廉政监督实施的主体和权限、监督的方式和内容、监督的程序、责任追究、监督人员的廉政纪律等方面对我院招投标监督工作进行了规范。规定 600 万元以上的基建项目和 300 万元以上的货物或服务类项目招标，由院监审局派员督导、全程参与，限额以下的由院属单位的纪检监察干部进行监督。2008 年，我院基建项目和政府采购项目公开招标 145 次，共涉及项目资金 61 831 万元。由院本级纪检监察人员参与的项目廉政监督工作 43 次，涉及金额 29 643 万元。

（八）认真履行审计职责，积极发挥审计监督作用

坚持"全面审计、突出重点"的原则，我院共完成 12 个所长（园区主任）任期经济责任审计、2 个课题经费专项审计、1 个财务收支审计（院庆活动）、1 个研究所委托审计（特产所所办公司法人代表任期经济责任审计），共计 16 项审计任务。2008 年对 12 个研究所、总计 50 个年度的账目进行了审计，审计资产总额 17 亿元，其中事业性资产总额 14.4 亿元，基本建设占用资产 2.6 亿元。12 个研究所在审计任期全部实现净资产增长，增长总额为 3.64 亿元。课题经费专项审计是按照我院关于加强对重点岗位、重点资金审计的要求，于 2008 年尝试开展的审计工作，对京内 2 个研究所的 2 个科技项目进行了经费专项审计。2 个项目预算总额 929.47 万元，审计经费总额 379.08 万元，占预算总额的 41%。

进一步完善制度建设，加强基建项目的审计监督工作。2008 年 5 月，我院出台《中国农业科学院基本建设项目审计监督管理办法》，明确规定了基建项目的"实施和监督分离"的管理原则。依据这一管理办法，2008 年共完成院本级基建项目审计 18 项，审计金额 20 770 万元，其中工程造价结算审计送审金额 3 412 万元，审减 186 万元。根据研究所上报的基建项目审计情况，研究所 2008 年共进行基建项目审计 49 项，审计金额 16 302 万元，其中工程造价结算审计送审金额 4 919 万元，审减 427 万元。

重视审计结果的分析和运用，对 12 个进行了任期经济责任审计的研究所反映出的情况进行了系统总结。这 12 个研究所反映出的主要成绩有：科技创新能力不断提高，科研项目经费充足，科研成果丰硕；注重科研条件建设，基本建设规模日益扩大；科技

开发创造良好的经济效益，职工收入显著增加；整体管理水平进一步加强等。存在的问题主要有：有的研究所自有资金不足，资产质量有待提高；有的投资项目回报率低；有的对全资公司和控股公司的管理弱化；有的课题经费使用和管理不太规范；有的会计核算基础工作仍需进一步加强等。

（九）畅通信访举报渠道，依纪依法查办案件

建立院长信箱、设立院长接待日、健全来信来访实名举报办理规定，畅通广大职工群众与院领导及机关各部门的联系渠道，广泛听取群众意见和建议。截至 2008 年 12 月 5 日，我院共收到信访举报材料 55 件，其中，由院纪检监察部门派员调查或协助调查核实的 20 件（其中协助驻部监察局立案处理 1 件，给予党纪政纪处分 2 人），院机关其他部门办理的 6 件，转有关研究所办理的 5 件，正在调查核实的 5 件，领导批示暂存 8 件。

信访举报反映的问题主要有：①领导干部涉嫌违反廉洁自律相关规定的 12 件，占总数量（不含重复件）的 27%；②在基建项目和政府采购项目招投标过程中违规或不规范的 9 件，占总数量的 20.9%；③涉及岗位招聘、职称评审、劳资关系等人事问题的 9 件，占 20.9%。④其他问题，如涉及剽窃、作假、房补等 14 件。

2008 年度信访举报案件核查工作的特点：一是坚持围绕全院的中心工作，坚持科学发展观，从全局的高度思考和推进工作；二是坚持集体讨论、民主决策制度，通过案情小组分析会，对信访举报和案件核查工作中的重大问题认真召开会议讨论，协调有关方面共同做好信访工作，保证了这项工作的政治性、政策性得到了充分体现，针对性和时效性得到了明显提高；三是坚持案件的分级管理，充分发挥研究所党委、纪委的作用。为此，制定并下发了《中国农业科学院关于进一步明确院所两级监察对象的通知》，进一步明确案件管辖范围，坚持谁主管谁负责的原则，加强工作的时效性，反对互相推诿。同时对重要问题加强督办，注重核查工作落实；四是不断改进工作方式方法，规范工作程序，使这项工作能更加适应我院实际和职工群众的要求。

总体来看，2008 年，我院的党风廉政建设工作始终坚持落实责任、加强领导，认真执行党风廉政建设责任制，形成一级抓一级，层层抓落实的反腐倡廉领导体制和工作机制，有力推动了反腐倡廉各项任务的落实；始终坚持改革创新、完善制度，围绕我院实际，针对人事、科研、财务及招投标等工作中的关键部位、薄弱环节，强化制度规范，不断提高了反腐倡廉的制度化水平；始终坚持惩防并举、统筹推进，注重提高教育的说服力、制度的约束力、监督的威慑力，不断健全完善惩防体系，取得了反腐倡廉的综合效果。通过深入推进党风廉政建设，广大党员和领导干部廉政意识进一步增强，工作作风进一步转变，综合素质进一步提高，为构建现代、文明、和谐院所提供了有力保证。

在充分肯定成绩的同时，也要清醒地认识到，我院党风廉政建设仍然存在一些薄弱

环节。如有的单位落实党风廉政建设责任制还有差距，工作的效果不够明显；有的反腐倡廉制度体系建设不够完善，督办不够到位；有的财务管理制度不严，科研经费使用违规现象等还有发生，铺张浪费的现象还存在。从 2008 年信访举报情况看，个别研究所信访举报件比较集中，有的研究所自行组织的招投标工作还不够规范，举报较多。对此，我们必须高度重视，以更加坚决的态度、更加有力的措施、更加扎实的工作，把党风廉政建设放在更加突出的位置，更加有效地预防腐败，更加坚决地惩治腐败。

四、2009 年党风廉政建设和反腐败工作安排

2009 年，我们要全面贯彻党的十七大和十七届三中全会精神，全面落实即将召开的中纪委三次全会和农业部党风廉政建设会议精神，深入学习实践科学发展观，严格落实党风廉政建设责任制，坚持标本兼治、综合治理、惩防并举、注重预防的方针，以完善惩治和预防腐败体系为重点，以改革创新精神抓好《中国农业科学院党组贯彻落实〈建立健全惩治和预防腐败体系 2008～2012 年工作规划〉的实施办法》的落实，紧紧围绕院"三个中心、一个基地"的战略目标，为我院科技创新和各项事业又好又快发展提供坚强保证。

（一）深入开展反腐倡廉教育

党的十七大报告系统阐述了科学发展观的本质内涵，明确科学发展观的核心是以人为本，促进人的全面发展。作为党风廉政建设的重要组成部分，廉政教育从内容到形式上的创新都要围绕科学发展观的基本要求，重视人的主体地位，顺应人的全面发展需求，不断强化教育效果。应建立教育长效机制，坚持把反腐倡廉教育贯穿于领导干部的培养、选拔、管理、任用等各个方面。把中国特色社会主义理论体系和反腐倡廉理论作为领导干部理论中心组学习的重要内容，作为新任职的领导干部教育培训的重要内容。应继续努力创新廉政教育的有效形式，紧密结合我院实际，开展廉政文化宣传活动，营造良好的廉政文化氛围。

（二）贯彻执行《中国农业科学院党组贯彻落实〈建立健全惩治和预防腐败体系 2008～2012 年工作规划〉的实施办法》

应从实际出发，紧紧抓住我院惩治和预防腐败体系建设中的重点难点问题，采取得力措施，增强有效性。要建立科学的责任考核评价标准，把贯彻落实《工作规划》情况纳入党风廉政建设责任制和领导班子、领导干部考核评价范围，作为工作实绩评定和干部奖惩的重要内容。加强对贯彻落实《工作规划》情况的监督检查，同时认真分析贯彻落实中出现的新情况、新问题，积极研究对策措施，加强领导，推动工作。

（三）建立健全反腐倡廉制度体系

要按照科学发展观的要求，坚持依法治院、治所，加强制度建设。围绕中央、农业部出台的有关人事、财经、科研项目管理、重大项目招投标的监督办法、管理制度等，结合我院实际，制定切实可行的实施细则和操作规程。要完善科研管理机制，积极探索项目绩效考评制度，树立正确的科研评价导向。完善财经管理制度，加强对事业单位所办企业的财务管理，防止国有资产流失，确保国有资产保值增值。抓紧制定《中国农业科学院外事管理工作规定》、《关于加强因公出国（境）团组境外纪律教育培训工作的暂行规定》等文件，进一步规范外事管理工作。同时，建立健全督办机制，加强对制度执行情况的监督检查，保证各项制度落到实处。

（四）加强对权力运行的制约和监督

要以改革创新的精神，探索实施有效监督的途径和方式，研究具体的监督措施和办法。一是要认真落实党风廉政建设责任制，加大对责任制落实情况的检查、考核和追究力度；二是要提高民主生活会质量，严格执行述职述廉、诫勉谈话、函询和党员领导干部报告个人有关事项等制度；三是要重点加强对重大投资项目、重点专项资金的审计，进一步加强科研经费专项审计以及对院办、所办企业的审计；四是加强干部选拔任用、财政资金运行以及基建项目招投标、政府采购项目的监督，保证领导干部正确行使权力。

（五）继续保持查办案件工作力度

加强信访举报工作，健全来信来访实名举报办理规定，完善督办机制。针对我院工作实际，严厉查处在干部任免、课题经费管理、基建招投标、政府采购、成果开发、土地房屋出租转让、行政性收费中滥用职权、贪污贿赂、腐化堕落、失职渎职等各类案件。充分发挥各级党委、纪委作用，明确责任。增强服务意识，发挥查办案件的治本功能，对发生在身边的典型案例，要深入剖析原因，深刻总结教训，查找制度漏洞。

（六）践行科学发展观，切实加强干部队伍建设

要通过深入学习实践科学发展观活动，切实加强我院干部队伍建设，大力发扬党的优良传统和作风，全面加强思想作风、学风、工作作风、领导作风、干部生活作风建设，弘扬新风正气，抵制歪风邪气。坚持解放思想，推进改革创新；坚持求真务实，提高工作效率；坚持民主集中制，营造良好的发展环境。要坚持不懈地加强反腐倡廉建

设，切实落实党风廉政建设责任制，按照院党组要求，做到落实责任、认真考核、严肃纪律、形成合力，不断开创党风廉政建设新局面，为我院各项事业健康、稳定发展提供坚强的政治保障。

同志们，2009 年，我们要高举中国特色社会主义伟大旗帜，全面落实科学发展观，围绕我院"三个中心、一个基地"的战略目标，突出农业科研单位特色，扎实工作，开拓创新，为开创中国农业科学院党风廉政建设和反腐败工作的新局面，为我院的改革、发展和稳定做出新的贡献！

罗炳文在中国农业科学院贯彻落实
2009年反腐倡廉工作任务分工会议上的讲话

（2009年4月20日）

同志们：

这次会议主要是贯彻落实农业部反腐倡廉工作任务分工会议精神，根据农业部和我院2009年党风廉政建设工作会议部署和要求，对我院反腐倡廉工作任务进行分工。刚才，贾连奇同志宣读了《中国农业科学院贯彻落实2009年反腐倡廉工作任务的分工意见（征求意见稿）》，这个《分工意见》已经征求并吸收了各成员单位意见。各单位对《分工意见》还有什么好的意见和建议，请及时反馈，院党组将尽快以正式文件形式印发，各单位要很好地贯彻落实。

下面，我代表院党组就加强我院党风廉政建设和反腐败工作，抓好《分工意见》的落实，讲几点意见。

一、各成员单位完成分工任务很有成效

2008年，在院党组的正确领导下，各成员单位结合自身工作实际，积极主动地开展工作，认真抓好反腐倡廉各项任务落实，有力地推动了我院党风廉政建设和反腐败各项工作。主要体现在以下几个方面。

一是廉政建设责任制全面落实，廉政建设工作领导机构进一步加强。将原反腐败工作联席会议变更为翟虎渠同志任组长、薛亮、罗炳文同志任副组长的党风廉政建设工作领导小组，成立了同样规格的贯彻落实《工作规划》工作领导小组，对治理商业贿赂工作领导小组进行了调整，大大加强了我院党风廉政建设领导机构。

二是贯彻落实《工作规划》，惩治和预防腐败体系建设扎实推进。按照构建惩治和预防腐败体系要求，院党组坚持把治标与治本、惩治与预防始终贯穿于反腐倡廉的全过程，紧紧围绕贯彻落实《建立健全惩治和预防腐败体系2008～2012年工作规划》，密切联系我院改革、科研、开发工作实际，从教育、制度、监督、惩处四个方面，提出和落实全面推进惩治和预防腐败体系建设的各项任务和措施。

三是坚持分工协作，各单位各负其责、齐抓共管的良好局面进一步形成。院办受党组委托，进一步完善院党组会、院常务会、院长办公会议制度，严格执行规定的议事程序，保证院各项重大事项进行集体讨论，科学分析，民主决策。同时督促院属各单位完善相关制度。进一步健全决策权、执行权、监督权既相互制约又相互衔接的机制，把对

权力的科学配置与对领导干部的有效监督结合起来。进一步完善议事、决策、监督机制，加大失职、失察的责任追究力度，确保党内监督规范运作，确保民主集中制的贯彻落实。

人事局坚持和完善领导班子和领导干部综合考核评价制度，建立健全科学的干部选拔任用和管理监督机制。健全领导干部职务任期、回避、交流制度。在干部考察任用工作中，严格遵守《党政领导干部选拔任用工作条例》，规范干部任用提名制度，增加选拔干部工作的透明度，严把选人用人关。坚持干部任前廉政谈话制度，把加强领导干部作风建设作为干部培训的重要内容。

科技局制定了《中国农业科学院关于加强科研项目管理工作的指导意见》，进一步加强对项目经费审核并探索项目绩效考评。要求项目组严格遵守国家相关财务规定，按照国家相关计划项目和经费管理办法执行好项目预算。探索建立项目绩效考评制度，对项目的科研状态、创新水平、团队活力、主要成果和效益等进行综合评价，采取相应的奖惩措施。

财务局加大财政专项和财政资金的监管力度，制定出台了《中国农业科学院本级财务管理实施细则》、《中国农业科学院本级财政项目预算执行管理办法（暂行）》，进一步规范财务管理。组织开展了全院财务检查，及时发现问题并提出整改措施，督促相关单位改进管理。对院办企业加强管理，制定有关制度，强化源头管理，防止国有资产损失。按照现代企业制度要求，建立、完善院属企业法人治理结构，强化股东会、董事会、监事会的议事程序和监管职责，明确国有资产出资人的监管责任，确保国有资产的保值增值。

基建局严格按照国家有关法律法规以及《农业建设项目监督检查规定》、《农业建设项目违规处理办法（试行）》、《农业建设项目检查工作细则（试行）》、《农业投资项目廉政监督检查办法》，进一步加强对基本建设项目的监管，编制了《基本建设项目管理文件汇编》，制定了《中国农业科学院基地建设管理办法》，进一步规范了我院基本建设监督管理行为。

国际合作局严格遵守外事管理工作的各项规定，加强领导干部出国护照管理，从严控制出国（境）团组数量和规模，从严控制在国（境）外停留时间，探索经费审核与任务审批联动机制。严格把关，杜绝公费出国（境）旅游的现象。

机关党委认真组织学习贯彻党的十七届三中全会精神，大力宣传社会主义核心价值体系，组织开展我院深入学习实践科学发展观活动。严格按照《党内监督条例》的要求，坚持和完善党员领导干部民主生活会制度，严格按规定开好民主生活会，以制度建设促进领导干部的作风建设。

监审局加强制度建设，完善廉政监督机制，加大监管力度。先后制定了《中国农业科学院关于进一步明确院所两级监察对象的通知》、《中国农业科学院基本建设项目招投标廉政监督办法（试行）》、《中国农业科学院政府采购项目廉政监督办法（试行）》、《中国农业科学院基本建设项目审计监督管理办法》、《中国农业科学院经济责任审计审前预告暂行办法》，使我院的廉政制度建设又向前迈了一大步。

后勤服务局充分发挥闭路电视的媒介优势，积极开展廉政宣传教育，连续一个月的时间，在每天的固定时段内，集中播放中纪委组织制作的《每月一课》警示教育片，取得了较好的效果。

二、认真抓好 2009 年反腐倡廉工作

由于国际金融危机的影响，2009 年是 21 世纪以来我国经济发展十分困难的一年，是各类社会矛盾相对集中的一年，这些问题或多或少也会波及到我院，所以说今年的反腐倡廉建设任务更加艰巨。我们要以科学发展观统领反腐倡廉各项工作，继续坚持标本兼治、综合治理、惩防并举、注重预防的方针，以完善惩治和预防腐败体系为重点加强反腐倡廉建设，以改革创新精神抓好《建立健全惩治和预防腐败体系 2008 ~ 2012 年工作规划》的落实。2009 年我院的《分工意见》将反腐倡廉分解为六个方面二十八项任务，我们各成员单位责任重大，任务艰巨。在这里我强调一下几项具体工作。

（一）坚决维护党的政治纪律

中央纪委、农业部分工意见都把这一条作为首要任务。2009 年政治敏感时段相对集中，新中国成立 60 周年，西藏实行民主改革 50 周年，平息 1989 年政治风波 20 周年，取缔打击"法轮功"邪教组织 10 年等。西方反华势力、"藏独"、"东突"、"民运"、"法轮功"邪教组织等各种敌对势力会加紧勾结，借机联手发难。面对复杂的国际国内形势，必须严明党的政治纪律。各单位要按照中央要求，深入开展政治纪律教育，促进党员干部增强政治意识、政权意识、责任意识和忧患意识，始终和中央保持高度一致。要加强对政治纪律执行情况的监督检查，督促各级党组织和党员干部坚决贯彻中央的路线方针政策，确保中央部署贯彻落实，严肃查处违反党的政治纪律行为。

（二）落实廉政责任制，推进廉政文化建设

党风廉政建设责任制是深入推进党风廉政建设和反腐败斗争的一项基础性制度，对扎实推进惩治和预防腐败体系建设，促进科学发展、保障和谐健康政治环境具有重要意义。落实党风廉政建设责任制，要紧紧围绕责任分解、责任考核、责任追究三个关键环节，细化工作责任和目标要求，将责任制落到实处。多年来，我院在责任分解这个环节上做了不少工作，已经有了一定的基础，在责任考核环节也积累了一些经验，但在责任追究环节探索的还很不够。2009 年要采取一定措施，譬如说以层层签订廉政责任书的形式，来加强责任制落实的工作力度。

廉政文化建设是廉政建设的一个重要方面，是党的十七大明确提出的一项重要任

务，是新时期党风廉政建设和反腐败斗争的迫切要求，是构建惩防体系的基础性工作。2008 年，我们制定了《中国农业科学院廉政文化建设方案》，2009 年要全面付诸实施。各单位要进行广泛深入的宣传，动员广大干部职工积极参与。操作中一定要有得力的措施，多动脑筋，多想办法，使我院的廉政文化建设既有声有色，又扎扎实实。

这里还要着重强调加强领导干部党性修养、树立和弘扬优良作风的重要性。年初，胡锦涛总书记在中央纪委第三次全会上突出强调了加强领导干部党性修养、树立和弘扬优良作风的重要性，在中央纪委和农业部 2009 年《分工意见》中，加强领导干部党性修养也都是作为一个方面的任务提出来的，我们一定要将这项工作作为一项重大政治任务认真抓好。各单位要把领导干部党性修养和作风建设摆在突出位置，牵头单位要精心部署，抓紧抓实。要加强党员领导干部的作风教育，进一步增强党员领导干部加强党性修养、作风建设的意识。要把加强对党员领导干部党性、作风方面的表现作为考核评价和选拔任用的重要依据。把作风建设情况纳入党风廉政建设责任制考核范围，将考核结果作为干部政绩考核的重要内容。

（三）加强对领导干部及权力运行过程的监督

主要是进一步健全议事制度，完善议事程序，并在制度和程序的执行上狠下功夫。譬如"凡涉及重大决策、重要干部任免、重大项目安排和大额度资金的使用，必须经集体讨论作出决定"这一条，有没有严格的制度、程序规定，是否严格执行这个制度、程序，可以说关乎我们的事业成败。中央之所以对此三令五申，其重大意义就在于此。我们的牵头单位不仅要完善院里的相关制度和程序规定，还有督促院属各单位做好相关的工作。必要时可以进行检查和抽查。我们还应该积极探索，组织专门力量或者各部门共同努力，制定一整套的相关制度规范，甚至是一整套廉政制度规范，自上而下推而广之，促进我院反腐倡廉长效机制的形成，促进我院惩防体系建设，使我院的党风廉政建设工作再上一个新台阶。

（四）抓好领导干部廉洁自律工作

要重点抓好 2009 年中央纪委提出的五个方面禁止性规定的落实。要继续开展规范津贴补贴工作，严肃查处和纠正工作管理方面的各种违规违纪行为。继续开展治理"小金库"工作。坚决纠正公款出国（境）旅游问题，从严控制出国（境）团组数量和规模，从严控制在国（境）外停留时间。最近，按照中央的要求，中央纪委会同有关部门代中央起草了《坚决纠正公款出国（境）旅游的通知》、《关于党政机关厉行节约若干问题的通知》、《关于深入开展"小金库"治理工作的意见》和《关于在党政机关和事业单位开展"小金库"专项治理工作的实施办法》。前两个文件已正式印发，后两个文件也即将印发，我们要认真抓好贯彻落实。

（五）加大查办案件工作力度

要继续以查办领导干部滥用职权、贪污贿赂、腐化堕落、失职渎职的案件为重点，严肃查办内外勾结、权钱交易的案件。严肃查办领导干部干预招标投标获取非法利益的案件。严肃查办隐匿、侵占、转移国有资产以及领导干部失职渎职造成国有资产流失的案件。严肃查办严重损害农民利益、严重违反政治纪律和组织人事纪律的案件。查办案件一定要注意发挥其治本功能，要通过查办典型案件，刹风整纪、惩治腐败，进而教育警示干部，促进建章立制，为实现"三个中心、一个基地"战略目标营造良好环境。同时，要认真处理好信访举报，对违纪问题的信访举报要认真核实，对虽有违纪苗头但尚不构成问题的，要通过谈话提醒予以警示，对确属诬陷的，要坚决澄清是非，保护干部干事创业的积极性。

另外，我在这里想特别强调一下，近年来，我院的查办案件工作取得了一些成绩，在维护我院和谐稳定方面发挥了积极的作用，但是由于种种原因，我院有关部门收到的举报件数量有增无减。2007年42件，2008年55件，2009年前三个月就收到32件，其中有一个所就达14件。这种情况我们应该充分重视，认真分析研究，采取有力措施，做好相关工作。

（六）做好重点部位、关键环节的监督工作

针对反腐倡廉建设面临的新情况新问题，我们要始终坚持一手抓惩治，一手抓预防。对腐败问题要解决查处，决不手软。同时要强化监督、深化改革、创新制度，从源头上加以防治。要继续加强对领导干部的监督，落实好党内监督条例，要加强对人财物管理使用、关键岗位的监督。做到权力运行到哪里，监督就要跟进到哪里。要运用好我院现有的一些行之有效的监督形式，强化对基建项目、政府采购项目招投标的廉政监督，进一步加强领导干部经济责任审计工作，推进党务公开、政务公开和信息公开。还有按照院党组贯彻落实《工作规划》实施办法的安排，抓紧完成2009年制度建设任务。

三、完成分工任务的几点要求

2009年党风廉政建设任务分工已经明确，关键是要抓好落实。各单位要按照《分工意见》，严格贯彻党风廉政建设责任制，切实加强领导，采取有力措施，确保各项分工任务顺利完成。

一要切实加强对反腐倡廉建设的领导。各成员单位要高度重视反腐倡廉建设，切实加强领导，认真落实党风廉政建设责任制，把每项任务分解到处室，落实到人，形成

"一岗双责"的有效工作机制，真正把反腐倡廉各项工作做细、做实、做到位。

二要把各项任务的原则要求细化为具体工作和措施。各成员单位要把贯彻《分工意见》摆上重要工作日程，特别是各项任务的牵头单位要对承担的工作进行认真研究和分析，对任务的内在要求和具体内容有准确把握，做到要求清楚，目标明确。会后，各牵头单位要研究制定工作方案，将《分工意见》的各项要求转化为切实可行的具体措施。每一项任务抓什么、怎么抓都要有明确的计划安排。工作方案要包括工作目标、组织保证、部门协调、实施步骤、具体措施、时间进度、监督检查等方面的内容，这些工作做好了，任务的落实就有了好的基础。

三要相互配合，注意形成整体合力。反腐倡廉是一项综合性很强的工作，既要分工明确，又要齐抓共管。各单位要通力协作，密切配合，及时沟通情况，经常研究工作。牵头单位要全面负起责任，主动与协办单位协商，研究提出具体落实意见，要在组织协调和监督检查上发挥主要作用；协办单位要积极配合，认真负责地落实好职责范围内的工作。

四要抓好落实工作的监督检查。反腐倡廉工作具有经常性、深入性和连续性的特点，做好日常检查和监督非常必要。2009 年我院要加大对反腐倡廉工作落实情况监督检查的力度。各单位领导班子要继续坚持"两手抓、两手都要硬"，积极主动地抓好党风廉政建设工作。各牵头单位要按照《分工意见》要求，加强对所承担的工作任务完成情况的监督检查，及时掌握工作情况，解决实际问题。年底前要向院党风廉政建设工作领导小组写出任务完成情况的书面报告。

同志们，2009 年的反腐倡廉建设任务繁重，抓好今年的工作意义重大。我们要坚持以邓小平理论和"三个代表"重要思想为指导，贯彻落实科学发展观，以饱满的热情、积极的态度落实各项任务，不断取得反腐倡廉工作新成效。

加强惩防体系建设
推进反腐倡廉工作向纵深发展

——在中国农业科学院2009年监察审计工作会议上的工作报告

中国农业科学院党组副书记、直属机关党委书记　罗炳文

（2009年5月19日）

同志们：

今天我们在这里召开中国农业科学院监察审计工作会议暨中国监察学会农业分会农科监察研究会成立大会，会议的主要内容是总结我院近年来的监察审计工作，部署2009年工作重点，进行相关业务培训，同时召开农科监察研究会成立大会。"十一五"以来，我院监察审计工作坚持以邓小平理论和"三个代表"重要思想为指导，以科学发展观为统领，深入贯彻党的十七大、中纪委全会精神，坚持标本兼治、综合治理、惩防并举、注重预防的方针，着力抓好以惩防体系建设为重点的反腐倡廉建设，抓好教育、制度、监督、惩处各项工作，党风廉政建设取得明显成效。

"十一五"前三年工作的简要回顾

一、惩防体系建设稳步推进，领导体制和工作机制逐渐成熟

为适应新的形势，进一步加强党风廉政建设和反腐败工作，我院将反腐败工作联席会议变更为党风廉政建设工作领导小组，由翟虎渠同志任组长，薛亮、罗炳文同志任副组长。同时成立了贯彻落实《实施纲要》工作领导小组，并对治理商业贿赂工作领导小组进行了调整。通过这些举措，进一步完善了领导机构，加强了领导，促进了我院党风廉政建设的深入开展。

制定了《中国农业科学院党组贯彻落实〈建立健全惩治和预防腐败体系2008～2012年工作规划〉实施办法》，每年都将反腐倡廉工作任务分解到党风廉政建设领导小组成员单位，做到重点突出，目标明确，责任清楚，任务落实。反腐败领导小组各成员单位对本单位在院党风廉政建设和反腐败工作格局中所处的位置、作用的认识越来越深刻，对完成任务的方式、方法、途径的把握越来越准确，工作越来越到位。

院属各单位、院机关各部门按照构建惩治和预防腐败体系要求，全面落实党风廉政

建设责任制，坚持把治标与治本、惩治与预防始终贯穿于反腐倡廉的全过程，密切联系我院改革、科研、开发工作实际，从教育、制度、监督、惩处四个方面，全面推进惩治和预防腐败体系建设的各项任务的落实。

二、加强廉政宣传教育，营造廉政文化氛围

（一）以学习实践科学发展观活动为契机，切实加强领导干部党性修养，树立优良工作作风

中国农业科学院结合深入学习实践科学发展观活动，深入学习胡锦涛总书记在中央纪委三次会议上的重要讲话和《农业部党组关于加强领导干部党性修养　树立和弘扬优良作风的意见》，把学习胡锦涛总书记重要讲话精神列为领导干部理论中心组专题学习内容，使广大党员干部深刻认识到加强领导干部党性修养，树立和弘扬优良作风，是党的执政能力建设和先进性建设的重要内容，是贯彻科学发展观的重要保证，是做好新时期反腐倡廉工作的必然要求。注重发挥领导干部在党性修养和作风建设中的表率作用，努力营造有利于领导干部加强党性修养和作风养成的制度环境和组织氛围。

在深入学习实践科学发展观活动中，为广泛征求各有关方面对院党组的意见和建议，院学习实践活动办公室向院属京区各单位、机关各部门发放了《关于在深入学习实践科学发展观活动中征求意见的函》，并设置了意见箱和网络信箱。院党组先后召开了离退休老领导座谈会、科技专家座谈会、民主党派和无党派人士座谈会、工青妇组织和科技人员代表座谈会，广泛征求意见。2009年3月，组织7个调研组，由院领导同志分别带队，深入全院33个单位，认真查找制约我院及农业科研科学发展的突出问题，进一步理清发展思路，明确发展目标，提出整改措施。

（二）开展廉政文化建设，丰富廉政宣传教育方式

廉政文化作为创新文化的组成部分，在反腐倡廉工作中发挥着重要作用。我院在开展创新文化建设中，积极推进廉政文化建设，制定了《中国农业科学院廉政文化建设方案》。以"一切为科研、一切为基层、一切为群众"为核心理念，以"廉洁奉公、服务人民"为主题，积极营造"以廉为美、以廉为乐、以廉为荣、以贪为耻"的廉政文化氛围。

广泛宣传"执着奋斗、求实创新、情系'三农'、服务人民"的祁阳站精神，在部属单位引起较大反响。组织所局级干部参加农业部警示教育大会，参观北京监狱警示教育基地，在院闭路电视上播放中纪委组织制作的《每月一课》警示教育片，在网上宣传政策法规，全方位、多渠道地传播廉政文化，增强广大党员干部的拒腐防变意识。

（三）狠抓领导干部廉洁自律，有效遏制腐败问题的发生

组织党员领导干部认真学习《中国共产党纪律处分条例》、中央纪委禁止利用职务上的便利谋取不正当利益的八条禁令，对领导干部违反规定收受现金、有价证券、支付凭证和收受干股，领导干部在住房上以权谋私，领导干部违规插手经济活动谋取私利等

五个方面的问题进行了认真清查。严格执行"三谈两述"和函询制度，党员领导干部报告个人有关事项制度。2007 年全院各单位领导干部述职述廉 403 人次，领导干部任前廉政谈话 117 人次，执行党员领导干部报告个人有关事项 249 人次，主动上交礼金和有价证券合计 5.4 万元；2008 年全院各单位领导干部述职述廉 541 人次，领导干部任前廉政谈话 125 人次，执行党员领导干部报告个人有关事项 463 人次，主动上交礼金和有价证券合计 4.34 万元。

三、完善制度、规范管理，加大源头治理的力度

按照依法治院、治所的要求，"十一五"以来，我院围绕中心工作，针对腐败易发生的关键部位、关键环节，制定和完善了多项规章制度，规范了管理行为。

制定出台了《中国农业科学院关于加强科研项目管理工作的指导意见》、《中国农业科学院本级财务管理实施细则》、《中国农业科学院基本建设项目招投标廉政监督办法（试行）》等一系列管理、监督规章制度，对科研经费的使用、财政资金的管理、基建政府采购招投标廉政监督等进行了进一步规范，使我院制度建设又向前迈进了一大步。

四、加强监督检查，确保权力正确运行

按照中央纪委和农业部的统一部署，院属各单位开展了治理商业贿赂专项监督检查工作，开展了对不正当交易行为的自查自纠及检查评估工作。通过监督检查，提高了我院广大干部职工对基建招投标、政府采购、公产出租等工作的认识，促使院属各单位进一步规范了工作程序。

积极推进干部人事制度改革，在干部考察任用工作中，严格遵守《党政领导干部选拔任用工作条例》，增加选拔干部工作的透明度，严把选人用人关。在组织考察组时，吸收机关党委、纪检监察部门的同志参加，对拟提拔的干部一律进行公示，接受群众的监督，有效地预防了选人用人上的不正之风。

组织开展全院财务检查，对院属各单位资金使用情况和财政专项项目开展情况进行全面调研，及时发现问题并提出整改措施，督促相关单位改进管理，提高资金使用效益、加快财政专项执行进度。

加强对基本建设项目、政府采购项目招投标的廉政监督检查力度。院监审局 2007 年参与项目廉政监督 53 次，2008 年 43 次，院属各单位纪委监察部门参与项目廉政监督 102 次。通过全院纪检监察干部的共同努力，保证了基建项目、政府采购项目招投标在公开、公正、公平的原则下顺利进行。

审计工作紧密结合我院中心任务，坚持全面审计、突出重点的原则，不断拓宽审计监督的领域，在改善院、所两级管理，提高单位资金使用效益，加强党风廉政建设等方

面发挥了越来越重要的作用。2008 年完成所长任期经济责任审计 16 项。完成院本级基建项目审计 18 项，审计金额 20 770 万元，其中工程造价结算审计送审金额 3 412 万元，审减 186 万元。根据各研究所上报的基建项目审计情况，2008 年各研究所共进行基建项目审计 49 项，审计金额 16 302 万元，其中工程造价结算审计送审金额 4 919 万元，审减 427 万元。

五、重视信访举报工作，严肃查办违法违纪案件

重视信访举报工作，设立院长接待日、院长信箱，健全来信来访实名举报办理规定，畅通广大职工群众与院领导及机关各部门的联系渠道，广泛听取群众意见和建议。

坚持围绕中心、服务大局，从全局的角度思考和推进信访举报、查办案件工作。坚持集体讨论、民主决策制度，通过召开案情分析会，对信访举报工作中的重大问题进行认真讨论，保证了这项工作的政策性得到充分体现，针对性和时效性得到明显提高。坚持案件的分级管理，充分发挥研究所党委、纪委的作用，同时对重要问题进行督办。不断规范信访工作程序，使这项工作能更加适应我院实际和职工群众的要求。

认真查处违纪违法案件。我院 2007 年收到举报信件 42 件、2008 年 55 件。举报的内容涉及领导干部违反廉洁自律有关规定，以权谋私；基建和政府采购招投标违反有关规定；干部选拔任用、岗位聘任、职称评审中的不正之风；违反财务制度、财经纪律等各个方面，我们都进行了妥善处理。有 4 名所级领导干部、1 名专业技术人员受到了党纪政纪和组织处理。

同志们，近年来在中国农业科学院党组的领导下，我院的反腐倡廉工作取得了很大成绩。在充分肯定成绩的同时，也要清醒地认识到，我院党风廉政建设仍然存在一些薄弱环节。一是院属各单位党风廉政建设工作的开展不够平衡，有的领导干部存在重科研业务工作、轻党风廉政建设工作的倾向，干群关系不够和谐，对反腐倡廉工作的长期性、复杂性和尖锐性缺乏足够的认识，对自身和身边发生的不廉洁现象警觉性不高，要求和管理不严；二是少数领导干部、科研管理者坚持艰苦奋斗、勤俭节约的传统和作风不够，还存在铺张浪费、讲排场的现象；三是党内监督力度和党员领导干部自觉接受监督有待进一步加强，个别领导收入申报的数字与实际收入不符；四是有的单位财务管理特别是科研项目经费的管理与使用办法不够健全，个别单位财务管理制度不严，存在一些漏洞；五是个别单位在项目建设、土地开发、政府采购等过程中，按程序运作还不到位。这些问题和不足，都需要我们在今后的工作中努力解决和不断克服。

2009 年党风廉政建设和反腐败工作的重点

2009 年我院纪检监察审计工作要全面贯彻党的十七大、十七届中央纪委第三次全会和部、院党风廉政建设会议的精神，深入学习实践科学发展观，坚持标本兼治、综合

治理、惩防并举、注重预防的方针，坚决维护党的政治纪律，切实加强领导干部党性修养，改进工作作风，以改革的精神推进《工作规划》的全面落实。在2009年年初的党风廉政建设工作会议上，我们已经对今年的防腐倡廉工作进行了总体部署，下面我再强调一下今年的工作重点和工作要求。

一、坚决维护党的政治纪律，确保中央部署的贯彻落实

由于国际金融危机的影响，2009年是21世纪以来我国经济发展十分困难的一年，也是各类社会矛盾相对集中的一年，反腐倡廉建设的任务更加艰巨。面对复杂的国际国内形势，必须严明党的纪律，确保中央部署的贯彻落实。全院各单位党组织要深入开展政治纪律教育，促进党员干部增强政治意识、政权意识、责任意识和忧患意识，始终和中央保持高度一致，确保中央政令畅通。加强对政治纪律执行情况的监督检查。重点开展对落实科学发展观和国家在农产品安全、粮食增产增收、重大动物疫病的防控等方面重大科技项目执行情况的监督检查。严肃查处违反党的政治纪律行为，坚决纠正有令不行，有禁不止的现象。

二、切实加强领导干部党性修养，牢固树立和大力弘扬优良工作作风

胡锦涛总书记在中央纪委三次全会上的重要讲话，从党和国家事业发展全局和战略的高度，全面分析了当前反腐倡廉形势，明确提出了深入推进党风廉政建设和反腐败斗争的总体要求和主要任务，深刻阐述了新时期加强领导干部党性修养、树立和弘扬良好作风的重要性和紧迫性，是指导当前和今后一个时期党的作风建设和反腐倡廉建设的纲领性文件，广大党员干部特别是党员领导干部要认真深刻领会，全面贯彻执行。加强党性修养和领导干部作风建设，必须加强监督、严明纪律。要落实党内监督各项制度，充分运用民主生活会、谈话、诫勉、询问和质询等多种手段，督促领导干部改正作风方面的突出问题。要积极拓宽监督渠道，形成监督合力。要严肃查处那些因作风败坏引发的典型案件，开展警示教育。要通过建立有效地监督制约机制，及时发现和解决领导干部作风方面的苗头性问题，用纪律刹住歪风邪气，弘扬新风正气。

三、高度重视党风廉政建设和反腐败工作，严格落实党风廉政建设责任制

党风廉政建设责任制是推进廉政建设和反腐败斗争的一项基础性制度。各级党组织和党员领导干部要进一步增强政治责任感和工作紧迫感，切实履行好"一岗双责"，把党风廉政建设责任制抓实。

1. 抓好责任分解后的落实工作。目前，我院责任分解工作已有较好基础，每年都根据部、院党组的要求，对党风廉政建设的各项任务进行分工。但在实际工作中，有的

局落实的比较到位，有的局还需要进一步加强。2009年要求各局年初要有本单位的具体措施，年底前要向党风廉政建设工作领导小组作书面报告。

2. 探索党风廉政建设责任书制度。借鉴外单位的做法，拟实行党风廉政建设责任书制度，由院与下属单位签订责任书，下属单位与处（室）签订责任书。

3. 开展党风廉政建设责任制检查。学习农业部党风廉政建设责任制检查的经验，每年年度考核时，选择部分下属单位开展党风廉政建设责任制检查。

四、抓好党风廉政宣传教育工作

坚持以人为本，增强反腐倡廉教育的针对性。中国农业科学院作为科研事业单位，自身有不同于行政机关的特点，因此，纪检监察工作的重点应立足于宣传教育，在预防上下功夫。要以提高党员、领导干部和科研人员的思想水平和道德素质，增强拒腐防变能力为出发点，以树立马克思主义的世界观、人生观、价值观和正确的权力观、地位观、利益观为根本，广泛深入地开展遵纪守法教育、艰苦奋斗、廉洁勤政的优良传统和作风教育。继续推进廉政教育进课堂，在课时安排上予以保证。坚持运用正反两个方面的典型，强化对重点部门、关键岗位党员干部的廉洁自律教育，利用闭路电视、内部刊物、简报、局域网等多种形式加大宣传力度。要特别重视廉政文化建设，深入开展文明单位创建活动。大力宣传勤廉兼优的先进典型，使广大党员干部的廉洁意识得到进一步加强。

五、推进反腐倡廉制度建设和创新，进一步发挥制度的规范和制约作用

在推进惩治和预防腐败体系建设中，要始终坚持以改革统揽反腐倡廉各项工作，将制度建设贯穿于反腐败工作的各个方面和各个环节，积极推进制度改革和创新，制定出台一系列针对性和操作性强的制度规定，并注重抓好制度落实。

院属各单位、院机关各部门要按照2009年的工作计划和学习实践科学发展观整改方案的要求，抓紧各项制度的制定和落实工作，特别是要建立健全重大投资论证制度、重大投资领导班子集体决策制度和重大投资决策失误责任追究等基本制度的制定和落实工作。2009年，院里要进一步修订《中国农业科学院工作规则》等15份文件，起草制定《中国农业科学院运转费管理办法》等20多项新的管理制度。各级纪检监察干部要加强对已有规章制度落实和执行情况的督促检查，维护制度的严肃性和执行力。

六、加强对权力运行的制约和监督，加大从源头上预防和治理腐败的力度

认真执行党内监督条例，加强对领导干部执行民主集中制情况的监督，凡涉及重大决策、重要干部任免、重大项目安排和大额度资金使用，必须经集体讨论作出决定。加

强上级党委和纪委对下级党委及其成员的监督，加强党组织领导班子内部监督，主要负责人要自觉接受领导班子成员的监督。

加强对遵守《党政领导干部选拔任用工作条例》情况的监督检查，建立干部初始提名情况和推荐、测评结果在领导班子内部公开制度。对拟提拔的干部一律进行公示，接受群众的监督。对岗位设置、职称评审、收入分配、福利待遇等涉及职工群众切身利益的问题，要做到公正透明，注意保护弱势群体的利益。

要进一步加强对科研经费使用情况的监督力度，进一步规范财务管理，加强对财政资金和国有资产的监管，2009年要按照中办、国办《关于深入开展"小金库"治理工作的意见》和中纪委、监察部、财政部、审计署《关于在党政机关和事业单位开展"小金库"专项治理工作的实施办法》，认真开展好"小金库"专项治理工作。要加强对院、所办企业的管理，确保国有资产的保值增值。

要按照中国农业科学院两个招投标廉政监督规定的要求，加强对基建项目和政府采购招投标的廉政监督工作。院所两级纪委监察部门要按照监督的权限，切实负起责任，关口前移，全程参与。院监审局要加强对研究所招投标廉政监督的督导工作，这既是对我们事业负责，同时又是对干部本人最大的爱护。

七、重视内部审计工作，充分发挥审计监督职能

要按照审计署提出的"积极稳妥、量力而行、提高质量、防范风险"的原则，从以下几个方面着手，稳步推进审计工作深入开展。第一，各级领导要高度重视内部审计工作，提高单位领导、财务人员以及审计人员对内部审计工作重要性的认识，加强对审计工作的研究部署、组织领导、指导支持和督促检查。第二，准确定位内部审计功能，进一步明确审计工作职责和权限，采取切实可行的措施，强化审计效果，提高审计结果利用率。第三，要深化审计内容，加大查错防弊、揭示问题的力度，进一步发挥经济评价和内部控制功能。第四，要进一步完善审计制度，规范审计程序，加强现代化审计手段建设，提高审计效率，减少审计风险。第五，进一步树立服务意识，监督与服务并重。内部审计归根到底是一种内部管理行为，其监督、评价、控制职能都必须着眼于为我院研究所经济发展服务，把服务意识融于整个审计过程中，在做好监督的同时为领导提供可靠的决策依据。

八、继续保持查办案件的力度，维护党的纪律的严肃性

要重视信访举报工作，规范信访举报程序，对有违纪线索的举报要认真核实，对虽有违纪苗头但尚不构成违纪问题的，要通过谈话提醒予以警示，对确属诬陷的，要坚决澄清是非，保护干部干事创业的积极性。要重视矛盾化解工作，要按照《农业部办公厅关于在农业系统开展信访积案化解年活动的通知》精神，2009年5月底之前全面排

查，摸清情况，9 月底之前分解任务，集中化解，为科研事业的发展创造和谐的环境。

要继续保持查办案件的力度。根据我院的实际情况，重点查处在干部任免、课题经费管理、基建招投标、政府采购、成果开发、土地房屋出租转让、行政性收费中滥用职权、贪污贿赂、腐化堕落、失职渎职的案件。

要按照分级管理的原则，充分发挥各研究所党委纪委在信访举报和查办案件中的作用，明确责任。要加强对下属研究所查办案件的指导，必要时进行督办。要充分发挥查办案件的治本作用，总结近几年来信访举报反映的热点问题，分析案件发生的原因，进而教育警示干部，促进建章立制。对信访举报比较集中的单位领导同志，要由监审局、人事局，重要问题由院领导同志进行谈话提醒。

同志们，党风廉政建设和反腐败工作任重道远，让我们高举邓小平理论和"三个代表"伟大旗帜，坚持以科学发展观为统领，全面落实中央纪委三次全会精神，抓好《工作规划》的落实，为实现我院"三个中心、一个基地"的战略目标做出新的、更大的贡献！

罗炳文在中国农业科学院
党的建设和思想政治工作研究会
第五届理事会第二次会议上的工作报告

（2009 年 6 月 4 日）

各位理事、同志们：

　　中国农业科学院党的建设和思想政治工作研究会第五届理事会第二次会议是在全党全国深入学习贯彻党的十七届三中全会精神和今年"两会"精神，深入学习实践科学发展观，积极应对国际金融危机，努力保持经济平稳较快发展的形势下召开的，是在我院巩固扩大学习实践科学发展观活动成果，认真贯彻 2009 年院工作会议，深入推进农业科技创新，促进我院各项事业科学发展，认真贯彻今年党的工作会议，加强党的建设，保证我院科学发展的形势下召开的。

　　会上，我们传达了全国机关党的建设工作会议精神，重点学习了习近平同志关于党员干部要作高举旗帜、坚定理想信念的表率，要作服务大局、推动科学发展的表率，要作转变作风、服务基层的表率，要作改革创新、保持先进性的表率的讲话精神；学习了李源潮同志关于党建工作要把围绕中心、服务大局作为根本要求，要把理论武装作为首要任务，要把激发党员干部工作的积极性作为着力点，要把健全落实党建工作责任制作为重要保障的讲话精神，希望我们各单位党组织负责人回去后把全国党建工作会议精神和农业部危朝安副部长的讲话精神传达到各级党组织中去。

　　昨天上午，翟虎渠院长就党的建设问题作了重要讲话，为我们进一步加强党建和思想政治工作、开展这方面研究增强了责任感与使命感，也为"两研会"的工作和我院党的建设指明了方向，我们回去后要认真贯彻落实。植物保护所等 5 个研究所就"实行院所长负责制的农业科研院所发挥基层党组织、党员作用"作了交流发言，各有侧重，观点鲜明，思想深刻，他们的做法、经验和研究成果为我们全院各单位深化研究，进一步加强党的建设，充分发挥党组织、党员作用，促进院所科学发展具有很重要的参考价值。昨天下午四个组的讨论，气氛热烈，内容深刻，刚才各组召集人总结汇报荟萃了各组讨论的精华，这也是各组集体智慧的结晶。这次会议时间很短，内容充实，形式活跃，务实高效，收获颇丰，达到了预期目的。

　　下面，我受第五届理事会的委托，向大会作工作报告。

一、一年来的主要工作

2008 年 4 月青岛会"两研会"新一届理事会成立以来，在院党组的领导下，在中央国家机关党的建设研究会的指导和各位理事的大力支持下，中国农业科学院党的建设和思想政治工作研究会坚持以邓小平理论和"三个代表"重要思想为指导，深入贯彻落实科学发展观，坚持围绕中心、服务大局，按照研究会章程和工作部署，紧密结合我院党建工作和农业科研院所实际，认真做好课题研究和自身建设，为推进我院党建和思想政治工作发挥了积极作用。

（一）围绕中心任务，明确研究主题

根据"两研会"理事会工作安排，紧密结合我院工作实际，明确了三个方面的重点研究内容：一是如何以改革创新的精神进一步做好我院党建工作，不断增强基层党组织的凝聚力和战斗力；二是结合我院发展的新形势、新任务和新要求，探索进一步做好思想政治工作、构建和谐院所的途径和方法；三是探讨深入推进创新文化建设思路，营造激励创新的文化氛围，促进我院多出成果、出人才。各理事单位对课题研究非常重视，积极响应，各单位都选报了课题。研究会秘书处根据课题选报情况，分了四个课题组。这次会议进一步明确了分组人员和组长，为各组开展课题研究打下了基础。

（二）精心组织，抓好重点课题研究

根据院"两研会"课题研究安排，院直属机关党委今年将关于"实行院所长负责制的农业科研院所党组织、党员发挥作用研究"作为重点研究课题。这个研究课题得到了院党组的充分肯定和支持。院直属机关党委和院"两研会"秘书处已多次召开会议研究课题开展工作。目前，已成立了以机关党委为主体的课题组，明确了课题报告的起草组成员，完成了课题报告框架、课题调研方案、课题调研提纲、课题调查问卷等材料，目前已经去了植物保护研究所、油料所等单位开展调研，调研采取座谈、个别访谈、问卷调查等多种形式进行，下一步调研工作还要在我院有关单位继续开展。各单位要根据"两研会"的安排，积极开展课题研究，有的单位就这一课题提交了论文。在这次会议又深入开展研讨，提出了很多很好的想法和建议。

（三）深入开展创新文化建设研究

去年各单位党组织认真贯彻 2008 年青岛创新文化建设工作会议精神，大力推进创新文化建设工作，创新文化建设工作机制不断健全，创新文化理念更加深入人心，创新文化建设取得新的成效，与此同时，对创新文化建设研究也取得了新的进展。

一是人事局承担并完成了《中国农业科学院职工守则》的研究和起草工作，科技局承担并完成了《中国农业科学院科技人员道德准则》的研究和起草工作。两个局的领导特别是党组成员贾连奇局长和科技局王小虎局长高度重视《守则》、《准则》的起草工作，亲自部署，组织人员，深入调研，并且到有关的科研单位如中国科学院了解有关情况，充分酝酿，广泛征求意见，反复修改，最终完成了《守则》、《准则》，并已报院党组审定通过，发文实施。《守则》、《准则》的颁布，使我院建院50多年来第一次有了我院的职工守则和科技人员道德准则，也是近几年来我院开展创新文化建设的重大成果；二是完成了《我院创新文化建设与创新团队能力建设研究》报告，并获得中央国家机关2008年度调研报告优秀奖；三是各理事单位认真落实青岛创新文化建设工作会议精神，在创新文化建设原有成果的基础上，积极开展关于创新文化建设中理念文化、标识文化、制度文化、园区文化的研究工作，并且把研究成果及时应用，进一步推进了创新文化建设的深入开展；四是直属机关党委认真讨论研究提出了《中共中国农业科学院党组关于深入推进创新文化建设的若干意见》，并且要在这次理事会上进行认真深入的讨论。会后直属机关党委认真修改后，将提请院党组审议，通过后印发实施。

总结一年来的工作，我们深深体会到，做好我院党建与思想政治工作研究：一是必须坚持以科学发展观为统领，牢牢把握我院党建与思想政治工作研究的正确方向；二是必须围绕农业科研中心工作，紧密结合我院党建工作的实际，有针对性地开展课题调研；三是必须建立运转有效的课题调研工作机制，做到有布置、有落实、有交流、有运用；四是必须加强对研究工作的组织领导，充分发挥各理事的作用；五是必须依靠各理事单位的大力支持和积极参与，充分发挥大家的积极性、主动性和创造性，共同推进我院党建与思想政治工作研究。

在肯定成绩的同时，我们也要看到工作中存在的不足，主要是有些课题研究还不够深入，各理事单位的研究工作开展的还不平衡，部分调研报告的质量和水平还有待提高等。这些需要我们在今后的工作中认真加以改进。

二、今明两年的工作安排

当前一个时期是深入贯彻落实科学发展观、全面推动党建工作的重要时期，为此，我们要按照研究会工作安排，下大力气加强我院党建和思想政治工作研究，紧紧围绕服务"三农"工作大局，紧密结合我院中心工作和党建研究工作实际，对我院党建工作中的重点、难点、热点问题进行研究，增强研究的思想性、理论性、前瞻性和针对性，提高研究成果的转化运用能力，努力开创我院党建和思想政治工作研究新局面。

（一）深入开展调查研究，努力多出研究成果

开展调查研究工作是研究会工作的基础。只有积极开展研究活动，研究会才能有活力；只有抓住重大问题深入研究，研究会才能有作为。我院党的建设和思想政治工作研究会就是要围绕贯彻落实中央关于推进党的建设这个新的伟大工程的指导思想、目标要求、工作方针和总体部署，结合党的建设的思想认识和实际工作，立足当前，面向未来，善于抓住面临的重大问题开展调查研究。根据"两研会"工作安排，对上一年度三个方面研究内容进行梳理，院"两研会"今明两年主要围绕以下三个重点方面开展课题研究。

一是实行院所长负责制的农业科研院所党组织、党员作用发挥研究。这是第一组的研究内容。当前，研究实行院所长负责制的农业科研院所如何发挥党组织、党员作用，是以党的十七大精神为指导，贯彻落实科学发展观的必然要求，也是充分发挥农业科研院所在建设创新型国家中应有作用的重要举措。各位理事要结合《党章》和新时期对党组织、党员的要求，认真总结在院所长负责制的体制下，研究所发挥党委政治核心作用、党支部战斗堡垒作用、党员先锋模范作用的成功经验，深入探讨制约党组织、党员作用发挥的问题和原因，研究提出如何更好地发挥党组织、党员作用的建议和对策。

二是深入开展我院创新文化建设对策研究。这是第三、第四组的研究内容。我院创新文化建设经过近3年实践，已取得阶段性成果。但是总体发展还不平衡，创新文化工作还不够深入。如何深化创新文化建设，将是摆在我们面前的一个重要课题，院"两研会"要充分发挥研究作用，在广泛调查研究的基础上，提出解决这一问题的对策和建议。特别是要在如何进一步总结提炼我院核心价值观，进一步完善创新文化体制机制上面下功夫，在如何应用已有文化成果等方面做出努力。

当前《中国农业科学院职工守则》和《中国农业科学院科技人员道德准则》已经发布实施，怎么样使《守则》、《准则》深入人心，形成人人学习、人人遵守《守则》和《准则》的良好氛围，希望各研究所展开深入研究，把这项工作开展起来。院机关准备采取召开干部大会、在院网、院报发布信息等方式宣传《守则》、《准则》，各理事单位可以根据实际，进行宣传。

三是提高思想政治工作成效研究。这是第二组的研究课题。新世纪新阶段，随着体制改革的不断深入，干部职工的思想观念也发生了深刻变化。2009年是新中国成立60周年，西藏实行民主改革50周年、新疆和平解放60周年、澳门回归祖国10周年，还是平息1989年政治风波第20个年头、取缔"法轮功"邪教组织第10个年头，今年重大活动多、敏感节点多，思想政治工作任务艰巨，加强思想政治工作研究，提高思想政治工作成效显得尤为重要。大家要通过调研，及时了解掌握和认真研究分析党员干部的思想状况，提出解决的对策、方法；积极探索如何进一步加强教育引导、理论武装，如何推进社会主义核心价值观体系建设，深入开展理想信念教育；同时，要研究如何做好

人文关怀和心理疏导工作，引导党员干部用和谐的方法、和谐的思维方式认识事物、处理问题。

为顺利完成课题研究工作，要重点把握好以下四个方面。

一是要把握正确的指导思想。我们开展党建和思想政治工作研究，要坚持以中国特色社会主义理论为指导，深入贯彻落实科学发展观，紧密联系党的中心工作，联系改革、发展、稳定的大局，积极探索加强党的建设和思想政治工作的新途径。

二是要树立求实创新的科学态度。研究贵在求实创新。我们的研究必须根据客观情况的发展变化，以实事求是的科学态度，不断进行探索和创造。我院广大党员干部和党内外群众每天都在创造着新的事物和经验，我们要尊重他们在实践中的创造，注意总结、研究，使之上升为理性认识。这样，我们的研究活动才能有所前进、有所提高、有所创新，党的建设和思想政治工作才能得到更好的加强。

三是要坚持理论联系实际。理论研究工作具有很强的理论性和前瞻性，但总是与实践紧密相关。当前，我院党的建设和思想政治工作遇到的一些新情况、新问题，加强调查研究是非常必要的。各单位承担党建和思想政治工作研究的同志要结合各自单位实际，深入到科技创新的实践中去，深入到各个党支部、各个课题组中去，了解实情，听取意见，收集大量可靠的资讯。同时，深入开展调查研究，还要精心设计好调研题目，要在充分酝酿的基础上，结合院所发展的实际和特点，选准那些影响我院长远发展的重大问题展开调查研究。通过开展富有特色的课题研究，努力研究新情况，解决新问题，总结新经验，探索新规律，积极推进我院党建和思想政治工作理论与实践的创新与发展。

四是要运用灵活多样的活动方式。根据研究会《章程》规定，我们将每年召开一次或者每两年召开一次全体理事会议。理事会议闭会期间，我们既要集中精力搞好全院范围内的研究，又要鼓励和支持大家组织开展一些小型的、小范围的、灵活多样的调研活动。翟虎渠院长在 2008 年研究会理事会换届大会上提出，研究会可以分组进行活动。根据翟院长的指示精神，我们分成四个课题组开展有关调研。各理事单位应针对本单位关注的重点问题开展研究。研究会秘书处将在去年各理事单位自己选报课题的基础上，加大对各小组活动的协调，确保小组活动灵活有效，从而使研究会的研究活动更活跃，更有生气，更加有实效。

（二）加强研究成果交流，重视研究成果转化

为使各理事单位形成研究合力，实现成果共享，提升研究水平，必须加强研究成果交流。要在全体理事会议或小组研讨会上进行交流，与会人员就交流内容展开讨论，取长补短，深化认识，达到互相启发、互相提高的目的；要通过理论刊物和宣传媒介开展交流，加大调研成果的宣传力度。为了加强研究成果的交流，使有价值的研究成果有一个发表的阵地，院"两研会"秘书处已对研究会会刊进行改版，相关栏目和版式也作

进一步调整，希望各单位理事踊跃投稿。

研究的目的在于应用，我们的研究成果如果不能服务科研，不能指导实践，研究就毫无意义。所以，我院党建和思想政治工作研究必须围绕中心、服务大局，把研究工作自觉融入到完成院所确定的各项战略任务中去，使研究成果能够用得上，用的实。我院党建和思想政治工作研究成果转化应主要体现在两个方面：一是重大的研究成果要向上级有关部门反映，为有关部门制定政策提供科学决策参考依据；二是应及时将研究成果提供给本单位的领导参考，努力将研究成果转化为院所的具体政策和行动，真正达到以研究促发展的目的，从而更好地为单位的科研、管理服务。

（三）加强自身建设，夯实研究会工作基础

搞好党建与思想政治工作研究，不断提高研究工作的整体水平，就要切实加强自身建设。一是要加强自身学习，提高研究能力。当前我们要把学习中国特色社会主义理论和深入学习实践科学发展观作为首要任务，深刻领会以改革创新精神全面推进党的建设新的伟大工程和构建社会主义和谐社会的重大意义，自觉用马克思主义中国化的最新成果武装头脑，用社会主义核心价值观规范思想、道德和行为。同时，要努力学习与农业科技相关领域的知识，主动适应新时期"三农"工作对党的建设和思想政治工作研究跨学科、多领域拓展的客观需要，不断提高课题研究的质量；二是要加强组织建设，提高服务水平。要健全组织机构，进一步明确理事会和会长、常务副会长、副会长、理事、秘书长和副秘书长的工作职责和责任、义务，充分发挥我院党的建设和思想政治工作研究会在我院党建工作中的优势，把研究工作做好；三是各组长要负起责任，积极组织本组开展形式多样的研究活动，加大交流力度，提出建议和对策，做好推选本组优秀论文等各方面工作；四是研究会秘书处要加强与各理事和各组组长的联系，做好服务工作，不断创新工作方式方法，加强课题调研的组织协调工作和宣传工作，充分调动各方面的积极性和主动性，不断把研究工作推向新的层次和更高的水平。

同志们，中国农业科学院党的建设和思想政治工作研究会第五届理事会第二次会议就要结束了。我院党建研究工作任务繁重，使命光荣。让我们紧密团结在以胡锦涛同志为总书记的党中央周围，深入贯彻落实科学发展观，以科学的态度、创新的精神、务实的作风，扎扎实实开展好研究工作，努力取得一批高质量的研究成果，为全面推进我院党的建设做出新的更大贡献，以优异的成绩迎接新中国成立60周年。

坚持以科学发展观为统领
努力做好我院纪检工作

——中共中国农业科学院直属机关纪律检查委员会工作报告

中国农业科学院监察局局长　　张逐陈

受中国农业科学院直属机关纪律检查委员会委托，现就我院直属机关纪委 2008 年工作情况和 2009 年主要工作向大会报告如下。

2008 年工作回顾

2008 年，在院党组、部直属机关纪委和院直属机关党委的领导下，院直属机关纪委及京区各级纪检组织坚持以邓小平理论和"三个代表"重要思想为指导，以科学发展观为统领，围绕院"三个中心、一个基地"的战略目标，深入贯彻落实党的十七大、十七届三中全会、十七届中央纪委第二次全会精神，按照部、院廉政建设工作会议要求，努力落实党风廉政建设责任制，着力抓好以惩防体系建设为重点的反腐倡廉建设，为我院又好又快发展提供了坚强保证。

一、认真部署，全面推进反腐倡廉工作

2008 年年初，中央纪委二次全会召开后，我院立即组织召开了院 2008 年党风廉政建设工作会议，传达中央纪委二次全会的主要精神，各级领导对做好 2008 年纪检工作作了重要指示。部直属机关纪委书记陶永平同志和我院党组全体成员、院属各单位领导班子成员、京内专兼职纪检监察干部共 130 多人参加了会议。这次会议的召开为 2008 年全院纪检工作的开展形成良好开局。农业部 2008 年党风廉政建设工作会议召开后，我院及时成立了院党风廉政建设工作领导小组，根据我院党风廉政建设和反腐败工作面临的新情况和新问题，进一步明确工作重点，理清工作思路，将任务层层分解，落到实处。院属各单位和机关各部门党组织高度重视党风廉政建设工作，及时传达部、院廉政会议精神，自觉把党风廉政建设和反腐败工作寓于各项业务工作中，为各项事业可持续发展创造良好的环境，为全面履行农业科研部门职责提供了坚强的政治保证。

二、加强学习，深入开展廉政文化宣传教育活动

我院在开展创新文化建设中，积极推进廉政文化建设，制定了《中国农业科学院廉政文化建设方案》。2008 年，各级纪检组织认真组织广大党员进一步学习《党章》、《中国共产党纪律处分条例》、《中国共产党党内监督条例（试行）》等文件，组织党员领导干部重点学习胡锦涛总书记在中央纪委二次全会上的重要讲话，不断增强党性观念和廉政意识，筑牢思想政治防线。院直属机关纪委通过组织参观北京监狱警示教育基地、网上宣传政策法规、在院闭路电视播放中纪委组织制作的《每月一课》警示教育片等方式，营造"以廉为美、以廉为乐、以廉为荣、以贪为耻"的廉政文化风尚，增强广大党员干部的拒腐防变意识。

三、高度重视，认真贯彻落实《建立健全惩治和预防腐败体系 2008～2012 年工作规划》

一是组织各单位负责人参加农业部组织的学习《建立健全惩治和预防腐败体系 2008～2012 年工作规划》（以下简称《工作规划》）的培训；二是召开学习贯彻《工作规划》辅导报告会，邀请中央纪委法规室监察法规处周鹏飞处长作辅导报告。院党组书记薛亮主持会议并讲话，院长翟虎渠等院领导以及京内所领导班子成员、纪检监察干部、院机关处级以上干部参加了辅导报告会；三是积极参与中央纪委主办的《工作规划》知识竞赛，院属京区单位处以干部 385 人参加了知识问答；四是制定了《中国农业科学院党组贯彻落实〈建立健全惩治和预防腐败体系 2008～2012 年工作规划〉的实施办法》，分解任务，细化措施，明确责任。

四、齐抓共管，全面落实党风廉政建设责任制

一是层层抓落实。制定《中国农业科学院贯彻落实 2008 年反腐倡廉工作任务的分工意见》，把反腐倡廉各项任务分工到部门，部门制定方案落实到人，一级抓一级，把反腐倡廉各项工作真正落在实处。

二是党政齐抓共管。各单位主要领导带头抓，其他领导协同抓，具体部门任务落实，将科研、管理工作与党风廉政建设一同部署，一同落实。

三是与年终考核和创建文明单位活动紧密结合。把落实党风廉政建设责任制纳入各单位年度工作的重要内容，作为单位领导班子年终考核述职的重要内容和考核的重要指标，也作为评选文明单位的重要标准。

五、突出重点，狠抓领导干部廉洁自律

在检查院廉政建设工作会议精神落实情况时，重点对领导干部是否违反规定收受现金、有价证券、支付凭证和收受干股，是否在住房上以权谋私，是否违规插手经济活动谋取私利等五个方面的问题进行认真检查。同时向领导班子和领导干部强调认真执行"三谈两述"和询问、质询制度、领导干部个人重大事项报告制度、党风廉政建设责任追究制度的严肃性。2008 年度，全院各单位领导干部述职述廉 541 人次，领导干部任前廉政谈话 125 人次，党员领导干部报告个人有关事项 463 人次，主动上交礼金和有价证券合计 4.34 万元。

六、强化监督，规范政府采购和基建项目招投标工作

为加强对招投标工作的监督检查力度，出台了《中国农业科学院政府采购项目招投标廉政监督办法（试行）》和《中国农业科学院基本建设项目招投标廉政监督办法（试行）》，从廉政监督实施的主体和权限、监督的方式和内容、监督的程序、责任追究、监督人员的廉政纪律等方面对我院招投标监督工作进行了规范。规定 600 万元以上的基建项目和 300 万元以上的货物或服务类项目招标，由院监审局监督，该限额以下的由院属单位的纪检组织或监察干部进行监督。2008 年，我院基建项目和预算资金政府采购公开招标 145 次，共涉及项目资金 61 831 万元。由院本级纪检监察人员参与的项目廉政监督 43 次，设计金额 29 643 万元。

七、分级负责，进一步加大查办案件力度

2008 年我院共收到信访举报材料 55 件（含重复件 11 件），反映的问题主要有：①领导干部涉嫌违反廉洁自律相关规定的 12 件，占总数量（不含重复件）的 27%；②在基建项目和政府采购项目招投标过程中违规或不规范的 9 件，占总数量的 20.9%；③涉及岗位招聘、职称评审、劳资关系等人事问题的 9 件，占 20.9%；④其他问题，如涉及剽窃、作假、房补等 14 件，占总数量的 31.8%。

其中，由院纪检监察部门调查或协助调查核实的 20 件（其中协助驻部监察局立案处理 1 件，给予党纪政纪处分 2 人），转院机关其他部门办理的 6 件，转有关研究所办理的 5 件，正在调查核实的 5 件，领导批示暂存 8 件。

总体来说，2008 年，我院的纪检工作着重于抓党风廉政建设，结合我院实际，针对人事、科研、财务及招投标等工作中的关键部位、薄弱环节，强化制度规范，不断提高反腐倡廉的制度化水平，并形成了一级抓一级、层层抓落实的领导体制和工作机制。一年来，直属机关纪委在工作中注重提高教育的说服力、制度的约束力、监督的威慑

力，广大党员和领导干部廉政意识进一步增强，工作作风进一步转变，综合素质进一步提高，为构建现代、文明、和谐院所提供了有力保证。

在肯定成绩的同时，也要清醒地认识到，我院纪律检查工作还存在薄弱环节。如有的单位落实党风廉政建设责任制还有差距，工作的效果不够明显；有的反腐倡廉制度体系建设不够完善；有的财务管理制度执行不严，预算执行不规范现象还有发生；有的研究所自行组织的招投标工作还不够规范。对此，我们必须高度重视，在今后的工作中切实加以研究改进。

2009 年工作任务

2009 年，中国农业科学院直属机关党的纪检工作的总体要求是：坚持以科学发展观为统领，按照十七届中央纪委第三次全会精神和部、院廉政建设工作会议精神，坚持标本兼治、综合治理、惩防并举、注重预防的方针，以完善惩治和预防腐败体系为重点，以改革创新精神抓好《中国农业科学院党组贯彻落实〈建立健全惩治和预防腐败体系 2008~2012 年工作规划〉的实施办法》的落实，紧紧围绕院"三个中心、一个基地"的战略目标，把党风廉政建设寓于各项工作之中，为我院科技创新和各项事业又好又快发展提供坚强保证。

一、全面贯彻十七届中央纪委第三次全会精神，不断增强做好反腐倡廉工作的自觉性和坚定性

学习贯彻胡锦涛总书记重要讲话和十七届中央纪委第三次全会精神是当前和今后一个时期纪检工作的重要政治任务，必须按照中央和部、院党组的部署，认真抓好落实。

一是将学习胡锦涛总书记重要讲话和中央纪委第三次全会精神纳入党委理论学习中心组、党（总）支部和党员学习计划。各级纪检组织和纪检干部带头学习，深刻领会，明确任务要求，配合党组织认真抓好党员干部的学习，切实把思想统一到中央对反腐倡廉建设的指导思想、基本要求、工作原则和主要任务上来，进一步增强广大党员干部廉洁从政的自觉性和坚定性。

二是要结合本单位的中心工作和党员干部队伍实际，提出贯彻落实十七届中央纪委第三次全会精神的思路和具体措施。要把学习贯彻十七届中央纪委第三次全会精神，与深入学习实践科学发展观紧密结合起来，与贯彻落实党的十七届三中全会精神、部院两级廉政建设工作会议精神结合起来，切实用反腐倡廉的最新理论成果指导实践，着重在围绕中心、服务大局上下功夫，在源头治腐、制度建设上下功夫，把我院的反腐倡廉建设不断引向深入。

二、加强党性修养，进一步推进领导干部作风建设

坚强的党性和优良的作风是贯彻落实科学发展观的重要保证。各级纪检组织要认真履行职责，积极协助党组织加强领导干部党性修养，进一步推进领导干部思想作风、学风、工作作风、领导作风和生活作风建设。

要促进领导干部加强党性修养。引导党员干部通过党性修养，着力增强宗旨观念，提高实践能力，强化责任意识，树立正确的政绩观、利益观，增强党的纪律观念，发扬艰苦奋斗精神，努力做到政治坚定、作风优良、纪律严明、勤政为民、恪尽职守、清正廉洁，充分发挥模范带头作用。

要改进领导干部作风。把加强领导干部作风建设作为促进科学发展观的重要切入点，认真落实"八个坚持、八个反对"，大力提倡八个方面的良好风气，促进领导干部作风进一步转变，切实做到为民、务实、清廉。加强对领导干部作风建设情况的监督检查，把学习贯彻胡锦涛总书记重要讲话精神、解决领导干部党性与作风方面存在的突出问题，作为2009年党员领导干部民主生活会和落实党风廉政建设责任制检查的重要内容，着力解决宗旨意识不强、理论和实际脱节、责任心和事业心不强、政绩观不正确、个人主义严重、纪律观念淡漠等问题，进一步增强领导干部的责任感。

要加强机关作风建设。发扬求真务实精神，大兴求真务实之风，坚决反对形式主义、官僚主义，认真解决作风漂浮、推诿扯皮等问题。大力发扬艰苦奋斗精神，坚决执行中央有关厉行节约、反对铺张浪费的规定，规范公务接待和领导干部职务消费行为，严禁用公款大吃大喝、出国（境）旅游和进行高消费娱乐活动，以良好的党风带政风。

三、深入开展党风廉政教育，不断提高党员领导干部的拒腐防变能力

2009年，党风廉政教育的重点，是加强中国特色社会主义理论体系教育和党风党纪教育，着力打牢党员干部拒腐防变的思想政治基础。

一是结合国庆60周年、建党88周年等重大活动，配合党组织深入开展中国特色社会主义理论体系教育和党性党风党纪教育，引导党员干部认真学习并严格遵守党章，坚定理想信念，增强立党为公、执政为民的自觉性和坚定性，做到讲党性、重品行、作表率。把反腐倡廉教育列入党员干部教育培训规划，在领导干部任职培训、干部在职岗位培训中开展廉政教育。

二是以树立正确权力观为重点，开展示范教育、警示教育和岗位廉政教育，不断提高党员干部拒腐防变的意识和能力。把反腐倡廉教育同社会公德、职业道德、家庭美德和个人品德教育结合起来，大力推进廉政文化建设，努力营造浓厚的"以廉为荣、以贪为耻"的文化氛围，使领导干部自觉做到遵纪守法和廉洁从政、廉洁从业。

三是认真抓好领导干部廉洁自律各项规定的贯彻落实。严禁领导干部违反规定收送

现金、有价证券、支付凭证和收受干股等行为，落实领导干部配偶及子女从业、投资入股、到国（境）外定居等规定和有关事项报告登记制度。严禁领导干部相互请托，违反规定为对方的特定关系人在就业、投资入股、经商办企业等方面提供便利，谋取不正当利益。

建立教育长效机制，把反腐倡廉教育贯穿于领导干部的培养、选拔、管理、任用等各个方面。把中国特色社会主义理论体系和反腐倡廉理论作为领导干部理论中心组学习的重要内容。继续努力创新廉政教育的有效形式，营造良好的廉政文化氛围。

四、强化监督工作，推进党风廉政建设责任制落实

要充分发挥监督作用，有效防止权力失控、决策失误和行为失范。要以改革创新的精神，抓好《中国共产党党内监督条例（试行）》、《中国共产党纪律处分条例》等制度的贯彻落实，探索实施有效监督的途径和方式，研究具体的监督措施和办法。

一是严格执行党风廉政建设责任制。各级纪检组织要协助党组织把党风廉政建设责任制与业务工作一起部署、一起落实、一起总结，认真落实"一岗双责制"，形成一级抓一级、层层抓落实的良好局面。要紧紧围绕责任分解、责任考核、责任追究等关键环节，加大对责任制落实情况的检查、考核和追究力度。

二是认真贯彻执行《中国农业科学院党组贯彻落实〈建立健全惩治和预防腐败体系2008～2012年工作规划〉的实施办法》。应从实际出发，紧紧抓住我院惩治和预防腐败体系建设中的重点难点问题，采取得力措施，增强有效性。要建立科学的责任考核评价标准，把贯彻落实《工作规划》情况纳入党风廉政建设责任制和领导班子、领导干部考核评价范围，作为工作实绩评定和干部奖惩的重要内容，加强对贯彻落实《工作规划》情况的监督检查，同时认真分析贯彻落实中出现的新情况、新问题，积极研究对策措施，加强领导，推动工作。

三是完善监督约束机制，加大从源头上预防和治理腐败的力度。要积极配合有关部门加强对领导机关、领导干部特别是各级领导班子主要负责人的监督，真正使权力在阳光下运行。提高民主生活会质量，严格执行述职述廉、诚勉谈话、函询和党员领导干部报告个人有关事项等制度。要积极配合有关部门加强对干部选拔任用、财政资金使用以及基建项目招投标、政府采购招投标等关键环节、重点领域的监督，保证领导干部正确行使权力。要进一步规范招投标监督工作，院属各级纪检组织要参与到此项工作中来，做好限额内的监督工作。

五、继续保持查办案件工作力度，发挥案件查处的治本功能

要从维护党员群众的根本利益出发，严格依法依纪办案，严肃查处违纪违法案件。一是严肃查处违纪违法案件。针对我院工作实际，严厉查处在干部任免、预算资金

管理、基建招投标、政府采购、科技开发、土地房屋出租转让、行政事业性收费中滥用职权、贪污贿赂、腐化堕落、失职渎职等各类案件。充分发挥各级党委、纪委作用，明确责任，对发生在身边的大型案例，要深入剖析原因，深刻总结教训，堵塞漏洞，发挥查办案件的治本功能。

二是加强查办案件的管理。要认真执行关于严格依法依纪查办案件的规定，坚持重事实、重证据、重程序，正确运用党内法规、国家法律法规和政策，严格案件检查、审理和党纪处分程序，确保办案质量。

三是做好信访举报工作。健全来信来访实名举报办理规定，完善督办机制，对实名举报实行反馈和回复制度。加强对下级纪检组织办理信访举报件情况的督促和指导。

六、践行科学发展观，切实加强纪检干部队伍建设

要适应新形势、新任务的变化，以改革创新精神加强自身建设，努力提高中国农业科学院纪检工作能力和水平，切实全面履行职责。

一是加强纪检干部队伍建设。要通过深入学习实践科学发展观活动，切实加强我院纪检干部队伍建设。广大纪检干部要加强政治和业务知识学习，带头加强党性修养、树立和弘扬良好作风，切实做到政治坚强、公正清廉、纪律严明、业务精通、作风优良，树立纪检干部可亲、可信、可敬的良好形象。

二是发挥纪检组织职能作用。要建立健全纪检组织工作规则，严格执行党的工作程序和纪检工作程序，完善纪委会工作规则。坚持围绕中心、服务大局，全面履行"保护、惩处、监督、教育"职能。进一步加强分类指导，对重点单位进行督促检查，推动党风廉政建设和反腐败工作深入开展。

同志们，2009 年，我们要高举中国特色社会主义伟大旗帜，全面落实科学发展观，紧紧围绕我院"三个中心、一个基地"的战略目标，突出农业科研单位特色，扎实工作，开拓创新，为开创我院党风廉政建设和反腐败工作的新局面，为我院的改革、发展和稳定做出新的贡献！

十、人物介绍

新中国成立60周年"三农"模范人物

新中国成立60年来，中国农业科学院的科技工作者肩负科技兴国、科技兴农的重任，在党的领导下与全国人民一起艰苦奋斗，开拓创新，勇攀科技高峰，为我国"三农"发展做出了极大贡献。在2009年中华人民共和国60华诞之际，我院丁颖等10位科技工作者获得"新中国成立60周年'三农'模范人物"荣誉称号。他们是中国农业科学院的杰出代表，是中国农业科学院广大科技工作者严谨求实、潜心科研、勇于创新的集中体现。为进一步凝炼和弘扬中国农业科学院精神，进一步营造求实创新、奋发有为的良好风尚，激励广大农业科技工作者团结协作、勇攀高峰，现介绍这10位"三农"模范人物。

丁 颖

丁颖（1888～1964）男，广东高州人，著名农业科学家、教育家、水稻专家，中国现代稻作科学主要奠基人，农业高等教育先驱。1955年当选为中国科学院学部委员（院士）。历任中山大学农学院和华南农学院院长、教授，中国农业科学院首任院长。曾任前民主德国农业科学院和全苏列宁农业科学院通讯院士、前捷克斯洛伐克农业科学院荣誉院士。曾当选为第一、第二届全国人民代表大会代表，首届中国科学技术协会副主席，第一、第二届广东省政协副主席。

从事稻作科学研究、农业教育事业40余年，其主要成就在于运用生态学观点对中国栽培稻种的起源、演变、分类，稻作区域划分，农家品种系统选育以及栽培技术等进行了较系统的研究；将中国稻作区域划分为地域分明、种性清楚的6个稻作带，并指出温度是决定稻作分布的最主要生态因子指标，在国际上首次将野生稻抗御恶劣环境的种质转育到栽培稻种中，育成的"中山1号"水稻品种在生产上应用达半个世纪；选育成水稻优良品种60多个，创立了水稻品种多型性理论，为品种选育、良种繁育和品种提纯复壮工作奠定了理论基础。

在国内外发表学术论文140多篇，这些论文已由中国农业出版社出版《丁颖稻作论文选集》，其中《中国栽培稻种的起源及其演变》、《中国水稻品种对光温反应特性的研究》、《水稻分蘖、幼穗发育的研究》荣获1978年全国科学大会奖。此外，还主编了《中国水稻栽培学》等著作。他用毕生的精力为我国农业教育和科技事业的发展做出了卓越的贡献，曾被周恩来总理誉为"中国人民优秀的农业科学家"。2009年被授予新中国成立60周年"三农"模范人物荣誉称号。

在数十年的科研路上，他身体力行地体现着矢志为民、务实求真、身教以德、敬业乐群的精神，并实现了自己"为农夫温饱尽责尽力"的誓言，成为蜚声国内外农业科技界的"中国稻作之父"……

金善宝

金善宝（1895～1997）男，浙江诸暨人，著名农学家、教育家。1920年毕业于南京高等师范农业专修科，1926年毕业于东南大学农学系，1930年赴美留学，在康奈尔大学和明尼苏达大学研究遗传育种。1955年当选为中国科学院学部委员（院士）。曾任全苏列宁农业科学院通讯院士、美国农业服务基金会永久荣誉会员。历任前中央大学教授兼农艺系主任，南京大学农学院院长，南京农学院院长，华东军政委员会农林部副部长，南京市副市长，中国农业科学院副院长、院长、名誉院长，第一届至第六届全国人民代表大会代表，九三学社中央副主席、名誉主席，中国科学技术协会副主席，中国农学会副理事长、名誉会长。

作为我国小麦科学研究的奠基人，培养了几代农业教育、科研和生产管理人才。早期育成的"南大2419"、"矮立多"等小麦优良品种，最大年种植面积达467万多公顷；发现并定名了我国独有的普通小麦亚种——云南小麦。主编的《中国小麦栽培学》、《中国小麦品种志》、《中国小麦品种及其系谱》和《中国农业百科全书·农作物卷》等专著，集中反映了新中国成立以来作物科学、特别是小麦科学的发展与成就。《中国小麦品种及其系谱》获农牧渔业部科技进步一等奖和全国优秀科技图书一等奖，其论文汇编为《金善宝文集》。2009年被授予新中国成立60周年"三农"模范人物荣誉称号。

> 科学研究，需要一种崇高的献身精神，也需要持之以恒的毅力。他是我国小麦科学研究的先驱，他的一生体现了一位知识分子知行合一、坚定追求科学真理的赤子之心和坚强意志，给我们留下了无价的成果遗产和精神财富……

盛彤笙

盛彤笙. (1911～1987) 男，江西永新人，著名兽医学家、微生物学家和兽医教育家，中国现代兽医学奠基人之一。1936 年在德国柏林大学获医学博士学位，1938 年在德国汉诺威医学院获兽医学博士学位。1946 年创建了国立兽医学院并担任院长。新中国成立后，历任西北军政委员会畜牧部副部长及西北财政委员会委员，兼任西北兽医学院院长、西北行政委员会委员和西北畜牧局副局长，中国科学院西北分院筹备委员会第一副主任。1955 年当选为中国科学院学部委员（院士）。曾当选为第一届全国人民代表大会代表，第三、第四、第五、第六届全国政协委员，中国畜牧兽医学会副理事长、名誉理事长，中国微生物学会人畜共患疾病专业委员会副主任委员。是中国农业科学院中兽医研究所创始人之一，研究员。

长期从事兽医教育和科学研究工作，培养了一大批畜牧兽医高级人才，译著了具有重要学术影响的《克氏细菌学》、《家畜传染病学》、《家畜内科学》等经典著作，为我国乃至世界畜牧兽医事业的发展做出了重要贡献。2009 年被授予新中国成立 60 周年"三农"模范人物荣誉称号。

矢志祖国畜牧兽医科学和教育事业，坚持发展畜牧业，以富民强国。他治学严谨，诲人不倦，生命不息，奋斗不止！他是新中国畜牧兽医科学的开创者，畜牧兽医事业的繁荣发展是他永远的丰碑……

邱式邦

邱式邦，男，1911年出生于浙江省吴兴县（今湖州市吴兴区），著名昆虫学家。1935年毕业于上海沪江大学生物系，1948～1951年在英国剑桥大学留学。1980年当选中国科学院学部委员（院士）。曾任农业部科学技术委员会常务委员，国务院学位委员会委员，联合国粮农组织虫害综合防治专家委员会委员，是第三届全国人民代表大会代表。现为中国农业科学院植物保护研究所研究员。

从事虫害防治研究70余年，发表学术论文105篇。阐明了蝗虫、松毛虫、玉米螟、大豆害虫、甘蔗害虫等多种重大害虫的发生规律和预测预报方法以及控制技术。在国内首创应用六六六粉剂治蝗、颗粒剂防治玉米螟等，20世纪中叶在全国大面积应用推广。20世纪70年代，总结提出"预防为主，综合防治"的技术思想，被确立为我国植物保护科学技术的指导方针。70年代末，筹建中国农业科学院生物防治研究室，致力于开展害虫天敌保护和国外天敌资源引入利用，积极倡导推动全国生物防治技术研究工作。创办了《中国生物防治》学术期刊，担任主编。先后获得农业部爱国丰产奖、全国科学大会奖、法国农业部功勋骑士勋章、国务院表彰等嘉奖。1957年被授予全国农业劳动模范荣誉称号。1979年被授予全国劳动模范荣誉称号。2009年被授予新中国成立60周年"三农"模范人物荣誉称号。

他一生热爱祖国、热爱人民、热爱事业、热爱家庭、热爱自然，更热爱农民。他大爱无疆，把最深厚的爱，全部化作战胜害虫的智慧，献给了这片生养中华民族的沃土，为我们树起一座绿色植物保护的丰碑……

李竞雄

李竞雄（1913～1997）男，江苏苏州人，著名玉米遗传育种学家。1936年毕业于浙江大学农学院，1948年获得美国康奈尔大学博士学位。1980年当选为中国科学院学部委员（院士）。曾任清华大学农学院农艺系主任、教授，北京农业大学教授，中国农业科学院作物育种栽培研究所副所长，中国作物学会第三届理事长。

长期从事细胞遗传和玉米育种研究，培育成我国首批玉米双杂交种农大4号、农大7号，多抗性丰产玉米杂交种中单2号、一批优质蛋白玉米新组合以及玉米杂交种甜玉4号等；开拓我国玉米品质育种、群体改良和基因雄性不育研究；主持国家"六五"至"八五"玉米育种科技攻关。主编《作物栽培学》、《植物细胞遗传学》、《玉米育种研究进展》等著作。1984年获国家技术发明奖一等奖，1987年被选为农业部和中央国家机关工委党员代表，1989年被授予"全国先进工作者"称号。2009年被授予新中国成立60周年"三农"模范人物荣誉称号。

> 他是我国杂交玉米选育的开创者，他使我国玉米育种水平进入世界先进行列。他用辛勤劳动的汗水书写对祖国人民的忠诚，他用智慧的音符唱响对科学真谛的追寻……

庄巧生

庄巧生，男，1916 年出生于福建省福州市，著名小麦遗传育种学家。1939 年毕业于成都金陵大学农艺系，1945～1946 年在美国堪萨斯州立学院等处学习小麦品质测试技术。1991 年当选为中国科学院学部委员（院士）。曾任国际玉米小麦改良中心理事，中国作物学会第四届理事长，《作物学报》主编，是第七届全国政协委员。现为中国农业科学院作物科学研究所研究员。

毕生从事小麦育种与遗传研究，主持育成 10 多个优良冬小麦品种；积极探索改进育种方法，是国内较早倡导使用三交和复合杂交的少数育种学家之一，在推动数量遗传学和计算机在中国作物育种中的应用研究及倡导改良小麦加工品质等方面做出了贡献；主持"六五"和"七五"全国小麦育种攻关，参加主编《中国小麦学》、《中国农业百科全书·农作物卷》和《中国小麦品种改良及系谱分析》等专著，为发展中国小麦生产与育种事业和繁荣作物科学做出重要贡献。曾获全国科学大会奖（1978）、农牧渔业部技术改进一等奖（1983、1984、1985）、北京市技术改进一等奖（1984）和国家科学技术进步奖二等奖（1987），1995 年荣获何梁何利基金科技进步奖。1990 年被授予全国劳动模范荣誉称号，2009 年被授予新中国成立 60 周年"三农"模范人物荣誉称号。

百年人生，淡定从容，不为清寒所困，不因荣辱忧心，麦田是他的最爱。几分机缘，几许执著，用尽毕生心智，培育出 10 余个优良冬小麦品种，总结了中国小麦品种改良的历史成果。他为祖国广袤的田野编织了一幅丰收的金色画卷，也抒写了一个育种学家的华彩人生……

卢良恕

卢良恕，男，1924 年出生于上海市，著名农学家。1947 年毕业于金陵大学农艺系。1994 年当选为中国工程院院士。曾任江苏省农业科学院院长，中国农业科学院院长、研究员，中国农学会会长，中国工程院副院长。现为中国农业专家咨询团主任、国家食物与营养咨询委员会名誉主任、农业部专家咨询委员会副主任、中国农学会名誉会长、中国农业科学院学术委员会名誉主任等职。

作为新中国早期的小麦育种与栽培学家，20 世纪 50～60 年代，曾主持选育了早熟、抗锈、丰产的"华东 6 号"等系列小麦优良品种，在长江中下游地区大面积推广，增产显著；后来主持南方及江苏小麦高产稳产耕作栽培技术体系研究，提出分区、分类指导和良种良法配套等论点，推动了作物育种和耕作栽培科学的发展。20 世纪 70～80 年代主持完成的"中国粮食与经济作物发展综合研究"、"我国中长期食物发展战略研究"两个项目获国家科学技术进步奖，参加制定国家《科技体制改革决定》、《中国中长期科技发展纲要》等工作。20 世纪 90 年代和 21 世纪初又主持了《中国农业现代化的理论、道路、模式》、《中国农业可持续发展研究》、《新时期中国食物安全发展战略》等国家重点项目。

在农业宏观研究方面，开拓了我国现代食物研究的新领域，创造性地提出了"现代集约持续农业"、"现代食物安全"等重要战略观点。代表作有《卢良恕文选》、《中国立体农业》、《中国中长期食物发展战略》、《中国农业发展理论与实践》等。曾获中国工程科技奖、国家科学技术进步奖一等奖，当选为第三、第五届全国人民代表大会代表，中国共产党第十二届中央候补委员。2009 年被授予新中国成立 60 周年"三农"模范人物荣誉称号。

他以仁爱之心待人接物并恪守不渝，以"等闲风餐露宿"的热忱和激情走遍神州大地，以科研硕果振兴农业、造福国人。他的成就跨越半个多世纪，他是新中国成立 60 年来农业发展的推动者和见证者；他在祖国这片沃土上，交织着心系国家、情牵民生的深厚情结……

董玉琛

董玉琛，女，1926 年出生于河北省高阳县，著名作物种质资源学家。1950 年毕业于河北省立农学院，1959 年在前苏联哈尔科夫农学院获农学副博士学位。1999 年当选为中国工程院院士。曾任中国农业科学院作物品种资源研究所副所长、所长，中国农学会遗传资源分会主任委员和名誉理事长，中国作物学会常务理事和荣誉理事长，现为中国农业科学院作物科学研究所研究员。

长期从事作物种质资源研究及其组织实施，主持建成现代化国家作物种质库，提出种质入库的技术路线，组织 20 万份种质资源入库长期保存，为农业持续发展储备了遗传物质基础，使我国作物种质资源保存跃居世界前列；考察收集我国北方小麦野生近缘植物，为利用野生种扩大小麦遗传基础开辟了新途径。曾任《植物遗传资源学报》主编，并主编《中国作物及其野生近缘植物》（共七卷）、《农作物种质资源技术规范》丛书（共 110 分册）。曾获国家科学技术进步奖二等奖 1 项，省部级成果奖多项。2003 年，主持研究完成的"中国农作物种质资源收集保存评价与利用"项目，荣获国家科学技术进步奖一等奖。2009 年被授予新中国成立 60 周年"三农"模范人物荣誉称号。

在最崎岖的山路间寻觅种质资源，在寂寞的实验室里探秘科学真谛，半个多世纪的风雨兼程，执著不辍，她用智慧和汗水构建国家作物种质资源宝库，让科学的力量开辟遗传基因为民造福之路……

陈宗懋

陈宗懋，男，1933 年出生于浙江省海盐县，著名茶学家、茶树植保学家。1954 年毕业于沈阳农学院植保系。2003 年当选为中国工程院院士。曾任中国农业科学院茶叶研究所所长、中国茶叶学会理事长，是第七届全国人民代表大会代表。现为中国农业科学院茶叶研究所研究员，中国茶叶学会名誉会长，国家食品安全委员会副主席，农业部食品风险评估委员会副主任。

作为茶学家、茶树植保专家、中国茶叶农药残留研究的开拓者和奠基人，早期从事茶树害虫防治研究，提出中国茶树病虫区系演替规律，创造茶树长白蚧玻管预测技术。20 世纪 60 年代初，开创茶叶中农药残留研究领域，研究和制定多项国家标准，对降低中国茶叶农药残留做出重大贡献，获国家科学技术进步奖二等奖 1 项、三等奖 2 项。他主编的《中国茶经》是茶界最畅销书籍之一，1998 年荣获国家科学技术进步奖三等奖。他主编的《中国茶叶大辞典》（300 万字，辞条 10 000 条），是最具权威性的茶叶工具书，2002 年荣获国家辞书一等奖和国家图书提名奖。2007 年被农业部授予中华农业英才奖。2009 年被授予新中国成立 60 周年"三农"模范人物荣誉称号。

他治学严谨，潜心钻研，多项研究填补了茶界空白；他求真务实，情系茶农，热忱为茶产业发展奔走呼吁；他为人师表，平易近人，是科研人员的良师益友；他崇高的事业追求，务实的工作作风，无私的奉献精神，堪称茶界楷模……

陈化兰

　　陈化兰，女，1969年出生于甘肃省白银市，动物传染病及预防兽医学专家。1991年毕业于甘肃农业大学，1997年毕业于中国农业科学院研究生院，获得博士学位。1999年以博士后身份前往美国疾病控制中心（CDC）的流感分中心进行禽流感合作研究，2002年回到中国农业科学院哈尔滨兽医研究所，现为国家禽流感参考实验室暨农业部动物流感重点开放实验室主任、研究员。

　　主持国家禽流感参考实验室，在动物流感尤其是禽流感的流行病学、诊断技术、新型疫苗研制、分子演变及分子致病机制等方面，取得了一系列重大进展和创造性研究成果，研制成功了H5亚型禽流感灭活疫苗和新型"禽流感、新城疫重组二联活疫苗"，获2007年度国家技术发明奖二等奖，代表了禽流感疫苗研制的国际先进水平和发展趋势，推广应用后，极大地提高了我国乃至世界防控禽流感的能力，具有十分重要的社会经济及公共卫生意义。先后获得中国青年五四奖章、中国青年科技奖、黑龙江省五一劳动奖章等荣誉称号。2006年获首届中华农业英才奖，2007年被授予全国五一劳动奖章。2009年被授予新中国成立60周年"三农"模范人物荣誉称号。

　　　　在严谨淡定的科研领域里忘我工作，在万众瞩目的"领跑"位置上毫不懈怠。她用无私奉献和科学智慧，把肆虐全国的禽流感恶魔制服。一位年轻女科学家的崇高信念和执著精神，让平凡的生命闪烁出非凡的光华……

十一、大事记

中国农业科学院 2009 年大事记

一月

1 月 4~6 日　"全国植物分子育种学术研讨会"在北京友谊宾馆隆重召开。科技部农村司贾敬敦副司长、农村中心王喆副主任，中国农业科学院翟虎渠院长、中国科学院李家洋副院长、北京大学许智宏原校长等有关领导同志出席会议。来自全国 25 个省（市、自治区）120 个科研院校的 680 多名科技工作者参加了会议。会议由科技部"863"计划现代农业技术领域办公室主办，中国作物学会分子育种分会承办。举办这次"全国植物分子育种学术研讨会"，对于组织全国广大植物分子育种工作者开展学术交流，促进学科发展，进一步提高植物育种科学的创新能力具有重要意义。

1 月 5 日　中国农业科学院召开表彰大会，院党组副书记罗炳文主持会议。会议表彰了 2007~2008 年度中国农业科学院文明单位标兵、文明单位、文明职工标兵和文明职工。经各单位自行申报，院文明委无记名投票，院党组批准，共评选出 2007~2008 年度院级文明单位 23 个，其中院级文明单位标兵 5 个；院级文明职工 34 名，其中文明职工标兵 10 名。

1 月 5~9 日　中国农业科学院 2009 年工作会议在北京召开。会议的主要任务是：全面贯彻落实党的十七届三中全会及中央农村工作会议、全国农业工作会议精神，总结 2008 年工作，部署 2009 年任务，并举行首批优秀科技创新团队授牌仪式。院党组全体成员，院老领导，院属各单位、机关各部门主要领导同志及职工代表共 200 多人参加了会议开幕式。开幕式上，翟虎渠院长代表院党组作了题为"深入践行科学发展观　大力提高自主创新能力"的工作报告。

1 月 6 日　中国农业科学院召开 2009 年党风廉政建设工作会。会议以党的十七大和十七届三中全会精神为指导，总结院 2008 年党风廉政建设和反腐败工作，进一步明确了反腐倡廉建设的总体要求，部署了 2009 年工作任务。中纪委农业部纪检组副组长、监察部驻农业部监察局局长董涵英，中国农业科学院院长翟虎渠出席会议并讲话。院党组书记薛亮主持会议，院党组副书记罗炳文作工作报告。院党组成员、院属各单位党政主要负责人和分管纪检监察工作的领导同志、京区单位纪检监察干部及院机关处以上干部共 130 多人参加了会议。

1 月 8 日　中国农业科学院与宁夏自治区人民政府在银川市金凤区魏家桥村举行 2009 年农业科技下乡活动启动仪式。本次科技下乡活动以开展实用技术培训为主要内容，采取课堂授课、现场咨询，与基层干部、技术人员、农民座谈，赠送科技图书等丰富多彩、形式多样的形式，培训农技人员及农村实用人才达 400 多人。此次启动仪式和科技培训活动的举行，标志着中国农业科学院 2009 年科技下乡活动的大幕正式拉开。

1 月 8 日　中国农业科学院 2008 年度高级专业技术职务评审会议在北京召开。在全体评审委员大会上，院长、院高评委会主任委员翟虎渠教授作重要讲话。会议通过晋升正高级专业技术职务 90 人，晋升副高级专业技术职务 157 人。

1 月 9 日　中共中央、国务院在北京隆重举行国家科学技术奖励大会。由中国农业科学院作物科学研究所何中虎研究员任首席科学家主持的"中国小麦品种品质评价体系建立与分子改良技术研究"获得 2008 年度国家科学技术进步奖一等奖。由中国农业科学院蔬菜花卉研究所张友军研究员主持的"重大外来入侵害虫——烟粉虱的研究与综合防治"、油料作物研究所李培武研究员主持的"双低油菜全程质量控制保优栽培技术及标准体系的建立与应用"、植物保护研究所冯平章研究员主持的"防治重大抗性害虫多分子靶标杀虫剂的研究开发与应用"分别荣获 2008 年度国家科学技术进步奖二等奖。中国农业科学院农业环境与可持续发展研究所参与的"黄土高原水蚀动力过程及调控技术"研究，也荣获国家科学技术进步奖二等奖。

1 月 15 日　翟虎渠院长会见了来访的英国伯明翰大学副校长 Michael Sheppard 教授一行 4 人，宾主双方就未来合作领域和合作方式等深入交换了意见，并达成了广泛共识。

1 月 15 日　全国引智系统先进集体和先进工作者表彰大会在北京外国专家大厦举行。中国农业科学院以及院油料作物研究所、水牛研究所分别荣获"国家引进国外智力先进单位"荣誉称号。中国农业科学院自 1993 年参加国家外专局引智相关工作以来，高度重视农业科技引智工作，连续 15 年执行了"引进国外技术和管理人才项目计划及其示范项目"、"出国（境）培训项目计划"等，共计 286 项，在中国农业科学院相关科研领域与国际前沿接轨方面起到了不可替代的作用。

1 月 16 日　农业部国际合作系统工作总结会暨联欢会在中国农业科学院召开。农业部牛盾副部长出席会议并作重要讲话。中国农业科学院翟虎渠院长、薛亮书记和唐华俊副院长出席有关活动。本次会议的主题是深入贯彻落实中央农村工作会议和全国农业工作会议精神，总结 2008 年农业国际合作工作，并研究部署 2009 年工作。农业部国际合作司、农业部外经中心、贸促中心、国际交流服务中心全体人员共约 200 人参加会议。会议由农业部国际合作司主办，中国农业科学院国际合作局协办。

1 月 18 日　由 552 名中国科学院院士和中国工程院院士投票评选出的 2008 年中国、世界十大科技进展新闻揭晓。中国农业科学院植物保护研究所所长吴孔明研究员带领科研团队历经 10 多年得出的研究结果——"转基因抗虫棉使北方农作物免受虫害"等被评选为 2008 年中国十大科技进展新闻。

1 月 19 日　中国农业科学院召开 2009 年第一次安全生产工作会议，传达学习 2009 年农业部安全生产委员会第一次扩大会议精神，总结回顾 2008 年全院安全生产工作，研究明确 2009 年工作重点。院机关各部门、院属京区各单位分管安全生产工作的负责人参加了会议。会议由院党组成员、人事局局长贾连奇主持，院党组副书记罗炳文出席会议并讲话。

1月19~22日 中国农业科学院领导同志翟虎渠、薛亮、雷茂良、刘旭、罗炳文、唐华俊、贾连奇带着院党组的关怀和全院职工的问候，分别看望中国农业科学院的两院院士、老领导、老红军，老干部遗属和困难职工，亲切询问了他们的身体情况和家庭生活状况，并向他们及全家致以节日的慰问。

二月

2月5日 国家麻类产业技术体系建设启动大会在北京召开，标志着以提升我国麻业科技自主创新能力、支撑现代麻类产业全面发展为目标的国家技术体系的建设正式启动。中国作物学会理事长、农业部原副部长路明，中国农业科学院副院长刘旭及农业部有关领导同志，全国麻类产业的科研机构、农业高等院校的专家学者和麻类主产区的代表等100多人出席了大会。

2月9日 中国农业科学院召开2009年度基本科研业务费学术委员会会议。会议由学术委员会主席、院长翟虎渠主持。农业部财务司巡视员邓庆海、院党组书记薛亮、副院长雷茂良、副书记罗炳文、副院长唐华俊、院党组成员兼人事局局长贾连奇等12位委员出席会议。会议听取了基本科研业务费学术委员会管理办公室对专项2006~2008年全院立项情况和2009年院本级项目申报情况的汇报，对院2009年度院本级基本科研业务费专项申报项目进行了评审。

2月10日 院长翟虎渠、院党组书记薛亮、副院长唐华俊会见国务院扶贫开发领导小组办公室主任范小建、副主任郑文凯一行，双方就充分发挥农业科技的优势和作用，努力做好新阶段扶贫开发工作进行了深入座谈。

2月13日 中国农业科学院召开院机关全体干部大会，部署院机关2009年工作。院领导同志翟虎渠、薛亮、雷茂良、刘旭、罗炳文、唐华俊出席大会。

2月16日 美国孟山都中国研究中心主任John McLean先生率代表团一行6人来中国农业科学院访问。翟虎渠院长、唐华俊副院长会见来宾，双方就加强合作及共同关注的问题交换了意见。

2月16~18日 中国农业科学院翟虎渠院长、薛亮书记等院领导同志率领院办公室、科技局、基建局、财务局、作科所、蔬菜花卉所、环发所、植保所、资划所、灌溉所等院属有关单位的负责人一行18人赴河南省新乡市新乡县，就拟建设院综合试验基地一事进行实地考察和座谈交流。雷茂良副院长代表中国农业科学院与新乡县人民政府签订了《科技合作框架协议》。

2月16~19日 为进一步落实中国农业科学院与四川省崇州市签订的地震灾后恢复重建科技特派团对口帮扶计划，推动中国农业科学院百万农技人员和农村实用人才培训工作，唐华俊副院长带领中国农业科学院农业经济研究所、畜牧兽医研究所、蔬菜花卉研究所、果树研究所、茶叶研究所的 13 位专家，赴崇州市为当地农技人员、返乡农民工和种植、养殖大户等进行科技培训。

2月18日至3月31日　中国农业科学院开展对院属各单位的春季调研活动。此次调研活动由院领导同志带队，组成 7 个调研组，深入院直属 33 个单位，通过召开职工座谈会、现场考察、与领导班子座谈等形式，紧紧围绕各单位的领导班子、干部队伍与人才团队建设，党建、精神文明与创新文化建设，内部管理与制度建设，学科建设与科技创新等方面存在的优势及劣势，与各单位领导同志和职工一起研究影响本单位发展的关键问题，提出解决问题的办法，推动现代和谐院所的建设。此次调研活动是中国农业科学院进一步全面贯彻落实党的十七届三中全会精神，深入践行科学发展观的重要活动之一。

2月28日　"北京市大兴区人民政府、中国农业科学院、北京市农林科学院科技合作总结表彰暨签字仪式"在中国农业科学院隆重举行。北京市人民政府副市长苟仲文、中国农业科学院院长翟虎渠、党组书记薛亮、副院长唐华俊、北京市农林科学院院长李云伏、大兴区人民政府区长李长友以及中国农业科学院、北京市农林科学院、市农委、市科委、市农业局、大兴区的有关领导同志和专家出席了会议。翟虎渠院长作了重要讲话。

三月

3月3日　中国农业科学院召开深入学习实践科学发展观活动总结大会。会上，院长翟虎渠作了中国农业科学院学习实践活动总结，农业部第七指导检查组组长刘平作重要讲话，院党组书记薛亮主持大会。全体在京院领导同志、离退休院领导同志、院属京区各单位领导班子成员、党办主任，院机关处以上干部，离退休党总支委员参加了会议。

3月4日　江西省省委常委、副省长陈达恒率省政府办公厅、发改委、农科院领导同志一行 10 人来中国农业科学院考察。中国农业科学院院长翟虎渠、党组书记薛亮、副书记罗炳文、副院长唐华俊等会见客人并与他们进行了座谈。

3月4日　中国农业科学院与黑龙江省人民政府农业科技战略合作协议签字仪式在京举行。这是中国农业科学院贯彻落实党的十七届三中全会精神，强化服务"三农"工作，促进农业科技与农业生产紧密结合，推进地方现代农业建设的又一重大举措。翟虎渠院长和黑龙江省栗战书省长分别代表双方在协议上签字。农业部副部长陈晓华、科教司司长白金明以及黑龙江省发改委、科技厅、财政厅、人事厅、省农委、省农科院和中国农业科学院领导同志雷茂良、刘旭、贾连奇等出席了签字仪式。

3月4日　中国农业科学院召开 2009 年党的工作会议，总结回顾 2008 年院直属机关党的工作，研究部署 2009 年直属机关党的工作。院党组书记薛亮出席会议并作重要讲话，院党组副书记、直属机关党委书记罗炳文代表直属机关党委常委会向大会作工作报告，院党组成员、人事局局长贾连奇传达农业部直属机关2009年党的工作会议精神。院直属机关党委、纪委委员，各单位党组织主要负责人、纪委书记、党办主任，直属机关党委、纪委全体工作人员共60余人参加了会议。

3月5日　中国农业科学院召开庆祝三八国际劳动妇女节暨表彰大会。院党组副书记、直属机关党委书记罗炳文出席大会并作重要讲话。大会对获得中国农业科学院2007~2008年度妇女工作荣誉称号的9个"先进基层妇女组织"、14名"巾帼建功标兵"、10名"优秀妇女工作干部"、6户"五好文明家庭"和大力支持妇女工作的19名"妇女之友"进行了表彰和奖励。

3月10日　农业部孙政才部长对中国农业科学院深入学习实践科学发展观活动作出重要批示：中国农业科学院深入学习实践科学发展观活动组织严密、主题鲜明、工作扎实、成效明显。希望在巩固和扩大学习实践成果上下功夫，着力深化改革，不断完善各项制度，切实提高管理水平，不断增强创新能力，不断提高服务"三农"能力，多出成果，多出人才，为发展现代农业、建设社会主义新农村做出新的更大的贡献。院党组高度重视，要求全院干部职工认真学习贯彻孙部长的批示精神，在今后的工作中继续以"解放思想、自主创新、提升能力、服务'三农'"为主题，不断提高管理水平，不断增强创新能力，不断提高服务"三农"能力，为发展现代农业、建设社会主义新农村做出新的更大的贡献。

3月12日　兰州牧药所召开荣获中央精神文明建设指导委员会办公室授予的"第四届全国精神文明建设工作先进单位"称号庆祝大会，院党组书记薛亮出席会议并讲话，勉励牧药所更加自觉地坚持以人为本和以研为本，在精神文明建设工作中继续成为典范。

3月16日　中国农业科学院召开传达贯彻全国"两会"精神干部大会。会上，院党组副书记罗炳文传达农业部党组书记、部长孙政才在农业部传达贯彻全国"两会"精神大会上的讲话，院党组成员、副院长唐华俊传达全国人大十一届二次会议和全国政协十一届二次会议精神。院机关处以上干部和院属京区单位领导班子成员参加会议。

3月18~20日　农业部党组成员、中纪委驻农业部纪检组组长朱保成在中国农业科学院党组书记薛亮和部有关司局领导同志的陪同下，到哈兽研所检查指导工作，并参加了所领导班子专题民主生活会。朱保成、薛亮分别在所领导班子专题民主生活会、所班子和中层干部、副研究员以上科技人员会议上作了讲话。

3月22日　在国家自然科学基金项目、农业部中国超级稻专项和浙江省重大项目的大力支持下，中国农业科学院水稻所水稻生物学国家重点实验室主任钱前研究团队与中国科学院遗传所傅向东研究团队等，经过历时5年的协作与攻关，终于从中国超级稻品种中成功分离出了控制水稻产量的一种名为"DEP1"的关键基因，并在世界上首次对这一基因进行了成功克隆。这一研究成果在线刊登在国际著名学术期刊、英国《nature·genetics》杂志上。这是水稻所继2003年、2005年、2008年分别在《nature》、《science》和《nature·genetics》杂志上发表论文后的又一突破。该基因的成功克隆对中国超级稻增产起着关键作用，并逐渐揭开中国超级稻的高产奥秘，由此可望进一步研究出更为高产的水稻新品种。

3月23～24日　"为非洲和亚洲资源贫瘠地区培育'绿色超级稻'"国际合作项目（简称"绿色超级稻项目"）亚洲地区启动会在海南三亚隆重举行。中国农业科学院翟虎渠院长、唐华俊副院长、项目首席科学家黎志康博士、比尔·盖茨基金会项目负责人 David Bergvinson 博士等出席会议开幕式并致词。国内外项目参加单位的100余名代表以及国内6家媒体的代表参加了本次会议。唐华俊副院长主持了会议开幕式。

3月25～27日　由中国农业科学院和辽宁省人民政府联合主办的第十三届中国（锦州）北方农业新品种、新技术展销会在锦州市义县隆重举行。本届农展会以"科技创新，现代农业"为主题，旨在促进农业科技成果的推广和转化，提升当地的农业科技应用水平。来自北京、天津、吉林、山西、安徽等20多个省（市、自治区）的300多家农业高校、科研院所和各类涉农企事业单位的600多人参加展会。院党组副书记罗炳文率领中国农业科学院60多人组成的科技成果展览团参加了开幕式并作重要讲话。

3月31日　中国农业科学院第六届学术委员会第四次会议在北京召开。来自全国有关省（市）农业科学院、高等院校、中国科学院以及中国农业科学院直属单位的110位委员出席了会议。会上，翟虎渠主任委员作了题为"强化管理，促进创新，引领未来"的工作报告，回顾过去一年中国农业科学院开展的学术活动及取得的成效，对2009年科研项目管理、科技自主创新、重大科技成果培育、战略研究等工作提出了发展目标和工作任务。会议开幕式由刘旭副主任委员主持。本着"科学、公平、公正、从严"的原则，会议投票评审出2009年度中国农业科学院科技成果奖27项，其中特等奖1项、一等奖7项、二等奖19项。

四月

4月1～2日　中国农业科学院在北京召开院级重点跟踪管理项目执行情况汇报会。翟虎渠院长、科技部农村司李增来副巡视员以及相关研究所主管领导同志、课题负责人等80余人参加了会议。盖钧镒院士等16位评审专家应邀出席会议。经过评审，专家充分肯定了中国农业科学院重点科研项目取得的成就，指出了存在的问题，为中国农业科学院科技工作的进一步发展提供了很好的借鉴。

4月7日　由中国农业科学院举办、南京农业大学外国语学院承办的"中国农业科学院英语培训班（第二期）"正式开班。院党组成员、人事局局长贾连奇出席开班仪式并作培训动员讲话，南京农业大学副校长孙健致欢迎词。来自院属23个单位的24名学员将参加为期3个月的脱产培训。

4月10日　中国农业科学院贺兰现代农业综合示范县建设启动仪式在宁夏回族自治区银川市贺兰县举行，唐华俊副院长率领中国农业科学院小麦、水稻、蔬菜、果树、设施农业、信息、质量标准和畜牧业等方面的20位专家出席了启动仪式。

4 月 14~23 日 应日本国际农林水产业研究中心（JIRCAS）和韩国农村振兴厅（RDA）的邀请，中国农业科学院雷茂良副院长率团一行 6 人对日本和韩国进行了为期 10 天的友好访问。

4 月 17 日 中国农业科学院与廊坊市广阳区举办"梨新品种引进筛选及配套技术示范推广"和"设施蔬菜病害防治新技术示范"项目现场观摩会，220 多名果农、菜农及专业技术人员参观了观摩和交流。刘旭副院长、廊坊市广阳区委尹广泰书记、区政府邳振一区长等出席观摩会并讲话。

4 月 18 日 由农业部、重庆市人民政府、中国农业科学院农业经济政策顾问团共同主办的"中国农村经济论坛"在重庆市开幕。来自国家有关部委和部门的领导，全国"三农"问题专家学者代表，重庆市各有关方面的代表共 400 余人聚会一堂，围绕促进农村经济社会发展，博谈宏论，谋策探路，建言献策。农业部副部长陈晓华，中央候补委员、中国农业科学院院长翟虎渠出席论坛并致辞。国家食物与营养咨询委员会主任委员、中国农业科学院农业经济与政策顾问团团长万宝瑞主持论坛开幕式。

4 月 20 日 经部党组会议研究决定，梅旭荣任中国农业科学院农业环境与可持续发展研究所所长；栗金池任中国农业科学院农业环境与可持续发展研究所党委书记；王道龙任中国农业科学院农业资源与农业区划研究所所长；免去唐华俊的中国农业科学院农业资源与农业区划研究所所长职务；王汉中任中国农业科学院油料作物研究所所长、党委书记；免去黄佑安的中国农业科学院油料作物研究所党委书记职务，保留正所级待遇。

4 月 20 日 中国农业科学院召开了 2009 年反腐倡廉工作任务分工会议。院党组成员、人事局局长贾连奇宣读《中国农业科学院贯彻落实 2009 年反腐倡廉工作任务的分工意见》，院党组副书记罗炳文就贯彻落实《分工意见》作了讲话。

4 月 21 日 翟虎渠院长会见"孟山都 Beachell-Borlaug 国际奖学金"项目评委会主席 Edward Runge 博士。翟虎渠对 Edward Runge 博士的来访表示热烈的欢迎，并表示十分高兴成为"孟山都 Beachell-Borlaug 国际奖学金"项目的评委。会谈结束后，Edward Runge 博士在作物科学研究所举办"孟山都 Beachell-Borlaug 国际奖学金"宣讲会，翟虎渠主持了宣讲会，并在会议上向 Edward Runge 博士颁发了"中国农业科学院名誉研究员"聘书。

4 月 23 日 中国农业科学院研究生院先正达奖学金颁奖仪式在主楼报告厅隆重举行。中国农业科学院副院长唐华俊、先正达（中国）投资有限公司法规技术总监区越富、农业部国际合作司欧洲处处长刘忠蔚等出席仪式并讲话。唐华俊代表农科院表达对农业部国际合作司和先正达公司的感谢，同时提出希望进一步拓宽与先正达公司的合作领域和层次，不断拓宽合作渠道，扩大合作规模，探索合作方式，在相互优势领域继续加强合作，共同为农业科技事业的发展贡献力量。

4 月 28 日 唐华俊副院长会见了来访的塞尔维亚农业、林业和水资源管理部部长萨沙·德拉金一行。唐华俊代表翟虎渠院长对部长先生的来访表示欢迎，并向客人简要介绍了我国的农业情况以及中国农业科学院的科研体系建设和重点研究领域。双方就加强中塞双方农业科技合作交换了意见。

4 月 29 日　由财政部、农业部通过指导委员会共同进行业务指导的中国农业科学院内设机构——科技经济政策研究中心（简称"中心"）揭牌仪式在京举行。财政部教科文司赵路司长、宋秋玲副巡视员、农业司卢贵敏副司长，农业部财务司王正谱司长、邓庆海巡视员，科教司白金明司长、杨雄年副司长、刘艳副司长，财政部教科文司科学处、农业部财务司预算处、科教司政策体系处、科教司技术引进与条件建设处、科教司产业技术处的有关同志等 14 人应邀出席揭牌仪式。中国农业科学院翟虎渠院长、雷茂良副院长、院党组成员兼人事局局长贾连奇，财务局、科技局的主要领导同志出席大会。雷茂良主持会议。

五月

5 月 1 日　中国农业科学院举行欢送学员赴加拿大培训仪式。受院党组和翟虎渠院长的委托，雷茂良副院长，唐华俊副院长，院党组成员、人事局贾连奇局长出席了欢送仪式，仪式由贾连奇主持。2009 年，中国农业科学院首批选派了 20 名科研骨干赴加拿大圭尔夫大学进行为期 3 个月（5 月 2 日至 7 月 26 日）的英语及专业强化培训，此次培训班将通过专门英语课堂训练、学术交流模拟训练，全面提高学员的英语听说、写作和交流能力。

5 月 1 日　中央电视台的新闻联播节目对中双 11 号示范成功作了报道，新华社、科技日报、农民日报等中央媒体以及许多省市媒体也纷纷进行了报道。2008 年通过国家审定的油菜新品种中双 11 号含油量高达 49.04%，含油量比加拿大菜籽还高出 2～3 个百分点，是我国通过审定的含油量最高的油菜品种。该品种由中国农业科学院油料所以王汉中研究员为首的团队育成，2009 年在油菜主产区湖北、湖南、安徽、江苏、浙江等省大面积示范成功，表现出良好的适应性、丰产性和抗病性。

5 月 1 日　中国农业科学院哈尔滨兽医研究所国家禽流感参考实验室研制成功一种 H5N1 人禽流感冷适应致弱活疫苗，在非人类灵长类猕猴的实验首次证明，该疫苗免疫后可诱导产生良好免疫抗体反应，并对不同 H5N1 病毒的攻击提供完全的免疫保护。根据现有研究资料表明，效果优于目前研发的所有的 H5 亚型人禽流感疫苗，是预防人 H5N1 禽流感大流行的最可行的疫苗储备。有关研究结果在国际著名病原学研究学术刊物《PLoS Pathogens》中刊出。

5 月 8 日　院党组薛亮书记到院高新技术产业园考察指导工作。薛书记重点考察了产业园生物技术试验示范区、蔬菜新品种新技术试验示范区和生物饲料兽药研发中心建设项目，与生物技术研究所黄大昉研究员、贾士荣研究员等专家探讨交流了我国农业生物技术的研究及其安全性问题。

5 月 10 日　农业部第二届职工运动会决赛在先农坛体育馆落下帷幕。中国农业科学院近 200 名运动员组成的代表队，参加了 62 个项目的比赛。院党组副书记罗炳文亲临赛场，为运动员加油鼓劲。经过激烈角逐，中国农业科学院获得了 16 项冠军、25 项亚军、10 项第三名，团体总分名列农业部直属单位组第一名，并获得运动会组委会颁发的"特殊贡献奖"。

5 月 12 日 杨凌示范区党工委书记、西北农林科技大学党委书记张光强带领杨凌农业高新技术产业示范区管委会领导一行到中国农业科学院考察。翟虎渠院长、唐华俊副院长接待了考察团，并与他们进行座谈。翟院长表示，要进一步加强与陕西在农业科技工作方面的合作力度，通过合适的载体和形式，建立长期稳定的合作渠道，为地方区域经济的发展做出应有的贡献；要认真考察杨凌现代农业示范园区核心区的情况和需求，利用中国农业科学院的特色与优势，扎扎实实地做一些工作。

5 月 16 日 中国农业科学院在我国冬麦区河南新乡召开"小麦候选骨干亲本创制与利用"现场观摩暨研讨会。来自科技部、农业部、中国农业科学院、河南省种子管理站、新乡市、新乡县等有关领导同志，河南、山东、河北、陕西、安徽、江苏、四川、宁夏、青海和北京等我国冬麦主产区的 100 余位小麦育种专家参加会议。与会专家、领导同志一致认为，农作物骨干亲本项目组抓住了目前中国农作物育种中迫切需要解决的关键科学问题，通过农业基础研究与应用研究有机衔接、中央科研单位与地方科研单位高效组合，形成了农、科、教大联合的组织方式和大协作机制，为农业基础研究"顶天立地"解决生产问题探索出一条新路，其经验和模式值得借鉴和推广。

5 月 16～17 日 由中国农业科学院和甘肃省张掖市人民政府共同主办的"甘肃张掖百万肉牛产业发展战略研讨会"在张掖市举行。中国农业科学院院长翟虎渠和甘肃省副省长泽巴足出席研讨会。会上，翟虎渠院长和张掖市市长栾克杰签署了中国农业科学院和张掖市人民政府科技合作协议书。

5 月 18～22 日 翟虎渠院长率中国农业科学作物科学研究所小麦专家组，第六个年头进行小麦实地考察活动，刘旭副院长及小麦种质资源、育种和栽培专家等共计 20 余人陪同参加考察活动。考察组先后到江苏扬州、淮阴、徐州，河南新乡、安阳，河北赵县、任丘和高碑店等地，实地考察小麦创新种质、新品种（系）和新技术等方面取得的新成果，并与所在地的科研院校进行了座谈和交流。

5 月 19 日 中国农业科学院监察审计工作会议在湖北武汉召开。这是一次落实农业部孙政才部长关于"中国农业科学院要进一步加强党风廉政建设，加强纪检监察工作"指示的会议。中纪委驻农业部纪检组副组长、监察部驻农业部监察局局长董涵英应邀出席会议并作指示。院党组书记薛亮就深入推进中国农业科学院党风廉政建设和反腐败工作作了讲话，罗炳文副书记向大会作工作报告。院属各单位、机关各部门分管纪检监察审计的领导同志、专兼职纪检监察审计干部等 100 多人参加会议。

5 月 21 日 中国农业科学院召开"小金库"专项治理和会议费、行政事业性收费、财政专项检查工作布置会，学习传达中央有关文件精神，对"小金库"专项治理和会议费、行政事业性收费、财政专项检查工作进行部署。副院长雷茂良、院党组成员兼人事局局长贾连奇等出席会议并讲话。

5 月 27 日　第三届国家食物与营养咨询委员会成立大会在钓鱼台国宾馆隆重举行，我国农业、营养、食品等领域 30 位专家和高层管理者成为新一届国家食物与营养咨询委员会委员。九届全国人大副委员长姜春云到会并致贺词。农业部部长孙政才、副部长危朝安，卫生部部长陈竺、副部长陈啸宏，农业部党组成员、人事劳动司司长梁田庚，中国农业科学院党组书记薛亮等出席会议。国家食物与营养咨询委员会的顾问、委员、有关单位代表，以及新华社、中央人民广播电台、中央电视台、人民日报社等新闻单位记者共 100 多人参加会议。

5 月 31 日　由中国农业科学院研究生院和中国农业科学院科技管理局共同主办的第四届学术节圆满落下帷幕。本届学术节围绕"瞻学术前沿，育农业英才"的主题，开展了《名家讲坛》、《坐标与人生》和《影视配音大赛》三个板块的活动。中央财经领导小组办公室副主任、中央农村工作领导小组办公室主任陈锡文，中国农业科学院副院长刘旭等嘉宾出席了第四届学术节闭幕式。

六月

6 月 1 日　中国农业科学院生物所郭三堆研究员被中华全国总工会授予全国五一劳动奖章，作科所肖世和研究员被中央国家机关工会联合会授予中央国家机关五一劳动奖章。为此，中国农业科学院举行颁奖仪式，农业部直属机关党委常务副书记、工会主席陶永平，中国农业科学院党组副书记、院直属机关党委书记罗炳文出席并颁奖。

6 月 3 ~ 4 日　中国农业科学院党的建设和思想政治工作研究会第五届理事会第二次会议在南京召开，院长、"两研会"会长翟虎渠，院党组副书记、"两研会"常务副会长罗炳文，院党组成员、人事局局长、"两研会"副会长贾连奇等出席。院属各单位、机关各部门党组织主要负责同志 40 余人参加了会议。

6 月 5 日　中国农业科学院被科技部授予"全国科技特派员工作先进集体"称号。汶川地震发生后，中国农业科学院组成了科技特派团，对四川省崇州市开展了对口帮扶工作，取得了骄人的成绩，受到当地政府和广大人民群众的欢迎，也受到主管部门科技部的表彰。

6 月 9 日　中国农业科学院第三次重点跟踪管理项目执行情况汇报会在京举行。翟虎渠院长、农业部科教司王衍亮巡视员、刘旭、唐华俊副院长以及科技部农村司有关领导同志出席会议。会议邀请刘更另院士、郭予元院士等 10 位作为咨询专家出席了会议。相关研究所主管领导、科研处处长、项目（课题）负责人及部分项目骨干人员参加汇报会。

6 月 15 日　中国农业科学院在河南省新乡市前岸头村举行了小麦新品种"中育12"现场观摩会。"中育12"是中国农业科学院作科所与棉花所合作，利用矮败小麦育种技术选育出的又一超高产小麦新品种。该村种植的 2 800 亩"中育12"长势喜人，专家现场测产，亩产可达 600 公斤以上，比生产上的推广品种增产 10% 以上。

　　6 月 16 日　科技部在北京召开"全国野外科技工作会议"。全国政协副主席、科技部部长万钢作工作报告，中共中央政治局委员、国务委员刘延东出席会议并讲话。截至目前，中国农业科学院已经建设了国家农作物种质资源野外观测研究圃网、国家农业土壤肥力效益野外监测研究站网、河南商丘农田生态系统国家野外科学观测研究站、湖南祁阳农田生态系统国家野外科学观测研究站、内蒙古呼伦贝尔草原生态系统国家野外科学观测研究站 5 个国家级野外台站和 24 个农业部野外台站。中国农业科学院刘旭副院长、部分代表及先进个人等参加会议。

　　6 月 22 日　院党组副书记罗炳文主持召开会议，通报中国农业科学院深入学习实践科学发展观活动整改落实"回头看"工作自查情况。院属京区各单位、院机关各部门及离退休党总支的党组织主要负责同志以及院工、青、妇组织代表出席会议。

　　6 月 22 日　翟虎渠院长会见欧盟驻华使团公使衔参赞 Georges Papageorgiou 先生。双方回顾了自欧盟第五框架项目以来中国农业科学院与欧盟卓有成效的合作，并重点就食品安全领域的合作交换了意见。

　　6 月 23 日　翟虎渠院长会见来访的国际水稻研究所（IRRI）所长 Robert Zeigler 博士和 IRRI 发展中心主任 Duncan Macintosh 先生。宾主双方还就粮食危机、经济危机、气候变化等共同感兴趣的问题交流了意见。

　　6 月 23 日　中国农业科学院在国家重大科学工程楼报告厅举办科学方法学术报告会，特邀科技部刘燕华副部长作"创新方法与自主创新"的学术报告，报告会由中国农业科学院刘旭副院长主持，农业科学方法研究课题组全体成员、中国农业科学院有关职能部门领导同志以及专家共 300 多人参加了报告会。

　　6 月 24 日　农业部第三抽查工作组到中国农业科学院检查指导深入学习实践科学发展观活动整改落实"回头看"工作。会上，院党组副书记罗炳文对院学习实践活动整改落实"回头看"工作开展情况、自查情况和下一步工作措施等逐一进行了汇报。院党组书记薛亮主持汇报会，院党组成员、人事局局长贾连奇等参加了汇报会。

　　6 月 25 日　日本国际农林水产业研究中心（JIRCAS）理事安中正实先生一行 3 人访问中国农业科学院，刘旭副院长会见来访客人，双方就两国的粮食安全等问题交换了意见。

七月

　　7 月 1 日　外交部外事管理司陈育明司长等一行 24 人来中国农业科学院调研指导农业科技国际合作工作，翟虎渠院长、薛亮书记和唐华俊副院长参加了调研活动。翟虎渠代表院党组和全院职工对陈司长一行表示欢迎，感谢外交部外事管理司结合主题党日和科学发展观"回头看"活动，来中国农业科学院调研指导农业科技国际合作工作，会议由唐华俊副院长主持并介绍了中国农业科学院的总体情况。

7月2日　翟虎渠院长会见来访的格鲁吉亚农业科学院副院长 Guram Aleksidze 院士，双方就进一步加强中格农业科技合作与交流交换了意见，并签署中国农业科学院与格鲁吉亚农业科学院农业科技合作谅解备忘录。

7月2日　中国农业科学院2009届研究生毕业典礼暨学位授予仪式隆重举行，中国农业科学院院长兼研究生院院长翟虎渠、副院长刘旭、党组副书记罗炳文等出席典礼，研究生院2009届全体毕业生和教工代表参加了典礼。

7月6日　英国农业部首席科学顾问罗伯特·沃森来中国农业科学院访问并作题为"粮食安全：现在与未来"的专题演讲。演讲会由唐华俊副院长主持，中国农业科学院相关研究人员和研究生近100人听取了演讲。

7月7日　"北京·廊坊周"活动期间，中国农业科学院广阳现代农业综合示范区签约仪式在北京钓鱼台国宾馆隆重举行，刘旭副院长和廊坊市广阳区政府邸振一区长代表双方签署合作意向书。

7月8日　在中国农业科学院开展"安全生产月"活动期间，院安委会组成检查小组，在院党组副书记、院安全生产委员会主任罗炳文的带领下，对植物保护研究所、蔬菜花卉研究所的国家重点实验室和涉及有毒有害化学药品的使用与保管情况进行了抽查。

7月8～15日　为全面推动科技创新团队建设，提升首席科学家的团队领导力，进一步密切科学家与地方的联系、搭建相互沟通合作的桥梁，中国农业科学院举办团队首席科学家培训和赴宁夏考察咨询活动，翟虎渠院长作重要讲话，雷茂良副院长主持了仪式。

7月12日　中国农业科学院雷茂良副院长一行到兰州牧药所调研并指导工作，考察了农业部动物毛皮及制品质量监督检验测试中心、农业部兰州黄土高原生态环境重点野外观测试验站，听取了关于研究所近年来科研课题执行情况、成果获得情况、基本建设项目、修购专项项目的进展情况汇报。

7月13日　中国农业科学院与广东省江门市人民政府农业科技合作协议签字暨中国农业科学院华南科技成果转化基地揭牌仪式在江门举行，唐华俊副院长率领院属5个研究所的8位领导同志和专家出席了协议签字及基地揭牌仪式。

7月15～26日　应加勒比开发银行、加勒比农业研究与发展研究所、牙买加农业部、巴哈马农业部和加拿大圭尔夫大学的邀请，翟虎渠院长率中国农业科学院代表团一行5人对巴巴多斯、牙买加、巴哈马和加拿大4国进行了为期12天的友好访问，访问取得圆满成功。

7月17日　应加勒比开发银行的邀请，翟虎渠院长率中国农业科学院代表团访问了位于巴巴多斯的加勒比开发银行总部，并在访问期间与该行签署了科技合作谅解备忘录，双方将通过人员交流、技术培训、共同申请项目等方式推动和加强加行借款成员国与中国农业科学院在农业科技领域的合作。

7月18～19日　由中国农业科学院主办，中国农业科学院技术转移中心承办的

"2009 首届中国农业企业技术总监高层论坛暨农业新技术新成果展示交易大会"在京隆重举行，本次大会得到农业部、科技部等领导同志的高度重视，中国农业科学院雷茂良副院长出席开幕式并致词。

7 月 20 日 中国农业科学院翟虎渠院长与加勒比农业研究与发展研究所（CARDI）所长 Arlington Chesney 博士分别代表双方正式签署了农业科技合作谅解备忘录，牙买加农业部长 Christopher Tufton 博士、牙买加首席农艺师 Marc Panton 博士等参加了签字仪式。

7 月 24 日 在新中国成立 60 周年之际，为贯彻落实科学发展观，建设和谐文化，培育文明风尚，进一步推进创新文化建设，由中国农业科学院工会、团委、妇工委主办，院团委承办的首届"青春风采"主持人大赛拉开帷幕，院党组副书记、院直属机关党委书记罗炳文亲临现场观看比赛并讲话。

7 月 25 日 中国农业科学院首批海外学科专业与英语强化培训班在加拿大圭尔夫大学圆满结束，翟虎渠院长与圭尔夫大学副校长 Kavin Hall 博士共同出席在圭尔夫大学举行的培训班结业典礼，并分别作了热情洋溢的讲话。

7 月 28 日 中国农业科学院副院长唐华俊率领院属蔬菜花卉所、北京畜牧兽医所、资源区划所、加工所、环保所等 5 个研究所的 8 位领导同志和专家出席在云南大理举行的中国农业科学院与云南大理州人民政府农业科技合作协议签字仪式。

7 月 30～31 日 中国农业科学院翟虎渠院长到哈尔滨兽医研究所调研，视察了新老所区，与所党政班子成员以及部分中层干部进行谈话，并在党政班子联席会议上作了重要讲话。

八月

8 月 3～4 日 国际半干旱地区热带作物研究所所长 William Dar 博士和国际干旱地区农业研究中心主任 Mahmoud Solh 博士等一行 6 人访问中国农业科学院，翟虎渠院长和唐华俊副院长会见外宾，William Dar 博士和 Mahmoud Solh 博士对翟虎渠和唐华俊的接待表示感谢，并希望通过设立联合实验室，推动三方在旱地农业研究领域的合作。

8 月 5 日 中国农业科学院党组召开民主生活会，中组部干部四局副巡视员曹兴信，农业部人事劳动司副司长冯广军，驻部监察局局长董涵英，农业部科技教育司副司长杨雄年等到会指导，民主生活会由院党组书记薛亮主持，院长翟虎渠首先代表领导班子和个人发言，随后，薛亮、雷茂良、刘旭、罗炳文、唐华俊、贾连奇等党组同志依次发言。

8 月 7 日 农业部第五批"西部之光"访问学者培养工作总结会在农业部管理干部学院召开，会议由中国农业科学院党组成员、人事局局长贾连奇主持，院党组书记薛亮代表培养单位就"西部之光"培养工作作了总结。

8 月 11 日 世界大豆科技界最高级别的盛会——第八届世界大豆研究大会在北京

国际会议中心隆重开幕。中华人民共和国农业部副部长张桃林，世界大豆研究大会常设委员会主席加里·阿布兰特（Gary Ablett），第八届世界大豆研究大会组委会主席、中国农业科学院院长翟虎渠，国家食物与营养咨询委员会主任、中国大豆产业协会会长万宝瑞，中国科学技术协会副主席齐让，中国农业科学院原院长王连铮先生，中国作物学会理事长路明，中国工程院院士、南京农业大学教授盖钧镒，国家发改委、科技部、农业部和中国农业科学院有关领导同志出席开幕式，与来自 38 个国家和地区的 2 000 多位与会代表一起，共同拉开了本次大会的序幕。

8 月 17 日　由国际农经学会和中国农业科学院共同主办、农经所承办的第二十七届国际农经大会在北京国际会议中心召开，来自世界 70 个国家和地区的 1 400 多名农业经济学家、政府官员和国际机构的代表参加会议，国务院副总理回良玉出席开幕式并作重要讲话，第二十七届国际农经大会组委会主席、中国农业科学院院长翟虎渠博士主持开幕式。

8 月 17 日　中国农业科学院翟虎渠院长会见前来参加第二十七届国际农经大会的国际食物政策研究所所长 Joachim von Braun 博士，翟虎渠首先对 von Braun 博士参加第二十七届国际农经大会表示热烈欢迎，并对国际食物政策研究所对举办此次大会所做出的努力表示感谢。

8 月 18 日　由中国农业科学院农业经济与发展研究所与中国台湾大学农业经济学系联合主办的"新形势下海峡两岸农业合作与发展"学术研讨会在京隆重召开，海峡两岸农业经济研究领域的 60 多位专家学者，就新形势下两岸农业合作与发展的相关问题进行了广泛、深入的研讨交流，中国农业科学院院长翟虎渠教授作了题为"加强两岸农业科技交流与合作　推动农业与农村经济平稳较快发展"的主题报告。

8 月 19 日　中国农业科学院唐华俊副院长会见来访的美国杜邦公司农业营养平台农业生物技术部研究副总裁 Barbara Mazur 女士一行，唐华俊首先对 Mazur 女士的来访表示欢迎，并简要介绍了中国农业科学院的基本情况和国际合作情况，双方就加强农业科技领域的合作与交流交换了意见。

8 月 20 日　农业部部长孙政才登门看望著名小麦育种专家庄巧生院士，向他致以亲切的问候和良好的祝愿。农业部党组成员、人事劳动司司长梁田庚及中国农业科学院党组书记薛亮，院党组成员、人事局局长贾连奇等陪同看望。

8 月 24 ~ 26 日　中国农业科学院加强领导班子与干部队伍建设工作会议在北京召开，开幕式由院党组书记薛亮主持，农业部党组成员、人事劳动司梁田庚司长及院领导同志翟虎渠、雷茂良、刘旭、罗炳文、唐华俊、贾连奇等近 160 人出席了开幕式。

8 月 25 日　中国农业科学院在廊坊产业园举办了"三系抗虫棉成果现场观摩会"。农业部陈晓华副部长、中国农业科学院翟虎渠院长、刘旭副院长，科技部郑国安秘书长、廊坊市王爱民市长等以及来自山东、安徽、河南、四川、河北、山西和深圳等省（市）的 18 家育种单位和相关企业代表 100 多人光临观摩会。三系抗虫棉是中国农业科学院具有自主知识产权的重大科技成果，推进三系抗虫棉的产业化发展，对于提高棉花产量和质量具有重要意义。

8 月 31 日至 9 月 5 日　中国农业科学院 2009 年新入职人员岗前培训班在北京举办，院党组书记薛亮出席培训班开幕式并作重要讲话，会议由院党组成员、人事局局长贾连奇主持，京内外 33 个单位和院机关 2009 年新接收的高校毕业生、博士后、留学生等共计 211 人参加了此次培训。

九月

9 月 2 日　中国农业科学院唐华俊副院长赴蔬菜花卉研究所调研，所领导班子介绍了研究所的现状，并陪同参观生物技术研究室和农业部蔬菜品质监督检验测试中心。调研期间，唐华俊就国际合作工作与研究所领导同志以及科研处、研究室的中层干部进行了座谈。

9 月 3 日　中国农业科学院质检中心建设与管理培训现场会在武汉油料研究所召开，刘旭副院长出席并作重要讲话。他指出，希望通过经验介绍、现场学习、技能培训等有效形式，着眼于新的发展目标和要求，进一步推进中国农业科学院质检中心建设，提升中国农业科学院质检中心管理效能和水平。

9 月 5 ~ 9 日　中国农业科学院院长翟虎渠、党组书记薛亮、副院长雷茂良带领作科所、蔬菜所、环发所、北京畜牧兽医所、资源区划所、灌溉所、水稻所、哈兽研所等 8 个研究所的领导同志及院科技局等相关同志，深入黑龙江垦区开展考察活动，研究探讨与黑龙江省农垦总局的科技合作问题。

9 月 9 日　由中国农业科学院（CAAS）和国际生物多样性中心（Bioversity）联合主办的"CAAS-Bioversity 高层论坛"在京召开，翟虎渠院长和唐华俊副院长会见国际生物多样性中心主任 Emile Frison 博士一行 6 人，刘旭副院长代表中国农业科学院出席会议并致词。

9 月 11 日　农业部副部长陈晓华在中国农业科学院党组副书记罗炳文等陪同下，到农业资源与农业区划研究所退休老工人缴玉植家中看望和慰问，陈晓华代表农业部党组和部领导同志向缴玉植表达了亲切问候和美好祝愿，并详细询问了他退休后的生活情况和健康状况。

9 月 12 日　中国农业科学院研究生院 2009 级新生开学典礼在京隆重举行，中国农业科学院院长兼研究生院院长翟虎渠、院党组书记薛亮、院党组副书记罗炳文、院党组成员兼人事局局长贾连奇等出席开学典礼，2009 级全体新生、在校生代表近 900 人参加了开学典礼。

9 月 14 日　农业部原部长何康和相重扬原副部长在中国农业科学院党组书记薛亮、副院长雷茂良陪同下，到研究生院视察并指导工作，听取关于研究生院的发展历程、办学优势和制约发展的因素等方面的汇报。

9 月 15 日　阿根廷农牧业技术研究院（INTA）院长卡洛斯·阿尔贝托·帕斯先生

等一行 3 人访问中国农业科学院，唐华俊副院长会见来访客人，双方就进一步加强两院在农业科技领域的合作交换了意见。

9 月 15 日　为庆祝新中国成立 60 周年，中国农业科学院召开院全国政协委员、各民主党派负责人和无党派知识分子代表座谈会，院党组副书记、院直属机关党委书记罗炳文，院党组成员、人事局局长贾连奇出席会议。

9 月 16 日　由中国农业科学院直属机关党委主办、院工会承办的"中国农业科学院庆祝新中国成立 60 周年文艺演出"拉开帷幕，院领导同志、京区各单位党政领导班子成员、部分在职职工和离退休人员 1 000 多人参加并观看了演出活动，院党组书记薛亮热情致词。

9 月 17 日　为进一步落实中国农业科学院与吉林省人民政府签署的农业科技合作协议，发挥科技在发展吉林省现代农业、增加粮食产量、解决"三农"问题的支撑作用，中国农业科学院与延吉市举行农业科技合作协议签字仪式，唐华俊副院长率植保所、北京畜牧兽医所、环发所、特产所 4 个研究所 7 位领导同志和专家出席签字仪式。

9 月 18 日　中国农业科学院唐华俊副院长会见来访的澳大利亚阿德莱德大学副校长迈克·布鲁克先生一行 3 人，唐华俊代表翟虎渠院长对迈克·布鲁克副校长一行的来访表示热烈欢迎，向客人简要介绍了我国现行科研、推广体系，中国农业科学院学科建设和国际合作等方面的基本情况，并与澳方签署了农业科技合作谅解备忘录。

9 月 20 日　为进一步加强中国农业科学院和江苏省的科技合作，促进科技成果在江苏省的推广转化和应用，唐华俊副院长率团参加"中国·江苏第二届产学研合作成果展示洽谈会"，中国农业科学院共有 11 个研究所的 21 位专家参会，通过 36 块展板、成果资料汇编、多媒体展示了 200 多项科技成果。

9 月 22 日　武汉市人民政府与中国农业科学院农业科技合作框架协议签字仪式在武汉举行，唐华俊副院长和武汉市市委常委、副市长张学忙出席会议，分别代表双方在协议上签字。此次合作协议的签署，是中国农业科学院贯彻落实党的十七届三中全会精神，强化服务"三农"工作，加快农业科技成果转化，促进农业科技与农业生产紧密结合，推进地方现代农业建设的又一重要举措。

9 月 23 日　中国农业科学院翟虎渠院长、薛亮书记分别主持召开离退休老专家、老领导座谈会，共同庆祝新中国成立 60 周年。院党组副书记罗炳文，党组成员、人事局局长贾连奇和部分老专家、老领导等 30 余人参加座谈。

9 月 26～28 日　以"绿色、科技、交易、示范"为主题的第十三届中国（廊坊）农产品交易会在河北省廊坊市举行，中国农业科学院唐华俊副院长率团出席大会开幕式和第二届廊坊金丰农业科技节开幕式，并参加了"中国农业科学院广阳现代农业综合示范区"启动仪式和"农产品加工暨农业产业化高峰论坛"。

9 月 28 日　中国农业科学院党组书记薛亮，院党组成员、人事局局长贾连奇等到麻类研究所宣布新一届领导班子，薛书记在会上作重要讲话，指出院党组十分重视麻类研究所的领导班子建设，部党组和院党组经过认真研究，决定增加麻类研究所的领导班子成员，充实加强领导力量。麻类研究所全体在职职工参加了会议。

9月29日 "中国农业科学院新乡综合试验示范基地"签约仪式在北京举行，翟虎渠院长、刘旭副院长等出席签约仪式，仪式由刘旭主持，翟虎渠作重要讲话。他指出，作为农业科研的国家队，中国农业科学院有责任、有义务为"三农"服务，建设新乡综合试验示范基地是院党组会议研究确定的重要工作任务，是中国农业科学院服务"三农"、服务粮食主产区的具体体现。

9月29日 国家发改委高技术司刘艳荣副司长莅临中国农业科学院调研指导工作，翟虎渠院长、雷茂良副院长、刘旭副院长等携有关研究所负责人，热情接待刘副司长一行，就重大科学工程、国家工程实验室建设及"增产千亿斤粮食国家工程实验室建设专项"立项等问题，进行了深入座谈。

十月

10月7日 "中国农业科学院动物源性食品安全研究中心"在上海兽医研究所挂牌。刘旭副院长、上海市农委邵启良秘书长、上海科委施强华巡视员等出席揭牌仪式。该中心的成立，将整合分散在院相关研究所的科技资源和力量，旨在系统研究和解决动物源性食品安全方面的关键问题，研究形成一批技术、标准、规程等，培育中国农业科学院在食品安全研究方面的学科优势和服务国家重大需求的能力。

10月10~12日 由农业部和宁夏回族自治区人民政府主办，中国农业科学院、农业部农业产业化领导小组办公室、财政部农业综合开发办公室和科技部中国农村技术发展中心协办的首届中国（宁夏）园艺博览会暨第五届中国西部特色农业（宁夏）展示合作洽谈会在中国农业科学院现代农业综合示范县银川市贺兰县宁夏园艺产业园举行，中国农业科学院党组书记薛亮率领院属5个单位的21名领导同志和专家出席了会议。

10月10日 中国农业科学院唐华俊副院长会见来访的丹麦奥尔胡斯大学农学院院长朱斯特·杰森先生一行10人，简要介绍了中国农业科学院学科建设和国际合作等方面的基本情况，并代表中国农业科学院与丹方续签了双边农业科技合作谅解备忘录。

10月11~23日 中国农业科学院唐华俊副院长率院科技代表团访问意大利、比利时和荷兰3国的国家农业研究机构、国际农业研究组织、大学等。访问取得圆满成功，为今后的合作奠定了良好基础。

10月12~13日 由中国农业科学院承办的全国党建研究会科研院所专委会2009年研究成果交流会暨年会在杭州召开，来自中国科学院、中国社会科学院、中国农业科学院、中国医学科学院、中国林业科学研究院、中国水利水电科学研究院等11个国家级科研机构的34名代表参加会议，专委会副主任委员、院党组副书记罗炳文代表中国农业科学院参加了此次会议。

10月15日 中国农业科学院院长翟虎渠前往位于成都的沼气科学研究所检查指导工作，听取该所新一届领导班子一年来的工作汇报，并对沼气所的下一步工作提出了希望和要求。随后，翟虎渠在所领导同志陪同下视察该所位于华阳的试验基地，并参观了秸秆沼气工程示范点。

10 月 18 日 中国农业科学院研究生院 30 周年院庆大会在京举行，国务院副总理回良玉发来贺信，农业部孙政才部长出席大会并作重要讲话，翟虎渠院长、薛亮书记等院领导同志及来自海内外的校友、在校生、导师代表、研究生院全体教职员工以及社会各界人士共 2 500 余人参加此次活动。

10 月 19 日 中国农业科学院翟虎渠院长会见来访的澳大利亚昆士兰大学自然资源、农业及兽医学院院长 Roger Swift 教授一行，宾主就进一步加强农业科技领域的交流与合作交换了意见。

10 月 19 日 中国农业科学院翟虎渠院长会见国际玉米小麦改良中心（CIMMYT）主任 Thomas A. Lumpkin 博士，并代表中国农业科学院与 CIMMYT 签署"中国农业科学院与国际玉米小麦改良中心关于建立应用基因组学和分子育种联合研究中心的谅解备忘录"。

10 月 20 ~ 23 日 中国农业科学院 2009 年度财政专项资金管理培训班在南京农业机械化研究所举办，雷茂良副院长、农业部相关领导同志以及来自全院 34 个单位的修购专项分管所领导同志、处长、管理人员和基本科研业务费专项管理负责人共 140 余名代表参加会议。

10 月 24 日 由中国农业科学院和江苏省人民政府提供特别支持，江苏省农业科学院和宿迁市人民政府联合主办的"中国·宿迁生态农业博览会"在江苏省宿迁市举办，院党组副书记罗炳文率院科技局、郑州果树所、蔬菜花卉所、生物技术所等有关单位的领导同志和专家出席博览会。

10 月 27 ~ 29 日 由中国农学会农业气象分会、中国农业科学院农业环境与可持续发展研究所主办的以"农业环境与粮食安全"为主题的第三届全国农业环境科学峰会暨农业环境科研协作网会议在大连隆重召开，来自全国 29 个省（市、自治区）的 60 余个农业科研单位、农业院校、气象部门的 140 多位代表参加了会议，中国农业科学院雷茂良副院长出席开幕式并致词。

10 月 29 日 中国农业科学院翟虎渠院长会见汤森路透科技集团副总裁兼编辑发展部资深总监 James Testa 先生一行 4 人，唐华俊副院长等参加会见。翟虎渠提出希望双方不断增进了解与互信，努力提升中国农业科学院期刊的质量和层次，充分利用 SCI 在全球学术界的巨大影响，共同推动中国农业科研成果走向世界。

十一月

11 月 1 日 第十六届"中国杨凌农业高新科技成果博览会"在陕西杨凌开幕，来自国家有关部委和 13 个省（市、自治区）的 1 000 多家单位和企业代表以及 45 个国家和地区及国际组织的代表参加了博览会，中国农业科学院党组副书记罗炳文率领科技管理局、农业环境与可持续发展研究所等单位的 5 位领导同志和专家参加了本次博览会。

11 月 3 日　中央党校第四十六期干部进修班的学员来中国农业科学院参观考察并座谈，院长翟虎渠、院党组书记薛亮及院机关有关部门的负责同志参加座谈会，翟虎渠向进修班学员介绍了中国农业科学院的机构设置、学科领域、近年来所取得的科技成就和科技创新等情况。

11 月 4 日　孟山都公司副总裁 Steve Padgette 博士率代表团一行 6 人来中国农业科学院访问，翟虎渠院长会见来宾，对代表团到访表示热烈欢迎。同时对孟山都公司在中国成立生物技术研究中心表示热烈祝贺，双方就加强合作及共同关注的问题交换了意见。

11 月 4 日　为深入学习和准确把握党的十七届四中全会精神，按照院党组的部署和要求，中国农业科学院举办学习贯彻党的十七届四中全会精神辅导报告会，邀请中组部党建研究所研究员赵湘江作了题为"加强和改进新形势下党的建设的纲领性文献"的专题报告，报告会由院党组副书记罗炳文主持。

11 月 4 日　享誉海内外的杰出科学家、我国航天事业的奠基人钱学森 10 月 31 日在北京逝世，院党组书记薛亮代表中国农业科学院前往钱老家中，送上缅怀文章和花篮，并在灵堂前深切悼念钱学森同志。

11 月 8 日　南充市人民政府与中国农业科学院农业科技合作框架协议签字仪式在北京举行，院党组书记薛亮、副院长唐华俊以及院办公室、科技局、作科所、蔬菜花卉所、北京畜牧兽医所、加工所、资划所、研究生院等有关单位的领导同志出席了签字仪式。

11 月 8~10 日　中国农业科学院 2009 年基本建设管理培训交流会在北京召开，来自全院 38 个研究所的 135 名代表参加会议，此次会议旨在通过培训交流，进一步提升管理能力，规范管理程序，加快在建项目的执行进度，雷茂良副院长出席会议并作重要讲话。

11 月 9~18 日　院党组副书记罗炳文率中国农业科学院科技代表团访问印度和叙利亚的农业科研机构和分别位于两国的国际半干旱地区热带作物研究所（ICRISAT）及国际干旱地区农业研究中心（ICARDA），访问取得了圆满成功。

11 月 10 日　唐华俊副院长会见法国农业科学研究院植物与植物制品科技局局长武列先生和法国农业国际合作研究发展中心战略研究主任安泽澜先生一行，唐华俊代表翟虎渠院长对武列局长一行的来访表示热烈欢迎，并向客人概括介绍了中国农业科学院的学科建设和国际合作的基本情况。

11 月 12 日　国家发改委农村经济司高俊才司长、高技术产业司任志武副司长等一行莅临中国农业科学院调研指导工作，翟虎渠院长携有关职能部门和研究所负责人接待高司长一行，汇报了中国农业科学院概况、近 10 年来的创新成就、优势领域和发展重点。

11 月 12 日　中国农业科学院雷茂良副院长等出席在农业部管理干部学院召开的

"农业部 2009 年度'西部之光'访问学者欢迎座谈会"，中国农业科学院承担培养任务的有关研究所人事处负责人、"西部之光"访问学者和"西藏特培"学者、培养导师代表共计 20 余人参加了会议。

11 月 13 日 唐华俊副院长会见日本国际农林水产业中心理事长饭山贤治先生一行 5 人，双方签署了中国农业科学院与日本国际农林水产业中心第三期合作项目"中国农业生态脆弱地区环境友好型农业经营体系研究"合作协议。

11 月 16 日 中国农业科学院农田灌溉研究所建所 50 周年庆祝大会在新乡市国际饭店隆重召开，中国农业科学院党组书记薛亮出席会议并致贺词。

11 月 18 日 中国农业科学院图书馆暨国家农业图书馆工程举行隆重的开工典礼，中国农业科学院院长翟虎渠，党组书记薛亮，副院长雷茂良，党组成员、人事局局长贾连奇等出席开工典礼，参加典礼的还有院机关各部门、院属京区各单位、参建各方的有关领导同志及信息所的全体职工。

11 月 18～19 日 中国原子能农学会第八届全国会员代表大会暨中国核学会 2009 年学术年会核农学分会在北京国家会议中心隆重召开，中国农业科学院党组书记薛亮出席会议并讲话，全国 23 个省（市、自治区）的 126 位代表参加会议。

11 月 20～21 日 应南京市委、市政府邀请，中国农业科学院院长翟虎渠对南京市城乡统筹发展工作进行了考察，翟虎渠一行先后考察了星甸镇雨花农业科技园、汤泉苗木花卉科技园、永宁镇侯冲村、强蕾农庄、驼子山万亩桃园、竹镇"万顷良田工程"、六合动物科学基地和南京远望富硒农产品公司等，并对南京市城乡统筹发展和农业现代化建设工作进行研讨。

11 月 20～22 日 第十五届中国计算机农业应用学术研讨会暨中国农学会计算机农业应用分会理事会换届大会在北京中苑宾馆召开，参加会议的有来自国务院有关单位和科技部、农业部、中国农业科学院等单位的领导同志，以及全国 24 个省（市、自治区）科研、教育和企事业单位的近 150 名代表，中国农业科学院刘旭副院长出席会议并作重要讲话。

11 月 23 日 中国农业科学院唐华俊副院长会见国际农业研究磋商组织（CGIAR）王韧秘书长一行，代表翟虎渠院长对王韧的来访表示热烈欢迎，并简要回顾了双方长期以来友好而稳固的合作，双方就启动 CGIAR 援助的四川震后马铃薯恢复生产二期项目交换了意见。

11 月 24 日 中国农业科学院农业资源与农业区划研究所召开第二届全体党员大会，大会听取和审议了所党委第一届委员会工作报告，选举产生了第二届所党委和纪律检查委员会委员，院党组副书记罗炳文出席会议。

11 月 24 日 中国农业科学院与拜耳作物科学公司联合召开"中国农业科学院—拜耳作物科学公司合作领导小组会议"，双方共同总结了过去一年来的合作情况，并探讨今后拓展合作领域的可能性，唐华俊副院长和拜耳作物科学公司生物科学部全球总裁 Joachim Schneider 作为领导小组的成员参加会议，并认真听取双方代表对过去一年合作情况的汇报。

11 月 27 ~ 28 日 由中国农业科学院主办、江西省农科院协办的"第十四届全国农科院系统外事协作网会议"在江西省南昌市隆重举行，来自全国 27 个省（市、自治区）农（牧、林）业科学院的 70 多名代表参加会议，中国农业科学院唐华俊副院长出席大会开幕式并致词。

11 月 29 至 12 月 7 日 中国农业科学院唐华俊副院长率团访问了 APEC 秘书处和加拿大 APEC 第五任 ATCWG 牵头人办公室，出访的主要目的是与 APEC 秘书处建立联系，详细了解 APEC 的组织架构、工作机制、牵头人的工作职能和工作任务，并与加拿大牵头人办公室进行工作交接，保证我院在牵头人任期内各项工作的顺利开展。访问取得圆满成功，为促进今后 ATCWG 工作的开展奠定了良好的基础。

11 月 30 日 中国农业科学院与黑龙江省农垦总局科技合作协议签字仪式在北京举行，农业部副部长高鸿宾、农垦局局长李伟国、黑龙江省农垦总局党委书记、局长隋凤富、副局长王有国、徐学阳、中国农业科学院院长翟虎渠、党组书记薛亮、副院长雷茂良、党组副书记罗炳文、党组成员、人事局局长贾连奇等出席签字仪式，会议由雷茂良主持，翟虎渠和隋凤富分别代表双方在协议上签字。

十二月

12 月 1 ~ 4 日 中国农业科学院处级干部培训班在院研究生院举办，包括院机关 2009 年竞争上岗的处级干部、研究所职能部门近几年走上处级岗位的中层干部共 50 位学员参加了培训，翟虎渠院长出席培训班开班仪式并作动员讲话，院党组成员、人事局局长贾连奇主持开班仪式。

12 月 2 日 中国农业科学院刘旭副院长会见《自然》主编菲利普·坎贝尔（Philip Campbell）先生一行 4 人，宾主双方就加强双方合作、气候变化与经济发展等其他共同关心的问题深入交换了看法。

12 月 2 日 中国工程院 2009 年院士增选结果在京揭晓，包括中国农业科学院副院长刘旭研究员在内的 48 名杰出工程科技工作者当选为中国工程院院士。

12 月 7 日 中国农业科学院翟虎渠院长会见来访的阿根廷外交部农业事务特使卡洛斯·柴披（Carlos Cheppi）先生，宾主双方在友好、坦诚的气氛下交换对当前国际农业科研和生产发展的看法，并就进一步加强中阿两国国家级农业科研机构的交流与合作进行了沟通。

12 月 7 ~ 8 日 中国农业科学院与加拿大圭尔夫大学成功举办首届科学家峰会——中国农业科学院与加拿大圭尔夫大学农业科技合作战略研讨会，会议由翟虎渠院长主持，此次会议取得圆满成功，为双方今后的合作进一步夯实了基础。

12 月 11 日 外交部外事管理司陈育明司长一行 5 人和农业部国际合作司王鹰司长一行 2 人到中国农业科学院检查指导工作，翟虎渠院长、薛亮书记、唐华俊副院长参加了此次活动。唐华俊作了关于"中国农业科学院落实外事审批权工作汇报"，介绍了中国农业科学院的基本情况、国际合作现状、外事审批权实施方案等。

12 月 13 ~ 22 日　中国农业科学院刘旭副院长率代表团访问美国、墨西哥两国，此访主要目的是进一步落实中国农业科学院与美国康奈尔大学之间的有关农业科技合作协议，并受农业部的委派，参加在墨西哥召开的"中国—墨西哥农业科技高层论坛"，访问取得圆满成功，为今后进一步加强中国农业科学院与上述两国农业科研机构之间在有关农业领域的交流与合作奠定了良好的基础。

12 月 23 日　农业部党组书记韩长赋到中国农业科学院调研，考察了生物技术研究所植物生物技术研究室、农业资源与农业区划研究所农业遥感与数字农业研究室，了解农业科研发展最新成果和最新动态，与部分院士以及中国农业科学院领导班子成员进行座谈，院领导同志翟虎渠、薛亮、雷茂良、刘旭、罗炳文、唐华俊、贾连奇等一同参加调研。

12 月 27 日　中国农业科学院与重庆市北碚区人民政府在重庆北碚签署农业科技合作协议，中国农业科学院副院长唐华俊、院科技管理局、蔬菜花卉研究所、北京畜牧兽医研究所、农业资源与农业区划研究所、水稻研究所、柑橘研究所等单位的领导同志和专家，以及重庆市北碚区委书记黄波、区长雷政富等区委、区政府及有关部门的领导同志出席签字仪式，唐华俊和雷政富分别代表双方在协议上签字。

12 月 29 日　北京市人民代表大会代表、中国农业科学院党组副书记罗炳文深入农科社区与居民代表交流座谈，了解民生，征求民意，向大家介绍了北京市、海淀区近年来飞速发展情况与目前的发展重点及作为一名人大代表的履职情况。

十二、附　　录

中国农业科学院科技期刊及报纸一览表

序号	主办单位	主管单位	刊物名称	创刊时间	类别	主编	副主编/主任	电话	刊号	电子邮件	网址	刊期
1	中国农业科学院	农业部	中国农业科学	1960	学术类	翟虎渠	路文如	82106282	CN11-1328/S ISSN0578-1752	zgnykx@mail.caas.net.cn	www.chinaagrisci.com	月
2	中国农业科学院	农业部	Agricultural Sciences in China	2002	学术类	翟虎渠	路文如	62191637	CN11-4720/S ISSN1671-2927	zgnykx@mail.caas.net.cn		月
3	中国农业科学院	农业部	农产品质量与安全	2003	综合类	翟虎渠	钱永忠	62138026	CN11-5896/S ISSN1674-8255	aqs@caas.net.cn		双
4	中国农业科学院	农业部	农业科技通讯	1972	技术类	曾祥秀	刘东	82109664	CN11-2395/S ISSN1000-6400	tongxun@caas.net.cn		月
5	中国作物学会/作科所	中国科学技术协会	作物学报	1962	学术类	辛志勇	程维红	82108548	CN11-1809/S ISSN0496-3490	xbzw@chinajournal.net.cn	www.chinacrops.org	月
6	中国作物学会/作科所	中国科学技术协会	作物杂志	1985	技术类	赵明	姚杰	82108790	CN11-1808/S ISSN1001-7283	zwzz304@mail.caas.net.cn zwzz@chinajournal.net.cn	zwzz.chinajournal.net.cn zwzz.periodicals.net.cn	双
7	作科所/中国种子协会	农业部	中国种业	1982	技术类	王述民	刘根泉	62180279	CN11-4413/S ISSN1671-895X	chinaseedqks@sina.com		月
8	作科所/中国农学会		植物遗传资源学报	2000	学术类	刘旭	刘根泉	62180257	CN11-4996/S ISSN1672-1810	zwyczyxb2003@sina.com		季

续表

序号	主办单位	主管单位	刊物名称	创刊时间	类别	主编	副主编/主任	电话	刊号	电子邮件	网址	刊期
9	中国植物保护学会	中国科学技术协会	植物保护	1963	技术类	吴孔明	王莹	62819059	CN11-1982/S ISSN0529-1542	zwbh1963@263.net	www.ipmchina.net; zwbh.china-journal.net.cn	双
10	蔬菜花卉所	农业部	中国蔬菜	1981	技术类	祝旅		82109550	CN11-2326/S ISSN1000-6346	zgsc@mail.caas.net.cn		月
11	中国园艺学会	中国科学技术协会	园艺学报	1962	技术类	方智远	赵华	82109523	CN11-1924/S ISSN0513-353X	yuanyixuebao@126.com	yyxb@chinajournal.net.cn	双
12	植保所/中国植物保护学会	农业部	中国生物防治	1985	学术类	杨怀文	王立霞	82109774	CN11-3515/S ISSN1005-9261	zgswfz@hotmal.com		季
13	环发所	农业部	中国农业气象	1979	学术类	雷水玲		82109774	CN11-1999/S ISSN1000-6362	leisl@cjac.org.cn	www.ami.ac.cn	季
14	中国畜牧兽医学会	中国科学技术协会	畜牧兽医学报	1956	学术类	文杰	任鹏	62815987	CN11-1985/S ISSN0366-6964	xmsyxb@263.net		月
15	畜牧所	农业部	中国畜牧兽医	1974	技术类	李琍	赵连生	62816020	CN11-4843/S ISSN1671-7236	gwxm@263.net	www.chinaahvm.com	月
16	蜜蜂所/中国养蜂学会	农业部	中国蜂业	1934	科技类	李海燕	李海燕	82591536	CN-5358/S	zgyf2008@126.com zgyf2004@yahoo.com.cn		月
17	中国原子能学会/原子能所	农业部	核农学报	1987	学术类	徐步进	高美须	62815961	CN11-2265/S	hnxb5109@263.net		双

续表

序号	主办单位	主管单位	刊物名称	创刊时间	类别	主编	副主编/主任	电话	刊号	电子邮件	网址	刊期
18	中国农业经济学会/农经所	农业部	农业经济问题	1980	学术类	秦富	李玉勤	82108705	CN11-1323/F ISSN1000-6389	nyjjwt @ mail.caas.net.cn	www.iaecn.com	月
19	中国农业技术经济研究会/农经所	农业部	农业技术经济	1982	学术类	朱希刚	李玉勤	82108705	CN11-1883/S ISSN1000-6370	nyjjwt @ mail.caas.net.cn	www.iaecn.com	双
20	资划所/中国植物营养与肥料学会	农业部	中国土壤与肥料	1964	技术类	黄鸿翔	王小彬	82108656	CN11-5498/S ISSN1673-6257	trfl@caas.net.cn	trfl.chinajournal.net.cn	双
21	中国植物营养与肥料学会	中国植物营养与肥料学会	植物营养与肥料学报	1994	学术类	金继运	张成娥	82108653	CN11-3996/S ISSN1008-505X	zwyf @ caas.ac.cn		双
22	资划所/全国农业资源区划办公室	农业部	中国农业资源与区划	1980	学术类	唐华俊	张华	82109637	CN11-3513/S ISSN1005-9121	Quhuabjb0141 @ 126.com		双
23	资划所	农业部	中国农业信息	1989	技术类	王道龙	张华	82109637	CN11-4922/S	Zgnyxx001 @ 126.com		月
24	信息所	农业部	农业图书情报学刊	1984	学术类	贾善刚		82109667	CN11-2711/G2	xuekan @ caas.net.cn		月
25	信息所	农业部	中国乳业	2002	技术类	冯艳秋		62110897	CN11-4768/S	zhgry @ mail.caas.net.cn		月
26	信息所	农业部	生物技术通报	1985	学术类	沈桂芳	孙国凤	82109925	CN11-2396/Q ISSN1002-5464	biotech @ mail.caas.net.cn		双
27	信息所	农业部	农业网络信息	1986	技术类	刘世洪	曾祥秀	82109657	CN11-5065/TP ISSN1672-6251	nywlxx @ caas.net.cn		月

续表

序号	主办单位	主管单位	刊物名称	创刊时间	类别	主编	副主编/主任	电话	刊号	电子邮件	网址	刊期
28	信息所	农业部	农业展望	2005	学术类	许世卫	潘月红	82109904-2414	CN11-5343/S ISSN1673-3908	nyzy@caas.net.cn		月
29	信息所		中国园艺文摘	1985	技术类	赵编雪		8210886	CN11-4921/S	zgyywz@mail.caas.net.cn		双
30	信息所		中国猪业	2006	技术类	冯艳秋		6214579	CN11-5435/S	zhuye@caas.net.cn		双
31	信息所		中国畜牧兽医文摘	1985	技术类	赵颖波		82109897	CN11-4919/S	zyxmsywz@126.com		双
32	信息所		中国畜禽种业	2005	技术类	孟宪学		82100471	CN11-5342/S	Yang16@caas.net.cn		月
33	信息所		中国农业综合开发					68553325				
34	中国农业科学院/国家食物与营养咨询委员会	农业部	中国食物与营养	1995	综合类	许世卫	李哲敏	82109761	CN11-3716/TS ISSN1006/9577	foodandn@263.net	www.sfncc.org.cn	月
35	中国农学会	中国科学技术协会	农业科研经济管理	1993	学术类	史志国	张华	82109637	CN11-3801/S	nykygl@126.com		季
36	灌溉所	水利部/农业部	灌溉排水学报	1982	学术类	段爱旺	李赞堂	0373-3393346	CN41-1337/S ISSN1672-3317	ggpsh@public.xxptt.ha.cn		双
37	水稻所	农业部	中国水稻科学	1986	学术类	程式华	李建	0571-63370278	CN33-1146/S ISSN1001-7216	cjrs@263.net	www.ricescience.org	双

续表

序号	主办单位	主管单位	刊物名称	创刊时间	类别	主编	副主编/主任	电话	刊号	电子邮件	网址	刊期
38	水稻所		RS-中国水稻科学英文	1990	学术类	程式华		0571-63370278	CN33-1317/S	cjrs@263.net		季
39	水稻所	农业部	中国稻米	1994	技术类	李西明	庞乾林	0571-63370271	CN33-1201/S	zgdm@163.com	www.zgdm.net	双
	水稻所		《中国水稻研究通报》CRRN（英文）			程式华			ISSN1006-8082			
40	棉花所	中国农业科学院	中国棉花	1958	技术类	喻树迅	牛巧鱼	0372-252361/2/9	CN41-1140/S	Jcotton @ vip.371. net；journal@cricaas.com.cn	journal. cricaas.com. cn；zmzz. chi-najournal.net.cn	月
41	中国农学会	中国科协	棉花学报	1989	学术类	喻树迅	张末喜	0372-2525361	CN41-1163/S ISSN1002-7807	Jcotton @ vip.371. net；journal@cricaas.com.cn	mhxb. chinajour-nal.net.cn；jour-nal. cricaas.com.cn	双
42	油料所	油料所	中国油料作物学报	1979	学术类	王汉中	肖唐华	027-86813832	CN42-1429/S ISSN1007-9084	ylxb @ public.wh.hb.cn		季
43	麻类所	农业部	中国麻业科学	1979	学术类	熊和平	谢国炎	0731-8998521	CN43-1467/S ISSN1673-7636	csibfc@sina.com	www.chinaibfc.com	双
44	果树所	农业部	中国果树	1959	技术类	米文广	翁维义	0429-5111625	CN21-1165/S ISSN1000-8047	zggsbjb @ vip.163.com		双
45	果树所	农业部	果树实用技术与信息	1994	科普类	米文广	翁维义	0429-5126953	CN21-1342/S	gssyjs2007 @ so-hu.com		月

续表

序号	主办单位	主管单位	刊物名称	创刊时间	类别	主编	副主编/主任	电话	刊号	电子邮件	网址	刊期
46	郑州果树所	农业部	果树学报	1984	学术类	王志强	陈新平	0371-65330927	CN41-1308/S ISSN1009-9980	chinagsxb@163.com		双
47	郑州果树所		中国瓜菜	1988	技术类	王坚	徐乐茵	0371-65330928	CN41-1374/S ISSN1673-2871	zggc@163.com		双
48	郑州果树所	农业部	果农之友	2000	科普类	陈新平		0371-65330928	CN41-1343/S			月
49	茶叶所	农业部	中国茶叶	1979	技术类	黄飞	尤韶华	0571-86650241	CN33-1117/S ISSN1000-3150	chinatea@mail.hz.zj.cn		双
50	中国茶叶学会	中国科学技术协会	茶叶科学	1964	学术类	陈宗懋	朱永兴	0571-86651902	CN33-1115/S ISSN-1000-369X	zyx@mail.tricaas.com cykx@vip.163.com	www.tea-science.com	季
51	茶叶所	农业部	茶叶世界	1987	信息类	黄飞	张琴梅	0571-86650375	CN33-1341/S	teanews@163.com teanews@mail.tricaas.com		半
52	哈尔滨兽医所	农业部	中国预防兽医学报	1979	学术类	孔宪刚	赵晓阳	0451-85935050	CN23-1417/S ISSN1008-0589	zgyfsyxb@vip.sina.com.cn	zgxq.chinajournal.net.cn	月
53	哈尔滨兽医所	农业部	畜牧兽医科技信息	2002	技术类	王笑梅	秦红丽	0451-85935051	CN23-1501/S ISSN1671-6027	Xmsykjxx2004@sohu.com		月
54	兰州兽医所	农业部	中国兽医科学	1971	学术类	才学鹏	左翠萍	0931-8342195	CN62-1192/S ISSN1673-4696	zgsykx@zgsykx.com	www.zgsykx.com	月

续表

序号	主办单位	主管单位	刊物名称	创刊时间	类别	主编	副主编/主任	电话	刊号	电子邮件	网址	刊期
55	兰州牧药所	农业部	中国草食动物	1981	技术类	杨耀光	魏云霞	0931-2656124	CN62-1134/Q ISSN1007-9726	xumuchj0931mail.com xumuchj@163.com	zgcsdw.periodicals.net.cn/	双
56	中兽医所	农业部	中兽医医药杂志	1982	学术类	杨志强	赵四喜	0931-2656034	CN62-1063/R ISSN1000-6354	zsyyyzz@periodicals.net.cn	zszz.chinajournal.net.cn	双
57	上海兽医所		中国兽医寄生虫病	1993	学术类	黄兵		021-54081080	CN31-1629/S	zsjb@chinajournal.net.cn		季
58	草原所	农业部	中国草地学报	1979	学术类	侯向阳	刘天名	0471-4926880	CN15-1344/S ISSN1673-5021	journal@grassland.cn		双
59	特产所/中国农学会特产学会	农业部	特产研究	1962	技术类	沈育杰	张洪义	0432-6513069	CN22-1154/S ISSN1001-4721	tcyjbjb@126.com		季
60	特产所	农业部	特种经济动植物	1982	技术类	杨福合	张洪义	0432-6513067	CN22-1155/S ISSN1001-4713	tzjjdzw@163.com		月
61	环保所/中国农业生态环境保护协会	农业部	农业环境与发展	1984	综合类	高尚宾	胡梅	022-23674336	CN12-1233/S ISSN1005-4944	caed@vip.163.com	www.aed.org.cn	双
62	环保所/中国农业生态环境保护协会	农业部	农业环境科学学报	1982	综合类	李文华	李无双	022-23674336	CN12-1347/S ISSN1672-2043	caed@vip.163.com	www.aes.org.cn	双
63	中国沼气学会/沼气所	农业部	中国沼气	1983	技术类	王锡吾		028-85230681	CN51-1206/S ISSN1000-1166	cbso@mail.sc.cninfo.net		双

续表

序号	主办单位	主管单位	刊物名称	创刊时间	类别	主编	副主编/主任	电话	刊号	电子邮件	网址	刊期
64	农机化所	农业部	中国农机化	1984	学术类	易中懿		025-84346270	CN32-1123/S ISSN1006-7205	cnmhgxx@public.ptt.js.cn		双
65	农机化所	农业部	农业开发与装备	1995	科普类	陈巧敏		025-84346220	CN32-1542/TH ISSN1673-9205	njjzy2189@sina.com		月
66	烟草所	农业部	中国烟草科学	1979	学术类	王元英	王树声	0532-88703238	CN37-1277/S ISSN1007-5119	zgyckx@tric.cn zgyckx@21cn.com	www.tric.cn	双
67	柑橘所	农业部	中国南方果树	1972	技术类	王应旭	吴涛	023-68349196	CN50-1112/S ISSN1007-1431	tougao@southfruit.com.cn		双
68	柑橘所	农业部	中国果业信息	1985	综合类	邓烈	张放	023-68349196	CN50-1173/S ISSN1673-1514	tougao@southfruit.com.cn		月
69	甜菜所	农业部	中国糖料	1979	技术类	陈连江	黄彩云	0451-86609497	CN23-1406/S ISSN1007-2624	ZGTL@chinajournal.net.cn	ZGTL chinajournal.net.cn	季
70	中国蚕学会/蚕业所	中国科学技术协会	蚕业科学	1963	学术类	郭锡杰	魏幼平	0511-5616835	CN32-1115/S ISSN0257-4799	cyke@chinajournal.net.cn		季
71	蚕业所	中国科学技术协会	中国蚕业	1995	技术类	向忠怀	张国政	0511-85616593	CN32-1421/S	snikgp@163.com		季
72	中国农业历史学会/农业遗产室	教育部	中国农史	1981	学术类	王思明	沈志忠	025-84396605	CN32-1061/S ISSN1000-4459	zgns@njau.edu.cn	www.icac.edu.cn	季
73	直属机关党委		思想政治工作和人才建设	1992	综合类	罗炳文						季

续表

序号	主办单位	主管单位	刊物名称	创刊时间	类别	主编	副主编/主任	电话	刊号	电子邮件	网址	刊期
74	直属机关党委		中国农业科学院(报)	1995		罗炳文						旬
75	中国草学会/草原生态所		草业科学	1984		任继周	陈盈盈	0931-4865889	CN62-1069/S ISSN1001-0639	cykx@chinajournal.net.cn cykx@lzu.edu.cn	cykx.chinajournal.net.cn	月
76	中国畜牧业协会/家禽所		中国家禽	1979		周新民	杨怡东	0514-7241124	CN32-1222/S ISSN1004-6364	zgjq@pub.yz.js-info.net		半
77	中国畜牧业协会/江苏省农林厅家禽所	农业部	中国禽业导刊	1985		邹建敏	吴荣富	0514-87020054	ISSN1008-0619 CN32-1489/S	dkjqgg@163.net		
78	中国农村技术开发中心/生物所所办	科技部	中国农业科技导报			范云六	孙丽洋	62127682	CN11-3900/S ISSN1008-0864	nykjdb@163.com; nkdb@caas.net.cn	www.nkdb.net	双

中国农业科学院通讯录

单位名称	通讯地址	邮政编码	区号	电话	传真
院办公室	北京市海淀区中关村南大街12 号	100081	010	82109398	82105105
科技管理局	北京市海淀区中关村南大街12 号	100081	010	82109427	82105534
人事局	北京市海淀区中关村南大街12 号	100081	010	82109437	82105563
财务局	北京市海淀区中关村南大街12 号	100081	010	82109461	62151095
基本建设局	北京市海淀区中关村南大街12 号	100081	010	82109471	62188061
国际合作局	北京市海淀区中关村南大街12 号	100081	010	82109477	62174060
直属机关党委	北京市海淀区中关村南大街12 号	100081	010	82109484	82109463
监察局	北京市海淀区中关村南大街12 号	100081	010	82109502	82109502
后勤服务中心	北京市海淀区中关村南大街12 号	100081	010	82109668	82109668
作物科学研究所	北京市海淀区中关村南大街12 号	100081	010	82109715	82105819
植物保护研究所	北京市海淀区圆明园西路2 号	100094	010	62815905	62895365
蔬菜花卉研究所	北京市海淀区中关村南大街12 号	100081	010	82109522	62146160
农业环境与可持续发展研究所	北京市海淀区中关村南大街12 号	100081	010	82109567	82106029
畜牧兽医研究所	北京海淀区圆明园西路2 号	100094	010	62815851	62895372
蜜蜂研究所	北京香山北沟1 号	100093	010	82590332	62591473

续表

单位名称	通讯地址	邮政编码	区号	电话	传真
饲料研究所	北京市海淀区中关村南大街12号	100081	010	82106054	82106054
农产品加工研究所	北京市海淀区圆明园西路2号	100094	010	62815836	62895382
生物技术研究所	北京市海淀区中关村南大街12号	100081	010	82109847	82109847
农业经济与发展研究所	北京市海淀区中关村南大街12号	100081	010	82109801	62187545
农业资源与农业区划研究所	北京市海淀区中关村南大街12号	100081	010	82109640	82106225
农业信息研究所	北京市海淀区中关村南大街12号	100081	010	82109915	82103127
农业质量标准与检测技术研究所	北京市海淀区中关村南大街12号	100081	010	82106515	82106500
研究生院	北京市海淀区中关村南大街12号	100081	010	82109689	82106609
中国农业科学技术出版社	北京市海淀区中关村南大街12号	100081	010	82109706	82109700
农田灌溉研究所	河南省新乡市建设路173号	453003	0373	3393184	3393354
中国水稻研究所	杭州市体育场路359号	310006	0571	63370235	63370989
棉花研究所	河南省安阳市开发区黄河大道西段	455000	0372	2562248	2562256
油料作物研究所	湖北省武汉市徐东二路2号	430062	027	86811837	86816451
麻类研究所	湖南省长沙市岳麓区咸嘉湖西路348号	410205	0731	8998505	8998528
果树研究所	辽宁省兴城市兴海路三段	125100	0429	3598108	3598288
郑州果树研究所	郑州市航海东路63中学南	450009	0371	65330900	65330987

续表

单位名称	通讯地址	邮政编码	区号	电话	传真
茶叶研究所	杭州市云栖路 1 号	310008	0571	86650180	86650056
哈尔滨兽医研究所	哈尔滨市南岗区马端街 427 号	150001	0451	85935006	82733132
兰州兽医研究所	兰州市盐场徐家坪 1 号	730046	0931	8342489	8340977
兰州畜牧与兽药研究所	兰州市小西湖磴沟沿 211 号	730050	0931	2115192	2115191
上海兽医研究所	上海市石龙路 345 弄 3 号	200232	021	50481818	50481818
草原研究所	内蒙古呼和浩特市新城区乌兰察布东路 120 号	010010	0471	4961330	4961330
特产研究所	吉林省吉林市左家镇	132109	0432	6513402	4701260
环境保护科研监测所	天津南开区复康路 31 号	300191	022	23003820	23003820
沼气科学研究所	成都市人民南路四段 13 号	610041	028	85227610	85230691
南京农业机械化研究所	江苏南京市中山门外柳营 100 号	210014	025	84346001	84432672
烟草研究所	山东省青岛市崂山区科苑经四路 11 号	266101	0532	88701806	88702056
柑橘研究所	重庆市北碚区歇马镇柑橘村 15 号	400712	023	68349709	68349712
甜菜研究所	黑龙江省哈尔滨市南岗区学府路 74 号	150080	0451	86609312	86609312
蚕业研究所	江苏镇江市四摆渡	212018	0511	85616572	85628183
农业遗产室	南京中山门外南京农业大学院内	210095	025	84396771	84396771
水牛研究所	广西南宁市邕武路 24—1 号	530001	0771	3338589	3338814
草原生态研究所	兰州市 61 号信箱	730020	0931	8913074	8910979
家禽研究所	江苏省扬州市桑园路 46 号	225003	0514	87204858	87209132
甘薯研究所	江苏省徐州市东郊东贺村	221211	0516	82189208	82189209

各省、自治区、直辖市农（牧、林）业科学院通讯录

单位名称	通信地址	邮编	区号	电话	传真
北京市农林科学院	北京西郊板井曙光花园中路11号农科大厦A座1518	100097	010	51503241	51503247 51503300
天津市农业科学院	天津市南开区白堤路268号	300192	022	23678666	23678667
河北省农林科学院	石家庄市和平西路598号	050051	0311	87652019	87066140
山西省农业科学院	太原市长风街2号	030006	0351	7073032	7040092
内蒙古自治区农牧业科学院	呼和浩特市玉泉区昭君路22号	010031	0471	5971068 5903873	5971068
辽宁省农业科学院	沈阳市东陵区东陵路84号	110161	024	31027396 31023112	31027397
吉林省农业科学院	吉林省长春市净月经济开发区彩宇大街1363号	130033	0431	87063030	87063028
黑龙江省农业科学院	哈尔滨市南岗区学府路368号	150086	0451	86662295	86677473
黑龙江省农垦科学院	黑龙江省佳木斯市安庆街382号	154007	0454	8359120 8359320	8359120 8359320
上海市农业科学院	上海市北翟路2901号	201106	021	62208660 62208550	62201221
江苏省农业科学院	南京市孝陵卫钟灵街50号	210014	025	84390069 84390000	84392233
浙江省农业科学院	杭州市石桥路198号	310021	0571	86404011	86400481
安徽省农业科学院	合肥市西郊农科南路40号	230031	0551	5160537	2160337
福建省农业科学院	福州市五四北路51号	350003	0591	87866391	87884262

续表

单位名称	通信地址	邮编	区号	电话	传真
江西省农业科学院	南昌市南昌县莲塘镇	330200	0791	7090310	5717185
山东省农业科学院	济南市工业北路202号	250100	0531	88670723	88604644
河南省农业科学院	郑州市农业路1号	450002	0371	65723784	65711374
湖北省农业科学院	武汉市武昌南湖瑶苑特1号	430064	027	87389499	87389545
湖南省农业科学院	长沙市芙蓉区马坡岭	410125	0731	84691212	84691124
广东省农业科学院	广州市天河区金颖路29号	510640	020	85514254	87503358
广西壮族自治区农业科学院	南宁市大学西路44号	530007	0771	3243463	3244521
海南省农业科学院	海口市海府大道流芳路165号	571100	0898	65314996	65314898
四川省农业科学院	成都市外东静居寺路20号	610066	028	84504198	84104003
重庆市农业科学院	重庆市九龙坡区白市驿镇	401329	023	65705208	65703532
贵州省农业科学院	贵阳市小河区金农社区	550006	0851	3761026	3761504
云南省农业科学院	昆明市白云路761号江岸小区	650231	0871	5136637	5136633
西藏自治区农牧科学院	拉萨市金珠西路153号	850002	0891	6862174	6862750
西北农林科技大学（陕西省农业科学院）	陕西省杨凌示范区	712100	029	87082809	87082811
甘肃省农业科学院	兰州市安宁区农科院新村1号	730070	0931	7616187	7666758

单位名称	通信地址	邮编	区号	电话	传真
青海省农林科学院	西宁市宁张路 83 号	810016	0971	5311192	5318044
宁夏农林科学院	银川市黄河东路 590 号	750002	0951	6886707	5049204
新疆农业科学院	乌鲁木齐市南昌路 38 号	830000	0991	4502057	4516057
新疆畜牧科学院	乌鲁木齐市克拉玛依东街 151 号	830000	0991	4832351	4832351
中国热带农业科学院（华南热带农业大学）	海南省儋州市宝岛新村	571737	0898	23300227	23300544

农业部有关司局电话号码

单位	电话	单位	电话	单位	电话
办公厅	59192305	财务司	59191656	乡镇企业局	59192718
部值班室	59192316	科技教育司	59193024	农产品质量安全监督局	59192304
人事劳动司	59192510	国际合作司	59192440	机关党委	59192416
产业政策与法规司	59192730	种植业管理司	59192806	驻部监察局	59192419
农村经济体制与经营管理司	59193113	农业机械化管理司	59192821	离退休干部局	59192411
市场与经济信息司	59193146	畜牧业司 兽医局	59193390 591928437	机关服务中心	59192225
发展计划司	59192532	农垦局	59192657	信息中心	59192709

有关单位通讯录

单位	通信地址	邮政编码	区号	电话	电子邮件
国家科学技术部	北京市复兴路乙15号	100862	010	58881800 58881888	
国家发展和改革委员会	北京市西城区月坛南街38号	100824	010	68502000	bgt@ ndrc. gov. cn
国务院机关事务管理局	北京市西城区西安门大街22号	100017	010	63096382	
中国农业大学	北京市海淀区圆明园西路2号	100094	010	62736518	xbglq@ cau. edu. cn
中国农学会	北京市朝阳区麦子店街20号	100026	010	59194203 59194202	
中国科学技术协会	北京市海淀区复兴路3号	100038	010	68518822	